# 《烘焙聖經》讀者、網友佳評如潮，來自各界的讚譽！

「如果有個烘焙食譜作家把她的手放在你的手上，指導你每個
詳細的動作，幫助你每一個細節做得恰到好處，那她就是蘿絲。」

– 《紐約時報》（*The New York Times*）

「蘿絲讓讀者在操作過程中完全沒有疑慮。如果這樣的巨細靡遺還
無法去除你對烘焙的恐懼，那還真沒有其他方法可以幫你了。」

– 《舊金山紀事報》（*San Francisco Chronicle*）

「蘿絲成功的連接起流行的家庭烘焙與專業甜點界，
她的食譜在長久乏味的烘焙書中帶來新的熱潮。」

– 《圖書館雜誌》（*Library Journal*）

「如同諺語說的，上帝注重每個小細節，那麼蘿絲一定還留隻腳在天堂那。
因為對蘿絲而言，追求完美的途中，她不會漏掉任何細節。她是甜點界的女神。」

– 《華盛頓郵報》（*The Washington Post*）

「這本厚實華麗的甜點字典，就如同書名承諾的：這是一本烘焙界的聖經。」

– 時人網站（*People.com*）

「這是蘿絲最新的大師作品，是本根據精心量測、嚴格說明並且真的可以教你做出美味成
品的烘焙書。這本書帶領你跨越複雜的點心廚房——讓你成就一身不凡的本事。」

– 瑪莎廚房電視節目（*Martha Stewart Living*）

「蘿絲這位經驗豐富的食譜作家兼烘焙師，將此書分為四個部份：蛋糕類；派、塔和
其他甜點類；餅乾和糖果類；麵包和發酵點心類。不但有經典食譜，像是比較常見的
南瓜胡桃派；也有第一次見到很特別的甜點，像是粉紅珍珠女士蛋糕、巧克力麵包布丁，
和大黃藍莓派，都讓這本書更令人眼睛為之一亮，值得任何甜點愛好者擁有珍藏。」

– 《出版者周刊》（*Publishers Weekly*）

「這本烘焙聖經完全不藏私的分享。每一道食譜都是如此的詳盡，以
至於每道食譜都以數個頁面交代——這是烘焙食譜成功重要的關鍵。
每一個細節都確保真實做出來就跟在書裡的一樣美味。」

– 廚房，（公寓翻修）*The Kitchen,*（*Apartment Therapy*）

「蘿絲・樂薇無疑是烘焙界以及烘焙食譜界的傳奇……」

– 美食網站（*Eater.com*）

「對於認真的烘焙者來說，這本書精密仔細的程度，將會帶領你做出完美的成品……」

– 時代網站（*Time.com*）

# *The* *Baking* *Bible* 烘焙聖經

蘿絲‧樂薇‧貝蘭堡（Rose Levy Beranbaum）著

美國甜點界傳奇大師的蛋糕、派、塔、餅乾、麵包和糖果

Cook50158

# 烘焙聖經
## 美國甜點界傳奇大師的蛋糕、派、塔、餅乾、麵包和糖果

| | |
|---|---|
| 作者 | 蘿絲・樂薇・貝蘭堡（Rose Levy Beranbaum） |
| 翻譯 | 陳文詒 |
| 美術完稿 | 許維玲 |
| 編輯 | 林明美 |
| 校對 | 連玉瑩、彭文怡 |
| 企畫統籌 | 李橘 |
| 總編輯 | 莫少閒 |
| 出版者 | 朱雀文化事業有限公司 |
| 地址 | 台北市基隆路二段 13-1 號 3 樓 |
| 電話 | 02-2345-3868 |
| 傳真 | 02-2345-3828 |
| 劃撥帳號 | 19234566 朱雀文化事業有限公司 |
| e-mail | redbook@ms26.hinet.net |
| 網址 | http://redbook.com.tw |
| 總經銷 | 大和書報圖書股份有限公司 （02）8990-2588 |
| ISBN | 978-986-93863-6-4 |
| 初版一刷 | 2017.02. |
| 定價 | 1500 元 |
| 出版登記 | 北市業字第 1403 號 |

國家圖書館出版品預行編目

烘焙聖經：美國甜點界傳奇大師的蛋
糕、派、塔、餅乾、麵包和糖果
／蘿絲・樂薇・貝蘭堡（Rose Levy
Beranbaum）著；陳文詒譯；——初
版——臺北市：朱雀文化，2017.02
面；公分——譯自：THE BAKING BIBLE
ISBN 978-986-93863-6-4
1.食譜 2.烹飪 3.點心
427.16　　　　　　　　105025057

## About 買書

●朱雀文化圖書在北中南各書店及誠品、金石堂、何嘉仁等連鎖書店均有販售，如欲購買本公司圖書，建議
你直接詢問書店店員。如果書店已售完，請撥本公司電話（02）2345-3868。

●● 至朱雀文化網站購書（http://redbook.com.tw），可享 85 折起優惠。

●●●至郵局劃撥（戶名：朱雀文化事業有限公司，帳號 19234566），掛號寄書不加郵資，4 本以下無折扣，
5～9 本 95 折，10 本以上 9 折優惠。

這本書是由伍迪・沃斯頓（Woody Wolston）跟我一起合作修飾完成。
謹以此獻給帶領我們進入烘焙領域的部落客們。

# 目錄

# 蛋糕類

# 派類、塔類和酥皮類

# 餅乾和糖果類

# 麵包和發酵點心類

# 食材及基本食譜知識

# 烘焙器具

# 前言

　　我第一次看到蘿絲・樂薇的全名（Rose Levy Beranbaum）是我在逛書店的時候，她的名字被大大的印在聖誕餅乾烘焙書上。這激起了一個正在寫聖誕餅乾食譜猶太女人的好奇心，於是我拿走了這本書。就在隔個周末，我帶了三種不同的餅乾去聖誕交換點心派對，分別是紅木太妃奶油糖、小紅莓巧克力餅乾及巧克力橙條棒。我很謙虛但我必須說這些餅乾在所有作品當中是最出色的。當我吃了這些點心，就立刻知道我買的這本烘焙書是大師級的，而之後我嘗試做的每一道蘿絲的食譜，都在在證明我的說法。這世界上再也沒有人可以寫得出像她一樣棒的烘焙書，而這原因有四個。

　　第一，蘿絲的食譜都很美味。它們不但美味而且不會失敗。就我個人口味而言，她的食譜都很適中（不會太甜，不會太油膩）、細緻（我使用蘿絲與其他人的食譜製作類似的產品，比較下我發現蘿絲的東西更帶有一些獨特之處，使她的甜點更勝一籌），以及可靠。唯一失敗的一次其實是我的錯；我沒有仔細閱讀她的步驟。所以我寄給蘿絲一封電子郵件抱怨這食譜，結果在一小時內收到（很令人吃驚她竟然會回覆我）她仔細的回覆，後來我才發現我的錯誤並向她道歉。那份食譜，也就是在《麵包聖經》（The Bread Bible）中的迷迭香佛卡夏，現在也成為我最愛的食譜之一，而我現在稱它為傻子都會做的食譜！

　　這也是引導她著作如此成功的第二個原因。蘿絲是一位老師。她不只是提供你一些很棒的食譜；她還像是拉著你的手引導你，教你如何成為更優秀的烘焙家。如果沒有蘿絲的食譜作為動力，我就不會買一個秤，然後思考著怎麼秤重麵粉和糖，反而是用傳統的量杯。但是在這個改變下，我立即發現自己的烘焙產品品質變好且更一致。我同時也開始了解到麵粉中的蛋白質會如何影響最終成品，以及為何有時要使用室溫的蛋。大部分的烘焙書作者不會告訴你這些小知識（而且你也可

以在不知道這些事的情況下做出一個完美的布朗尼），但你一旦知道了，你就可以更上一個領域，更近乎完美。

　　「近乎完美」讓我了解到在蘿絲的幫助下，即使你沒感覺到，但你已經提升了你的標準。我的烘焙座右銘（必須很殘酷的說，這同時也是我的人生座右銘）曾是「不錯了就夠好了」。像是一批餅乾稍微焦了，但我老公還是可以吃就好了；或是蛋糕脹得不夠高，我只要多抹點糖霜蓋住就好了。感謝蘿絲，以前這些差不多的想法已經過去了。現在，我會仔細遵照食譜烤架應該設置在哪一層（有些市面上的食譜根本不會跟你說烤架該怎麼放）。我用即時溫度計來測量焦糖的溫度；對了，我連焦糖也都自己做了。最後，蘿絲會讓你相信，你只要照著她的食譜做，就沒有什麼事擔心了。我是說，沒有任何事。當我開始著手做《麵包聖經》（The Bread Bible）中所有的食譜時，我試著告訴自己，一定會有些食譜不順手。譬如，法式長棍和可頌。這也是為什麼我們需要麵包店，因為基本上我們擁有的普通烤箱不太可能成功。但是，結果出人意料，即使一般人，也可以做出法式長棍與可頌，而且可以理解咬下那溫熱自製可頌的愉悅感，更勝於只是從外頭買了袋好吃可頌的感覺。

　　當我開始做《蘿絲的不凡蛋糕》（Rose's Heavenly Cakes）中的蛋糕後，更加清楚了解到她毫不藏私的知識分享。我做出了很棒的奶油霜，我這輩子第一次用擠花袋和花嘴做出手指餅乾，還有我也做了焦糖絲裝飾。

　　在我做《蘿絲的不凡蛋糕》（Rose's Heavenly Cakes）中後面幾樣蛋糕時，我必須承認，我不知道蘿絲還缺什麼可以讓這本書更完美。她已寫了三本烘焙類的經典聖經食譜和一本大師級的餅乾食譜。而《蘿絲的不凡蛋糕》（Rose's Heavenly Cakes）甚至贏得了專業烹飪國際協會（IACP）的年度書籍獎。還有什麼能比這更棒的呢？

但我必須知道她還是藏有幾個小祕訣和幾份食譜。當我開始測試這本書中的幾個食譜後，我知道蘿絲並不滿足之前擁有的榮譽。每個看過這本書的人都會知道裡面一些很棒的技巧，像是布列塔尼焦糖奶油酥：就是一個介於焦糖麵包和可頌的點心，這可能會是你這輩子吃過最美味的東西。還有巧克力帕瓦洛堤蛋糕與無與倫比甘納許。這篇的甘納許比蘿絲其他經典的甘納許還要棒，因為它配上令人驚艷的卡宴辣椒，還有那輕脆的薄薑餅！（需要開始收集廚房紙巾中間的那個紙筒，你會用到的。）雖然書中只有幾篇鹹食食譜，但這幾篇都是經典中的經典。我個人最喜歡的是盧斯提卡鹹派。如果你跟我一樣，看到派皮裡竟然加了糖，放心吧！相信她，這糖量不多，吃起來味道也不怪，反而與裡面的鼠尾草和百里香味道很搭。我能想像到它會變成我們節慶晚餐的常客，但這如果一年只吃一次就太可惜了。

就像深夜節目說的：「還有更多好戲在後頭！」餅乾、起司蛋糕、塔類、杯子蛋糕等等，這本書包含太多超棒，以及一個極有可能成為你未來招牌創意代表作的食譜，當然，有了蘿絲的幫助，你絕對能在第一次試作時就非常完美！

瑪莉・沃夫（Marie Wolf）

瑪莉・沃夫是在明尼亞波利斯（Minneapolis）的律師，她組織帶領一群「不凡蛋糕烘焙者（Heavenly Cake Bakers）」製作所有《蘿絲的不凡蛋糕》（Rose's Heavenly Cakes）中的食譜，並在網路部落格上分享這些經驗，這是牽起她與蘿絲友誼的故事。而瑪莉帶領的新團體叫「測試烘焙家（Beta Bakers）」，是本書食譜測試功不可沒的幕後功臣。

# 致謝

這是我的第十本烘焙書，而我從沒想到自己如此被這些厲害的專業團體和朋友們支持著，感謝著且祝福著。

我要感謝本書的團隊：

在豪頓・密佛林・哈庫（Houghton Mifflin Harcourt）出版社負責食譜書部門，也是本書的出版者娜塔利・切曼（Natalie Chapman），謝謝她幫我的書取了書名，並給我極大的支持。

編輯史蒂芬妮・弗雷茄（Stephanie Fletcher），她不遺餘力精益求精的態度，管理協調這本龐大複雜的書以及團隊。

策劃編輯潘蜜拉・希爾斯（Pamela Chirls），一直支持我並且是我一輩子的朋友，也是她催生出這本書最早的版本。

執行編輯瑪莉納・派達克斯・勞瑞（Marina Padakis Lowry）和專案編輯傑米・賽瑟（Jamie Selzer）。

紐約炫暈設計（Vertigo Design）的愛麗森・琉（Alison Lew）和蓋瑞・菲羅（Gary Philo）負責設計、排版、攝影藝術以及封面設計。

校對編審，也是老朋友的戴貝拉・偉斯・傑林（Deborah Weiss Geline）；聰明細心的校稿瑪修・伯耶（Matthew Boyer）和賈斯汀・嘉納（Justine Gardner）。

我的攝影師兼好友班‧分克（Ben Fink），以藝術方式將我的創作變得更完美。

食品與藝術設計，兼我的超級好友凱特林‧威廉斯‧費曼（Caitlin Williams Freeman）；設計助理傑森‧史瑞柏（Jason Schreiber）；食品設計助理兼天生廚師烘焙家愛琳‧麥道偉（Erin McDowell），以及道具設計安娜‧莫維克（Anna Molvic）。

索引編輯瑪莉蓮‧傅萊格（Marilyn Flaig）。

行銷布萊德‧湯瑪斯‧帕森（Brad Thomas Parsons）和克萊兒‧賀斯曼（Claire Holzman），以及廣告蕊貝卡‧梨斯（Rebecca Liss）。

食譜試做者瑪莉‧沃夫（Marie Wolf），以及測試烘焙家：薇琪‧巴卡迪（Vicki Bagatti）、尼可拉‧布萊克勒（Nicola Blackler）、瑪修‧伯耶（Matthew Boyer）、路易斯‧布萊頓（Lois Britton）、莫妮卡‧卡瑞托（Monica Caretto）、凱特‧寇瑞科（Kate Coldrick）、漢娜‧愛‧阿茲資（Hanaa El Azizi）、曼納森‧葛林斯頓（Menachem Greenstein）、雪莉‧海克（Sharry Hickey）、珍‧爵克（Jenn Jukur）、佩姬‧佩格（Peggy Pegs）、卡特雅‧夏匹洛（Katya Schapiro）、珍妮佛‧史第樂（Jennifer Steele）、克利斯提娜‧泰勒（Kristina Taylor）、喬恩‧偉德（Joan Wade）、比爾‧威帝傑（Bill Waldinger）、雷曼‧席特勒（Raymond Zitella）等等。

試吃者雙胞胎城市太極拳社（The Twin City T'ai Chi Chuan studio），他們幾乎吃過這本書的所有食譜，而且積極得給與評價。

特別感謝

克里斯‧金柏（Chris Kimball）。在這25年來提供我一個完美的平台，讓我可以把試驗的食譜文章刊在《烹飪雜誌》（Cook's magazine）上。

海克特‧翁（Hector Wong）提供我創意想法的開端。

海洛的廚房（Harold's Kitchen），我的老友羅伯特（Robert）和妮可‧勞（Nicole Laub），他們幫我製作及行銷我的自有品牌烘焙器具（Rose Levy Bakeware），特別是派盤（Rose's Perfect Pie Plate），完全符合我所期待的完美派盤。

我在New Metro的朋友兼工作夥伴，蓋瑞‧法洛（Gary Fallowes），是他創造了「蘿絲系列」（Rose Line）的商品，並與我一起商討如何製造更

棒的烘焙用品。他的姊妹，主廚琳達‧法洛（Linda Fallowes），是負責測試我的巴布卡麵包配方的人。

跳躍工作室（Hop studios）的崔維斯‧史密斯（Travis Smith）和提‧傑‧賈西亞（Tee Jay Garcia），是我的部落格大師，幫我設計部落格和論壇，讓部落格能運作流暢。

蕊貝卡‧史黛芙（Rebecca Staffel）製作校對及頁數互動式圖表。

我的一位好友：黛安娜‧波特（Diane Boate），她在舊金山幫我的新書舉辦一場完美的媒體記者會。

有機谷公司（Organic Valley）提供我測試書中所有食譜所需要的超優質奶油。

印度樹公司（India Tree）的葛瑞岑‧葛蘭（Gretchen Goehrend），提供我最美味的糖品。

法芙娜（Valrhona）和奎諾德（Guittard）提供我最棒的巧克力。

美膳雅（Cuisinart）的瑪莉‧羅傑斯（Mary Rodgers）和瑞秋‧林內（Rachel Litner），以及KitchenAid的貝絲‧羅賓森（Beth Robinson）提供我們攪拌機和調理機，讓我們做得更好。

安格魯姆（Ankarsrum）麵包機廠商的林納斯‧科莫維克（Linus Kolmevic）和愛雪莉‧麥克寇德（Ashley McCord），提供我們漂亮又實用的麵包機。

諾迪威（Nordic Ware）烘焙用具的麥克‧昆蘭（Mike Quinlan）提供很棒的烤模，讓我做出漂亮的蛋糕。

Fat Daddio's烘焙用具的蓋瑞‧史蓋博（Greg Skipper）提供高品質的烘焙器材。

我在惠爾頓（Wilton）的朋友們和南西‧席勒（Nancy Siler），總是很樂意解答任何專業烤盤及蛋糕裝飾工具的疑問。

磅秤製造公司Escali Scales的愛林‧庫內希（Erin Kunesh）和諾雅‧哈伯（Noah Harber），生產了我的自有品牌蘿絲概念磅秤。

Pourfect Bowl的瑞迪‧卡斯（Randy Kaas），提供度量精準的量匙和量杯。

柏德與泰勒公司（Broad and Taylor）的麥可‧泰勒（Michael Taylor）提供的發酵箱，是麵包烘焙的強力助手。

感謝Fantes的喬梵努奇家族（Giovannucci），紐約蛋糕和烘焙材料（New York Cake and Baking

Supply）的麗莎‧曼梭（Lisa Mansour），以及我在 JB Prince 和 La Cuisine 的所有朋友，謝謝你們讓每位喜愛烘焙的人，都可以在市面上取得高品質的工具和特殊進口烤盤。

Retailers Match 和 dbO Home 在拍攝照片時給予的諸多協助。深感謝意。

由衷感謝凱特‧寇瑞科（Kate Coldrick）為了全世界無法取得漂白麵粉的烘焙者，提供了自製漂白麵粉的方法。

我很感激參與我全球社團的部落客們，不管是專業廚師，抑或喜愛烘焙的人，他們總是欣賞我並給予我意見，時時鼓勵且替我打氣。

深深地感謝紐澤西希望小鎮（Hope）的梅納格斯（Menegus）家族提供了放養雞蛋，我們彼此間的純真友誼成了我創作的動力。

給我摯愛的雙親：利莉安‧瓦傑‧樂薇（Lillian Wager Levy）和羅伯特‧麥斯威爾‧樂薇（Robert Maxwell Levy），謝謝你們總是精神與我同在，並支持我對專業的熱愛。

而對我的老公愛力特（Elliott）更充滿著感謝，謝謝他給我的支持，以及寶貴的建議，讓我得以實踐理想。

最後，誠摯地感謝伍迪‧沃斯頓（Woody Wolston），謝謝與我一起創造了「Rose Wood」團隊。

# 關於本書

在我著手進行第一本蛋糕烘焙食譜書時，一位好友，也是知名烹飪作家柏特‧葛林（Burt Greene）建議我，應該把書名取為《烘焙聖經》（*The Baking Bible*）。當時我並不認為這是對這本書最確切的形容，加上內容只提及蛋糕，所以後來書名取為《蛋糕聖經》（*Cake Bible*）。

寫完那本書後，又寫了包含全部烘焙項目的其他甜點食譜：餅乾、派、塔、酥餅、麵包和常見蛋糕。但因為自身強烈的烘焙魂，加上一直有新的靈感持續從我的腦海中、旅遊中產生。本以為《蘿絲的不凡蛋糕》《*Rose's Heavenly Cakes*》（包含《蛋糕聖經》所有食譜）會是我最後一本作品，某一天卻突然驚覺，自己不但創造了新糕點，也不斷更改平常看到的點心做法，所以有更多食譜想要分享。

原本打算稱這本書為《蘿絲的不凡烘焙》（*Rose's Heavenly Baking*），但《蘿絲的不凡蛋糕》（*Rose's Heavenly Cakes*）的出版社豪頓‧密佛林‧哈庫（Houghton Mifflin Harcourt）發行人娜塔利‧切曼（Natalie Chapman），把它更名為《烘焙聖經》。同事伍迪‧沃斯頓（Woody Wolston）和我準備重新試驗食譜時，加入了更多食譜，但因為這是一本「烘焙聖經」，所以我們想盡辦法，把最基本的蛋糕、麵團、酥皮餅皮、餅乾和發酵麵包都納入書中。而在麵包單元，我更理所當然加入果醬類食譜，這些果醬我早就想跟大家分享了。

因為不想重複，所以只放入這幾年創作的新食譜，以及重新改造的常見點心。沒想到最後竟發現，這本烘焙書變得如此厚實，讓我不得不刪除結婚蛋糕部分，收錄在另一本書中。

另外很重要的是，書中涵蓋的所有相關做法、原因等重要資訊，都會放在每個單元前，希望能幫助讀者了解過程，並讓你成為更好的烘焙者。

- 黃金守則
  一定要牢牢記在心裡，把它們當作烘焙的習慣動作，確保每次都能成功。
- 特別技巧
  可以幫助節省時間，並讓結果更完美。
- 問題分析與解決辦法
  萬一發生任何問題，可以幫助你修正，避免再次發生。

再次感謝發達的網路，對於為烘焙著迷並且渴望知道更多的人，現在可以從我的部落格（www.realbakingwithrose.com）中找到更多食材的資料。

我真的非常幸運，基於長久以來對烘焙的專注，在發行人、編輯以及發行團隊幫助下，終於成就了我努力已久的心力，出版這本令人驚艷且實用的書。謝謝攝影師班‧分克（Ben Fink）和食品設計家凱特琳‧威廉斯‧費曼（Caitlin Williams Freeman）。希望我敬愛的讀者們以及烘焙同好們，可以開心沉浸在這些新的想法、概念和技巧裡，讓這些食譜成為自己的拿手絕活，並且不吝回饋您的意見給我。

# 蘿絲的黃金守則

每道食譜中都附有詳細說明，但為了確保成功，先將要領列在此處。之後也有製作蛋糕、派和酥皮、餅乾和發酵麵包等的特別要領詳列在章節中。

**單獨烘焙用的器材**，特別是某些器具會殘留像是大蒜或洋蔥等的鹹食味道。這些器材包括砧板、量匙和量杯、木匙、矽膠或橡皮刮刀。某些烘焙用食材，像是奶油和巧克力，也極容易吸收其他味道的食物。

開始烘焙前，**先完整閱讀一遍食譜**，記下需要的食材，將會用到的特殊工具，以及其他需要事前準備的項目。

**確認使用食譜中特別指定的食材。**不同的麵粉、糖、奶油和巧克力和其他很多食材，都會影響成品。如果可以，照著食譜指示的方法製作。不要在製作前就先取代食材，除非你本來就能預測結果。準備食材時，要將它們都蓋上保鮮膜，水分才不會蒸發掉。

· **麵粉：使用食譜中指定的麵粉種類。**

如果是用容積測量而不是秤重，不要敲或是抖動量杯，因為這樣會裝得更多。

· **奶油：使用高品質含一般乳脂含量的無鹽奶油。**

除非食譜特別註明要使用高乳脂奶油，或是要製作澄清奶油。使用無鹽奶油可以確實掌握食譜中鹽的含量，口感也比較清新。我建議使用來自有機谷（Organic Valley）的高品質發酵奶油，或者Hotel Bar、Land O'Lakes的高品質奶油。

如果食譜中要求使用軟化奶油（65～75°F/19～23℃），這表示奶油的溫度應該是涼的，但是壓下去是軟的質地。大概在室溫退冰半小時，奶油就可以達到這個狀態，不過也可以把奶油切片或是切成小丁，可加速回溫。

· **蛋：使用美國分級AA或是A級的規格，並秤重所需的量。**

我建議使用巴氏低溫消菌過的帶殼蛋，尤其是製作奶油霜時，可以選用像是Safest Choice這個品牌。

依照指示正確使用全蛋、蛋黃和蛋白的量，對任何烘焙產品的體積和質地都很重要。每家蛋的重量和殼的厚度差很多，即使提供了蛋的分級，內含蛋白、蛋黃的比例也不盡相同。也因此，建議大家秤量蛋液、蛋黃和蛋白，而非算顆數。這本食譜中都會提供所需容量和重量，可以挑選任何大小的蛋然後秤量。

將蛋從冰箱冷藏室拿出後，可以連著蛋殼放到熱水中5分鐘退冰。

要將蛋殼打破時，最均勻且不會敲碎蛋殼的做法，就是在工作檯上準備一張廚房紙巾，有蛋白流出時比較好清理，然後把蛋的側邊快速往廚房紙巾上敲，蛋殼會裂得比較均勻乾淨，而不是把蛋往尖銳物品上敲開。

分蛋時，特別是準備打發蛋白時，將每顆打碎的蛋白先單獨放入小碗，再倒入大鋼盆。因為蛋白只要沾染到一點蛋黃或油脂，就不可能打發。

打發蛋白時，每顆蛋白加入⅛小匙的塔塔粉（巴氏消菌過的帶殼蛋，則是每顆蛋白加入¼小匙的塔塔粉），這個神奇的配方可以穩定打發蛋白，能夠維持打發狀態，不會因為乾掉或是過度攪拌而產生消泡的情形。不要添加比這個量還多的塔塔粉，否則會破壞穩定度。打發的蛋白要盡快使用，否則會變硬，並且在與其他材料混合時結塊，變得不滑順。

・泡打粉：**使用新鮮泡打粉。**

確認有效期限，如果環境比較潮濕，就得頻換泡打粉，因為泡打粉和小蘇打粉都是高吸濕性（容易吸收水分）。同時建議用量匙量，會比秤重來得準確，否則會差很多。

・鹽：**使用細海鹽。**

因為較容易量測，快溶解而且不加碘。含碘的鹽會讓烘焙過的產品帶有怪味。

・巧克力：**使用食譜中指定可可含量的巧克力製作。**

如果包裝上未註明可可含量，可同時品嘗幾種巧克力做比較。同樣是黑或苦甜巧克力，內含的可可百分比與糖分也都有很大的差異，所以我會在食譜中列出可可含量以供參考。

**當煮糖漿和焦糖快達想要溫度時，**要確認此時熱源不超過中小火，這是避免在溫度到達後，即使離火，糖漿卻繼續升溫。

**小心測量或秤重食材，**以達到一貫的風味和質地。秤重比較快速簡單，但是精準使用測量容積的方法，也會製作出一樣好的產品。乾性食材像是麵粉和糖，必須放在量測固體的量杯中，也就是杯緣是堅固無縫的。量麵粉時，用湯匙把麵粉挖到量杯中，再刮除高出杯緣的部分，會比過篩後再放入量杯裡的量還多，這兩種方法都會在書中提到。我使用的方法會最接近需要的重量。

測量液態食材時，像是水、牛奶、糖漿和果汁，使用帶有杯嘴的液體用量杯，並且眼睛與量杯刻度平行觀測，對準液體表面弧度最高的地方。確保量杯放在平穩的桌面上與眼睛平視，而不是放在手中。

**使用攪拌機混合食材時，從低速開始慢慢加快速度，**以免食材飛出鋼盆外。也可以加上攪拌機防噴濺的蓋子，或是用保鮮膜把攪拌機上方包住，直到乾性食材都濕潤了再取下。

如果使用手持電動攪拌器，必須把速度調得比使用桌上型攪拌機的速度再快一點並且久一點。不論使用哪種攪拌器材，很重要的是，在攪拌過程中都需要刮缸數次，讓食材混合均勻。尤其是使用桌上型攪拌機，更要確認是否刮到鋼盆底部（參照p.547帶刮板的槳狀攪拌器）。

**遵照食譜中指定的烤架層放置，**確保烘焙產品可以適當膨脹，以及均勻烘烤和上色。

# 蛋糕類  CAKES

這個單元裡介紹的蛋糕種類很多，從日常簡單的，像是藍莓扣環蛋糕，到比較精緻的波爾公主。食譜區分成不同類別，有：含油蛋糕、杯子蛋糕、海綿蛋糕和起司蛋糕。

奶油蛋糕使用固狀奶油製作，不同於使用融化或澄清奶油製作的蛋糕，例如收錄在海綿蛋糕類裡的法式海綿蛋糕。大部分含油類蛋糕都是靠著化學反應（泡打粉或／和小蘇打粉）來達到柔軟、鵝絨般的質地；而大部分的海綿蛋糕，例如法式海綿和蛋糕體，就是以經典的打發蛋（或／和）蛋白來達到口感。

這個單元包含很多令人興奮的新創作──像是無蛋糖蜜蛋糕，以及其他我想像出來的黃金檸檬戚風。它味道充裕，濕潤且柔軟，豐富且使人愉快，更令人驚訝的是，某些蛋糕是如此簡單就可以完成。有些蛋糕的形狀就是中空環狀模的樣子，而它們濕潤以及美味的本質，根本不需要再做任何裝飾或糖霜。當然這個單元也有一些很棒的新口味奶油霜和甘納許，像是焦糖奶油霜、特製巧克力甘納許和無與倫比甘納許。這些糖霜和蛋糕體都可以依照個人的喜好互相混搭口味。

我也很高興可以分享一些超棒的起司蛋糕新食譜，像是芒果起司蛋糕，這已成為我現在最常做的起司蛋糕。美國國慶蛋糕是個綜合紅白藍三色的美味蛋糕。而個頭嬌小的史蒂爾頓藍紋起司蛋糕，則是帶有令人驚訝的甘美。

## 奶油類蛋糕的二階段混合法

幾年前，我曾在製作《蛋糕聖經》（Cake Bible）時使用一個商業廚房，從那時起，我開始運用這個方法，而且從此不再改變。我發現這個方法更快速、更簡單也更好——蛋糕的顆粒比較小也比較細緻。事實上，很多烘焙家告訴我，他們也是使用這方法來做所有奶油夾層類蛋糕，甚至在採用別人的食譜時也用這方法。

這個規則就是奶油必須介於 65F/19C ～ 75°F/23°C，蛋也要保持在室溫。

主要目的其實就是要將所有食材均勻混合成滑順的麵糊，讓烤出來的蛋糕質地是正確的。在混合過程中，麵糊的容積會膨大充滿空氣，質地輕盈，顏色變淡。大部分蛋糕麵糊的食譜都會先將乾性食材過篩，放到一個碗中混合，同時把奶油與糖放在另一個鋼盆中打發，接著加入濕性材料混合吸收，最後加入乾性材料。但我把這過程顛倒了。首先，奶油和一部分濕料先與乾料混合，再加入剩餘的濕料。

這個混合方法的優點，就是將所有乾料（麵粉、糖、發粉和鹽）在一開始就混合，所以可以藉由打發過程均勻分散開來，就不用事先過篩。因為過篩這個動作並不能完全混合乾料，除非過篩很多次，因此，我選擇用攪拌的方式使它們均勻散布，這樣省時又省力。

但其實更重要的原因，是使用這方法可以讓蛋糕顆粒更細緻柔軟。因為一開始攪拌時，奶油與乾料還有一部分的濕料（只有一些，用來增加一點濕度而已）混合，這些奶油沾黏上麵粉中的蛋白質麵筋，可以防止筋度產生，麵糊攪拌起來就不會出筋變硬。

## 蛋糕的保存

通常室溫指的是 70°F/21°C。保存的時間長短會因為室溫、冷藏或冷凍的溫度而有影響，沒有抹糖霜的含油類蛋糕可以在室溫下放置 ⊠ 兩天，冷藏 3 ～ 5 天或冷凍 3 個月。奶油類蛋糕在食用前必須放在室溫下退冰，一旦蛋糕切開了，要在切面包上保鮮膜，保持蛋糕濕潤，也可以蓋上蛋糕蓋保持最新鮮狀態。沒有糖霜的杯子蛋糕在室溫下可放置 1 天，冷藏 3 天或是冷凍 2 個月。而刷過糖水、糖漿的奶油類蛋糕或海綿蛋糕，在室溫下可保存 3 天，冷藏 5 天～ 1 星期或冷凍 3 個月。起司蛋糕類就只能冷藏保存，差不多 5 天～ 1 星期。

抹過奶油霜的蛋糕，在室溫下保存 1 天，冷藏 1 星期或冷凍 8 個月。也可以另外將奶油霜放在真空保鮮盒中保存，保存時間一樣。這些奶油霜在塗抹前必須再次打發。冷藏、冷凍後的奶油霜都要退到室溫才可以打發，以防結塊分離。

一些抹上甘納許的蛋糕，可以在室溫保存 3 天，冷藏 2 星期，或是冷凍 6 個月。你也可以將甘納許另外放在真空玻璃或塑膠保鮮盒中保存，保存時間一樣。但如果放置冷凍保存，使用前一晚必須先放到冷藏退冰，使用前放在室溫數小時讓它自然變軟。（參照 p.537）

## 特別技巧

- 建議使用單層烤模圍上蛋糕模邊條（Cake Strips），這方法會讓奶油類蛋糕烤得最均勻。這個邊條的作用在於減緩周圍的烘烤程度，讓周圍麵糊膨脹的速率與中央一致，才不至於在烤完後變成中央凸起。準備倒入麵糊前，將烤模倒置調整蛋糕模邊條或是矽膠邊條的鬆緊，確保與烤模緊貼。

- 在烤模內側底部墊上烤盤紙，才能確保蛋糕可以完整脫模，尤其是巧克力蛋糕。（如果是不沾塗層的蛋糕模，在烤非巧克力蛋糕時

沒有必要墊上烤盤紙。）在底部抹上酥油來固定圓形烤盤紙。烤模內側要噴上含麵粉的烤盤油，或是抹上酥油，倒上一點麵粉，黏上薄薄一層麵粉後把多餘的麵粉敲掉。

- 我建議使用烘焙樂（Baker's Joy）的含麵粉烤盤油噴霧，因為它沒有臭味，不影響成品味道，可以有效防止沾黏。

- 使用中空環狀花形烤模時，先倒入⅓量的麵糊，用湯匙背面輕壓麵糊並來回塗抹，確保麵糊深入烤模的花紋中，再倒入剩餘麵糊。

- 所有打發的麵糊容積都會因打入氣體的多寡而有大小差異。專業烘焙家會用麵糊顏色，以及1杯容量的麵糊有多重來判斷打發程度。一般家庭烘焙做出來的蛋糕麵糊，因為量少，所以差別不是很明顯；但做奶油霜時，打發的溫度和時間就會影響很大。因此，所有食譜中給的奶油霜都只是大概的量。

- 塗抹蛋糕體時，蛋糕體光滑的底部最好能夠朝上，塗抹時就比較不會有顆粒或碎屑。最簡單的方法，就是先用一點糖霜、奶油霜均勻塗在表面，將蛋糕體都包覆起來，再抹上剩下的。

## 含油類蛋糕的 Q&A

Q：做出來的蛋糕有裂痕，或中央凸起裂開，或是蛋糕體中有不均勻的大裂縫空隙。
A：可能是烤箱過熱或麵糊攪拌過度、發粉量過多，或沒使用蛋糕模邊條。使用低一點的溫度烘烤，不要過度攪拌，發粉的量減少，或是使用蛋糕模邊條來改善。

Q：蛋糕有大塊結粒，而且中央凹陷。
A：可能是烤箱溫度不夠、麵糊攪拌不夠，或是發粉量過多。調高烤箱溫度，麵糊要攪拌均勻，或是減少發粉量可以改善。

Q：蛋糕的體積好小，而且質地好扎實。
A：可能是泡打粉或小蘇打粉的量不夠，或是泡打粉過期、奶油或蛋的溫度太低。可以增加泡打粉的量，或者是使用新鮮泡打粉。使用室溫的奶油和蛋。

Q：蛋糕好乾，表皮好硬。
A：蛋糕烤過熟，或是烤模太大。減少烘焙時間，或是使用正確的烤模。

Q：蛋糕底部已經烤焦了，但是中央麵糊還沒熟。
A：可能是烤箱的熱氣流動不佳。調整烤模的位置，距離烤箱邊壁至少要 1 吋的距離。

Q：蛋糕底部的質地過硬，顏色深且與蛋糕體明顯分離。
A：奶油太冰或是麵糊攪拌不夠。使用室溫奶油；麵糊要完全攪拌。

## 海綿蛋糕的 Q&A

Q：蛋糕膨脹的高度不夠。
A：依照食譜說明的攪拌時間來打發，加入麵粉混合時，操作的動作要快速但輕柔，不要讓麵糊消泡。製作蛋白霜時，要確認已經打成食譜所說尖尖鳥嘴的狀態。在烘焙指定基本時間內，不要開啟烤箱門。

Q：蛋白霜打不起來，無法打到有鳥嘴的狀態。
A：確認鋼盆和攪拌器是乾淨的，上面不能有任何一滴油。使用與蛋白正確比例的塔塔粉量。

Q：蛋糕不夠濕潤，而且糖水散布不均勻。
A：使用食譜中要求的糖水量，糖水至少在一天前就要塗抹在蛋糕上再食用。

# 烘烤蛋糕的黃金守則

**小心秤量食材**，以達到一致的風味與口感。

**請使用食譜中指定的食材**。請參照食材單元
（p.525）。

· 麵粉：**使用食譜中指定的麵粉種類。**
在食譜中會說明，這單元通常用到低筋與中
筋麵粉。如食譜中需要低筋麵粉，但你只有漂
白中筋麵粉，可試著將馬鈴薯澱粉或玉米粉混
合中筋麵粉（參照p.542食材對照及替代）。

製作大部分的單層蛋糕，若使用未漂白麵
粉，則會造成中央塌陷的狀況。但是如果使用
中空環狀烤模，就不會有這個問題，因為未漂
白麵粉的蛋白質含量比較高，蛋糕體顏色也會
比較深。

· 奶油：**使用高品質含一般乳脂含量的奶油。**
除非食譜中特別註明使用高乳脂奶油，或是
要製作澄清奶油。這本書大部分的食譜都要求
AA等級的無鹽奶油。當使用固狀奶油時，有一
點很重要：奶油溫度必須與陰涼的室溫相同
（65～75°F/ 19～23℃）。

· 蛋：**使用美國分級AA或是A級的規格，並秤
重所需的量。**
我建議使用巴氏低溫消菌過的帶殼蛋，像是
Safest Choice這個品牌生產的，尤其在製作奶
油霜這類不再煮過消菌的產品時。

每家蛋的重量和殼的密度差很多，即使已提
供蛋的分級，內含蛋白、蛋黃的比例也不盡相
同。也因此，建議大家秤量蛋液、蛋黃和蛋
白，而非算顆數。

在這本食譜中都會提供所需容量和重量，你
可以挑選任何大小的蛋再秤量。打發蛋白時，

每顆蛋白加入⅛小匙塔塔粉（巴氏消菌過的帶
殼蛋，則是每顆蛋白加入¼小匙塔塔粉）來穩
定打發的蛋白。

· 糖：**使用精製細砂糖做出精緻的口感。**（
可將一般細砂糖放到食物調理機中打幾分
鐘，讓它的顆粒更細。）

· 泡打粉：**使用新鮮泡打粉。**
確認有效期限，尤其潮濕的環境，泡打粉
容易受潮，若環境處於潮濕狀態，泡打粉就
要經常更換。

· 鹽：**使用細海鹽**（不含碘）。

· 巧克力：**使用食譜中指定可可含量的巧克
力製作。**
如果包裝上沒有特別標示，可以嘗試多種
巧克力來做比較。如果使用的巧克力比食譜
建議的巧克力成分（可可固形物和可可脂）
還高，以及比建議的糖分還低，蛋糕的質地
就會比較重，味道比較苦；如果是製作奶油
霜或甘納許，質地會比較硬，因為等同於你
加了比較多的巧克力和比較少糖的意思。

**從低速開始攪拌。**以免食材飛出鋼盆，然後照
著食譜說明，慢慢加快攪拌機的速度。你也可以
加上攪拌機防噴濺的蓋子，或是用保鮮膜把攪拌
機上方包住，直到乾性食材都濕潤了再取下。如
果你使用手持電動攪拌器，就要用比較深的攪拌
盆（參照p.554專用攪拌盆），並且把速度調得比
使用桌上型攪拌機的速度再快一點，並且久一
點。（在乾料都濕潤後再打2分鐘，每一次加入一
點蛋液後要打45秒。）不論使用哪種攪拌器材，
很重要的是，在這攪拌過程中都需要刮缸數次，
讓食材混合均勻。尤其是使用桌上型攪拌機時，
更要確認是否刮到鋼盆底部（參照p.547刮板的槳
狀攪拌器）。

使用正確尺寸的烤模。不論是圓或方形蛋糕烤模，側邊都要呈直角，不要斜的或圓弧狀，因為這種非直角邊的烤模容量比較小。如果不確定烤模邊，填入麵糊時不要超過烤模整體的⅔滿，除非食譜中特別強調。（避免添加過多麵糊，因為麵糊膨脹後會溢出，蛋糕也會塌掉。）特定烤模尺寸配上正確的麵糊量，是蛋糕口感的關鍵。除非是烤中空戚風蛋糕，在這種烤模中，麵糊可以裝到距離頂部1吋的地方。亮面、質量重的鋁模導熱效果最好，蛋糕表面不會過度上色。如果使用的是深色烤盤，則烤箱溫度需要降25℉/15℃。

混合麵糊前先將烤模準備好。中空環狀花形模需要先噴過含麵粉的烤盤油（可用刷子刷去多餘油脂，並同時確認每個花紋溝槽內都沾黏到），或是塗抹植物性酥油後立即鋪上麵粉，建議用速調麵粉Wondra（邊旋轉烤模邊用手掌輕敲烤模，讓麵粉散布均勻後，再將烤模整個倒置輕敲桌面，讓多餘的麵粉掉出）。

攪拌好的麵糊要立即倒入烤模中。不論麵糊是含蛋白還是加了化學物質，像是泡打粉或小蘇打粉，如果不立刻放入烤模中烘烤，這些讓蛋糕膨脹的素材就會漸漸失去效力。麵糊中若只含有蛋做為膨脹食材，這種麵糊就要盡快烘烤；但如果使用化學添加的麵糊，則在烤箱沒有位子烘烤的狀況下，先放在烤模內冷藏等待最多1小時。冷藏讓麵糊的溫度降低，烘烤的時間就要增加約5分鐘。

將烤箱預熱20～30分鐘。如果使用石板，需預熱45分鐘。使用正確的烤盤溫度。如果使用旋風功能，溫度要降25℉/15℃。（對於一般桌上型烤箱，通常不需要做此更改。）

烤模盡量放在正中央，讓烤箱內的熱氣均勻無阻的流動。烤模的位置距離烤箱邊壁至少要1吋的距離。如果烤箱內的高度足夠，層架的部分可以分別放在中間層以上一層，以及中間層下方一層，這樣兩層交錯開來，才不會上層直接蓋著下層，而中間熱氣無法穿過。要確認是否前後上色均勻，除非烤箱內使用旋轉台，否則建議在烘烤總時程約過⅔時，將烤模快速輕巧地旋轉180度後繼續烘烤。海綿蛋糕則是例外，過程中會上色不均勻但千萬不能開啟烤箱門，直到接近結束時才可以開啟。

避免過度或不足的烘烤。蛋糕的質地在完全熟透前可能會有回彈的感覺。可使用蛋糕測試針、牙籤或竹籤來測試（內部中央溫度為190～205℉/88～96℃）。如果蛋糕測試針取出時沾黏些渣，蛋糕冷卻後就會稍微下沉。

放在烤架上完全冷卻再密封保存。冷卻的烤架要選擇網子間隔比較小的，並且噴上烤盤油防止蛋糕沾黏。

單層蛋糕體通常要連著烤模放在烤架上10分鐘冷卻再脫模。把蛋糕倒扣在噴過烤盤油的烤架上，再倒過來正放在另一個噴過烤盤油的烤架上。這樣可避免表面拱起的蛋糕倒著的話會裂開，且正放可以維持最佳高度。

海綿類蛋糕若放在一般單層圓型蛋糕烤模中烘烤，一出爐就要馬上脫模。海綿類蛋糕若使用中空模，像是戚風和天使蛋糕烤模，出爐後則需要倒扣直到完全冷卻。

除非是使用中空環狀花形烤模的蛋糕，一定要先用小抹刀將烤模邊壁與蛋糕體分離，把小抹刀緊貼著邊壁繞一圈，確認蛋糕完全不沾黏。

等蛋糕冷卻不再溫熱後，才可以放在容器內保存，或者塗抹上糖霜。任何熱氣都會讓它們變濕軟，或是讓糖霜融化。

# 藍莓扣環蛋糕

## BLUEBERRY BUCKLE

### 份量：8～12 個

烤箱溫度　375°F/190°C

烘烤時間　30～40 分鐘

**扣**環蛋糕像是一種水果奶酥塔，但卻是使用蛋糕麵糊而不是奶酥覆蓋在表面。這是種快速、簡單且美味的夏日點心，當然也很適合當早餐。我們可以使用當季的任何莓果或水果（參照p.24美味變化款）。這款輕盈、軟綿的蛋糕配上藍莓內餡，放在小杯子中食用非常方便。

### 器具

9½吋深的平底派盤，建議百麗（Pyrex）品牌，

或 7～9個陶瓷杯，或一個8×2吋的方形蛋糕烤模。

## 藍莓內餡

| 食材 | 容量 | | 重量 |
|---|---|---|---|
| 檸檬皮屑（切碎） | 2 小匙（不用緊壓） | . | 4 公克 |
| 現榨檸檬汁 | 2 大匙（30毫升） | 1.1 盎司 | 32 公克 |
| 細砂糖 | ½ 杯 | 3.5 盎司 | 100 公克 |
| 玉米粉 | 4 小匙 | . | 12 公克 |
| 細海鹽 | 1 小撮 | . | . |
| 新鮮藍莓 | 4 杯 | 20 盎司 | 567 公克 |

### 烤箱預熱

• 預熱：375°F/190°C ，預熱時間：30分鐘以上。

• 將烤架設在中間和最底層。最下層烤架鋪上厚的鋁箔紙，以防上層汁液濺出。

### 製作內餡

在派盤中混合攪拌檸檬皮屑、檸檬汁、細砂糖、玉米粉和鹽。倒入藍莓並翻滾它們，確保均勻裹上以上的材料。

# 麵糊

| 食材 | 容量 | 重量 | |
|---|---|---|---|
| 2顆蛋黃（室溫） | 2大匙＋1小匙（35毫升） | 1.3盎司 | 37公克 |
| 酸奶油 | ⅓杯（分次使用） | 2.9盎司 | 81公克 |
| 純香草精 | ¾小匙（3.7毫升） | · | · |
| 低筋或中筋麵粉 | 1杯（或 ¾ 杯＋2大匙。篩入量杯至滿抹平，與量度同高） | 3.5盎司 | 100公克 |
| 細砂糖 | ½杯 | 3.5盎司 | 100公克 |
| 泡打粉 | ¼小匙 | · | 1.1公克 |
| 小蘇打粉 | ¼小匙 | · | 1.4公克 |
| 細海鹽 | ¼小匙 | · | 1.5公克 |
| 無鹽奶油（65～75℉/19～23℃） | 6大匙（¾條） | 3盎司 | 85公克 |

混合濕料

1・將蛋黃、酸奶油（約一半量）和香草精放在一個中型鋼盆裡，手持打蛋器，將上述材料稍微攪拌混合。

製作麵糊

2・使用槳狀攪拌器。在桌上型攪拌機的鋼盆中放入麵粉、糖、泡打粉、小蘇打粉和鹽，使用低速攪拌30秒，加入奶油和剩餘的酸奶油。用低速攪拌直到麵糊濕潤之後，再用中速打30秒。刮缸。

3・用中低速打，分兩次慢慢倒入混合的濕料。每倒入一部分濕料，就要用中速打30秒，使麵糊充分混合並增加黏稠度。刮缸。

4・使用橡皮刮刀刮起麵糊，讓其自然落在藍莓上。倒入麵糊時，注意麵糊和派盤邊緣有1吋的距離，中央有2吋左右的洞。

烘烤

5・烘烤30～40分鐘，或是用竹籤插入取出後沒有殘留麵糊，且輕壓中央感覺有回彈的質地。假使烘烤30分鐘後表面開始上色太重，可以蓋上噴過烤盤油的鋁箔紙。

冷卻

6・將蛋糕留在派盤中，放在烤架上冷卻直到室溫。冷卻後風味更佳。

保存

・密閉盒裝：室溫2天；冷藏3天；冷凍3個月。

## ☆ 美味變化款：黑莓和藍莓小蛋糕

・將一半量的藍莓用等量的黑莓替代（10盎司/283公克）或是2½ 杯的黑莓，另加1大匙的糖。玉米粉則改為1小匙。

# 翻轉蔓越莓蛋糕

### CRAN-RASPBERRY UPSIDE-DOWN CAKE

份量：8～10 個

烤箱溫度　350°F/175°C

烘烤時間　35～45 分鐘

**我**總覺得蔓越莓就是冬天的酸櫻桃。這個蛋糕的組合，融合了驚艷的風味和口感等不同元素。帶有甜味輕柔的蛋糕體，配上酸味濃郁，口感多汁的蔓越莓，覆盆莓醬成熟了整個風味，再由溫和柔軟的蛋白霜把整個蛋糕帶入另一個不同境界。春季版本則可使用大黃醬，還有草莓蛋白霜（參照 p.30）；或是偏愛比較重口味的，則可添加草莓打發鮮奶油（參照 p.138）；若製作蔓越莓覆盆莓蛋糕，則可使用蔓越莓打發鮮奶油，只要將食譜中的草莓醬用無籽覆盆莓醬代替即可。

器具

一個9½吋的翻轉蘋果派塔模，或直徑9吋×高2吋

的蛋糕圓模，在邊上圍上蛋糕模邊條（Cake Strips）。

一個石板或烤盤。

## 蔓越莓醬

| 食材 | 容量 | 重量 | |
|---|---|---|---|
| 無鹽奶油 | 4大匙（½條）（分次使用） | 2盎司 | 57公克 |
| 細砂糖 | ½杯 | 3.5盎司 | 100公克 |
| 檸檬皮屑（切碎） | 1小匙（不用緊壓） | . | 2公克 |
| 現榨檸檬汁 | 2小匙（10毫升） | . | 10公克 |
| 細海鹽 | 1小匙 | . | . |
| 新鮮或冷凍蔓越莓（若冷凍的須退冰再使用） | 2杯 | 7盎司 | 200公克 |

烤箱預熱

· 預熱：350°F/175°C，預熱時間：45分鐘以上。

· 將烤架設置在下方（分上中下三部分），然後放置石板或一般烤盤。

製作蔓越莓醬

1 · 在小煮鍋中以中小火融化所有奶油。

2 · 使用1大匙奶油塗抹烤模的邊以及底部，鋪上烤盤紙，再刷上一層奶油。

**3．**在剩餘融化奶油的鍋中放入糖、檸檬皮屑、檸檬汁和鹽，一起攪拌直到滾，在未完全溶解前需要使用耐熱刮刀不停攪拌。滾了之後停止攪拌，但刮刀繼續留在鍋中，以分辨奶油顏色，然後讓它滾3分鐘，或是直到泡泡變得濃稠，顏色為金黃色。（若使用溫度計，此時約330～335℉/166～168℃）。將這鍋奶油倒入準備好的烤模上，轉動烤盤讓液體平鋪，然後均勻鋪上一層蔓越莓。

# 麵糊

| 食材 | 容量 | 重量 | |
|---|---|---|---|
| 1顆蛋（室溫） | 3 大匙＋½ 小匙（47 毫升） | 1.8 盎司 | 50 公克 |
| 1顆蛋黃（室溫） | 1 大匙＋½ 小匙（17 毫升） | 0.7 盎司 | 19 公克 |
| 酸奶油 | ½ 杯（分次使用） | 4.3 盎司 | 121 公克 |
| 香草精 | 1¼ 小匙（6 毫升） | . | . |
| 中筋麵粉 | 1⅓ 杯（篩入量杯至滿抹平，與量度同高） | 5.3 盎司 | 150 公克 |
| 細砂糖 | ¾ 杯 | 5.3 盎司 | 150 公克 |
| 泡打粉 | ¼ 小匙 | | 1.1 公克 |
| 小蘇打粉 | ¼ 小匙 | . | 1.4 公克 |
| 細海鹽 | ¼ 小匙 | . | 1.5 公克 |
| 無鹽奶油（65～75℉/19～23℃） | 9 大匙（1條＋1 大匙） | 4.5 盎司 | 128 公克 |

混合濕料

**1．**將蛋、蛋黃、酸奶油（2大匙/1.1盎司/30公克）和香草精放在一個中鋼盆裡，手持打蛋器將上述材料稍微攪拌混合。

製作麵糊

**2．**使用槳狀攪拌器。在桌上型攪拌機的鋼盆中放入麵粉、糖、泡打粉、小蘇打粉和鹽，使用低速攪拌30秒，加入奶油和剩餘的酸奶油。用低速攪拌直到麵糊濕潤之後，再用中速打1分鐘30秒。刮缸。

**3．**用中低速打，分兩次慢慢倒入混合的濕料。每倒入一部分濕料，就要用中速打30秒，使麵糊充分混合並增加黏稠度。刮缸。使用矽膠刮刀刮起麵糊放在蔓越莓上，以小支奶油抹刀稍微將表面抹平。整個完成時大約是烤模¾的高度。

烘烤

**4.** 將烤模放在石板上烘烤35～45分鐘，或是直到呈淺棕色，將竹籤插入中央取出時沒有沾上任何麵糊，輕壓中央感覺有回彈的質地即可。（使用電子溫度計插入蛋糕中央，溫度約為190°F/88°C）。烤焙過程中，蛋糕表面可能會產生顆粒不平的狀態，這些顆粒在脫模之後會消失。

**5.** 前30分鐘烘烤的過程中，可用鋁箔紙蓋著（不用緊密包緊），以防表面焦黑。

脫模和冷卻

**6.** 將蛋糕留在烤模中，放在烤架上，使用小支奶油抹刀緊貼烤模邊緣順著劃過，然後一鼓作氣倒放在擺設的盤子上靜置1～2分鐘，再拿起烤模。如果有任何蔓越莓黏在烤模上，可以用小刮刀放回蛋糕上。趁蛋糕還熱的時候刷上淋面。

# 覆盆莓淋面

| 食材 | 容量 | 重量 | |
|---|---|---|---|
| 無籽覆盆莓果醬 | 3 大匙 | 2.1 盎司 | 60 公克 |

製作覆盆莓淋面

將果醬放在可微波的碗裡加熱，每15秒攪拌一次（或是用小煮鍋以中小火直接加熱，使用打蛋器攪拌），直到果醬變得平滑可以流動。將果醬平均刷在蔓越莓上。

保存

· 密閉盒裝：室溫2天；冷藏5天；冷凍2個月。

# 覆盆莓義式蛋白霜

**份量：1杯＋2大匙/3.5盎司/100公克**

| 食材 | 容量 | 重量 | |
|---|---|---|---|
| 1顆蛋白（室溫） | 2 大匙（30 毫升） | 1 盎司 | 30 公克 |
| 塔塔粉 | ⅛ 小匙 | . | . |
| 細砂糖 | 3 大匙＋2 小匙<br>（分次使用） | 1.6 盎司 | 45 公克 |
| 水 | 1 大匙（15 毫升） | 0.5 盎司 | 15 公克 |
| 無籽覆盆莓果醬<br>（參照p.29小重點） | 1 大匙 | 0.7 盎司 | 20 公克 |

製作覆盆莓義式蛋白霜

1・準備好一個耐熱易倒的杯子，或是大玻璃量杯，以及一個手持電動攪拌器。

2・在中鋼盆裡放入蛋白和塔塔粉。

3・在小的厚底不沾煮鍋中放入部分的糖（約3大匙/1.3盎司/38公克）和水，稍微攪拌直到糖都浸濕。用中大火加熱，時而攪拌直到糖都溶解在水中並冒泡泡，停止攪拌並轉至小火（若使用電磁爐則可離開加熱區）。

4・用中低速打發蛋白和塔塔粉直到成型。把速度調到中高速打發蛋白霜，直到呈彎彎鳥嘴的濕（軟）性發泡的狀態。慢慢加入剩下的2小匙糖，然後用低速打到呈尖尖鳥嘴的乾（硬）性發泡的狀態。

5・使用中大火繼續加熱糖水幾分鐘後，利用溫度計測量，當到達248～250°F/120°C時，立刻倒入準備好的耐熱杯中，停止糖水繼續加熱。

6・將手持電動攪拌器轉到高速打蛋白，同時倒入糖水。注意，不要把糖水倒在攪拌器上，否則會噴濺到盆緣冷卻凝結而攪拌不到。

7・把電動攪拌的速度降到中高速，繼續攪拌2分鐘。加入覆盆莓果醬直到完全和蛋白霜均勻混合。利用橡皮刮刀攪拌，確認拌至顏色均勻。蓋上保鮮膜，放在室溫冷卻約1小時直到鋼盆不再溫熱，或是冷藏5～10分鐘，在冷藏5分鐘後可以攪拌確認整鍋蛋白霜的溫度是否一致。

8・可以保存在室溫下2小時或是冷藏2天，須覆蓋保存。食用前可以用打蛋器稍微攪拌回復口感，再擠在蛋糕上或是擺在蛋糕旁。

## 小重點

・如果無籽覆盆莓果醬不夠滑順，放在可以微波加熱的玻璃碗中，每15秒用打蛋器攪拌一次（或是用小煮鍋以中小火直接加熱，並使用打蛋器攪拌），直到滑順可以流動。

# 美味變化款：翻轉大黃蛋糕和草莓義式蛋白霜

## 焦糖大黃醬

| 食材 | 容量 | 重量 | |
|---|---|---|---|
| 新鮮大黃<br>（1¼ 磅/567 公克） | 4 杯（切成丁狀） | 1 磅 | 454 公克 |
| 淺色黑糖或深色紅糖 | ½ 杯（緊壓和量杯同高，分次使用） | 3.8 盎司 | 108 公克 |
| 細海鹽 | 1 小撮 | . | . |
| 玉米粉 | 1 大匙 | . | 9 公克 |
| 檸檬皮屑（切碎） | 1 小匙（不用緊壓） | . | 2 公克 |
| 無鹽奶油 | 4 大匙（½ 條。分次使用） | 2 盎司 | 57 公克 |

製作大黃醬

**1**・將大黃切成每個約½吋長的丁狀，然後秤好食材量，放入中鋼盆裡。加入2大匙/1盎司/27公克的黑糖和鹽混合，靜置30分鐘～2小時。將糖漬過的大黃放到濾網中濾乾水分，並保留瀝出的糖水，再把玉米粉和檸檬皮屑放入大黃中混合。

**2**・在小煮鍋中用中小火融化奶油。取出約1大匙的融化奶油，均勻刷在烤模邊以及底部，鋪上烤盤紙，再刷上一層奶油。

**3**・在剩餘的融化奶油鍋中加入剩下的黑糖和大黃瀝出的糖水，使用淺色的耐熱橡皮刮刀不時攪拌直到沸騰。滾了之後停止攪拌，但刮刀繼續留在鍋中以分辨顏色，然後讓它滾3分鐘，或是直到泡泡變得濃稠，顏色為深琥珀色。（若使用溫度計，此時約230～235℉/110～113℃）。

**4**・將這鍋糖水倒入準備好的烤模中，轉動烤模讓液體均勻分布，平鋪上一層大黃。若想要製作馬賽克花紋，也可以把大黃切出斜邊加以擺飾。

**5**・接下來可以參照p.27的步驟完成。

製作草莓義式蛋白霜

**6**・在一個可微波的小碗或小煮鍋中，放入1大匙的草莓醬和1小匙水，用中小火加熱並不時攪拌，然後把果醬過篩，取出1大匙過篩的果醬。

**7**・蛋白霜製作可參照p.28，只是覆盆莓果醬用這1大匙的過篩草莓醬代替。

# 奶油起司重奶油蛋糕

## CREAM CHEESE BUTTER CAKE

份量：9～12 份

烤箱溫度　350°F/175°C

烘烤時間　30～40 分鐘

這 款蛋糕的口感接近典型的磅蛋糕，多次測試本書配方的貝塔烘焙坊（Beta Bakers）也給予極好的評價。這個蛋糕靈感其實來自於我最愛的塔皮搭配上奶油起司。我那時猜想奶油起司和我喜歡的酸奶油蛋糕應該也很搭，果不其然，這蛋糕有著鬆軟帶點脆皮的口感，比一般蛋糕還濕潤、軟綿輕盈，配上融合在檸檬奶油霜裡的奶油起司，有掩蓋不住的香氣。這款奶油霜出自舊金山塔汀烘焙坊（Tartine Bakery）的麗茲・普魯（Liz Pruitt）。知名的甜點師傅皮耶・艾曼（Pierre Hermé）指出，製作檸檬凝乳的技巧在於煮後添加的奶油，這就是產生誘人香氣的祕訣。

事前準備

清爽檸檬凝乳奶油霜至少需在使用前3小時完成

器具

一個 8×2 吋的方型烤模，外側圍上蛋糕模邊條，底部抹上一層酥油，

然後蓋上烤盤紙，再噴上含麵粉的烤盤油

（如果家裡沒有，可噴上烤盤油和沾上薄薄一層麵粉）。

## 麵糊

| 食材 | 容量 | 重量 | |
|---|---|---|---|
| 3～4顆蛋黃（室溫） | 3 ½ 大匙（52 毫升） | 2 盎司 | 56 公克 |
| 酸奶油 | ½ 杯（分次使用） | 4.3 盎司 | 121 公克 |
| 香草精 | 1 小匙（5 毫升） | . | . |
| 低筋麵粉（參照p.32小重點） | 1½ 杯（篩入量杯至滿抹平，與量度同高） | 5.3 盎司 | 150 公克 |
| 細砂糖 | ¾ 杯 | 5.3 盎司 | 150 公克 |
| 泡打粉 | ¼ 小匙 | . | 1.1 公克 |
| 小蘇打粉 | ⅜ 小匙 | . | 2.1 公克 |
| 細海鹽 | ¼ 小匙 | . | 1.5 公克 |
| 無鹽奶油（65～75°F/19～23°C） | 6 大匙（¾ 條） | 3 盎司 | 85 公克 |
| 奶油起司（65～75°F/19～23°C），切成½吋的小丁 | 2 大匙＋2 小匙 | 1.5 盎司 | 42 公克 |

烤箱預熱

· 預熱：350°F/175°C ，預熱時間：20分鐘以上。

· 將烤架設置在下方（分上中下三部分）。

混合濕料

1·在中碗裡用打蛋器將蛋黃、2大匙/1盎司/30公克的酸奶油和香草精攪拌直到全部混合。

製作麵糊

2·使用槳狀攪拌器。在桌上型攪拌機的鋼盆中放入麵粉、糖、泡打粉、小蘇打粉和鹽，使用低速攪拌30秒後加入奶油、奶油起司和剩餘的酸奶油。用低速攪拌直到麵糊濕潤之後，再用中速攪拌1分鐘30秒。刮缸。

3·用中低速打，分兩次慢慢倒入濕料。每倒入一部分濕料，就要用中速打30秒，使麵糊充分混合並增加黏稠度。刮缸。

4·使用大刮刀將麵糊放入準備好的烤模中，然後用小支蛋糕抹刀將表面抹平。

烘烤

5·烘烤30～40分鐘或是直到金黃色，將竹籤插入中央，取出時沒有沾上任何麵糊，輕壓中央會感覺有回彈的質地。出爐時蛋糕邊會略縮小，蛋糕表面也會有點不平整，但冷卻後就會消失。

脫模和冷卻

6·將蛋糕留在烤模中，放在烤架上約10分鐘冷卻。使用小支蛋糕抹刀緊貼烤模邊緣順著劃過，然後倒扣在噴過烤盤油的烤架上，倒放著蛋糕直到冷卻使表面平整，再正放於食用的盤子上。

## 小重點

· 最好使用漂白低筋麵粉，使成品質地更鬆軟。

# 清爽版檸檬凝乳奶油霜

**份量：1¼杯＋2大匙/12盎司/340公克**

| 食材 | 容量 | 重量 | |
|---|---|---|---|
| 2 顆蛋黃 | 2 大匙＋1 小匙（35 毫升） | 1.3 盎司 | 37 公克 |
| 1½ 顆蛋白 | 3 大匙（44 毫升） | 1.6 盎司 | 45 公克 |
| 細砂糖 | ½ 杯 | 3.5 盎司 | 100 公克 |
| 過濾現榨檸檬汁（約2顆大檸檬） | ¼杯＋1大匙（74 毫升） | 2.8 盎司 | 79 公克 |
| 細海鹽 | 1 小撮 | · | · |
| 無鹽奶油（冷藏） | 8 大匙（1 條） | 4 盎司 | 113 公克 |

器具

果汁機或均質機

製作清爽版檸檬凝乳奶油霜

**1**‧將細孔篩網架在一個中碗上，放在一旁。在瓦斯上架上雙層煮鍋，底下的鍋子放入接近但低於沸騰溫度的熱水（注意不要讓上層鍋子碰到下層鍋內的熱水），然後在上層的鍋中開始攪拌蛋黃、蛋白和糖，直到完全融合。拌入檸檬汁和鹽。使用中小火，然後用耐熱刮刀不時攪拌（確認鍋緣都攪拌到），直到醬汁的質地像荷蘭醬般的濃稠度，也就是會附著在刮刀上，但還是可以流動的液狀。醬汁剛開始呈透明，漸漸會變得不透明，最後沾附在刮刀上的顏色應該會是偏黃色。千萬不要煮滾，否則會凝固。如果有蒸氣冒出，可以不時離火一下，以免過熱。要不時攪拌，切記別讓醬汁煮滾。

**2**‧當凝乳質地變濃稠，攪拌表面的紋路不會持久時（溫度約為180～184℉/82～84℃），就可以倒在先前準備的細孔篩網上過篩。

**3**‧將過篩的檸檬凝乳放入果汁機（若使用均質機，則將凝乳留在碗中），直到降溫不再燙手，約室溫20分鐘（溫度約130～135℉/55～57℃）。將冷藏的奶油切出1大匙的塊狀，使用果汁機低速攪拌，然後將奶油每隔幾秒就加入一塊到凝乳中攪拌，直到全部加完並充分融合。

**4**‧將完成的凝乳挖入中碗緊蓋著，放入冰箱冷藏至少2小時，直到凝乳奶油霜降到室溫（溫度計測得約70～75℉/21～24℃）。如果冷藏過久，使用前要將凝乳奶油霜退到室溫再使用。

**5**‧凝乳奶油霜可以室溫保存1天，或是冷藏保存10天。

蛋糕組合

**6**‧將½杯/4.3盎司/123公克的檸檬凝乳奶油霜薄薄抹一層在蛋糕上。將剩餘的奶油霜冷藏，製作其他糕點。（可參照下方小重點）

保存

‧密閉盒裝：室溫1天；冷藏3天；冷凍2個月（這是在未塗檸檬凝乳奶油霜的保存狀態）。

## 小重點

‧奶油霜的多寡關鍵在於使用桌上型攪拌器混合凝乳和奶油時是否均勻恰當。成品的量可能因為使用均質機而顯得沒那麼多。

‧剩餘的奶油霜可以倒在派殼中；可以用打蛋器攪拌後再倒入小瓷杯中冷藏2小時，就成了一道點心；或是拌入其他奶油霜，或是加入打發鮮奶油中食用（如果當作奶油霜食用，則不可以用打蛋器攪拌，否則會變得太軟無法使用）。

# 藍莓奶酥蛋糕

## BLUEBERRY CRUMB PARTY COFFEE CAKE

份量：12 ～ 16 份

烤箱溫度　350°F/175°C

烘烤時間　55～65 分鐘

這 是一款我搭咖啡必吃的蛋糕，不過這裡是藍莓口味的版本。我喜歡做成長方形，如果人數比較多，也比較容易分切，是一款完美的夏日甜點。

### 器具

一個13×9×2吋的烤盤（16杯容量），外側圍上蛋糕模邊條（Cake Strip），
底部抹上一層酥油，然後蓋上烤盤紙。再噴上含麵粉的烤盤油
（如果家裡沒有，可噴上烤盤油和沾上薄薄一層麵粉）。

如果烤模邊不是垂直，則可以在邊上塗上酥油，黏上比邊再高1吋的烤盤紙，來支撐補足容量。

## 奶酥表皮

| 食材 | 容量 | 重量 | |
|---|---|---|---|
| 剖半核桃 | 1½ 杯 | 5.3 盎司 | 150 公克 |
| 淺色黑糖或深色紅糖 | ½ 杯（緊壓和量杯平高） | 3.8 盎司 | 108 公克 |
| 白砂糖 | 3 大匙 | 1.3 盎司 | 37 公克 |
| 肉桂粉 | 2 大小匙 | . | 4.4 公克 |
| 中筋麵粉 | ¾ 杯（篩入量杯至滿抹平，與量度同高）+2 大匙 | 3.5 盎司 | 100 公克 |
| 無鹽奶油（融化） | 5 大匙（½ 條＋1 大匙） | 2.5 盎司 | 71 公克 |
| 香草精 | ¾ 小匙（3.7 毫升） | | . |

### 製作表面奶酥和內餡

1 • 在食物調理機中放入核桃、黑糖、砂糖和肉桂粉攪拌，直到核桃變成碎粒。秤出1¼杯/6.3盎司/178公克，放一旁備用，當作內餡部分。

2 • 剩餘的核桃加上麵粉、奶油和香草精，稍微用食物處理機攪拌一下，變成塊狀當作表皮的部分。用刮刀放入中型碗冷藏20分鐘，使內部的奶油定型之後比較容易操作。

# 麵糊

| 食材 | 容量 | | 重量 |
|---|---|---|---|
| 3顆蛋（室溫） | ½ 杯＋1½ 大匙（140 毫升） | 5.3 盎司 | 150 公克 |
| 酸奶油 | 1 杯（分次使用） | 8.5 盎司 | 242 公克 |
| 香草精 | 2¼ 小匙（11 毫升） | . | . |
| 中筋麵粉 | 2⅔ 杯（篩入量杯至滿抹平，與量度同高） | 10.6 盎司 | 300 公克 |
| 細砂糖 | 1½ 杯 | 10.6 盎司 | 300 公克 |
| 泡打粉 | ½ 小匙 | . | 2.2 公克 |
| 小蘇打粉 | ¾ 小匙 | . | 4.1 公克 |
| 細海鹽 | ¼ 小匙 | . | 1.5 公克 |
| 無鹽奶油（65～75℉/19～23℃） | 2¼ 條 | 9 盎司 | 255 公克 |
| 藍莓（小顆的，新鮮或冷凍。若是冷凍，完全退冰再使用） | 1¾ 杯 | 7 盎司 | 200 公克 |

烤箱預熱

‧預熱：350℉/175℃，預熱時間：20分鐘以上。

‧將烤架設置在下方（分上中下三部分）。

混合濕料

**1‧**在碗中攪散蛋、酸奶油¼杯/2.1盎司/60公克和香草精，直到全部混合。

製作麵糊

**2‧**使用槳狀攪拌器。在桌上型攪拌機的鋼盆中放入麵粉、糖、泡打粉、小蘇打粉和鹽，使用低速攪拌30秒後，加入奶油和剩餘的酸奶油。用低速攪拌直到麵糊濕潤，再用中速打1分鐘30秒。刮缸。

**3‧**用中低速打，分兩次慢慢倒入混合的濕料。每倒入一部分濕料，就要用中速打30秒，使麵糊充分混合並增加黏稠度。刮缸。

**4‧**使用刮刀將一半量的麵糊（21盎司/600公克）放入準備的烤模中，用小支蛋糕抹刀將表面略微抹平。將1¼杯內餡用的核桃均勻撒在麵糊上（不要壓入麵糊中），將剩下的麵糊倒在核桃內餡上，然後小心的將麵糊抹平。

烘烤

**5.** 放入烤箱烘烤40分鐘。

**6.** 同時，用指尖把表皮用的核桃奶酥麵團捏開。大概有⅓量的奶酥需要捏成¼吋的小球或是塊狀（不要做比這尺寸更大的球狀，否則切蛋糕的時候會太硬）。捏開後讓它們自然落在烤盤紙上，剩下的奶酥麵團再捏開成碎粒。

**7.** 烤模出爐時放在烤架上，然後在表面撒上藍莓。把放奶酥的烤盤紙捲起來，大小均勻分布的快速撒在藍莓上，經過烘烤後，這些奶酥塊會略微下沉。繼續烘烤15～25分鐘或是將竹籤插入中央，取出時沒有沾到任何麵糊，輕壓中央感覺有回彈的質地。奶酥表皮會讓竹籤難以插入蛋糕內，所以用電子溫度計會更保險，溫度約208°F/98°C。

冷卻和脫模

**8.** 讓蛋糕在烤模裡或是烤架上30分鐘冷卻。用小支抹刀輕剝蛋糕和烤模的縫隙。使用噴上烤盤油的保鮮膜蓋在蛋糕上，再蓋上一個摺疊成和烤模差不多大的茶巾（茶巾需要接觸到烤模邊緣，以免倒過來的時候蛋糕掉出來）。將蛋糕連同烤模倒扣在烤盤上，再翻轉一次使之正放在蛋糕板，或是烤盤上約1小時30分鐘，讓它完全冷卻。

保存

· 密閉盒裝：室溫3天；冷藏10天；冷凍2個月。

**小重點**

· 蛋糕模邊條（參照p.553）是用來圍住烤模四周，以免側邊部分因長時間烘烤而太過焦黑。

# 英式果乾蛋糕

ENGLISH DRIED FRUIT CAKE

## 份量：12～14 份

烤箱溫度　350°F/175°C

烘烤時間　40～50 分鐘

**這**份果乾蛋糕和傳統使用糖漬水果的英式水果蛋糕不同。當時我到英國德文郡拜訪一位十分有天分的部落客好友，凱特‧寇瑞科（Kate Coldrick）時，她給了我這食譜。這也是父親最常要求我寄給他的蛋糕。這蛋糕還有另一個優點，就是可以保存很久，尤其如果你像我父親一樣刷更多蘭姆酒在上面，保存期限就更久了！

事前準備

如果有放蘭姆酒，最好放隔夜再使用，這樣味道會更好。

器具

一個13×9×2吋的金屬模（或是兩個 8×2/9×2 的圓形蛋糕模），

外側圍上蛋糕模邊條，底部抹上一層酥油，然後蓋上烤盤紙。

再噴上含麵粉的烤盤油（如果家裡沒有，可噴上烤盤油和沾上薄薄一層麵粉）。

## 麵糊

| 食材 | 容量 | 重量 | |
|---|---|---|---|
| 胡桃 | 2 杯 | 8 盎司 | 227 公克 |
| 混合果乾，切碎（參照p.41小重點） | 約1 杯 | 5.3 盎司 | 150 公克 |
| 2顆中型烘焙適用的蘋果，切碎（12盎司/343公克） | 2½ 杯 | 10 盎司 | 284 公克 |
| 現榨檸檬汁 | 1 大匙（15 毫升） | 0.6 盎司 | 16 公克 |
| 無鹽奶油 | 8 大匙（1 條） | 4 盎司 | 113 公克 |
| 細砂糖 | 1½ 杯 | 10.6 盎司 | 300 公克 |
| 紅糖或黑糖更好 | ¼ 杯＋3 大匙（緊壓過） | 3.5 盎司 | 100 公克 |
| 橘子皮屑 | 2 大匙（鬆散不用緊壓） | . | 12 公克 |
| 香草精 | 2 小匙（10 毫升） | . | . |

| 食材 | 容量 | | 重量 |
|---|---|---|---|
| 6顆蛋（室溫） | 1 杯＋3 大匙（281 毫升） | 10.6 盎司 | 300 公克 |
| 中筋麵粉 | 2⅔ 杯（篩入量杯至滿抹平，與量度同高） | 10.6 盎司 | 300 公克 |
| 泡打粉 | ½ 小匙 | . | 2.2 公克 |
| 小蘇打粉 | 1 小匙 | . | 5.5 公克 |
| 細海鹽 | 1 小匙 | . | 6 公克 |
| 肉桂粉 | 1 小匙 | . | 2.2 公克 |
| 深色蘭姆酒（可不加） | ¼ 杯（59 毫升） | 1.9 盎司 | 55 公克 |

烤箱預熱

· 預熱：350°F/175°C，預熱時間：20分鐘以上。

· 將烤架設置在下方（分上中下三部分）。

烘烤胡桃

**1** · 將胡桃均勻鋪在烤盤上烘烤約7分鐘，增加胡桃的香氣。烘烤過程中翻炒一到兩次確保均勻上色，然後靜待完全冷卻再使用。用手把烘烤過的胡桃剝成約¼吋大小，放在碗中備用。

浸濕果乾

**2** · 先在碗中放入綜合果乾，然後倒入滾沸的熱水覆蓋住全部果乾，浸泡5分鐘後再瀝乾。

準備蘋果

**3** · 製作麵糊之前，將蘋果去皮去籽，切成約¼吋的小丁。秤量食譜中需要的蘋果量，然後淋上檸檬汁，放一旁備用。

製作麵糊

**4** · 在中型的煮鍋中融化奶油，加入細砂糖和紅糖，用小火煮1分鐘並稍微攪拌。鍋裡的糖看起來會像濕掉的沙子。將鍋子離火後加入蘋果丁、橘子皮屑和香草精，再來一顆一顆加入蛋，每加一顆就要攪拌均勻。

**5** · 在大碗中混合麵粉、泡打粉、小蘇打粉、鹽和肉桂粉，拌入胡桃和果乾，直到表面都沾附上粉類，最後加入蘋果。使用橡皮刮刀由下而上攪拌，直到混合均勻。把麵糊倒入準備好的烤模中（或是平均分配到準備的兩個圓模中，每一個約31盎司/880公克）。麵糊約佔烤模的½高。

烘烤

**6** · 烘烤40～50分鐘（如果是用兩個圓模，烘烤30～40分鐘），或是將竹籤插入中央，取出時沒有沾上任何麵糊，輕壓中央感覺有回彈的質地。

### 冷卻和脫模

**7**・將蛋糕留在烤模中，放在烤架上10分鐘。使用小支蛋糕抹刀緊貼烤模邊緣順著劃過，然後倒扣在噴過烤盤油的烤架上。為了防止蛋糕龜裂，再次將蛋糕倒回正面，正放靜置靜置約2小時讓它完全冷卻。

### 刷上蘭姆酒

**8**・如果你想要添加一點蘭姆酒風味的濕潤口感，則使用配方中¼杯蘭姆酒的量。脫模時，使用⅓的量刷在蛋糕底部，用一個盤子蓋住蛋糕（或是一個13×9吋包了保鮮膜的紙板），然後整個翻轉過來。用細竹籤在蛋糕表面刺上小洞，把剩餘的蘭姆酒刷在表面和周圍。靜置2小時等待蛋糕完全冷卻，再用保鮮膜緊緊包起來。

### 保存

・密閉盒裝：室溫5天；冷藏3星期；冷凍6個月。如果口感偏乾，可以刷上更多的蘭姆酒。

### 長期保存的脫模技巧

・如果你打算將這蛋糕保存幾個星期或是6個月，那麼需要先用浸過蘭姆酒的紗布把蛋糕包起來。紗布外層包上保鮮膜，再使用鋁箔紙包住最後一層。

・讓蛋糕在烤模或烤架上10分鐘冷卻。剪一塊夠大，可以包住蛋糕大小的紗布，以及一塊可以緊包蛋糕大小的保鮮膜。做一張13×9吋的長方形紙板，裁一張40×18吋的鋁箔紙。蛋糕脫模後放在烤架上，將蘭姆酒灑在紗布上後將紗布披覆在蛋糕上（此時是蛋糕的底部），再用保鮮膜覆蓋上紗布的部分。將裁好的紙板蓋在上面，整個倒過來放在裁好的鋁箔紙上。在蛋糕上方表面用竹籤刺出許多小洞，然後將四周的紗布蓋上表層。接下來用四周的保鮮膜固定包住蛋糕，用下方的鋁箔紙緊緊包起最後一層。

・將蛋糕冷藏。每隔2個月就把蛋糕上的保鮮膜拆開，然後在紗布上均勻灑上2大匙的蘭姆酒。

---

## 小重點

・這裡建議的果乾可以使用蘋果、梅子、杏桃和洋梨等等。

# 新年的蜂蜜蛋糕

HONEY CAKE FOR A SWEET NEW YEAR

烤箱溫度　350°F/175°C，然後降溫到325°F/160°C

烘烤時間　70～80 分鐘

———　位來自蒙特婁的厲害寫作兼詩人朋友，瑪西・哥德門（Marcy Goldman），也是加拿大的猶太烘焙專家。她是做出這款我從沒這麼愛過蜂蜜蛋糕的原創者。尤其這蛋糕濕潤，風味強烈而且不會太甜。這蜂蜜蛋糕是「符合猶太教規」的點心（不含奶製品），也可以當作吃完肉類猶太餐後的點心；當然，如果你不是要吃完肉才吃它的話（還有如果你不用遵守教規），還可以加一些法式酸奶油搭配著吃。

器具

一個9½～10吋的一體成型圓型中空烤模（12～16杯容量），

最好是不沾鍋材質。（參照p.44小重點，使用非一體成型的中空模）。

外側由下到上圍上2條蛋糕模邊條，底部抹上一層酥油，

然後蓋上裁好中空的烤盤紙。噴上些許烤盤油。

兩張相疊的烤盤

## 麵糊

| 食材 | 容量 | | 重量 |
|------|------|------|------|
| 4顆蛋（室溫） | ¾ 杯＋2 小匙（187 毫升） | 7 盎司 | 200 公克 |
| 芥花籽油或紅花油（室溫） | 1 杯（237 毫升） | 7.6 盎司 | 215 公克 |
| 濃烈黑咖啡（室溫） | 1 杯（237 毫升） | 8.4 盎司 | 237 公克 |
| 現榨柳橙汁，過篩（約2顆大柳橙） | ½ 杯（118 毫升） | 4.3 盎司 | 121 公克 |
| 威士忌或裸麥威士忌（參照p.44小重點） | ¼ 杯（59 毫升） | 1.9 盎司 | 55 公克 |
| 香草精 | 1大匙＋1 小匙（20 毫升） | . | . |
| 細砂糖 | 1¼ 杯 | 8.8 盎司 | 250 公克 |
| 淺色黑糖或深色紅糖 | ½ 杯（緊壓過） | 3.8 盎司 | 108 公克 |
| 中筋麵粉 | 3½ 杯（篩入量杯至滿抹平，與量度同高） | 14.1 盎司 | 400 公克 |

| 食材 | 容量 | 重量 | |
|---|---|---|---|
| 泡打粉 | 1 大匙＋1 小匙 | 0.6 盎司 | 18 公克 |
| 小蘇打粉 | ¾ 小匙 | . | 4.1 公克 |
| 細海鹽 | ½ 小匙 | . | 3 公克 |
| 無糖可可粉（鹼化） | 1 大匙 | . | 5 公克 |
| 肉桂粉 | 4 小匙 | . | 8.8 公克 |
| 薑粉 | ½ 小匙 | . | . |
| 丁香粉 | ⅛ 小匙 | . | . |
| 蜂蜜 | 1 杯（237 毫升） | 11.8 盎司 | 336 公克 |

烤箱預熱

· 預熱：350°F/175°C，預熱時間：20分鐘以上。

· 將烤架設置在下方（分上中下三部分）。

將糖和濕料混合

**1** · 在一個大盆中用打蛋器攪散蛋、油、咖啡、柳橙汁、威士忌和香草精，加入細砂糖和黑糖攪散，直到糖的顆粒溶解在液體中。

製作麵糊

**2** · 使用球狀攪拌器。在桌上型攪拌機的鋼盆中放入麵粉、泡打粉、小蘇打粉、鹽、可可粉、肉桂粉、薑粉和丁香粉，使用低速攪拌30秒。

**3** · 將鋼盆離機，加入糖和濕料的部分，用手持球狀攪拌器稍微混合到粉類都沾濕。加入蜂蜜後，開機用低速開始攪拌，慢慢增加到中速打約1分鐘30秒。麵糊的質地會像濃湯一樣。把麵糊倒入準備好的中空烤模，放在兩個堆疊的烤盤上，放入烤箱烘烤。

烘烤

**4** · 烘烤45分鐘。可以轉動烤盤讓蛋糕上色均勻。之後把溫度降到325°F/160°C，再烤25～35分鐘，或是將竹籤插入中央，沒有沾上任何麵糊，輕壓中央感覺有回彈的質地。出爐後蛋糕的邊會開始內縮。如果是使用12杯容量的烤模，那烘烤時，蛋糕中央會脹得比烤模高，但冷卻後會縮到和烤模同高。

冷卻和脫模

5・讓蛋糕在烤模中20分鐘冷卻。

6・為了讓蛋糕的邊和烤模分開，可以使用硬的尖刀或是硬的金屬方頭抹刀，緊黏著模邊小心翼翼劃過一圈（如果使用不沾材質烤模，則用塑膠材質的刀或抹刀）。為了確保過程中抹刀緊貼著模，而且蛋糕和烤模確實分離，你可以把刀或抹刀呈20度角的姿勢，邊劃邊向蛋糕中央輕推。建議使用至少長4吋，寬不超過1吋的刀。至於中間，可以用蛋糕測試針或是竹籤將它們剝離。將蛋糕脫模倒置在噴了烤盤油的烤架上，然後斯掉烤盤紙。再把蛋糕倒過來正放在擺飾的盤子或蛋糕盒裡，讓蛋糕自然冷卻2～3小時（蛋糕也可以溫溫的吃，但是蛋糕體比較易碎。可以用鋸齒刀切片，再用鍋鏟放到盤子上）。

保存

・密閉盒裝：室溫3天；冷藏7天；冷凍2個月。

## 小重點

・如果使用非一體成型的中空烤模，外圈還是用兩條蛋糕模邊條圈住。在烤模底部抹上酥油，然後剪10吋直徑的圓形烤盤紙，中間剪一個洞。將剪好的烤盤紙塞入底部，邊邊的部分緊黏在烤模邊上，在垂直角落的部分可以做些摺疊。稍微在烤盤內部噴上烤盤油，在疊兩層烤盤的上面墊上鋁箔紙，以免烘烤時有多餘的麵糊漏出。

・可以使用柳橙汁、咖啡或是水，來代替威士忌或裸麥威士忌。

# 白色聖誕拐杖糖蛋糕

WHITE CHRISTMAS PEPPERMINT CAKE

份量：16～20 份

烤箱溫度　350℉/175℃

烘烤時間　30～40 分鐘

這款蛋糕柔軟細緻，帶有奶酥的酥脆，被滑順的白巧克力奶油霜包圍著，夾餡和表面上一層拐杖糖碎，更使得蛋糕具有多重口感。我的朋友喬‧圖利（Joe Tully）說這款蛋糕讓他想起聖誕節的早晨。其實，若不加薄荷香精，多加1大匙的香草精，它就是一款任何場合都可以用的白色夾層的基本蛋糕體。

器具
一個9×2吋高的圓形烤模，外側圍上蛋糕模邊條，底部抹上一層酥油，
然後黏上裁過的圓形烤盤紙。再噴上含麵粉的烤盤油
（如果家裡沒有，可噴上烤盤油和沾上薄薄一層麵粉）。

## 麵糊

| 食材 | 容量 | 重量 | |
|---|---|---|---|
| 6 顆蛋白（室溫） | ¾ 杯（177 毫升） | 6.3 盎司 | 180 公克 |
| 牛奶 | 1⅓ 杯（315 毫升。分次使用） | 11.3 盎司 | 322 公克 |
| 薄荷香精（偏好 Flavorganics品牌） | 2 小匙（10 毫升） | . | . |
| 香草精 | 1 小匙（5 毫升） | . | . |
| 低筋或中筋麵粉 | 4 杯（或3½ 杯。篩入量杯至滿抹平，與量度同高） | 14.1 盎司 | 400 公克 |
| 細砂糖 | 2 杯 | 14.1 盎司 | 400 公克 |
| 泡打粉 | 2 大匙＋½ 小匙 | 1 盎司 | 29 公克 |
| 細海鹽 | 1 小匙 | . | 6 公克 |
| 無鹽奶油（65～75℉/19～23℃） | 16 大匙（2 條） | 8 盎司 | 227公克 |

烤箱預熱

· 預熱：350°F/175°C，預熱時間：20分鐘以上。

· 將烤架設置在下方（分上中下三部分）。

混合濕料

1 · 在中型碗中混合蛋白、牛奶⅓杯/79毫升/2.8盎司/81公克、薄荷香精和香草精。

製作麵糊

2 · 先使用槳狀攪拌器。在桌上型攪拌機的鋼盆中放入麵粉、糖、泡打粉和鹽，使用低速攪拌30秒後，加入奶油和剩餘的牛奶。用低速攪拌直到麵糊濕潤之後，再用中速打1分鐘30秒。刮缸。

3 · 用中低速打，分三次慢慢倒入蛋白液等濕料。每倒入一部分濕料，就要用中速打20秒，使麵糊充分混合並增加黏稠度。刮缸。

4 · 使用刮刀將麵糊放入準備好的烤模中，用小支蛋糕抹刀將表面抹平。填入後的麵糊約佔烤模的一半（27.2盎司/770公克）。

烘烤

5 · 烘烤30～40分鐘或是直到金黃色，將竹籤插入中央，取出時沒有沾上任何麵糊，輕壓中央感覺有回彈的質地。出爐後蛋糕的邊會開始內縮。

冷卻和脫模

6 · 將蛋糕留在烤模中，放在烤架上10分鐘冷卻。使用小支蛋糕抹刀緊貼烤模邊緣順著劃過，然後倒放在噴了烤盤油的鐵架上。這樣倒放著直到完全冷卻，有助於讓凸起的那面較為平整。

# 白巧克力奶油霜

**份量：6杯/34盎司/962公克**

## 白巧克力凝乳基底

份量：3杯/28盎司/800公克

| 食材 | 容量 | 重量 | |
|---|---|---|---|
| 含有可可脂的白巧克力切碎（建議法芙娜白巧克力33%歐帕莉絲） | · | 13.2 盎司 | 375 公克 |
| 無鹽奶油（65～75°F/19～23°C） | 13 大匙（1 條＋5 大匙） | 6.6 盎司 | 188 公克 |
| 5 顆蛋（室溫） | 1 杯（237 毫升） | 8.8 盎司 | 250 公克 |

製作白巧克力凝乳基底

1 · 在瓦斯上架上雙層煮鍋，底下的鍋子放入接近但低於沸騰溫度的熱水（注意不要讓上層的鍋子碰到下層鍋內的熱水），在上層的鍋中輕輕攪拌融化白巧克力和奶油，直到彼此融合滑順。

2 · 把5顆蛋放在另一個碗中攪拌開來，倒入融化的巧克力中，繼續攪拌直到完全融合。使用刮刀不時攪拌（確認鍋底都攪拌到，以免煮過頭），直到溫度測得160°F/71°C，離火。此時凝乳的質地會變得更濃稠。（如果凝乳中有不少小氣泡，可以過篩去除。）將完成的凝乳挖入碗中緊密蓋著，放入冰箱冷藏約1小時，每15分鐘拿出來攪拌一次，直到凝乳溫度不再燙手。（溫度約65～70°F/19～21°C）如果想要快速降溫，可以隔著碗放在冰水上不停攪拌（參照p.554）。

# 白巧克力奶油霜

| 食材 | 容量 | 重量 | |
|---|---|---|---|
| 無鹽奶油<br>（65～75°F/19～23°C） | 12½ 大匙<br>（1 條＋4½ 大匙） | 6.3 盎司 | 178 公克 |
| 白巧克力凝乳基底 | 3 杯 | 28 盎司 | 800 公克 |
| 香草精 | 1¼ 小匙（6 毫升） | · | · |

製作白巧克力奶油霜

1 · 使用球狀攪拌器。在桌上型攪拌機的鋼盆中使用中速打發奶油，打到發的過程約30秒。

2 · 慢慢加入白巧克力凝乳基底，必要時刮缸確保食材都混合到。將速度調高到中高速打大約2分鐘，直到奶油霜以攪拌器舉起來時，呈現往上翹起的鳥嘴狀。

**3·**將奶油霜覆蓋靜置室溫約1小時30分鐘～2小時，直到奶油霜變得稍微濃稠富有彈性。室溫下不可超過70℉/21℃。必要時可把碗隔著冰水幾分鐘攪拌，然後用中高速打發，直到奶油霜變得滑順、輕盈且柔軟，最後加入香草精稍微攪拌混合即可。

# 拐杖糖裝飾

| 食材 | 容量 | | 重量 |
| --- | --- | --- | --- |
| 紅白拐杖糖 | · | 3.5盎司 | 100公克 |

製作拐杖糖裝飾

**1·**準備一個篩網，架在一個中型碗上。

**2·**把1、2根拐杖糖放到夾鏈袋中。用一個鐵製或橡膠的槌子輕輕敲碎拐杖糖，糖碎不要超過¼吋長。將夾鏈袋裡的糖碎倒在準備的篩網中，保留篩出的細糖果粉。

組合蛋糕

**3·**將蛋糕平均橫切為二。

**4·**將一些奶油霜塗在圓紙板或擺設的盤子上，把上半部的蛋糕凸起那面朝下。如果使用擺設蛋糕的盤子，可以在蛋糕周圍的底部插入一些烤盤紙條，組裝完後拿掉紙條，這樣組裝時就不怕弄髒盤子。在第一層的蛋糕上抹上¾杯/4盎司/113公克的奶油霜，均勻撒上1½大匙的拐杖糖碎。蓋上第二層蛋糕，將蛋糕底朝上，這樣最後的蛋糕表面將會非常平整漂亮。如果奶油霜的質地變得不均勻，可以用打蛋器混合，直到滑順柔軟。

**5·**將剩餘的奶油霜塗抹四周和頂部，冷藏約30分鐘。在冷藏過後的蛋糕頂部撒上細緻的拐杖糖粉，之後把剩下的拐杖糖碎撒在表面。如果剛才在蛋糕下面有塞烤盤紙條，這時可以小心的抽出來。

**6·**蛋糕適合在室溫下食用。

保存

·密閉盒裝：室溫1天；冷藏3天；冷凍2個月。

# 紅絲絨玫瑰

## THE RED VELVET ROSE

烤箱溫度　350°F/175°C

烘烤時間　45～55 分鐘

**我** 實在無法不把這紅色的蛋糕做成鮮豔紅玫瑰的樣子！因為使用奶油霜會蓋住玫瑰花瓣的輪廓，所以我選擇用覆盆莓淋面把顏色加深，同時也增加了蛋糕的濕潤度。為了讓玫瑰形狀更寫實，蛋糕底部其實帶點圓弧狀並非平面，所以周圍比較會翹起來。

### 事前準備

覆盆莓淋面要在幾個小時前先做好備用。

### 器具

一個10杯份量的金屬玫瑰中空模（或是其他形狀），噴上含麵粉的烤盤油

（如果家裡沒有，可噴上烤盤油和沾上薄薄一層麵粉）。

# 麵糊

| 食材 | 容量 | 重量 | |
|---|---|---|---|
| 4 顆蛋白（室溫） | ½ 杯（118 毫升） | 4.2 盎司 | 120 公克 |
| 紅色液態食用色素 | 2½ 大匙（37 毫升） | 1.3 盎司 | 37 公克 |
| 香草精 | 2 小匙（10 毫升） | . | . |
| 低筋或中筋麵粉 | 2½ 杯（或是2 杯＋3 大匙。篩入量杯至滿抹平，與量度同高） | 8.8 盎司 | 250 公克 |
| 泡打粉 | 1 大匙＋2 小匙 | 0.8 盎司 | 22.5 公克 |
| 無糖可可粉 | 1¼ 小匙 | . | 2.5 公克 |
| 細海鹽 | ¾ 小匙 | . | 4.5 公克 |
| 細砂糖 | 1¼ 杯 | 8.8 盎司 | 250 公克 |
| 無鹽奶油（65～75°F/19～23°C） | 5 大匙（½ 條＋1 大匙） | 2.5 盎司 | 71 公克 |
| 芥花籽油或紅花油（室溫） | ⅓ 杯（79 毫升） | 2.5 盎司 | 72 公克 |
| 低脂白脫牛奶 | ¾ 杯＋1 大匙（192 毫升） | 6.9 盎司 | 197 公克 |

蛋糕類 — 含油蛋糕

烤箱預熱

· 預熱：350°F/175°C，預熱時間：20分鐘以上。

· 將烤架設置在下方（分上中下三部分）。

混合濕料

1 · 在碗中把蛋白、食用色素和香草精攪勻（小心使用食用色素，雖然它很方便，但也很容易把自己弄得五顏六色）。

混合乾料

2 · 在碗中混合麵粉、泡打粉、可可粉與鹽。

製作麵糊

3 · 使用槳狀攪拌器。在桌上型攪拌機的鋼盆中放入糖、奶油和油，使用中速攪拌2分鐘，這時麵糊會是柔軟平滑的狀態。把麵粉等乾料、白脫牛奶倒入，用低速攪拌直到麵糊濕潤，接著用中高速攪拌1分鐘30秒。刮缸。

4 · 用中低速打，分兩次慢慢倒入蛋白。每倒入一部分濕料，就要用中速打30秒，使麵糊充分混合並增加黏稠度。刮缸。將麵糊放入準備好的烤模中，用小支蛋糕抹刀將表面抹平。

烘烤

5 · 烘烤45～55分鐘，或是將竹籤插入中央取出時，沒有沾上任何麵糊，輕壓中央感覺有回彈的質地。蛋糕烘烤後表面會脹起呈現圓穹的弧度，出爐口後蛋糕的邊會開始內縮。

冷卻及脫模

6 · 將蛋糕留在烤模中，放在烤架上10分鐘冷卻，倒扣在噴了烤盤油的鐵架上。

## 小重點

· 如果你不想使用食用色素，可以使用等量的甜菜汁，不過顏色不會這麼鮮艷。首先，把甜菜洗淨去皮，記得完整保存甜菜的根部1吋，用鋁箔紙包起來，以350°F/175°C烤45分鐘。如果甜菜更大顆，則可能要烤1小時15分鐘或是更久。小心打開鋁箔紙，移除甜菜，然後把甜菜汁倒入保存盒中。

· 如果想要巧克力味重一點，可以用¼杯/0.7盎司/21公克的可可粉，要先過篩再秤需要的量，記得要減少等量的麵粉。

# 覆盆莓醬

份量：¾杯/177毫升/7.5盎司/211公克

| 食材 | 容量 | | 重量 |
|---|---|---|---|
| 冷凍無糖覆盆莓（一包12盎司） | 3 杯 | 12 盎司 | 340 公克 |
| 現榨檸檬汁 | 1 小匙（5 毫升） | . | 5 公克 |
| 細砂糖 | ⅓ 杯 | 2.3 盎司 | 67 公克 |

製作覆盆莓醬

**1**・將冷凍的覆盆莓退冰瀝乾，可能需要幾個小時。（若要快速解凍，可以把瀝網架在碗上一起放入烤箱，烤箱使用最小電源功能，或是開啟烤箱內的燈。）擠壓覆盆莓，盡量把汁擠出來。約可擠出½杯/118毫升/4.5盎司/128公克的汁。擠乾的覆盆莓放一旁備用。

**2**・在小煮鍋中（或是2杯容量的可微波玻璃量杯，內部噴上烤盤油），用小火煮沸覆盆莓汁，直到濃縮成2大匙/30毫升/1盎司/30公克。如果使用煮鍋，可以把汁倒入噴過烤盤油的玻璃量杯中以停止鍋子持續加熱。冷卻備用。

**3**・將覆盆莓用金屬過濾磨泥器磨成細泥，或是用細孔篩網架在碗上，把覆盆莓篩過以去除籽（覆盆莓籽非常小顆，所以可能穿過磨泥器，只有以細孔篩網才能完全避免果泥裡面有籽）。大概可取得½杯/118毫升/4盎司/113公克的果泥。把濃縮過後的覆盆莓汁和檸檬汁加入果泥中稍微攪拌。最後大約可取得⅔杯/158毫升/5盎司/145公克的覆盆莓醬（如果沒有這麼多，可以等比例加入糖，糖的量應該與一半的果泥量等重）。加完糖後攪拌，直到糖都溶解在醬汁中。

**4**・醬汁可以冷藏10天或是冷凍1年。在有相同的風味前提下，可以解凍再冷凍至少三次。

準備蛋糕淋面

**5**・用活動式派盤的底部或是兩支鍋鏟，把冷卻的蛋糕放到盤子上。在蛋糕底周圍插入一些烤盤紙條。把½杯/118毫升/4.7盎司/135公克的覆盆莓醬刷在整個蛋糕上，然後把烤盤紙條取出丟掉。

**6**・食用時可以搭配一點微甜打發鮮奶油（參照p.532），也可以用剩餘的醬汁裝飾擺盤。

保存

・密閉盒裝：室溫1天；冷藏3天；冷凍2個月。

## 不失敗祕訣

冷凍莓類最適合用來製作醬汁，因為冷凍後莓類的部分結構已經被破壞，所以會出更多水，也因此，可以拿來煮成濃縮醬汁，並保存水果的風味。但注意要使用無糖的冷凍莓果，因為帶糖的果汁會使果汁還沒濃縮完全，就先焦糖化了。

# 粉紅珍珠女士蛋糕
## PINK PEARL LADY CAKE

烤箱溫度　350°F/175°C

烘烤時間　蛋糕：30～40 分鐘；杯子蛋糕：15～20分鐘

這 個蛋糕是為了紀念我一位最親愛的朋友，同時也是值得尊敬的同事，麗莎·約克森（Lisa Yockelson）。麗莎和我一樣很喜歡心形，她最愛的顏色是粉色（我最愛的是桃紅）。她就像珍珠一樣，耀眼蘊含美麗，種種原因啟發了這個蛋糕的構想。我使用一點點食用色素，讓蛋糕麵糊呈現出一點粉。白巧克力翻糖食譜則是加州門洛公園蛋糕房（Studio Cake in Menlo Park）的蛋糕師貝絲·安·高柏（Beth Anne Goldberg）提供，這是一款美味的翻糖。這帶有金屬光澤的翻糖珍珠，讓整個蛋糕更耀眼迷人。

事前準備

翻糖要在至少6小時前製作完成。

器具

一個9×2吋高的心形烤模或圓形蛋糕烤模（8～8⅔杯容量），外側圍上蛋糕模邊條，

底部抹上一層酥油，然後蓋上裁剪好的烤盤紙。再噴上含麵粉的烤盤油

（如果家裡沒有，可噴上烤盤油和沾上薄薄一層麵粉）。

如果使用心形模，需準備一個杯子蛋糕紙模，放置於瑪芬模中或瓷杯中。

可選擇器具：一個珍珠矽膠模（參照p.63小重點）。

# 麵糊

| 食材 | 容量 | 重量 | |
|------|------|------|------|
| 4～6 顆蛋黃（室溫） | ¼ 杯＋2 小匙（69 毫升） | 2.6 盎司 | 74 公克 |
| 牛奶 | ⅔ 杯（158 毫升。分次使用） | 5.7 盎司 | 161 公克 |
| 香草精 | ½ 小匙（7.5 毫升） | . | . |
| 紅色食用色素 | ⅛ 小匙 | . | . |
| 低筋麵粉 | 2 杯，（篩入量杯至滿抹平，與量度同高） | 7 盎司 | 200 公克 |
| 細砂糖 | 1 杯 | 7 盎司 | 200 公克 |

| 食材 | 容量 | | 重量 |
| --- | --- | --- | --- |
| 泡打粉 | 2¾ 小匙 | . | 12.4 公克 |
| 細海鹽 | ⅜ 小匙 | . | 2.2 公克 |
| 無鹽奶油<br>（65～75°F/19～23°C） | 8 大匙（1 條） | 4 盎司 | 113 公克 |

### 烤箱預熱

· 預熱：350°F/175°C，預熱時間：20分鐘以上。

· 將烤架設置在下方（分上中下三部分）。

### 混合濕料

1 · 在碗中將蛋黃、3大匙/44毫升/1.6盎司/45公克的牛奶、香草精和食用色素打散混合。

### 製作麵糊

2 · 使用槳狀攪拌器。在桌上型攪拌機的鋼盆中放入麵粉、糖、泡打粉和鹽，使用低速攪拌30秒後加入奶油和剩餘的牛奶。用低速攪拌直到麵糊濕潤，再用中速打1分鐘30秒。刮缸。

3 · 用中低速打，分兩次慢慢倒入混合的濕料。每倒入一部分濕料，就要用中速打30秒，使麵糊充分混合並增加黏稠度。刮缸。

4 · 將麵糊放入準備好的一個杯子紙模中，大概裝⅔滿（約1.8盎司/50公克）；將剩餘麵糊倒入準備好的心形模中，用小支蛋糕抹刀將表面抹平（如果使用的是圓形烤模，就不用準備杯子模）。

### 烘烤

5 · 烘烤30～40分鐘（杯子模的部分，則烤15～20分鐘）或是烤到金黃色，將竹籤插入中央取出時，沒有沾上任何麵糊，輕壓中央感覺有回彈的質地。出爐後蛋糕的邊會開始內縮。

### 冷卻及脫模

6 · 將蛋糕留在烤模中，放在烤架上10分鐘冷卻，使用小支蛋糕抹刀緊貼烤模邊緣順著劃過，然後倒放在噴了烤盤油的烤架上。靜置等待蛋糕完全冷卻。冷卻後蛋糕膨起的部分會平一點。將杯子蛋糕的部分留在烤模內冷卻。（其實，你根本不需要用杯子蛋糕來完成整個蛋糕，這是給你的獎賞，只有做蛋糕的人才有的小禮物！）

# 白巧克力翻糖

**份量：1磅/13.8盎司/845公克**

## 可塑性白巧克力

份量：10盎司/285公克

| 食材 | 容量 | | 重量 |
|---|---|---|---|
| 含可可脂白巧克力（切碎） | . | 7.7 盎司 | 218 公克 |
| 玉米糖漿 | ¼ 杯（59 毫升。量杯可事先噴過烤盤油） | 2.9 盎司 | 82 公克 |

製作可塑性白巧克力

**1**・在可微波的碗中加熱巧克力，每15秒攪拌一次，直到整碗巧克力差不多都融化（或是使用雙層煮鍋，隔水加熱且不停攪拌，記住，上層鍋子不要碰到下層鍋內的水）。

**2**・停止加熱巧克力，攪拌直到全部融化均勻。

**3**・將玉米糖漿倒入融化巧克力中，並用橡皮刮刀稍微混合均勻，但不用攪拌過度。保鮮膜封緊之後放室溫2小時冷卻，直到溫度不超過75°F/24°C（如果溫度太高，可可脂在揉捏翻糖時會分離出來）。

## 基本披覆用翻糖

份量：20盎司/567公克

| 食材 | 容量 | | 重量 |
|---|---|---|---|
| 糖粉（推薦 India Tree Fondant & Icing Powdered Sugar 品牌，參照p.528） | 4 杯（篩入量杯至滿抹平，與量度同高） | 1磅 | 454 公克 |
| 水 | 2 大匙（30 毫升） | 1 盎司 | 30 公克 |
| 吉利丁粉 | ½ 大匙 | . | 4.5 公克 |
| 葡萄糖漿（參照p.60小重點） | ¼ 杯（59 毫升），杯子可先噴過烤盤油 | 3 盎司 | 85 公克 |
| 食用甘油（參照p.60小重點） | ½ 大匙（7.5 毫升） | . | 9 公克 |
| 白油或白色酥油，推薦Spectrum品牌（參照p.60小重點） | 1 大匙 | . | 12 公克 |

製作基本披覆用翻糖

1·把糖粉篩到一個大鋼盆中。

2·在一個可微波的小碗裡放入水，撒上吉利丁粉，攪拌之後靜置5分鐘。把吉利丁水放到微波中加熱，記得用刮刀每隔幾秒就攪拌一次（或是隔水加熱，水不要沸騰，不停攪拌），直到吉利丁粉都溶解在水裡。把吉利丁水倒入小煮鍋中，加入葡萄糖漿和食用甘油，最後加入白油，用中小火開始加熱，記得攪拌，直到白油完全都融化。

3·把小煮鍋中的混合液體倒入糖粉中。用噴過烤盤油的木勺或是湯匙攪拌，直到看不見液體。在手上噴上少許烤盤油，然後開始揉翻糖，一直到成塊。

4·在平滑的工作檯上（像是木製工作板或大理石）噴上少許烤盤油。把糖團揉捏直到質地均勻平滑，如果糖團太黏手就再加糖粉。翻糖捏好後質地應該會像是一顆表面平滑的石頭。當把翻糖摔在工作檯上時，它應該會有一點點攤平，但大致還是維持原狀。在加入可塑性巧克力前，將翻糖緊緊用保鮮膜包好，然後放到密閉的盒子中備用。

# 白巧克力翻糖

份量：20盎司/567公克

| 食材 | 容量 | 重量 | |
|---|---|---|---|
| 可塑性白巧克力 | . | 10 盎司 | 285 公克 |
| 披覆用翻糖 | . | 20 盎司 | 567 公克 |
| 金屬色粉（推薦帶有紫色金屬光澤，參照p.63） | 適量 | . | . |

完成翻糖

1·用橡皮刮刀輕輕攪拌可塑性巧克力，直到質地均勻，然後開始呈團。把可塑性白巧克力倒在工作檯面上，捏成一顆顏色均勻、表面光滑的球。

2·在工作檯面及擀麵棍上噴上少許烤盤油，把披覆用翻糖擀成一個約¼吋厚的橢圓形，擺成橫向。把可塑性巧克力擀成只有⅓小的橢圓形，蓋在橢圓翻糖的正中間。不用擔心如果看到可塑性巧克力中有氣泡或是顆粒，最後都將會和翻糖一起擀平。把可塑性巧克力放在橢圓正中央，右方⅓的翻糖往左邊摺，蓋在巧克力上；同樣左方⅓的翻糖往右蓋，就像摺信，然後翻面讓開口在左邊。開始擀開會發現整塊白巧克翻糖顏色越來越接近，再把它們揉成一團。可以重複這個動作，擀開、對摺、揉成團，直到白巧克力翻糖成為均勻的象牙白色。白巧克力翻糖會非常有彈性，直到裡面的可可脂冷卻後才會定型。如果馬上使用，它們會自己延展得很薄，蛋糕表面看起來會有點不平滑。

3·將白巧克力翻糖先揉成圓球再打扁，用保鮮膜緊緊包住，靜置幾個小時。翻糖會稍微變硬。

4·翻糖可以在室溫下保存1個月或是冷凍1年。

‧可塑性白巧克力與披覆用翻糖的比例是可以調整，可塑性白巧克力與翻糖從1：4～1：1都可以，取決於你想要的白巧克力味。但如果用越多可塑性白巧克力，最後翻糖的顏色就會比較黃，質感也會比較硬。

‧¼杯/59毫升/2.9盎司/82公克的玉米糖漿可以用葡萄糖漿替代，但水的部分就要減少成1½大匙/22毫升/0.8盎司/22公克。

‧使用食用級甘油，可在烘焙食材店取得。（參照p.543）

‧Spectrum品牌的白油也可以用Crisco傳統型白油替代。新一代的Crisco白油則不推薦使用，它的效果不如預期。

‧推一薦個品質不錯的披覆用翻糖：Pettinice，是紐西蘭Bakels的產品。（參照p.543）

# 草莓慕斯林奶油霜

**份量：約2¼杯＋2大匙/15.2盎司/430公克**

| 食材 | 容量 | 重量 | |
|---|---|---|---|
| 無鹽奶油，最好是高乳脂的，稍軟但是摸起來是冷的（65～68°F/19～20°C；參照p.62小重點） | 13大匙（1½條＋1大匙） | 6.5盎司 | 184公克 |
| 2顆蛋白（室溫） | ¼杯（59毫升） | 2.1盎司 | 60公克 |
| 細砂糖 | ¼杯＋3大匙（分次使用） | 3盎司 | 87公克 |
| 水 | 2大匙（30毫升） | 1盎司 | 30公克 |
| 塔塔粉 | ¼小匙 | ‧ | ‧ |
| 草莓醬（參照p.62小重點） | ½杯＋2大匙（分次使用） | 6.2盎司 | 177公克 |
| 香草精 | ½小匙（2.5毫升） | ‧ | ‧ |
| 紅色液態食用色素（可不加） | 2滴 | ‧ | ‧ |

攪拌奶油

1‧使用槳狀攪拌器。在桌上型攪拌機的鋼盆中放入奶油，使用中高速攪拌約1分鐘後，奶油會變得綿密滑順。放在陰涼處備用（不超過70°F/21°C）。

準備蛋白

2‧如果桌上型攪拌機有兩個鋼盆，把蛋白放在第二個鋼盆內，或是放在一般大鋼盆內，準備好手持電動攪拌器備用。

## 加熱糖水

**3．**準備一個有杯嘴容易倒的耐熱杯子。

**4．**在小的厚底煮鍋中，最好是不沾鍋材質，倒入糖（倒入鍋中前先留下2大匙待會用）和水，直到糖都浸濕。用中火加熱，時而攪拌直到糖都溶解在水中並開始沸騰。停止攪拌並轉至小火繼續煮。（若使用電磁爐則可離開加熱區。）

## 開始攪拌蛋白

**5．**如果使用桌上型攪拌機，則用球形攪拌器打發。把蛋白和塔塔粉用中速打發直到成型。把速度調到中高速打發蛋白，直到呈現彎彎鳥嘴的濕（軟）性發泡的狀態。慢慢加入剩餘的2大匙糖繼續攪拌，然後用低速打到呈尖尖鳥嘴的乾（硬）性發泡的狀態。

## 把糖水煮到120℃

**6．**將糖水以大火繼續煮幾分鐘，並利用溫度計測量，當到達248～250℉/120℃時，立刻倒入準備好的耐熱杯中，停止糖水繼續加熱。

## 將糖水倒入蛋白中

**7．**如果使用桌上型攪拌機，在最開始倒入的時候先不要開機，以免攪拌器運轉過程中把糖水噴濺到盆緣凝結而攪拌不到。剛開始，先在蛋白的缸中倒入一小部分糖水，然後立即開高速打5秒。剩下的糖水分三次加入，都用同樣的方法。最後一次加入糖水時，記得把玻璃杯中的糖水刮除乾淨，抹在球形攪拌器上。如果糖水變得太硬無法倒出抹淨，可以放入微波加熱幾秒鐘，讓糖水變成液體狀態。

**8．**如果使用手持電動攪拌器，固定手的姿勢將蛋白打發。注意，不要把糖水倒在攪拌器上，否則糖水會噴濺到盆緣凝結而攪拌不到。

**9．**把速度調整到中速繼續打不超過2分鐘，將蛋白霜冷藏約5～10分鐘，或是冷卻到 70℉/21℃。在冷卻5分鐘時可以用攪拌器攪拌一下，看整鍋蛋白霜溫度是否平均降低。

## 把蛋白霜加入麵糊中

**10．**在桌上型攪拌機的軟奶油鋼盆中換上球形攪拌器（剛剛攪完蛋白霜的不用清洗）。用中高速打約3分鐘，或是直到奶油顏色發白，但記得溫度不要超過70℉/21℃。

**11．**把蛋白霜刮入打發奶油，用中速混合攪拌直到兩者滑順綿密，攪拌2分鐘後刮缸。剛開始看起來有點分離的樣子，如果開始出水，稍微檢查是不是太熱。這個慕斯林奶油霜應該要摸起來涼涼的，介於65F/19C～70℉/21℃之間。如果奶油霜太熱，則把鋼盆隔著冰水降溫（參照p.554），記得先用刮刀輕輕混合，再用打蛋器打。如果奶油霜溫度太低，可以迅速架在煮鍋上加熱一下（記得鋼盆底部不要碰到下層的熱水），當鍋邊的奶油開始融化就大力攪拌，然後隔著冰水幾秒可以立刻停止加熱。此時便可以重新手打發慕斯林奶油霜。

**12．**放入¼杯/3大匙/4.4盎司/124公克的草莓醬、香草精和食用色素攪拌均勻。慕斯林奶油霜應該會帶有彈性並且膨鬆。如果不是要馬上使用，下次使用前記得用攪拌器稍微攪拌一下，讓它的質地比較絲滑。如果放冷藏保存，使用前先讓它退到室溫（最少70℉/21℃）再開始攪拌，才不會發生分離出油的狀況。

**13．**慕斯林奶油霜應該會有1杯多的份量，很適合拿來裝飾杯子蛋糕。使用方法一樣是先退冰到室溫，然後稍微攪拌後再使用。

‧高脂（也就是含水量低）的奶油能確保成品有乳化柔順的口感，然而溫度才是成功製作奶油霜的關鍵，所以需要有一支立即偵測的溫度計，操作上更方便。蛋白霜和奶油的溫度若是介於65～70°F/19～21°C，就會很容易操作，自然能完成成功的奶油霜。

‧美國湯匙食品公司（American Spoon，參照p.541）生產的草莓醬味道非常棒，用這品牌的果醬甚至不用加紅色色素。當然也可以用一般含有草莓塊品牌的果醬，不過要先過濾，去除草莓塊，使果醬非常細緻，才能加入奶油霜中。如果果醬太甜，過濾後也可以加點檸檬汁調味。

### 蛋糕組合

**14‧**開始組裝蛋糕時，把蛋糕倒過來，放在中心稍微抹了奶油霜的平盤或蛋糕底盤上，然後放在蛋糕轉盤上。在底部蛋糕邊緣和盤子的接縫處塞一些烤盤紙紙條，以免操作時弄髒了盤子。

### 修整蛋糕表面邊緣直角部分

**15‧**用小鋸齒刀或檸檬刨絲刀把表面邊緣直角的部分修成圓弧形。這是為了在披覆翻糖時，避免直角部分的翻糖會被拉裂。

### 分割及披覆

**16‧**用長的鋸齒刀將蛋糕橫切為兩層，每層約1吋高度。用一個蛋糕底盤或活動式蛋糕烤模的底部平面部分，慢慢塞到橫切面裡，把上半部拿起來放旁邊備用。在下層的蛋糕表面塗上1杯/6.3盎司/179公克的慕斯林奶油霜。先把慕斯林奶油霜倒一部分在蛋糕上，再用小支奶油抹刀貼著奶油霜前後塗抹，去除奶油霜中的氣泡，並均勻覆蓋整個表面。把剩餘的2大匙草莓醬均勻抹在奶油霜上。

**17‧**將上層蛋糕順勢滑出超過一點點蛋糕底盤。一邊將蛋糕滑出，一邊慢慢調整位置角度，使上下層盡量一致，將上層稍微朝向自己拉起，這樣另一邊會比較精確對準。如果發現上下層沒有對齊，可以拿支長抹刀放入奶油霜的夾層處輔助移動。

### 披覆前置作業

**18‧**用毛刷將蛋糕表面還有烤盤紙條上的蛋糕屑刷掉，保持整潔。在披覆前塗抹的這層奶油霜非常薄，最好能夠非常平整滑順，因為披覆之後任何一個小缺點都會很容易顯現。使用奶油霜時，先塗抹側邊部分，再塗抹頂部，必要時也要把縫隙填滿。

**19‧**把塗抹好奶油霜的蛋糕先冷藏1小時，讓奶油霜冷卻定型。然後塗抹第二層薄薄的奶油霜，讓表面及側邊更平整。抹上層邊緣的部分時，必須確認角度是稍緩的圓弧形。把蛋糕冷藏1小時或是直到第二層奶油霜定型，小心的把下方墊的烤盤紙取出。

### 披覆翻糖

**20‧**翻糖最適合的操作溫度是80°F/27°C。如果太硬，可以微波約5秒鐘。將翻糖稍微揉捏直到軟硬適中，方便操作。

**21·**在平整的工作檯和**擀麵棍**上噴少許烤盤油，然後把翻糖**擀**開成大約直徑13吋、厚¼吋的圓。

**22·**將手心向上慢慢伸到翻糖下方，移動翻糖對準蛋糕上方均勻鋪上。即使翻糖可能會稍微縮起，還是要避免拉扯以免斷裂。從頂部中心開始將翻糖貼順抹平，使用手掌部分從中心往外畫圓讓氣泡移除。如果有氣泡，也可以用針戳再抹平。用銳利的剪刀將心形接縫處多餘的三角部分剪掉，然後用手指把接縫處抹平。

**23·**用披薩刀、利刃或是單邊剃刀，在盤中割除多餘翻糖。如果用披薩刀，記得調整角度，以免在翻糖上留下記號。割除多餘的翻糖時，要預留約½吋，以免整型時發現太短。等待最後整型結束，如果必要再割除多餘部分。將多餘的翻糖捏成球狀，用保鮮膜包好以維持柔軟。

製作珍珠

**24·**用剩餘的翻糖製作約11顆珍珠。捏一小塊翻糖，用手指搓揉，一次一個，然後放到手掌中揉圓，一顆約⅓～½吋大小。把手洗乾淨並擦乾。把一些金屬色粉放在一隻手掌中，另一隻手拿起一顆小珍珠，用食指放進色粉中滾動，直到完全覆蓋色粉。完成上色的珍珠可以放到蛋糕上。以同樣步驟完成所有珍珠的上色。如果一披覆好蛋糕就製作珍珠，翻糖還濕潤，可以直接固定珍珠。不然，也可以用融化巧克力把珍珠固定在蛋糕上。

**25·**如果蛋糕底部邊緣不好看，也可以做一些白珍珠項鍊圍一圈。

**26·**食用前或是保存前要靜置蛋糕至少3小時，但不用蓋蓋子。切蛋糕時建議用鋸齒刀。

保存

· 用保鮮膜輕輕包住或是放在蛋糕盒中。室溫2天，冷藏5天。

## 小重點

· 若要製作珍珠項鍊圍邊，建議可以在烘焙材料行找到金屬色粉還有矽膠珍珠模。

# 巧克力淋面大理石蛋糕

MARBLE IN REVERSE WITH CUSTOM ROSE BLEND GANACHE GLAZE

份量：12 ～ 14 份

烤箱溫度　350°F/175°C

烘烤時間　45～55 分鐘

大 部分的大理石蛋糕，都是黃色蛋糕配上巧克力紋路。伍迪（Woody）和我則小小改變了一下，我們做的基底是巧克力蛋糕配上黃色紋路。很特別的一點是，我們不需要把麵糊做得和大理石一樣，最後呈現漂亮的斑馬漩渦，是經過烘烤膨脹的自然結果。淋面的部分可能會是你嘗過最誘人的甘納許。這是我自己搭配的白巧克力混合黑巧克力，所呈現的牛奶巧克力濃郁且滑順、最完美的搭配。

器具

10杯容量大小的中空金屬模（參照p.67小重點），

噴上少許烤盤油並沾黏上一點麵粉。

# 麵糊

| 食材 | 容量 | 重量 | |
|---|---|---|---|
| 苦甜巧克力，<br>60～62%可可含量（切碎） | . | 4.6 盎司 | 130公克 |
| 5～8 顆蛋黃（室溫） | ¼ 杯＋2 大匙（89 毫升） | 3.3 盎司 | 93 公克 |
| 酸奶油 | ¾ 杯（分次使用） | 6.4 盎司 | 181 公克 |
| 香草精 | 2 小匙（10 毫升） | . | . |
| 低筋或中筋麵粉 | 2¼ 杯（或2 杯。篩入量杯<br>至滿抹平，與量度同高） | 7.9 盎司 | 225 公克 |
| 細砂糖 | 1 杯＋2 大匙 | 7.9 盎司 | 225 公克 |
| 泡打粉（推薦Argo品<br>牌，參照p.67小重點） | 1 小匙 | . | 4.5 公克 |
| 小蘇打粉 | ½ 小匙 | . | 2.7 公克 |
| 細海鹽 | ⅜ 小匙 | . | 2.2 公克 |
| 無鹽奶油<br>（65～75°F/19～23℃） | 14 大匙（1¾ 條） | 7 盎司 | 200 公克 |

## 烤箱預熱

• 預熱：350℉/175℃（若使用深色烤模：325℉/160℃）預熱時間：20分鐘以上。

• 將烤架設置在下方（分上中下三部分）。

## 融化巧克力

**1**・把巧克力放在可微波的碗中加熱，每15秒用矽膠刮刀稍微攪拌（或是在瓦斯上架上雙層煮鍋，底下的鍋子放入接近但低於沸騰溫度的熱水，注意不要讓上層的鍋子碰到下層鍋內的熱水），加熱巧克力直到幾乎融化。停止加熱，但繼續攪拌直到完全融化。讓巧克力冷卻到溫溫的，不燙手，但還是液體狀態。

## 混合濕料

**2**・在碗中放入蛋黃，¼杯/2.1盎司/60公克的酸奶油、香草精，稍微攪拌開來。

## 製作黃麵糊

**3**・使用槳狀攪拌器。在桌上型攪拌機的鋼盆中放入麵粉、糖、泡打粉、小蘇打粉和鹽，使用低速攪拌30秒後加入奶油和剩餘的酸奶油。用低速攪拌直到麵糊濕潤，再用中速打1分鐘30秒。刮缸。

**4**・用中低速打，分兩次慢慢倒入混合的濕料（蛋黃液）。每倒入一部分，就要用中速打30秒，使麵糊充分混合並增加黏稠度。刮缸。把⅓量（2½杯/10.6盎司/300公克）的麵糊取出放入碗中，當作黃麵糊的部分。

## 製作巧克力麵糊

**5**・把融化的巧克力刮到鋼盆中，與剩餘的黃麵糊一起用低速打，直到顏色一致。

## 入模

**6**・把⅓量（9.3盎司/265公克）的巧克力麵糊倒入烤模。用小刮刀將麵糊均勻平鋪在烤模底部，然後在麵糊中央順著畫一條溝。

**7**・為了讓紋路鮮明美麗，把麵糊放在湯匙中，用手指把麵糊推出，讓它落在麵糊上。最後再用小刮刀稍微壓實麵糊，緊貼烤模形狀。注意不要花太多時間入模，以免減低麵糊中泡打粉的時效。

**8**・挖起約¼量的黃麵糊（2.6盎司/75公克）沿著巧克力麵糊放上。然後挖起約至少⅓剩餘的巧克力麵糊（4.8盎司/135公克），放在黃麵糊之上，用小刮刀把巧克力向中心以及向外側鋪平。

**9**・挖起將近一半量的剩餘黃麵糊（3.5盎司/100公克），放在巧克力糊上畫一圈。然後挖起將近一半量的剩餘巧克力麵糊（5.3盎司/150公克），放在黃麵糊之上，用小刮刀把巧克力向中心以及向外側鋪平。

**10**・挖起剩餘的黃麵糊放在巧克力糊上劃一圈。然後挖起剩餘的巧克力麵糊放在黃麵糊之上，用小刮刀把巧克力向中心以及向外側鋪平。

## 烘烤

**11**・烘烤45～55分鐘或是將竹籤插入中央取出時，沒有沾上任何麵糊，輕壓中央感覺有回彈的質地。出爐後蛋糕的邊會開始稍微內縮。

冷卻及脫模

**12**・將蛋糕留在烤模中，放在烤架上10分鐘冷卻。將蛋糕輕輕的上下晃動，直到蛋糕體稍微脫模，然後倒放在噴了烤盤油的鐵架上自然冷卻。在倒上淋面前蛋糕必須完全冷卻，或是用保鮮膜緊緊包裹冷卻。

## 小重點

・蛋糕特別吸引人的形狀，是使用諾迪威（Nordic Ware）的巴伐里亞（Bavaria）模，或是用傳統的中空環狀模（Bundt）。

・亞果（Argo）出產的泡打粉不會讓蛋糕脹得太高，因為這泡打粉會在烘烤時才開始作用。

# 我的特製巧克力甘納許淋面

**份量：⅔杯/6.6盎司/188公克**

| 食材 | 容量 | 重量 | |
|------|------|------|------|
| 含可可脂白巧克力（切碎） | · | 2.7 盎司 | 77 公克 |
| 苦甜巧克力，60～62%可可含量（切碎） | · | 1.4 盎司 | 40 公克 |
| 熱鮮奶油（乳脂36%以上） | ⅓ 杯（79 毫升） | 2.7 盎司 | 77 公克 |

製作甘納許淋面

**1**・把篩網架在有杯嘴易倒的玻璃量杯上。

**2**・把巧克力放在可微波的碗中加熱，每15秒用矽膠刮刀稍微攪拌（或是在瓦斯上架上雙層煮鍋，底下的鍋子放入接近但低於沸騰溫度的熱水，注意不要讓上層的鍋子碰到下層鍋內的熱水），加熱兩種巧克力直到幾乎融化。

**3**・停止加熱，但繼續攪拌直到完全融化。

**4**・將熱鮮奶油倒入融化的巧克力中，繼續攪拌直到兩者融合滑順。過篩後讓它靜置冷卻，每15分鐘攪拌一下，但要輕輕的以免產生氣泡。使用刮刀測試，當巧克力從刮刀上滴落時可以看見輪廓，然後慢慢的沉入巧克力中（溫度約75°F/24℃）。淋面必須立即使用，或是覆蓋保鮮膜，直到欲使用前微波強火3秒鐘，或隔水加熱。

蛋糕組合

**5**・把蛋糕放在盤子上。從蛋糕上端均勻倒上淋面，使它們自然流到盤子上。

保存

・密閉盒裝：室溫2天；冷藏5天；冷凍2個月。

# 巧克力芙蘿蘿與焦糖奶油霜

THE CHOCOLATE FLORO ELEGANCE WITH CARAMEL BUTTERCREAM

**份量：12 ～ 14 個**

烤箱溫度　350°F/175°C

烘烤時間　30～40 分鐘

　　一群來自東西海岸致力於烘焙的烘焙師團體——東西兩岸烘焙師團體（Bakers Dozen East and West），在這食譜中相會了。這道食譜要感謝一位老友，也是我尊敬的同事芙蘿‧布瑞克（Flo Braker），她同時也是西岸烘焙師團體的創始人之一。我覺得如果把芙蘿的超人氣黑巧克力蛋糕和我的巧克力多明哥蛋糕綜合，應該會是個很棒的主意。芙蘿的巧克力蛋糕比較偏苦甜，沒那麼扎實，也沒那麼濕潤；而我的多明哥蛋糕則是比較濃厚、扎實。這兩者混合就會變成完美的聯姻：苦甜巧克力蛋糕變得綿密、濃厚、輕柔且濕潤。白巧克力焦糖奶油霜是畫龍點睛的搭配。如果需要更花俏，我也喜歡放上一點漂亮的巧克力鏡面。

**事前準備**

焦糖奶油霜需提前至少3小時製作完成。

**器具**

兩個9×2吋的圓形烤模，外側圍上蛋糕模邊條，底部抹上一層酥油，
然後黏上裁剪好的烤盤紙，再噴上含麵粉的烤盤油
（如果家裡沒有，可噴上烤盤油和沾上薄薄一層麵粉）。

# 麵糊

| 食材 | 容量 | 重量 |
|---|---|---|
| 高品質黑巧克力或是99%可可巧克力（切碎） | · | 3 盎司 | 85 公克 |
| 無糖可可粉（鹼化） | 2 大匙 | · | 9 公克 |
| 熱濃咖啡（參照p.71小重點） | ¾ 杯（177 毫升） | 6 盎司 | 174 公克 |
| 酸奶油 | 1 杯 | 8.5 盎司 | 242 公克 |
| 香草精 | 2 小匙（10 毫升） | · | · |
| 3顆蛋（室溫） | ½ 杯＋1½ 大匙（140 毫升） | 5.3 盎司 | 150 公克 |
| 低筋麵粉 | 2¼杯（篩入量杯至滿抹平，與量度同高） | 8 盎司 | 228 公克 |
| 泡打粉 | 2 小匙 | · | 9 公克 |
| 小蘇打粉 | ¾ 小匙 | · | 4.1 公克 |

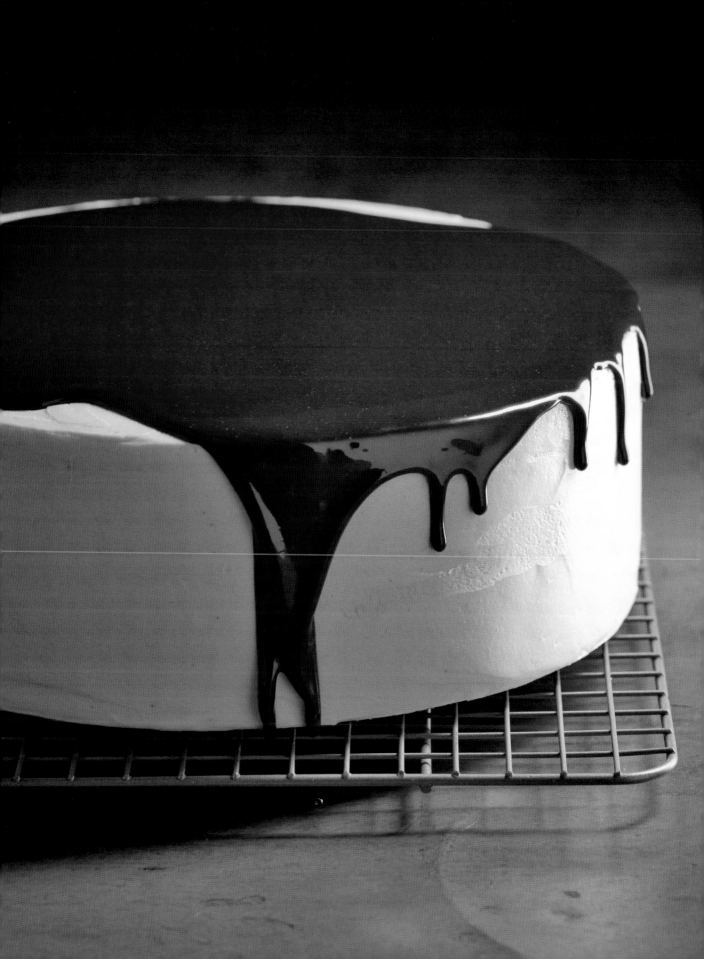

| 食材 | 容量 | | 重量 |
|---|---|---|---|
| 細海鹽 | ¾ 小匙 | . | 4.5 公克 |
| 無鹽奶油<br>（65～75℉/19～23℃） | 12 大匙（1½ 條） | 6 盎司 | 170 公克 |
| 芥花籽油或紅花油（室溫） | 1½ 大匙（22 毫升） | 0.7 盎司 | 20 公克 |
| 細砂糖 | 1¾ 杯 | 12.3 盎司 | 350 公克 |

### 烤箱預熱

· 預熱：350℉/175℃，預熱時間：20分鐘以上。

· 將烤架設置在下方（分上中下三部分）。

### 融化巧克力

**1** · 把巧克力放在可微波的碗中加熱，每15秒用矽膠刮刀稍微攪拌（或是在瓦斯上架上雙層煮鍋，底下的鍋子放入接近但低於沸騰溫度的熱水，加熱中要不時攪拌，注意不要讓上層的鍋子碰到下層鍋內的熱水），加熱巧克力直到幾乎融化。

**2** · 停止加熱，但繼續攪拌直到完全融化。然後將巧克力靜置於溫暖的地方，保持溫溫的。

### 將可可粉溶於咖啡中

**3** · 小碗裡放入可可粉和熱濃咖啡攪拌，直到可可粉溶解，用保鮮膜蓋著，以免水分揮發，將咖啡靜置於溫暖的地方，保持溫溫的。

### 混合酸奶油及香草精

**4** · 在碗中放入酸奶油與香草精攪拌。

### 攪拌蛋

**5** · 在一個玻璃量杯中把蛋打散攪勻。

### 混合乾料

**6** · 在中碗裡混合麵粉、泡打粉、小蘇打粉及鹽。

### 製作麵糊

**7** · 使用槳狀攪拌器。在桌上型攪拌機的鋼盆中放入奶油和油，使用中速攪拌約45秒後，奶油變得綿密且顏色變淡。慢慢加入糖，偶爾刮缸讓食材均勻混合。使用中速一直打約3～4分鐘，直到顏色發白且質地輕盈。

**8** · 用中低速打，慢慢倒入混勻的蛋液，直到蛋液完全被吸收。刮缸後用中低速一直打約3～4分鐘，直到油蛋均勻混合，顏色淡且質地輕盈。

**9** · 暫停攪拌機後倒入融化的巧克力，立刻開低速攪拌，以免巧克力遇冷凝固。約攪拌45秒後巧克力與油蛋均勻融合。

## 不失敗祕訣

加入濃咖啡的目的是為了要襯托巧克力的味道。建議使用新鮮咖啡，或是2杯濃縮咖啡加水稀釋到食譜中需要的量。

10・剩下的麵粉乾料分三次倒入，每次都要停止攪拌再倒入乾料，中間分兩次穿插加入酸奶油香草精。也就是依乾料→酸奶油香草精→乾料→酸奶油香草精→乾料的順序加入鋼盆中。每次加完都用低速攪拌10～15秒直到融合，必要時刮缸。把鋼盆和攪拌器離機，然後仔細刮除攪拌機上的殘留麵糊。分四次加入溫咖啡，用刮刀輕柔攪拌直到融合。

11・將麵糊倒入準備好的烤模中，用小支蛋糕抹刀將麵糊表面抹平。麵糊約佔烤模的½高（每個烤模中的麵糊約24.7盎司/700公克）。

烘烤

12・烘烤30～40分鐘或是將竹籤插入中央取出時，沒有沾上任何麵糊，輕壓中央感覺有回彈的質地。出爐後蛋糕的邊會開始內縮。

冷卻及脫模

13・將蛋糕留在烤模中，在烤架上10分鐘冷卻。使用小支蛋糕抹刀緊貼烤模邊緣順著劃過，然後倒放在噴了烤盤油的鐵架上。為了避免蛋糕碎裂，蛋糕需要再倒置，也就是蛋糕頂部朝上。靜置直到完全冷卻。

## 小重點

・熱濃咖啡可以用熱水取代。

# 白巧克力焦糖奶油霜

份量：5杯/34.2盎司/970公克

## 軟焦糖

份量：1杯/237毫升/10.6盎司/300公克（參照P.72小重點）

| 食材 | 容量 | 重量 | |
|---|---|---|---|
| 細砂糖 | 1杯 | 7盎司 | 200公克 |
| 玉米糖漿 | 1大匙（15毫升） | 0.7盎司 | 20公克 |
| 水 | ¼杯（59毫升） | 2盎司 | 59公克 |
| 熱鮮奶油（乳脂36%以上） | ¼杯＋2大匙（89毫升） | 3.1盎司 | 87公克 |
| 無鹽奶油（65～75°F/19～23°C） | 2大匙 | 1盎司 | 28公克 |
| 香草精 | 2小匙（10毫升） | . | . |

製作軟焦糖

1・準備好兩個有杯嘴易倒取的玻璃量杯，內部稍微噴上烤盤油。

**2・**在小的厚底煮鍋中，最好是不沾鍋材質，混合糖、糖漿和水。開始加熱，時而攪拌直到糖都溶解在水中並開始沸騰。停止攪拌，讓糖水繼續煮沸直到變成深琥珀色（380℉/193℃），這時立即離火。因厚底鍋會讓焦糖溫度繼續升高，所以在到達溫度前就先離火，等焦糖一旦達到溫度，就倒入熱鮮奶油，這時會產生大量泡泡。

**3・**使用耐熱刮刀或木匙輕輕攪拌，記得要刮到鍋底沾黏的焦糖。回爐上用小火加熱攪拌約1分鐘，直到焦糖顏色均勻且沒有塊狀。

**4・**離火後邊攪拌邊加入奶油，焦糖會變得有一點分離的樣子，但攪拌冷卻後就會變得質地一致。

**5・**把煮好的焦糖倒入準備好的玻璃量杯中約3分鐘冷卻。加入香草精攪拌，冷藏約45分鐘，在冷藏的過程中，每15分鐘就要拿出來攪拌一下，直到嘗起來是涼的（溫度約70～75℉ /2	兩4 ℃）。

## 小重點

・以上做的焦糖將會比奶油霜食譜中要求的份量還多，這是為了確保量能足夠。

# 白巧克力卡士達
份量：2¼杯＋2大匙/22.6盎司/640公克

| 食材 | 容量 | | 重量 |
|---|---|---|---|
| 含可可脂<br>白巧克力（切碎） | ・ | 10.6 盎司 | 300 公克 |
| 無鹽奶油<br>（65～75℉/19～23℃） | 10½ 大匙<br>（1 條＋2½ 大匙） | 5.3 盎司 | 150 公克 |
| 4顆蛋（室溫） | ¾ 杯＋½ 大匙<br>（18 5毫升） | 7 盎司 | 200 公克 |

製作白巧克力卡士達

**1・**在瓦斯上架上雙層煮鍋，底下的鍋子放入接近但低於沸騰溫度的熱水，注意不要讓上層的鍋子碰到下層鍋內的熱水。攪拌加熱白巧克力和奶油，直到融化均勻。

**2・**稍微將蛋打散，加入融化的巧克力奶油中，攪拌直到兩者混合。換成耐熱刮刀攪拌，注意鍋底部分也要攪拌到以免過熱。一直攪拌直到溫度到達160℉/71℃。這時巧克力蛋糊會變得比較濃稠，倒入碗中，以保鮮膜封緊冷藏1小時。冷藏的過程中，每15分鐘拿出來稍微攪拌，直到嘗起來是涼的（溫度約65～70℉/19～21℃）。如果要加速冷卻，可以隔著冰水攪拌降溫。（參照p.554）

# 白巧克力焦糖奶油霜

| 食材 | 容量 | | 重量 |
|------|------|------|------|
| 無鹽奶油<br>（65～75℉/19～23℃） | 10 大匙（1 條＋2 大匙） | 5 盎司 | 142 公克 |
| 白巧克力卡士達 | 2¼ 杯＋2 大匙 | 22.6 盎司 | 640 公克 |
| 軟焦糖（參照p.71） | ⅔ 杯（157 毫升） | 7 盎司 | 200 公克 |
| 巧克力亮面<br>（參照p.312） | 1 杯（237 毫升） | 10 盎司 | 285 公克 |

完成白巧克力焦糖奶油霜

**1**・使用球形攪拌器。在桌上型攪拌機的鋼盆中放入奶油，使用中低速攪拌約30秒後，奶油會變得綿密。

**2**・慢慢把白巧克力卡士達倒入奶油中，必要時刮缸。將速度加快到中高速，打約2分鐘，直到以攪拌器提起來有尖尖鳥嘴狀。

**3**・用保鮮膜蓋著，靜置1小時30分鐘～2小時，或是直到質地變得濃稠且有彈性。奶油霜溫度應該低於70℉/21℃。如果必要，可以將鋼盆隔著冰水攪拌降溫幾分鐘，然後再上機，用中高速打30秒直到奶油霜變軟並輕柔滑順。

**4**・加入2/3杯/157毫升/7盎司/200公克的軟焦糖，攪拌直到混合即完成。（比較正確的方法是把攪拌缸放在秤上，然後倒入食譜中指示軟焦糖的重量。）

蛋糕組合

**5**・先將一點奶油霜塗抹在9吋蛋糕底盤或是盤子上，然後黏上一層蛋糕體。如果使用盤子，可以在蛋糕與盤子的接縫處墊一些烤盤紙紙條，避免弄髒盤子。在蛋糕上放約1杯量的白巧克力焦糖奶油霜抹平，蓋上第二層蛋糕。用剩餘的焦糖奶油霜平整的塗抹遮住所有蛋糕。完成後可以將烤盤紙抽出。

## 小重點

・如果使用巧克力鏡面，那麼塗好奶油霜的蛋糕需要冷藏30分鐘定型。在等待冷卻的過程中，可以製作p.312的巧克力亮面食譜，但是鏡面完成後還是要降溫到80℉/26℃才可以使用。如果鏡面在之前就做好了，可能現在質地會變得濃稠些。為了方便操作，可以把它加熱到85℉/28℃，然後把鏡面淋在蛋糕上，讓它們自然滴落，不需要整個蛋糕都被覆蓋。

## 不失敗祕訣

這份白巧克力奶油霜如果沒有添加焦糖，大概會有4杯/27.2盎司/770公克的量。所以可以製作這個基底的奶油霜，搭配其他風味，像是焦糖、檸檬或是其他凝乳類和果泥。

保存

・密閉盒裝：室溫1天；冷藏3天；冷凍2個月。

# 巧克力帕華洛帝蛋糕
# 與無與倫比甘納許

CHOCOLATE PAVAROTTI WITH WICKED GOOD GANACHE

**份量：8～14 個**

| 烤箱溫度 | 350°F/175°C |
|---|---|
| 烘烤時間 | 30～40 分鐘 |

**這**個蛋糕是要獻給盧奇亞諾·帕華洛帝（Luciano Pavarotti），他是我所知道唯一一位男高音，可以唱出地球上幾乎不存在，比高音C還高的高音E。我在黃白兩個蛋糕中添加了白巧克力，結果蛋糕膨脹得意外的高，變得更濕潤，入口即融的口感令人驚艷。這也啟發我使用相同方法製作黑巧克力蛋糕。在淋面部分我創造出一款超黑亮的甘納許食譜。它豐富了只有苦甜巧克力與玉米糖漿的搭配。口感則是令人無法置信的滑順，而風味則是難以形容的不同凡響。你可以留一點在冰箱裡，用於加入其他口味的甘納許，它可以保存幾個月以上。我在裡面添加的卡宴辣椒粉並不會改變甘納許的味道，但是它的確展現出一點不同層次的風味，並且延展整個甘納許的尾蘊。如果你是香料的愛好者，不妨添加更多辣椒粉。當年我在紐約的第50屆高中音樂與藝術聚會上做了這蛋糕，聽到不少同學說：「這蛋糕在我嘴裡唱歌呢！」其實這也是我的目的！

事前準備

要至少4小時前完成甘納許。

器具

一個9×2吋的圓形烤模，外側圍上蛋糕模邊條，底部抹上一層酥油，

然後黏上裁剪好的烤盤紙，再噴上含麵粉的烤盤油

（如果家裡沒有，可噴上烤盤油和沾上薄薄一層麵粉）。

## 麵糊

| 食材 | 容量 | | 重量 |
|---|---|---|---|
| 含可可脂的白巧克力（切碎） | . | 4 盎司 | 113 公克 |
| 無糖可可粉（鹼化） | ½ 杯＋1 大匙<br>（在秤量前先過篩） | 1.5 盎司 | 42 公克 |
| 熱水 | ½ 杯（118 毫升） | 4.2 盎司 | 118 公克 |
| 2 顆蛋（室溫） | ⅓ 杯＋1 大匙（94 毫升） | 3.5 盎司 | 100 公克 |
| 水 | 3 大匙（44 毫升） | 1.6 盎司 | 44 公克 |
| 香草精 | ½ 大匙（7.5 毫升） | | |
| 低筋麵粉 | 1½ 杯（篩入量杯至滿抹<br>平，與量度同高）＋1 大匙 | 5.5 盎司 | 156 公克 |

| 食材 | 容量 | | 重量 | |
|---|---|---|---|---|
| 細砂糖 | ¾ 杯＋1 大匙 | 5.7 盎司 | | 162 公克 |
| 泡打粉 | 1 大匙＋¼ 小匙 | 0.5 盎司 | | 14.6 公克 |
| 細海鹽 | 1 小匙 | . | | 6 公克 |
| 無鹽奶油<br>（65～75℉/19～23℃） | 8 大匙（1 條） | 4 盎司 | | 113 公克 |
| 芥花籽油或紅花油（室溫） | 2 大匙（30 毫升） | 1 盎司 | | 27 公克 |

烤箱預熱

・預熱：350℉/175℃，預熱時間：20分鐘以上。

・將烤架設置在下方（分上中下三部分）。

融化巧克力

**1・**把白巧克力放在可微波的碗中加熱，每15秒用矽膠刮刀稍微攪拌（或是在瓦斯上架上雙層煮鍋，底下的鍋子放入接近但低於沸騰溫度的熱水，加熱中要不時攪拌，注意不要讓上層的鍋子碰到下層鍋內的熱水），加熱巧克力直到幾乎融化。停止加熱但繼續攪拌直到完全融化。讓巧克力冷卻到溫溫的，不燙手，但還是液體狀態即可。

混合可可粉與熱水

**2・**在碗中使用攪拌器，將可可粉與½杯/118毫升的滾燙熱水混合。用保鮮膜封住以免水分蒸發，然後放室溫下降溫約30分鐘。如果要加速降溫，可以放入冰箱，但使用前要退冰到室溫。

混合濕料

**3・**在另一個碗中攪散蛋、3大匙/44毫升的水和香草精。

製作麵糊

**4・**使用槳狀攪拌器。在桌上型攪拌機的鋼盆中放入麵粉、糖、泡打粉和鹽，使用低速攪拌30秒後加入奶油、油和可可水。用低速攪拌直到麵糊濕潤之後，再用中速打1分鐘30秒。刮缸。

**5・**用中低速打，分兩次慢慢倒入混合的濕料。每倒入一部分濕料，就要用中速打30秒，使麵糊充分混合並增加黏稠度。刮缸。加入融化的白巧克力，用中速打10秒直到巧克力和麵糊融合均勻。刮缸後，將麵糊放入準備好的烤模中，用小支蛋糕抹刀將表面抹平。

烘烤

**6・**烘烤30～40分鐘或是將竹籤插入中央取出時，沒有沾上任何麵糊，輕壓中央感覺有回彈的質地。出爐後蛋糕的邊會開始內縮，蛋糕頂端也會有些許裂痕。

冷卻及脫模

**7・**將蛋糕留在烤模中，放在烤架上10分鐘冷卻。使用小支蛋糕抹刀緊貼烤模邊緣順著劃過，將蛋糕倒扣出放在噴了烤盤油的鐵架上，再立即將蛋糕倒過來正放。靜置直到完全冷卻。

# 無與倫比甘納許

**份量：1½杯/13.8盎司/390公克**

| 食材 | 容量 | 重量 | |
|---|---|---|---|
| 玉米糖漿 | 3大匙（44毫升） | 2.2盎司 | 61公克 |
| 黑巧克力或是<br>99%可可巧克力（切碎） | · | 0.8盎司 | 24公克 |
| 苦甜巧克力，<br>60～62%可可含量（切碎） | · | 6盎司 | 170公克 |
| 鮮奶油（乳脂36%以上） | ¾杯－1小匙（172毫升） | 6盎司 | 170公克 |
| 卡宴辣椒粉 | ¼～¾小匙 | | · |

製作無與倫比甘納許

1・將篩網架在玻璃碗上一旁備用。

2・在可微波的玻璃碗中倒入玉米糖漿，加熱玉米糖漿直到沸騰（或直接直火加熱，途中不時攪拌），沸騰後立刻離開熱源，加入黑巧克力攪拌直到均勻混合。

3・在食物調理機中把苦甜巧克力打成碎片。

4・將鮮奶油倒入可微波的玻璃量杯中，然後加熱到即將沸騰的熱度。

5・把加熱的鮮奶油從壺嘴倒入運轉的食物調理機中，攪拌幾秒讓鮮奶油與巧克力完全融合，必要時可以暫停調理機來刮除邊緣。倒入玉米糖漿巧克力後稍微開啟調理機，再加入辣椒粉攪拌幾秒（如果你只是要一點點的提味，可以先從¼小匙開始試味道）。記得試味道前要先將調理機中的甘納許混合均勻。

6・將製作好的甘納許過篩到碗中，靜置1小時，用保鮮膜封起來3～4小時冷卻，直到甘納許質地變得像軟的糖霜（此時甘納許溫度約70～75°F /21～24°C）。

7・將甘納許置入真空保存盒中，可以在低溫的室溫下放3天，在冰箱放2星期，冷凍則可放到6個月。再次使用時，取出退冰後用微波加熱3秒，或是用上下雙層鍋隔熱水加熱（不要讓鍋底碰到下面鍋子的水），輕輕攪拌確認沒有過熱或是有氣泡。

蛋糕組合

8・當蛋糕完全冷卻後放在盤子上，把甘納許用螺旋方向倒在蛋糕上。

保存

・密閉盒裝：室溫3天；冷藏10天；冷凍2個月。

# 忘情巧克力蛋糕

DOUBLE DAMAGE OBLIVION

份量：12～16 份

烤箱溫度

忘情巧克力：425°F/220°C；熱情巧克力：350°F/175°C

烘烤時間

忘情巧克力：12～14 分鐘；熱情巧克力：25～35 分鐘

這 個巧克力源自伍迪（Woody）的構想，再也沒有比這個蛋糕更巧克力的配方了：這是用了熱情巧克力蛋糕夾著不含麵粉的巧克力蛋糕夾層。如果你不想要太巧克力的搭配，也可以用過篩的果醬取代甘納許來固定蛋糕體的夾層。

事前準備

忘情巧克力蛋糕和甘納許的部分至少要在4小時前完成。

器具

★忘情巧克力：一個9×2吋或是更高的活動式圓形烤模，底部還有側邊

底部內側⅓都要塗上奶油，然後底部貼上裁剪好的烤盤紙鎖上邊後，

放在比較大的矽膠模中，或是把烤模用鋁箔紙堅固的包住。

一個12×2吋的蛋糕圓模或是燒烤盤用來裝熱水做水浴。

一個10×2吋的蛋糕圓模底或是10～11吋的鍋蓋，烘焙時用來蓋住活動式圓形烤模。

★熱情巧克力：一個9×2吋的圓形烤模，外側圍上蛋糕模邊條，底部抹上一層酥油，然後

黏上裁剪好的烤盤紙。（烤模的側邊部分不要塗抹任何油類，這是為了蛋糕

在膨脹過程中可以抓牢側邊，而不會坍塌萎縮。）

## 忘情巧克力

份量：一個直徑8¾、½吋厚的蛋糕

| 食材 | 容量 | 重量 | |
|---|---|---|---|
| 苦甜巧克力，56～62% 可可含量（切碎） | . | 8 盎司 | 227 公克 |
| 無鹽奶油 （65～75°F/19～23°C） | 8 大匙（1 條） | 4 盎司 | 113 公克 |
| 香草精 | ½ 大匙（7.5 毫升） | . | . |
| 3 顆蛋（室溫） | ½ 杯＋1½ 大匙（140 毫升） | 5.3 盎司 | 150 公克 |

烤箱預熱

· 預熱：425°F/220°C，預熱時間：30分鐘以上。

· 將烤架設置在下方（分上中下三部分）。

融化巧克力

1 · 準備耐熱玻璃碗架在煮鍋上，煮鍋中放入接近但低於沸騰溫度的熱水（注意不要讓上層的碗底碰到下層鍋內的熱水）。加熱巧克力與奶油，偶爾攪拌直到融化混合。把巧克力挖到大碗中，加入香草精攪拌，放一旁備用，開始準備打蛋。

打發蛋液

2 · 在桌上型攪拌機的鋼盆中放入蛋，先用手持攪拌器稍微攪拌開來，然後把鋼盆架到內有接近，但低於沸騰溫度熱水的煮鍋上稍微加熱，直到蛋液摸起來微溫，不時攪拌避免底部因為蒸氣太熱而煮熟蛋液。

3 · 當蛋液微溫後立即移至桌上攪拌機，裝上球形攪拌器。用高速打約5分鐘直到蛋液量被打發膨脹約3倍，蛋糊變得很膨鬆，用攪拌器拉起測試，幾乎達到濕性發泡（軟性打發）的階段。（如果用的是手持電動攪拌器，就維持架在煮鍋上，一邊用手持電動攪拌器打發，一邊加熱直到蛋液變熱，然後離火持續打發至少5分鐘。）

4 · 準備一支手持攪拌器或漏勺、矽膠刮刀，將一半量的蛋糕挖進巧克力糊中，以由下而上切拌方式混合直到均勻。加入剩餘的蛋糊，以同樣切拌方式混合直到顏色均勻。將麵糊倒入準備好的活動式圓模中，表面用小支蛋糕抹刀稍微抹平。

烘烤忘情巧克力

5 · 將裝有麵糊的圓模放到比較大的烤模中，在兩個烤模的間距中放入滾燙的熱水，以水浴法烘烤5分鐘（如果外模使用矽膠模，則烘烤7分鐘）。將10吋的烤模底盤蓋在麵糊烤模上，繼續烤7分鐘。忘情巧克力的部分看起來是凝固狀態，但是若抖動烤模，它也會稍微晃動（此時測得溫度約170°F/77°C）。

冷卻忘情巧克力

6 · 將忘情巧克力小心拿出水浴的烤模，放在烤架上約1小時冷卻，直到與室溫相同或是微溫。為了吸收冷藏中揮發的水分，取一張廚房紙巾彎面朝下蓋著烤模，多餘的部分就懸在烤模外。取一個比烤模還大的盤子倒蓋在廚房紙巾上，冷藏4小時或是1晚。

# 熱情巧克力

## 麵糊

| 食材 | 容量 | 重量 | |
|---|---|---|---|
| 無糖可可粉（鹼化） | ½ 杯（在秤量前先過篩） | 1.3 盎司 | 37 公克 |
| 熱水 | ¼ 杯（59 毫升） | 2.1 盎司 | 59 公克 |
| 低筋麵粉<br>（參照p.81小重點） | ¼杯（篩入量杯至滿抹平，<br>與量度同高）＋2大匙 | 1.3 盎司 | 38 公克 |
| 中筋麵粉 | ⅓ 杯（篩入量杯至滿抹<br>平，與量度同高） | 1.3 盎司 | 38 公克 |
| 細砂糖 | ¾ 杯 | 5.3 盎司 | 150 公克 |
| 泡打粉 | 1 小匙 | . | 4.5 公克 |
| 小蘇打粉 | ½ 小匙 | . | 2.7 公克 |
| 細海鹽 | ⅛ 小匙 | . | 0.7 公克 |
| 芥花籽油或紅花油（室溫） | ¼ 杯（59 毫升） | 1.9 盎司 | 54 公克 |
| 2 顆蛋白、1 顆蛋黃（室溫）<br>　　　　蛋黃<br>　　　　蛋白 | <br>2 大匙＋1 小匙（35 毫升）<br>¼ 杯＋2 大匙（89 毫升） | <br>1.3 盎司<br>3.2 盎司 | <br>37 公克<br>90 公克 |
| 香草精 | ½ 小匙（2.5 毫升） | . | . |

### 烤箱預熱

- 預熱：350°F/175°C，預熱時間：20分鐘以上。

- 將烤架設置在下方（分上中下三部分）。

### 製作可可糊

**1·** 在桌上型攪拌機的鋼盆中用手持攪拌器攪拌混合可可粉及熱水，用保鮮膜蓋著以防水蒸氣揮發，靜置於室溫下約1小時冷卻。若要加速冷卻則可放冷藏，使用前退回室溫即可。

### 混合乾料

**2·** 在碗中放入低筋及中筋麵粉、糖、泡打粉、小蘇打粉和鹽，一起過篩到一張烤盤紙上。

### 製作麵糊

**3·** 使用球狀攪拌器。在可可糊的鋼盆中放入油和蛋黃，使用低速開始攪拌，慢慢增加到中速打1分鐘，或是直到質地滑順看起來像奶油霜。刮缸後再放入香草精稍微攪拌混合即可。

**4·**加入一半量的乾料到鋼盆中，用低速打直到麵糊濕潤。刮缸。以相同的方法加入剩餘的乾料，把速度加快到中高速打約1分鐘。把底部和邊緣的麵糊刮乾淨，這時麵糊應該會非常黏稠。用低速開始攪拌，然後倒入蛋白，再將速度慢慢增加到中高速打約2分鐘。此時麵糊應該會像濃湯質地。將麵糊倒入準備好的烤模中。

烘烤熱情巧克力

**5·**烘烤約25～35分鐘或竹籤插入中央取出時，沒有沾上任何麵糊，輕壓中央感覺有回彈的質地。在烘烤過程中麵糊會膨脹，接近與模相同的高度，甚至中央還會更高，但在烘烤結束前，蛋糕會慢慢縮回去。

**6·**因為蛋糕在高溫時比較易碎，所以出爐時就要立刻脫模。準備好小支蛋糕抹刀和兩個噴上烤盤油的烤架，備用。

脫模及冷卻

**7·**立即用小支蛋糕抹刀緊貼烤模邊緣順著劃過，然後倒放在噴油的烤架上。把底部的烤盤紙撕掉，立即把蛋糕再倒過來，正放在第二個烤架上。這樣一來，頂端脆脆的部分才不會被壓扁。（趁蛋糕還溫熱，可再次把它倒過來讓底部與烤架的接面鬆弛一些，再倒過來正放直到完全冷卻。）

## 小重點

·使用低筋麵粉會讓蛋糕比較鬆軟；而中筋麵粉會讓蛋糕比較濕潤黏膩，也因此我在這個配方中放了兩種麵粉。你也可以選用½杯/2盎司/57公克的中筋麵粉，加上¼杯/1.3盎司/36公克的玉米澱粉，並增加$\frac{1}{16}$小匙的泡打粉來製作。

# 巧克力甘納許

**份量：⅔杯/6.5盎司/185公克**

| 食材 | 容量 | 重量 | |
|---|---|---|---|
| 苦甜巧克力，60～62%可可含量（切碎） | · | 3.5 盎司 | 100 公克 |
| 熱鮮奶油（乳脂36%以上） | ½ 杯（118 毫升） | 4.1 盎司 | 116 公克 |
| 香草精 | ½ 小匙（2.5 毫升） | · | · |

製作甘納許

**1·**把篩網架在玻璃碗上。

**2·**在食物調理機中把苦甜巧克力打成碎片。

**3·**將鮮奶油倒入可微波的玻璃量杯中，然後加熱到即將沸騰的熱度。

**4**‧把加熱的鮮奶油從壺嘴倒入運轉的食物調理機中，攪拌幾秒讓鮮奶油與巧克力完全融合，必要時可以暫停調理機來刮除邊緣。倒入香草精攪拌一下，然後倒在篩網上過篩。在碗中靜置1小時後，封上保鮮膜2～3小時冷卻，或是直到甘納許變得像軟的糖霜（溫度約70～75℉ /21～24℃）。

**5**‧將甘納許置入真空保存盒中，可以在低溫的室溫下放3天，在冰箱放2星期，冷凍則可放到6個月。再次使用時，取出退冰後用微波加熱3秒，或是用上下雙層鍋隔熱水加熱（不要讓鍋底碰到下面鍋子的水），輕輕攪拌確認沒有過熱或是有氣泡。

蛋糕組合

**6**‧將熱情巧克力蛋糕平均橫切為上下兩層。

**7**‧將有忘情巧克力的蛋糕模整個放在烤架上，移去上方的盤子與廚房紙巾。用小噴槍沿著烤模邊加熱，或是用熱的濕毛巾擦拭烤模，擦乾。鬆開扣鎖脫模。

**8**‧將一半量的甘納許（⅓杯/3.2盎司/92公克）均勻塗抹在忘情巧克力上。

**9**‧將熱情巧克力的下層蛋糕體蓋在忘情巧克力上，拿一個盤子（或是網架）蓋著蛋糕，壓著然後整個倒過來。用小噴槍加熱底部，或是用熱的濕毛巾擦拭底盤，擦乾。準備一支小抹刀，小心伸入烤盤紙與烤盤底的中間劃一圈，讓烤盤紙確實沒有黏在烤盤底上後移開烤盤底。撕開烤盤紙，把剩餘的甘納許塗在忘情巧克力上。把上層蛋糕體凸起部分向上蓋在忘情巧克力上。

**10**‧用一把加熱過的直刃刀把溢出的忘情巧克力清除乾淨，然後把刀再次加熱，將刀面貼著側邊忘情巧克力的部分，讓它稍微融化，使接縫更平滑，蛋糕表面看起來更完美。你也可以在蛋糕上方撒一些可可粉或糖粉。切蛋糕時，使用直刃刀從上而下一刀切下，每次切好都要清過刀子再切下一刀，以免有殘餘的巧克力留在刀面上。

保存

‧密閉盒裝：冷藏5天。不可冷凍，因為口感會變得粗糙。

# 白巧克力杯子蛋糕
# 與覆盆莓慕斯林奶油霜

WHITE CHOCOLATE CUPCAKES WITH RASPBERRY MOUSSELINE

**份量：16 個杯子蛋糕**

烤箱溫度　375°F/190°C

烘烤時間　17～22 分鐘

幾年前我在蒙特羅的一場示範教學中，發現一個簡易聰明的玫瑰花杯子蛋糕裝飾技巧。因為在《蛋糕聖經》（*The Cake Bible*）中白巧克力悄悄話蛋糕（White Chocolate Whisper Cake）是很多人最愛的蛋糕，所以我把它改為杯子蛋糕版本，配上這個擠花技巧。

事前準備

覆盆莓奶油霜需要在幾個小時前做好。

器具

將16個杯子紙模放在瑪芬模中或是耐烤瓷杯中

可選擇使用：一個直徑2吋的冰淇淋挖勺，擠花袋與½吋星形花嘴

## 麵糊

| 食材 | 容量 | | 重量 |
|---|---|---|---|
| 含可可脂的白巧克力（切碎） | . | 4 盎司 | 113 公克 |
| 3 顆蛋白（室溫） | ¼ 杯＋2 大匙（89 毫升） | 3.2 盎司 | 90 公克 |
| 牛奶 | ⅔ 杯（158 毫升。分次使用） | 5.7 盎司 | 161 公克 |
| 香草精 | ½ 大匙（7.5 毫升） | . | . |
| 低筋或中筋麵粉 | 2 杯（或1¾ 杯。篩入量杯至滿抹平，與量度同高） | 7 盎司 | 200 公克 |
| 細砂糖 | ¾ 杯 | 5.3 盎司 | 150 公克 |
| 泡打粉 | 2¼ 小匙 | . | 10.1 公克 |
| 細海鹽 | ½小匙 | . | 3 公克 |
| 無鹽奶油（65～75°F/19～23°C） | 6 大匙（¾條） | 3 盎司 | 85 公克 |

烤箱預熱

· 預熱：375℉/190℃ ，預熱時間：30分鐘以上。

· 將烤架設置在下方（分上中下三部分）。

融化白巧克力

**1**·把白巧克力放在可微波的碗中加熱，每15秒用矽膠刮刀稍微攪拌（或是在瓦斯上架上雙層煮鍋，底下的鍋子放入接近但低於沸騰溫度的熱水，加熱中要不時攪拌，注意不要讓上層的鍋子碰到下層鍋內的熱水），加熱巧克力直到幾乎融化。

**2**·停止加熱但繼續攪拌直到完全融化。讓巧克力的溫度冷卻到溫溫的，不燙手，但還是液體狀態。

混合濕料

**3**·在碗中放入蛋白，3大匙/44毫升/1.3盎司/38公克的牛奶和香草精，稍微攪拌開來。

製作麵糊

**4**·使用槳狀攪拌器。在桌上型攪拌機的鋼盆中放入麵粉、糖、泡打粉和鹽，使用低速攪拌30秒後加入奶油跟剩餘的牛奶。用低速攪拌直到麵糊濕潤之後，再用中速打1分鐘30秒。刮缸。

**5**·用中低速打，分兩次慢慢倒入混合的濕料。每倒入一部分濕料，就要用中速打30秒，使麵糊充分混合並增加黏稠度。刮缸。加入融化的白巧克力，攪拌約10秒鐘，讓巧克力與麵糊完全融合。

**6**·使用冰淇淋挖勺或是一般湯匙，舀取麵糊裝入紙模中，每個杯子紙模約裝1.8盎司/50公克的麵糊，然後用小支奶油抹刀將表面抹平。麵糊的量約紙模的¾高。

烘烤

**7**·烘烤17～22分鐘或是直到金黃色，將竹籤插入中央取出時，沒有沾上任何麵糊，輕壓中央感覺有回彈的質地。

冷卻杯子蛋糕

· 將杯子蛋糕留在烤模中，放在烤架上10分鐘冷卻後再脫模，然後放在烤架上直到完全冷卻。

# 覆盆莓醬

份量：¾杯/177毫升/7.5盎司/211公克

| 食材 | 容量 | 重量 | |
|---|---|---|---|
| 冷凍無糖覆盆莓（一包12盎司） | 3 杯 | 12 盎司 | 340 公克 |
| 現榨檸檬汁 | 1 小匙（5 毫升） | . | 5 公克 |
| 細砂糖 | ⅓ 杯 | 2.3 盎司 | 67 公克 |

## 製作覆盆莓醬

**1·**準備一個瀝網架在碗上，將冷凍的覆盆莓全部倒在瀝網中瀝乾。可能需要幾個小時的時間（若要快速解凍，可以把瀝網架在碗上一起放入烤箱，烤箱使用最小電源功能或是開啟烤箱內的燈）。擠壓覆盆莓，盡量把汁擠出來，這樣差不多能擠出½杯/118毫升/4.5盎司/128公克的汁。

**2·**在小煮鍋中（或是2杯容量的可微波玻璃量杯，內部噴上烤盤油）用中小火煮沸覆盆莓汁，直到濃縮成2大匙/30毫升/1盎司/30公克。如果使用煮鍋，濃縮醬汁煮好後可以倒入噴過烤盤油的玻璃量杯中，以免鍋子持續加熱。冷卻備用。

**3·**將覆盆莓用金屬過濾磨泥器磨成細緻的果泥，或是用細孔篩網架在碗上，把覆盆莓篩過以去除籽（覆盆莓籽非常小顆，可能穿過磨泥器，只有使用細孔篩網才能完全避免果泥裡面有籽）。大概可取得½杯/118毫升/4盎司/113公克的果泥。把濃縮過後的覆盆莓汁和檸檬汁加入果泥中稍微攪拌。最後大約可取得⅔杯/158毫升/5.1盎司/145公克的覆盆莓果泥（如果沒有這麼多，可以等比例加入糖，糖的量應該與一半量的果泥量等重）。加完糖後攪拌直到糖都溶解在醬汁中。製作覆盆莓慕斯林奶油霜時，將會需要⅓杯/79毫升/3.3盎司/95公克的果泥。

**4·**醬汁可以冷藏10天或是冷凍1年。在有相同風味的前提下，可以解凍再冷凍至少三次。

## 不失敗祕訣

冷凍莓類最適合用來做醬汁，因為冷凍後莓類的部分結構已經被破壞，所以會出更多水。也因為這樣，可以拿來煮成濃縮醬汁並保存水果中的風味。但注意要使用無糖的冷凍莓果，因為帶糖的會讓果汁還沒濃縮完全就先焦糖化了。

# 覆盆莓慕斯林奶油霜

**份量：2¾杯/18盎司/510公克**

| 食材 | 容量 | 重量 | |
|---|---|---|---|
| 無鹽奶油，最好是高乳脂的，稍軟但摸起來是冷的（65～75℉/19～23℃；參照 p.88小重點） | 16 大匙（2 條） | 8 盎司 | 227 公克 |
| 2½ 顆蛋白（室溫） | ¼ 杯＋2 大匙（89 毫升） | 2.6 盎司 | 75 公克 |
| 塔塔粉 | ¼ ＋1⁄16 小匙 | . | 1 公克 |
| 細砂糖 | ½ 杯＋2 小匙（分次使用） | 3.8 盎司 | 109 公克 |
| 水 | 2½ 大匙（37 毫升） | 1.3 盎司 | 37 公克 |
| 覆盆莓醬 | ⅓ 杯（79 毫升） | 3.3 盎司 | 95 公克 |

**攪拌奶油**

**1**·使用槳狀攪拌器。在桌上型攪拌機的鋼盆中放入奶油，使用中高速攪拌約1分鐘後，奶油變得綿密滑順，放在陰涼處備用（不超過70℉/21℃）。

**準備蛋白**

**2**·如果你的桌上型攪拌機有兩個鋼盆，把蛋白放在第二個鋼盆內，或是放在一般鋼盆內，準備好手持電動攪拌器，然後加入塔塔粉。

**加熱糖水**

**3**·準備一個有杯嘴的耐熱量杯。

**4**·在小的厚底煮鍋中，最好是不沾鍋材質，放入糖（倒入鍋中前先留下3大匙待會用）和水，直到糖都浸濕。用中火加熱，時而攪拌直到糖都溶解在水中並開始沸騰。停止攪拌並轉至小火繼續煮（如果使用電磁爐則可直接離開加熱區）。

**開始攪拌蛋白**

**5**·如果使用桌上型攪拌機，則用球形攪拌器打發。把蛋白和塔塔粉用中速打發直到成型。把速度調到中高速打發蛋白，直到呈現彎彎鳥嘴的濕（軟）性發泡的狀態。慢慢加入剩餘的3大匙糖繼續攪拌，然後用低速打到呈尖尖鳥嘴的乾（硬）性發泡的狀態。

**把糖水煮到120 ℃**

**6**·將糖水的火力調到大火繼續煮幾分鐘，然後利用溫度計測量，當到達248～250℉/120℃時，立刻倒入準備好的耐熱杯中，停止糖水繼續加熱。

**將糖水倒入蛋白中**

**7**·在蛋白的缸中倒入糖水，最開始倒入時先不要開機，以免攪拌器運轉過程中把糖水噴濺到盆緣凝結而攪拌不到。剛開始，先在蛋白的缸中倒入一小部分糖水，然後立即開高速打5秒。剩下的糖水分三次加入，都用同樣的方法，停止機器倒入糖水，再立即開高速打發。最後一次加入糖水時，記得把玻璃杯中的

糖水刮除乾淨，抹在球形攪拌器上。如果糖水變得太硬無法倒出抹淨，可以放入微波加熱幾秒鐘，讓糖水變成液體狀態。

8・如果使用手持電動攪拌器，固定手的姿勢將蛋白打發。注意，不要把糖水倒在攪拌器上，否則糖水會噴濺到盆緣凝結而攪拌不到。

9・把速度調到中速繼續打不超過2分鐘，將蛋白霜冷藏約5～10分鐘，或是冷卻到70℉/21℃。在冷卻5分鐘時可以用攪拌器攪拌一下，看整鍋蛋白霜溫度是否平均降低。

把蛋白霜加入麵糊中

10・在桌上型攪拌機的軟奶油鋼盆中準備球形攪拌器（剛剛攪完蛋白霜的不用清洗）。用中高速打約3分鐘，或是奶油顏色發白，但是記得溫度不要超過70℉/21℃。

11・把蛋白霜刮入打發奶油，用中速混合攪拌直到兩者滑順綿密，攪拌2分鐘後刮缸。剛開始看起來有點分離的樣子，如果開始出水，稍微檢查是不是太熱。這個慕斯林奶油霜應該要摸起來涼涼的，介於65F/19C～70℉/21℃之間。如果奶油霜太熱，則把鋼盆隔著冰水降溫（參照p.554），記得先用刮刀輕輕混合，再用打蛋器打。如果奶油霜溫度太低，可以迅速的架在煮鍋上加熱一下（記得鋼盆底部不要碰到下層熱水），當鍋邊的奶油開始融化就大力攪拌，然後隔著冰水幾秒可以立刻停止加熱。此時便可以重新手打發慕斯林奶油霜。

12・放入覆盆莓醬攪拌均勻。慕斯林奶油霜應該會帶有彈性並且膨鬆。如果不是要馬上使用，下次使用前記得用攪拌器稍微攪拌一下，讓它的質地比較絲滑。如果放冷藏保存，使用前先讓它退到室溫（最少70℉/21℃）再開始攪拌，才不會發生分離出油的狀況。

小重點

・高脂（也就是含水量低）的奶油能確保成品有乳化柔順的口感，然而溫度才是成功製作奶油霜的關鍵，所以需要有一支立即偵測的溫度計，操作上更方便。蛋白霜和奶油的溫度若是介於65～70℉/19～21℃，就會很容易操作，自然能完成成功的奶油霜。

杯子蛋糕的擠花裝飾

13・把覆盆莓慕斯林奶油霜裝到已放入花嘴的擠花袋中。用手將擠花袋以45～90度角的姿勢對準杯子蛋糕中間，稍微壓擠花袋，確定奶油霜可以順利擠出。然後不間斷的以繞圓的方向，每一圈都會有一點點重疊到上一圈的排列擠出奶油霜，直到覆蓋整個杯子蛋糕的表面，手要漸漸放鬆，讓奶油霜稍微融化在條紋中，整個線條才會像玫瑰般。

14・你也可以在每個杯子蛋糕上放約2大匙的奶油霜，然後用小支奶油抹刀繞圓畫出花紋。

15・也可以放上乾燥糖玫瑰花瓣當作裝飾。

保存

・密閉盒裝：室溫1天；冷藏3天；冷凍2個月。

# 椰子杯子蛋糕與
# 牛奶巧克力甘納許

COCONUT CUPCAKES WITH MILK CHOCOLATE GANACHE

**份量：16 個杯子蛋糕**

烤箱溫度　350°F/175°C

烘烤時間　20～25 分鐘

在太極教練保羅師父（*Sifu* Paul）的要求下，伍迪（Woody）把《蘿絲的不凡蛋糕》（*Rose's Heavenly Cakes*）一書中的南曼哈頓椰子蛋糕（The Southern Manhattan Coconut Cake）給迷你化了。這些椰子杯子蛋糕上沾有牛奶甘納許，而不是原來的椰子奶油霜，但我還是寫了椰子奶油霜的食譜，提供給大家做做變化。

事前準備

甘納許需要至少在4小時前做好。

器具

16個杯子紙模放在瑪芬模中或是玻璃小杯中

可選擇使用：一個直徑2吋的冰淇淋挖勺

# 麵糊

| 食材 | 容量 | | 重量 |
|------|------|---|------|
| 3 顆蛋白（室溫）<br>（如果要順便做p.93的絲滑椰子奶油霜，可以保存這裡的蛋黃） | ¼ 杯＋2 大匙（89 毫升） | 3.2 盎司 | 90 公克 |
| 罐裝椰奶（參照p.90小重點） | ⅔ 杯（158 毫升）（分次使用） | 5.7 盎司 | 161 公克 |
| 香草精 | ¾ 小匙（3.7 毫升） | · | · |
| 椰子香精<br>（建議Flavorganics品牌） | ¾ 小匙（3.7 毫升） | · | · |
| 低筋或中筋麵粉 | 2 杯（或1¾ 杯。篩入量杯至滿抹平，與量度同高） | 7 盎司 | 200 公克 |
| 細砂糖 | 1 杯 | 7 盎司 | 200 公克 |
| 泡打粉 | 2¼ 小匙 | · | 10.1 公克 |
| 細海鹽 | ½ 小匙 | · | 3 公克 |
| 無鹽奶油（65～75°F/19～23℃） | 8 大匙（1 條） | 4 盎司 | 113 公克 |
| 烤過的甜椰子片（裝飾用） | 1 杯 | 3 盎司 | 85 公克 |

蛋糕類　一　杯子蛋糕

89

## 烤箱預熱

・預熱：350°F/175℃ ，預熱時間：20分鐘以上。

・將烤架設置在下方（分上中下三部分）。

## 混合濕料

1・在碗中放入蛋白，2½大匙/37毫升/1.3盎司/38公克的椰奶、香草精和椰子香精並稍微攪拌開來。（如果要保存蛋黃，可以在蛋黃上噴少許烤盤油，然後用保鮮膜封起來冷藏，直到做奶油霜時再拿出來使用。）

## 製作麵糊

2・使用槳狀攪拌器。在桌上型攪拌機的鋼盆中放入麵粉、糖、泡打粉和鹽，使用低速攪拌30秒後加入奶油和剩餘的椰奶。用低速攪拌直到麵糊濕潤，再用中速打1分鐘30秒。刮缸。

3・用中低速打，分兩次慢慢倒入混合的濕料。每倒入一部分濕料，就要用中速打30秒使麵糊充分混合，並增加黏稠度。刮缸。

4・使用冰淇淋挖勺或是一般湯匙，舀取麵糊裝入紙模中，每個杯子紙模約裝1.7盎司/48公克的麵糊，然後用小支奶油抹刀將表面抹平。麵糊的量約紙模的¾高。

5・將未烤的杯子蛋糕在室溫下靜置20～25分鐘，這是為了讓杯子蛋糕的頂部在烤焙後呈現漂亮均勻的圓弧狀。

## 烘烤

6・烘烤20～25分鐘或是直到金黃色，將竹籤插入中央取出時，沒有沾上任何麵糊，輕壓中央感覺有回彈的質地。

## 冷卻杯子蛋糕

7・將杯子蛋糕留在烤模中，放在烤架上10分鐘冷卻後再脫模，然後直接放在烤架上，直到完全冷卻。

## 烘烤椰子片

8・烤杯子蛋糕時趁烤箱開著，可以順便烤裝飾用的椰子片。

9・將椰子片均勻撒在烤盤或是烤盤紙上，烤7～10分鐘或是當椰子片邊緣顏色變得淡棕色即可。烘烤中可以翻炒一兩次椰子片，讓它們上色較均勻，仔細注意烤焙以免烤焦。出爐後放在烤架上直到完全冷卻。椰子片可以留在烤盤中，稍微輕撥，使它們片片分離。

## 小重點

・使用椰奶前，把整罐椰奶倒入碗中先攪拌均勻再秤需要的量（因為椰子油在靜置狀態上會稍微與水分分離）。

# 我的特製牛奶巧克力甘納許淋面

**份量：1⅞杯/17盎司/482公克**

巧克力與椰子非常搭，尤其是牛奶巧克力。我特別製作這款牛奶巧克力甘納許，我想它可能是所有甘納許中最誘人的一款。這牛奶巧克力濃郁且滑順，是最完美的搭配。

| 食材 | 容量 | | 重量 | |
|---|---|---|---|---|
| 含可可脂白巧克力（切碎） | . | | 4.7 盎司 | 133 公克 |
| 苦甜巧克力，<br>60～62%可可含量（切碎） | . | | 4.7 盎司 | 133 公克 |
| 熱鮮奶油（乳脂36%以上） | 1杯（237毫升） | | 8.2 盎司 | 232 公克 |

製作牛奶巧克力甘納許淋面

1・把篩網架在玻璃碗上。

2・在食物調理機中把白巧克力和苦甜巧克力打成碎片。

3・將鮮奶油倒入可微波的玻璃量杯中，然後加熱到即將沸騰的熱度。

4・把加熱的鮮奶油從壺嘴倒入運轉的食物調理機中，攪拌幾秒讓鮮奶油與巧克力完全融合，必要時可以暫停調理機來刮除邊緣。將甘納許倒在篩網上過篩，然後在碗裡靜置1小時，之後封上保鮮膜2～3小時冷卻，或是直到甘納許質地變得像軟的糖霜（此時甘納許溫度約70～75℉/21～24℃）。

5・將甘納許置入真空保存盒中，可以在低溫的室溫下放3天，在冰箱放2星期，冷凍則可放到6個月。再次使用時，取出退冰後用微波3秒加熱，或是用上下雙層鍋隔熱水加熱（不要讓鍋底碰到下面鍋子的水），輕輕攪拌確認沒有過熱或是有氣泡。

裝飾杯子蛋糕

6・用小支金屬抹刀抹上⊠兩大匙的甘納許淋面在杯子蛋糕上，將杯子蛋糕固定，然後撒上一點椰子片。

保存

・密閉盒裝：室溫1天；冷藏3天；冷凍2個月。

# 美味變化款：絲滑椰子奶油霜

**份量：2¼杯/18.5盎司/525公克**

## 英式奶醬

| 食材 | 容量 | 重量 | |
|---|---|---|---|
| 細砂糖 | ¼ 杯 | 1.8 盎司 | 50 公克 |
| 3 顆蛋黃（室溫） | 3½ 大匙（52 毫升） | 1.7 盎司 | 47 公克 |
| 椰奶（參照p.90小重點） | ¼ 杯（59 毫升） | 2.1 盎司 | 60 公克 |
| 香草精 | ½ 小匙（2.5 毫升） | . | . |
| 椰子香精 | ½ 小匙（2.5 毫升） | . | . |

製作英式奶醬

1・將一個細孔篩網架在玻璃中碗上備用。

2・取一個中型煮鍋，裡面放入糖與蛋黃，攪拌均勻。

3・在小的煮鍋中加熱椰奶直到沸騰，舀取1大匙的熱椰奶到蛋黃中攪拌。慢慢把剩餘的熱椰奶陸續加入蛋黃中攪拌，開啟中小火加熱，加熱過程中一定要均勻攪拌，直到奶醬接近沸騰。奶醬會開始冒出蒸氣，此時溫度約170℉/77℃，一旦到達這個溫度，立即把奶醬倒在篩網內過篩。使用耐熱刮刀將鍋內剩餘的奶醬刮乾淨，然後稍微擠壓篩網，確認奶蛋醬都過篩了。

4・冷卻過程中記得偶爾攪拌。加入香草精和椰子香精攪拌均勻。如果要快速冷卻，可以隔著冰水降溫（參照p.554）。

5・準備好一塊夠大的保鮮膜，上面噴少許烤盤油，然後直接黏貼在奶醬表面，以免奶醬的表面結痂。可以冷藏保存5天，或是拿來與奶油霜混合食用。

# 義式蛋白霜

| 食材 | 容量 | 重量 | |
|------|------|------|---|
| 1 顆蛋白（室溫） | 2 大匙（30 毫升） | 1 盎司 | 30 公克 |
| 塔塔粉 | ⅛ 小匙 | . | . |
| 細砂糖 | ¼ 杯（分次使用） | 1.8 盎司 | 50 公克 |
| 水 | 1 大匙（15 毫升） | 0.5 盎司 | 15 公克 |

製作義式蛋白霜

1・準備一個有杯嘴的耐熱量杯。

2・準備一個中型碗，把蛋白和塔塔粉放入碗中。

3・在小的厚底煮鍋中，最好是不沾鍋材質，放入3大匙/1.3盎司/37公克的糖與水，直到糖都浸濕。用中火加熱，時而攪拌直到糖都溶解在水中並開始沸騰。停止攪拌並轉至小火繼續煮（如果使用電磁爐則可直接離開加熱區）。

4・使用手持電動攪拌器，調到中低速，將蛋白打發到不再是液狀。循序漸進地把速度調到中高速，直到呈現彎彎鳥嘴的濕（軟）性發泡的狀態。慢慢加入剩餘的糖繼續打，直到蛋白呈尖尖鳥嘴的乾（硬）性發泡的狀態。

5・將糖水的火力調到大火繼續煮幾分鐘，利用溫度計測量糖水溫度，當溫度到達248～250°F /120°C時，立刻倒入準備好的耐熱杯中，停止糖水繼續加熱。

6・把糖水穩定加入攪拌的蛋白中。注意，不要把糖水倒在攪拌器上，否則糖水會噴濺到盆緣凝結而攪拌不到。

# 完成絲滑椰子奶油霜

| 食材 | 容量 | 重量 | |
|---|---|---|---|
| 無鹽奶油<br>（65～75℉/19～23℃） | 16大匙（2條） | 8盎司 | 227公克 |
| 英式奶醬<br>（70～75℉/21～24℃），參照p.93 | · | · | · |
| 義式蛋白霜<br>（70～75℉/21～24℃） | · | · | · |
| 椰子蘭姆酒<br>（推薦Cocoribe品牌，可不加） | 1大匙（15毫升） | 0.5盎司 | 16公克 |

完成絲滑椰子奶油霜

**1**·在桌上型攪拌機的鋼盆中，用球形攪拌器以中速攪拌奶油30秒，或是直到奶油變得綿密，慢慢加入英式奶醬打到滑順，再加入義式蛋白霜一起攪拌到均勻。如果奶油霜看起來不滑順且有凝結的現象，表示溫度過低。你可以放在室溫下回溫到70℉/21℃再開始攪拌，或是可以架在煮鍋上利用蒸氣快速短暫的加熱（記得鋼盆底部不要碰到熱水）。當盆緣的奶油有開始融化的跡象時，就要大力攪拌。把鋼盆放在冰水中幾秒，可以立即停止加熱（參照p.554）。

**2**·把鋼盆從冰水中取出後開始攪拌，直到奶油霜變得滑順（控制好英式奶醬與蛋白霜的溫度，可以確保做出滑順的奶油霜）。如果要加椰子蘭姆酒，此時可以攪拌進去。做好的奶油霜可以一次使用完或是放進密封盒中冷藏保存1星期，或是冷凍保存半年。

裝飾杯子蛋糕

**3**·用小支金屬抹刀抹上一兩大匙奶油霜在杯子蛋糕上。將杯子蛋糕固定，然後撒上一點烤過的椰子片。

# 蘋果奶酥瑪芬

COFFEE CRUMB CAKE MUFFINS

份量：6 個瑪芬杯

烤箱溫度　350°F/175°C

烘烤時間　25～35 分鐘

**這**是我一直以來都很偏好拿來配咖啡的蛋糕食譜，我把它做成瑪芬，方便單獨食用。我很喜歡麵糊高起來的樣子，蓋上一些蘋果片，很像法式主廚的高帽子。

器具

6個瑪芬紙模放在瑪芬模中或是玻璃小杯中（約1杯量杯的量）

# 奶酥

| 食材 | 容量 | 重量 | |
|------|------|------|------|
| 剖半核桃 | ½杯 | 1.8 盎司 | 50 公克 |
| 紅糖或黑糖 | 2 大匙＋2 小匙（緊壓過） | 1.3 盎司 | 36 公克 |
| 白砂糖 | 1 大匙 | 0.5 盎司 | 13 公克 |
| 肉桂粉 | ¾ 小匙 | . | 1.6 公克 |
| 低筋麵粉 | ¼ 杯（用湯匙挖入量杯中，再抹平） | 1 盎司 | 30 公克 |
| 無鹽奶油（融化） | 2 大匙 | 1 盎司 | 28 公克 |
| 香草精 | ½ 小匙（2.5 毫升） | . | . |

製作表面奶酥

**1**・在食物調理機中放入核桃、黑糖、白砂糖和肉桂粉攪拌，直到核桃變成碎粒。秤出¼杯/1盎司/30公克放一旁備用，製作內餡用。

**2**・剩餘的核桃加上麵粉、奶油和香草精，稍微用食物處理機攪拌一下變成塊狀，當作表皮奶酥部分。接著用刮刀放入中型碗中冷藏10分鐘，使內部奶油定型之後比較容易操作。

**3**・用指尖把奶酥麵團捏開成塊狀。大概有⅓量的奶酥需要捏成小塊狀，剩餘的可以隨意剝成更小的碎片。

蛋糕類｜杯子蛋糕

97

# 麵糊

| 食材 | 容量 | 重量 | |
|---|---|---|---|
| 1 顆小蘋果，像羅德島綠蘋果或澳洲青蘋果 | · | 5.5 盎司 | 155 公克 |
| 現榨檸檬汁 | 1 小匙（5 毫升） | · | 5 公克 |
| 2 顆蛋黃（室溫） | 2 大匙＋1 小匙（35 毫升） | 1.3 盎司 | 37 公克 |
| 酸奶油 | ⅓ 杯（分次使用） | 2.9 盎司 | 81 公克 |
| 香草精 | ¾ 小匙（3.7 毫升） | · | · |
| 低筋或中筋麵粉 | 1 杯（或¾ 杯＋2 大匙。篩入量杯至滿抹平，與量度同高） | 3.5 盎司 | 100 公克 |
| 細砂糖 | ½ 杯 | 3.5 盎司 | 100 公克 |
| 泡打粉 | ¼ 小匙 | · | 1.1 公克 |
| 小蘇打粉 | ¼ 小匙 | · | 1.4 公克 |
| 細海鹽 | ⅛ 小匙 | · | 0.7 公克 |
| 無鹽奶油（65～75°F/19～23°C） | 6大匙（¾ 條） | 3 盎司 | 85 公克 |

烤箱預熱

· 預熱：350°F/175°C，預熱時間：20分鐘以上。

· 將烤架設在中間層。

蘋果片的前置作業

1 · 準備麵糊之前，先把蘋果去皮去核，切成⅛吋厚的圓形薄片（6片/2.7盎司/77公克）。如果破碎不成圓形也無妨。用手指沾一點檸檬汁，點在蘋果片上。

混合濕料

2 · 在碗中將蛋黃、1½大匙的酸奶油和香草精攪拌均勻。

製作麵糊

3 · 使用槳狀攪拌器。在桌上型攪拌機的鋼盆中放入麵粉、糖、泡打粉、小蘇打和鹽，使用低速攪拌30秒後加入奶油和剩餘的酸奶油。用低速攪拌直到麵糊濕潤，再用中速打1分鐘30秒。刮缸。

4 · 用中低速打，分兩次慢慢倒入混合的濕料。每倒入一部分濕料，就用中速打30秒使麵糊充分混合，並增加黏稠度。刮缸。

## 不失敗祕訣

這些瑪芬如果沒有使用紙模，中央隆起的地方可能會塌陷，所以用瑪芬紙模成品會比較漂亮。

**5‧**用湯匙把麵糊挖到瑪芬模中，每個約2.3盎司/64公克的麵糊。麵糊的量約紙模的½高，然後撒入約2小匙的奶酥。用小抹刀或湯匙把奶酥壓到麵糊中。放上蘋果片後稍微輕壓，讓周圍的麵糊稍稍高過蘋果片，然後把這些高起的麵糊塗在蘋果片上。最後用湯匙在每個瑪芬上撒約2大匙的奶酥，奶酥要均勻分布在整個瑪芬表面，再用手指稍微輕壓奶酥，確認沾黏。

烘烤

**6‧**烘烤25～35分鐘或是直到竹籤插入中央取出時，沒有沾上任何麵糊，輕壓瑪芬中央感覺有回彈的質地。（內部溫度約為208°F/98°C。）

冷卻瑪芬

**7‧**將瑪芬留在烤模中，放在烤架上10分鐘冷卻再脫模，然後放在烤架上直到完全冷卻。

保存

‧密閉盒裝：室溫3天；冷藏5天；冷凍2個月。

蛋糕類—杯子蛋糕

# 黑糖蜜奶酥小蛋糕

MOLASSES CRUMB CAKELETS

烤箱溫度　350°F/175°C

烘烤時間　8～10 分鐘

**愛**力特（Elliott）和梅納格斯（Meneguses）家族邀請我到位於賓州伯利恆市北漢普敦社區學院（Northampton Community College）裡的漢普敦之風（Hampton Winds）餐廳用餐時，我吃到了這個濕潤味美，令人不可思議的小蛋糕。我很激動的發現，這蛋糕竟然不含蛋，所以它也成為我幾個特別的素食蛋糕食譜之一（重新加熱後塗上一點奶油，風味更棒）。這是一間知名廚藝學校的教授，梅根・新格（Meghan Singer）的食譜。

器具

12個迷你瑪芬烤模（每個直徑1½吋），再噴上含麵粉的烤盤油
（如果家裡沒有，可噴上烤盤油和沾上薄薄一層麵粉）。

## 表面奶酥和黑糖蜜麵糊

| 食材 | 容量 | | 重量 |
|---|---|---|---|
| 中筋麵粉 | 2¼ 杯（篩入量杯至滿抹平，與量度同高）＋½大匙 | 9.2 盎司 | 260 公克 |
| 糖 | 1 杯 | 7 盎司 | 200 公克 |
| 細海鹽 | ½ 小匙 | . | 3 公克 |
| 芥花籽油或紅花油（室溫） | ½ 杯（118毫升） | 3.8 盎司 | 108 公克 |
| 黑糖蜜（推薦 Grandma's light品牌） | ½ 杯（118 毫升。量杯中可先噴上一點烤盤油） | 5.7 盎司 | 161 公克 |
| 滾水 | 1 杯（237 毫升） | 8.4 盎司 | 237 公克 |
| 小蘇打粉 | ½ 小匙 | . | 2.7 公克 |

烤箱預熱

・預熱：350°F/175°C，預熱時間：20分鐘以上。

・將烤架設在中間層。

製作表面奶酥

1・使用槳狀攪拌器。在桌上型攪拌機的鋼盆中放入麵粉、糖、鹽和油，使用低速攪拌約15秒後形成粗粒狀麵團。秤出½杯/2.8盎司/80公克的粗粒麵團放到碗中，用手指剝成細小碎粒，等一下裝飾表面奶酥時使用。

## 製作麵糊

**2·** 將黑糖蜜、滾水和小蘇打粉加到剩餘的奶酥鋼盆中，使用低速攪拌約1分鐘。將麵糊倒進玻璃量杯。用倒的或是用湯匙挖進準備好的迷你馬芬模中，一塊小蛋糕約0.6盎司/17公克重。麵糊約¾高度滿。撒上一些先前剝好的奶酥碎粒。

## 烘烤

**3·** 烘烤約8～10分鐘，或是直到輕壓中央感覺有回彈的質地。

## 冷卻及脫模

**4·** 將小蛋糕留在烤模中，放在烤架上10分鐘冷卻。使用小支奶油抹刀緊貼烤模邊緣順著劃過，將小蛋糕倒放在噴了烤盤油的鐵架上。為了避免蛋糕碎裂，立刻將倒放的小蛋糕正放，奶酥部分朝上直到完全冷卻。

## 保存

· 密閉盒裝：室溫7天；冷藏14天；冷凍2個月。

# 黃金檸檬戚風蛋糕

The Renée Fleming Golden Chiffon

**份量：10～12 份**

烤箱溫度　350°F/175°C

烘烤時間　35～40 分鐘

**這** 道檸檬風味的蛋糕，是在我的收藏中，凌駕其他食譜，可稱為所謂黃金女高音（地位相當於《蛋糕聖經》（*The Cake Bible*）中的巧克力多明哥蛋糕，我稱它為巧克力界中的男高音）。此款檸檬蛋糕非常輕柔、溫和、濕潤，並且很檸檬──也就是說它是女神化身！我和伍迪（Woody）做了17次試驗，才達到這完美的口感。突破的盲點就是打發蛋白那一步驟，乾（硬）性發泡可以讓蛋糕更膨發；提高烤箱的溫度可以讓蛋糕的結構更快穩定。這蛋糕要獻給我最喜歡、無人能敵的黃金女高音：芮妮・弗萊明（Renée Fleming）。而特別之處在於裝飾一抹星塵般的檸檬粉。

器具

一個9×3吋活動式烤模外側圍上兩條交疊的蛋糕模邊條

平底花釘（裝飾蛋糕專用），至少2½吋長。

噴了烤盤油的烤架架高，至少比工作檯高約4吋，

可以用3～4個同高的罐子、馬克杯或是玻璃杯架高。

# 麵糊

| 食材 | 容量 | 重量 | |
|---|---|---|---|
| 4顆蛋，分蛋＋1顆蛋白（室溫） | | | |
| 蛋黃 | ¼ 杯＋2 小匙（69 毫升） | 2.6 盎司 | 74 公克 |
| 蛋白 | ½ 杯＋2 大匙（148 毫升） | 5.3 盎司 | 150 公克 |
| 芥花籽油或紅花油（室溫） | ¼ 杯（59毫升） | 1.9 盎司 | 54 公克 |
| 水 | ¼ 杯＋2 大匙（89 毫升） | 3.1 盎司 | 89 公克 |
| 檸檬皮（切得很細） | 1 大匙（不用緊壓） | . | 6 公克 |
| 純檸檬油（建議使用Boyajian品牌） | ¼ 小匙（1.2毫升） | . | . |
| 香草精 | ½ 小匙（2.5 毫升） | . | . |
| 中筋麵粉（參照p.104小重點） | 1 杯（篩入量杯至滿抹平，與量度同高） | 4 盎司 | 114 公克 |
| 細砂糖 | ¾ 杯（分次使用） | 5.3 盎司 | 150 公克 |
| 泡打粉 | 1¼ 小匙 | . | 5.6 公克 |
| 細海鹽 | ¼ 小匙 | . | 1.5 公克 |
| 塔塔粉 | ½ ＋ ⅛ 小匙 | | 1.9 公克 |

烤箱預熱

・預熱：350°F/175°C，預熱時間：20分鐘以上。

・將烤架設置在下方（分上中下三部分）。

混合濕料

**1**・在量杯中放入蛋黃、油、水、檸檬皮屑、檸檬油和香草精，稍微攪拌開來。

製作麵糊

**2**・使用球形攪拌器。在桌上型攪拌機的鋼盆中放入麵粉、糖（倒入盆中前先留下1大匙待會用）、泡打粉和鹽，使用低速攪拌30秒後，在粉類中間挖一道粉牆。把蛋液倒入洞中，用低速攪拌直到麵糊濕潤，必要時刮缸。之後再用中高速打1分鐘30秒，直到麵糊變得黏稠。

**3**・如果你只有一個攪拌器使用的鋼盆，那必須把麵糊挖到別的碗中，鋼盆和球形攪拌器都要清洗乾淨並擦乾，上面不能沾有任何的油分或水分。

攪拌蛋白

**4**・使用球形攪拌器打發。把蛋白和塔塔粉用中低速打發直到成型。把速度慢慢調到中高速打發蛋白，直到呈現彎彎鳥嘴的濕（軟）性發泡的狀態。慢慢加入剩餘的1大匙糖繼續打，用低速打到呈尖尖鳥嘴的乾（硬）性發泡的狀態後再多打2分鐘直到蛋白霜成塊。

## 不失敗祕訣

烤模從內側量要3吋高，才能讓蛋糕膨脹時可以抓牢側邊。如果使用比較矮的烤模，麵糊不但會溢出，也會因為麵糊不斷外流，造成麵糊主體口感反而變得扎實。

把蛋白霜加入麵糊中

5 · 準備一個手持的球形攪拌器、漏勺或是大的矽膠刮刀，將蛋白霜分三次與麵糊拌勻。每次加入都以由下而上的切拌方式，直到麵糊至少有一半混合，最後一次則是全部混合均勻。如果使用打蛋器，需要輕輕甩出打蛋器中的蛋白霜。

6 · 使用矽膠刮刀把麵糊倒入烤模中。用小支抹刀伸入麵糊中畫圓，避免麵糊中殘留過大的氣泡，最後用抹刀將表面抹平。把花釘平的那面朝下插入麵糊正中間，直直的黏貼到烤模的底部。（麵糊約為3吋高，差不多烤模的一半高。）

烘烤

7 · 烘烤35～40分鐘。蛋糕會膨脹超過烤模的高度，頂部也會形成圓頂。如果沒有必要，避免在建議的最短時間內（此處為35分鐘）打開烤箱門，以免蛋糕瞬間坍塌。注意觀察，當蛋糕停止膨脹，開始有點降低高度時，中間放的花釘會露出尖端部分，並且不沾到任何麵糊時就可以出爐了。

冷卻及脫模

8 · 將蛋糕留在烤模中1分鐘，直到麵糊不再比烤模高時，立刻把蛋糕與烤模一起翻轉過來，放在準備好的烤架上約1小時30分鐘冷卻，或是直到整個烤模都冷卻了。

9 · 將整個蛋糕與烤模再倒過來正放。使用小支蛋糕抹刀緊貼烤模邊緣順著劃過，將烤盤邊鎖解開，脫去側邊的部分，再用刮刀輕壓底盤，脫去底部烤盤的部分。將蛋糕倒置，取出中心的花釘後，再把蛋糕倒過來正放。

### 小重點

· 使用中筋麵粉可以讓蛋糕結構更結實，以防蛋糕坍塌。

# 檸檬凝乳鮮奶油

份量：2½杯/12.7盎司/360公克

| 食材 | 容量 | | 重量 |
|------|------|------|------|
| 檸檬皮（切得很細） | 1小匙（不用緊壓） | . | 2公克 |
| 2顆蛋黃 | 2大匙＋1小匙（35毫升） | 1.3盎司 | 37公克 |
| 細砂糖 | ¼杯＋2大匙 | 2.8盎司 | 79公克 |
| 無鹽奶油（65～75℉/19～23℃） | 2大匙 | 1盎司 | 28公克 |
| 現榨過篩檸檬汁（約1顆檸檬） | 3大匙（44毫升） | 1.7盎司 | 47公克 |
| 細海鹽 | 1小撮 | . | . |
| 鮮奶油（乳脂36%以上），冷藏備用 | 1杯（237毫升） | 8.2盎司 | 232公克 |

製作檸檬凝乳

**1**・將細孔篩網架在一個中碗上備用，碗中放著檸檬皮屑。

**2**・在厚底煮鍋中放入蛋黃、糖和奶油，混合均勻，拌入檸檬汁和鹽。使用中小火加熱，用耐熱刮刀攪拌，隨時確認鍋緣、鍋底都攪拌到，直到醬汁質地像荷蘭醬般的濃稠度，也就是會附著在刮刀上，但還是可以流動的液狀。醬汁剛開始是透明的，漸漸會變得不透明，最後沾附在刮刀上的顏色應該會偏黃色。千萬不要煮滾，否則會凝固。一有蒸氣冒出就迅速離火一下，以免過熱，要不時攪拌，切記不可讓醬汁煮滾。

**3**・當凝乳質地變得濃稠，攪拌時表面的紋路不會持久時（溫度約為196℉/91℃），可以倒在先前準備的細孔篩網上過篩。輕輕的與檸檬皮屑攪拌均勻，靜置30分鐘冷卻。完成的凝乳大約可取得½杯/4.6盎司/132公克。

**4**・將凝乳蓋緊蓋子，放到冰箱冷藏約20～30分鐘，冷藏期間偶爾拿出來攪拌，以免凝乳凝固，直到溫度和室溫相同。

製作檸檬凝乳鮮奶油

**5**・在鋼盆中放入鮮奶油，冷藏至少15分鐘（也可以把手持電動攪拌器的前端部分一起冷藏）。

**6**・打發鮮奶油時先從低速開始，當鮮奶油質地慢慢的不再是液體時，漸漸加速到中高速，一直打到鮮奶油成型可以看到明顯紋路。加入檸檬凝乳繼續打，直到用湯匙挖起墜落時，可感覺輕盈的質地。

**7**・檸檬凝乳的功用有點像是穩定劑，使打發鮮奶油不會整個融化掉。檸檬凝乳鮮奶油可以在室溫下維持6小時，超過這個時間會變得有點像海綿。如果冷藏，則可以保存48小時。

# 檸檬粉

**份量：2小匙/5公克**

| 食材 | 容量 | 重量 |
|---|---|---|
| 檸檬皮，切得很細<br>（約3～5顆中型檸檬） | 2大匙（不用緊壓） | · | 12公克 |
| 細砂糖 | 1小匙 | · | · |

器具

研磨缽和杵

發酵箱（參照p.555）或可以開啟電源燈的烤箱。（可當中選擇一種方式）

製作檸檬粉

**1** · 在小碗中混合檸檬皮屑和糖，用手搓揉，讓糖與皮屑充分混合。把混合的檸檬皮屑撒上薄薄一層在盤子上，放到發酵箱中，溫度設定在110F/43℃，或是放在烤箱中讓電源開啟。讓檸檬皮屑風乾約4小時直到不再黏手，每小時都要翻動一次皮屑，避免沾黏在盤子上。（皮屑也可以在室溫下自然風乾，約12～16小時。）

**2** · 在碗上架上細孔篩網。

**3** · 把檸檬皮屑放到研缽中搗碎，盡量磨成細粉，然後過篩。沒有篩過網的皮屑再次研磨再次過篩，重複兩次。把篩過網的檸檬粉放入密封盒中保存，沒有篩過網的檸檬屑則另外保存，可以添加在冰淇淋或是其他鹹食上，同樣讓人眼睛為之一亮！

**4** · 檸檬粉密封在室溫下保存2天，冷藏5天，冷凍2個月。

蛋糕組合

**5** · 食用前，把檸檬凝乳鮮奶油擠在蛋糕上，或是裝在小碗中，放在蛋糕旁。用檸檬粉裝飾盛盤。

保存

· 密閉盒裝：室溫2星期；冷凍6個月。（不含鮮奶油部分）

# 香蕉船戚風蛋糕

BANANA SPLIT CHIFFON CAKE

烤箱溫度　325°F/160°C

烘烤時間　50～60 分鐘

巧克力與焦糖淋在味道濃郁但口感輕柔的香蕉戚風蛋糕，簡直讓人難以抗拒；再搭配草莓冰淇淋、打發鮮奶油和一些烤核桃，口感與風味更有變化了！

器具

一個10吋（16杯）容量的活動式戚風鋁模，使用兩條蛋糕模邊條（參照p.111小重點），
噴了烤盤油的烤架架高，至少比工作檯高約4吋，可以用3～4個同高的罐子、
馬克杯或是玻璃杯架高。也可以用長頸玻璃瓶（內有糖或是
小石子增加穩定度），或是可以支撐鋁模倒放時的漏斗。

## 麵糊

| 食材 | 容量 | 重量 | |
|---|---|---|---|
| 2根熟香蕉<br>（去皮稍微搗成爛泥） | 1 杯 | 8 盎司 | 226 公克 |
| 核桃油<br>（室溫，參照p.111小重點） | ¼ 杯＋2 大匙（89 毫升） | 2.9 盎司 | 81 公克 |
| 芥花籽油或紅花油（室溫） | 2 大匙（30 毫升） | 1 盎司 | 27 公克 |
| 現榨檸檬汁 | 2 大匙（30 毫升） | 1.1 盎司 | 32 公克 |
| 7顆蛋分蛋＋3顆蛋白（室溫）<br>蛋黃<br>蛋白 | ½ 杯（118 毫升）<br>1¼ 杯（296 毫升） | 4.6 盎司<br>10.6 盎司 | 130 公克<br>300 公克 |
| 香草精 | 1 小匙（5 毫升） | . | . |
| 低筋麵粉 | 2¼ 杯（篩入量杯至<br>滿抹平，與量度同高） | 8 盎司 | 225 公克 |
| 細砂糖 | 1¼ 杯（分次使用） | 8.8 盎司 | 250 公克 |
| 泡打粉 | 2 小匙 | . | 9 公克 |
| 細海鹽 | ½ 小匙 | . | 3 公克 |
| 塔塔粉 | 1¼ 小匙 | . | 3.9 公克 |

## 烤箱預熱

· 預熱：325°F/160°C，預熱時間：20分鐘以上。

· 將烤架設置在下方（分上中下三部分）。

## 混合香蕉和其他濕料

**1** · 在食物調理機中放入香蕉、核桃油和檸檬汁攪拌直到滑順，暫停機器，把邊緣的泥刮乾淨。加入蛋黃和香草精攪拌約10秒鐘，直到全部混合。

## 製作麵糊

**2** · 使用球形攪拌器。在桌上型攪拌機的鋼盆中放入麵粉、糖（倒入盆中前先留下2大匙待會用）、泡打粉和鹽，使用低速攪拌30秒鐘後，在粉類中間挖一道粉牆，把香蕉泥等濕料倒入洞中，用低速攪拌直到麵糊濕潤，必要時刮缸。之後再用中高速打1分鐘30秒，直到麵糊變得黏稠。

**3** · 如果你只有一個攪拌器使用的鋼盆，那必須把麵糊挖到別的碗中，鋼盆和球形攪拌器都要清洗乾淨並擦乾，上面不能沾有任何的油分或水分。

## 攪拌蛋白

**4** · 使用球形攪拌器打發。把蛋白和塔塔粉用中低速打發直到成型。把速度慢慢調到中高速打發蛋白，直到呈現彎彎鳥嘴的濕（軟）性發泡的狀態，慢慢加入剩餘的2大匙糖繼續打，用低速打到呈尖尖鳥嘴的乾（硬）性發泡的狀態。

## 把蛋白霜加入麵糊中

**5** · 準備一個手持的球形攪拌器、漏勺或是大的矽膠刮刀，將打發的蛋白以由下而上的切拌方式與麵糊拌勻。如果使用攪拌器，需要輕輕甩出打蛋器中的蛋白。

**6** · 使用矽膠刮刀把麵糊倒入烤模中，用小支抹刀伸入麵糊中畫圓，避免麵糊中殘留過大的氣泡，入模後不用將表面抹平。麵糊高度距離烤模模壁高度約為1¼吋。

## 烘烤

**7** · 烘烤50～60分鐘，或是直到將竹籤插入中央取出時，沒有沾上任何麵糊，輕壓中央感覺有回彈的質地。烘烤過程中，蛋糕會膨脹得比烤模還高，表面也會生成紋路，避免在建議的最短烘烤時間內（此處為50分鐘）打開烤箱門，以免蛋糕瞬間坍塌。

## 冷卻及脫模

**8** · 將蛋糕立即倒放在準備好的烤架上，或是把中央的中空部分倒插入長頸玻璃瓶中，穩定懸吊在工作檯上約1小時30分鐘冷卻，或是直到整個烤模都冷卻。

**9** · 把蛋糕體和模壁鬆開時，可以使用硬直刀或抹刀，刀尖部分最好是方的，緊貼烤模邊緣小心的順著劃過。為了確認蛋糕體和烤模確實分開，可以把刀或抹刀用20度斜角插到模壁與蛋糕的接縫處，往中心輕壓，完成整個外圈的脫模。建議使用至少4吋長、寬不超過1吋的直刀輔助脫模。

**10** · 抓住中間中空的管子將蛋糕取出，用竹籤或蛋糕測試針繞著中間管子部分，分開蛋糕體和鋁模。底部用金屬抹刀或薄的尖刀輔助脫模。準備平盤，上面蓋著噴了烤盤油的保鮮膜，將蛋糕倒放在上面，最後再將蛋糕倒過來正放在食用盤上。讓蛋糕靜置1小時定型，或是直到表面不再黏手，然後再蓋上蛋糕盒蓋或是用保鮮膜封起來。

**11**・因為蛋糕質地膨鬆，所以切蛋糕時最好用兩支叉子把蛋糕撕開，而不是用刀子切。把兩支叉子背對背插入蛋糕底部，然後左右拉開，這樣就可以將蛋糕分兩半。或是使用鋸齒刀，但要輕輕的下刀，才不會把蛋糕壓壞。

**12**・可以用微甜打發鮮奶油裝飾（參照p.532），或是在蛋糕上淋一些巧克力淋醬或軟焦糖（參照p.71）食用。

保存

・密閉盒裝：室溫2天；冷藏5天；冷凍2個月。

---

## 小重點

・蛋糕模邊條（Cake Strips）（參照p.553）是用來圍住烤模四周，以免蛋糕側邊部分因經過長時間烘烤而太過焦黑。

・核桃油可以襯托出香蕉的風味，不過即使用別的植物油，蛋糕還是會很美味。

# 巧克力淋醬

**份量：¾杯/7.5盎司/212公克**

| 食材 | 容量 | 重量 | |
|---|---|---|---|
| 苦甜巧克力，60～62%可可含量（切碎） | ・ | 4盎司 | 113公克 |
| 熱的鮮奶油（乳脂36%以上） | ½杯－¾小匙（115毫升） | 4盎司 | 113公克 |

製作巧克力淋醬

**1**・把巧克力放在可微波的碗中加熱，每15秒用矽膠刮刀稍微攪拌（或是在瓦斯上架上雙層煮鍋，底下的鍋子放入接近但低於沸騰溫度的熱水，注意不要讓上層的鍋子碰到下層鍋內的熱水），加熱巧克力直到幾乎融化。

**2**・停止加熱，但繼續攪拌直到完全融化。把熱的鮮奶油倒入融化的巧克力中，攪拌直到融合。巧克力醬的質地應該是濃稠的，如果太稀，可以等幾分鐘讓巧克力醬稍微冷卻。可以用擠或是淋在蛋糕上。如果要用擠的，把淋醬倒在擠花袋中或是夾鏈袋裡，在擠花袋前端或是夾鏈袋的角角剪一個非常細小的洞口，記得儲存時洞口要封好。

# 檸檬冰盒蛋糕

## LEMON ICEBOX CAKE

份量：12～16 份

烤箱溫度　350°F/175°C

烘烤時間　30～40 分鐘

《**精**緻烹飪雜誌》（*Fine Cooking*）曾經問我是否可以提供一道古早味的經典檸檬冰盒蛋糕食譜。那時我已經有兩道很棒的點心：天使蛋糕和檸檬慕斯；而我的挑戰就是要把它們做一個無懈可擊的搭配。天使蛋糕被一切為二，所以構成了蛋糕的上半部和下半部。蛋糕切後剩餘的部分則切成小丁，和檸檬慕斯拌在一起。然後我重新組合天使蛋糕體和檸檬餡的排列，把它們放回烤模中烘烤定型。這是一款適合母親節或任何夏日時分的甜點。如果你只是想要點什麼簡單的甜點，這款蛋糕也是很棒的選擇。

事前準備

食用前要冷藏12小時

器具

10吋（16杯）容量的活動式戚風鋁模。

噴了烤盤油的烤架架高，至少比工作檯高約4吋，

可以用3～4個同高的罐子、馬克杯或是玻璃杯架高。或是一個長頸玻璃瓶

（內有糖或是小石子增加穩定度），或是可以支撐倒放鋁模的漏斗。

## 麵糊

| 食材 | 容量 | 重量 | |
|------|------|------|------|
| 細砂糖 | 1½ 杯（分次使用） | 10.6 盎司 | 300 公克 |
| 低筋麵粉 | 1 杯（篩入量杯至滿抹平，與量度同高） | 3.5 盎司 | 100 公克 |
| 細海鹽 | ¼ 小匙 | . | 1.5 公克 |
| 16 顆蛋白（室溫） | 2 杯（473 毫升） | 16.9 盎司 | 480 公克 |
| 塔塔粉 | 2 小匙 | . | 6.2 公克 |
| 現榨檸檬汁 | 1 大匙（15 毫升） | 0.6 盎司 | 16 公克 |
| 香草精 | 1 大匙＋1 小匙（20 毫升） | . | . |

## 烤箱預熱

・預熱：350℉/175℃ ，預熱時間：20分鐘以上。

・將烤架設置在下方（分上中下三部分）。

## 混合部分乾料

**1**・在小碗中混合¾杯/5.3盎司/150公克的糖、麵粉和鹽，另外剩餘的糖過篩在一張烤盤紙上。

## 攪拌蛋白

**2**・使用桌上型攪拌機配球形攪拌器打發蛋白。把蛋白和塔塔粉用中低速打發直到成型，把速度慢慢調到中高速打發蛋白，直到呈現彎彎鳥嘴的濕（軟）性發泡的狀態。慢慢倒入烤盤紙上的糖，繼續用中高速打到蛋白呈尖尖鳥嘴的乾（硬）性發泡的狀態，最後加入檸檬汁和香草精打勻即可。

## 把蛋白霜加入麵糊中

**3**・將混合的粉類過篩，分次倒到打發蛋白上，每次約倒入¼杯的粉量。準備手持球形攪拌器、漏勺或是大的矽膠刮刀，將打發的蛋白以由下而上的切拌方式與粉類拌勻，動作要快速輕巧。每次加入粉類就攪拌，但不用非常均勻，直到最後一次加完所有粉料才要確實均勻。

**4**・使用細長抹刀或是矽膠刮刀挖一些麵糊到烤模中，塗開成薄薄的一層，確保烤出的表面是平整的，然後將剩餘的麵糊均勻倒入烤模中。如果是使用16杯容量的烤模，麵糊與烤模約有½吋的距離。用小支抹刀或是小刀伸入麵糊中畫圓，避免麵糊中殘有過大的氣泡，並將表面抹平。

## 烘烤

**5**・烘烤30～40分鐘或直到金黃色，將蛋糕測試針插入中空部分和外圍中間的蛋糕，取出時沒有沾上任何麵糊，輕壓感覺有回彈的質地。（如果使用竹籤，會有一點濕潤的顆粒沾附在上面。）烘烤過程中，蛋糕中央會膨脹得比烤模還高2吋，但烤熟之後高度會降到和烤模一樣高，表面會有明顯的裂痕，像舒芙蕾那樣。

## 冷卻及脫模

**6**・將蛋糕立即倒放在準備好的烤架上，或是把中央的中空部分倒插入長頸玻璃瓶中，穩定懸吊在工作檯上約1小時30分鐘冷卻，或是直到整個烤模都冷卻。

**7**・把蛋糕體和模壁鬆開時，可以使用硬直刀或抹刀，刀尖部分最好是方的，緊貼烤模邊緣小心的順著劃過。為了確認蛋糕體和烤模確實分開，可以把刀或抹刀用20度斜角插到模壁與蛋糕的接縫處，往中心輕壓，完成整個外圈的脫模。建議使用至少4吋長、寬不超過1吋的直刀輔助脫模。

**8**・抓住中間中空的管子將蛋糕取出，用竹籤或蛋糕測試針繞著中間管子部分，分開蛋糕體和鋁模。底部用金屬抹刀或薄的尖刀輔助脫模。準備平盤，上面蓋著噴了烤盤油的保鮮膜，將蛋糕倒放在上面，最後再將蛋糕倒過來正放在食用盤上。讓蛋糕靜置1小時定型，或是直到表面不再黏手，然後再蓋上蛋糕盒蓋或是用保鮮膜封起來。清洗並擦乾烤模，接下來要使用同一個烤模做組合。

# 檸檬慕斯內餡

**份量：10⅔杯/45盎司/1270公克**

## 檸檬凝乳

份量：½杯/14盎司/400公克（去除鮮奶油部分）

| 食材 | 容量 | | 重量 |
|---|---|---|---|
| 檸檬皮（切得很細） | 1½ 大匙（不用緊壓） | · | 9 公克 |
| 6～8 顆蛋，分蛋（室溫）<br>蛋黃<br>蛋白（備用做義式蛋白霜） | ¼ 杯＋3 大匙（103 毫升）<br>¾ 杯（177 毫升） | 4 盎司<br>6.3 盎司 | 112 公克<br>180 公克 |
| 糖 | ¼ 杯＋2 大匙 | 2.6 盎司 | 75 公克 |
| 無鹽奶油<br>（65～75℉/19～23℃） | 6 大匙（¾ 條） | 3 盎司 | 85 公克 |
| 現榨過篩檸檬汁<br>（約3顆檸檬） | ½ 杯＋1 大匙（133 毫升） | 5 盎司 | 142 公克 |
| 細海鹽 | 1 小撮 | · | · |
| 鮮奶油（乳脂36%以上，冷藏備用） | 1½ 杯（355 毫升） | 12.3 盎司 | 348 公克 |

製作檸檬凝乳

**1**・將細孔篩網架在一個中碗上，放在一旁備用，碗中放著檸檬皮屑。

**2**・在厚底煮鍋中放入蛋黃、糖和奶油混合均勻，拌入檸檬汁和鹽。使用中小火加熱，用耐熱刮刀攪拌，隨時確認鍋緣、鍋底都攪拌到，直到醬汁的質地像荷蘭醬般的濃稠度，也就是會附著在刮刀上，但還是可流動的液狀。醬汁剛開始呈透明，漸漸會變得不透明，最後沾附在刮刀上的顏色應該會是偏黃色。千萬不要煮滾，否則會凝固。如果有蒸氣冒出，快速離火以免過熱，要不時攪拌，切記別讓醬汁煮滾。

**3**・當凝乳質地變得濃稠，攪拌時表面的紋路不會持久時（溫度約196℉/91℃），就可以倒在先前準備的細孔篩網上過篩。輕輕和檸檬皮屑拌勻，靜置30分鐘冷卻。

**4**・將凝乳蓋緊蓋子，放到冰箱冷藏約1小時，冷藏期間偶爾拿出來攪拌以免凝乳凝固，直到溫度和室溫相同。

打發鮮奶油

**5**・在鋼盆中放入鮮奶油，冷藏至少15分鐘（也可以把手持電動攪拌器的前端部分一起冷藏）。

**6**・當檸檬凝乳已經冷卻，再開始打發鮮奶油。先從低速開始，當鮮奶油質地慢慢的不再是液體時，漸漸加到中高速，一直打到鮮奶油軟軟的，成型可以看到些微紋路。用攪拌器或是矽膠刮刀把檸檬凝乳以切拌方式與蛋白霜混合均勻。將碗用保鮮膜封好，冷藏保存。

# 清爽型義式蛋白霜

份量：7½杯/17盎司/480公克

| 食材 | 容量 | 重量 | |
|------|------|------|---|
| 冷水 | 3大匙（44毫升） | 1.6盎司 | 44公克 |
| 吉利丁粉 | 2小匙 | . | 6公克 |
| 備用蛋白（參照p.115） | ¾ 杯（177 毫升） | 6.3盎司 | 180公克 |
| 塔塔粉 | ¾ 小匙 | . | 2.3公克 |
| 細砂糖 | 1⅓ 杯（分次使用） | 9.4盎司 | 267公克 |
| 水 | ¼ 杯＋2 大匙（89毫升） | 3.1 盎司 | 89公克 |

加熱糖水

**1**・準備一個有杯嘴易倒的耐熱大量杯，至少有2杯的容量。

**2**・在一個小玻璃量杯中放入3大匙/44毫升的冷水，撒入吉利丁粉攪拌均勻，靜置至少5分鐘，讓吉利丁粉吸收水分凝結。如果需要更多時間凝結，封上保鮮膜以免水分揮發。

**3**・將小玻璃量杯放入即將煮沸的熱水中隔水加熱，攪拌吉利丁水讓粉完全融化。吉利丁水會變得比較濃稠，就可以離開熱水。（這也可以用微波爐加熱，用3秒快速功能，攪拌一到兩次，直到吉利丁粉完全溶解。）

**4**・將蛋白倒入桌上型攪拌機的鋼盆中，使用球形攪拌器打發，或是放在一般大鋼盆中，準備好手持電動攪拌器，加入塔塔粉。

**5**・在小的厚底不沾煮鍋中放入1杯/7盎司/200公克的糖，與¼杯＋2大匙/89毫升的水，稍微攪拌直到糖都浸濕。用中火加熱，時而攪拌直到糖都溶解並開始沸騰。停止攪拌並轉至小火繼續加熱。（若使用電磁爐則可離開加熱區。）

**6**・用中低速打發蛋白和塔塔粉直到成型。把速度調到中高速打發蛋白霜，直到呈彎彎鳥嘴的濕（軟）性發泡的狀態。慢慢加入剩下的⅓杯糖繼續打，然後用低速打到呈尖尖鳥嘴的乾（硬）性發泡的狀態。

**7**・使用中大火繼續加熱糖水幾分鐘後，利用溫度計測量，當到達248～250°F/120°C時，立刻倒入準備好的耐熱杯中，停止糖水繼續加熱。

**8・**如果使用桌上型攪拌機，在一開始倒入時先不要開機，以免攪拌器運轉的過程中把糖水噴濺到盆緣凝結而攪拌不到。剛開始，先在蛋白的缸中倒入一小部分糖水，立即開高速打5秒。剩下的糖水分三次加入，都用同樣的方法。最後一次加入糖水時，記得把玻璃杯中的糖水刮除乾淨，抹在球形攪拌器上。如果糖水變得太硬無法倒出抹淨，可以放入微波爐加熱幾秒鐘，讓糖水變成液體狀態。

**9・**如果使用手持電動攪拌器，固定手的姿勢將蛋白打發。注意，不要把糖水倒在攪拌器上，否則糖水會噴濺到盆緣凝結而攪拌不到。

**10・**把速度調到中速，加入吉利丁水繼續打約2分鐘。把速度降到低速攪拌約10分鐘，直到蛋白霜摸起來不再溫熱。如果使用手持電動攪拌器，要打更久的時間。

完成檸檬慕斯內餡

**11・**使用球形攪拌器或矽膠刮刀，把義式蛋白霜以切拌方式分三次加入，和檸檬凝乳混合。

蛋糕組合前的準備

**12・**準備兩張3呎長的紙或烤盤紙，鋪在工作檯上。將蛋糕上端烤成金黃的部分橫切一層，也就是從頂端往下量¾吋的地方，用鋸齒刀劃一下做記號，依記號平穩地橫切蛋糕。用兩支長刮刀插入切好的縫隙中，舉起蛋糕圈放在準備好的烤盤紙上。

**13・**將蛋糕倒過來。從上往下量½吋的地方，用鋸齒刀劃一下做記號，照著鋸齒刀的記號橫切蛋糕。用兩支長抹刀插入切好的縫隙中，舉起蛋糕圈放在準備好的烤盤紙上。

**14・**把剩餘的蛋糕切成或者用手撕出¾吋的蛋糕丁，將蛋糕丁放在另一張烤盤紙上。

**15・**用保鮮膜把兩個蛋糕圈和蛋糕丁封起來。如果蛋糕圈和蛋糕丁很濕潤，可以不用封起來。

蛋糕組合

**16・**將天使蛋糕模內側噴上一層烤盤油。把較小的蛋糕圈鋪在最下面，用湯匙舀⅓量/14.1盎司/400公克的檸檬慕斯內餡放在蛋糕圈上。把一半的蛋糕丁均勻撒在檸檬慕斯內餡上，要確認蛋糕丁分布平均，連邊邊也要放到。舀起剩下檸檬慕斯內餡不到1/2量的慕斯，約14.8盎司/420公克，鋪在蛋糕丁上。然後再撒上剩下的蛋糕丁，最後把剩餘的所有慕斯填入模中，用小抹刀抹平。將大的蛋糕圈蓋上並稍微修整邊緣，輕按最上層的蛋糕體使結構扎實，以保鮮膜封緊冷藏12小時後，再脫模食用。

脫模

**17・**準備一個擺放蛋糕的盤子。稍微用水沾濕盤子，放上蛋糕後會比較方便調整移動。

**18・**用竹籤或是蛋糕測試針圍著中間管心和蛋糕接縫的部分繞一圈。準備一條布，用熱水沾濕，迅速擰乾擦拭烤模的四周和底部，這樣可以更容易脫模。

## 不失敗祕訣

這道食譜是用容量16杯的天使蛋糕烤模烤出天使蛋糕部分，以及最後組合蛋糕的部分。因為市面上的天使蛋糕模可能會少幾杯容量，所以在做這蛋糕前必須確認烤模的大小。

**19．**找一個密封玻璃罐，要比蛋糕底盤小，高度比蛋糕模要高，將蛋糕模放在這個玻璃罐上，輕輕握住模的四周往下壓，如果烤模沒有順勢往下滑，可以再用熱毛巾擦拭周圍。

**20．**底部用金屬抹刀或薄的尖刀平劃一圈輔助脫模。把擺蛋糕的盤子正面朝下放在烤模上，整個倒扣過來。

**21．**如果喜歡，可以加點覆盆莓醬（參照p.54），或是清爽的微甜打發鮮奶油（參照p.532）。

保存

‧密閉盒裝：冷藏5天。

# 海綿蛋糕體
## LIGHT SPONGE CAKE (BISCUIT)

份量：16¾×11¾×½ 吋長方形 1 個

烤箱溫度　450°F/230C

烘烤時間　7～10 分鐘

**這** 是一個萬用蛋糕體，可以和很多食譜搭配，準備時間大約只要10分鐘，烘烤時間甚至不到10分鐘。這個蛋糕扁平，有彈性，蛋糕夾層很溫和，蛋糕體中的油脂只有來自蛋黃的部分，結構穩固，即使吸收其他配料的水分，也不會因此碎裂。以下的食譜量是小烤盤（17¼×12¼×1吋）的量，也可以用2個10吋圓模或9½吋圓形派模代替，這樣就可以有兩個圓形蛋糕體。一個蛋糕體可以和這食譜搭配，另一個可以冷凍起來以後再使用。其他的食譜也可以更改這食譜的量來做延伸。

食譜延伸

蜜李焦糖蛋糕捲（參照p.121）

巧克力慕斯蛋糕（參照p.147）

芒果起司蛋糕（參照p.164）

器具

一張小烤盤（17¼×12¼×1吋），底部抹上一層酥油，蓋上烤盤紙（裁剪烤盤紙時，其中一邊長的需要多留1吋）。再噴上含麵粉的烤盤油（如果家裡沒有，可噴上烤盤油和沾上薄薄一層麵粉）。

一個大的烤架

一張大烤盤或是一張小烤盤（17¼×12¼×1吋）

（翻蛋糕時用），稍微噴點烤盤油。

# 麵糊

| 食材 | 容量 | | 重量 |
|------|------|---|------|
| 低筋或中筋麵粉 | ⅓ 杯（或¼ 杯＋2 小匙。篩入量杯抹平，與量度同高） | 1.2 盎司 | 33 公克 |
| 玉米澱粉 | 2½ 大匙 | . | 22 公克 |
| 5～8 顆蛋，分蛋（室溫）<br>蛋黃<br>蛋白（約4顆） | <br>¼ 杯＋2 大匙（89 毫升）<br>½ 杯（118 毫升）（分次使用） | <br>3.3 盎司<br>4.2 盎司 | <br>93 公克<br>120 公克 |
| 細砂糖 | ½ 杯＋1 大匙（分次使用） | 4 盎司 | 113 公克 |
| 香草精 | ¾ 小匙（3.7 毫升） | . | . |
| 塔塔粉 | ¼ 小匙 | . | 0.8 公克 |

烤箱預熱

·預熱：450°F/230C，預熱時間：30分鐘以上，將烤架設在中間層。

混合乾料和蛋液

**1**·在碗中混合麵粉和玉米澱粉。

**2**·使用球形攪拌器。在桌上型攪拌機的鋼盆中放入蛋黃，一半量的蛋白（¼杯/59毫升/2.1盎司/60公克）和½杯/3.5盎司/100公克的糖。使用高速攪拌約5分鐘，至蛋液膨鬆且膨脹大3倍的量，降低速度攪打，加入香草精。如果你只有一個攪拌缸，把打發的蛋液放到另一個碗中，鋼盆和攪拌器都要洗淨擦乾，不能殘留油分。

製作麵糊

**3**·將過篩的麵粉撒一半在打發的蛋液上，用攪拌器或矽膠刮刀輕柔的把麵粉和蛋糊以由下而上的切拌方法稍微攪拌。動作快速輕柔，直到大部分麵粉已經混合，再倒入剩餘的麵粉，以同樣方法拌勻，直到沒有麵粉的痕跡。

攪打蛋白，然後加入麵糊中

**4**·使用桌上型攪拌機配球形攪拌器打發蛋白。把蛋白和塔塔粉用中速打發直到成型。把速度調到中高速打發蛋白，直到呈現彎彎鳥嘴的濕（軟）性發泡狀態。慢慢加入剩餘的1大匙糖，用中高速攪打，直到呈尖尖鳥嘴的乾（硬）性發泡狀態。

**5**·準備手持的球形攪拌器或大的矽膠刮刀，將打發的蛋白以由下而上的切拌方式與麵糊拌勻。將麵糊倒入準備好的烤盤中，用奶油抹刀把表面抹勻。

烘烤、脫膜及冷卻

**6**·烘烤7～10分鐘或是直到金棕色，輕拍中央感覺有回彈的質地。準備一支小抹刀，用小抹刀插入蛋糕體和烤盤紙之間直角的部分，抓住烤盤紙的角，讓蛋糕滑到烤架上。在室溫20分鐘冷卻或直到完全冷卻。將蛋糕體翻倒放在烤盤紙上，或是倒放在烤盤背面，再撕開底部的烤盤紙。

保存

·密閉盒裝：蛋糕體單層擺放室溫3天；冷藏5天；冷凍2個月。一旦冷凍後，可以將多個蛋糕體堆疊放在同一個袋子。

## ☆ 美味變化款：杏仁海綿蛋糕體

食譜延伸：檸檬杏仁起司蛋糕（參照p.176）

**1**·將食譜中的麵粉減至3大匙/0.7盎司/21公克，不用玉米澱粉，改添加⅓杯/1.2盎司/33公克的杏仁粉。

製作杏仁粉

**2**·將杏仁均勻撒在烤盤上烘烤4分鐘，或是到呈淡淡的金黃色。烘烤過程中翻炒一兩次確保上色均勻。完全冷卻後放入調理機中攪打成很細的粉狀。

# 蜜李焦糖蛋糕捲

PRUNE PRESERVES AND CARAMEL CREAM CAKE ROLL

份量：8～10 份

烤箱溫度　450°F/230C

烘烤時間　7～10 分鐘

**我** 很喜愛這個優雅清爽的蛋糕捲，蛋糕中間夾了一層蜜李醬和焦糖打發鮮奶油。灰暗柔軟的蜜李與濃厚焦糖味打發鮮奶油的組合，真是令人驚訝！在巧克力淋醬中加入一點焦糖，會讓淋醬更明亮。如果我把食譜改為李子果乾你就不會想試了！

## 器具

蛋糕體部分：參照p.119海綿蛋糕體
巧克力淋醬部分：擠花袋與⅛吋平口花嘴（4號）

# 海綿蛋糕體

| 食材 | 容量 | | 重量 | |
|---|---|---|---|---|
| 海綿蛋糕體1個（參照p.119） | · | | · | · |

製作蛋糕

1・製作一個海綿蛋糕體。

脫模及冷卻

2・用小刀尖端把麵糊沾黏烤盤的部分割開，一氣呵成脫模。

3・抓住烤盤紙兩角，自然的讓蛋糕滑到工作檯上。把烤盤倒過來，將背面封上保鮮膜，均勻的在蛋糕體撒上一層薄薄的糖粉，然後把蛋糕體翻過來放在保鮮膜上，也就是糖粉那面與保鮮膜直接接觸。小心撕去烤盤紙。蓋上一條乾淨的布巾，再蓋上一個大烤盤或烤架。上下都是烤盤這樣夾著把蛋糕倒過來，現在是糖粉那面朝上。趁蛋糕還溫熱的時候，拉著布巾從短的邊開始捲起，捲一點布巾就往上拉一點，直到捲完。

4・將蛋糕捲翻倒放在烤架上約40分鐘冷卻，直到摸起來不再溫熱。

# 蜜李醬

| 食材 | 容量 | 重量 | |
|---|---|---|---|
| 去核李子果乾 | 1 杯（緊壓） | 4 盎司 | 113 公克 |
| 水 | ½ 杯（118 毫升） | 4.2 盎司 | 118 公克 |
| 白砂糖 | 1 大匙 | 0.5 盎司 | 13 公克 |
| 檸檬皮（切碎） | ½ 小匙（不用緊壓） | · | · |

製作蜜李醬

**1·** 在煮鍋中放入李子果乾和水浸泡2小時，讓果乾軟化，緊密蓋上蓋子（如果果乾已經剖半，只需浸泡1小時）。將整鍋（加蓋）加熱到沸騰後把火調到最小，再煮20～30分鐘，直到果乾變得非常軟，用竹籤可以輕易穿透。如果水分揮發不夠，可以再加一點水。

**2·** 把李子和剩餘的水倒入食物調理機，加入糖和檸檬皮屑攪拌直到滑順。

**3·** 將李子泥倒回煮鍋中，用小火加熱，然後以木匙或耐熱刮刀不停攪拌，大約煮10～15分鐘，或是直到顏色變為深棕色且質地濃稠。試著撈起1匙李子泥，可能需要3秒鐘才會從湯匙上滴落的狀態。把李子泥放到玻璃碗中，直到完全冷卻。

# 糖水

份量：⅓杯/79毫升/3.5盎司/100公克

| 食材 | 容量 | 重量 | |
|---|---|---|---|
| 白砂糖 | 2 大匙＋1 小撮 | 1 盎司 | 28 公克 |
| 水 | ¼ 杯（59 毫升） | 2.1 盎司 | 59 公克 |
| 香草干邑白蘭地或香草精 | 1 大匙（15 毫升）或是1 小匙 | 0.5 盎司 | 14 公克 |

製作糖水

在小煮鍋中放入糖與水攪拌，加熱煮到沸騰，一旦開始沸騰，立刻緊蓋鍋蓋離火，直到完全冷卻。將糖水倒入玻璃量杯中，加入干邑白蘭地攪拌均勻。調和好的糖水為⅓杯/79毫升，如果水分揮發而不夠這個量，可以加水補足。

# 焦糖打發鮮奶油

## 軟焦糖

份量：¾杯/177毫升/8盎司/227公克（參照下方小重點）

| 食材 | 容量 | 重量 | |
|------|------|------|------|
| 白砂糖 | ¾ 杯 | 5.3 盎司 | 150 公克 |
| 轉化糖漿或玉米糖漿 | 2 小匙（10 毫升） | 0.5 盎司 | 14 公克 |
| 水 | 3 大匙（44 毫升） | 1.6 盎司 | 44 公克 |
| 熱鮮奶油（乳脂36%以上） | ¼ 杯＋2 大匙（89 毫升） | 3.1 盎司 | 87 公克 |
| 無鹽奶油（軟化） | 1½ 大匙 | 0.7 盎司 | 21 公克 |
| 香草精 | ½ 大匙（7.5 毫升） | . | . |

製作焦糖

1・準備一個小玻璃量杯，裡面噴上一點烤盤油。

2・在小煮鍋中，最好是不沾鍋材質，放入糖、糖漿和水，稍微攪拌直到糖都浸濕。加熱，時而攪拌直到糖都溶解並開始沸騰。停止攪拌並轉至小火繼續煮，直到顏色變為深琥珀色（此時焦糖的溫度，若使用轉化糖漿為370°F/188°C；使用玉米糖漿為380°F/193°C），由於鍋內溫度還會繼續上升，必須立即離火，或者在到達溫度前一點點就先離火，讓餘溫繼續加熱焦糖，然後一到所需溫度就倒入熱鮮奶油，此時會產生大量的煙和泡泡。

3・使用耐熱刮刀或木匙攪拌焦糖鮮奶油，確認底部邊緣都攪拌到，不要殘留結塊的焦糖。把煮鍋放回爐火上，用小火邊攪拌邊加熱約1分鐘，使焦糖和奶油顏色一致，焦糖完全溶解。

4・離火後加入奶油輕柔的攪拌均勻。剛開始焦糖與奶油會變得有點分離，但是攪拌冷卻後就會融合了。

5・將焦糖倒入量杯中約3分鐘冷卻，輕輕拌入香草精。冷藏45分鐘，冷藏過程中每15分鐘拿出來攪拌一下，直到完全冷卻（溫度約65～70°F/18～21°C），然後拿到室溫下，蓋上蓋子備用。

## 小重點

・食譜中的軟焦糖會有剩餘的部分，是為了之後添加於巧克力淋醬中。

# 完成焦糖打發鮮奶油

份量：2⅓杯/13.2盎司/375公克

| 食材 | 容量 | | 重量 |
|------|------|------|------|
| 冷藏鮮奶油（乳脂36%以上） | 1 杯（237 毫升） | 8.2 盎司 | 232 公克 |
| 焦糖 | ½ 杯（118 毫升） | 5.3 盎司 | 150 公克 |

完成焦糖打發鮮奶油

**1** · 在攪拌機的鋼盆中放入鮮奶油，冷藏至少15分鐘。（也可以把手持電動攪拌器的前端部分一起冷藏。）

**2** · 開始打發鮮奶油，直到以攪拌器舀起時，尖端非常柔軟。用低速繼續打，一邊加入室溫的焦糖，然後轉成中速打發，直到呈現彎彎鳥嘴的濕（軟）性發泡的狀態。

蛋糕捲組合

**3** · 將蛋糕捲攤平，均勻刷上糖水。準備一支小抹刀，把蜜李醬薄薄均勻的塗抹在整個蛋糕上。

**4** · 把焦糖打發鮮奶油平鋪在蛋糕上，選擇其中一邊短邊寬的部分留白2吋，兩個長邊則有¼吋的留白。從留白的短邊開始捲起蛋糕。可以準備一個18吋長的尺，隔著布巾捲蛋糕，這樣可以捲得較平整。如果要捲出漂亮的蛋糕捲，每捲一下就將雙手覆蓋在蛋糕捲上稍微按壓。全部捲完時，滾動蛋糕捲，將蛋糕接縫處朝下，放在盤子或砧板上。接縫處一定要藏在下面，所以你也可以先在烤盤紙上開始捲，最後捲完再用烤盤紙滾動蛋糕捲，把接縫處朝下。放在陰涼的室溫或冷藏保存，稍微覆蓋蛋糕即可。

# 焦糖巧克力淋醬

| 食材 | 容量 | | 重量 |
|------|------|------|------|
| 黑巧克力，85%可可含量（切碎） | · | 1 盎司 | 28 公克 |
| 鮮奶油（乳脂36%以上） | 2 大匙（30 毫升） | 1 盎司 | 29 公克 |
| 焦糖 | 1 大匙 | 0.6 盎司 | 18 公克 |

製作焦糖巧克力淋醬

**1** · 將細孔篩網架在玻璃杯上備用。

**2** · 在小的食物處理機中攪碎黑巧克力，倒入可微波的玻璃碗中。

**3**・在小煮鍋中混合奶油和及焦糖，用耐熱刮刀攪拌，用中火加熱到燙手（接近沸騰，即鍋邊產生細小泡泡），整個倒入黑巧克力碎中。把煮鍋蓋起來燜5分鐘，再用矽膠刮刀輕柔的攪拌黑巧克力和焦糖，直到混合均勻滑順。

**4**・將淋醬過篩。

淋面

**5**・將淋醬倒入擠花袋中，或者倒入夾鏈袋，在夾鏈袋的角角剪一個細小的洞口，畫出彎曲線條或螺旋狀來裝飾蛋糕捲。如果淋醬卡住流不出來，可以稍微用力，試擠到量杯中，直到淋醬順利流出。

保存

・陰涼室溫6小時，若冷藏，需稍微覆蓋，可保存2天；不可冷凍，因為打發鮮奶油會因解凍而整個塌掉。

# 檸檬牛奶蛋糕
## LEMON POSSET SHORTCAKES

份量：6 份

烤箱溫度　350°F/175°C

烘烤時間　15～22 分鐘

配 方裡用的「牛奶甜酒（Posset）」這個字，是來自中世紀時，一種人們用小壺、小缽所裝甜點的稱呼。這道甜點的靈感來源是伍迪（Woody）和我去明尼亞波利斯（Minneapolis）時，看到阿爾曼餐廳（Restaurant Alma）的甜點主廚安・布里姬（Ann Bridges）製作的一道精美甜品。我做的檸檬牛奶蛋糕是以梅爾檸檬汁為原料，把它放在耐烤陶瓷烤盅中，那個潔淨單純的風味是我從沒體驗過的。她有著柔軟的檸檬乳狀物，吃起來不像凝乳，也沒有使用任何奶油或蛋；也不像奶酪或是果凍。這完全是靠檸檬的酸來凝結整個乳狀物。而海綿蛋糕搭配上檸檬牛奶，就是最微妙的組合。我一直都會把配方中檸檬牛奶的部分多做一些，因為光是用湯匙挖著吃，就是一天當中的小確幸。

事前準備
檸檬牛奶可以在蛋糕抹完糖水後再製作。
器具
6格皇冠蛋糕烤模（Marianne）或中間有凹陷的6格奶油酥餅模（Shortcake），
或六個10盎司容量（4×2吋）的百麗（Pyrex）烘烤玻璃碗，
模中噴上含麵粉的烤盤油（如果家裡沒有，可噴上烤盤油和沾上薄薄一層麵粉）。
（若使用玻璃碗，須放在烤盤上。）
¼大的烤盤或是一般烤盤包附上保鮮膜。

# 麵糊

| 食材 | 容量 | 重量 | |
|---|---|---|---|
| 無鹽奶油 | 5 大匙（½ 條＋1 大匙） | 2.5 盎司 | 71 公克 |
| 香草精 | ¾ 小匙（3.7 毫升） | . | . |
| 2 顆蛋 | ⅓ 杯＋1 大匙（94 毫升） | 3.5 盎司 | 100 公克 |
| 1 顆蛋黃 | 1 大匙＋½ 小匙（17 毫升） | 0.7 盎司 | 19 公克 |
| 細砂糖 | ⅓ 杯 | 2.3 盎司 | 67 公克 |
| 速調麵粉（Wondra，參照p.130小重點） | ½ 杯（用湯匙挖入量杯至滿抹平）—½ 大匙 | 2.3 盎司 | 66 公克 |

烤箱預熱

· 預熱：350℉/175℃，預熱時間：20分鐘以上。

· 將烤架設在中間層。

製作焦化奶油

1 · 準備一個細孔篩網或是紗布，架在玻璃量杯上。

2 · 在小煮鍋中用極小火融化奶油。把火調到小火繼續加熱，不用蓋蓋子，注意不要燒焦。如果表面有泡泡須撈除，以便觀察奶油融化的狀況。當底部的沉澱物（牛奶固形物）變成深褐色，立即起鍋倒入篩網中過篩。把煮鍋中的沉澱物都刮到篩網上。

3 · 取過篩的焦化奶油3½大匙/52毫升/1.5盎司/43公克，當奶油冷卻至110～120℉/40～50℃時，拌入香草精，蓋上蓋子保持微溫。留在篩網上的沉澱物可以冷藏或冷凍保存，日後使用。（參照p.530）

打發蛋液

4 · 在桌上型攪拌機的鋼盆中放入蛋、蛋黃和糖，先用手持打蛋器稍微攪拌開來，然後把鋼盆架到內有接近，但低於沸騰溫度熱水的煮鍋上稍微加熱（鋼盆底部不要碰到鍋中熱水），直到蛋液摸起來微溫。不時攪拌，避免底部因為蒸氣太熱而煮熟蛋液。

5 · 當蛋液微溫後立即移至桌上攪拌機，裝上球形攪拌器。用高速約5分鐘直到蛋液量被打發膨脹約4倍，蛋糊變得很黏稠、膨鬆。（如果使用手持電動攪拌器，打發過程需要10分鐘以上。）

製作麵糊

6 · 把約½杯/1盎司/26公克的打發蛋液加入融化奶油中拌勻。

7 · 將一半量的速調麵粉撒入剩餘的打發蛋液中（如果使用其他麵粉代替，需要先過篩）。用攪拌器、漏勺或矽膠刮刀快速輕柔的，以由下而上的切拌方式混合直到麵粉消失。剩餘的麵粉也以同樣的方式混合均勻。

8 · 最後，將奶油糊以切拌方式和麵糊稍微混合。使用矽膠刮刀挖到鋼盆底部，確認所有粉類都混合到了。

入模

9 · 用大湯匙把麵糊舀入皇冠蛋糕烤模中，每格約填入¾高的麵糊（1.5盎司/43公克）。如果使用玻璃小碗，大約填入⅓高的麵糊即可。

烘烤

10 · 烘烤15～20分鐘或是呈金黃色，蛋糕在模壁部分會有點內縮。使用玻璃小碗的話，蛋糕會稍微膨脹，但不會溢出碗。烘烤過程中，小蛋糕的中心會膨脹得比烤模還高，烤熟後會稍微降低。避免在建議的最短烘烤時間內（此處為15分鐘）打開烤箱門，以免蛋糕瞬間塌陷。烘烤時間快結束時，可以將烤箱門開一點縫，看看蛋糕的狀態，如果沒熟可以多烤2分鐘。

## 冷卻及脫模

**11**・為了避免蛋糕高溫時結構脆弱，一旦烤熟後就要立即脫模。準備好小支抹刀和噴了烤盤油的烤架，出爐後立即用小支抹刀把模壁和蛋糕體鬆開。把烤架放在烤模上，整個倒過來。若使用玻璃小碗，就必須一個一個倒放。靜置直到完全冷卻。

## 小重點

・速調麵粉是可以快速溶解在麵糊中的麵粉，完成後的蛋糕口感非常軟綿。如果不用速調麵粉，可以將麵粉和玉米粉混合過篩後使用：⅓杯/1.2盎司/33公克的低筋麵粉（篩入量杯至滿抹平，與量度同高），加上¼杯（用湯匙挖入量杯至滿抹平）以及1小匙/1.2盎司/33公克的玉米粉。

・低筋麵粉也可以用¼杯＋2小匙的中筋麵粉代替。一樣先過篩入量杯至滿，再以刮刀抹平，與量度同高。

# 檸檬糖水

**份量：¼杯＋2大匙/89毫升/3.4盎司/96公克**

| 食材 | 容量 | 重量 | |
|------|------|------|------|
| 水 | ⅓杯（79毫升） | 2.8盎司 | 79公克 |
| 白砂糖 | 2大匙 | 0.9盎司 | 25公克 |
| 現榨檸檬汁 | 1小匙（5毫升） | . | 5公克 |

### 製作檸檬糖水

**1**・在小煮鍋中放入糖、水，攪拌加熱煮到沸騰。一旦開始沸騰，立刻蓋上鍋蓋，離火，直到完全冷卻。將糖水倒入玻璃量杯中，加入檸檬汁拌勻。調好的糖水為¼杯＋2大匙/89毫升，如果水分揮發而不夠這個量，可以加入水補足。

### 刷上檸檬糖水

**2**・等蛋糕冷卻後，脫模放在準備好的烤盤上，用刷子把糖水均勻刷在整個蛋糕上，尤其是周圍和表面高起那一圈。大約每個蛋糕刷上1大匙/15毫升的糖水。

**3**・如果是用玻璃或瓷碗烤，將它們倒置後，用銳利小刀在表面中央挖出一個內圈：¼～⅜吋深的圓，外圈和內圈間有¼吋的寬度，即高起來的部分如同四面環繞高山的湖，然後如上述方法刷上糖水。

**4**・蛋糕必須充分吸收糖水，所以要靜置3小時才能刷上蘋果淋面。

# 蘋果淋面

| 食材 | 容量 | | 重量 |
|---|---|---|---|
| 蘋果凍 | ¼ 杯 | 3 盎司 | 85 公克 |
| 水 | ☒兩 小匙 | . | . |

## 製作蘋果淋面

1・準備一個細孔篩網架在碗上。

2・在小煮鍋中放入蘋果凍，以中小火加熱直到沸騰（或是放在玻璃量杯中，用微波加熱）。沸騰後倒在篩網上過濾，然後將過濾的蘋果醬加入一點水混合，直到稍微可以流動。

## 刷塗淋面

3・準備一支小的乾淨水彩筆或是甜點專用刷，把淋面刷在蛋糕四周和上方高起那一圈，塗上淋面可防止蛋糕變乾。淋面塗上後需靜置30分鐘，才能填入其他餡料。

# 檸檬牛奶

| 食材 | 容量 | | 重量 |
|---|---|---|---|
| 鮮奶油（乳脂36%以上） | ¾ 杯＋2 大匙（207 毫升） | 7.2 盎司 | 203 公克 |
| 白砂糖 | ¼ 杯 | 1.8 盎司 | 50 公克 |
| 現榨過篩的梅爾檸檬汁（約1½ 顆，參照p.132小重點） | 2 大匙＋2 小匙（39 毫升） | 1.5 盎司 | 43 公克 |

## 製作檸檬牛奶

1・準備細孔篩網，架在一個約2杯容量的玻璃量杯上，另外再準備一個約2杯容量的玻璃量杯（也可以使用玻璃碗或5～6吋平底的瓷容器）。

2・將鮮奶油倒入可微的量杯中（或用小煮鍋以中火加熱，參照p.132小重點），加熱到接近沸騰的狀態（當鍋子邊緣開始冒出小泡泡），離火，保持溫熱狀態。

3・在小煮鍋中放入砂糖、檸檬汁混合攪拌，直到糖都浸濕，以中火加熱並且不停攪拌，直到接近沸騰。

4・將小煮鍋離火，倒入溫熱的鮮奶油攪拌，直到濃稠度一致。倒入篩網中過篩，將一半量的檸檬牛奶倒入第二個量杯中（或是其他容器）。檸檬牛奶在容器中的高度不可超過¾吋，不然會影響它們凝結的結果。

**5·**不蓋蓋子冷藏3～4小時才能放到蛋糕上。檸檬牛奶看起來表面呈現光澤，從表面到中間這層如同凝乳般的質地。記得不要攪拌，否則也會影響凝結效果，尤其這層像凝乳的部分是之後的重點。它的質地較為堅固，像是形成一層保護，以免檸檬牛奶質地太濕潤而浸濕蛋糕體。

蛋糕組合

**6·**用湯匙舀出等量的檸檬牛奶中上層比較凝固的部分，放到蛋糕凹槽處，放入冰箱冷藏1小時，然後將剩餘比較濕潤的檸檬牛奶填滿整個凹槽。檸檬牛奶底部液狀的部分不要使用。把填入凹槽的檸檬牛奶抹平，冷藏定型後，檸檬牛奶的高度應該是½吋。

**7·**將檸檬牛奶蛋糕冷藏至少2小時定型，不用加蓋。當檸檬牛奶定型後，表面會光滑亮麗。如果沒吃完，可以密封冷藏保存。

**8·**食用時，先把檸檬牛奶蛋糕置於室溫下10分鐘。在檸檬牛奶餡和盤子上可以用一些檸檬粉（參照p.107）或捲曲的檸檬皮裝飾。

保存

·密閉盒裝：室溫1小時；冷藏2天；不可冷凍，否則口感會不滑順。

## 小重點

·如果使用一般的檸檬汁，需要增加糖量達到¼杯＋2小匙/2盎司/58公克（或是可以用一半檸檬汁加一半柳橙汁混合取代）。

·避免使用銅或鐵弗龍材質的鍋子加熱鮮奶油或檸檬糖水，也避免用塑膠杯等塑膠容器裝檸檬牛奶，因為這些都會影響檸檬奶油的味道，也會影響凝結的效果。

### ☆ 美味變化款：檸檬牛奶阿爾曼

·如果只是單純享用檸檬牛奶，沒有放在蛋糕上，可以做食譜兩倍的份量，在混合鮮奶油和檸檬糖水之後，過濾倒入2杯容量的玻璃量杯中，再分裝入5個小瓷杯或玻璃杯中。不加蓋冷藏約4小時，當檸檬牛奶凝結後，用保鮮膜密實封住。食用檸檬牛奶時，也要先在室溫下放置10分鐘再吃。

# 草莓水果蛋糕

STRAWBERRY SHORTCAKE GÉNOISE

份量：10 ～ 12 份

烤箱溫度　350°F/175°C

烘烤時間　15～30 分鐘

草 莓水果蛋糕是美國人最喜愛的甜點之一。我做的版本，更是在每個部分都放了草莓！大黃果醬則是不能缺少的配角。而選用外表像木籐編織籃的諾迪威水果籃蛋糕烤模（Nordic Ware Fancy Marianne），讓蛋糕成品更吸引大家的目光，中間可以用任何喜歡的水果裝飾。

事前準備

在至少8小時前將草莓解凍，並取其解凍釋出的糖水。

器具

一個10杯容量，有一圈凹槽的編織紋派盤，仔細噴上含麵粉的烤盤油，

或一個9×2½吋或是更高的活動式圓模，底部抹上一層酥油，

然後黏上裁剪好的烤盤紙，再噴上含麵粉的烤盤油

（如果家裡沒有，可噴上烤盤油和沾上薄薄一層麵粉）。

## 草莓糖水和草莓泥

糖水總份量：⅔杯/148毫升/5盎司/142公克

| 食材 | 容量 | 重量 | |
|---|---|---|---|
| 無糖冷凍草莓 | · | 10 盎司 | 287 公克 |
| 白砂糖 | 2 大匙 | 0.9 盎司 | 25 公克 |
| 現榨檸檬汁 | 1 小匙（5 毫升） | · | 5 公克 |

浸漬冷凍草莓

1・把冷凍草莓放入碗中，加入糖和檸檬汁，用手拿起兩端的碗緣，像炒鍋般輕拋，讓草莓都沾裹到糖，靜置直到糖完全溶解。

2・準備一個篩網架在碗上，將草莓和出的水倒入篩網中，封上保鮮膜靜置8小時，或是冷藏12小時。之後稍微輕壓草莓，讓水分盡量釋出，直到取出的草莓糖水達到⅔杯/148毫升/5盎司/142公克。

3・將約¾杯的草莓放在碗中，用保鮮膜封住，冷藏到組合蛋糕和製作果泥時再取出使用。將草莓糖水放入密封盒或煮鍋，用保鮮膜封起，冷藏到之後步驟時使用。

蛋糕類－海綿蛋糕

# 麵糊

| 食材 | 容量 | 重量 | |
|---|---|---|---|
| 無鹽奶油 | 6 大匙（¾ 條） | 3 盎司 | 85 公克 |
| 香草精 | 1 小匙（5 毫升） | . | . |
| 5 顆蛋 | 1 杯（237 毫升） | 8.8 盎司 | 250 公克 |
| 1 顆蛋黃 | 1 大匙＋½ 小匙（17 毫升） | 0.7 盎司 | 19 公克 |
| 細砂糖 | 1 杯＋2 大匙 | 4.4 盎司 | 125 公克 |
| 低筋麵粉 | ⅔ 杯（篩入量杯至滿抹平，與量度同高） | 2.3 盎司 | 66 公克 |
| 玉米澱粉（建議使用Rumford品牌） | ½ 杯 | 2 盎司 | 60 公克 |

烤箱預熱

· 預熱：350°F/175°C，預熱時間：20分鐘以上。

· 將烤架設在中間層。

製作焦化奶油

1 · 準備一個細孔篩網或是紗布，架在玻璃量杯上。

2 · 在小煮鍋中用極小火融化奶油。把火調到小火繼續加熱，不用蓋蓋子，注意不要燒焦。如果表面有泡泡須撈除，以便觀察奶油融化的狀況。當底部的沉澱物（牛奶固形物）變成深褐色，立即起鍋倒入篩網中過篩。把煮鍋中的沉澱物都刮到篩網上。

3 · 取過篩的焦化奶油3½大匙/52毫升/1.5盎司/43公克，當奶油冷卻至110〜120°F/40〜50°C時，拌入香草精，蓋上蓋子保持微溫。留在篩網上的沉澱物可以冷藏或冷凍保存，日後使用。（參照p.530）

打發蛋液

4 · 在桌上型攪拌機的鋼盆中放入蛋、蛋黃和糖，先用手持打蛋器稍微攪拌開來，然後把鋼盆架到內有接近，但低於沸騰溫度熱水的煮鍋上稍微加熱（鋼盆底部不要碰到鍋中熱水），直到蛋液摸起來微溫。不時攪拌，避免底部因為蒸氣太熱而煮熟蛋液。

5 · 當蛋液微溫後立即移至桌上攪拌機，裝上球形攪拌器。用高速打約5分鐘直到蛋液量被打發膨脹約4倍，蛋糊變得很黏稠、膨鬆。（如果使用手持電動攪拌器，打發過程需要10分鐘以上。）

混合麵粉和玉米粉

6 · 在打發蛋液的同時，將麵粉和玉米澱粉混合過篩。

製作麵糊

**7**・把約1杯/2.1盎司/60公克的打發蛋液加入融化奶油中，用攪拌器攪拌均勻。

**8**・將一半量的粉類撒入剩餘的打發蛋液中。用攪拌器、漏勺或是矽膠刮刀快速輕柔的，以由下而上的切拌方式混合直到麵粉消失。剩餘的粉類也以同樣的方式混合均勻。

**9**・最後，將奶油糊以切拌的方式和麵糊稍微混合。使用矽膠刮刀挖到鋼盆底部，確認所有粉類都混合到了。

**10**・將拌好的麵糊倒入烤模，表面以小支抹刀塗抹平整。如果攪拌正確，麵糊的量應該會佔模型的½滿。

烘烤

**11**・烘烤15～25分鐘或是直到呈深金黃（棕）色，輕壓中央感覺有回彈的質地。蛋糕烤熟後在模壁部分會有點內縮，高度也會稍微降低。避免在建議的最短烘烤時間內（此處為15分鐘）打開烤箱門，以免蛋糕瞬間塌陷。烘烤時間快結束時，可以將烤箱門開一點縫，看看蛋糕的狀態，如果沒熟可以多烤5分鐘。

**12**・為了避免蛋糕高溫時結構脆弱，一旦烤熟後就要立即脫模。準備好小支抹刀和兩個噴了烤盤油的烤架。如果使用凹槽派盤，裁好一張10吋的圓型烤盤紙。

脫模及冷卻

**13**・如果使用凹槽派盤，準備好小支抹刀，出爐後立即用小支抹刀把模壁和蛋糕體鬆開。蓋上裁好的烤盤紙並壓上烤架，整個翻轉過來。脫模，讓蛋糕體完全冷卻。

**14**・如果使用活動式圓模，使用小支奶油抹刀緊貼烤模邊緣順著劃過，將烤盤解釦，褪去側邊。將蛋糕倒放在準備好的烤架上，移除底部烤模。不要拆掉烤盤紙，立即將蛋糕倒過來，正放在第二個烤架上，這樣可以讓上方表面不會塌陷。靜置到完全冷卻。

小重點

・如果烤模比較小，不用擔心在烘焙途中蛋糕會脹得比烤模還高，這是正常現象。

# 草莓甘曼怡糖水

份量：1杯/237毫升/9.6盎司/272公克

| 食材 | 容量 | | 重量 |
|---|---|---|---|
| 草莓糖水（參照p.133） | 約⅔杯（148毫升） | 5.4盎司 | 142公克 |
| 白砂糖 | ⅓杯 | 2.3盎司 | 67公克 |
| 甘曼怡橙酒（參照下方小重點） | ¼杯（59毫升） | 2.2盎司 | 61公克 |

## 製作甘曼怡糖水

1・在小煮鍋中放入糖和草莓糖水攪拌，使糖浸濕，攪拌加熱到沸騰，蓋上鍋蓋後離火，直到完全冷卻。將糖水倒入玻璃量杯中，加入甘曼怡橙酒拌勻。調和好的糖水約1杯/237毫升，如果水分揮發而量不夠，可以再加一點水補足。（如果使用活動式圓模，糖水的量可以少2大匙，參照小重點）將糖水蓋上蓋子，放在一旁備用。

## 蛋糕刷上甘曼怡糖水

2・如果使用凹槽派盤，準備一條布巾摺疊起來，蓋在蛋糕中央，壓上一個烤架，然後壓著烤架，將整個蛋糕翻過來。

3・如果使用活動式圓模，準備一支蛋糕抹刀，在外圈往內距離½吋的地方，往下割¼吋深。小心切出一個圓槽，使內部有一個平整的凹槽，讓蛋糕上方看似一個有高低落差的同心圓。準備一條布巾摺疊起來，蓋在蛋糕中央凹槽內，蓋上一個烤架把蛋糕整個翻過來，小心撕去底部的烤盤紙，這樣也會撕掉底部焦脆的部分。

4・無論使用哪種模型烤蛋糕，都得小心去除底部焦脆的地方。（用活動式圓模烤出來的蛋糕，最好是用鋸齒麵包刀均勻切去薄薄的底層。）在蛋糕底部均勻刷上⅓量的甘曼怡糖水，將蛋糕倒過來正放在盤子上，在蛋糕上方刷上剩餘的糖水，如果喜歡，也可以刷在蛋糕側邊上。將蛋糕蓋好，放在室溫下或冷藏8～12小時。

## 小重點

・如果糖水不想添加酒精，可以使用¼杯/59毫升/2盎司/59公克的水加上1小匙的橘子香精。

・假若使用活動式圓模，糖水就不會用到這麼多，因為蛋糕上方中央凹槽部分已經被切除。

# 新鮮草莓

| 食材 | 容量 | | 重量 |
|---|---|---|---|
| 新鮮草莓（去蒂剖半） | 2 品脫 | 1 磅 | 454 公克 |
| 白砂糖 | 2 大匙 | 0.9 盎司 | 25 公克 |
| 現榨檸檬汁 | 1 小匙（5 毫升） | . | 5 公克 |

## 浸漬新鮮草莓

**1**・把草莓放入碗中，加入糖和檸檬汁（如果草莓太大，可以切4瓣）。用手拿起兩端的碗緣，像炒鍋般輕拋。準備一個篩網架在碗上，將草莓倒入篩網中瀝乾，室溫下放2小時或冷藏靜置8小時。

**2**・倒出釋出的草莓糖水，大約有¼杯/59毫升，放入微波中加熱濃縮，直到剩下1大匙糖水。糖水可以在蛋糕組裝完成時，刷在蛋糕上的草莓表面（或是其他用途，像是淋在新鮮莓果上）。

# 草莓鮮奶油

**份量：2½杯/11盎司/312公克**

| 食材 | 容量 | | 重量 |
|---|---|---|---|
| 冷藏鮮奶油（乳脂36%以上） | 1 杯（237 毫升） | 8.2 盎司 | 232 公克 |
| 無籽草莓果醬 | ¼ 杯 | 3 盎司 | 83 公克 |

## 製作草莓鮮奶油

**1**・在鋼盆中放入鮮奶油，冷藏至少15分鐘（也可以把球形打蛋器一起冷藏）。

**2**・打發鮮奶油時先從低速開始，當鮮奶油質地慢慢不再呈液體時，漸漸加速到中高速，一直打到鮮奶油成型，可以看到紋路。加入草莓果醬繼續打，直到攪拌器提起時有彎彎鳥嘴的程度。

## 蛋糕組合

**3**・在食物調理機中放入¾杯瀝乾的新鮮草莓打成果泥，把果泥均勻塗在蛋糕的凹槽內。在果泥上放一圈新鮮草莓，切面朝下，剩下的草莓可以隨意擺放在中央，覆蓋住果泥。將草莓鮮奶油舀起放在草莓上，覆蓋住中央，不要蓋住面朝下的那一圈草莓（約距離邊上1吋）。

## 保存

・密閉盒裝：室溫4小時；冷藏2天。

# 同場加映：大黃果醬

份量：2杯/16.2盎司/460公克

| 食材 | 容量 | 重量 | |
|---|---|---|---|
| 新鮮大黃（1¼磅） | 4杯（切塊） | 1磅 | 454公克 |
| 白砂糖 | ½杯 | 3.5盎司 | 100公克 |
| 細海鹽 | 1小撮 | . | . |
| 檸檬皮（切碎） | 1小匙（不用緊壓） | . | 2公克 |

## 製作大黃果醬

將新鮮大黃洗淨晾乾，切成約½吋的塊狀。重新秤量所需的量，放入煮鍋中，加入糖、鹽和檸檬皮屑，在室溫下靜置至少15分鐘，或是直到大黃出水。接著將煮鍋以大火加熱，攪拌直到沸騰，轉至小火，然後半掩地蓋上蓋子繼續煮7～10分鐘，記得偶爾攪拌，直到大黃質地變得柔軟，水分也變得濃稠。當大黃快變軟時（大約是煮到最後4分鐘時）打開蓋子，可以讓水分蒸發使鍋中糖水變得濃稠。將鍋子離火，靜置直到冷卻。（如果冷卻後發現大黃果醬太水，可以瀝出糖水，直接將糖水用微波或直火加熱，讓糖水濃縮後再倒回和大黃混合。）

## ☆ 美味變化款：迷你草莓水果蛋糕

做成迷你版的草莓蛋糕也有不錯的視覺效果。芝加哥金屬（Chicago Metallic）和諾迪威（Nordic Ware）兩個品牌都有這種6格烤模，或是也可以拿6個10盎司（4×2吋）的百麗（Pyrex）玻璃烘烤碗，放在烤盤上烘烤。準備小烤模的方法和大烤模一樣，但食譜份量只要做一半（除了蛋糕體部分）。蛋糕體配方需要2顆蛋，其他材料乘以0.4倍就是所需的量。每個迷你蛋糕需要約1盎司/33公克的麵糊，烘烤14～15分鐘。不用擔心蛋糕會膨脹得比烤模還高，因為烤熟後高度會降低，脫模後也會比較扁。糖水的部分則需約6½大匙。

# 波蘭公主
## THE POLISH PRINCESS

### 份量：12～14 份

烤箱溫度　350°F/175°C

烘烤時間　20～30 分鐘

這個不凡的蛋糕是為了愛娃・偉德–鄭（Ava Wilder-Zhan）所命名，她是我的著作《蘿絲的不凡蛋糕》（Rose's Heavenly Cake）的製作編輯。這蛋糕在波蘭文中應該叫作「大使」，是一款現代非傳統的蛋糕。這蛋糕從1990年代早期開始受到歡迎，那時正值共產主義垮台，大量優質的巧克力、可可和葡萄乾從國外進口。愛娃對我解釋這蛋糕的始末，告訴我願意幫忙重新調整製作這個蛋糕，所以我很好奇，想要試試看。如同她形容的，這蛋糕只有一層簡單的海綿蛋糕體，上面覆蓋兩層香草布丁，一個是可可核桃口味，另一個是巧克力碎片葡萄乾口味。在把這個蛋糕配方修整完美後，我把它當成結婚禮物，送給愛娃和她老公路克（Luke）。

### 事前準備
蛋糕的每個部分都可以在前一天製作好分開保存，
食用當天再組合完成，並且需要靜置至少8小時再食用。

### 器具
一個9×3吋的活動式圓模，外側圍上蛋糕模邊條。
噴上含麵粉的烤盤油（如果家裡沒有，可噴上烤盤油和沾上薄薄一層麵粉），
再蓋上裁剪好的烤盤紙。（參照p.143小重點）

## 麵糊

| 食材 | 容量 | 重量 | |
|---|---|---|---|
| 中筋麵粉 | 1¼ 杯（篩入量杯至滿抹平，與量度同高）＋1大匙 | 5.3盎司 | 150 公克 |
| 泡打粉 | 1 小匙 | . | 4.4 公克 |
| 4～6顆蛋（分蛋） | | | |
| 蛋黃 | ¼ 杯＋2 小匙（69 毫升） | 2.6 盎司 | 74 公克 |
| 約3顆蛋白 | 6 大匙（89 毫升） | 3.2 盎司 | 90 公克 |
| 細砂糖 | ¾ 杯 | 5.3 盎司 | 150 公克 |
| 溫水 | 3 大匙（44 毫升） | 1.6 盎司 | 44 公克 |

## 烤箱預熱

・預熱：350°F/175°C，預熱時間：20分鐘以上。

・將烤架設置在下方（分上中下三部分）。

## 混合乾料

**1**・在小碗中混合麵粉和泡打粉。

## 攪拌蛋白

**2**・如果使用桌上型攪拌機，則用球形攪拌器打發。將蛋白用中速打發，直到呈現彎彎鳥嘴的濕（軟）性發泡的狀態。調快用中高速打，慢慢加入砂糖，打到蛋白霜呈尖尖鳥嘴的乾（硬）性發泡的狀態。

## 製作麵糊

**3**・持續用中高速打，一邊加入蛋黃，一次加1顆，每次打20秒後再加下1顆。必要時將鋼盆周圍的蛋糕刮除乾淨。

**4**・將粉類過篩撒入打發的蛋白霜中。準備一個手持的球形攪拌器、漏勺或大的矽膠刮刀，將打發的蛋白霜以由下而上的切拌方式和粉類拌勻，刮刀要確實刮到底部，確認粉類都混合了。將溫水加入麵糊，輕柔的以切拌方式混合。麵糊加水後會稍微消泡。

**5**・將麵糊倒入烤模，用小抹刀將表面抹平。麵糊約佔烤模的⅓滿。

## 烘烤

**6**・烘烤20～30分鐘或是直到將竹籤插入中央，取出時沒有沾上任何麵糊，輕壓中央感覺有回彈的質地。（使用電子溫度計插入蛋糕，中央溫度約為193°F/90°C）蛋糕不會內縮，邊邊應該膨脹至比½模壁還高一點。

## 冷卻及脫模

**7**・將蛋糕留在烤模中，放在烤架上10分鐘冷卻。使用小支奶油抹刀緊貼烤模邊緣順著劃過，將烤盤解釦，褪去側邊部分，靜置待蛋糕完全冷卻，將蛋糕倒置在噴了烤盤油的烤架上，小心移除底盤和烤盤紙。

# 茶香伏特加糖水

份量：1杯－1大匙/222毫升/7.8盎司/222公克

| 食材 | 容量 | 重量 | |
|---|---|---|---|
| 水 | ¾ 杯（177 毫升） | 6.2 盎司 | 177 公克 |
| 紅茶 | 1 個茶包 | · | · |
| 白砂糖 | 1 大匙 | 0.5 盎司 | 13 公克 |
| 現榨檸檬汁 | ½ 大匙（7.5 毫升） | · | 8 公克 |
| 伏特加（推薦Ultimat 品牌波蘭伏特加） | ¼ 杯（59 毫升） | 2 盎司 | 57 公克 |

製作茶香伏特加糖水

1・在小煮鍋中將水煮到沸騰，離火後放入茶包，緊蓋鍋蓋靜置2分鐘。接著將茶包取出，將茶湯倒入玻璃量杯中，拌入糖、檸檬汁和伏特加，直到糖完全溶解。緊蓋玻璃杯靜置，直到和室溫相同或微溫即可。

蛋糕塗抹茶香伏特加糖水

2・使用細竹籤在蛋糕底部戳滿細小的洞，將⅓量的糖水均勻刷在蛋糕底部。把活動式圓模的底盤蓋在蛋糕底部，輕壓著倒過來正放（參照下方小重點）。用竹籤在蛋糕頂部戳滿細小的洞，然後將剩餘的糖水均勻刷在蛋糕頂部。最後將烤模側邊的部分扣上靜置。如果隔天才要組合蛋糕，要連帶烤模用保鮮膜緊緊包覆。

## 小重點

・可使用9×2¾吋的活動式圓模烘烤蛋糕，但組合蛋糕時，在烤模側邊須塗上酥油，黏上厚的鋁箔紙，增加烤模高度到3吋高，才可以支撐之後蛋糕的上層奶油霜。

・因為刷過糖水的蛋糕體比較脆弱，容易在移動時碎裂，所以蛋糕要在還沒刷糖水前就放在烤模底盤，刷完糖水後扣上側邊。

・如果你想要直接在食用的盤子上組合蛋糕，小心的將蛋糕正放在盤子上，然後一樣套上烤模側邊來固定蛋糕。

# 卡士達奶油霜

**份量：5½杯/37.4盎司/1060公克**

| 食材 | 容量 | 重量 | |
|---|---|---|---|
| 牛奶 | 2⅓杯（551毫升。分次使用） | 19.9盎司 | 564公克 |
| 玉米澱粉 | 3大匙 | 1盎司 | 28公克 |
| 4顆蛋黃（室溫） | ¼杯＋2小匙（69毫升） | 2.6盎司 | 74公克 |
| 1根香草莢（若是大溪地香草莢則用½根） | · | · | · |
| 細砂糖 | 1杯 | 7盎司 | 200公克 |
| 無鹽奶油（65～75°F/18～21°C） | 3條 | 12盎司 | 340公克 |

### 混合蛋液

**1**・準備好細孔篩網，架在桌上型攪拌機的鋼盆中。

**2**・在碗中攪拌½杯/118毫升/4.3盎司/121公克的牛奶和玉米澱粉直到均勻，然後加入蛋黃繼續攪拌混合。

### 混合糖和香草籽

**3**・用小尖刀將香草莢橫切剖開。

**4**・在煮鍋中放入糖，把香草莢中的香草籽刮起，放入糖裡，用手指搓揉，讓糖和香草籽混合。香草莢也放入鍋中。

### 製作卡士達

**5**・將剩餘的牛奶倒入放糖和香草的鍋中，不時攪拌，用中火加熱直到接近沸點（在鍋緣開始有小泡泡時）。將¼杯的熱牛奶倒入混合的蛋液中，用手持打蛋器大力快速攪拌，然後倒回剩餘的熱牛奶中繼續攪拌。不停的快速攪拌約30秒，卡士達會變得非常濃稠並開始起泡。

**6**・將鍋子離火，把卡士達倒到篩網上。用湯匙背面或矽膠刮刀刮除乾淨鍋內的卡士達，稍微按壓在篩網上過篩。使用攪拌器稍微攪拌一下過篩的卡士達，封好保鮮膜後冷藏1小時，在保鮮膜上噴烤盤油緊貼卡士達覆蓋，以防表面結痂。

**7**・卡士達需降溫到約65～70°F/19～21°C，冷藏過程中每15分鐘要輕柔的以切拌方式攪拌卡士達。每次攪拌完都要用噴了烤盤油的保鮮膜緊貼卡士達覆蓋，表面才不會結痂。大概冷藏2小時，才會降到需要的溫度。如果想要快速降溫（1小時內），可以將過篩的卡士達立即隔著冰水降溫（參照p.554），每隔幾分鐘需要攪拌一下卡士達。

8・使用球形攪拌器。在桌上型攪拌機的鋼盆中放入奶油，以中速攪拌，直到奶油變得輕盈綿密。

9・加入冷卻後的卡士達，一次加1大匙，每加入1大匙，就調成中高速攪打幾秒，直到混合均勻。必要時刮缸。

10・挖出2¾杯/18.7盎司/530公克的卡士達奶油霜放到碗中，鋼盆和碗都要用保鮮膜覆蓋備用。

# 可可核桃奶油霜

| 食材 | 容量 | 重量 | |
|------|------|------|------|
| 剖半核桃 | 1 杯 | 3.5 盎司 | 100 公克 |
| 卡士達奶油霜 | 2¾ 杯 | 18.7 盎司 | 530 公克 |
| 無糖可可粉（鹼化） | 3 大匙（過篩後再秤） | 0.5 盎司 | 14 公克 |

烤箱預熱

・預熱：350°F/175°C，預熱時間：20分鐘以上。

・將烤架設在中間層。

烘烤核桃

1・將核桃均勻鋪在烤盤上烘烤7分鐘，加強核桃的香氣。烘烤過程中可以翻炒一兩次，使核桃均勻上色。將烘烤過的核桃倒在乾淨布巾上，用小尖刀和手指剝除核桃皮。靜置到完全冷卻。

2・將核桃切片。

製作可可核桃奶油霜

3・使用球形攪拌器。在有卡士達奶油霜的鋼盆中加入可可粉，以低速攪打直到均勻，用矽膠刮刀拌入核桃。

# 巧克力葡萄乾奶油霜

| 食材 | 容量 | 重量 | |
|---|---|---|---|
| 葡萄乾 | ½ 杯 | 2.5盎司 | 72公克 |
| 苦甜巧克力，70%可可含量<br>（剁碎但仍有口感的大小） | · | 2盎司 | 56公克 |
| 卡士達奶油霜 | 2¾ 杯 | 18.7盎司 | 530公克 |
| 苦甜巧克力，60～63%可可含量<br>（削出表面可可屑裝飾用） | 厚實的1 小塊 | 1 盎司 | 28公克 |

浸泡葡萄乾

1・在碗中放入葡萄乾，加入熱水覆蓋所有葡萄乾，靜置10分鐘後瀝乾，再用紙巾擦乾。

製作巧克力葡萄乾奶油霜

2・用矽膠刮刀將巧克力碎和葡萄乾以切拌方式混入卡士達奶油霜中，以保鮮膜覆蓋備用。

蛋糕組合

3・將可可核桃奶油霜倒入圓模中的蛋糕上。用小抹刀將表面抹平，注意，在核桃奶油霜之上的烤模側邊內側上不要沾染到奶油霜，以免蓋上巧克力奶油霜時，邊邊混雜到。將烤模頂端封上保鮮膜冷藏1小時，或是直到可可核桃奶油霜凝固，再倒入巧克力葡萄乾奶油霜抹平。

4・將整個圓模放在一張烤盤紙上，之後裝飾用巧克力屑如果弄髒了會比較好清理。準備一個刨絲器，將巧克力塊刨成屑，覆蓋整個蛋糕表面。圓模下方墊的烤盤紙上若有巧克力屑，也可以倒回蛋糕上。用一個大鋼盆或蛋糕蓋蓋住蛋糕，將組合好的蛋糕冷藏1晚，味道會更融合濃郁。

脫模

5・用小噴槍沿著烤模邊加熱，或是用熱的濕毛巾擦拭烤模，然後擦乾，鬆開釦鎖脫模。用一把加熱過的直刃刀把不平整的奶油霜抹平，貼著側邊繞一圈，讓側面的奶油霜更平滑，整個蛋糕成品更完美。

6・蛋糕需在室溫下靜置20分鐘再食用。切蛋糕時，先將刀刃插入熱水，擦乾再切，可以讓蛋糕切面乾淨漂亮。

保存

・密閉盒裝：冷藏3天。不可冷凍，以免奶油霜的口感變得粗糙。

# 巧克力慕斯蛋糕

HEAVENLY CHOCOLATE MOUSSE CAKE

份量：8～10 份

烤箱溫度　450°F/230°C

烘烤時間　7～10 分鐘

**多** 年前，父母從紐約上州搬到格拉夫頓時，母親很興奮的說他們在薩拉托加溫泉市（Saratoga Springs）發現了一家超棒的烘焙坊，叫作倫敦夫人（Mrs. London's）。在我探訪且幾乎吃遍了所有菜單上超好吃的點心後，這個慕斯蛋糕卻是唯一一個感動我，讓我想再做的點心。這層細膩柔軟精緻的海綿蛋糕體，被定型在吐司模當作外膜，裡面填滿美味濃郁，讓人無法抗拒的巧克力慕斯。

事前準備

海綿蛋糕體的部分可以在等巧克力卡士達冷卻這段時間烤好，
然後待蛋糕體冷卻放在烤盤上。也可以在前一天先把蛋糕體做好。

器具

蛋糕體部分：海綿蛋糕體（參照p.119）。
蛋糕組合：一個8½×4½（6杯量）的吐司模。
大烤盤或是一張小烤盤（17¼×12¼×1吋）倒放，噴上烤盤油。

## 海綿蛋糕體

| 食材 | 容量 | 重量 |
|------|------|------|
| 海綿蛋糕體1個（參照p.119） | · | · |

蛋糕製作

1・製作一個海綿蛋糕體。

脫模及冷卻

2・用小刀尖端沿著烤盤把麵糊沾黏烤盤的部分割開。抓住烤盤紙兩角，自然的讓蛋糕滑到工作檯上，或是放在準備好的烤盤背面。將保鮮膜噴上少許烤盤油，蓋住蛋糕體直到不再溫熱，冷卻約20分鐘。

製作樣版

3・樣版是為了將蛋糕裁成四部分：中間長條ㄇ字型部分，兩邊尾端以及一個頂部，想像把一個四方盒拆成平面。先量吐司模外側的長寬高，畫在烤盤紙或卡紙上。樣版會比實體稍大，之後還可以修剪，立刻剪好樣版。

# 巧克力慕斯

份量：4杯/29.6盎司/840公克

| 食材 | 容量 | | 重量 | |
|---|---|---|---|---|
| 苦甜巧克力，60～62%可可含量（切碎） | · | | 9.5 盎司 | 270 公克 |
| 鮮奶油（乳脂36%以上） | 2 杯（473 毫升） | | 16.4 盎司 | 464 公克 |
| 10～14顆蛋黃（室溫） | ¾ 杯（177 毫升） | | 6.5 盎司 | 186 公克 |
| 香草精 | 1 大匙（15 毫升） | | · | · |
| 1顆蛋白（室溫） | 2 大匙（30 毫升） | | 1 盎司 | 30 公克 |
| 塔塔粉 | ⅛ 小匙 | | · | · |
| 細砂糖 | 3 大匙 | | 1.3 盎司 | 37 公克 |

製作巧克力卡士達

1·準備好細孔篩網，架在桌上型攪拌機的鋼盆中。

2·準備上下煮鍋。在上層煮鍋中放入巧克力、鮮奶油，下層煮鍋加熱熱水，不需要沸騰（上層鍋底利用蒸氣加熱，不可碰到下層熱水），用耐熱刮刀輕輕攪拌加熱，直到巧可力都融化後移開熱源。

3·在碗中稍微打散蛋黃，加入幾大匙的熱巧克力鮮奶油攪拌均勻，將碗中蛋液全部倒入熱巧克力鮮奶油中，拌勻。

4·持續攪拌，記得要刮到鍋底以確認巧克力卡士達質地均勻。煮鍋直接用小火攪拌加熱到接近沸點（170～180°F/77～82°C）。剛開始會有些許蒸氣產生，巧克力卡士達也會變得比鮮奶油濃稠。試著拿起耐熱刮刀沾巧克力卡士達，用手指劃過刮刀上的巧克力卡士達，這時它不會滴下蓋過痕跡，立即離火，將巧克力卡士達倒入篩網中，鍋底要確實刮乾淨。把香草精加入過篩的巧克力卡士達中拌勻。

5·取一張保鮮膜直接貼在巧克力卡士達表面防止結痂，冷藏2小時30分鐘～3小時，冷藏過程中每20分鐘要攪拌一次，直到巧克力卡士達摸起來涼涼的。如果希望快點組合蛋糕，想要加快冷卻速度，可以準備一盆冰水，隔著冰水攪拌降溫。但要注意，巧克力卡士達不可以過冷，不然很難與蛋白霜混合均勻。其最恰當的溫度是65～68°F/19～20°C。

攪拌蛋白

6·先把蛋白和塔塔粉用中速打發直到成型，再把速度調到中高速打發蛋白，直到呈現彎彎鳥嘴的濕（軟）性發泡的狀態。慢慢撒入糖，繼續打發直到呈尖尖鳥嘴的乾（硬）性發泡的狀態。

## 不失敗祕訣

巧克力卡士達在室溫下還是會漸漸變硬，最保險的方式就是不要過度的打發，因此建議使用桌上型攪拌機開始打到有點濃稠，換成手持攪拌器把打發蛋白和卡士達一起拌勻。

### 製作巧克力慕斯

**7**·手持電動攪拌器用低速將巧克力卡士達打30秒，或是直到卡士達變柔軟，提起時有鬆軟的尖嘴。這時以由下而上的切拌方式混入打發蛋白霜攪拌，直到顏色均勻一致。

### 裁切蛋糕體

**8**·將蛋糕體倒過來放在烤架上，小心撕去烤盤紙。將蛋糕倒過來，正放在烤盤上，或是撕掉先前烤盤外部的保鮮膜，放在這個烤盤內也可以。將樣版放在蛋糕體上，確認蛋糕體足夠每個部分，用剪刀剪出這4塊蛋糕體。

### 蛋糕體入模

**9**·裁好2呎長的保鮮膜放在吐司模中，多餘的部分拉到烤模外面。稍微噴上一點烤盤油，放入冂字型的長條部分，烤焦黃那面面朝外邊緊貼烤模。尾端的2片依照剩餘空間稍微裁剪後放入烤模，和冂字型蛋糕體的接縫緊密貼合。

### 蛋糕組合

**10**·將一半量的巧克力慕斯倒入有蛋糕體的烤模中。用小抹刀輕壓慕斯，確認慕斯充分填入，用同樣的方法倒完剩下的巧克力慕斯。這時也可以依照倒入慕斯的高度修剪蛋糕體。將頂部的蛋糕體，焦黃面朝外覆蓋在慕斯之上，可以修剪頂部蛋糕體，以貼合所有蛋糕體側邊。

**11**·將多餘部分的保鮮膜往回摺，把頂部蓋起來。輕壓蛋糕頂部。如果保鮮膜長度過長，可以繞著烤模緊緊包住，以固定整個蛋糕和慕斯。準備一個小砧板，或者比蛋糕頂部還大的厚底鍋蓋在頂部。

**12**·把蛋糕靜置在室溫下3小時，使慕斯部分凝固。蛋糕在室溫下風味比較好，也比較好切。

### 脫模

**13**·拿開砧板，將保鮮膜打開。準備一個盤子倒蓋或是以砧板貼在蛋糕體上，連同烤模整個倒過來，移除烤模，然後小心撕開保鮮膜。

**14**·使用直刃刀由上往下切，切下一刀之前要清潔刀面，才不會沾到蛋糕。

### 保存

·密閉盒裝：室溫6小時；冷藏3天。不可冷凍，因為口感會變得粗糙。

# 擁抱巧克力

CHOCOLATE CUDDLE CAKE

份量：12～14 份

烤箱溫度　350°F/175°C

烘烤時間　40～50 分鐘

**這** 是個口感很細緻的巧克力戚風蛋糕。其實這是從黃金檸檬戚風蛋糕（參照p.102）延伸出來。那時我沿著休士頓河沿岸走著，突然冒出把黃金檸檬戚風蛋糕做成巧克力版本的念頭，於是衝回家，迫不及待試做。上面放的焦糖打發鮮奶油內也含適量巧克力，可以在室溫下放6小時。

事前準備

蛋糕體可以在前一天做好。

巧克力甘納許最少要在3小時前做好。

器具

一個9×3吋活動式圓模（烤模至少要2¾吋高），在側邊內側抹上酥油，

外側圍上兩條蛋糕模邊條，確認邊條完全覆蓋住。裁剪一條33×3吋的烤盤紙，

黏內側剛剛塗抹酥油的地方，多的酥油塗在重疊的接縫處，固定好烤盤紙。

（如果烤盤底部和側邊處有凸起的接縫處，導致烤盤紙高出¼吋烤模的話也沒關係。）

耐熱平底花釘（裝飾蛋糕專用），至少2½吋長。

噴了烤盤油的烤架架高，至少比工作檯高約4吋，

可以用3～4個同高的罐子、馬克杯或玻璃杯架高。

一個小擠花袋和½吋星形花嘴。

蛋糕類　一　海綿蛋糕

# 麵糊

| 食材 | 容量 | 重量 | |
|---|---|---|---|
| 無糖可可粉（鹼化） | ⅔ 杯（過篩） | 1.8 盎司 | 50 公克 |
| 熱水 | ½ 杯（118 毫升） | 4.2 盎司 | 118 公克 |
| 芥花籽油或紅花油（室溫） | ¼ 杯（59 毫升） | 1.9 盎司 | 54 公克 |
| 4～6顆蛋，分蛋，多加1顆蛋白（室溫） | | | |
| 蛋黃 | ¼ 杯＋2 小匙（69 毫升） | 2.6 盎司 | 74 公克 |
| 蛋白 | ½ 杯＋2 大匙（148 毫升） | 5.3 盎司 | 150 公克 |
| 香草精 | 1 小匙（5 毫升） | . | . |
| 中筋麵粉（參照p.154小重點） | 1 杯（篩入量杯至滿抹平，與量度同高） | 4 盎司 | 114 公克 |
| 細砂糖 | 1¼ 杯（分次使用） | 8.8 盎司 | 250 公克 |
| 泡打粉 | 1¼ 小匙 | . | 5.6 公克 |
| 細海鹽 | ¼ 小匙 | . | 1.5 公克 |
| 塔塔粉 | ½ ＋⅛ 小匙 | . | 1.9 公克 |

烤箱預熱

・預熱：350°F/175°C，預熱時間：20分鐘以上。

・將烤架設置在下方（分上中下三部分）。

混合可可粉和濕料

1・在玻璃量杯中混合可可粉和熱水，加入油類攪拌均勻，靜置到冷卻不再溫熱後加入蛋黃、香草精攪拌均勻。

製作麵糊

2・使用球形攪拌器。在桌上型攪拌機的鋼盆中放入麵粉，¾杯/5.3盎司/150公克的糖、泡打粉和鹽，使用低速攪打30秒後，在粉類中間挖一道粉牆。把可可粉等濕料倒入洞中，用低速攪打直到麵糊濕潤，必要時刮缸。之後再用中高速攪打1分鐘30秒，直到麵糊變得黏稠，刮缸。

3・如果只有一個攪拌器使用的鋼盆，必須把麵糊挖到別的碗中，鋼盆和球形攪拌器都要清洗乾淨並擦乾，上面不能沾有任何的油分或水分。

攪拌蛋白

4・將剩餘的糖（½杯/3.5盎司/100公克）篩在一張烤盤紙上。

5・使用球形攪拌器打發。把蛋白和塔塔粉用中低速打發直到成型。把速度慢慢調到中高速打發蛋白，直到呈現彎彎鳥嘴的濕（軟）性發泡的狀態。把烤盤紙捲起，慢慢從鋼盆邊倒入糖，繼續打發直到蛋白霜呈尖尖鳥嘴的乾（硬）性發泡的狀態。

## 不失敗祕訣

在烤模圈內側黏上烤盤紙的目的，在於維持蛋糕外觀平整，也避免蛋糕出現內縮現象，並且能助於脫模。蛋糕會四周平滑，但略帶一點皺摺。為了達到更好的效果，烤模從內側邊上量的高度最好是3吋（參照p.551）。如果烤模只有2¾吋高，在把蛋糕倒放之前先正放，稍微讓蛋糕縮到和邊同高再倒過來。

混合蛋白霜和麵糊

**6．**準備一個手持的球形攪拌器、漏勺或大的矽膠刮刀，將打發的蛋白霜分三次，以由下而上的切拌方式與麵糊拌勻。如果使用攪拌器，需要輕輕甩出打蛋器中的蛋白霜。

**7．**使用矽膠刮刀把麵糊倒入烤模中。用小支抹刀伸入麵糊中畫圓，避免麵糊中殘留過大的氣泡，最後用抹刀將表面抹平。把花釘平的那面朝下插入麵糊正中間。麵糊高度約佔3吋高烤模的一半。

烘烤

**8．**烘烤40～50分鐘。蛋糕中央將會膨脹到比烤模還要高約1吋的圓頂，中央和邊緣會有一點點裂開的痕跡。若無必要，避免在建議的最短烘烤時間內（此處為40分鐘）打開烤箱門，以免蛋糕瞬間塌陷。注意觀察，當蛋糕停止膨脹，開始有點降低高度時，中間放的花釘會露出尖端部分，並且不沾到任何麵糊時就可以出爐了。

冷卻及脫模

**9．**烤模出爐後放在工作檯或烤架上1分鐘，直到麵糊中央不再呈現膨脹狀態，立刻把蛋糕與烤模一起翻轉過來，放在準備好的烤架上約1小時30分鐘冷卻，或是直到整個烤模都冷卻了。

**10．**把蛋糕模邊條和烤模側邊移除。烤盤紙條會有些許皺摺，用一支扁刀或長抹刀伸入蛋糕和烤模底盤的間隙，貼著底盤，使蛋糕和底盤分離。如果烤模底盤圓周高起，可以先用小抹刀把高起部分的蛋糕和底模剝開。將底盤和蛋糕整個倒過來，移除底盤，取出花釘，然後把蛋糕倒過來正放在盤子上。準備一個沾濕的海綿或布巾，按壓烤盤紙側邊，等1分鐘後再小心撕除烤盤紙側邊。

### 小重點

· 使用中筋麵粉可以讓蛋糕結構更結實，預防蛋糕坍塌。

# 巧克力甘納許

**份量：1½杯/12.3盎司/350公克**

| 食材 | 容量 | 重量 | |
|---|---|---|---|
| 苦甜巧克力，<br>60～62%可可含量（切碎） | · | 6 盎司 | 170 公克 |
| 鮮奶油（乳脂36%以上） | ¾ 杯（177 毫升） | 6.1 盎司 | 174 公克 |
| 卡魯哇咖啡香甜酒<br>或以鮮奶油代替 | 1½ 大匙（22 毫升） | 0.9 盎司 | 25 公克 |
| 香草精 | ½ 小匙（2.5 毫升） | · | · |

## 製作牛奶巧克力甘納許淋面

1 · 把篩網架在玻璃碗上。

2 · 苦甜巧克力放入食物調理機中，打成碎片。

3 · 取一個1杯容量的可微波玻璃量杯，倒入鮮奶油後加熱到即將沸騰，或者將鮮奶油加入小煮鍋用中火攪拌加熱，加熱到即將沸騰，也就是鍋邊冒出小泡泡。

4 · 把加熱的鮮奶油從壺嘴倒入運轉的食物調理機中，攪拌幾秒鐘，讓鮮奶油和巧克力完全融合，必要時可以暫停調理機刮除邊緣。加入咖啡酒、香草精攪拌幾秒，把甘納許倒在篩網上過篩，然後在碗裡靜置1小時。之後封上保鮮膜再冷卻2～3小時，或是直到甘納許質地變得像軟的糖霜（溫度約70～75°F/21～24℃）。

5 · 把甘納許放在真空保存盒中，可以在低溫的室溫下放3天，在冰箱放2星期，冷凍則可放到6個月。再次使用時，取出退冰後以微波加熱3秒，或是用上下雙層鍋隔熱水加熱（不要讓鍋底碰到下面鍋子的水），輕輕攪拌確認沒有過熱或是有氣泡。

# 焦糖打發鮮奶油

**份量：3杯/10盎司/284公克**

## 焦糖

| 食材 | 容量 | 重量 | |
|---|---|---|---|
| 白砂糖 | ½杯 | 3.5 盎司 | 100 公克 |
| 轉化糖漿或玉米糖漿 | ½ 大匙（7.5 毫升） | . | 10 公克 |
| 水 | 2 大匙（30 毫升） | 1 盎司 | 30 公克 |
| 熱鮮奶油（乳脂36%以上） | ¼ 杯＋2 大匙<br>（89 毫升。分次使用） | 3.1 盎司 | 87 公克 |
| 無鹽奶油（軟化） | 1 大匙 | 0.5 盎司 | 14 公克 |
| 無糖可可粉 | 2 小匙 | . | 4 公克 |

製作焦糖

1・準備一個小玻璃量杯，內部噴上一點烤盤油。

2・在中型煮鍋中，最好是不沾鍋材質，放入糖、糖漿和水，稍微攪拌直到糖都浸濕。加熱，時而攪拌直到糖都溶解並開始沸騰。停止攪拌並轉至小火繼續煮，讓糖水繼續沸騰，直到顏色變成深琥珀色（此時焦糖的溫度，若使用轉化糖漿為370°F/188°C；使用玉米糖漿則為380°F/193°C），由於鍋內溫度還會繼續上升，必須立即離火，或者在到達溫度前一點點就先離火，讓餘溫繼續加熱焦糖，然後一到所需溫度就倒入¼杯/59毫升的熱鮮奶油，此時會產生大量的煙和泡泡。

3・使用耐熱刮刀或木匙攪拌焦糖鮮奶油，確認底部邊緣都攪拌到，不要殘留結塊的焦糖。把煮鍋放回爐火上，用小火邊攪拌邊加熱約1分鐘，使焦糖和鮮奶油顏色一致，焦糖完全溶解。

4・離火後加入奶油輕柔的攪拌均勻。剛開始焦糖和奶油會變得有點分離，但是攪拌冷卻後就會融合了。

5・將½杯/118毫升/5.3盎司/150公克煮好的焦糖倒入玻璃量杯中，剩餘的焦糖可以留著以後使用。

6・將剩餘的鮮奶油放在可微波的玻璃量杯（或是耐熱的瓷杯，放在低於沸騰的熱水中持續攪拌加熱），加熱到即將沸騰（也就是鍋邊冒出小泡泡）。離開熱源後拌入可可粉拌勻，再把可可鮮奶油倒入熱焦糖裡拌勻，直到顏色一致。封上保鮮膜靜置40分鐘冷卻，直到降至65～70°F/19～21°C。

# 完成焦糖打發鮮奶油

| 食材 | 容量 | | 重量 |
|---|---|---|---|
| 鮮奶油（乳脂36%以上） | 1杯（237毫升。分次使用） | 8.2盎司 | 232公克 |
| 吉利丁粉 | ½ 小匙 | . | 1.5公克 |
| 香草精 | 2小匙（10毫升） | . | . |
| 焦糖 | ½ 杯（118毫升） | 5.3盎司 | 150公克 |

## 完成焦糖打發鮮奶油

**1**・準備一個鋼盆，放入¾杯＋2大匙/207毫升/7.2盎司/203公克的鮮奶油，冷藏至少15分鐘。（也可以把手持電動攪拌器的前端部分一起冷藏。）

**2**・在玻璃量杯中倒入剩餘的約2大匙鮮奶油、吉利丁粉，靜置3分鐘後如果粉和液體還很分離，可以封上保鮮膜再放一會兒。

**3**・將玻璃量杯放入即將沸騰的熱水中，攪拌直到吉利丁粉溶解，（也可以直接將量杯放入微波加熱3秒，然後攪拌一兩次。）吉利丁鮮奶油會變得稍微濃稠。將量杯取出後加蓋，靜置約20分鐘冷卻，直到溫度降到85～90℉/29～32℃。（如果溫度比這個低，吉利丁將會凝固鮮奶油，這時就要再加熱。）加入香草精攪拌。

**4**・拿出冷藏的鮮奶油鋼盆，開始打發鮮奶油，直到以攪拌器提起時，尖端非常柔軟。加入焦糖，用攪拌器混合，一直打到拿起時呈現彎彎鳥嘴的濕（軟）性發泡狀態。攪拌的同時加入吉利丁鮮奶油，再打到呈尖尖鳥嘴的乾（硬）性發泡的狀態。將打發的焦糖鮮奶油封起來，冷藏備用。

## 蛋糕組合

**5**・剪一些烤盤紙條塞在蛋糕和盤子之間，以免裝飾時弄髒盤子。將巧克力甘納許均勻塗在側邊上，在頂部的直角部分可以稍微讓甘納許高出側邊，像一道圍住的城牆，之後要裝焦糖打發鮮奶油。也可以由下而上塗抹甘納許，多出的部分挖到擠花袋中，最後用擠的方法擠出側邊（參照p.270）。

**6**・用攪拌器稍微攪拌一下焦糖打發鮮奶油，讓口感滑順，用湯匙挖取打發鮮奶油放在蛋糕上，用小抹刀刮出圓形旋渦。在低溫的室溫下，蛋糕可以保存6小時，也可以用一些巧克力捲屑作裝飾（參照p.536），最後小心的將墊在盤子上的烤盤紙條移除。

## 保存

・密閉盒裝（不含打發鮮奶油）：室溫2天；冷藏5天；冷凍2個月。

# 巧克力茶香蛋糕

CHOCOLA TEA CAKE

份量：14～18 份

烤箱溫度　350°F/175°C

烘烤時間　25～35 分鐘

還記得在《蛋糕聖經》（*The Cake Bible*）書中提到的濕潤、鬆軟且輕盈的巧克力海綿蛋糕嗎？這道食譜中比較困難之處，在於混合麵粉和巧克力糊時如何避免小顆粒產生。一位參與我部落格的重要功臣馬修‧伯耶（Matthew Boyer）提供了一個小技巧，其實只要把巧克力和麵粉在加入打發蛋白前混合，就可以避免小顆粒的產生，這的確省事多了！許多年前，美聯社的老師西西里‧布朗史東（Cecily Brownstone）開始籌備一個叫「食譜模仿」（Copy Cat Recipes）的專欄，她請我重新調整蒂凡茶利口酒，後來我也把利口酒用在這篇食譜中。我之前完全不知道茶和巧克力是如此地適搭，直到幾年前在法國里昂翻譯巧克力大師莫里斯‧貝納匈（Maurice Bernachon）和他兒子Jean-Jacques（強-傑克）的著作《巧克力的熱情》（*La Passion du Chocolat*）時，順道嘗了他的巧克力才發現的。其實蛋糕中的茶味並沒有特別凸顯，可是卻莫名地將巧克力襯得更濃郁。

事前準備

蛋糕在前一天做好，味道會更濃郁。

巧克力甘納許至少要在4小時前完成。

器具

兩個9×2吋的圓模，再噴上含麵粉的烤盤油（如果家裡沒有，可噴上

烤盤油和沾上薄薄一層麵粉），然後貼上裁好的圓形烤盤紙。

# 麵糊

| 食材 | 容量 | 重量 | |
|---|---|---|---|
| 苦甜巧克力，60～62%可可含量（切碎） | · | 8盎司 | 227公克 |
| 煮沸的水 | 1 杯（237 毫升） | 8.4 盎司 | 237公克 |
| 8顆蛋 | 1½ 杯＋4 小匙（375 毫升） | 14.1盎司 | 400公克 |
| 細砂糖 | 1 杯 | 7 盎司 | 200公克 |
| 低筋或中筋麵粉 | 1½ 杯（或⅓ 杯。篩入量杯至滿抹平，與量度同高） | 5.3 盎司 | 150公克 |

烤箱預熱

· 預熱：350°F/175°C，預熱時間：20分鐘以上。

· 將烤架設置在下方（分上中下三部分）。

煮巧克力

1·在厚底煮鍋中放入巧克力，倒入煮沸的水。將巧克力、水一起用小火加熱煮沸，以耐熱刮刀不停攪拌。加熱約5分鐘後，巧克力水會漸漸變得濃稠，如布丁般的質地，用刮刀提起會直接掉落的狀態，滴落的巧克力會有一點漣漪的痕跡。如果巧克力分離，可以用打蛋器混合，巧克力水會變得滑順光亮。

2·將巧克力水倒入碗中，封上保鮮膜以免水分揮發，靜置約1小時冷卻直到微溫（約100°F/38°C）。如果要快速降溫，可以隔著冰水降溫（參照p.554），或者不要蓋保鮮膜直接冷藏，不時拿出來攪拌。如果溫度降得太低，可以隔熱水稍微加熱。

打發蛋液

3·在桌上型攪拌機的鋼盆中放入蛋、糖，先用手持攪拌器稍微攪拌開來，然後把鋼盆架到內有接近，但低於沸騰溫度熱水的煮鍋上稍微加熱，直到蛋液摸起來微溫，不時攪拌避免底部因為蒸氣太熱而煮熟蛋液。如果用的是處於溫暖室溫的蛋（80°F/27°C），製作這種海綿蛋糕時就不用再加熱了。

4·將鋼盆移到機器上，裝上球形攪拌器，用高速打約5分鐘直到蛋液量被打發膨脹約4倍以上，蛋糕變得很膨鬆。（如果使用的是手持電動攪拌器，打發過程需要10分鐘以上。）

混合巧克力和麵糊

5·將麵粉過篩在一張烤盤紙上，倒入微溫的巧克力中，用打蛋器拌勻。使用刮刀攪拌，確認麵粉都融入巧克力中。巧克力糊的質地就像濃稠的布丁。

6·把約1杯/2盎司/60公克的打發蛋液加入微溫巧克力中，用刮刀以切拌的方式拌勻。然後把一半量的巧克力糊從鋼盆（打發蛋液）的邊倒入，用攪拌器輕盈快速的由下而上攪拌均勻，以同樣的方式將剩下的巧克力糊拌進來。鋼盆底部要用刮刀拌，確認麵糊質地顏色一致。將麵糊倒入烤模，每個烤模中的麵糊大約佔烤模的一半再多一點。

烘烤

7·烘烤25～35分鐘，或是使用蛋糕測試針插入中央時，和插入外圍時一樣容易即可。烘烤過程中，蛋糕會膨脹到和烤模差不多高，但烤熟後會稍微下降，也會往中央縮。避免在建議的最短烘烤時間內（此處為25分鐘）打開烤箱門，以免蛋糕瞬間塌陷。烘烤時間快結束時，可以將烤箱門開一點縫，看看蛋糕的狀態，如果沒熟可以多烤5分鐘。

8·為了避免蛋糕還燙手時結構比較脆弱，容易碎掉，所以出爐時要立即脫模。準備好小支抹刀和三個噴了烤盤油的烤架。如果使用凹槽塔盤，裁好一張10吋的圓型烤盤紙。

9·將烤模放在烤架上，使用小支奶油抹刀緊貼烤模邊緣順著劃過，將蛋糕倒放在噴了烤盤油的鐵架上。底部的烤盤紙先不要撕掉，立刻將蛋糕倒過來正放，上方焦黃的部分才不會下凹，等蛋糕體完全冷卻後才可以用保鮮膜密封。

# 茶香白蘭地糖水

**份量：1½杯/354毫升/14盎司/400公克**

| 食材 | 容量 | 重量 | |
|------|------|------|------|
| 白砂糖 | ½ 杯＋1 大匙 | 4 盎司 | 113 公克 |
| 水 | 1 杯（237 毫升） | 8.4 盎司 | 237 公克 |
| 紅茶 | 1 個茶包 | · | · |
| 干邑白蘭地 | ¼ 杯（59 毫升） | 2 盎司 | 56 公克 |

製作茶香白蘭地糖水

在小煮鍋中放入水、糖，攪拌直到糖都浸濕。用中大火將水煮到沸騰，稍微攪拌後離火，靜置1分鐘。放入茶包，緊蓋鍋蓋靜置2分鐘。接著將茶包取出，將茶湯倒入玻璃量杯中，加入白蘭地混合均勻。如果糖水因為水分揮發而量不夠1½杯/354毫升/14盎司/400公克，可以加一點水補足。

# 茶香巧克力甘納許

**份量：3½杯/31.7盎司/900公克**

| 食材 | 容量 | 重量 | |
|------|------|------|------|
| 苦甜巧克力，<br>60～62%可可含量（切碎） | · | 1 磅 | 454 公克 |
| 檸檬茶沖泡粉 | 2 大匙＋2 小匙 | 1.2 盎司 | 33.3 公克 |
| 法式酸奶油 | 2 杯 | 16.4 盎司 | 464 公克 |
| 鮮奶油（乳脂36%以上） | ¼ 杯＋2 大匙（88 毫升） | 3 盎司 | 87 公克 |
| 干邑白蘭地 | 2 大匙（30 毫升） | 1 盎司 | 28 公克 |

製作茶香巧克力甘納許

1・把細孔篩網架在玻璃碗上。

2・苦甜巧克力放入食物調理機中打成碎片。加入檸檬茶沖泡粉混合。

3・取一個4杯容量的可微波玻璃量杯，倒入法式酸奶油、鮮奶油後加熱至即將沸騰，或者將法式酸奶油、鮮奶油加入小煮鍋，用中火攪拌加熱，加熱到即將沸騰，也就是鍋邊冒出小泡泡。

4・把加熱的法式酸奶油、鮮奶油從壺嘴倒入運轉的食物調理機中，攪拌幾秒鐘，讓鮮奶油和巧克力完全融合，必要時可以暫停調理機刮除邊緣。加入白蘭地攪拌幾秒，把甘納許倒在篩網上過篩，然後在碗裡靜置1小時。之後封上保鮮膜再冷卻2～3小時，或是直到甘納許質地變得像軟的糖霜（溫度約70～75℉ /21～24℃）。

5・把甘納許放在真空保存盒中，可以在低溫的室溫下放3天，在冰箱放2星期，冷凍則可放到6個月。再次使用時，取出退冰後以微波加熱3秒，或是用上下雙層鍋隔熱水加熱（不要讓鍋底碰到下面鍋子的水），輕輕攪拌確認沒有過熱或是有氣泡。

蛋糕組合

6・準備一支長鋸齒刀，配合手指將蛋糕頂部焦黃的部分切除。烤盤紙撕掉，底部有任何焦黃的地方也要切掉。

7・將糖水均勻刷在蛋糕頂部和底部。刷過糖水的蛋糕會變得柔軟，但也比較易碎，所以移動時要用烤模底盤，或者圓紙板來協助。

8・將一些甘納許塗在包了保鮮膜的9吋圓紙板或擺設的盤子上，放上蛋糕。如果使用擺設蛋糕的盤子，剪一些烤盤紙條塞在蛋糕和盤子中間，以免裝飾時弄髒盤子。抹上1杯的甘納許當兩個蛋糕體的夾層，剩餘的甘納許塗抹在頂部和側邊上。抹完甘納許後，可以小心將烤盤紙條取出。

9・蛋糕在室溫或稍微涼的溫度食用最佳。將直刃刀放在熱水中熱刀，擦乾後再切蛋糕，這樣蛋糕切面比較漂亮，也可以防止切蛋糕時被拉扯到。

保存

・密閉盒裝：蛋糕體或是已刷糖水的蛋糕體。室溫2天；冷藏5天；冷凍2個月。

# 起司蛋糕

## 不可不知！
## 製作起司蛋糕的小訣竅

### 不要使用一些比較貴的「天然」奶油起司

卡夫菲力（Philadelphia）這品牌的奶油起司幾乎全世界都有販售；或是一些當地品牌，像是有機谷（Organic Valley），都提供味道濃郁、質感細膩的奶油起司用於蛋糕食材。質地不黏著的奶油起司內有比較多空氣，做出來的東西體積大，但比較缺少乳脂的濃稠感。

### 以水浴法烘烤起司蛋糕

這種烘烤方法可以使蛋糕中間和邊緣一樣綿密。將活動式圓模放入矽膠模，再放到水浴中，可以防止水直接滲入圓模裡。然而矽膠模的傳熱比較慢，所以如果墊了矽膠模在外面當外模，就要多烤5～7分鐘。若選擇鋁模，為了讓鋁製容器不會在水浴過程中產生污點，可以在水中添加1小匙塔塔粉。

### 如果打算包裝外送起司蛋糕

如果打算送人起司蛋糕，在蛋糕下方墊一個金盤或銀盤，修整蛋糕使與盤子契合，看起來更美觀。

### 如果烤箱有透明窗

在烘焙過程中可以仔細看，當發現蛋糕邊緣開始接近棕色，或是表面看起來已經定型，就表示已經烤好了。如果看起來尚未定型，可以比預定的時間再多烤幾分鐘。可以把蛋糕放在關閉電源的烤箱中慢慢冷卻；但如果你不喜歡黏膩的口感，喜歡吃起來比較扎實，可以烤1小時10分鐘，或者以溫度計插入蛋糕中央，顯示147～160°F/64～70°C，輕拍蛋糕中央有回彈的質地（溫度更高口感會更扎實）。如果烤比較久，蛋糕邊緣會有一點裂痕，顏色稍微呈偏棕色。邊緣在烘烤後會稍微脹高，但冷卻後就會跟中央一樣平坦。

### 保存起司蛋糕

將烤模從水浴中取出，放在烤架上兩小時冷卻，直到與室溫相同或是稍微溫熱。為了吸取冷卻產生的水氣，準備一張廚房紙巾，圓弧狀朝下蓋在烤模上，紙巾多餘的部分就懸在烤模外，然後在紙巾上蓋一個倒置的盤子，盤子一定要比烤模大，以這種方式放入冰箱冷藏4小時或放置一晚。

### 記得起司蛋糕需要幾個小時來冷卻定型

蛋糕定型後才可以脫模，最好的方法是在食用前一天就烤好。如果需要在蛋糕上添加熱配料，起司蛋糕就需要非常扎實。一旦上面加了配料，需要將蛋糕靜置15分鐘，讓配料中的熱氣散失，才可以脫模或是冷藏。冷藏時可以用一個鋼盆罩住整個烤模和外模，直到脫模。

### 起司蛋糕的脫模

將上方蓋的盤子和紙巾移開。準備一支小噴槍或沾了熱水的濕毛巾，將烤模側邊的部分加熱。解開鎖釦，褪去側邊。如果起司蛋糕周圍不平整，可以用泡過熱水擦乾的小抹刀，貼著周圍修整。

# 芒果起司蛋糕
### MANGO BANGO CHEESECAKE

份量：10～12 份

烤箱溫度　350°F/175°C

烘烤時間 50分鐘（若使用矽膠模做水浴，則需要55分鐘），然後靜置在尚有餘溫的烤箱中1小時。

**我** 在一位迷人且知名的食譜作家及節目主持人瑪杜·傑佛瑞（Madhur Jaffrey）的要求下，創造出這個蛋糕。瑪杜希望這是個像芒果鮮奶油（Mango Fool）那樣的點心，可以明顯看到黃白條紋。這對我來說真是個巨大的挑戰，因為芒果泥會不斷沉入起司蛋糕裡。所以我想到把芒果泥弄得很濃稠再放上去，最後就變成一層芒果泥螺旋紋，這樣不僅味道濃郁，看起來也很漂亮。

事前準備

需要在一天前製作好。

器具

★蛋糕體部分：兩個9½×1吋高的塔盤，或是兩個10×2吋的圓形蛋糕模，
底部抹上一層酥油，蓋上烘焙紙，再噴上含麵粉的烤盤油
（如果家裡沒有，可噴上烤盤油和沾上薄薄一層麵粉）。
兩個烤架、兩個噴過烤盤油的烤架。

★起司蛋糕部分：一個9×3吋或9×2¾吋的活動式圓形烤模，內部噴上烤盤油，
放在較大的矽膠模中，或者直接將圓形烤模用兩層厚鋁箔紙包住，確認細縫不會滲入水。
一個12吋圓模或是有高（深）度的烤盤，用來盛裝水浴烘烤所需的熱水。

# 蛋糕體

**份量：兩個9×½或是9×⅜吋的底**

（本食譜中只需用到一個蛋糕體，第二個可以冷凍做為其他用途）

| 食材 | 容量 | | 重量 |
|------|------|------|------|
| 海綿蛋糕體（參照p.119）或手指餅乾（2盎司包裝1包） | 24 根手指餅乾 | 2 盎司 | 56 公克 |

脫模及冷卻

1·準備兩個9½吋的塔盤，或是兩個10吋的蛋糕烤模，將麵糊放進兩個烤模中烘烤。也可以參照p.119的方法，用小烤盤（17¼×12¼×1吋）烘烤。（如果用烤盤烤，成品需裁成9吋的圓，剩餘部分可切成小長方形做小蛋糕捲，或者是直接冷凍以後使用）。

### 脫模及冷卻

**2．** 必要時可以用小刀尖端把麵糊沾黏烤盤的部分割開，一氣呵成脫模。首先，連同烤模整個倒置在噴過油的烤架上，移除烤模。先別撕掉烤盤紙，把蛋糕體翻過來正放在沒有噴過油的烤架上。待蛋糕完全冷卻，再把蛋糕倒放在噴過油的烤架上，撕掉烤盤紙。

### 修剪蛋糕體

**3．** 準備一個活動式圓模的底盤，或是9吋的圓紙板輕放在蛋糕體上，照著圓形用剪刀修剪蛋糕體，讓蛋糕體可以放入圓模中。（其他修剪出的蛋糕體可以用保鮮膜封緊當作其他用途。）

### 蛋糕體入模

**4．** 將蛋糕體放入烤模中，或是將手指餅乾焦黃面朝下排列在烤模中，修剪成圓形，用碎塊塞滿縫隙。製作麵糊的同時，先將烤模蓋上保鮮膜。

## ☆ 同場加映：如果希望蛋糕體薄一點

‧通常蛋糕體會比½吋再高一點，但是蓋上起司蛋糕麵糊後，就會被壓成約¼吋。如果希望蛋糕體更薄，可以用一把長鋸齒刀先在整個圓邊上淺淺的切出痕跡，然後根據痕跡前後，移動刀子繞圓橫切整個蛋糕體，在繞圓橫切時，要確認刀尖切到中心處。

# 芒果起司蛋糕麵糊

| 食材 | 容量 | 重量 | |
|---|---|---|---|
| 芒果泥，（推薦阿芳素，Alphonso，為Rantna品牌產品） | 1¼ 杯（296 毫升。分次使用） | 11.7 盎司 | 333 公克 |
| 荳蔻籽（可不加） | 1 小匙 | . | 2.5 公克 |
| 白砂糖 | 1 杯 | 7 盎司 | 200 公克 |
| 奶油起司（65～70℉/19～21℃） | 1¾ 杯 | 1 磅 | 454 公克 |
| 8～12 顆蛋黃（室溫） | ½ 杯＋4 小匙（138 毫升） | 5.2 盎司 | 149 公克 |
| 現榨萊姆汁 | 1 大匙（15 毫升） | 0.6 盎司 | 16 公克 |
| 香草精 | 1 小匙（5 毫升） | . | . |
| 細海鹽 | ¼ 小匙 | . | 1.5 公克 |
| 全脂優格，希臘優格濃稠型（譬如Fage Total品牌，參照p.168小重點） | 2 杯 | 15.2 盎司 | 432 公克 |

## 烤箱預熱

· 預熱：350°F/175°C，預熱時間：20分鐘以上。

· 將烤架設置在下方（分上中下三部分）。

## 製作濃縮芒果泥

**1** · 準備一個細孔篩網，架在玻璃碗上。將所有芒果泥過篩，用刮刀或湯匙背面輔助過篩。

**2** · 取一個4杯容量的可微波玻璃量杯，杯中噴一些烤盤油。將¾杯/177毫升/7盎司/200公克的過篩芒果泥放入杯中，用微波加熱濃縮果泥，直到剩下½杯/118毫升/4,6盎司/130公克。加熱約7分鐘（也可以用厚底煮鍋直火加熱）。無論用什麼方法，都要小心別讓果泥燒焦了。如果是以直火加熱，要不時攪拌。濃縮過的芒果泥蓋上蓋子，在室溫下冷卻，剩餘沒加熱的芒果泥，會在稍後製作蛋糕時用到。

## 製作芒果起司蛋糕麵糊

**3** · 如果有用荳蔻籽，可以加入¼杯的糖一起磨，直到荳蔻籽磨成細粉，和糖充分的混合。

**4** · 使用球形攪拌器。在桌上型攪拌機的鋼盆中放入糖、奶油起司，用中高速攪打約3分鐘，直到奶油起司變得滑順，中途需要刮缸⊠兩次。慢慢加入蛋黃攪拌到滑順，中途需要刮缸⊠兩次。接著加入萊姆汁、香草精與鹽，用中低速繼續攪拌，直到食材混合，再加入優格、剩餘的½杯芒果泥攪拌20～30秒至均勻。取下球形攪拌器挖到鋼盆底部，確認所有麵糊都攪拌到。

**5** · 用刮刀將一半量的麵糊倒入有蛋糕體的烤盤中。準備一支小湯匙，挖取濃縮芒果泥，點在麵糊上。每個芒果泥點成直徑約1吋的小圓，共點14個圓點。用打蛋器畫圓，把芒果泥壓入麵糊中呈現螺旋紋路。倒入剩餘的麵糊，以同樣的方法把剩餘的濃縮芒果泥點在麵糊上再畫圓。畫圓時一定要把芒果泥混在麵糊中，才不會在烘烤時分離。

## 烘烤

**6** · 把活動式圓模放在一個比較大的烤模中（外模），外模和烤盤間倒入1吋高的沸水，烘烤25分鐘。為了使烤焙均勻，將圓模旋轉180度，再烘烤25分鐘（如果用矽膠烤模當外模，需烤30分鐘）。烘烤時間到不要將烤箱門打開，直接關掉電源，讓蛋糕在烤箱內1小時冷卻。移動圓模時，蛋糕中央會有輕微抖動的樣子。

## 冷卻蛋糕

**7** · 將外模連同圓模從裝了水的烤盤中移出，不要移開外模，或是不要拆掉鋁箔紙，以免圓模縫隙還有些水會滲出，然後放在烤架上⊠兩小時冷卻，直到和室溫相同或微溫。為了吸取冷卻產生的水氣，準備一張廚房紙巾，以圓弧狀朝下蓋在烤模上，紙巾多餘的部分懸在烤模外，然後在紙巾上蓋一個倒置的盤子，盤子一定要比烤模大。

**8** · 冷藏4小時或是放置一晚。（起司蛋糕一定要夠硬，才能在上面放配料。）蛋糕從冷藏拿出後，移除盤子、紙巾和外模或是鋁箔紙。

# 芒果配料

| 食材 | 容量 | 重量 | |
|------|------|------|------|
| 芒果泥，（推薦阿芳素，Alphonso，為Rantna品牌產品） | ¾ 杯（177毫升） | 7 盎司 | 200 公克 |
| 玉米澱粉 | 2 小匙 | . | 6 公克 |
| 水 | 3 大匙（44毫升） | 1.6 盎司 | 44 公克 |

## 製作芒果配料

1・準備一個細孔篩網，架在玻璃碗上，將所有芒果泥過篩，用刮刀或湯匙背面輔助過篩。

2・在煮鍋中放入玉米澱粉和水，用刮刀攪拌直到粉溶解。倒入過篩的芒果泥，以小火加熱攪拌到沸騰，稍微沸騰約30秒，輕拌直到芒果泥變濃稠，大概煮到芒果泥從刮刀上滴入鍋中，可以在表面看到滴落的形狀。

3・此時立即將熱芒果泥倒在冷卻的起司蛋糕上。稍微運轉圓模，讓果泥均勻散布在每個角落，再用小抹刀抹平，也可以由外向內畫圈做造型。將蛋糕靜置15分鐘，讓芒果泥的熱氣散去。脫模或是蓋上大鋼盆冷藏定型後再脫模。

## 脫模

4・準備一支小噴槍或沾了熱水的濕毛巾，將烤模側邊的部分加熱。解開鎖釦，褪去側邊。如果起司蛋糕周圍不平整，可以用泡過熱水擦乾的小抹刀，貼著周圍修整。

## 保存

・密閉盒裝：冷藏5天。不可冷凍，否則口感會變得不滑順。

## 小重點

・建議使用的芒果泥品牌，例如印地安超市（Indian supply stores）的Ratna品牌的阿芳素（Alphonso）芒果泥，或Kalustyan's香料醬料行販售的產品（參照p.543），別使用含糖水的品牌，因為味道會比較淡，顏色也比較暗。

・這裡用希臘優格非常重要！因為裡面大量的乳清都已經移除，所以口感會更濃稠綿密。通常這是用全脂牛奶和鮮奶油做的，所以味道比較厚重、比較甜。

# 美國國慶起司蛋糕

### FOURTH OF JULY CHEESECAKE

**份量：12 份**

烤箱溫度 350°F/175°C

烘烤時間 紅絲絨蛋糕：18～25分鐘

起司蛋糕：45分鐘（若使用矽膠模做水浴，則需要50分鐘），

然後靜置在尚有餘溫的烤箱中1小時。

**還** 有什麼比紅絲絨蛋糕堆疊上軟綿的奶油起司，滿滿覆蓋白巧克力奶油起司霜，以及多汁新鮮的藍莓，更適合慶祝國慶呢？這個起司蛋糕的麵糊，是最基礎的起司蛋糕食譜，可以搭配任何的底或配料做變化。

事前準備

需要在一天前製作好。

器具

★紅絲絨蛋糕與組合部分：一個10×2吋的圓形蛋糕模，外側圍上蛋糕模邊條，

底部抹上一層酥油，然後黏上裁剪好的烘焙紙，再噴上含麵粉的烤盤油

（如果家裡沒有，可噴上烤盤油和沾上薄薄一層麵粉）。

一個9×2吋的圓形蛋糕模，組合蛋糕時使用。一個單刃刀片或細的尖刀。

一個擠花袋與¼吋星形花嘴（22號花嘴）。

★起司蛋糕部分：一個9×2½吋或更高的活動式圓形烤模，底部抹上一層酥油，

黏上裁剪好的烘焙紙，噴上烤盤油，放在較大的矽膠模或是直接將

圓形烤模用兩層厚鋁箔紙包住，確認細縫不會滲水進去。

一個12吋圓模或是有高（深）度的烤盤，用來盛裝水浴烘烤所需的熱水。

# 紅絲絨蛋糕

份量：一個9×¾吋的底

| 食材 | 容量 | 重量 | |
|------|------|------|------|
| 2 顆蛋白（室溫） | ¼ 杯（59 毫升） | 2.1 盎司 | 60 公克 |
| 紅色液狀食用色素 | 1 大匙＋1 小匙（20 毫升） | 0.7 盎司 | 20 公克 |
| 香草精 | 1 小匙（5 毫升） | . | . |
| 低筋或中筋麵粉 | 1⅓ 杯（或是1 杯＋2½ 大匙。篩入量杯至滿抹平，與量度同高） | 4.7 盎司 | 133 公克 |
| 細砂糖 | ⅔ 杯 | 4.7 盎司 | 133 公克 |
| 泡打粉 | 2 小匙 | . | 9 公克 |
| 無糖可可粉 | ¾ 小匙（先過篩） | . | 1.1 公克 |
| 細海鹽 | ⅜ 小匙 | . | 2.2 公克 |
| 無鹽奶油（65～75°F/19～23°C） | 2 大匙＋2 小匙 | 1.3 盎司 | 38 公克 |
| 芥花籽油或紅花油（室溫） | 2 大匙＋2 小匙（39 毫升） | 1.3 盎司 | 36 公克 |
| 低脂白脫牛奶 | ⅓ 杯（79 毫升） | 2.9 盎司 | 81 公克 |

## 烤箱預熱

・預熱：350°F/175°C，預熱時間：20分鐘以上。

・將烤架設置在下方（分上中下三部分）。

## 混合濕料

1・在碗中放入蛋白、食用色素和香草精，稍微攪拌開來。（小心使用食用色素，雖然它很方便，但也很容易把自己搞得五顏六色。）

## 混合乾料

2・在碗中混合麵粉、糖、泡打粉、可可粉和鹽。

## 製作麵糊

3・使用槳狀攪拌器。在桌上型攪拌機的鋼盆中放入奶油和油，使用中速攪拌1分鐘，油類混合均勻後會很滑順。倒入麵粉等乾料、白脫牛奶，用低速攪打直到麵糊濕潤，然後再用中速攪拌1分鐘30秒。刮缸。

4・用中低速打，分兩次慢慢倒入蛋白等濕料。每倒入一部分濕料，就要用中速攪打30秒，使麵糊充分混合並增加黏稠度。將麵糊放入準備好的烤模中，用小支奶油抹刀將表面抹平，這些麵糊只會佔烤模的¼滿。

烘烤

**5**・烘烤18～25分鐘，或是將竹籤插入中央取出時沒有沾上任何麵糊，輕壓中央感覺有回彈的質地。出爐後，蛋糕的邊會開始內縮。

冷卻及脫模

**6**・將蛋糕留在烤模中，放在烤架上10分鐘冷卻。使用小支奶油抹刀緊貼烤模邊緣順著劃過，將蛋糕倒出，放在噴了烤盤油的鐵架上，再把蛋糕倒過來正放直到完全冷卻。

# 起司蛋糕麵糊

| 食材 | 容量 | 重量 | |
|---|---|---|---|
| 奶油起司<br>（65～70°F／19～21°C） | 1¾ 杯 | 1 磅 | 454 公克 |
| 白砂糖 | 1 杯 | 7 盎司 | 200 公克 |
| 8～12 顆蛋黃（室溫） | ½ 杯＋4 小匙（138 毫升） | 5.2 盎司 | 149 公克 |
| 現榨檸檬汁 | 3大匙（44 毫升） | 1.7 盎司 | 47 公克 |
| 香草精 | ½ 大匙（7.5 毫升） | ． | ． |
| 細海鹽 | ¼ 小匙 | ． | 1.5 公克 |
| 酸奶油 | 3 杯 | 25.6 盎司 | 726 公克 |

烤箱預熱

・預熱：350°F／175°C，預熱時間：20分鐘以上。

・將烤架設置在下方（分上中下三部分）。

製作起司蛋糕麵糊

**1**・使用球形攪拌器。在桌上型攪拌機的鋼盆中放入糖、奶油起司，用中高速攪打約3分鐘，直到奶油起司變得滑順，中途需要刮缸1～2次。慢慢加入蛋黃攪拌到滑順，中途需要刮缸1～2次。接著加入檸檬汁、香草精與鹽，用中低速繼續攪拌，直到食材混合，再加入酸奶油繼續攪拌20～30秒至均勻。取下球形攪拌器挖到鋼盆底部，確認所有麵糊都攪拌到。

**2**・用矽膠刮刀輔助，將麵糊倒入活動式圓模中，用小抹刀將表面抹平。

烘烤

**3**・把活動式圓模放在一個比較大的烤模中（外模），外模和烤盤間倒入1吋高的沸水，烘烤25分鐘。為了使烤焙均勻，將圓模旋轉180度，再烘烤25分鐘（如果用矽膠烤模當外模，需烤30分鐘）。烘烤時間到不要將烤箱門打開，直接關掉電源，讓蛋糕在烤箱內1小時冷卻。移動圓模時，蛋糕中央會有輕微抖動的樣子。

冷卻蛋糕

**4**・將外模連同圓模從裝了水的烤盤中移出，不要移開外模，或是不要拆掉鋁箔紙，以免圓模縫隙還有些水會滲出，然後放在烤架上1～2小時冷卻，直到和室溫相同或微溫。為了吸取冷卻產生的水氣，準備一張廚房紙巾，以圓弧狀朝下蓋在烤模上，紙巾多餘的部分懸在烤模外，然後在紙巾上蓋一個倒置的盤子，盤子一定要比烤模大。

**5**・冷藏6小時或放置一晚。（起司蛋糕一定要夠硬，才能與其他材料組合完成。）

# 夢幻白巧克力奶油起司霜

**份量：3½杯/29盎司/822公克**

（如果側邊不抹，只需要一半量即可。）

| 食材 | 容量 | 重量 | |
|---|---|---|---|
| 含可可脂白巧克力（切碎） | . | 10.6 盎司 | 300 公克 |
| 軟化但還是涼的奶油起司（65～70°F /19～21°C） | 1½ 杯＋1 大匙 | 14.1 盎司 | 400 公克 |
| 軟化但還是涼的無鹽奶油（65～75°F/19～23°C） | 8 大匙（1 條） | 4 盎司 | 113 公克 |
| 法式酸奶油或酸奶油 | 5 小匙 | 0.9 盎司 | 25 公克 |
| 香草精 | ½ 小匙（2.5 毫升） | . | . |

融化白巧克力

**1**・把巧克力放在可微波的碗中加熱，每15秒用矽膠刮刀稍微攪拌（或是在瓦斯上架上雙層煮鍋，底下的鍋子放入接近但低於沸騰溫度的熱水，加熱中要不時攪拌。記住，上層鍋子不要碰到下層鍋內的水），加熱巧克力直到差不多都融化。

**2**・停止加熱巧克力，但繼續攪拌直到完全融化。讓巧克力靜置於溫暖的地方，保持溫溫的液狀（溫度約75～80°F/24～27°C）。

製作奶油起司霜

**3**・在食物調理機中放入奶油起司、奶油和法式酸奶油（或酸奶油），攪拌幾秒鐘後變得綿密滑順時，把邊邊刮乾淨，倒入融化的白巧克力，快速攪拌幾下，讓兩者均勻混合，最後加入香草精稍微混合即可。

# 覆盆莓醬

| 食材 | 容量 | | 重量 | |
|---|---|---|---|---|
| 無籽覆盆莓果醬 | ¼ 杯＋2 大匙 | | 4.2 盎司 | 118 公克 |

### 製作覆盆莓醬

**1**．將果醬放在可微波的小碗中加熱，每15秒拿出來攪拌一下（或是用中小火直接攪拌加熱），直到果醬變得滑順可以流動。將加熱的果醬過篩，用湯匙背面或矽膠刮刀輔助過篩，放入小碗中。必要時可以添加一點點水，讓果醬比較稀。

### 起司蛋糕脫模

**2**．將起司蛋糕上方蓋的盤子和紙巾拿掉，並移除矽膠外模或鋁箔紙。準備一支小噴槍或沾了熱水的濕毛巾，將烤模側邊的部分加熱。解開鎖釦，褪去側邊。

### 蛋糕組合

**3**．如果當天食用，可以直接將有層次的側邊露出來，不用抹上奶油起司霜。但若是抹了奶油起司霜，蛋糕比較可以保持濕潤。

**4**．取一張保鮮膜，噴上一點烤盤油，蓋在起司蛋糕上。準備一個9吋蛋糕圓模，底朝下蓋在蛋糕表面，連同蛋糕底盤一起翻過來，放在工作檯上。移除蛋糕底盤，撕掉烤盤紙。如果蛋糕底部有濕氣水漬，可用廚房紙巾吸乾。將烤模底盤清洗擦乾。

**5**．挖3大匙的覆盆莓果醬，用小抹刀均勻抹在起司蛋糕底部。

**6**．把紅絲絨蛋糕準備好，頂部朝上放在紙板上。如果蛋糕體不平整，可以用鋸齒刀修平，蛋糕厚度約約¾吋高。拿出清洗好的烤模底盤當對照組，放在蛋糕體上，用單刃刀對照底盤修剪出9吋圓的紅絲絨蛋糕。剛開始先輕輕刻出痕跡，再慢慢往下切。修剪時，刀刃要垂直下切，不要斜拿。

**7**．將修整好的紅絲絨蛋糕翻過面。準備一個噴過烤盤油的底盤，或是兩把鍋鏟，把紅絲絨蛋糕夾起放在起司蛋糕上。對齊起司蛋糕的邊，讓兩者平行一致。取一個盤子蓋在紅絲絨蛋糕上，用一隻手壓著，另一隻手掌小心伸入起司蛋糕的底盤下面，兩隻手掌壓著，快速將合併的蛋糕翻轉過來。

**8**．剪一些烤盤紙條塞在蛋糕與盤子之間，以免操作時弄髒盤子。將剩餘的果醬塗抹在紅絲絨蛋糕側邊上，儘量遮住蛋糕體，以免蛋糕屑掉出來。抽出烤盤紙條，用乾淨的紙巾擦拭盤子上任何沾染到的果醬。重新塞一些乾淨的烤盤紙條在蛋糕與盤子之間，在紅絲絨蛋糕的側邊接縫處小心抹上薄薄一層奶油起司霜，當作保護層。記得抹完紅絲絨蛋糕的奶油起司霜之後，要將抹刀擦拭乾淨，以免沾到其他顏色。

**9**．將蛋糕冷藏10分鐘，讓保護層的奶油起司霜凝固。可以選擇取出¾杯/5.7盎司/162公克的奶油起司霜做擠花裝飾，其他剩餘的塗抹在蛋糕的側邊及上方。（通常會剩約1杯奶油起司霜，可以冷藏起來做其他用途。）記得塗抹奶油起司霜時動作要快，因為冰涼的蛋糕很容易讓奶油起司霜變得僵硬。最後小心的將墊在盤子上的烤盤紙條移除。

**10**．喜歡的話，可在蛋糕上方擠一圈星形奶油花，或貝殼狀裝飾。

**11**．將蛋糕冷藏至少20分鐘或6小時，讓奶油起司霜定型，等待的同時開始製作藍莓配料。

# 新鮮藍莓配料

| 食材 | 容量 | 重量 | |
|------|------|------|------|
| 新鮮藍莓 | 2¾ 杯 | 12 盎司 | 340 公克 |
| 葛粉或玉米澱粉 | 1 大匙 | . | 9 公克 |
| 白砂糖 | ¼ 杯 | 1.8 盎司 | 50 公克 |
| 水 | ½ 杯（118 毫升） | 4.2 盎司 | 118 公克 |
| 現榨檸檬汁 | ½ 大匙（7.5 毫升） | . | 8 公克 |

製作新鮮藍莓配料

1・準備一個篩網或漏勺架在碗上，瀝乾藍莓使用。

2・將藍莓洗淨，用紙巾擦乾後放入碗中備用。

3・在小煮鍋中混合葛粉、砂糖，倒入水和檸檬汁，用中火加熱。攪拌糖漿直到顏色清澈、質地濃稠。將煮鍋離火，把藍莓放入煮鍋中稍微輕拋，使藍莓均勻都沾裹到糖漿。

4・將裹了糖漿的藍莓放到篩網上瀝乾，冷卻約20分鐘，直到藍莓不再溫熱。小心用湯匙將藍莓舀起，放在蛋糕上，稍稍排列讓藍莓均勻散布。

5・將擺上藍莓的蛋糕放入冰箱冷藏藍莓，直到食用前40分鐘再拿出來。準備一把直刃刀泡熱水，擦乾後再切蛋糕。每切一片都要用這方法，才能順利切過奶油起司霜的部分，並且會呈現分明的紅白切邊，不會彼此沾染顏色。切好的蛋糕在室溫下靜置20～30分鐘再食用。

保存

・密閉盒裝：不含藍莓配料可冷藏5天（含藍莓配料冷藏3天）。不可冷凍，否則口感會變得不滑順。

# 檸檬杏仁起司蛋糕
## LEMON ALMOND CHEESECAKE

烤箱溫度　350℉/175℃

烘烤時間 50分鐘（若使用矽膠模做水浴，則需要50分鐘），然後靜置在尚有餘溫的烤箱中1小時。

在《蘿絲的不凡蛋糕》（*Rose's Heavenly Cakes*）一書中，金黃檸檬杏仁蛋糕（Golden Lemon Almond Cake）是我最喜歡的非巧克力蛋糕，而且我每次都無法制止自己去舔攪拌器，因為那綿密的麵糊真的太誘人了！這讓我發想如何做出起司蛋糕版本的檸檬杏仁蛋糕，讓綿密的口感即使經過烘烤仍可保留下來。添加杏仁粉會讓蛋糕更膨鬆，而在這道食譜中，海綿蛋糕底的部分也加入了杏仁粉。

事前準備
需要在一天前製作好。
器具
★蛋糕體部分：兩個9½×1吋高的塔盤，或是兩個10×2吋的圓形蛋糕模，
底部抹上一層酥油，蓋上烘焙紙，再噴上含麵粉的烤盤油
（如果家裡沒有，可噴上烤盤油和沾上薄薄一層麵粉）。
兩個烤架、兩個噴過烤盤油的烤架。

★起司蛋糕部分：一個9×3吋或9×2¾吋的活動式圓形烤模，內部噴上烤盤油，
放在較大的矽膠模中，或者直接將圓形烤模用兩層厚鋁箔紙包住，確認細縫不會滲入水。
一個12吋圓模或是有高（深）度的烤盤，用來盛裝水浴烘烤所需的熱水。

## 蛋糕體

**份量：兩個9×½或是9×⅜吋的底**

（本食譜中只需用到一個蛋糕體，第二個可以冷凍做為其他用途）

| 食材 | 容量 | 重量 | |
|------|------|------|------|
| 杏仁海綿蛋糕體（參照p.120）或手指餅乾（2盎司包裝1包） | 24 根手指餅乾 | 2 盎司 | 56 公克 |

### 製作海綿蛋糕體

1・準備兩個9½吋的塔盤，或是兩個10吋的蛋糕烤模，將麵糊放進兩個烤模中烘烤。也可以參照p.119的方法，用小烤盤（17¼×12¼×1吋）烘烤。（如果用烤盤烤，成品需要裁成9吋的圓，剩餘部分可以切成小長方形做小蛋糕捲，或是用在蛋糕側邊，可參照p.183大理石起司蛋糕的做法。）

脱模及冷卻

**2**‧必要時可以用小刀尖端把麵糊沾黏烤盤的部分割開，一氣呵成脫模。首先，連同烤模整個倒置在噴過油的烤架上，移除烤模。先別撕掉烤盤紙，把蛋糕體翻過來正放在沒有噴過油的烤架上。待蛋糕完全冷卻，再把蛋糕倒放在噴過油的烤架上，撕掉烤盤紙。

修剪蛋糕體

**3**‧準備一個活動式圓模的底盤，或是9吋的圓紙板輕放在蛋糕體上，照著圓形用剪刀修剪蛋糕體，讓蛋糕體可以放入圓模中。將金黃焦面朝下放入，如果有縫隙，就用蛋糕碎塊填滿。（其他修剪出的蛋糕體，可以用保鮮膜封緊當作其他用途。）

蛋糕體入模

**4**‧將蛋糕體放入烤模中，或是將手指餅乾焦黃面朝下排列在烤模中，修剪成圓形，用碎塊塞滿縫隙。製作麵糊的同時，先將烤模蓋上保鮮膜。

## ☆ 同場加映：如果希望蛋糕體薄一點

‧通常蛋糕體會比½吋再高一點，但是蓋上起司蛋糕麵糊後，就會被壓成約¼吋。如果希望蛋糕體更薄，可以用一把長鋸齒刀先在整個圓邊上淺淺的切出痕跡，然後根據痕跡前後，移動刀子繞圓橫切整個蛋糕體，在繞圓橫切時，要確認刀尖切到中心處。

# 杏仁檸檬起司蛋糕

| 食材 | 容量 | 重量 | |
|---|---|---|---|
| 去皮生杏仁片 | ‧ | 2.3 盎司 | 66 公克 |
| 二砂（推薦Sugar in the Raw品牌） | 1 杯（分次使用） | 7 盎司 | 200 公克 |
| 奶油起司<br>（65～70°F /19～21°C） | 1¾ 杯 | 1 磅 | 454 公克 |
| 細海鹽 | ¼ 小匙 | ‧ | 1.5 公克 |
| 8～12顆蛋黃（室溫） | ½ 杯＋4 小匙（138 毫升） | 5.2 盎司 | 149 公克 |
| 約3～5顆份量的檸檬皮（切碎） | 2 大匙（不用緊壓） | ‧ | 12 公克 |
| 現榨檸檬汁 | 2 大匙（30 毫升） | 1.1 盎司 | 32 公克 |
| 杏仁香精 | 2 小匙（10 毫升） | | |
| 香草精 | 1 小匙（5 毫升） | | |
| 檸檬油（推薦Boyajian品牌） | ⅜ 小匙（1.5 毫升） | ‧ | ‧ |
| 酸奶油 | 3 杯 | 25.6 盎司 | 726 公克 |

## 不失敗祕訣

煮檸檬餡淋面時的溫度，會比一般檸檬餡內餡製作時的溫度來得低，這樣才會比較液態且滑順。

### 烤箱預熱

· 預熱：350°F/175°C，預熱時間：20分鐘以上。

· 將烤架設置在下方（分上中下三部分）。

### 烘烤杏仁片

**1**·將杏仁片均勻撒在烤盤上烤7分鐘，或是直到烤出淺淺的金黃色。烘烤途中取出一兩次翻炒，使杏仁片均勻上色。靜置直到完全冷卻，然後放入食物處理機中打成粉。加入¼杯/1.8盎司/50公克的糖一起打成細粉。

### 製作起司蛋糕麵糊

**2**·使用球形攪拌器。在桌上型攪拌機的鋼盆中放入奶油起司、剩餘¾杯的糖和鹽，用中高速攪打約3分鐘，直到奶油起司變得滑順，中途需要刮缸1～2次。慢慢加入蛋黃攪拌到滑順，中途需要刮缸1～2次。接著加入檸檬皮、檸檬汁、杏仁香精、香草精與檸檬油用中低速繼續攪拌，直到食材混合，再加入酸奶油、杏仁細粉與糖（之前已混合），繼續攪拌20～30秒至均勻。取下球形攪拌器挖到鋼盆底部，確認所有麵糊都攪拌到。

**3**·用矽膠刮刀輔助，將麵糊倒入活動式圓模中，用小抹刀將表面抹平。

### 烘烤

**4**·把活動式圓模放在一個比較大的烤模中（外模），外模和烤盤間倒入1吋高的沸水，烘烤25分鐘。為了使烤焙均勻，將圓模旋轉180度，再烘烤25分鐘（如果用矽膠烤模當外模，需烤30分鐘）。烘烤時間到不要將烤箱門打開，直接關掉電源，讓蛋糕在烤箱內1小時冷卻。移動圓模時，蛋糕中央會有輕微抖動的樣子。

### 冷卻蛋糕

**5**·將外模連同圓模從裝了水的烤盤中移出，不要移開外模，或是不要拆掉鋁箔紙，以免圓模縫隙還有些水會滲出，然後放在烤架上1～2小時冷卻，直到和室溫相同或微溫。為了吸取冷卻產生的水氣，準備一張廚房紙巾，以圓弧狀朝下蓋在烤模上，紙巾多餘的部分懸在烤模外，然後在紙巾上蓋一個倒置的盤子，盤子一定要比烤模大。

**6**·冷藏4小時或放置一晚。（起司蛋糕一定要夠硬，才能與其他材料組合完成。）蛋糕從冷藏拿出來以後，移除盤子、紙巾和外模或是鋁箔紙，再開始製作檸檬餡淋面。

# 檸檬餡淋面

份量：¾杯／7盎司／200公克

| 食材 | 容量 | 重量 | |
|---|---|---|---|
| 3～4顆蛋黃（室溫） | 3½ 大匙（52 毫升） | 2 盎司 | 56 公克 |
| 白砂糖 | ½ 杯－ ½ 大匙 | 3.3 盎司 | 94 公克 |
| 無鹽奶油（65～75°F/19～23°C） | 3 大匙 | 1.5 盎司 | 42 公克 |
| 現榨過篩檸檬汁（約3顆大檸檬） | ¼ 杯＋½ 大匙（66 毫升） | 2.5 盎司 | 71 公克 |
| 細海鹽 | 1 小撮 | · | · |

製作檸檬餡淋面

1・將細孔篩網架在一個2杯容量的帶杯嘴量杯上備用。

2・在厚底煮鍋中放入蛋黃、糖和奶油，混合均勻，拌入檸檬汁和鹽。使用中小火加熱，用耐熱刮刀攪拌，隨時確認鍋緣、鍋底都攪拌到，直到醬汁質地像荷蘭醬般的濃稠度，也就是會附著在刮刀上，但還是可以流動的液狀。醬汁剛開始是透明的，漸漸會變得不透明，最後沾附在刮刀上的顏色應該會偏黃色。千萬不要煮滾，否則會凝固。一有蒸氣冒出就迅速離火一下，以免過熱，要不時攪拌，切記不可讓醬汁煮滾。不要刮除鍋內底部比較濃厚的凝乳，因為質地太硬會刮傷起司蛋糕表面。

淋上檸檬餡淋面

3・為了使淋面能滑順的披覆，一旦淋面做好，要立即把熱熱的淋面淋在冰涼的起司蛋糕上，運轉底盤讓淋面均勻流下。必要時可以拿小刮刀稍微將表面的淋面刮平。靜置15分鐘，讓淋面的熱氣散去。

4・冷藏至少2小時，一樣準備一張廚房紙巾，圓弧狀朝下蓋在烤模上，然後紙巾上蓋一個倒置的盤子。

脫模

5・將起司蛋糕上方蓋的盤子和紙巾拿掉，並移除矽膠外模或鋁箔紙。準備一支小噴槍或沾了熱水的濕毛巾，將烤模側邊的部分加熱。解開鎖釦，褪去側邊。如果起司蛋糕周圍不平整，可以用泡過熱水擦乾的小抹刀，貼著周圍修整。

保存

・密閉盒裝：冷藏5天。不可冷凍，否則口感會變得不滑順。

# 大理石起司蛋糕

MARBLE WHITE AND DARK CHOCOLATE CHEESECAKE

## 份量：12～16 份

烤箱溫度

巧克力蛋糕體：450°F/230°C；起司蛋糕：350°F/175°C

烘烤時間

巧克力蛋糕體：7～10分鐘；

起司蛋糕：50分鐘（若使用矽膠模做水浴，則需要55分鐘），然後靜置在尚有餘溫的烤箱中1小時。

一般來說，製作大理石蛋糕時，就是做一種麵糊，然後取一部分做成巧克力麵糊。但在這份配方中，伍迪（Woody）分開做出兩種麵糊，一個是白巧克力，另一個是苦甜巧克力，以這個做法完成的每個麵糊，味道都很濃郁，而且質地也會一樣。

事前準備

需要在一天前製作好。

器具

★巧克力蛋糕體部分：一張小烤盤（17¼×12¼×1吋），

底部抹上一層酥油或是噴上烤盤油，黏上烘焙紙，再噴上含麵粉的烤盤油

（如果家裡沒有，可噴上烤盤油和沾上薄薄一層麵粉）。

（選擇兩邊長的其中一邊，將烤盤紙多剪出1吋，也就是其中一邊的長會有多1吋高的烤盤紙。）

一張烤盤，或是把小烤盤（17¼×12¼×1吋）倒過來，噴上烤盤油。

一個大烤架

★起司蛋糕部分：一個9×2½吋的活動式圓形烤模，側邊內側抹上酥油，

放在較大的矽膠模中，或是直接將圓形烤模用兩層厚鋁箔紙包住，確認細縫不會滲入水。

剪出30×2吋的烤盤紙條黏在內側側邊上，在頭尾重疊的部分抹上酥油，

讓烤盤紙可以緊密黏牢。烤盤紙上再噴一些烤盤油。

一個圓形伸縮活動慕斯圈，8¾吋的鍋蓋，或是8¾吋的紙板。

一個12吋圓模或是有高（深）度的烤盤，用來盛裝水浴烘烤所需的熱水。

# 巧克力蛋糕體

## 麵糊

| 食材 | 容量 | 重量 | |
|---|---|---|---|
| 無糖可可粉（鹼化） | ⅓ 杯（秤量前先過篩） | 0.9 盎司 | 25 公克 |
| 沸水 | ¼ 杯（59 毫升） | 2.1 盎司 | 59 公克 |
| 香草精 | ¾ 小匙（3.7 毫升） | . | . |
| 低筋或中筋麵粉 | ⅓ 杯（或 ¼ 杯＋2 小匙。篩入量杯至滿抹平，與量度同高） | 1.2 盎司 | 33 公克 |
| 5～7 顆蛋，分蛋（室溫）<br>蛋黃<br>蛋白（約4顆） | ¼ 杯＋2 大匙（89 毫升）<br>½ 杯（118 毫升）（分次使用） | 3.3 盎司<br>4.2 盎司 | 93 公克<br>120 公克 |
| 細砂糖 | ⅔ 杯＋1 大匙（分次使用） | 5.1 盎司 | 146 公克 |
| 塔塔粉 | ¼ 小匙 | . | . |

烤箱預熱

・預熱：450℉/230℃，預熱時間：20分鐘以上。

・將烤架設在中間。

混合可可粉和熱水

**1**・在碗中使用矽膠刮刀，將可可粉和沸水攪拌混合，加入香草精攪拌，用保鮮膜封住以免水分蒸發，放室溫約20分鐘冷卻。如果要加速降溫，可以放入冰箱，但使用前要退冰到室溫。

過篩乾料

**2**・將麵粉過篩到一張烤盤紙上或是碗中。

混合蛋液

**3**・使用球形攪拌器。在桌上型攪拌機的鋼盆中放入蛋黃、一半量的蛋白（¼杯/59毫升/2.1盎司/60公克）和⅔杯/4.7盎司/133公克的糖。使用高速攪打約5分鐘，至蛋液變得濃稠、膨鬆並且脹大3倍的量。然後降到中速攪拌，加入可可水攪拌幾秒至混合。

**4**・如果桌上型攪拌器只有一個鋼盆，必須把打發的蛋液挖到別的碗中，鋼盆和球形攪拌器都要清洗乾淨並擦乾，上面不能沾有任何的油分或水分。

製作麵糊

5·將一半量的過篩麵粉撒在打發的蛋液上，用攪拌器、漏勺或矽膠刮刀輕柔的將麵粉和蛋糕以由下而上的切拌方式稍微攪拌。動作要快速輕柔，直到大部分麵粉已經混合，再倒入剩餘的麵粉，以同樣方法拌勻，直到沒有麵粉的痕跡。

攪打蛋白

6·使用桌上型攪拌機搭配球形攪拌器打發蛋白。把剩餘的蛋白和塔塔粉用中低速打到成型，把速度慢慢調到中高速打發蛋白，直到呈現彎彎鳥嘴的濕（軟）性發泡的狀態。慢慢倒入剩餘的1大匙糖，繼續用中高速打到蛋白霜呈尖尖鳥嘴的乾（硬）性發泡的狀態。

蛋白和麵糊的混合

7·準備一個手持的球形攪拌器、漏勺或是大的矽膠刮刀，將打發的蛋白以由下而上的切拌方式與麵糊拌勻。將麵糊倒入準備好的烤盤中，用奶油抹刀儘量把表面塗抹均勻。

烘烤

8·烘烤7～10分鐘，或是輕壓蛋糕中央感覺有回彈的質地。準備一支銳利的小刀。

脫模及冷卻

9·用小刀尖端把麵糊沾黏烤盤的部分割開，一氣呵成脫模。用小抹刀插入蛋糕體和烤盤紙之間的直角部分，抓住烤盤紙的角，自然的讓蛋糕滑到烤架上，放室溫20分鐘冷卻或直到完全冷卻。將蛋糕體翻倒放在烤盤紙上，或是倒放在烤盤背面，再撕開底部的烤盤紙。如果不是立即要裁切蛋糕，可以先用保鮮膜封起來。

裁切蛋糕體

10·首先，將蛋糕體切成兩個不等的長方形A和B，其中長方形A的長和寬，需要可以切出直徑8¾吋的圓。

11·把伸縮活動慕斯圈壓在蛋糕體A上，用小刀尖端順著慕斯模做出記號，再用剪刀剪出圓形的蛋糕體。

12·利用長方形B做側邊。用鋸齒刀切出10×5¼吋的長方形，把這長方形切成三條寬1¾吋的長條。也可以用小刀尖端在蛋糕體上做記號，然後用剪刀剪。

13·將所有蛋糕體都用保鮮膜包起來以保持濕軟、新鮮，並且冷藏直到最後入模時再取出。

入模

14·把三條蛋糕條靠著烤模內側側邊圈起，金黃焦面朝外。將其中一條的長度做修剪，以符合側邊長度。烤模正中間放入裁好的圓形蛋糕體，金黃焦面向下，邊邊緊貼著側邊的蛋糕條。

# 巧克力起司蛋糕

| 食材 | 容量 | 重量 | |
|------|------|------|------|
| 含可可脂白巧克力（切碎） | . | 5.3 盎司 | 150 公克 |
| 苦甜巧克力，<br>60～62%可可含量（切碎） | . | 3.2 盎司 | 92 公克 |
| 奶油起司<br>（65～70°F /19～21°C） | 3½ 杯 | 2 磅 | 908 公克 |
| 白砂糖 | 1 杯 | 7 盎司 | 200 公克 |
| 4～6顆蛋（室溫） | ¾ 杯＋2 小匙（187毫升） | 7 盎司 | 200 公克 |
| 鮮奶油（乳脂36%以上） | ½ 杯（118 毫升） | 4.1 盎司 | 116 公克 |
| 香草精 | 1 大匙（15 毫升） | . | . |
| 玉米澱粉 | 1 大匙 | . | 9 公克 |
| 細海鹽 | ¼ 小匙 | . | 1.5 公克 |

烤箱預熱

・預熱：350°F/175°C，預熱時間：20分鐘以上。

・將烤架設置在下方（分上中下三部分）。

融化巧克力

**1**・把白巧克力放在可微波的碗中加熱，每15秒用矽膠刮刀稍微攪拌（或在瓦斯上架上雙層煮鍋，底下的鍋子放入接近但低於沸騰溫度的熱水，加熱中要不時攪拌，注意不要讓上層的鍋子碰到下層鍋內的熱水），加熱白巧克力直到差不多融化。

**2**・停止加熱，但繼續攪拌直到完全融化，讓巧克力冷卻到溫溫的，不燙手，但還是液體狀態。

**3**・使用同樣的方法融化苦甜巧克力。

製作巧克力起司蛋糕麵糊

**4**・使用球形攪拌器。在桌上型攪拌機的鋼盆中放入奶油起司、糖，用中高速攪打約3分鐘，直到奶油起司變得滑順，中途需要刮缸1～2次。一次加入1顆蛋，繼續攪拌到滑順，中途需要刮缸1～2次。使用中低速繼續攪拌，加入鮮奶油、香草精、玉米澱粉和鹽攪拌，直到食材都混合。取下球形攪拌器挖到鋼盆底部，確認所有麵糊都攪拌到。

**5**・取2½杯（20.8盎司/590公克）的麵糊倒入一個中型碗中，加入融化的苦甜巧克力，用大刮刀混合均勻成黑麵糊。

**6**・將融化的白巧克力倒入鋼盆中，用中低速攪打約30秒，或是直到白巧克力和麵糊混合均勻。

**7‧**將一半量（17.6盎司/500公克）的白麵糊倒入已鋪蛋糕體的圓膜中，用小抹刀將表面抹平。用湯匙舀出黑麵糊，均勻放在白麵糊上，再將剩餘的白麵糊均勻倒在黑麵糊上，確認麵糊均勻平整。準備一支攪拌器或大湯匙，將兩個顏色的麵糊上下稍微攪動，畫圓般勾勒出大理石紋。

烘烤

**8‧**把活動式圓模放在一個比較大的烤模中（外模），外模和烤盤間倒入1吋高的沸水，烘烤20分鐘。為了使烤焙均勻，將圓模旋轉180度，再烘烤25分鐘（如果用矽膠烤模當外模，需烤30分鐘）。烘烤時間到不要將烤箱門打開，直接關掉電源，讓蛋糕在烤箱內1小時冷卻。移動圓模時，蛋糕中央會有輕微抖動的樣子。

冷卻蛋糕

**9‧**將外模連同圓模從裝了水的烤盤中移出，不要移開外模，或是不要拆掉鋁箔紙，以免圓模縫隙還有些水會滲出，然後放在烤架上1～2小時冷卻，直到和室溫相同或微溫。為了吸取冷卻產生的水氣，準備一張廚房紙巾，以圓弧狀朝下蓋在烤模上，紙巾多餘的部分懸在烤模外，然後在紙巾上蓋一個倒置的盤子，盤子一定要比烤模大。

脫模

**10‧**將上方蓋的盤子和紙巾拿掉，移除矽膠外模或鋁箔紙，用小抹刀伸入側邊和烤盤紙條之間，將兩者分開，然後解開鎖釦，褪去側邊。小心將烤盤紙條以捲動的方式撕除。

**11‧**如果起司蛋糕的高度與側邊蛋糕體不平整，可以用泡過熱水擦乾的小抹刀修整齊。

保存

‧密閉盒裝：冷藏5天。不可冷凍，否則口感會變得不滑順。

# 史帝爾頓藍紋起司蛋糕
## STILTON BABY BLUE CHEESECAKES

烤箱溫度

烤核桃：350°F/170°C ﹔ 起司蛋糕：225°F/107°C

烘烤時間

烤核桃：7～9分鐘﹔起司蛋糕：30～35分鐘

第一次遇見我很崇拜的主廚湯瑪士・漢司（Thomas Haas）時，他在紐約市丹尼爾（Daniel）擔任甜點主廚，現在則在加拿大溫哥華擁有一家自己的巧克力甜點店（Thomas Haas Chocolates and Patisserie）。他很大方的跟我分享了店裡最受歡迎的甜點食譜之一。這濃郁綿密的起司蛋糕不論搭配沙拉做開胃菜，還是搭配幾片新鮮洋梨和一杯蘇玳的貴腐甜酒，都是雙重加倍的享受。

事前準備

起司蛋糕至少要在4小時前做好。

器具

兩個6格瑪芬烤模噴上烤盤油。將烤模放在烤架上，
再放到一張烤盤中。或是一個12格的瑪芬烤模，
底部抹上酥油，黏上裁剪好的圓形烤盤紙，再噴上烤盤油。
一個擠花袋（可選擇使用）

## 核桃底和起司蛋糕糊

| 食材 | 容量 | 重量 | |
| --- | --- | --- | --- |
| 剖半核桃 | ¾ 杯＋1½ 大匙 | 3 盎司 | 84 公克 |
| 糖 | ¼ 杯＋2 大匙 | 2.6 盎司 | 75 公克 |
| 玉米澱粉 | 1 大匙 | . | 9 公克 |
| 細海鹽 | 1 小撮 | . | . |
| 切小塊的奶油起司（65～70°F /19～21°C） | 1⅓ 杯 | 12 盎司 | 340 公克 |
| 酸奶油 | ¼ 杯 | 2.1 盎司 | 60 公克 |
| 史帝爾頓藍紋或其他味道濃郁的藍紋起司 | 2 大匙 | 1.2 盎司 | 35 公克 |
| 2 顆蛋（打散） | ⅓ 杯＋1 大匙（94 毫升） | 3.5 盎司 | 100 公克 |

## 烤箱預熱

· 預熱：350°F/175°C，預熱時間：20分鐘以上。

· 將烤架設在中間層。

## 烘烤核桃

**1**· 將核桃均勻鋪在烤盤上烘烤7分鐘，加強核桃的香氣，烘烤過程中可以翻炒一兩次，使核桃均勻上色。將烘烤過的核桃倒在乾淨的布巾上，用小尖刀和手指試著剝除核桃皮。靜置至完全冷卻。

**2**· 將烤箱溫度降到225°F /107°C。

## 製作核桃底

**3**· 將核桃放入食物攪拌機中打成顆粒，但還不至於到粉狀。每個瑪芬格中舀入1大匙/0.2盎司/7公克的核桃，稍微輕壓讓核桃均勻平整。

## 製作起司蛋糕糊

**4**· 使用槳狀攪拌器。在桌上型攪拌機的鋼盆中放入糖、玉米澱粉和鹽，使用低速攪打30秒，加入奶油起司，繼續用低速攪打，直到麵糊非常滑順。刮缸。

**5**· 把酸奶油和藍紋起司放入小碗中，用叉子搗碎混合均勻。把混勻的酸奶油起司倒入鋼盆裡，用低速攪打約15秒，讓食材都混合均勻。

**6**· 加入蛋液，用低速攪打15秒或是直到均勻，麵糊質地應該會像酸奶油般濃稠。

## 裝入瑪芬模中

**7**· 最簡單的入模法，就是把麵糊放在擠花袋中，或是夾鏈袋剪出½吋的半圓，然後擠到瑪芬格裡。麵糊可以裝到幾乎滿（每個1.8盎司/50公克），或是把麵糊都裝到量杯中，再倒入瑪芬格中，用小抹刀將表面抹平。

## 烘烤

**8**· 烘烤15分鐘。為了使烤焙均勻，將瑪芬模旋轉180度，再烤15～20分鐘，或是當蛋糕溫度到達160°F/71°C。移動瑪芬模時，蛋糕會有輕微抖動的樣子，蛋糕頂部是凝固狀態，輕輕拍打會有回彈的質地。

## 冷卻

**9**· 將整個烤盤放到冷的烤架上，將烤盤內的烤架和瑪芬模一起取出，放在工作檯上冷卻30分鐘或直到微溫。取一張保鮮膜，噴上少許烤盤油後蓋住整個瑪芬模，冷藏至少4小時再脫模。

## 脫模

**10**· 如果使用金屬模，將小抹刀泡過熱水擦乾，伸入蛋糕和烤模的縫隙，將兩者分開。（如果使用矽膠模就不用做這個步驟。）

## 不失敗祕訣

如果起司蛋糕的麵糊打太久，麵糊就會變稀，而且蛋糕中央也會下沉約¼吋。烘烤這個起司蛋糕的溫度要非常低，才能保有它綿密濃郁的口感。

**11・**在鋪了保鮮膜的瑪芬模上蓋一張烤盤，下方連著放烤模的烤架，將整個瑪芬模倒過來。準備一條乾淨布巾，用很燙的水沾濕後再擰乾，放在倒置的瑪芬模上，間隔凹槽的部分也要讓布巾順著塞入，靜置2分鐘。移除布巾後將瑪芬模往上拿起，如果起司蛋糕沒有順利脫模，重複蓋上熱布巾的動作，然後靜置1分鐘。已脫模的起司蛋糕現在應該是倒置在烤盤上，準備另一張烤盤放在起司蛋糕上，上下烤盤夾著整個翻過來。

**12・**如果起司蛋糕是用金屬模烘烤，用泡過熱水擦乾的小抹刀，利用刀的熱度將起司蛋糕的側面修平整。

**13・**利用鍋鏟將起司蛋糕放到食用盤上。

保存

・密閉盒裝：冷藏5天。

### ☆ 美味變化款：鹹味史帝爾頓藍紋起司蛋糕

・另一種可以更凸顯強烈起司風味，用來當作開胃菜的做法，就是在麵糊中再增加3大匙/1.8盎司/52公克的史帝爾頓藍紋起司，可搭配鹹餅乾一起食用。

・如果要再多做一點份量的起司蛋糕，可以用6個瓷杯（每個6～8盎司的容量），每個裝3.5盎司/100公克的麵糊烘烤。底部核桃則需減量到½杯/1.8盎司/50公克。烘烤40～50分鐘。

# 派類、塔類和酥皮類
## PIES, TARTS, AND OTHER PASTRIES

這個單元中包含所有麵皮點心，從簡單的司康到薄派、派、塔，甚至連鹹泡芙都有。有些食譜像香甜蘋果派，就是經典中的經典；但是像紅石榴戚風蛋白霜派，就是一個全新的概念。

我只寫出兩個最基本的派皮：我最愛的香酥柔軟奶油起司酥皮，和一般的甜派皮。在這單元也提供很多創意變化的選擇。這不是因為簡單或只是充頁數，事實上，儘管我寫了這麼多派皮食譜，真的要用時，才發現奶油起司酥皮一直是我唯一的選擇。這酥皮擀起來簡單而且容易整型，沒有一種派皮像它這般充滿風味，而且容易搭配。甜派皮則適合任何一種需要冷藏或冷凍的脫模派類，因為它的口感比較鬆軟，所以比起酥皮，它的酥脆度可以維持很久。

# 特別技巧

- 最容易擀酥皮的方法，就是先將麵團冷藏45分鐘，因為這時麵團夠冷，還是擀得開。麵團最佳溫度是60°F/16°C，如果家中有接近這個溫度的地方，像是酒窖或儲藏室，可以把麵團放在那裡幾小時再擀。

- 將麵團上多餘的粉刷掉，因為這些粉經過烘烤後會帶有苦味。

- 如果要將擀好的麵團切成圓形，可以使用圓形伸縮活動慕斯圈（Expandable Flan Ring），就像使用大型餅乾切模，或是用圓紙板當樣版，然後準備銳利的小刀切出圓形。當然也可以用蛋糕圓模的底盤，選擇需要的尺寸當樣版：先將麵團用保鮮膜蓋住，放上烤模底盤，才不會沾黏到麵團。抓著保鮮膜輕壓底盤才不會滑動，然後照著底盤邊緣小心切出圓形。

- 我想出一個特別且有效率的派皮入模法（參照p.241照片）。譬如，假若做一個9吋的塔，則準備一個8吋的蛋糕圓模，倒過來放在桌上。剛剛裁切好的麵團倒過來放在先前裁切的那張保鮮膜上，然後抓著保鮮膜的角，平移麵團蓋在8吋模底部，然後將麵團鋪平，外圍多一圈的部分順勢落在邊上。將活動式9吋塔盤的底盤蓋在麵團上，小心的將9吋塔盤的塔盤圈倒過來蓋在底盤上合為一體，最後蓋上一個平盤或圓紙板，防止塔盤分開或移動，然後連同塔盤和底下的蛋糕圓模一起倒過來。移除蛋糕圓模，撕掉保鮮膜，輕輕將麵團底部往下壓到底，側邊則是往塔盤圈黏牢，讓麵團與塔盤間沒有空隙。

- 將甜派皮用擀麵棍輔助鋪入塔盤，是最快最保險的方式，也可以用手指把麵團壓入且均勻。如果要做漂亮的派皮邊，記得將派皮邊部分捏得比塔盤高⅛～¼吋。

- 如果時間允許，捏好派皮邊後用兩層保鮮膜包緊冷凍一晚再烤，就可以確保捏好的派皮邊可以維持最佳的形狀。

## 派類和酥皮類的保存

酥皮麵團最多可以冷藏 2 天，冷凍 3 個月。如果要做一個酥皮的派，入模後連同烤模一起，可以冷藏 24 小時或冷凍放 6 個月，但要確實封好以免酥皮失去水分。保存時可以使用夾鏈袋或包兩層保鮮膜。甜派皮最多可以冷藏 1 星期或者冷凍 1 年。

烤好的水果派或塔可以在室溫下保存 2 天或冷藏 4 天。添加餡料的派類、塔類和酥皮類在室溫下，最多可以保存 3 小時，或是冷藏 5 天。軟蛋白霜可以冷藏 ⊠ 兩天。

## 酥皮與派皮的 Q&A

Q：擀酥皮的時候會到處沾黏，而且烘烤之後沒有層次。
A：麵團的溫度過高，應該讓麵團確實冷藏降溫再操作。

Q：派皮在烘烤過程中縮小、縮短了。
A：擀皮過程中，可以將派皮四邊提起來，讓派皮自然內縮，在入模之後避免拉扯派皮。讓派皮靜置，冷藏至少 1 小時再烘烤。

Q：派皮太軟了。
A：與麵粉攪拌混合時，奶油起司或奶油不可以攪拌過度，不要打成泥狀。

Q：派皮太硬了。
A：需使用蛋白質筋性較低的麵粉，像是派粉（比較細的低筋麵粉）。如果是自己混合中低筋麵粉，就增加低筋麵粉的份量。

Q：把烤盤紙放入烤模時，烤盤紙會有皺摺，不會服貼。
A：先稍微將烤盤紙弄縐，再放入模型中。

Q：派皮在烘烤過程中產生小孔洞。
A：可以將蛋白刷在派皮上，再烘烤 30 秒，讓蛋白烤熟定型。當然也可以用融化白巧克力填補小洞，放涼或在室溫下凝固再填入餡料。

Q：派皮上方的派皮顏色烤得太深。
A：用鋁箔紙製作一個可以蓋（套）住派皮邊緣的鋁箔圈環，進烤箱烘烤時蓋（套）上。

Q：派或塔的的底部濕濕的。
A：將石板預熱至少 45 分鐘，把派皮或塔皮放在模型中，然後直接放到石板上一起進烤箱烘烤。當然也可以在一開始就將塔或派直接接觸烤箱底部，先烘烤 20 分鐘，再移到烤架上繼續烤熟。有些比較多汁的派，像是香脆蘋果派，可以先冷凍

然後直接烘烤，這樣派皮可以先被加熱，而中間的餡料之後才融化。

Q：餡料不會凝固。
A：烘烤時要烤到餡料都滾了，表示餡料中的玉米澱粉確實作用增加餡料黏稠性。要確實冷卻再切。

## 甜塔皮的 Q&A

Q：擀皮時有龜裂現象。
A：將麵團重新捏成團，直到質地比較均勻。如果真的必要，可以噴一點點水。

Q：在塔底與邊緣轉角部分的塔皮太厚了。
A：在冷藏及烘烤之前，先用一個玻璃杯或手指按壓轉角部分，讓塔皮變薄。

Q：烤塔殼時，塔皮邊滑下去，高度降低了。
A：正常來說，塔皮都會縮約 ¼ 吋，為了避免縮更多或是塔皮的邊高低不平，烘烤前要確認烤盤和塔皮都是冷的（冷凍效果更佳）。在轉角部分壓一些米、豆子或是重石來確保烘烤成果。

# 派皮、酥皮的黃金守則

**小心秤量食材**，以達到一致的風味與口感。

**請使用食譜中指定的食材。**請參照食材單元
（p.525）。

- **麵粉：使用食譜中指定的麵粉種類。**

  用派粉製作酥皮是最好的選擇，但如果自
  己混合，使用國內的中筋麵粉和低筋麵粉混合
  會比較接近，不過派粉效果還是最好。（參照
  p.527）

- **奶油：使用高品質含一般乳脂含量的奶油。**

  除非食譜中特別註明使用高乳脂奶油，
  或是要製作澄清奶油。

- **蛋：使用美國分級AA或是A級的規格，並秤
  重所需的量。**

  我建議使用巴氏低溫消菌過的帶殼蛋，像
  是Safest Choice這個品牌生產的。

  每家蛋的重量和殼的密度差很多，即使已
  提供蛋的分級，內含蛋白、蛋黃的比例也不盡
  相同。也因此，建議大家秤量蛋液、蛋黃和蛋
  白，而非算顆數。在這本食譜中都會提供所需
  容量和重量，你可以挑選任何大小的蛋再秤
  量。當蛋拿出冷藏後，可以連著蛋殼放到熱水
  中5分鐘退冰。

  打發蛋白時，每顆蛋白加入⅛小匙塔塔粉
  （巴氏消菌過的帶殼蛋，則是每顆蛋白加入¼
  小匙塔塔粉）來穩定打發的蛋白。

- **泡打粉：使用新鮮的泡打粉。**

  確認有效期限，尤其潮濕的環境，泡打粉
  容易受潮。使用無鋁、包含磷酸鹽、磷酸鈣的
  產品，譬如朗佛德（Rumford）品牌製作酥
  皮，才不會有奇怪的味道。

- **巧克力：使用食譜中指定可可含量的巧克
  力製作。**

**用鋁箔紙製作鋁箔圈環**來保護派皮的邊緣，使烘
烤過程中不會焦黑。（參照p.537）

**將烤箱預熱20～30分鐘。**如果使用石板（Baking
Stone），將石板一起預熱45分鐘，使用正確溫度
烘烤，並依照食譜的指示架設烤架、烤盤高度。
如果派皮或酥皮底部上色太重，就將派盤移到比
較高層，或是再墊一張烤盤（本來只墊一張烤
盤，現在準備兩個烤盤重疊在一起，將派盤放在
上面）。如果派皮或酥皮的表面上色太重，就移
到烤箱下層，或是取一張鋁箔紙，不用緊貼，蓋
在皮上即可。

**靜待烤熟的派在烤架上完全冷卻**，然後依照食譜
指示的方法保存。

圖中為愛爾蘭鮮奶油司康（參照p.196）
蘿絲的司康蓋（參照p.200）
和覆盆莓太妃醬司康（參照p.201）

# 愛爾蘭鮮奶油司康

IRISH CREAM SCONES

**份量：8 份**

烤箱溫度　400°F/200°C

烘烤時間　15〜20 分鐘

司康像是介於比較濕的派皮和無蛋蛋糕之間的產品。我的好友兼同事南西・偉博（Nancy Weber，作家，派對規劃者，而且心裡是個愛爾蘭人。）提供我這個從都柏林梅瑞恩酒店（Merrion Hotel）裡屢獲殊榮的甜點主廚保羅・凱利（Paul Kelly）那兒來的食譜。以前我從不知道做司康可以完全使用鮮奶油而不用奶油，而且鮮奶油有水花般的質地，不像攪拌奶油那種感覺。也因此，鮮奶油的品質會大大影響司康的風味。司康在出爐後趁著微溫吃很美味，但是讓司康內的濕氣靜置4小時〜1晚的話，會散布得更均勻，這時候再加熱吃更棒。

器具

一個8吋蛋糕圓盤

一個鋪烤盤紙的烤盤，或是噴上含麵粉的烤盤油

（如果家裡沒有，可噴上烤盤油和沾上薄薄一層麵粉）。

# 麵團

| 食材 | 容量 | 重量 | |
|---|---|---|---|
| Golden Medal品牌的高筋麵粉（其他品牌的話，一半高筋一半中筋） | 2⅓ 杯（用湯匙挖入量杯至滿抹平） | 10.6 盎司 | 300 公克 |
| 葡萄乾 | ½ 杯 | 2.5 盎司 | 72 公克 |
| 糖 | 3 大匙 | 1.3 盎司 | 37 公克 |
| 泡打粉（使用無鋁泡打粉，參照p.534） | 1 大匙 | 0.5 盎司 | 13.5 公克 |
| 細海鹽 | ⅜ 小匙 | . | 2.2 公克 |
| 檸檬皮（切碎） | 1 大匙（不用緊壓） | . | 6 公克 |
| 蜂蜜 | 1 大匙＋1小匙（20毫升） | 1 盎司 | 28 公克 |
| 冷藏鮮奶油（乳脂36%以上） | 1⅓ 杯＋½ 大匙（323毫升。分次使用） | 11.1 盎司 | 316 公克 |

# 不失敗祕訣

我喜歡把司康切得像三角形的切片蛋糕，因為如果整成圓形，表示剩餘的麵團還要再操作再整型，這樣重複揉捏會使麵團稍微變硬。

要加熱冷凍的司康，可以將烤箱以300°F/150°C預熱，烤20分鐘。司康的外表應該是脆脆的，中央溫度應該是溫溫的。如果要加熱室溫的司康，可將烤箱以350°F/175°C預熱，然後烤10分鐘。

如果廚房的溫度比較高，可以先將麵粉、糖、泡打粉和鹽放在一個夾鏈袋中，冷藏15分鐘。

揉捏麵團時，記得要捏得輕柔，而且一旦麵團可以成團就要停止揉捏，才能保持它輕盈柔軟的口感。

沒有烤過的司康麵團可以在分割好後，單獨用保鮮膜包好冷凍，最多可以冷凍3個月。要烘烤時放在烤盤上，但烘烤時間要增加5～7分鐘。（冷凍司康的外型比較平。）

## 烤箱預熱

・預熱：400°F/200°C，預熱時間：30分鐘以上。

・將烤架設置在下方（分上中下三部分）。

## 製作麵團

**1**・在鋼盆中放入麵粉、葡萄乾、糖、泡打粉、鹽和檸檬皮，用攪拌器混合。在中間挖一個洞做一道粉牆，將蜂蜜、1⅓杯的鮮奶油倒入洞中。用矽膠刮刀將粉類往中間攪，直到粉類都濕潤。如果還有部分粉類無法浸濕，麵團捏起來無法成團，就再加入剩餘的鮮奶油。

**2**・將麵團倒在撒了手粉的工作檯上，稍微將麵團搓揉均勻柔軟。

**3**・將蛋糕圓盤鋪上保鮮膜，放入麵團，把麵團在圓模中壓平，或是將麵團擀成8×¾吋的圓，用保鮮膜蓋住冷藏10分鐘。

## 司康整型

**4**・將鋪在圓模中保鮮膜的角提起，將麵團取出。用銳利的刀像切蛋糕一樣，將麵團切成8等份，將每個司康麵團間距2吋放到準備好的烤盤上。為了讓司康膨脹高一點，但不易碎，可以用手指輕壓司康麵團側邊，像是在側邊黏上封條，讓司康能往上膨脹更多。（我知道這很難相信，但是真的有用。）

## 烘烤

**5**・烘烤8分鐘。為了使烤焙均勻，將烤盤旋轉180度再烤7～12分鐘，或是表面呈淺棕色（插入溫度計，此時溫度約205～212°F/96～100°C）。

## 冷卻

**6**・準備一條麻布或比較粗的布蓋在大烤架上。司康出爐時，放在另一個烤架上，用鍋鏟把司康移到麻布上。將麻布鬆鬆蓋住司康，直到司康微溫或與室溫相同。

## 保存

・密閉盒裝：室溫2天；冷凍3個月。

# 香脆奶油起司司康

FLAKY CREAM CHEESE SCONES

份量：8 份

烤箱溫度　400°F/200°C

烘烤時間　20～25 分鐘

因為奶油起司酥皮是我最愛的派皮，所以我想如果做成司康一定也很棒。這個司康比一般司康更軟、更濕、更柔和。記得一定要試試食譜附加的美味變化款，因為我發現司康最好吃的是上面的部分，所以做了一個沒有底部的司康！

## 器具
一個9吋蛋糕圓盤

一個鋪烤盤紙的烤盤，或是噴上含麵粉的烤盤油

（如果家裡沒有，可噴上烤盤油和沾上薄薄一層麵粉）。

| 食材 | 容量 | 重量 | |
|---|---|---|---|
| 冷藏無鹽奶油 | 8 大匙（1 條） | 4 盎司 | 113 公克 |
| 冷藏奶油起司 | ½ 杯 | 4.5 盎司 | 128 公克 |
| 冷藏鮮奶油（乳脂36%以上） | ¾ 杯（177毫升） | 6.1 盎司 | 174 公克 |
| Golden Medal高筋麵粉（或其他品牌一半高筋一半中筋） | 2⅓ 杯（用湯匙挖入量杯至滿抹平） | 10.6 盎司 | 300 公克 |
| 糖 | 3 大匙 | 1.3 盎司 | 37 公克 |
| 泡打粉（使用無鋁泡打粉，參照p.534） | 1 大匙 | 0.5 盎司 | 13.5 公克 |
| 細海鹽 | ⅜ 小匙 | . | 2.2 公克 |
| 檸檬皮切碎 | 1 大匙（不用緊壓） | . | 6 公克 |
| 藍莓乾或蔓越莓乾（切半） | ½ 杯 | 2.6 盎司 | 74 公克 |
| 蜂蜜 | 1 大匙＋1 小匙（20 毫升） | 1 盎司 | 28 公克 |

## 烤箱預熱

· 預熱：400°F/200°C，預熱時間：30分鐘以上。

· 將烤架設置在下方（分上中下三部分）。

# 不失敗祕訣

同愛爾蘭鮮奶油司康（參照p.197）

製作麵團

1‧把冷藏奶油切成½～¾吋的丁狀，奶油起司切成¾吋的丁狀。將它們分別蓋上保鮮膜，並且冷藏至少30分鐘。

2‧在鋼盆中倒入鮮奶油，冷藏至少15分鐘。（手持電動攪拌器前端的部分也可以一起冷藏。）

3‧將鮮奶油打發到濕（軟）性打發，微微有下垂彎彎鳥嘴的狀態。冷藏備用。

4‧在鋼盆中放入麵粉、糖、泡打粉、鹽和檸檬皮，用攪拌器混合。加入奶油起司丁，用切拌的方式和粉類混合，可以用奶油切刀或兩支刀一邊切一邊拌，直到奶油起司變得比青豆還小顆。加入奶油丁，用叉子翻炒，讓奶油丁裹上粉類。用手搓奶油，讓奶油變成像片狀，加入藍莓乾或蔓越莓乾。在中間挖個洞，將蜂蜜和打發鮮奶油倒入洞中，用矽膠刮刀把粉類往洞中攪拌，直到粉類都濕潤即可。

5‧在鋼盆中稍微搓揉麵團，將它捏成團。把麵團倒在撒了手粉的工作檯上，稍微搓揉麵團，讓它有點彈性，方便之後整型。

6‧將蛋糕圓盤鋪上保鮮膜，放入麵團，把麵團在圓模中壓平，或是將麵團擀成9×¾吋的圓。如果有藍莓乾沒有沾黏住，把它壓進麵團，用保鮮膜蓋住冷藏10分鐘。

司康整型

7‧將鋪在圓模中保鮮膜的角提起，將麵團取出。用銳利的刀像切蛋糕一樣，將麵團切成8等份，將每個司康麵團間距2吋放到準備好的烤盤上。為了讓司康膨脹高一點，但不易碎，可以用手指輕壓司康麵團側邊，像是在側邊黏上封條，讓司康能往上膨脹更多。

烘烤

8‧烘烤10分鐘。為了使烤焙均勻，將圓模旋轉180度再烤10～15分鐘，或是表面呈淺棕色（插入溫度計，此時溫度約205～212℉ /96～100℃）。

冷卻

9‧準備一條麻布或比較粗的布蓋在大烤架上。司康出爐時，放在另一個烤架上，用鍋鏟把司康移到麻布上。將麻布鬆鬆蓋住司康，直到司康微溫或與室溫相同。

保存

‧密閉盒裝：室溫2天；冷凍3個月。

# 美味變化款：蘿絲的司康蓋

份量：3×2吋的司康蓋24個

烘烤時間

・每兩批12～15分鐘

製作麵團

**1**・如p.198的方法製作麵團，稍微搓揉麵團後，再將麵團分兩塊，每塊約14.8盎司/420公克。將每塊整型成5×4×½吋的長方體。

**2**・如果有藍莓乾沒沾黏住，把它壓進麵團，用保鮮膜分別包住麵團，放在烤盤上，放入冰箱冷藏10分鐘。

**3**・取出一塊麵團放在撒了手粉的工作檯上，撒一些手粉在麵團上，蓋上保鮮膜。將麵團擀成12×6×¼吋的長方體，可以用切麵刀輔助整型。

**4**・準備銳利的刀子，將麵團切成12個3×2的小長方形，將每個間隔1吋放在烤盤中。可用手指輕壓司康麵團側邊，像是在側邊黏上封條，讓司康能往上膨脹更多。

烘烤

**5**・烘烤6分鐘。為了使烤焙均勻，將烤盤旋轉180度再烤6～9分鐘，或是表面呈淺棕色（插入溫度計，此時溫度約205～212°F/96～100°C）。如果想要更焦脆的口感，可以烤到變棕色。

**6**・趁著這批司康蓋烘烤的同時，以同樣方式製作另一塊麵團。

冷卻

**7**・將烤盤出爐放在烤架上10分鐘冷卻定型。用鍋鏟將司康蓋移到另一個烤架上冷卻，直到司康蓋微溫或與室溫相同。不要覆蓋任何東西，口感才會酥脆。

# 覆盆莓太妃醬司康

RASPBERRY BUTTERSCOTCH LACE TOPPING FOR SCONES

份量：½ 杯 /125 毫升 /5.4 盎司 /154 公克

**這** 個帶著一抹粉紅的覆盆莓太妃醬，是覆盆莓焦糖軟糖的靈感。焦糖軟糖是現代美式餐廳（The Modern, New York）的甜點主廚馬克・歐蒙（Marc Aumont）的作品。我使用黑糖讓味道更有層次，但是用一般紅糖也很美味。在司康、水果塔、巧克力或是其他蛋糕上畫上一些條紋，可愛的模樣，讓人難以拒絕的想要立刻挖起來吃。而且這樣也可以使擺上的打發鮮奶油形狀更穩定，味道更多變。

## 覆盆莓果泥

份量：¼ 杯－1大匙/54毫升/2盎司/56公克

| 食材 | 容量 | 重量 | |
|---|---|---|---|
| 冷凍無糖覆盆莓 | 1 杯 | 4 盎司 | 114 公克 |
| 香草精 | ½ 小匙（2.5 毫升） | . | . |
| 細海鹽 | 1 小撮 | . | . |
| 現榨檸檬汁 | 1 小匙（5 毫升） | . | 5 公克 |

製作覆盆莓果泥

**1**・準備一個瀝網，架在碗上，將冷凍的覆盆莓全部倒在瀝網中瀝乾，可能需要幾個小時。（若要快速解凍，可以把瀝網架在碗上一起放入烤箱，烤箱使用最小電源功能，或是開啟烤箱內的燈。）擠壓覆盆莓，儘量把汁擠出來，差不多能擠出2 ½ 大匙/37毫升的汁。

**2**・在食物調理機中放入瀝乾的覆盆莓打成泥狀。將覆盆莓用金屬過濾磨泥器磨成細泥，或是用細孔篩網架在碗上，把覆盆莓篩過以去除籽，大概可取得2大匙＋2小匙/39毫升的果泥。加入香草精、鹽攪拌，靜置一旁。

**3**・把覆盆莓汁放入煮鍋中，以中火攪拌加熱（或是放入可微波的量杯中，內部噴上少許烤盤油），沸騰之後轉成小火繼續滾，攪拌直到汁液變得像糖漿，液體濃縮剩約2大匙/10毫升。加入檸檬汁稍微攪拌，再加入過篩的覆盆莓果泥。取出2大匙＋2小匙/39毫升/1.3盎司/36公克的果泥，放入一個玻璃量杯中（剩餘的可以稍後加入太妃醬中）。

# 覆盆莓太妃醬

**份量：⅓杯/81毫升/4.1盎司/116公克**

| 食材 | 容量 | 重量 | |
|---|---|---|---|
| 無鹽奶油<br>（65～75°F/19～23°C） | 2大匙 | 1盎司 | 28公克 |
| 淺色黑糖或深色紅糖 | ¼杯（壓緊實） | 1.9盎司 | 54公克 |
| 玉米糖漿 | ½大匙（7毫升） | . | 10公克 |
| 鮮奶油（乳脂36%以上） | 2大匙（30毫升） | 1盎司 | 29公克 |
| 覆盆莓果泥（參照p.201製作） | 2大匙＋2小匙（39毫升） | 1.3盎司 | 36公克 |

製作覆盆莓太妃醬

1·在小煮鍋中混合奶油、黑糖、玉米糖漿和鮮奶油，用刮刀攪拌，直到糖都浸濕，用中小火攪拌加熱直到沸騰，繼續攪拌滾4分鐘，沸騰的泡泡會變得濃稠（溫度約244°F/118°C）。小煮鍋離火，把整鍋倒入覆盆莓果泥中，用耐熱刮刀攪拌均勻。

2·覆盆莓太妃醬需要冷卻約45分鐘，直到與室溫相同。如果想要增強風味，可以加入多餘的覆盆莓果泥。將冷卻的覆盆莓太妃醬倒入擠花袋中，或是剪了半圓小孔的夾鏈袋。將太妃醬以來回的方式畫出喜歡的條紋。

保存

· 密閉盒裝：室溫1天；冷藏1星期。

## ☆ 美味變化款：覆盆莓太妃鮮奶油

· 這是讓打發鮮奶油添加些不同味道的選擇。先將½杯/118毫升/4.1盎司/116公克的冷藏鮮奶油打到鮮奶油上出現條紋狀，加入¼杯/59毫升/2.6盎司/73公克的覆盆莓太妃醬，兩者混合一起攪拌至濕（軟）性發泡，可以冷藏保存最多24小時。

## 不失敗祕訣

冷凍莓類最適合用來製作醬汁，因為冷凍後，莓類的部分結構已經被破壞，所以會出更多水。也因此，可以拿來煮成濃縮醬汁，並保存水果中的風味。但注意要使用無糖的冷凍莓果，因為帶糖的果汁會使果汁還沒濃縮完全，就先焦糖化了。

不要使用一般市售的覆盆莓果泥，因為做出來的質地不會平滑。

# 完美的香酥柔軟奶油起司酥皮

PERFECT FLAKY AND TENDER CREAM CHEESE PIE CRUST

烤箱溫度　400°F/200°C

烘烤時間　15～20 分鐘

**在**我的著作《派與酥皮點心聖經》（*The Pie and Pastry Bible*）一書中，提供非常多道派皮食譜，但是近年來，真正烤派時，我只會用這款酥皮當派皮。我在這一篇將提供所有尺寸的派皮食材，如果你想要用這款酥皮做鹹派，那麼鹽的份量得增加1¼倍。

　　我都是用派粉製作，因為它有完美的比例，讓派可以又軟又有層次。不論有無漂白的中筋麵粉，因為內含比較多蛋白質，所以做出來的派皮不會這麼軟。如果無法找到派粉，有兩個辦法，第一：混合中筋麵粉和低筋麵粉。兩等份中筋麵粉搭配一份低筋麵粉，也就是在重量上為2：1。第二個方法：全部使用中筋麵粉，但是儘量把搓揉次數減到最少，讓麵粉不易產生筋性。使用食物調理機是混合麵團最簡單的方法，因為它很快就可以打成麵團，讓食材保有低溫狀態；如果動作快，也可以用手操作，但相較食物調理機做的，手做派皮比較不酥。不論用哪種方法，食材一定要在低溫狀態，做出來的派皮才會酥脆。

## 9吋標準派皮

**份量：11盎司/312公克**

| 食材 | 容量 | 重量 | |
|---|---|---|---|
| 冷藏無鹽奶油 | 6 大匙（¾ 條） | 3 盎司 | 85 公克 |
| 派粉或中筋麵粉 | 1¼ 杯＋1 大匙（或1 杯＋3 大匙。用湯匙挖入量杯至滿抹平） | 5.1 盎司 | 145 公克 |
| 細海鹽 | ¼ 小匙 | . | 1.5 公克 |
| 泡打粉（使用無鋁泡打粉，參照p.534） | ⅛ 小匙 | . | 0.6 公克 |
| 冷藏奶油起司 | ¼ 杯 | 2.3 盎司 | 64 公克 |
| 鮮奶油（乳脂36%以上） | 1½ 大匙（22 毫升） | 0.7 盎司 | 21 公克 |
| 蘋果醋 | ½ 大匙（7.5 毫升） | . | . |

# 9½吋深盤派皮或12～14吋無模派皮

**份量：14.6盎司/414公克**

| 食材 | 容量 | 重量 | |
|------|------|------|------|
| 冷藏無鹽奶油 | 8 大匙（1 條） | 4 盎司 | 113 公克 |
| 派粉或中筋麵粉 | 1½ 杯＋2 大匙（或1½ 杯。用湯匙挖入量杯至滿抹平） | 6.5 盎司 | 184 公克 |
| 細海鹽 | ¼＋¹⁄₁₆ 小匙 | . | 1.9 公克 |
| 泡打粉（使用無鋁泡打粉，參照p.534） | ⅛＋¹⁄₃₂ 小匙（少量） | . | 0.7 公克 |
| 冷藏奶油起司 | ⅓ 杯 | 3 盎司 | 85 公克 |
| 鮮奶油（乳脂36%以上） | 2 大匙（30 毫升） | 1 盎司 | 29 公克 |
| 蘋果醋 | 2 小匙（10 毫升） | . | . |

# 9吋標準十條格紋派皮

**份量：17盎司/480公克**

| 食材 | 容量 | 重量 | |
|------|------|------|------|
| 冷藏無鹽奶油 | 9 大匙（1 條＋1 大匙） | 4.6 盎司 | 131 公克 |
| 派粉或中筋麵粉 | 1¾ 杯＋2 大匙（或1¾ 杯。用湯匙挖入量杯至滿抹平） | 7.5 盎司 | 213 公克 |
| 細海鹽 | ¼＋⅛ 小匙 | . | 2.2 公克 |
| 泡打粉（使用無鋁泡打粉，參照p.534） | ⅛＋¹⁄₁₆ 小匙 | . | 0.8 公克 |
| 冷藏奶油起司 | ⅓ 杯＋1 大匙 | 3.5 盎司 | 100 公克 |
| 鮮奶油（乳脂36%以上） | 2 大匙＋1 小匙（34 毫升） | 1.2 盎司 | 34 公克 |
| 蘋果醋 | 2⅓ 小匙（11.5 毫升） | . | . |

# 9吋標準雙層（帶蓋）派皮
# 或9吋十四條格紋派皮

份量：22盎司/624公克

| 食材 | 容量 | 重量 | |
|---|---|---|---|
| 冷藏無鹽奶油 | 12 大匙（1½ 條） | 6 盎司 | 170 公克 |
| 派粉或中筋麵粉 | 2½ 杯＋1 大匙（或2⅓ 杯＋1 大匙。用湯匙挖入量杯至滿抹平） | 10.2 盎司 | 290 公克 |
| 細海鹽 | ½ 小匙 | . | 3 公克 |
| 泡打粉（使用無鋁泡打粉，參照p.534） | ¼ 小匙 | · | 1.1 公克 |
| 冷藏奶油起司 | ½ 杯 | 4.5 盎司 | 128 公克 |
| 鮮奶油（乳脂36%以上） | 3 大匙（44 毫升） | 1.5 盎司 | 43 公克 |
| 蘋果醋 | 1 大匙（15 毫升） | . | . |

製作派皮

〈食物調理機法〉

1·將奶油切成約½吋的小丁，用保鮮膜包起來冷藏至少30分鐘。

2·將麵粉、鹽和泡打粉放入一個夾鏈袋中，冷藏至少30分鐘。在食物調理機中，先倒入粉類，再將奶油起司切成3～4塊加入，快速攪拌20秒，或是直到兩者混成粗粒狀。加入冷藏的奶油丁，攪拌直到奶油丁比青豆還小顆。（可以用叉子翻攪看看奶油丁的大小。）打開調理機蓋子，加入鮮奶油、蘋果醋攪拌，直到奶油丁變成小豆豆大小。這時還無法成團，是半鬆散的沙狀。用湯匙舀入塑膠袋中，或是戴上防止黏手的乳膠手套，清空調理機倒在工作檯上。〔做雙層（帶蓋）派皮最好先把麵團分兩塊，一塊在袋子裡，一塊如下面方法操作，之後第二塊用同樣方法操作。〕

3·將夾鏈袋封口打開，抓住袋子的任一側，利用手掌根部或是關節處，隔著塑膠袋揉捏按壓麵團，直到袋中麵粉成團，沒有殘留麵粉。取出袋中麵團，放在保鮮膜上，剩下的部分就要隔著保鮮膜揉捏麵團，直到麵團稍有彈性。（如果戴著乳膠手套，使用手掌根部藉由推壓、拍平的動作來完成。）

分割麵團

4·製作標準十條格紋派皮的話，要將麵團分成⅔和⅓兩塊。取9.5盎司/269公克的麵團做為派皮底，其他的做成格子條，將比較小塊的麵團整成扁的長方形，兩塊麵團分別用保鮮膜包起後冷藏45分鐘，最多可以冷藏2天。

5·如果製作雙層（帶蓋）派皮或是十四條格紋派皮，要將麵團平分成兩塊，每塊約11盎司/312公克。兩塊麵團分別用保鮮膜包起，冷藏45分鐘，最多可以冷藏2天。

6·若想製作超級酥脆的派皮，有點類似千層派皮，但是比較柔軟那種，可以將麵團擀成稍長的長方形，然後像摺信封一樣反摺回中間（大概上下⅓的地方往中間

摺）。再次擀平整型為正方形。包上保鮮膜稍微均勻壓平〔如果要做雙層（帶蓋）派皮或格紋派皮，則將麵團分成兩塊壓平的正方形〕，冷藏45分鐘，最多可以冷藏2天。

〈手工製作〉

**7**‧準備一個中型鋼盆，放到冷凍降溫。將奶油切成約½吋的小丁，用保鮮膜包起，冷藏至少30分鐘。

**8**‧將麵粉、鹽和泡打粉放入一個鋼盆中，用攪拌器將粉類拌勻。加入奶油起司，然後用指尖搓揉，直到奶油起司和粉類混合成粗粒狀。將這些粗粒混合食材與奶油丁一起放到一個夾鏈袋中，擠出袋中所有空氣，然後封起來。準備一支擀麵棍，開始擀夾鏈袋中的奶油，直到奶油變成片狀。將夾鏈袋放入冰箱冷藏至少10分鐘，或是直到奶油質地是硬的。將夾鏈袋中的食材倒入先前冷凍降溫的鋼盆中，用刮板清理夾鏈袋，確認袋中沒有剩餘麵團，將夾鏈袋放一旁備用。將鮮奶油和醋撒在鋼盆中的麵團上，用矽膠刮刀翻拌一下，再用湯匙舀回剛剛的夾鏈袋中。〔如果做雙層（帶蓋）派皮，最好直接把麵團分成兩部分，一部分先舀入袋子裡，另一部分如下面方法操作，然後再以同樣方法操作袋中的部分。〕

**9**‧將夾鏈袋封口打開，抓住袋子任一側，利用手掌根部或關節處，隔著塑膠袋揉捏按壓麵團，直到袋中麵粉成團，沒有殘留麵粉，同時拉扯麵團時有點伸縮性。

分割麵團

**10**‧製作標準十條格紋派皮的話，要將麵團分成⅔和⅓兩塊。取9.5盎司/269公克的麵團做為派皮底，其他的做成格子，將比較小塊的麵團整成扁的長方形，兩塊麵團分別用保鮮膜包起，冷藏45分鐘，最多可以冷藏2天。

**11**‧如果製作雙層（帶蓋）派皮或是十四條格紋派皮，要將麵團平分成兩塊。兩塊麵團分別用保鮮膜包起，冷藏45分鐘，最多可以冷藏2天。

**12**‧若想製作超級酥脆的派皮，有點類似千層派皮，但是比較柔軟那種，可以將麵團擀成稍長的長方形，然後像摺信封一樣反摺回中間（大概上下⅓的地方往中間摺）。再次擀平整型為正方形。包上保鮮膜稍微均勻壓平〔如果要做雙層（帶蓋）派皮或格紋派皮，則將麵團分成兩塊壓平的正方形〕，冷藏45分鐘，最多可以冷藏2天。

保存

‧冷藏2天；冷凍3個月。

擀麵團

**13**‧擀麵團的最佳室溫是60°F/16°C，跟酒窖的溫度差不多。在這溫度下，奶油不易融化，麵團也容易操作且不易龜裂。

**14**‧我最喜歡在麵團止滑墊（Magic Dough Pastry Mat，參照p.558）上擀麵團，或是你可以準備兩個烤盤鋪上重疊的保鮮膜，多餘的保鮮膜夾入兩個烤盤之間，推薦強力延展型（Freeze-Tite，參照p.557），或是使用耐烤帆布上面撒手粉，準備擀麵團的工作區。（如果使用保鮮膜，麵團擀兩三次後就要翻面，然後拉緊保鮮膜，以免保鮮膜上的皺褶在麵團上留下痕跡。）為了防止派皮沾黏，可以將防沾紙捲在擀麵棍上，抹上麵粉，或是重疊鋪兩張保鮮膜在麵團上。如果麵團在擀的時候已經開

烘焙聖經

始變軟變黏，可準備一張烤盤，將止滑墊和麵團放在烤盤上，用保鮮膜蓋住麵團，冷藏10分鐘後再擀。

15・擀麵棍專用的橡皮筋（或墊片）可以綁在擀麵棍兩端，調節派皮厚薄一致。（如果將橡皮筋綑得越緊，橡皮筋厚度就會越薄，擀麵棍距離桌面就越近，擀出的麵皮也就會越薄。）我習慣將派皮擀成⅛吋的厚度，或是再薄一點點。擀派皮時要從中央向外側擀，力量則要平均一致。擀到邊邊的時候，要避免用力過度，以免邊緣太薄。擀的間隔，要記得將派皮提起，確認背面沒有沾黏住。最後量尺寸的時候，也不要忘了將派皮提起，好讓派皮有收縮空間，收縮完的派皮入模後才會符合裁切的尺寸。

裁切麵團與入模

16・在派皮入模前，先將派皮裁切成符合派盤尺寸再入模，之後整型會比較簡單。要確認正確尺寸，首先要測量派盤大小。準備一個布尺，量派盤內側，從派盤的一邊上方邊緣開始量，經過派盤底部，底部中心到另一邊的上方邊緣。然後量派盤邊緣上那一圈，確認有足夠的麵團做派皮邊緣的裝飾；如果派皮邊緣做得太厚，可能會太重而掉下來，或是沒有烤透。

17・一般標準單層派皮建議搭配厚捲邊，所以測量邊緣上那一圈份量時要乘以4倍。製作格紋條時，是邊緣一圈乘以3倍。製作雙層（帶蓋）派皮時，邊緣一圈乘以2倍。準備一個圓形伸縮活動慕斯圈直接裁切，或是紙圓板用小刀裁切麵團。派皮入模前，先稍稍對摺再對摺，把派皮摺成¼大的扇形後移到派盤中，扇形尖端對準派盤中央，小心攤開派皮。將派皮調整符合派盤的形狀，但不要拉扯，以免烘烤時派皮產生內縮。

18・如果製作格紋條，先將麵團切下派盤測量的尺寸，然後將剩餘的麵團添加到格紋條的麵團中。切格紋條時，每一條都要多½吋的長度，如此鋪蓋在表面時，才能將多餘的頭尾塞到派皮底下，因此格紋派皮的邊緣會比標準派皮的邊緣來得薄，這樣紋條塞入派皮中才不會顯得太厚。

19・製作雙層（帶蓋）派皮時，底部鋪的派皮要高出派盤邊緣，這樣在蓋上頂部派皮時，才能將上方派皮藏到下方派皮之下，然後上下派皮往下壓，再依喜好做裝飾。

派皮邊緣

20・如果喜歡簡單樸實的風格，那用手指間隔按壓麵團即可，或是用叉子壓出痕跡、用手指捏摺都可以。如果派皮太軟，可以將派皮冷藏，或是手沾多一點麵粉再操作。

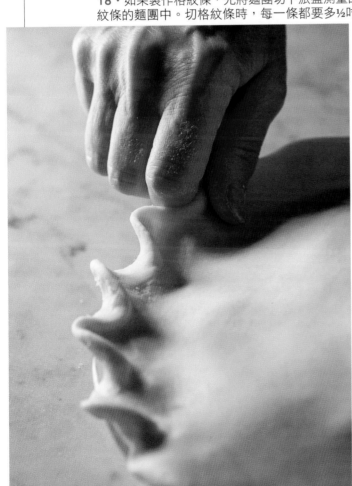

・用手指捏摺派皮邊緣

# 香脆蘋果派

LUSCIOUS APPLE PIE

**份量：8 份**

烤箱溫度　425°F/220°C

烘烤時間　45〜55 分鐘

**曾**有人在我的部落格留言，建議我加一些濃厚的蘋果酒在蘋果派的餡料裡，這樣蘋果餡就會比較多汁——其實這是她老公的提議。我試了這構想，而且愛死了這個醉人的口感，還有蘋果酒增添的風味。所以我偏好把蘋果汁濃縮，才不會讓派皮底部水水的，這樣還會讓餡料添加一點焦糖味。

器具

一個9吋派盤、一個圓形伸縮活動慕斯圈或是12吋圓紙板樣版

一個石板或烤盤、一個鋁箔圈環保護派皮邊緣用

## 香酥柔軟奶油起司酥皮

| 食材 | 容量 | 重量 | |
|------|------|------|------|
| 9吋的標準雙層（帶蓋）派皮（參照p.205） | · | 22 盎司 | 624 公克 |

擀底部派皮

1・將冷藏的一塊麵團取出。必要時可以靜置10分鐘，讓麵團容易延展操作。

2・在撒了手粉的耐烤帆布上、止滑墊上，或是在夾有保鮮膜的重疊烤盤上（兩張烤盤重疊後倒放，鋪上保鮮膜，保鮮膜邊緣塞入烤盤間隙中）開始擀麵團，擀到12吋的圓或是更大，⅛吋的厚度，這尺寸將會蓋住整個派盤甚至超出一點邊。時而提起派皮，在下方撒點手粉，防止沾黏。最後量尺寸時，也不要忘了將派皮提起，好讓派皮有收縮空間，收縮完的派皮入模才會符合裁切尺寸。然後用圓形伸縮活動慕斯圈裁切，或是照著圓紙板樣版割出12吋大小。

入模

3・將裁切好的派皮放入模中，調整好位置。必要時修剪邊緣，以符合派盤的樣子。蓋上保鮮膜冷藏至少30分鐘〜3小時。

# 內餡

| 食材 | 容量 | 重量 | |
|---|---|---|---|
| 約6顆中型烘焙用蘋果（2½磅/1,134公克），參照p.211 | 8杯（切片，參照下方） | 2磅（切片） | 907公克（切片） |
| 現榨檸檬汁 | 1大匙（15毫升） | 0.6盎司 | 16公克 |
| 淺色黑糖或深色紅糖 | ¼杯（壓緊實） | 1.9盎司 | 54公克 |
| 白砂糖（參照p.211小重點） | ¼杯 | 1.8盎司 | 50公克 |
| 肉桂粉（參照p.211小重點） | ½～1½小匙 | . | 1.1～3.3公克 |
| 現磨肉荳蔻 | ¼小匙 | . | . |
| 細海鹽 | ¼小匙 | . | 1.5公克 |
| 無糖未經高溫消菌的蘋果酒 | ½杯（118毫升） | 4.3盎司 | 122公克 |
| 玉米澱粉（蘋果酒用） | ½大匙 | . | 5公克 |
| 無鹽奶油 | 2大匙 | 1盎司 | 28公克 |
| 玉米澱粉（蘋果用） | 1大匙＋1小匙 | . | 12公克 |

## 處理蘋果

**1**・蘋果去皮後切半，用挖水果的球形勺子去除蘋果核，用小刀切掉非果肉的部分，將蘋果切成1吋的薄片。重新秤量所需的蘋果量，加入檸檬汁稍微翻拌。

**2**・在一個大碗中混合黑糖、砂糖、肉桂粉、肉荳蔻粉和鹽，加入蘋果片翻拌一下，讓蘋果片均勻沾裹糖，室溫靜置30分鐘～3小時。

## 濃縮蘋果酒

**3**・在小煮鍋中攪拌混合蘋果酒、½大匙的玉米澱粉，加熱到沸騰，不時攪拌均勻，最後蘋果酒會變得很濃稠。倒入碗中用保鮮膜封緊，靜置一旁備用。

## 瀝乾和濃縮蘋果汁

**4**・準備一個濾網架在碗上，將整鍋蘋果倒入濾網中。蘋果出的水和糖等汁液混合可取得約½杯/118毫升/5盎司/142公克。

**5**・準備一個4杯容量的可微波量杯，內部噴一點烤盤油，將蘋果糖水倒入量杯，加入奶油，以微波加熱6～7分鐘，直到奶油蘋果汁濃縮成⅓杯/79毫升/3.1盎司/88公克（或是如果本來就有超過½杯的蘋果糖水，濃縮後可以比⅓杯再多一點也無妨。）奶油蘋果汁的質地類似糖漿，還有一點焦糖化，所以加熱過程中要小心，不要煮焦了。當然也可以放到煮鍋中，建議不沾鍋材質，以中大火直接加熱，可以運轉鍋子，但不要用刮刀攪拌它。

製作內餡

**6**‧將瀝乾的蘋果片放到一個大碗裡，加入1大匙＋1小匙的玉米澱粉一起翻拌，直到看不見玉米澱粉。將濃縮奶油蘋果汁倒入一起翻拌，動作要輕柔。（如果濃縮液碰到蘋果後變得有點硬也別擔心，烘烤的時候會融化。）加入濃縮的蘋果酒輕柔翻拌。用湯匙將蘋果舀入鋪好派皮的派盤中。在派皮邊緣刷上一點水，讓派皮邊緣濕潤一點。

擀上方蓋著的派皮

**7**‧將第二塊麵團**擀**成12吋的圓或是稍大。用圓形伸縮活動慕斯圈切出12吋圓，或是用照著圓紙板樣版割出所要的圓形。

**8**‧將這張派皮蓋在蘋果餡上。將上方的派皮藏到下方派皮後面，然後兩張派皮一起往下壓，封住蘋果餡。用食指與拇指在派皮邊緣捏出捲邊，或是用叉子做出花邊，然後用銳利小刀畫出5道間距2吋的割痕，從中央1吋的部分向外畫。用保鮮膜稍微蓋著派即可，冷藏1小時，讓派的溫度降低，同時鬆弛派皮。這步驟可以維持派皮的酥脆，也防止派皮內縮。

烤箱預熱

**9**‧預熱：425℉/220℃，預熱時間：45分鐘以上。

**10**‧將烤架放在最下方，石板或烤盤放在這個烤架上面預熱。準備一張防沾鋁箔紙或普通鋁箔紙，上面噴點烤盤油墊在石板上，以免烤焙中滲出汁液。

烘烤

**11**‧將鋁箔圈環蓋（套）在派皮邊緣一圈，防止這一圈烤焦，然後將派盤放在墊了鋁箔紙的石板上，烘烤20分鐘。為了使上色均勻，將派盤旋轉180度，繼續烘烤25〜35分鐘，或是可以從割痕中看到內餡的汁沸騰。然後用蛋糕測試針或小刀穿入割痕中，可以感覺到蘋果烤透但不是軟爛。

冷卻

**12**‧放在烤架上至少4小時冷卻再食用，建議溫熱或常溫下食用。

保存

‧室溫2天；冷藏4天。

## 小重點

‧蘋果可以選擇3〜4種一起混搭，但要注意，建議選擇含水量少的蘋果。我個人推薦的有：瑪昆蘋果、寇特藍蘋果、強納森蘋果、史特曼蘋果、羅德島綠蘋果、金冠蘋果、約克帝國、北司拜、新鎮琵蘋、愛達藍多、粉紅佳人、澳洲青蘋果等。

‧可以依照蘋果的酸甜度增加糖的份量，最多可加¼杯/1.8盎司/50公克。

‧如果使用的肉桂粉味道特別強，只要加¼〜¾小匙即可，依個人口味酌量增減。

# 完美蜜桃派

PERFECT PEACH GALETTE

烤箱溫度　400°F/200°C

烘烤時間　40～50 分鐘

**這** 是將我最喜歡的水蜜桃派，做成了無模派的版本。無模派的派皮和一般派皮相同，但一般派皮要做上下層合起來，無模派皮則是使用一張擀成夠大的派皮，然後摺回上方，可以摺到一半做成邊邊厚的派，也可以摺到中央全部覆蓋〔像是雙層（帶蓋）派皮〕。無模派的內餡比一般的派還少，而我個人非常偏好這種派，是因為水果的內餡與薄脆的外皮非常均衡，十分完美可口。幾乎所有水果都適合做成無模派，但水蜜桃尤其搭，因為比起油桃和蘋果，水蜜桃質地比較軟，所以無法撐起厚重的派皮。奶油香酥脆的外皮與香甜的水蜜桃是令人無法抗拒的組合。如果是要做給一群人吃，可以做2個；如果手法很熟稔，可以直接做2倍的食譜，然後將麵團擀成24吋完成較大的薄派。

器具

一個10或12吋的披薩盤，最好是深色金屬材質，或是一張烤盤。

一個石板或烤盤

## 香酥柔軟奶油起司酥皮

| 食材 | 容量 | 重量 | |
|------|------|------|------|
| 12～14吋的無模派皮<br>（參照p.204），另見p.215小重點 | · | 14.6 盎司 | 414 公克 |

派類、塔類和酥皮類—司康

213

# 水蜜桃餡

| 食材 | 容量 | | 重量 |
|---|---|---|---|
| 1½ 磅熟水蜜桃（4～5 顆中型。參照p.215小重點） | 3¼ 杯（切片） | 20 盎司（切片） | 567 公克（切片） |
| 糖 | ⅓ 杯 | 2.3 盎司 | 67 公克 |
| 細海鹽 | 1 小撮 | · | · |
| 現榨檸檬汁 | ½ 大匙（7.5 毫升） | · | 8 公克 |
| 無鹽奶油 | 1 大匙 | 0.5 盎司 | 14 公克 |
| 玉米澱粉 | 2 小匙 | · | 6 公克 |
| 純杏仁香精 | ¼ 小匙（1.2 毫升） | · | · |

準備水蜜桃

1・準備一鍋水加熱到沸騰，離火後把水蜜桃放進熱水中，讓水蜜桃燙1分鐘，然後放到濾網中沖冷水。如果水蜜桃夠熟，皮應該就會順勢脫除。

過篩乾料

2・準備一個大碗，放入糖、鹽。將每個去皮的水蜜桃切半，將核取出後切片，每片約¼吋厚。切好的水蜜桃片放到大碗中，淋一些檸檬汁，然後輕拋碗，讓水蜜桃都沾到佐料。

3・靜置水蜜桃約30分鐘～1小時30分鐘，讓它變軟。

瀝乾和濃縮水蜜桃汁

4・準備一個濾網架在碗上，將浸泡的水蜜桃倒入瀝網中。水蜜桃浸出的汁可取得約½杯/118毫升/4.3盎司/121公克～⅔杯/157毫升/5.7盎司/161公克。準備一個可微波的量杯，內部噴上少許烤盤油，倒入水蜜桃汁，加入奶油，以微波加熱6～7分鐘，直到水蜜桃汁濃縮成⅓杯/79毫升/3.8盎司/108公克，或是加熱前本來就有較多量的話，濃縮後比這個量多一點也無妨。濃縮後的奶油水蜜桃汁質地類似糖漿，還有一點焦糖化，所以加熱過程中要小心，不要煮焦了。當然也可以放到煮鍋中，建議不沾鍋材質，以中大火直接加熱，可以運轉鍋子，但不要用刮刀攪拌它。

5・將水蜜桃放入一個大鋼盆中，淋上濃縮奶油水蜜桃汁，輕輕拋動鋼盆。（如果濃縮液碰到水蜜桃後變得有點硬也別擔心，烘烤時會融化。）加入玉米澱粉、純杏仁香精翻拌，直到看不見玉米澱粉的痕跡。

擀底部派皮

6・將冷藏的麵團取出，必要時可以靜置10分鐘，讓麵團容易延展操作。

7・派皮需要擀到非常薄，所以如果室溫溫度很高（高於72°F/22°C），可以拿冰袋將工作檯面降溫，再用布擦乾。如果在擀的過程中麵團變太軟，則將麵團放在烤盤上，蓋上保鮮膜放入冷藏，直到麵團變硬。

**8・**在撒了手粉的耐烤帆布上,或是在夾有保鮮膜的重疊烤盤上(兩張烤盤重疊後倒放,鋪上保鮮膜,保鮮膜邊緣塞入烤盤間隙中),開始將麵團擀薄。儘量擀薄,最小面積是16～17吋大。時而提起派皮防止沾黏,若使用帆布或保鮮膜,就將派皮翻面,必要時撒上手粉才不會黏住。如果擀太大,可以修剪到17吋的圓形。將派皮輕輕對摺,然後放到披薩盤上再小心攤開。

**9・**將水蜜桃和濃縮的汁一起倒在派皮上,再用抹刀抹成薄薄的一層,約直徑9吋的圓。將餡料外的派皮部分往中間摺,儘量讓摺入的大小一致,最後中心會留有一個洞孔。

### 將派冷藏

**10・**將完成的派稍用保鮮膜蓋住,冷藏1～3小時再烤。這步驟可以讓派皮烤完後保有酥脆度。

### 烤箱預熱

**11・**預熱:400°F/200°C,預熱時間:45分鐘以上。

**12・**將烤架放在最下層,石板或烤盤放在這個烤架上面預熱。

### 烘烤

**13・**為了要有酥脆的表皮,建議可以在派上刷上或噴上水,然後撒1小匙的細砂糖。掉在烤盤上的糖要清除。

**14・**將披薩盤直接放在石板上烤20分鐘。為了上色均勻,將披薩盤旋轉180度,繼續烘烤20～25分鐘,或是可以從中央洞孔看到內餡的汁沸騰。然後用蛋糕測試針或小刀穿入派皮中,可以感覺到一點阻力,但水蜜桃已是柔軟狀態。

### 冷卻

**15・**放在烤架上約3小時冷卻,或是直到與室溫相同再食用。

---

### 小重點

・如果對擀派皮已經很熟練,可以少做一點麵團,這樣皮就會更薄更脆。麵團可使用9吋標準派皮/11盎司/312公克(參照p.203)。

・如果沒有新鮮水蜜桃片,也可以用冷凍水蜜桃片,但必須將冷凍水蜜桃片在冷藏中解凍數小時,或是冷藏到隔天。玉米澱粉的量大約1大匙。

---

### 保存

・室溫2天;冷藏4天。

# 酸櫻桃派
## SOUR CHERRY PIE

份量：6～8 份

| | |
|---|---|
| 烤箱溫度 | 425°F/200°C |
| 烘烤時間 | 40～50 分鐘 |

**酸**櫻桃派是我的父親、先生和我最喜歡的派。每年父親七月過生日，我都會做這道點心給他，如今他已經97歲了，我還是持續的做，並且不斷改進，讓這個派更完美。這是我的終極版本。在內餡部分，還沒烤前它已經比較凝結，所以也比較容易放上格紋條。我把格紋增加到十四條，因為這樣的間隙大小剛好，不但可以看見派內漂亮動人的紅櫻桃，也能保持內餡濕潤。我也提供了可供選擇添加的密西根濃縮櫻桃汁做法。因為酸櫻桃的產季很短，所以我提供一些冷凍方法。在這邊也有兩種選擇，其中一個就是用櫻桃罐頭。這櫻桃派實在讓人難以拒絕。有一次我遇到一位八歲小男孩偷偷告訴我他的夢想就是擁有一個自製的櫻桃派。我實在很捨不得，所以做了一個給他！

### 器具
一個圓形伸縮活動慕斯圈或是12吋圓紙板樣版
一個9吋派盤、一把派皮切刀或披薩刀用來切條紋格
一個石板或烤盤、一個鋁箔圈環保護派皮邊緣用

## 香酥柔軟奶油起司酥皮

| 食材 | 容量 | 重量 | |
|---|---|---|---|
| 9吋的十四條格紋派皮<br>（參照p.205） | · | 22 盎司 | 624 公克 |

### 擀底部派皮

**1**・將冷藏的一塊麵團取出。必要時可以靜置10分鐘，讓麵團容易延展操作。

**2**・在撒了手粉的耐烤帆布上、止滑墊上，或是在夾有保鮮膜的重疊烤盤上（兩張烤盤重疊後倒放，鋪上保鮮膜，保鮮膜邊緣塞入烤盤間隙中），開始擀麵團，擀到12吋的圓或是更大，⅛吋的厚度，這尺寸將會蓋住整個派盤甚至超出一點邊。時而提起派皮，在下方撒點手粉，防止沾黏。

**3**・最後量尺寸時，也不要忘了將派皮提起，好讓派皮有收縮空間，收縮完的派皮入模才會符合裁切尺寸。然後用圓形伸縮活動慕斯圈裁切，或是照著圓紙板樣版割出12吋大小，之後裁好的格紋條可以直接放在這張派皮上。

入模

**4**・將裁切好的派皮放入模中，調整好位置。必要時修剪邊緣，以符合派盤的樣子。將周圍的派皮整型，讓邊緣的垂墜角度與派盤符合。蓋上保鮮膜冷藏至少30分鐘～3小時。

# 內餡

| 食材 | 容量 | 重量 | |
|------|------|------|------|
| 新鮮酸櫻桃 | 3¾ 杯<br>（去籽後3½ 杯） | 24 盎司<br>（去籽後20 盎司） | 680 公克<br>（去籽後567 公克） |
| 糖（參照p.220小重點） | ¾ 杯＋2 大匙 | 6.2 盎司 | 175 公克 |
| 玉米澱粉 | 2½ 大匙 | 0.8 盎司 | 22 公克 |
| 細海鹽 | 1 小撮 | . | . |
| 純杏仁香精 | ¼ 小匙（1.2 毫升） | . | . |
| 濃縮櫻桃汁<br>（參照p.220小重點，可不加） | 2 大匙（30 毫升） | 1.4 盎司 | 40 公克 |

製作內餡

**1**・櫻桃去籽（參照p.220小重點）後放在中碗裡，如果出水也沒關係。去籽後的重量約3½杯/20盎司/567公克。

**2**・在中型煮鍋中混合糖、玉米澱粉和鹽。將櫻桃、櫻桃出的水都一起倒入，輕輕攪拌，靜置至少10分鐘，讓糖都化開。用中火加熱，一直攪拌直到沸騰，繼續滾約1分鐘讓湯汁濃稠。將鍋中的櫻桃和汁液倒入大容器或派盤中降溫，直到完全冷卻。加入純杏仁香精、櫻桃濃縮汁（可不加）攪拌，然後整個倒至派皮上。

擀皮和切割格紋條

**3**・將第二塊麵團擀成12×11吋的橢圓形（⅛吋厚），用甜點切刀或披薩刀配合尺，切出14條12吋長、¾吋寬的緞帶。（如果你是右撇子，就從左側開始切。）

**4**・做格紋時，先將一半的緞帶平均垂直擺在餡料上，從中間那條緞帶開始擺。將偶數緞帶向上方摺起來，在中央放上一條橫向緞帶，再將偶數緞帶向自己這邊擺回，這樣就完成一條格紋。接下來換成將單數緞帶向上方摺起來，然後放上一條橫向緞帶，再將單數緞帶向自己擺回。順著這方向，以同樣方式完成剩下兩條格紋。

**5**・做另外半邊的三條也用同樣方法，將緞帶向外摺起，鋪上一條橫向緞帶再蓋回去縱向緞帶。記得一定要交錯輪流將緞帶往外摺再擺回去，緞帶才會呈現上下交錯。

**6**・用廚房剪刀將緞帶頭尾修剪至超過派盤½吋。在緞帶頭尾底下刷上一點水，與底部派皮的邊緣黏在一起，用手指捏壓平均，以防邊邊太厚。也可以用食指和拇指捏出捲邊。

· 將一半的緞帶條先垂直擺好。以間隔的方式將緞帶往上摺，然後橫擺上一條緞帶。將剛剛摺上去的緞帶擺回橫向緞帶上。

· 將緞帶摺回平鋪，完成兩條格紋。剛鋪好的格紋準備切邊。將緞帶邊緣裁切掉，把上下派皮捏壓完成。

· 將派輕輕蓋上保鮮膜，冷藏45分鐘。進烤箱前，為了使烤好的表皮酥脆，建議在派上刷（噴）上水或牛奶，但避免刷在邊緣，否則邊緣容易上色過度，然後撒一點點糖。

## 烤箱預熱

**7·**預熱：425°F/220°C，預熱時間：45分鐘以上。

**8·**將烤架放在最下方，石板或烤盤放在這個烤架上面。準備一張防沾鋁箔紙或普通鋁箔紙，上面噴點烤盤油墊在石板上，以免烤焙中滲出汁液。

## 烘烤

**9·**將鋁箔圈環蓋（套）在派皮邊緣一圈，防止這一圈烤焦，將派盤放在墊了鋁箔紙的石板上，烘烤20分鐘。為了使上色均勻，將派盤旋轉180度，繼續烘烤20～30分鐘，或是可以從格紋派皮的縫隙中看到內餡的汁沸騰，而且中央也會稍稍隆起。

## 冷卻

**10·**放在烤架上約3小時冷卻再切。派冷卻後，內餡雖然凝固，但還是會帶有一些汁液，建議溫熱或是室溫食用。

---

## 小重點

·堅硬的大黑髮夾很適合用來去櫻桃籽。將髮夾尖端插入軟木塞中，尤其像香檳的圓頭軟木塞更好。將髮夾U形部分從櫻桃的梗那邊塞進去，將籽掏出。

·冷凍櫻桃時先將櫻桃去籽，加入¼杯/1.8盎司/50公克的糖，然後將這個櫻桃混合物倒進250毫升的玻璃罐中，瓶上標示添加的糖量，之後使用時就知道糖量還需要增加多少。在0°F/-18°C的冷凍環境下，櫻桃可以保存3年或是更久。使用時，可以將櫻桃放冷藏一晚退冰，或是在室溫放置幾小時退冰。退冰後再添加所需材料。

·食譜配方中的糖量是我通常用的量，但是不同年份和種類的酸櫻桃酸甜度略有不同，有時會用到1杯/7盎司/200公克的糖。

·濃縮櫻桃汁是美國湯匙食品公司（American Spoon）的賈斯汀·瑞奇（Justin Rachid）跟我分享的一個祕密。他推薦一個叫「蜜雪兒的奇蹟」（Michelle's Miracle）的品牌，在www.michellesmiracle.com網站可以購得，這是由蒙莫朗西郡產的酸櫻桃所提煉出非常強烈濃縮的酸櫻桃糖漿，它可以使派的風味更有層次。製作這項產品的米雪兒·懷特（Michelle White）建議這個只要冷藏或冷凍，保存幾乎無限期。

☆ 美味變化款：櫻栗派

‧酸酸鮮紅的紅醋栗，每到七月初就是盛產季節，跟酸櫻桃產季相同，也是添加在酸櫻桃派中令人興奮的一種食材。將紅醋栗塞到櫻桃中，可以讓櫻桃形狀飽滿，而且不會搶了櫻桃的風味。沒有人猜得到究竟是什麼神祕的東西讓櫻桃派富有如此特別的風味和口感。

‧準備¼杯/2盎司/58公克的紅醋栗，越小顆越好。在每顆去籽櫻桃中塞一顆紅醋栗，加入1杯/7盎司/200公克的糖，與2大匙＋2½小匙/1盎司/28公克的玉米澱粉。攪拌時要非常輕柔，以免紅醋栗掉出來。當然也可以直接將紅醋栗加入櫻桃餡中，但是就沒有第一個方法來得有趣且令人驚艷！

## 美味變化款：罐裝櫻桃派

| 食材 | 容量 | 重量 | |
|---|---|---|---|
| 2瓶（14盎司/瓶）Fruit Perfect品牌的罐裝櫻桃（參照p.541） | ‧ | 27.5 盎司 | 780 公克 |
| 玉米澱粉 | 1 大匙 | ‧ | 10 公克 |
| 水 | 1 大匙（15 毫升） | 0.5 盎司 | 15 公克 |
| 糖 | ¼ 杯 | 1.8 盎司 | 50 公克 |

‧將罐裝櫻桃和裡面的汁液都倒入煮鍋中。利用其中一個罐子在裡面混合水和玉米澱粉，慢慢倒入煮鍋中，攪拌並加入糖。其他烘焙方法如酸櫻桃派（參照p.220），但是烘烤溫度是400°F/200°C，烤30～40分鐘。

# 甜櫻桃派

CHERRY SWEETIE PIE

份量：6～8份

烤箱溫度　425°F/220°C

烘烤時間　35～45分鐘

**黑**亮香甜的櫻桃，做成可口誘人的櫻桃派，尤其跟紅李的酸更是絕配。其實這道食譜是發想於雜誌《烹調圖例》（*Cook's Illustrated*）中的一篇文章。自從讀了那篇文章後，便立刻知道讓甜櫻桃派變完美的就是李子了！

## 器具

一個9吋派盤、一個圓形伸縮活動慕斯圈或是12吋圓紙板樣版
一把派皮切刀或披薩刀用來切條紋格
一個石板或烤盤、一個鋁箔圈環保護派皮邊緣用

## 香酥柔軟奶油起司酥皮

| 食材 | 容量 | 重量 | |
|---|---|---|---|
| 9吋的十四條格紋派皮（參照p.205） | . | 22盎司 | 624公克 |

### 擀底部派皮

1・將冷藏當做派皮底部的麵團取出。必要時可以將麵團靜置10分鐘，讓麵團容易延展操作。

2・在撒了手粉的耐烤帆布上、止滑墊上，或是在夾有保鮮膜的重疊烤盤上（兩張烤盤重疊後倒放，鋪上保鮮膜，保鮮膜邊緣塞入烤盤間隙中），開始擀麵團，**擀**到12吋的圓或是更大，⅛吋的厚度，這尺寸將會蓋住整個派盤甚至超出一點邊。時而提起派皮，在下方撒點手粉，防止沾黏。最後量尺寸時，也不要忘了將派皮提起，好讓派皮有收縮空間，收縮完的派皮入模才會符合裁切尺寸。然後用圓形伸縮活動慕斯圈裁切，或是照著圓紙板樣版割出12吋大小，之後裁好的格紋條可以直接放在這張派皮上。

### 入模

3・將裁切好的派皮放入模中，調整好位置。必要時修剪邊緣，以符合派盤的樣子。將周圍的派皮整型，讓邊緣的垂墜角度與派盤符合。蓋上保鮮膜冷藏至少30分鐘～3小時。

# 內餡

| 食材 | 容量 | 重量 | |
|---|---|---|---|
| 新鮮或冷凍櫻桃 | 3¾ 杯<br>（去籽後3½ 杯） | 24 盎司<br>（去籽後20 盎司） | 680 公克<br>（去籽後567 公克） |
| 2 顆紅李子 | | 5.9 盎司 | 166 公克 |
| 糖 | ¾ 杯－1 大匙 | 4.8 盎司 | 137 公克 |
| 玉米澱粉 | 2 大匙＋2 小匙 | 0.8 盎司 | 24 公克 |
| 細海鹽 | 1 小撮 | · | · |
| 檸檬皮（切碎） | 1 小匙（不用緊壓） | · | 2 公克 |
| 香草精 | ¼ 小匙（1.2 毫升） | · | · |

## 製作內餡

**1·** 櫻桃去籽（參照p.220小重點）後放在中碗裡，如果出水也沒關係。如果櫻桃很大顆（1吋），則先用剪刀剪一半。

**2·** 將李子去籽後削皮（可以用削皮刀），用小型食物調理機或均質機將李子攪成泥，可取得½杯/118毫升/4盎司/113公克的泥。

**3·** 在中型煮鍋中混合糖、玉米澱粉和鹽。將櫻桃、櫻桃出的水都一起倒入，加入李子泥，輕輕攪拌，靜置至少10分鐘，讓糖都化開。用中火加熱，一直攪拌直到沸騰，繼續滾約1分鐘讓湯汁濃稠。將鍋中的櫻桃李子泥倒入一個大容器或派盤中降溫，直到完全冷卻。加入檸檬皮、香草精稍微攪拌，然後整個倒在派皮上。

## 擀皮和切割格紋條

**4·** 將第二塊麵團擀成 12×11吋的橢圓形（⅛吋厚），用甜點切刀或披薩刀配合尺，切出14條12吋長、¾吋寬的緞帶。（如果你是右撇子，就從左側開始切。）

**5·** 做格紋時，先將一半的緞帶平均垂直擺在餡料上，從中間那條緞帶開始擺。將偶數緞帶向上方摺起來，在中央放上一條橫向緞帶，再將偶數緞帶向自己這邊擺回，這樣就完成一條格紋。接下來換成將單數緞帶向上方摺起來，然後放上一條橫向緞帶，再將單數緞帶向自己擺回。順著這方向，以同樣方式完成剩下兩條格紋。

**6·** 另外半邊的三條也用同樣方法，將緞帶向外摺起，鋪上一條橫向緞帶再蓋回去縱向緞帶。記得一定要交錯輪流將緞帶往外摺再擺回去，緞帶才會呈現上下交錯。

**7·** 用廚房剪刀將緞帶頭尾修剪至超過派盤½吋。在緞帶頭尾底下刷上一點水，與底部派皮的邊緣黏在一起，用手指捏壓平均，以防邊邊太厚。也可以用食指和拇指捏出捲邊。

**8·** 鋪上保鮮膜，放入冰箱冷藏至少45分鐘。

### 烤箱預熱

**9 ·** 預熱：425°F/220°C 預熱時間：45分鐘以上。

**10 ·** 將烤架放在最下方，石板或烤盤放在這個烤架上面預熱。準備一張防沾鋁箔紙或普通鋁箔紙，上面噴點烤盤油墊在石板上，以免烤焙中滲出汁液。

### 烘烤

**11 ·** 將鋁箔圈環蓋（套）在派皮邊緣一圈，防止這一圈烤焦，將派盤放在墊了鋁箔紙的石板上，烘烤20分鐘。為了使上色均勻，將派盤旋轉180度，繼續烘烤20～30分鐘，或是直到金黃色且中央也稍稍隆起，內餡也差不多開始沸騰。

### 冷卻

**12 ·** 放在烤架上約3小時冷卻再切。派冷卻後，內餡雖然凝固，但還是會帶有一些汁液。建議溫熱或室溫食用。

### 保存

· 室溫2天；冷藏4天。

## 小重點

· 我從Food52這個部落格學到一個又快又簡單的櫻桃去籽法，就是將櫻桃架在空的長頸玻璃瓶口，像是啤酒瓶。用手固定好櫻桃和瓶口，櫻桃梗的洞向上，然後拿一支筷子或竹籤不尖的那頭，往櫻桃中心剉，籽就會從另一頭掉到瓶子裡了。

· 冷凍櫻桃時先將櫻桃去籽，加入¼杯/1.8盎司/50公克的糖。將這個櫻桃混合物倒進250毫升的玻璃罐中，瓶上標示添加的糖量，之後使用時就能知道糖量還需要增加多少。使用時，可以將櫻桃放冷藏一晚退冰，或是在室溫放置幾小時退冰。退冰後再添加所需材料。

# 黑莓藍莓派
### BLACK AND BLUEBERRY PIE

份量：8～10 份

烤箱溫度　425°F/220°C

烘烤時間　45～55 分鐘

**其**實這也很巧，一黑一藍的搭配，變成了最佳拍檔，也是道可口的莓果派。

器具

一個圓形伸縮活動慕斯圈或是12吋圓紙板樣版

一個9吋派盤、一個½吋的圓形平口花嘴

一個石板或烤盤、一個鋁箔圈環保護派皮邊緣用

## 香酥柔軟奶油起司酥皮

| 食材 | 容量 | 重量 |
|---|---|---|
| 9吋標準雙層帶蓋派皮<br>（同一份食譜，參照p.205） | · | 22 盎司　　624 公克 |

### 擀底部派皮

**1**・將冷藏的一塊麵團取出。必要時可以靜置10分鐘，讓麵團容易延展操作。

**2**・在撒了手粉的耐烤帆布上、止滑墊上，或是在夾有保鮮膜的重疊烤盤上（兩張烤盤重疊後倒放，鋪上保鮮膜，保鮮膜邊緣塞入烤盤間隙中），開始**擀麵團**，擀到12吋的圓或是更大，⅛吋的厚度，這尺寸將會蓋住整個派盤甚至超出一點邊。時而提起派皮，在下方撒點手粉，防止沾黏。最後量尺寸時，也不要忘了將派皮提起，好讓派皮有收縮空間，收縮完的派皮入模才會符合裁切尺寸。然後用圓形伸縮活動慕斯圈裁切，或是照著圓紙板樣版割出12吋大小。

### 入模

**3**・將裁切好的派皮放入模中，調整好位置。必要時修剪邊緣，以符合派盤的樣子。蓋上保鮮膜冷藏至少30分鐘～3小時。

# 內餡

| 食材 | 容量 | 重量 | |
|------|------|------|------|
| 糖 | ¾ 杯 | 5.3 盎司 | 150 公克 |
| 玉米澱粉 | 4½ 大匙 | 1.4 盎司 | 40 公克 |
| 細海鹽 | 1 小撮 | · | · |
| 檸檬皮（切碎） | 1 大匙（不用緊壓） | · | 6 公克 |
| 現榨檸檬汁，過篩（約1顆大檸檬） | 3 大匙（44 毫升） | 1.7 盎司 | 47 公克 |
| 黑莓 | 4½ 杯 | 18 盎司 | 510 公克 |
| 藍莓 | 1½ 杯 | 9 盎司 | 255 公克 |

## 製作內餡

1・準備一個碗，放入糖、玉米澱粉、鹽、檸檬皮和檸檬汁混合。放入黑莓、藍莓，輕拋碗讓莓果都沾裹到佐料。將黑莓、藍莓倒入鋪好派皮的派盤中，將派皮四周邊緣刷上一點水，保持濕潤。

## 擀上方蓋著的派皮

2・將麵團擀成12吋的圓或是稍大。用圓形伸縮活動慕斯圈切出12吋圓，或是照著圓紙板樣版割出所要的圓形。

3・要做出莓類圖案，可以用½吋的圓形平口花嘴在這張派皮戳三叢小圓串。（範圍要在8½吋的圓內，因為外圈部分要做捲邊。）為了保持圖案完整不扭曲，把派皮平移到烤盤上，蓋上保鮮膜冷藏10分鐘，直到派皮變硬。

4・將這張派皮蓋在莓果餡上。將上面的派皮藏到下方派皮後面，兩張皮一起往下壓，封住莓果餡。用食指與拇指捏出捲邊，或是用叉子做出捲邊（如果沒有做莓類圖案裝飾，就用銳利的小刀畫出5道間距2吋的割痕，從中央1吋的部分向外畫）用保鮮膜稍微蓋著派即可，冷藏1小時，讓派的溫度降低，同時鬆弛派皮。這步驟可以維持派皮的酥脆，也防止派皮內縮。

## 烤箱預熱

5・預熱：425°F/220°C，預熱時間：45分鐘以上。

6・將烤架放在最下方，石板或烤盤放在這個烤架上面預熱。準備一張防沾鋁箔紙或普通鋁箔紙，上面噴點烤盤油墊在石板上，以免烤焙中滲出汁液。

## 烘烤

7・將鋁箔圈環蓋（套）在派皮邊緣一圈，防止這一圈烤焦，將派盤放在墊了鋁箔紙的石板上，烘烤20分鐘。為了使上色均勻，將派盤旋轉180度，繼續烘烤25～35分鐘，或是可以從割痕中看到內餡的汁沸騰。

## 冷卻和保存

8・放在烤架上約2小時冷卻再切。派冷卻後，內餡雖然凝固，但還是會帶有一些汁液。建議溫熱或室溫食用。可在室溫保存2天，冷藏保存4天。

# 接骨木莓藍莓派

ELDER BLUEBERRY PIE

份量：6～8 份

烤箱溫度　425°F/220°C

烘烤時間　40～50 分鐘

**幾**年前，一位善於園藝的朋友兼鄰居，瑪利亞‧梅納格斯（Maria Menegus），她有棵接骨木莓樹，所以她給我很多接骨木莓要我試試。瑪利亞當時覺得，我身為一位食譜作家，一定知道怎麼烹調會讓接骨木莓可以吃，並且很好吃；可是其實那是我第一次吃。所以大概吃了一兩顆之後，又加了點糖吃下幾顆，但還是覺得太苦，所以把剩下的莓丟了。隔年夏天，我打算寫一道接骨木莓派的食譜，才發現這莓子實在很多籽，差點就要放棄，但又覺得它的味道實在獨一無二，就在那一刻，我想到把一些藍莓替換成接骨木莓，來減少一些多籽的口感。沒人猜到這道派裡面還有藍莓，而且這些小籽還帶出一些脆脆的口感。現在，每年到了八月，我都很期待接骨木莓的產季，雖然瑪利亞和我都很痛恨要跟鳥類搶食這些莓子，但其實我們還是很愛這些鳥的。

器具

一個圓形伸縮活動慕斯圈或是12吋圓紙板樣版
一個9吋派盤、一個½吋的圓形平口花嘴
一個石板或烤盤、一個鋁箔圈環保護派皮邊緣用

## 香酥柔軟奶油起司酥皮

| 食材 | 容量 | 重量 | |
| --- | --- | --- | --- |
| 9吋標準雙層（帶蓋）派皮<br>（同一份食譜，參照p.205） | ‧ | 22 盎司 | 624 公克 |

擀底部派皮

1‧將冷藏的一塊麵團取出。必要時可以靜置10分鐘，讓麵團容易延展操作。

2‧在撒了手粉的耐烤帆布上、止滑墊上，或是夾在兩片薄撒手粉的保鮮膜中，開始擀麵團，擀到12吋的圓或是更大，⅛吋的厚度，這尺寸將會蓋住整個派盤甚至超出一點邊。時而提起派皮，在下方撒點手粉，防止沾黏。最後量尺寸時，也不要忘了將派皮提起，好讓派皮有收縮空間，收縮完的派皮入模才會符合裁切尺寸。然後用圓形伸縮活動慕斯圈裁切，或是照著圓紙板樣版割出12吋大小。

入模

3‧將裁切好的派皮放入模中，調整好位置。必要時修剪邊緣，以符合派盤的樣子。蓋上保鮮膜冷藏至少30分鐘～3小時。

# 內餡

| 食材 | 容量 | 重量 | |
|------|------|------|------|
| 接骨木莓 | 2 杯 | 10 盎司 | 284 公克 |
| 藍莓 | 2 杯 | 10 盎司 | 284 公克 |
| 玉米澱粉 | 3 大匙＋1小匙 | 1 盎司 | 30 公克 |
| 水 | ¼ 杯＋2 大匙（89 毫升） | 3.1 盎司 | 89 公克 |
| 糖 | ¾ 杯 | 5.3 盎司 | 150 公克 |
| 細海鹽 | 1 小撮 | . | . |
| 現榨檸檬汁 | 2 小匙（10 毫升） | . | 10 公克 |

製作內餡

1．將所有莓類都洗乾淨，用廚房紙巾擦乾。

2．準備一個煮鍋，放入玉米澱粉和水攪拌混合，直到澱粉完全溶解，加入糖、鹽和莓類，用中火加熱直到沸騰，攪拌並壓碎藍莓（大部分的接骨木莓還是會維持原狀）。轉成小火繼續滾1分鐘，直到汁液變濃稠。加入檸檬汁攪勻後倒入碗中，在室溫下冷卻。

3．將冷卻後的莓果倒在派皮上，在派皮邊緣刷上一點水，讓派皮邊緣濕潤一點。

擀上方蓋著的派皮

4．將麵團擀成12吋的圓或是稍大。用圓形伸縮活動慕斯圈切出12吋圓，或是照著圓紙板樣版割出所要的圓形。

5．要做出莓類圖案，可以用½吋的圓形平口花嘴在這張派皮戳三叢小圓串。（範圍要在8½吋的圓內，因為外圈部分要做捲邊。）為了保持圖案完整不扭曲，把派皮平移到烤盤上，蓋上保鮮膜冷藏10分鐘，直到派皮變硬。

6．將這張派皮蓋在莓果餡上。將上方的派皮藏到下方派皮後面，然後兩張派皮一起往下壓，封住莓果餡。用食指與拇指在派皮邊緣捏出捲邊，或是用叉子做出花邊，然後用銳利小刀畫出5道間距2吋的割痕，從中央1吋的部分向外畫。用保鮮膜稍微蓋著派即可，冷藏1小時，讓派的溫度降低，同時鬆弛派皮。這步驟可以維持派皮的酥脆，也防止派皮內縮。

烤箱預熱

7．預熱：425°F/220°C，預熱時間：45分鐘以上。

8．將烤架放在最下方，石板或烤盤放在這個烤架上面預熱。準備一張防沾鋁箔紙或普通鋁箔紙，上面噴點烤盤油墊在石板上，以免烤焙中滲出汁液。

## 不失敗祕訣

接骨木莓的果子一定要很熟，否則會非常苦。熟透的顏色應該為深紫接近黑色，如果有一點點紅，表示還沒熟。

美國湯匙食品公司（American Spoon）的賈斯汀·瑞奇（Justin Rachid），他的公司同時也生產很棒的接骨木莓果醬，他說了個小技巧：如果有接骨木梅樹叢，可以將整個末梢的莓（含細枝條部分）一起放到塑膠袋中冷凍。當你要用時，會比較好拔除這些接骨木莓。

### 烘烤

**9**‧將鋁箔圈環蓋（套）放在派皮邊緣一圈，防止這一圈先烤焦，將派盤放在墊了鋁箔紙的石板上。烘烤20分鐘。為了上色均勻，將派盤旋轉180度，繼續烘烤20～30分鐘，或是可以從割痕中看到內餡的汁沸騰。

### 冷卻

**10**‧放在烤架上約2小時冷卻再切。派冷卻後，內餡雖然凝固，但還是會帶有一些汁液。建議溫熱或室溫食用。

### 保存

‧室溫2天；冷藏4天。

### ☆ 美味變化款：格紋版

‧把莓果倒入派皮後冷凍1小時或是直到派變得很硬，再鋪上格紋（參照p.219酸櫻桃派）。如果餡料在烘烤前還是冷凍狀態，就必須增加一點烘烤時間。

# 大黃藍莓派
## BlueRhu Pie

份量：6～8份

烤箱溫度　425°F/220°C

烘烤時間　30～40分鐘

很 久以前，我發現大黃與藍莓這個搭配，當時正在電台宣傳《派與酥皮點心聖經》（*The Pie and Pastry Bible*）這本書，有位聽眾打電話進來問我有沒有她母親以前常做的阿米希派（Amish Pie）食譜。我必須承認自己從來沒有這麼不正常的混搭想法。我很好奇，也因此不浪費任何時間就開始試驗。實在太正點了！這個內餡漂亮又多汁，不過我使用比平常少一點的格紋來製作。

### 器具
一個9吋派盤、一把派皮切刀或披薩刀用來切條紋格
一個圓形伸縮活動慕斯圈或是12吋圓紙板樣版
一個石板或烤盤、一個鋁箔圈環保護派皮邊緣用

## 香酥柔軟奶油起司酥皮

| 食材 | 容量 | 重量 | |
|---|---|---|---|
| 9吋十條格紋派皮（參照p.204） | · | 17盎司 | 480公克 |

### 擀底部派皮

1・將冷藏當做派皮底部的麵團取出。必要時可以將麵團靜置10分鐘，讓麵團容易延展操作。

2・在撒了手粉的耐烤帆布上、止滑墊上，或是在夾有保鮮膜的重疊烤盤上（兩張烤盤重疊後倒放，鋪上保鮮膜，保鮮膜邊緣塞入烤盤間隙中），開始擀麵團，擀到12吋的圓或是更大，⅛吋的厚度，這尺寸將會蓋住整個派盤甚至超出一點邊。時而提起派皮，在下方撒點手粉，防止沾黏。最後量尺寸時，也不要忘了將派皮提起，好讓派皮有收縮空間，收縮完的派皮入模才會符合裁切尺寸。然後用圓形伸縮活動慕斯圈裁切，或是照著圓紙板樣版割出12吋大小。之後裁好的格紋條可以直接放在這張派皮上。

### 入模

3・將裁切好的派皮放入模中，調整好位置。必要時修剪邊緣，以符合派盤的樣子。蓋上保鮮膜冷藏至少30分鐘～3小時。

# 內餡

| 食材 | 容量 | 重量 | |
|---|---|---|---|
| 糖 | ½ 杯＋1 大匙 | 4 盎司 | 113 公克 |
| 玉米澱粉 | 1 大匙＋2¼ 小匙 | 0.6 盎司 | 16 公克 |
| 檸檬皮（切碎） | 1 小匙（不用緊壓） | . | 2 公克 |
| 細海鹽 | 1 小撮 | . | . |
| 水 | ¼ 杯（59 毫升） | 2.1 盎司 | 59 公克 |
| 藍莓（新鮮或冷凍） | 1¼ 杯 | 6.2 盎司 | 177 公克 |
| 新鮮大黃（切成½ 吋的小塊） | 2¼ 杯 | 9 盎司 | 255 公克 |

製作內餡

1·在中型煮鍋中混合糖、玉米澱粉、檸檬皮和鹽，加入水，倒入藍莓與大黃塊，輕輕攪拌，靜置至少15分鐘，讓糖都化開出水。用中火加熱，稍微攪拌直到沸騰，繼續滾約1分鐘，然後輕輕攪拌。

2·將鍋中的藍莓、大黃等倒入一個碗中，然後在室溫下或是冷藏降溫直到完全冷卻。（在內餡煮好後儘量不要攪拌，以維持大黃的外型。）

3·將藍莓、大黃等倒入派皮中，將大黃與藍莓平均分散。

擀上方蓋著的派皮

4·將第二塊麵團擀成10½×8吋的橢圓形（⅛吋厚），用甜點切刀或披薩刀配合尺，切出10條10½吋長、寬¾吋的緞帶。（如果你是右撇子，就從左側開始切。）

5·做格紋時，先將一半的緞帶平均垂直擺在餡料上，從中間那條緞帶開始擺（參照p.219酸櫻桃派）。將偶數緞帶向上方摺起來，在中央放上一條橫向緞帶，再將偶數緞帶向自己這邊擺回，這樣就成一條格紋。接下來換成將單數緞帶向上方摺起來，然後放上一條橫向緞帶，再將單數緞帶向自己擺回去。順著這方向，以同樣方式完成最後一條格紋。

6·另外半邊的兩條也用同樣方法，將緞帶向外摺起，鋪上一條橫向緞帶再蓋回去縱向緞帶。記得一定要交錯輪流將緞帶往外摺再擺回去，緞帶才會呈現上下交錯。

7·用廚房剪刀將緞帶頭尾修剪至超過派盤½吋。在緞帶頭尾底下刷上一點水，與底部派皮的邊緣黏在一起，用手指捏壓平均，以防邊邊太厚。也可以用食指和拇指捏出捲邊。

8·將派輕輕蓋上保鮮膜，冷藏至少30分鐘。進烤箱前，為了要有酥脆的表皮，建議可以在派上刷上或噴上水或牛奶（避免刷在邊緣，因為邊緣容易上色過度），然後撒一點點砂糖。

烤箱預熱

**9**・預熱：425℉/220℃，預熱時間：45分鐘以上。

**10**・將烤架放在最下方，石板或烤盤放在這個烤架上面預熱。準備一張防沾鋁箔紙或普通鋁箔紙，上面噴點烤盤油墊在石板上，以免烤焙中滲出汁液。

烘烤

**11**・將鋁箔圈環蓋（套）在派皮邊緣一圈，防止這一圈烤焦，然後將派盤放在墊了鋁箔紙的石板上，烘烤15分鐘。為了使上色均勻，將派盤旋轉180度，繼續烘烤15～25分鐘，或是可以從格紋派皮的縫隙中看到內餡的汁沸騰，而且中央也會稍稍隆起。

冷卻

**12**・放在烤架上約3小時冷卻再切。派冷卻後，內餡雖然凝固，但還是會帶有一些汁液。建議溫熱或室溫食用。

保存

・室溫2天；冷藏4天。

# 烤鵝莓奶酥

GOOSEBERRY CRISP

份量：6～8 份

烤箱溫度　375°F/190°C

烘烤時間　20～25 分鐘

鵝莓與紅醋栗是相近的水果。它們從本來的灰綠色，熟了就成為酒紅色，並且呈圓球狀，皮也很薄。它們的酸味跟香甜酥脆的奶酥很搭。

　　我從朋友凱特‧寇德瑞（Kate Coldrick）那學到一招將多汁莓果變濃稠的方法。她用這方法做鵝莓派，而且這些鵝莓是她從英國德文郡家的鵝莓欉摘取的。先將鵝莓與糖煮一下，鵝莓會變軟出水，然後用這些水做成濃縮糖漿。這糖漿不但增添了風味，漂亮的粉紅色和濕潤鵝莓的作用，都讓內餡大大加分。這內餡也可以填充做一般的派；同樣的，其他莓果也可以搭配烤奶酥（參照p.237小重點）。

　　鵝莓是種野生莓類，產季是六到八月，每個省分會有些微不同，產季時不妨到當地的農夫市集找找。一旦吃過鵝莓，每年一到夏天，你就會開始找尋它的蹤跡。檸檬、白脫牛奶或香草冰淇淋，都是適合搭配鵝莓的食材。

器具

一個8吋的玻璃焗烤皿，推薦百麗（Pyrex）品牌，不需做任何準備。

## 鵝莓內餡

| 食材 | 容量 | 重量 | |
|------|------|------|------|
| 糖 | 1¼ 杯 | 8.8 盎司 | 250 公克 |
| 細海鹽 | 1 小撮 | . | . |
| 檸檬皮（切碎） | 1 大匙（不用緊壓） | . | 6 公克 |
| 現榨檸檬汁，過篩（約2 大顆檸檬） | ¼ 杯（59 毫升） | 2.2 盎司 | 63 公克 |
| 鵝莓，去蒂（參照p.237小重點） | 4 杯 | 21.2 盎司 | 600 公克 |
| 玉米澱粉 | 図兩 大匙 | 0.3～0.7 盎司 | 10～19 公克 |
| 無鹽奶油 | 6 大匙（¾ 條） | 3 盎司 | 85 公克 |

製作鵝莓內餡

1‧準備一個細孔篩網，架在碗上。

2‧在大煮鍋中混合糖、鹽、檸檬皮和檸檬汁，加入鵝莓，以中小火加熱到沸騰，不時用耐熱刮刀攪拌。沸騰後繼續煮3～4分鐘，直到鵝莓軟化。

3‧將鵝莓倒在篩網上瀝乾，用刮刀翻拌篩網上的鵝莓。將瀝出的汁放回煮鍋中，瀝乾的鵝莓放到另一個碗中，瀝乾的鵝梅約有1½杯的量。在鵝莓中加入1大匙的玉米澱粉，然後攪拌均勻。

4‧把奶油放到有汁液的煮鍋中，一起用中火加熱，不時攪拌直到汁液變得濃稠。調成小火後繼續煮，直到汁液變成玫瑰色，且質地濃稠像糖漿（1⅓杯/315毫升/13盎司/368公克）。煮的過程中不要讓汁液超過260°F/127°C，也不要讓汁的量低於上述的量，否則汁液如果過於焦化，顏色也會太深。如果汁液無法變得濃稠，可以離火，倒入一個耐熱杯中停止加熱，然後將剩餘的玉米澱粉放入鵝莓中。（比較熟的鵝莓會比綠的更容易出水。）將濃縮汁液倒入鵝莓中，輕輕拌勻再倒入烤模中。

烤箱預熱

5‧預熱：375°F/190°C（若使用非玻璃容器，則是400°F/200°C），預熱時間：30分鐘以上。將烤架設置在下方（分上中下三部分）。

# 奶酥

| 份量：1杯/4.4盎司/123公克 | | | |
|---|---|---|---|
| 食材 | 容量 | 重量 | |
| 淺色黑糖或深色紅糖 | 2 大匙（壓實） | 1 盎司 | 27 公克 |
| 白砂糖 | ½ 大匙 | · | 6 公克 |
| 片狀燕麥片 | ⅓ 杯 | 0.9 盎司 | 25 公克 |
| 細海鹽 | 1 小撮 | · | · |
| 中筋麵粉 | ¼ 杯＋2 小匙（用湯匙挖入量杯至滿抹平） | 1.3 盎司 | 36 公克 |
| 無鹽奶油（65～75°F/19～23°C） | 2大匙 | 1 盎司 | 28 公克 |
| 香草精 | ¼小匙（1.2毫升） | · | · |

製作奶酥

〈食物調理機法〉

1‧在食物調理機中先將黑糖、砂糖、燕麥片和鹽混合，再加入麵粉、奶油和香草精。將粉類與奶油攪拌，直到變成粗粒狀。將混合物倒入碗中，再用指尖搓揉成小塊狀。

〈桌上型攪拌機法〉

2‧使用槳狀攪拌器。在桌上型攪拌機鋼盆中放入奶油、黑糖、砂糖和香草精，用中速攪拌直到滑順綿密。在另一個碗中混合麵粉、燕麥片和鹽。把粉類食材加入攪拌缸中的軟奶油，用低速攪打直到混合。取出麵團，將麵團用指尖搓揉成小塊狀。

撒上奶酥

3‧將奶酥均勻撒在鵝莓餡上。

烘烤

4‧烘烤20～25分鐘或是直到表面呈金黃咖啡色，而底下的餡料會從邊邊看到有濃稠沸騰的樣子。

冷卻

5‧放在烤架上20分鐘冷卻。建議溫熱或室溫食用，可以在上方搭配冰淇淋，讓它慢慢融化。

保存

‧若室溫半掩遮蓋2天；冷藏半掩遮蓋3天；冷凍6個月。

## 小重點

‧不要將鵝莓跟燈籠果搞混了，燈籠果有被葉子包起來。

‧如果使用冷凍鵝莓，記得要先退冰。

‧其他水果也可以用來做這份烤奶酥。內餡部分大概是4杯的量，可以參考像是完美蜜桃派（參照p.213）、酸櫻桃派（參照p.216）或是黑莓藍莓派（參照p.225）。每4杯的餡料就要少加1小匙的玉米澱粉。

# 檸檬蔓越莓酸塔

STRAWBERRY SHORTCAKE GÉNOISE

份量：10～12 份

烤箱溫度

塔皮：425°F/220°C；檸檬蔓越莓餡：300°F/150°C

烘烤時間

塔皮：30～40分鐘；檸檬蔓越莓餡：12～18分鐘

這 是一道很適合假日的甜點。檸檬與蔓越莓是個相輔相成的搭配，這個檸檬蔓越莓餡的酸可以調和它濃厚的口感；但如果你是比較喜愛甜食的螞蟻型人，可以在檸檬餡的部分多加2大匙的糖，以中和餡的酸度。

事前準備

完成的塔最少需要6小時凝固

器具

一個9×2½×1吋高的活動式塔盤，如果非不沾材質，則須噴上含麵粉的烤盤油
（如果家裡沒有，可噴上烤盤油和沾上薄薄一層麵粉）。
一個圓形伸縮活動慕斯圈或是12吋圓紙板樣版、一個8吋蛋糕模、一張烤盤鋪上鋁箔紙、
一張大的咖啡濾紙，幾個小的蛋糕形（波浪形）濾紙，或是將烤盤紙揉捏用來放入重石、
豆子或米、（在紙跟塔皮接觸那面噴上些許烤盤油）。
一個鋁箔圈環保護塔皮邊緣用

## 甜杏仁餅乾塔皮（甜塔皮）

份量：1杯/11.5盎司/326公克

| 食材 | 容量 | 重量 | |
|---|---|---|---|
| 冷藏無鹽奶油 | 6 大匙（¾ 條） | 3 盎司 | 85 公克 |
| 中筋麵粉 | ¾ 杯（用湯匙挖入量杯至滿抹平）＋2 大匙 | 3.7 盎司 | 106 公克 |
| 細海鹽 | ⅛小匙 | . | 0.7 公克 |
| 杏仁片（建議帶皮） | ½杯 | 1.8 盎司 | 50 公克 |
| 細砂糖 | 3大匙 | 1.3 盎司 | 37 公克 |
| 1 顆蛋黃 | 1 大匙＋½ 小匙（17 毫升） | 0.7 盎司 | 19 公克 |
| 冷藏鮮奶油（乳脂36%以上） | 2 大匙（30 毫升） | 1 盎司 | 29 公克 |

派類、塔類和酥皮類—司康

製作塔皮

〈食物調理機法〉

**1.**將奶油切成約½吋的小丁，冷藏備用。

**2.**在一個碗中混合麵粉、鹽。

**3.**將杏仁片、糖倒入食物調理機中打成細粉，加入冷藏奶油丁，直到奶油丁被杏仁粉包裹住。加入麵粉、鹽攪拌，直到奶油比青豆還小顆。

**4.**在小碗中混合蛋黃、鮮奶油，然後加到調理機中按壓約8次攪拌，麵團應該呈現顆粒狀。

**5.**將麵團放入塑膠袋中，或隔著塑膠袋操作麵團直到成團。拿出麵團放在一張很大的保鮮膜上，隔著保鮮膜揉捏麵團，讓麵團質地更加平滑，這時應該已看不見奶油的痕跡。（奶油塊在烘烤後會融化而形成一個洞。如果還看見奶油塊，就必須繼續搓揉麵團，或是用手掌根部將奶油抹開，散在麵團中。）

〈手工做法〉

**6.**準備堅果磨碎機將杏仁片磨成粉，必要時可以多磨幾次，讓顆粒更細。在碗中，混合杏仁粉、麵粉、糖和鹽，加入奶油，可以用奶油切刀或兩支刀邊切邊拌，將奶油切成小丁，最後混合成粗粒狀。

**7.**在小碗中，混合蛋黃、鮮奶油，然後與粉類混合成團。

冷藏麵團

**8.**將麵團壓成6吋的圓，包好保鮮膜冷藏30分鐘，或是直到堅硬可以順利擀開，放入塔盤中。在冷藏情況下，麵團可以放3天，冷凍則可以保存6個月。冷藏超過30分鐘的麵團通常需要在室溫下退冰40分鐘，才能擀開。

擀麵團

**9.**在夾有保鮮膜的重疊烤盤上（兩張烤盤重疊後倒放，鋪上保鮮膜，保鮮膜邊緣塞入烤盤間隙中），擀成12吋的圓，⅛吋的厚度。擀塔皮的同時，不要忘記撒上手粉，如果塔皮變得非常軟無法操作，可將它放在烤盤上冷藏直到堅硬（參照**p.242**小重點）。時而將塔皮提起翻面，拉平保鮮膜，才不會讓保鮮膜上的皺痕印在塔皮上。

入模

**10.**將塔皮上的保鮮膜移除，用圓形伸縮活動慕斯圈裁切成12吋塔皮，或是用披薩刀、小刀照著圓紙板樣版裁出圓形。如果使用披薩刀，注意不要太過用力切斷下方墊著的保鮮膜。（切出來多出的塔皮可以冷凍數個月。）如果裁切後塔皮變軟，同樣放到冷藏直到夠硬。塔皮不會懸在塔盤邊緣，除非塔皮有彈性，也就是冷藏太久變得太僵硬時，可以在室溫下放幾分鐘回軟。

**11.**將8吋蛋糕模倒放在工作檯上，抓著塔皮下的保鮮膜，將塔皮移到蛋糕模底上。將塔皮用手稍微從中心向外磨（按）平，邊緣順勢修整往下。

‧ 由左至右：用慕斯圈裁剪塔皮。將塔皮放在倒置的蛋糕模上，塔皮四周都往下磨（按）平，蓋著蛋糕模。

‧ 由左至右：先將塔盤倒蓋。（倒置後）將多餘的塔皮邊往內摺，用小刀輔助修出捲邊。

12‧將塔盤的底先蓋在塔皮上，小心的將塔盤邊緣也倒過來蓋上。上面壓一個圓紙板或烤架，以免翻轉時移動到塔盤。將整個塔盤和蛋糕模一起倒過來，慢慢撕掉保鮮膜。小心將塔皮向塔盤底部和側邊輕壓，以確定塔皮確實貼在塔盤上。如果在入模時塔皮破了一點，可以用多的塔皮補起來，用手指壓入麵團中做修補。

**13**・將塔皮超出塔盤的部分往塔內摺入，讓邊邊看起來平整同高。再次將塔皮往塔盤側邊壓，擠壓部分會往上方多出⅛～¼吋高。如果側邊高出的部分太厚，則輕壓讓它薄一點（因為還會再膨高）；輕壓時可以往底部與側邊的角落集中，因為通常這部分的塔皮會比較厚。準備一把廚房剪刀，將邊上多的⅛～¼吋剪掉。如果想要做裝飾捲邊，用小刀的刀背斜劃整個邊框。

冷藏塔皮

**14**・保鮮膜蓋住塔皮冷藏或是冷凍至少1小時。

烤箱預熱

**15**・預熱：425℉/220℃，預熱時間：30分鐘以上。將烤架設在中間和最底層。

烘烤塔皮

**16**・將一根指尖插在塔皮與塔盤最上方的接縫處畫一圈，確認塔皮沒有沾黏住塔盤。塔皮不可超過懸吊在塔盤外，因為烘烤時烤模會收縮一點，這樣會使塔皮產生破洞。

**17**・將咖啡濾紙或烤盤紙放在塔皮中央，放入¾滿的豆子或米壓住塔皮，將豆子分散均勻到每個角落。將塔盤放在鋪了鋁箔紙的烤盤上，放在烤箱的下方一層。

**18**・烤5分鐘後將溫度降低到375℉/190℃，再烤15～20分鐘，或是直到塔皮可以固定。如果塔皮還沒熟，濾紙會黏在塔皮上。抓著濾紙或烤盤紙，連同豆子一起移出塔皮中央。將鋁箔圈環蓋（套）在塔皮邊緣防止烤焦，繼續烤5～10分鐘。如果塔皮中央隆起，要趕緊用手指或湯匙背面壓平，一直烤到塔皮顏色呈淡淡的金黃色（側邊部分會是棕色），塔看起來是熟的，但摸起來還是軟的。（在冷卻過程中質地會變硬，就像一般餅乾。）

冷卻

**19**・塔盤依舊留在烤盤上，然後整個放在烤架上，將鋁箔圈環拿開放在一旁。如果發現塔皮有洞，塗一些蛋白，整個快速送回烤箱烤30秒，讓蛋白凝固，也可以用融化的白巧克力補洞。

**20**・將烤箱溫度降到300℉/150℃。

**21**・這個烤過但不是熟透（半熟）的空塔殼，可以冷藏1星期或是冷凍1年。室溫下密封狀態可以保存2天。

## 小重點

・鬆弛麵團時，一定要用東西蓋住麵團，以免水分流失或表面結痂。

・烤塔皮時若有隆起狀況，最好的方式是把它壓下去而不是戳洞。如果用叉子戳洞，會有直接戳到底的風險，如果塔皮上有洞，之後放入內餡可能會汁液滲出，經過烘烤導致塔殼和塔盤黏在一起。

# 蔓越莓醬

份量：⅓杯/79毫升/3.5盎司/100公克

| 食材 | 容量 | 重量 | |
|------|------|------|------|
| 水 | 1½ 大匙（22 毫升） | 0.8 盎司 | 22 公克 |
| 糖 | 3 大匙 | 1.3 盎司 | 37 公克 |
| 細海鹽 | 1 小撮 | . | . |
| 新鮮或冷凍蔓越莓<br>（若冷凍的請退冰再使用） | ½ 杯 | 1.8 盎司 | 50 公克 |
| 現榨檸檬汁 | ½ 小匙（2.5 毫升） | . | . |

製作蔓越莓醬

**1**・在煮鍋中混合水、糖和鹽，以中小火攪拌加熱直到沸騰，加入蔓越莓後轉小火，攪拌加熱繼續滾5分鐘。離火後加入檸檬汁，冷卻5分鐘。

**2**・使用均質機或果汁機，將蔓越莓糖水打成泥，打好的果泥不會完全滑順，用保鮮膜緊緊封住備用。

**3**・蔓越莓醬在冷藏的情況下可保存1個多月，或是冷凍保存數個月。使用前要先退回室溫。

# 檸檬餡

份量：2½杯/23.3盎司/660公克

| 食材 | 容量 | 重量 | |
|------|------|------|------|
| 8～12 顆蛋黃（室溫） | ½ 杯＋4 小匙（138 毫升） | 5.2 盎司 | 149 公克 |
| 糖 | 1½ 杯 | 10.6 盎司 | 300 公克 |
| 無鹽奶油<br>（65～75℉/19～23℃） | 8 大匙（1 條） | 4 盎司 | 113 公克 |
| 現榨檸檬汁<br>（約4 顆大檸檬，過篩） | ¾ 杯（177 毫升） | 6.7 盎司 | 189 公克 |
| 吉利丁粉（參照p.244小重點） | ½ 小匙 | . | 1.5 公克 |
| 細海鹽 | ¼ 小匙 | . | 1.5 公克 |

製作檸檬餡

**1**・在將細孔篩網架在玻璃量杯上，另外再準備一個小玻璃量杯。

**2**・在厚底煮鍋中攪拌蛋黃、糖和奶油，直到混合均勻。加入檸檬汁、吉利丁粉和鹽，以中小火慢慢加熱，用刮刀攪拌，鍋底角落都要仔細攪拌，直到醬汁的質地像荷蘭醬般的濃稠度，也就是會附著在刮刀上，但還是可以流動的液狀。醬汁剛開始呈透明，漸漸會變得不透明，最後沾附在刮刀上的顏色應該會是偏黃色。千萬不要煮滾，否則會凝固。如果有蒸氣冒出，可以不時離火一下，以免過熱。要不時攪拌，切記別讓醬汁煮滾。

**3**・當檸檬餡質地變得濃稠，攪拌時表面的紋路不會持久時（溫度約196°F/91°C），就可以倒在先前準備的細孔篩網上過篩。

> ### 小重點
>
> ・吉利丁的作用在於確保檸檬餡可以凝結得很好以方便切片，但也可以省略，內餡的質地會稍微軟一點。

### 塔的組合

**4**・這時塔殼應該還留在烤盤上，如果沒有，小心的將塔殼放到烤盤上。接下來要快速將蔓越莓醬和檸檬餡混合，檸檬餡中的吉利丁才不會凝結。將½杯/4.7盎司/132公克的檸檬餡倒入準備好的小玻璃量杯中，用保鮮膜封緊。

**5**・快速將剩下的檸檬餡倒入塔殼中，必要時可以用小刮刀將表面稍微抹平。用小湯匙將蔓越莓醬舀起，以來回方式的線條少量多次的撒在檸檬餡上。用小刮刀將蔓越莓醬稍稍壓入檸檬餡中。

**6**・快速將小量杯中的檸檬餡攪拌一下，小心倒在蔓越莓醬的線條上；以細水長流的方式倒入，不是一秒全倒完。最後快速用刮刀將表面抹勻，使完整蓋住蔓越莓醬。

### 烘烤

**7**・將鋁箔圈環蓋（套）在塔緣上避免烤焦，連同烤盤一起放到烤盤中間層烘烤，烤焙12～18分鐘，或是直到塔中溫度為160～165F /71～74°C。

### 冷卻

**8**・用蛋糕鏟或鏟面10吋以上的鍋鏟，將整個塔盤移到烤架上約1小時30分鐘冷卻。不用蓋蓋子，直接將塔放入冷藏4小時或是一整晚。（如果放超過一天以上，則要用噴過烤盤油的保鮮膜包起來。）

### 脫模

**9**・將塔盤放在一個比塔還小的穩固罐子上，將塔盤邊圈往下取出，塔盤邊圈應該很容易取下。準備一支長抹刀，插入塔殼與塔盤底盤的縫隙之間，必要時轉一圈鬆開兩者，將塔斜斜滑到盤子上。你也可以在盤邊搭配一些微甜打發鮮奶油（參照p.532）。

### 保存

・冷藏5天。不可冷凍，因為會流失不少風味。

# 檸檬覆盆莓小塔

LEMON CURD AND RASPBERRY PIELETS

份量：12 份

烤箱溫度　425°F/220°C

烘烤時間　15～18 分鐘

＊這一道是以派模烘烤塔皮，但糕點名稱上仍維持使用塔。

**我** 喜歡形狀小小的塔。這個小塔底層有濃厚的檸檬餡內餡，搭配著上層的檸檬打發鮮奶油，是一道風味極佳的點心，因為在鮮奶油中加了檸檬餡，所以打發鮮奶油可以在室溫下維持6小時之久；小塔殼也可以在前一天就做好冷藏保存。

## 器具

十二個4⅛×1吋的小派模、一個7吋大的碗或圓紙板樣版
一張烤盤、十二個鋁箔圈環用來保護塔盤邊緣不會烤焦
十二個小的蛋糕形（波浪形）濾紙，或是十二個裁剪好的烤盤紙用來放
重石、豆子或米（在紙跟塔皮接觸那面噴上些許烤盤油）

# 甜餅乾塔皮（甜塔皮）

份量：2½杯/28.2盎司/800公克

| 食材 | 容量 | 重量 | |
|---|---|---|---|
| 冷藏無鹽奶油 | 15 大匙（1 條＋7 大匙） | 7.5 盎司 | 213 公克 |
| 中筋麵粉 | 3 杯（用湯匙挖入量杯至滿抹平）＋2 大匙 | 13.2 盎司 | 375 公克 |
| 細海鹽 | ¼ 小匙＋¹⁄₁₆ 小匙 | . | 1.7 公克 |
| 細砂糖 | ½ 杯－½ 大匙 | 3.2 盎司 | 92 公克 |
| 檸檬皮（切碎） | 1 大匙（不用緊壓） | . | 6 公克 |
| 3～4顆蛋黃（保留蛋白可填補塔皮的空洞） | 3 大匙（44 毫升） | 1.6 盎司 | 46 公克 |
| 冷藏鮮奶油（乳脂36%以上） | ⅓ 杯（79 毫升） | 2.7 盎司 | 77 公克 |

派類、塔類和酥皮類—司康

製作塔皮

〈食物調理機法〉

1・將奶油切成約½吋的小丁,冷藏備用。

2・在一個碗中混合麵粉、鹽。

3・將檸檬皮、糖倒入食物調理機中攪拌,直到檸檬皮變成粉,加入冷藏奶油丁,直到奶油丁被糖包裹住。加入麵粉、鹽攪拌,直到奶油比青豆還小顆。

4・在小碗中混合蛋黃、鮮奶油,然後加到調理機中按壓約8次攪拌,麵團應該呈現顆粒狀。

5・將麵團放入塑膠袋中,隔著塑膠袋操作麵團直到成團。拿出麵團放在一張很大的保鮮膜上,隔著保鮮膜揉捏麵團,讓麵團質地更加平滑,這時應該已看不見奶油的痕跡。(奶油塊在烘烤後會融化而形成一個洞。如果還看見奶油塊,就必須繼續搓揉麵團,或是用手掌根部將奶油抹開,散在麵團中。)

〈手工做法〉

6・將檸檬皮切得非常碎。在碗中,混合檸檬皮屑、麵粉、糖和鹽,加入奶油,可以用奶油切刀或兩支刀邊切邊拌,將奶油切成小丁,最後混合成粗粒狀。

7・在小碗中,混合蛋黃、鮮奶油,然後與粉類混合成團。

8・將麵團分成兩等份,一大一小(分別是18.6盎司/528公克和9.6盎司/272公克),將每個麵團上下都撒上手粉,並用保鮮膜包起來再打扁。冷藏至少45分鐘,建議冷藏一晚。

擀麵團

9・取出冷藏後較大的麵團,必要時可以靜置10分鐘,讓麵團容易延展操作。

10・在撒了手粉的耐烤帆布上、止滑墊上,或是在夾有保鮮膜的重疊烤盤上(兩張烤盤重疊後倒放,鋪上保鮮膜,保鮮膜邊緣塞入烤盤間隙中)開始擀麵團,擀到⅛吋的厚度。時而提起塔皮,在下方撒點手粉,防止沾黏。最後量尺寸時,也不要忘了將塔皮提起,好讓塔皮有收縮空間,收縮完的塔皮入模才會符合裁切尺寸。然後用7吋的碗口或照著圓紙板樣版割出7吋的圓。剩餘邊邊的麵團揉捏成團,再擀一次到⅛吋的厚度,然後裁出6個圓。剩下的麵團則與另一個冷藏小塊麵團揉合。

入模

11・將每個圓塔皮放到派模中,稍微壓入模整型,把超出派模邊邊的皮用小刀割掉。如果塔皮太軟,可以先冷藏幾分鐘後再裝飾塔皮邊緣(捲邊),用叉子裝飾出捲邊。

冷藏塔皮

12・保鮮膜蓋住塔皮冷藏至少30分鐘,最多可以冷藏3天。另一塊麵團也是用同樣方法擀皮、裁切以及入模。

烤箱預熱

**13**・預熱：425℉/220℃，預熱時間：30分鐘以上。將烤架設置在下方（分上中下三部分）。

烘烤塔皮

**14**・將6個小派模放在烤盤上。

**15**・將咖啡濾紙或烤盤紙放在塔皮中央，放入¾滿的豆子或米壓住塔皮，將豆子分散均勻到每個角落。

**16**・放入烤箱烘烤10分鐘。抓著濾紙或烤盤紙，連同豆子一起移出塔皮中央。將鋁箔圈環蓋（套）放在塔皮邊緣防止烤焦，繼續烤5～8分鐘。如果塔皮中央隆起，要趕緊用手指或湯匙背面壓平，一直烤到塔皮顏色呈淡淡的金黃色。

冷卻

**17**・派模依舊留在烤盤上，然後整個放在烤架上，將鋁箔圈環拿開放在一旁。如果發現塔皮有洞，塗一些蛋白，整個快速送回烤箱烤30秒，讓蛋白凝固，也可以用融化的白巧克力補洞。

**18**・生塔殼可以冷藏保存最多3天，或是冷凍可以到3個月。熟塔皮在室溫下密封可以保存2天。

# 檸檬餡

份量：4杯/38.8盎司/1100公克

| 食材 | 容量 | | 重量 |
|---|---|---|---|
| 14～18 顆蛋黃（室溫） | 1 杯（237 毫升） | 9.2 盎司 | 260 公克 |
| 糖 | 2½ 杯 | 17.6 盎司 | 500 公克 |
| 無鹽奶油<br>（65～75℉/19～23℃） | 13大匙（1條＋5大匙） | 6.5 盎司 | 184 公克 |
| 現榨檸檬汁，過篩<br>（約7 顆大檸檬） | 1¼ 杯（296 毫升） | 11.1 盎司 | 315 公克 |
| 細海鹽 | ⅜ 小匙 | . | 2.5 公克 |

製作檸檬餡

1・將細孔篩網架在玻璃量杯上，另外再準備一個中型玻璃量杯。

2・在厚底煮鍋中攪拌蛋黃、糖和奶油，直到混合均勻。加入檸檬汁、鹽，以中小火慢慢加熱，用刮刀攪拌，鍋底角落都要仔細攪拌，直到醬汁的質地像荷蘭醬般的濃稠度，也就是會附著在刮刀上，但還是可以流動的液狀。醬汁剛開始呈透明，漸漸會變得不透明，最後沾附在刮刀上的顏色應該會是偏黃色。千萬不要煮滾，否則會凝固。如果有蒸氣冒出，可以不時離火一下，以免過熱。要不時攪拌，切記別讓醬汁煮滾。

3・當檸檬餡質地變得濃稠，攪拌時表面的紋路不會持久時（溫度約196℉/91℃），就可以倒在先前準備的細孔篩網上過篩。

4・取出⅔杯/6.5盎司/183公克到小碗裡，蓋上蓋子放約45分鐘冷卻，之後與打發鮮奶油混合用。將剩下的檸檬餡放到準備的量杯中，至少要有3⅓杯/31.7盎司/900公克的量。

填入餡料

5・趁熱將檸檬餡倒入小塔中，每個塔放入¼杯/2.6盎司/75公克的餡，餡料約是塔的¼厚。將塔與派模連同整個烤盤一起冷藏45分鐘～1小時，直到內餡凝固再移到室溫下。

# 檸檬打發鮮奶油

份量：3⅓杯/17盎司/480公克

| 食材 | 容量 | 重量 | |
|------|------|------|------|
| 冷藏鮮奶油（乳脂36%以上） | 1⅓杯（316毫升） | 10.9盎司 | 309公克 |
| 檸檬餡<br>（p.249中保留的部分） | ⅔杯 | 6.5盎司 | 183公克 |

製作檸檬打發鮮奶油

**1**・在鋼盆中放入鮮奶油，冷藏至少15分鐘。（也可以把手持電動攪拌器的前端部分一起冷藏。）

**2**・打發鮮奶油時先從低速開始，漸漸調到中高速，一直打到鮮奶油成型，可以看到明顯紋路。加入檸檬餡繼續打，直到用湯匙挖起墜落時，可感覺輕盈的質地。

**3**・檸檬餡的功用有點像是穩定劑，好讓打發鮮奶油不會整個融化掉。檸檬打發鮮奶油可以在室溫下維持6小時，超過這個時間會變得有點像海綿口感。如果冷藏則可以保存48小時。

填入餡料

**4**・在食用的6小時前，用湯匙將檸檬打發鮮奶油舀起，放在小塔裡的檸檬餡上，每個塔放¼杯/1.4盎司/40公克的打發鮮奶油。用小抹刀將表面抹平，中央做一個收尾凸起的樣子。

# 新鮮覆盆莓裝飾

| 食材 | 容量 | 重量 | |
|------|------|------|------|
| 新鮮覆盆莓 | 3杯 | 12盎司 | 340公克 |

裝飾小塔

・在小塔外圍擺上一圈挑選過的漂亮覆盆莓，一個一個緊貼著擺，大功告成了。

保存

・冷藏2天。不可冷凍，會失去風味。

# 阿瑞克斯檸檬塔

## THE ARAXI LEMON CREAM TART

**份量：10～12 份**

烤箱溫度

塔皮：425°F/220°C；檸檬餡：350°F/175°C

烘烤時間

塔皮：30～40 分鐘；檸檬餡：40～50 分鐘

在 2012年暑假，我完成這本書中所有食譜的測試後，造訪加拿大惠斯勒的阿瑞克斯餐廳（Araxi Restaurant,Whistler），發現了這不可思議的檸檬塔。我很驚訝餐廳竟然願意給我這份食譜，但我依舊做了一些更改，好讓大部分的人都可以輕鬆製作。我把食譜改成適合塔盤的做法，相較於他們提供的10×1½吋模圈，更改後的應該對大家會比較方便。檸檬塔做成1吋高的塔，口感很好，但是如果想要做成更高的內餡，可以參考p.255的小重點。

這個絲綢般的檸檬餡原料包含了蛋、檸檬汁、檸檬皮、糖和鮮奶油。從沒看過類似食譜的我很好奇，因此，我將這配方與我的著作《派與酥皮點心聖經》（The Pie and Pastry Bible）中的檸檬趴可派（Lemon Pucker Pie）比較了一下，竟然意外發現兩者的原料比例一樣，只是我用的是奶油，但阿瑞克斯用的是鮮奶油。還有，這配方中的蛋白是沒有打發的，所以表皮比較薄，比較有海綿的口感，內部則是無以言喻的濃厚，而不是輕柔膨起的內餡。塔皮的酥脆反差配上綿滑的內餡，真是太驚人了！

器具

一個9½×1吋的活動式塔盤，若非不沾鍋材質，則要噴上些許烤盤油。
一個圓形伸縮活動慕斯圈或是12吋圓紙板樣版、
一個8吋蛋糕模、一個鋪上不沾鋁箔紙的烤盤、
一個大的咖啡濾紙或幾個小的蛋糕形（波浪形）濾紙，或是裁剪好的烤盤紙揉捏
用來放重石、豆子或米（在紙跟塔皮接觸那面噴上些許烤盤油）。

# 甜餅乾塔皮（甜塔皮）

**份量：1杯/11.3盎司/321公克**

| 食材 | 容量 | 重量 | |
|---|---|---|---|
| 冷藏無鹽奶油 | 6 大匙（¾ 條） | 3 盎司 | 85 公克 |
| 中筋麵粉 | 1¼ 杯（用湯匙挖入量杯至滿抹平） | 5.3 盎司 | 150 公克 |
| 細海鹽 | ⅛ 小匙 | . | 0.7 公克 |
| 細砂糖 | 3 大匙 | 1.3 盎司 | 37 公克 |
| 檸檬皮（切碎） | ½ 大匙（不用緊壓） | . | 3 公克 |
| 1 顆蛋黃（保留蛋白部分可填補塔皮的空洞） | 1 大匙＋½ 小匙（17毫升） | 0.7 盎司 | 19 公克 |
| 冷藏鮮奶油（乳脂36%以上） | 2 大匙（30 毫升） | 1 盎司 | 29 公克 |

製作塔皮

〈食物調理機法〉

**1**・將奶油切成約½吋的小丁，冷藏備用。

**2**・在一個碗中混合麵粉、鹽。

**3**・將檸檬皮、糖倒入食物調理機中攪拌，直到檸檬皮變成粉，加入冷藏奶油丁，直到奶油丁被糖包裹住。加入麵粉、鹽攪拌，直到奶油比青豆還小顆。

**4**・在小碗中混合蛋黃、鮮奶油，然後加到調理機中按壓約8次攪拌，麵團應該呈現顆粒狀。

**5**・將麵團放入塑膠袋中，或隔著塑膠袋操作麵團直到成團。拿出麵團放在一張很大的保鮮膜上，隔著保鮮膜揉捏麵團，讓麵團質地更加平滑，這時應該已看不見奶油的痕跡。（奶油塊在烘烤後會融化而形成一個洞。如果還看見奶油塊，就必須繼續搓揉麵團，或是用手掌根部將奶油抹開，散在麵團中。）

〈手工做法〉

**6**・將檸檬皮切得非常碎。在碗中混合檸檬皮屑、麵粉、糖和鹽，加入奶油，可以用奶油切刀或兩支刀邊切邊拌，將奶油切成小丁，最後混合成粗粒狀。

**7**・在小碗中，混合蛋黃、鮮奶油，然後與粉類混合成團。

冷藏麵團

**8**・將麵團壓成6吋的圓，包好保鮮膜冷藏30分鐘，或是直到堅硬可以順利擀開，放入塔盤中。在冷藏情況下，麵團可以放3天，冷凍則可以保存6個月。冷藏超過30分鐘的麵團通常需要在室溫下退冰40分鐘，才能擀開。

## 擀麵團

**9．**在夾有保鮮膜的重疊烤盤上（兩張烤盤重疊後倒放，鋪上保鮮膜，保鮮膜邊緣塞入烤盤間隙中），擀成12吋的圓，⅛吋的厚度。擀塔皮的同時，不要忘記撒上手粉，如果塔皮變得非常軟無法操作，可將它放在烤盤上冷藏直到堅硬（參照p.254小重點）。時而將塔皮提起翻面，拉平保鮮膜，才不會讓保鮮膜上的皺痕印在塔皮上。

## 入模

**10．**將塔皮上的保鮮膜移除，用圓形伸縮活動慕斯圈裁切成12吋塔皮，或是用披薩刀、小刀照著圓紙板樣版裁出圓形。如果使用披薩刀，注意不要太過用力切斷下方墊著的保鮮膜。（切出來多的塔皮可以冷凍數個月。）如果裁切後塔皮變軟，同樣放到冷藏直到夠硬。塔皮不會懸在塔盤邊緣，除非塔皮有彈性，也就是冷藏太久變得太僵硬時，可以在室溫下放幾分鐘回軟。

**11．**將8吋蛋糕模倒放在工作檯上，抓著塔皮下的保鮮膜，將塔皮移到蛋糕模底上。將塔皮用手稍微從中心向外磨（按）平，邊緣順勢修整往下（參照p.241檸檬蔓越莓酸塔）。將塔盤的底先蓋在塔皮上，小心的將塔盤邊緣也倒過來蓋上。上面壓一個圓紙板或烤架，以免翻轉時移動到塔盤。將整個塔盤和蛋糕模一起倒過來，慢慢撕掉保鮮膜。小心將塔皮向塔盤底部和側邊輕壓，以確定塔皮確實貼在塔盤上。如果在入模時塔皮破了一點，可以用多的塔皮補起來，用手指壓入麵團中做修補。

**12．**將塔皮超出塔盤的部分往塔內摺入，讓邊邊看起來平整同高。再次將塔皮往塔盤側邊壓，擠壓部分會往上方多出⅛～¼吋高。如果側邊高出的部分太厚，則輕壓讓它薄一點（因為還會再膨高）；輕壓時可以往底部與側邊的角落集中，因為通常這部分的塔皮會比較厚。準備一把廚房剪刀，將邊上多的⅛～¼吋剪掉。如果想要做裝飾捲邊，用小刀的刀背斜劃整個邊框。

## 冷藏塔皮

**13．**保鮮膜蓋住塔皮冷藏或是冷凍至少1小時。

## 烤箱預熱

**14．**預熱：425℉/220℃，預熱時間：30分鐘以上。將烤架設在中間跟最底層。

## 烘烤塔皮

**15．**將一根指尖插在塔皮與塔盤最上方的接縫處一圈，確認塔皮沒有沾黏住塔盤。塔皮不可超過懸吊在塔盤外，因為烘烤的時候烤模會收縮一點，這會使塔皮產生破洞。

**16．**將咖啡濾紙或烤盤紙放在塔皮中央，放入¾滿的豆子或米壓住塔皮，將豆子分散均勻到每個角落。將塔盤放在鋪了鋁箔紙的烤盤上，放在烤箱的下方一層。

**17．**烤5分鐘後將溫度降低到375℉/190℃，再烤15～20分鐘，或是直到塔皮可以固定。如果塔皮還沒熟，濾紙會黏在塔皮上。抓著濾紙或烤盤紙，連同豆子一起移出塔皮中央。將鋁箔圈環蓋（套）在塔皮邊緣防止烤焦，繼續烤5～10分鐘。如果塔皮中央隆起，要趕緊用手指或湯匙背面壓平，一直烤到塔皮顏色呈淡淡的金黃色（側邊部分會呈棕色），塔看起來是熟的，但摸起來還是軟的。（在冷卻過程中質地會變硬，就像一般餅乾。）

冷卻

**18·**塔盤依舊留在烤盤上，然後整個放在烤架上。如果發現塔皮有洞，塗一些蛋白，整個快速送回烤箱烤30秒，讓蛋白凝固，也可以用融化的白巧克力補洞。在室溫下凝固才可以填入餡料，再將剩餘的6個小塔也烤熟。

**19·**讓塔殼冷卻3分鐘後，用剩餘的蛋白稍微打出一點點泡泡，塗在塔盤內側的底和側邊，讓塔皮有稍微防潮的功能，靜置直到完全冷卻。

**20·**將烤箱溫度降低到350℉/175℃。

**21·**這個烤過但不是熟透（半熟）的空塔殼，最多可以冷藏1星期或是冷凍1年。室溫下密封狀態可以保存2天。

## 小重點

· 鬆弛麵團時，一定要用東西蓋住麵團，以免水分流失或表面結痂。

· 烤塔皮時若有隆起狀況，最好的方式是把它壓下去而不是戳洞。如果用叉子戳洞，會有直接戳到底的風險，如果塔皮上有洞，之後放入內餡可能會汁液滲出，經過烘烤導致塔殼和塔模黏在一起。

# 檸檬餡

份量：3½杯/23盎司/650公克

| 食材 | 容量 | 重量 | |
|------|------|------|------|
| 冷藏鮮奶油（乳脂36%以上） | ½ 杯（118 毫升） | 4.1 盎司 | 116 公克 |
| 5顆蛋（冷藏） | 1 杯（237毫升） | 8.8 盎司 | 250 公克 |
| 糖 | ¾ 杯＋2 大匙 | 6.2 盎司 | 175 公克 |
| 現榨檸檬汁（約3顆大檸檬，過篩） | ½ 杯（118 毫升） | 4.4 盎司 | 126 公克 |
| 檸檬皮（切碎） | 2 小匙（不用緊壓） | . | 4 公克 |

製作檸檬餡

**1·**在鋼盆中放入鮮奶油，冷藏至少15分鐘。（也可以把手持電動攪拌器的前端部分一起冷藏。）

**2·**在另一個碗裡倒入蛋、糖攪拌均勻，一邊加入檸檬汁一邊攪拌。將蛋液過篩，然後拌入檸檬皮。

**3**·打發鮮奶油時先從低速開始，漸漸調到中高速，一直打到鮮奶油成型，可以看到明顯紋路。加入檸檬餡繼續打，直到用湯匙挖起墜落時，可感覺輕盈的質地。

**4**·取一支大的攪拌器，將打發鮮奶油加入檸檬餡中，以切拌方式混合，不用將兩者混合均勻，直接冷藏30分鐘。這時的檸檬打發鮮奶油會有打發鮮奶油和檸檬色兩者交錯的線條。冷藏30分鐘後取出，用大支的攪拌器稍微打幾下讓兩者更混合。將混合物倒入量杯中。

烘烤

**5**·塔盤繼續留在鋪著鋁箔紙的烤盤上，放在烤箱的中間層。將檸檬餡倒入塔皮中至滿。如果塔皮有點萎縮或比塔盤還低，就會有剩餘的檸檬餡。將烤箱溫度調低到325°F/160°C，烘烤20分鐘。然後將塔小心旋轉180度，烤箱溫度調低到300°F/150°C，繼續烤15分鐘。時間到後將烤箱電源關掉，但是不要取出塔，留在烤箱內5～15分鐘。移動塔盤時，塔盤中央會有些許抖動的狀況。（內部溫度為170°F/77°C。）

冷卻

**6**·不要碰觸塔頂內餡的部分，以免黏在手指上且破壞外觀。用蛋糕鏟或至少10吋長的大鍋鏟，將塔盤移到烤架上靜置45分鐘，直到完全冷卻。

脫模

**7**·將塔盤放在一個比塔還小的穩固罐子上，將塔盤邊圈往下取出，塔盤邊圈應該很容易取下。準備一支長抹刀，插入塔殼與塔盤底盤的縫隙之間，必要時轉一圈鬆開兩者，將塔斜斜滑到盤子上。塔很好切開，即使是切一小片。

**8**·如果喜歡，可以在食用前撒一些糖粉，搭配上覆盆莓醬（參照p.54）。

保存

**9**·冷藏5天。不可冷凍，否則會流失不少風味。

## 小重點

· 如果想要製作像p.251中敘述的，使用10×1½吋慕斯模烤的塔，塔皮的份量要乘以1.5倍，所有內餡部分也要乘以2.5倍。烘烤時間需要多5分鐘。

# 沁涼萊姆蛋白霜派

FROZEN LIME MERINGUE PIE

烤箱溫度

烤杏仁：350°F/175°C；蛋白霜上色

烘烤時間

烤杏仁：7～9分鐘；蛋白霜：不到1分鐘

---

這 個派是獻給喜歡萊姆的人，是從著作《蘿絲的不凡蛋糕》（*Rose's Heavenly Cakes*）書中的檸檬加拿大皇冠（The Lemon Canadian Crown）這篇食譜改編而成。這道派的特點在於半冰的內餡。

---

事前準備

將內餡冷凍至少5小時，最多冷凍5天。

器具

一張烤盤、一個9吋派盤

## 香草杏仁派皮

| 食材 | 容量 | 重量 | |
|---|---|---|---|
| 杏仁片（建議帶皮） | ½ 杯 | 1.8 盎司 | 50 公克 |
| 香草威化餅 | 1 杯<br>（打碎，稍微壓實，再以刮刀刮平） | 4.2 盎司 | 120 公克 |
| 糖 | 1 大匙 | 0.5 盎司 | 13 公克 |
| 細海鹽 | 2 小撮 | . | . |
| 融化的無鹽奶油 | 4 大匙（½ 條） | 2 盎司 | 57 公克 |

烤箱預熱

· 預熱：350°F/17°C，預熱時間：30分鐘以上。

· 將烤架設置在下方（分上中下三部分）。

烘烤杏仁片

1·將杏仁片均勻撒在烤盤上烤7分鐘，或是直到烤出淺淺的金黃色。烘烤途中取出一兩次翻炒，使杏仁片上色均勻，靜置直到完全冷卻。

製作香草杏仁派皮

〈食物調理機法〉

**2**・將香草威化餅、杏仁片、糖和鹽放到調理機中攪拌約20秒，直到威化餅變成細顆粒。加入融化奶油，調理機按壓約10次，讓奶油與粉類混合。

〈手工做法〉

**3**・將香草威化餅放到夾鏈袋中，用一支**擀**麵棍隔著袋子把威化餅敲碎成細顆粒。用堅果磨碎機將杏仁片磨成小顆粒，但還不到粉狀。在碗中，混合威化餅碎、杏仁片、糖和鹽，用叉子邊攪邊輕拋碗，最後拌入融化奶油，輕拋碗讓食材混合。

定型與冷藏派皮

**4**・將夾鏈袋中的粉都倒至派盤上，用手指將混合的粉均勻壓平在底部和側邊部分。為了讓底部平整，可以用平底量杯或瓷杯底壓平派皮底部。側邊的部分，先用食指從另一邊按壓，在轉角部分形成高起的小丘後，往邊上壓直到頂部的高度（將派皮冷藏幾分鐘，讓裡面的奶油凝固定型，會比較容易操作側邊部分）。製作內餡的同時，派皮冷藏備用。

**5**・派皮可以冷藏保存1星期，冷凍保存6個月。

# 萊姆內餡

| 食材 | 容量 | | 重量 |
|---|---|---|---|
| 萊姆皮（切碎） | 2 小匙（不用緊壓） | . | 4 公克 |
| 3～4 顆蛋，分蛋（室溫） | | | |
| 蛋黃 | 3½ 大匙（52 毫升） | 2 盎司 | 56 公克 |
| 蛋白 | ¼ 杯＋2 大匙（89 毫升。分次使用） | 3.2 盎司 | 90 公克 |
| 糖 | ¾ 杯（分次使用） | 5.3 盎司 | 150 公克 |
| 細海鹽 | 1 撮 | . | . |
| 現榨萊姆汁 | ½ 杯（118 毫升） | 4.4 盎司 | 126 公克 |
| 冷藏鮮奶油（乳脂36%以上） | 1¼ 杯（296 毫升） | 10.2 盎司 | 290 公克 |

製作萊姆內餡

**1**・將細孔篩網架在一個大碗上，大碗中放入萊姆皮備用。

**2**・在瓦斯上架上雙層煮鍋，底下的鍋子放入接近但低於沸騰溫度的熱水（注意不要讓上層的鍋子碰到下層鍋內的熱水），然後在上層的鍋中用耐熱刮刀攪拌蛋黃、2½大匙/37毫升/1.3盎司/36公克的蛋白（剩餘的冷藏備用）、糖（倒入鍋中前先留下2大匙/0.9盎司/25公克待會用）、萊姆汁和鹽，直到混合物開始濃稠，滴落時可以看見紋路的質地，過程約7分鐘。（溫度不能超過180～182°F/82～83℃。）

**3·**立刻將鍋內混合物倒在篩網中，用刮刀按壓過篩，將篩過的內餡和萊姆皮混合均勻。讓內餡在室溫下約1小時冷卻，冷卻過程中每15分鐘要攪拌一下，或是隔著冰水冷卻約15分鐘，要不時攪拌（參照p.554）。

打發鮮奶油

**4·**在鋼盆中放入鮮奶油，還有剩餘的2大匙糖，冷藏至少15分鐘。（也可以把手持電動攪拌器的前端部分一起冷藏。）

**5·**打發鮮奶油時先從低速開始，漸漸調到中高速，一直打到鮮奶油濃稠，低落時有非常柔軟的形狀。不要過度攪拌，因為與萊姆內餡混合後，鮮奶油的質地還會更硬。用大支的攪拌器、漏勺或大刮刀，先取½杯的鮮奶油和萊姆內餡混合，讓萊姆內餡更輕盈，再加入剩餘的鮮奶油，輕輕的以由下而上的切拌方式稍翻動幾下即可。之後再用矽膠刮刀繼續以切拌方式拌勻，底部和邊緣都要確實拌到，直到顏色一致。

冷凍內餡

**6·**將混合好的內餡放入派皮中，用小抹刀將表面抹平，內餡會幾乎裝滿整個派。仔細用保鮮膜封好，冷凍至少5小時，最多可以5天。

# 蛋白霜裝飾

| 食材 | 容量 | | 重量 |
|---|---|---|---|
| 4顆蛋白（室溫） | ½杯（118毫升） | 4.2盎司 | 120公克 |
| 塔塔粉 | ½小匙 | . | 0.8公克 |
| 糖粉 | ⅓杯（用湯匙挖入量杯至滿抹平） | 1.3盎司 | 38公克 |

烤箱預熱

**1·**將烤架設置在靠近烤箱上方加熱管處，當塔放在烤架上時，塔盤邊緣大概離加熱管4吋。預熱加熱管的部分。如果使用的是電子式，預熱至少10分鐘。

製作蛋白霜

**2·**使用桌上型攪拌機搭配球形攪拌器來打發。把蛋白和塔塔粉用中速打發直到成型，把速度調到中高速打發蛋白，直到呈現彎彎鳥嘴的濕（軟）性發泡的狀態。慢慢篩入糖粉覆蓋整個蛋白霜的表面繼續攪拌，直到蛋白霜呈尖尖鳥嘴的乾（硬）性發泡的狀態。

派的組合

**3·**將打好的蛋白霜放在萊姆內餡上，用小抹刀將蛋白霜均勻塗抹成一個圓穹頂。蛋白霜抹到側邊時要蓋住內餡與派皮的接縫處，也就是蛋白霜會直接抹到派皮。（這可以防止蛋白霜收縮以及與派皮分離。）使用小抹刀在蛋白霜上做出幾個漩渦和尖嘴的造型。

**4**・將派放在烤盤上，放在烤箱內的加熱管下加熱，直到蛋白霜變成金棕色。這個過程不到1分鐘，所以每10秒就要看一下蛋白霜的顏色，避免烤焦。上色後即可出爐。也可以使用甜點用小噴槍讓蛋白霜上色。

冷藏

**5**・立刻將派放到冷凍庫至少1小時，最多可以放3星期。如果會冷凍超過1小時，在1小時候就要蓋上保鮮膜。

食用

**6**・食用的最佳溫度是當塔中央溫度為28～32℉/-2～0℃，內餡冰涼時會非常綿密好吃。不過，這和冷凍的溫度、室溫也有關係，通常在室溫下需要1～1小時30分鐘才能退到理想的質地。

**7**・如果要脫模，可以用熱毛巾摩擦模型側邊與底部（可能需要重複幾次加熱毛巾再擦拭），或是將模型小心接觸到熱水中幾秒。用銳利的薄刃刀切，如果退冰變軟，切時則不需要將刀子沾濕。（如果太冰，派很硬，則需要把刀浸在熱水中擦乾再切，切好的派至少需要退冰30分鐘才能食用。）

保存

・密閉盒裝：冷凍3星期。

# 法式橙塔
## FRENCH ORANGE CREAM TART

份量：6 ～ 8 份

### 烤箱溫度
塔皮：425°F/220°C；柳橙餡：300°F/150°C

### 烘烤時間
塔皮：30～40分鐘；柳橙餡：30～40分鐘

這個塔的靈感來自紐約牛奶與餅乾烘焙坊（Milk & Cookies Bakery）的老闆，同時也是烘焙學校（L'Ecole）的教授，主廚緹娜・卡薩斯力（Tina Casaceli）。我很珍惜與她在L'Ecole的晚餐，更開心她與我分享這個內餡與焦糖的技巧。這個派的內餡是很柳橙的口味，口感非常綿密，頂部的焦糖非常細緻，帶有酥脆口感。

### 器具
一個9½×1吋高的活動式塔盤，如果非不沾材質，則需噴上含麵粉的烤盤油
（如果家裡沒有，可噴上烤盤油和沾上薄薄一層麵粉）。
一個圓形伸縮活動慕斯圈或是12吋圓紙板樣版
一個8吋蛋糕模、一張烤盤鋪上鋁箔紙
一張大的咖啡濾紙，幾個小的蛋糕形（波浪形）濾紙，
或是將烤盤紙揉捏用來可以放入重石、豆子或米的形狀
（在紙跟塔皮接觸那面噴上些許烤盤油）。
一個鋁箔圈環保護塔皮邊緣用、一個攪拌缸的安全蓋或保鮮膜

## 甜餅乾塔皮（甜塔皮）

份量：1杯/11.3盎司/321公克

| 食材 | 容量 | 重量 | |
|---|---|---|---|
| 冷藏無鹽奶油 | 6 大匙（¾條） | 3 盎司 | 85 公克 |
| 中筋麵粉 | 1¼ 杯（用湯匙挖入量杯至滿抹平） | 5.3 盎司 | 150 公克 |
| 細海鹽 | ⅛ 小匙 | . | 0.7 公克 |
| 二砂（推薦Sugar in the Raw品牌）或細砂糖 | 3 大匙 | 1.3 盎司 | 37 公克 |
| 1顆蛋黃 | 1 大匙 + ½ 小匙（17 毫升） | 0.7 盎司 | 19 公克 |
| 冷藏鮮奶油（乳脂36%以上） | 2 大匙（30 毫升） | 1 盎司 | 29 公克 |

製作塔皮

〈食物調理機法〉

**1**‧將奶油切成約½吋的小丁，冷藏備用。

**2**‧在一個碗中混合麵粉、鹽。

**3**‧將二砂倒入食物調理機中打成細粉，加入冷藏奶油丁，直到奶油丁被二砂包裹住，加入麵粉、鹽攪拌，直到奶油比青豆還小顆。

**4**‧在小碗中混合蛋黃、鮮奶油，然後加到調理機中按壓約8次攪拌，麵團應該呈現顆粒狀。

**5**‧將麵團放入塑膠袋中，或隔著塑膠袋操作麵團直到成團。拿出麵團放在一張很大的保鮮膜上，隔著保鮮膜揉捏麵團，讓麵團質地更加平滑，這時應該已看不見奶油的痕跡。（奶油塊在烘烤後會融化而形成一個洞。如果還看見奶油塊，就必須繼續搓揉麵團，或是用手掌根部將奶油抹開，散在麵團中。）


〈手工做法〉

**6**‧在碗中混合麵粉、糖（此處使用精製細砂或細砂糖）和鹽，加入奶油，然後用奶油切刀或兩支刀邊切邊拌，將奶油切成小丁，最後混合成粗粒狀。

**7**‧在小碗中混合蛋黃、鮮奶油，然後與粉類混合成團。

冷藏

**8**‧將麵團壓成6吋的圓，包好保鮮膜冷藏30分鐘，或是直到堅硬可以順利擀開。在冷藏情況下，麵團可以放3天，冷凍則可以保存6個月。冷藏超過30分鐘的麵團通常需要在室溫下退冰40分鐘才能擀開。

擀麵團

**9**‧準備一張大的保鮮膜，撒上手粉，將麵團放在其中一邊，闔起保鮮膜，隔著保鮮膜開始擀麵團，擀到⅛吋的厚度，12吋的圓。時而提起塔皮，在下方撒點手粉，防止沾黏。如果塔皮變得非常軟無法操作，可將它放在烤盤上冷藏直到堅硬（參照p.265小重點）。時而將塔皮提起翻面，拉平保鮮膜，才不會讓保鮮膜上的皺痕印在塔皮上。

入模

**10**‧將塔皮上的保鮮膜移除，用圓形伸縮活動慕斯圈裁切成12吋塔皮，或是用披薩刀、小刀照著圓紙板樣版裁出圓形。如果使用披薩刀，注意不要太過用力切斷下方墊著的保鮮膜。（切出來多餘的塔皮可以冷凍數個月。）如果裁切後塔皮變軟，同樣放到冷藏直到夠硬。塔皮不會懸在塔盤邊緣，除非塔皮有彈性，也就是冷藏太久變得太僵硬時，可以在室溫下放幾分鐘回軟。

**11** · 將8吋蛋糕模倒放在工作檯上，抓著塔皮下的保鮮膜，將塔皮移到蛋糕模底上。將塔皮用手稍微從中心向外磨（按）平，邊緣順勢修整往下（參照p.241檸檬蔓越莓酸塔）。將塔盤的底先蓋在塔皮上，小心的將塔盤邊緣也倒過來蓋上。上面壓一個圓紙板或烤架，以免翻轉時移動到塔盤。將整個塔盤和蛋糕模一起倒過來，慢慢撕掉保鮮膜。小心將塔皮向塔盤底部和側邊輕壓，以確定塔皮確實貼在塔盤上。如果在入模時塔皮破了一點，可以用多的塔皮補起來，用手指壓入麵團中做修補。

**12** · 將塔皮超出塔盤的部分往塔內摺入，讓邊邊看起來平整同高。再次將塔皮往塔盤側邊壓，擠壓部分會往上方多出⅛～¼吋高。如果側邊高出的部分太厚，則輕壓讓它薄一點（因為還會再膨高）；輕壓時可以往底部與側邊的角落集中，因為通常這部分的塔皮會比較厚。準備一把廚房剪刀，將邊上多的⅛～¼吋剪掉。如果想要做裝飾捲邊，用小刀的刀背斜劃整個邊框。

冷藏塔皮

**13** · 保鮮膜蓋住塔皮冷藏或是冷凍至少1小時。

烤箱預熱

**14** · 預熱：425℉/220℃，預熱時間：30分鐘以上。將烤架設在中間。

烘烤塔皮

**15** · 將一根指尖插在塔皮與塔盤最上方的接縫處畫一圈，確認塔皮沒有沾黏住塔盤。塔皮不可超過懸吊在塔盤外，因為烘烤時烤模會收縮一點，這會使塔皮產生破洞。

**16** · 將咖啡濾紙或烤盤紙放在塔皮中央，放入¾滿的豆子或米壓住塔皮，將豆子分散均勻到每個角落。將塔盤放在鋪了鋁箔紙的烤盤上，放在烤箱的下方一層。

**17** · 烤5分鐘後將溫度降低到375℉/190℃，再烤15～20分鐘，或是直到塔皮可以固定。如果塔皮還沒熟，濾紙會黏在塔皮上。抓著濾紙或烤盤紙，連同豆子一起移出塔皮中央。將鋁箔圈環蓋（套）放在塔皮邊緣防止烤焦，繼續烤5～10分鐘。如果塔皮中央隆起，要趕緊用手指或湯匙背面壓平（參照p. 265小重點），一直烤到塔皮顏色呈淡淡的金黃色（側邊部分會是棕色），塔看起來是熟的，但是摸起來還是軟的。（在冷卻過程中質地會變硬，就像一般餅乾。）

冷卻

**18** · 塔盤依舊留在烤盤上，然後整個放在烤架上。如果發現塔皮有洞，塗一些蛋白，整個快速送回烤箱烤30秒，讓蛋白凝固，也可以用融化的白巧克力補洞。

**19** · 將烤箱溫度降低到300℉/150℃。

**20** · 這個烤過但不是熟透（半熟）的空塔殼，可以冷藏1星期或是冷凍1年。室溫下密封狀態可以保存2天。

· 鬆弛麵團時，一定要用東西蓋住麵團，以免水分流失或是表面結痂。

· 多餘的塔皮可以製作猶太三角餅乾（參照p.400）。

· 烤塔皮時若有隆起狀況，最好的方式是壓下去而不是戳洞。如果用叉子戳洞，會有直接戳到底的風險，如果塔上有洞，那之後放的內餡就可能流汁，經過烘烤導致塔殼跟塔模黏在一起。

# 柳橙內餡

| 食材 | 容量 | | 重量 |
|---|---|---|---|
| 1顆柳橙皮（切碎） | 2大匙（不用緊壓） | · | 12公克 |
| 檸檬皮（切碎） | 1小匙（不用緊壓） | · | 2公克 |
| 糖 | ½杯＋1大匙＋1小匙 | 4.1盎司 | 115公克 |
| 現榨柳橙汁<br>（約2顆，大柳橙過篩） | ½杯＋1½大匙（140毫升） | 5盎司 | 143公克 |
| 現榨檸檬汁（過篩） | 2½大匙（40毫升） | 1.4盎司 | 40公克 |
| 甘曼怡橙酒<br>（可不加） | 1小匙（5毫升） | · | · |
| 6～9顆蛋黃（室溫） | ¼杯＋3大匙（103毫升） | 4盎司 | 112公克 |
| 鮮奶油<br>（乳脂36%以上） | 1杯（237毫升） | 8.2盎司 | 232公克 |
| 糖粉（裝飾用） | 1大匙 | · | 9公克 |

製作柳橙內餡

1·將柳橙皮、檸檬皮和糖放入食物調理機中攪拌，直到果皮都變成粉狀，或者用銳利的刀直接切得很碎也可以。

2·在可微波的玻璃量杯中噴上少許烤盤油，或是準備一個煮鍋，將柳橙汁、檸檬汁倒入後微波，或者直火加熱，濃縮直到剩6大匙/89毫升/3盎司/86公克的量。將濃縮汁液放在室溫下冷卻，然後再加入甘曼怡橙酒混合。

**3**・在桌上型攪拌機的攪拌缸中放入攪打碎的果皮和糖、蛋黃，裝上槳狀攪拌器，蓋上安全裝置蓋，用慢速攪拌約2分鐘，直到兩者混合，慢慢倒入鮮奶油，再倒入果汁攪拌。

**4**・將柳橙內餡倒入準備好的塔盤中（塔盤仍放在烤盤上），內餡會裝滿整個塔。

烘烤

**5**・塔皮邊緣蓋（套）上鋁箔圈環以免邊緣烤焦，將塔盤連同烤盤放在烤箱的中間層，烘烤30〜40分鐘，或是直到內餡成型。剛開始烤過15分鐘後就可以把鋁箔圈環拆掉。移動到塔時，內餡會稍微抖動。柳橙內餡烘烤後會脹高約¼吋，表面會有一層薄膜，但越靠近中央越濕潤。（中央內部溫度約185℉/85℃。）

冷卻

**6**・出爐後，連同烤盤一起放在烤架上，室溫下約1小時冷卻。蓋上倒置的盤子或是大碗，冷藏至少1小時。

頂部脆焦糖

**7**・食用前，將一半量的糖粉均勻撒在塔的表面，用小噴火槍燒糖粉，讓它們變成深琥珀色。把塔放回冷藏10分鐘，讓表面冷卻，再撒上剩下的糖粉重複動作。也可以只撒上糖粉不做脆焦糖。

脫模

**8**・將塔盤放在一個比塔還小的穩固罐子上，將塔盤邊圈往下取出，塔盤邊圈應該很容易取下。準備一支長抹刀，插入塔殼與塔盤底盤的縫隙之間，必要時轉一圈鬆開兩者，將塔斜斜滑到盤子上。塔要趁焦糖還酥脆時立刻食用。

保存

・冷藏1天（焦糖表面在短時間內就會變軟）。

# 番石榴蛋白霜派

POMEGRANATE WINTER CHIFFON MERINGUE PIE

份量：8～10份

烤箱溫度

200°F/90°C

烘烤時間

蛋白霜派殼：2小時20分鐘～2小時50分鐘

我 11歲時，有個超難得的機會，就是參與喬治·巴蘭欽（George Balanchine）指導的胡桃鉗聖誕芭蕾舞台劇的表演。那時我飾演一名胡桃兵！每個晚上，當我們在後台等待布幕升起的那段時間，總會看到一位年輕舞者吃著一種我從沒看過的水果。那個迷人的女孩吃的，原來就是番石榴（她媽媽說是中國蘋果Chinese Apple）。她每吃一顆籽，那樣精巧的手指動作就好像它們在各自跳舞。那時對我來說真的很神奇，我也喜歡把番石榴所有的籽一次挖出來，一顆一顆吃，就像那女孩。但是我仍在想其他方法來展現這水果的美味，所以做了這道甜點，可以襯托這水果的美，也可以凸顯它的風味。食譜中番石榴內餡的部分也可以倒入玻璃杯中當作慕斯杯食用。番石榴糖漿用擠的做裝飾會很美觀，也可以隨意淋在表面裝飾，而番石榴籽本身就有漂亮的外表，絕對是很棒的天然裝飾。

事前準備

蛋白霜殼或檸檬塔皮（參照p.273美味變化款）

需要冷卻2小時，才能填入番石榴內餡。

器具

一個9½吋的深派盤，底部、側邊和邊上塗上酥油，

然後沾黏上麵粉（推薦Wondra品牌）

一個大的擠花袋，搭配一個½吋的星形花嘴，

或是在一個夾鏈袋口剪出½吋的半圓孔，放入½吋的星形花嘴。

## 蛋白霜殼

| 食材 | 容量 | | 重量 |
|---|---|---|---|
| 4顆蛋白（室溫） | ½ 杯（118 毫升） | 4.2 盎司 | 120 公克 |
| 派派粉 | ½ 小匙 | . | 1.6 公克 |
| 細砂糖 | ½ 杯＋1 大匙 | 4 盎司 | 113 公克 |
| 糖粉 | 1 杯（用湯匙挖入量杯至滿抹平） | 4 盎司 | 113 公克 |

烤箱預熱

1・預熱：200°F/90°C，預熱時間：20分鐘以上。將烤架設在中間層。

製作蛋白霜

2・用桌上型攪拌機搭配球形攪拌器打發。把蛋白和塔塔粉用中速打發直到成型。把速度調到中高速打發蛋白，直到呈現彎彎鳥嘴的濕（軟）性發泡的狀態，慢慢加入糖繼續打，然後用低速打到呈尖尖鳥嘴的乾（硬）性發泡的狀態。

3・將攪拌缸離機，篩入糖粉，用矽膠刮刀輕輕以切拌方式將糖粉拌入。確認攪拌缸底部都拌到，直到混合。

擠蛋白霜殼

4・將花嘴放到擠花袋或是夾鏈袋中，填入一半量的蛋白霜。垂直握著擠花袋（擠花袋筆直），花嘴與深派盤至少離1½吋高。為了讓擠出的蛋白霜有一定厚度，擠的時候，一定要提起擠花袋把蛋白霜擠出來，而不是緊貼派盤擠。

5・由派盤中央開始，順著繞圓方向將底部擠滿。為了避免有空隙產生，擠的時候將新的一圈蛋白霜擠落在上一圈邊上，幾乎是快要蓋住上一圈，然後蛋白霜的重量會自然將新的一圈墜下，落在正確位子。照這樣的方法擠圈，直到鋪滿整個底部。

6・將剩下的蛋白霜裝入擠花袋。側邊的部分，是用堆疊方式擠上3圈蛋白霜，一圈一條，最後一圈會比烤模稍微高一點。用小抹刀將最後一圈稍微抹出一個½吋寬的平台。在側邊與底部轉角交接的底部再擠上一圈蛋白霜，以免烘烤過程中破裂，最後用湯匙將這一圈抹勻。補齊任何蛋白霜之間的間隙，然後用小抹刀或湯匙背面將蛋白霜抹勻。另一種方法則是用湯匙直接舀出蛋白霜放在烤模中，蛋白霜底部與側邊約½吋厚，最後在側邊頂部抹出½吋寬的平台。

・由左至右：擠蛋白霜殼。將側邊頂部抹平。擠出貝殼花紋。

**7・**以同樣方式做出所有的貝殼花紋，新的開頭蓋住上一個貝殼紋的尾巴，最後一個貝殼的尾巴藏在第一個貝殼底下。

擠蛋白霜捲邊裝飾

**8・**將蛋白霜以貝殼狀花紋擠在之前抹出的½吋寬平台上，一點點靠在烤模上用來支撐。

**9・**將擠花袋用45～90度角的斜度，尾端開口朝自己，花嘴對準頂端平台，手穩住的擠出蛋白霜，向左移動，提起再畫一個圈，就像一個問號。結尾時，手慢慢收回力氣往下往右撇，做一個直條尾巴。

烘烤

**10・**在烘烤的2小時過程內避免開烤箱，以免蛋白霜龜裂。蛋白霜不需要烤到上色。要在不移動蛋白霜的情況下確認是否烤熟，可以準備一支尖銳的刀子從蛋白霜中央挖下去。拿出時會有一點點沾黏，因為在冷卻過程中蛋白霜還會繼續乾燥。如果拿出來時不只有一點點的沾黏，就還要再烤，每10分鐘確認一次直到熟。

**11・**為了避免蛋白霜有龜裂情況產生，開烤箱門時，先用烤箱門夾著一支木匙的把手端，靜置10分鐘，再把烤箱門全開靜置10分鐘，之後取出蛋白霜蓋上蛋糕的盒蓋或是鋼盆，靜置30分鐘。

**12・**如果蛋白霜上有嚴重的裂痕，或是任何會穿透底部的大縫隙，用白巧克力醬填補。（小裂痕沒關係，因為番石榴內餡不會軟化蛋白霜的外層。）

# 白巧克力醬

| 食材 | 容量 | 重量 | |
|---|---|---|---|
| 含可可脂白巧克力（切碎） | . | 8.2 盎司 | 232 公克 |
| 鮮奶油（36%乳脂以上） | ½ 杯（118 毫升） | 4.1 盎司 | 116 公克 |

製作白巧克力醬

**1・**準備一個細孔篩網，架在小玻璃碗上。另外將切碎的白巧克力放在一個小碗裡。

**2・**在中型煮鍋中加熱鮮奶油，直到鍋邊出現小泡泡（或是放入可微波的量杯中加熱1分鐘30秒～2分鐘）。離火後將鮮奶油倒入白巧克力的小碗裡，用攪拌器攪拌滑順後倒入篩網，按壓過篩，冷卻直到摸起來微溫即可。

刷白巧克力醬

**3・**用矽膠食用刷將白巧克力刷在蛋白霜殼任何裂縫上，在室溫下冷卻，等白巧克力醬凝固才能填入餡料。

第一次只將一半量的蛋白霜放到擠花袋的用意，是怕蛋白霜在溫熱的手中會變軟，這樣擠出來的蛋白霜形狀就會跑掉。

蛋白霜殼側邊脫離

**4**・當蛋白霜完全冷卻，所有裂縫也都用白巧克力醬補好後，取一把銳利的小刀深入蛋白霜與模型頂邊的縫隙，以上下移動刀的方式緊貼模型邊小心的劃一圈，將蛋白霜側邊與模型分開。

# 番石榴內餡

**份量：4杯3½杯/23.4盎司/664公克**

| 食材 | 容量 | | 重量 |
|------|------|---|------|
| 冷藏鮮奶油（乳脂36%以上） | ½ 杯（118毫升） | 4.1 盎司 | 116 公克 |
| 百分之百純番石榴汁（推薦POM Wonderful品牌，參照p.273小重點） | 1½ 杯（355毫升） | 13.5 盎司 | 382 公克 |
| 吉利丁粉 | 2½小匙 | . | 7.5 公克 |
| 糖 | ¾ 杯＋2 大匙（分次使用） | 6.2 盎司 | 175 公克 |
| 現榨檸檬汁 | 1 小匙（5 毫升） | . | 5 公克 |
| 2顆蛋白 | ¼ 杯（59 毫升） | 2 盎司 | 60 公克 |
| 塔塔粉 | ¼ 小匙 | . | . |

製作番石榴吉利丁內餡

**1**・在鋼盆中放入鮮奶油，冷藏至少15分鐘。（也可以把手持電動攪拌器的前端部分一起冷藏。）

**2**・在中型煮鍋中放入番石榴汁，撒上吉利丁粉，輕輕攪拌吉利丁粉，和果汁混合後靜置5分鐘，讓吉利丁粉吸收水分。（如果需要更久的時間，可以蓋上蓋子以免水分揮發。）加入½杯＋2大匙/4.4盎司/125公克的糖，攪拌直到糖都濕潤。將鍋子放到爐火上以中火加熱，不停攪拌直到溫度接近沸騰（190°F/88°C）。表面開始會有小泡泡，離火後倒入大碗裡，放入檸檬汁攪拌均勻。

**3**・靜置冷卻約20分鐘，直到不再燙手，放入冰箱冷藏。冷藏過程中，每15分鐘要攪拌一次直到開始變濃稠，約45分鐘。（當混合液變得濃稠，用刮刀攪拌時質地會有點像果凍。如果完全凝固了，可以將碗放在熱水上，一邊攪拌，混合液就會慢慢融化變得稍軟。）

**4**・準備一支手持電動攪拌器，在中碗裡混合蛋白和塔塔粉，用中速打到不再是液狀。將速度調到中高速，打到呈現彎彎鳥嘴的濕（軟）性發泡的狀態。加入剩餘的¼杯/1.8盎司/50公克的糖，繼續打到尖尖鳥嘴的乾（硬）性發泡的狀態。

**5**・將打好的蛋白霜與番石榴吉利丁內餡用攪拌器混合，以切拌方式混合兩者直到均勻。

打發鮮奶油

**6**・將冷藏鮮奶油用手持電動攪拌器以低速開始，慢慢增加到中高速打發，鮮奶油質地會越來越濃稠，打到成型，滴落時可以看見紋路的狀態。將打發的鮮奶油加入上述番石榴與蛋白霜的混合缸中，用攪拌器切拌方式大致混合。換成矽膠刮刀，仔細刮除缸底的糊，一起混合均勻。如果混合完的內餡顏色不夠粉，可以添加紅色食用色素，用攪拌器輕輕的拌到顏色一致。（參照p.273小重點）。

塔的組合

**7**・將混合好的內餡倒入蛋白霜殼，或是檸檬派皮中（參照p.273美味變化款），一起不用蓋蓋子直接冷藏約1小時，直到表面凝固才可以做裝飾。（如果冷藏時加蓋，蛋白霜就會受潮軟化。）

保存

・使用蛋白霜殼：冷藏1天

・使用檸檬派皮：冷藏3天，最多冷凍3星期。

# 番石榴淋面

**份量：4杯3½杯/23.4盎司/664公克**

| 食材 | 容量 | 重量 | |
|---|---|---|---|
| 百分之百純番石榴汁（推薦POM Wonderful品牌，參照p.273小重點） | ¼ 杯（59 毫升） | 2.3 盎司 | 64 公克 |
| 糖 | 1 大匙 | 0.5 盎司 | 13 公克 |
| 木薯粉或玉米澱粉 | 1 小匙 | . | . |
| 番石榴籽（可不加） | . | . | . |

製作番石榴淋面

**1**・在一個小煮鍋中放入番石榴汁、糖和木薯粉溶解混合，放到爐上以中火加熱，不停攪拌直到汁液變得透明濃稠。若使用木薯粉，一滾之後就會有透明濃稠的質地產生；若使用玉米澱粉，則液體要多滾約30秒，才會有上述情況產生。

**2**・離火後將淋面倒入量杯中，冷卻約20分鐘直到不燙手。將冷卻的淋面倒入方便擠壓的瓶子或是夾鏈袋中，在角落剪開一道小口。淋面用來裝飾盤子，隨意擠出想要的圖樣在擺設的盤子上。如果淋面卡住擠不出來，將淋面用力試擠在杯子中，直到淋面流出。

・使用番石榴汁之前，先倒一點點在透明的玻璃杯中，看看顏色是不是深的鮮艷紅色。如果顏色是像葡萄酒那樣的暗紅色，做出來的番石榴內餡就會變成紅紫色，這時要添加一點紅色色素。色素的量，建議是內餡部分：½～¾小匙；淋面部分：⅛小匙。（我建議的POM Wonderful品牌出產的番石榴汁顏色非常漂亮。）

# 美味變化款：檸檬塔皮

**份量：1½ 杯/15.5盎司/440公克**

烤箱溫度　425°F/220°C

烘烤時間　30～40 分鐘

## 器具

一個9吋塔盤噴上烤盤油沾上麵粉、一個8吋蛋糕模
一個圓形伸縮活動慕斯圈或是12吋圓紙板樣版
一張大的咖啡濾紙，幾個小的蛋糕形（波浪形）濾紙，
或是將烤盤紙揉捏用來可以放入重石、豆子或米的形狀
（在紙跟塔皮接觸那面噴上些許烤盤油）。
一個鋁箔圈環保護塔皮邊緣用

| 食材 | 容量 | | 重量 |
|---|---|---|---|
| 檸檬皮（切碎） | 1 大匙（不用緊壓） | . | 6 公克 |
| 糖 | ¼ 杯＋2 大匙 | 2.6 盎司 | 75 公克 |
| 細海鹽 | ¼ 小匙 | . | 1.5 公克 |
| 冷藏無鹽奶油 | 8 大匙（1 條） | 4 盎司 | 113 公克 |
| 1 顆蛋（打散，冷藏） | 3 大匙＋½ 小匙（47 毫升） | 1.8 盎司 | 50 公克 |
| 香草精 | ¾ 小匙（3.7 毫升） | . | . |
| 中筋麵粉 | 2 杯（用湯匙挖入量杯至滿抹平） | 8.5 盎司 | 242 公克 |

## 製作麵團

1・在食物調理機中放入檸檬皮、糖和鹽打到細緻。

2・將奶油切成幾塊，依序放入攪拌中的調理機內，打到奶油變得細緻光滑。加入蛋和香草精，攪拌到混合，必要時將調理機邊壁刮乾淨。加入麵粉後按壓開關幾下，讓麵粉與其他食材混合。最後麵團的質地應該是捏起來會黏在一起的狀態。

## 冷藏

**3．**將麵團放在一張很大的保鮮膜上，隔著保鮮膜揉捏麵團，讓麵團質地更加平滑。

**4．**將麵團拍扁成7～8吋的圓，放入夾鏈袋中冷藏2小時，讓麵團變硬同時也均勻吸收濕氣，**擀**時也比較容易，最多可冷藏2天。2小時後，將麵團連同袋子一起放在室溫10分鐘，或是直到可以**擀**的硬度。

## 擀麵團

**5．**準備一張大的保鮮膜，上面撒些手粉，開始**擀**麵團，**擀**到⅛吋的厚度，12吋的大小。過程中，如果塔皮變得非常軟無法操作，則將它放在烤盤上冷藏直到堅硬。時而將塔皮提起翻面，拉平保鮮膜，才不會讓保鮮膜上的皺摺痕跡烙印在塔皮上。

## 入模

**6．**將塔皮上的保鮮膜移除，用圓形伸縮活動慕斯圈裁切12吋塔皮，或是用披薩刀、小刀照著圓紙板樣版裁出圓形。如果使用披薩刀，注意不要太用力切斷下方墊的保鮮膜。（切出來多的塔皮可以冷凍數個月。）如果裁切後塔皮變軟，一樣放到冷藏直到夠硬。塔皮不會懸在塔盤邊緣除非有彈性，冷藏太久變得太僵硬時，可以在室溫下放幾分鐘回軟。

**7．**將8吋的蛋糕模倒放在工作檯上，抓著塔皮下的保鮮膜，將塔皮移到蛋糕模底上。將塔皮用手稍微從中心向外磨平，邊緣順勢修整往下（參照p.241檸檬蔓越莓酸塔） 將派盤倒蓋在塔皮上，連同蛋糕模整個翻轉過來，小心的移除蛋糕模和保鮮膜。如果入模時塔皮破了一點，可以用多的塔皮補起來，用手指壓入麵團中做修補。

**8．**將塔皮超出模型部分往塔內摺入，讓邊邊看起來平整同高，否則溢出的塔皮在烘烤過程中會斷裂。將邊壓平或做出簡單的捲邊。如果你的手溫太高，操作時可以用手指沾點麵粉（一點麵粉可以讓邊邊的部分在烘烤時維持形狀，但是若塔皮變得太軟，最好的方式是蓋上蓋子冷藏一會兒再操作）。

**9．**塔皮需要包裹兩層保鮮膜再冷藏，需要靜置6～24小時再烘烤。

## 烤箱預熱

**10．**預熱：425℉/220℃，預熱時間：30分鐘以上。將烤架設在中間層。

## 烘烤塔皮

**11．**將咖啡濾紙或烤盤紙放在塔皮中央，放入¾滿的豆子或米壓住塔皮，將豆子分散均勻到每個角落，尤其是側邊與底部的角落。

**12．**烤5分鐘後將溫度降低到375℉/190℃，再烤15～20分鐘，或是直到塔皮可以固定。如果塔皮還沒熟，濾紙會黏在塔皮上。抓著濾紙或烤盤紙，連同豆子一起移出塔皮中央，將鋁箔圈環蓋（套）放在塔皮邊上防止烤焦，繼續烤5～10分鐘。把鋁箔圈環掀起來確認狀況。熟的時候，邊上應該是淺棕色，側邊軟軟的，用手指輕輕觸碰時會有回彈的樣子。

## 冷卻

**13．**塔盤依舊留在烤盤上，整個放在烤架上冷卻約2小時，完全冷卻後才可以填入餡料。

# 匈牙利葡萄乾核桃小塔

HUNGARIAN RAISIN WALNUT TARTLETS

份量：24 ～ 26 個小塔

烤箱溫度　350°F/175°C

烘烤時間　18～22 分鐘

＊這一道小塔點心用的是派皮製作，為方便理解，內文中以塔皮稱之。

**我**有個很可愛的朋友，名叫莎莉・隆勾（Sally Longo），跟我一樣有個匈牙利外婆，給予這個家族一個傳家寶，並說著：「我的匈牙利外婆瑪蒂兒達（Matilda）照這1800年左右的食譜做了這些塔。在我們家，最年長的女人每年聖誕節都會做，她用這些小塔來寵愛子子孫孫們。這曾是我外婆，再來是我母親然後到我。現在，我們家的聖誕節不能沒有它！母親從十一月起就開始冷凍一些派皮，在十二月的第三個星期做好上百個小塔。」我很喜歡這份食譜，而莎莉和我也會繼續將這個傳統傳承下去。

器具

兩個12格瑪芬模，再噴上含麵粉的烤盤油

（如果家裡沒有，可噴上烤盤油和沾上薄薄一層麵粉）。

兩個鋪了鋁箔紙的烤盤

一個4½吋的圓切模或一個輕量的碗或紙板樣版

一個6格瑪芬模（如果有多的餡料，就會使用到）

## 香酥柔軟奶油起司酥皮

| 食材 | 容量 | 重量 |
|---|---|---|
| 3 倍的9 吋標準派皮（參照p.203） | . | 33 盎司 | 936 公克 |

烤箱預熱

・預熱：350°F/175°C，預熱時間：20分鐘以上。

・將烤架設置在下方（分上中下三部分）。

以派皮製作塔殼，先擀派皮

1・將冷藏的麵團取出。必要時可以靜置10分鐘，讓麵團容易延展操作。

・將4½吋小派皮放入瑪芬模中。

**2**・將麵團分成兩等份,每份約16.5盎司/468公克。將每份麵團拍扁成6吋的圓,其中一塊用保鮮膜包好放回冷藏。

**3**・在撒了手粉的耐烤帆布上、止滑墊上,或是夾在兩片薄撒手粉的保鮮膜中,開始擀麵團,擀到⅛吋厚度的橢圓。時而提起塔皮,在下方撒點手粉,防止沾黏。最後量尺寸時,也不要忘了將塔皮提起,好讓塔皮有收縮空間,以免塔皮入模會收縮。然後用切模,或是小刀照著碗口或圓紙板樣版割出4 ½吋大小,每片約1.2盎司/35公克重。剩餘的麵團重新捏揉,再擀平切割成4½吋的小圓。最後剩餘的麵團可以加到第二塊冷藏麵團混合。

**4**・首先,將切割好的圓塔皮由外向中間輕輕圍起,上方看起來開口就像一個X(參照左方小圖)。抓起X口的部分放入瑪芬格中,再把先前輕輕圍上的部分打開。先輕壓底部,側邊會稍微高出瑪芬模。將高出的部分捏出褶紋,壓在模口上。以同樣的方式將其他11個塔皮都放入模中。

**5**・用保鮮膜將整個瑪芬模包起來放入冷藏。取出第二塊麵團,以同樣方式裁切12個小圓,放入第二個瑪芬模中。如果有剩餘的麵團,可堆疊起來擀平,包上保鮮膜後冷藏,若有多餘的餡料,可以使用這部分的塔皮。

# 葡萄乾核桃餡

| 食材 | 容量 | 重量 | |
|---|---|---|---|
| 剖半核桃 | 2½ 杯（分次使用） | 8.8 盎司 | 250 公克 |
| 葡萄乾 | 2 杯 | 10.2 盎司 | 288 公克 |
| 5顆蛋 | 1 杯（237 毫升） | 8.8 盎司 | 250 公克 |
| 糖 | 2⅓ 杯 | 16.5 盎司 | 467 公克 |
| 無鹽奶油（65～75°F/19～23°C） | 14 大匙（1條＋6大匙） | 7 盎司 | 200 公克 |
| 牛奶 | ⅔ 杯（158 毫升） | 5.7 盎司 | 161 公克 |
| 香草精 | 1¼ 小匙（6 毫升） | . | . |
| 細海鹽 | 1 小撮 | . | . |

烘烤及打碎核桃

**1**・將核桃均勻鋪在烤盤上烘烤7分鐘，加強核桃的香氣。烘烤過程中可以翻炒一兩次，使核桃均勻上色。將烘烤過的核桃倒在乾淨的布巾上，挑出26顆形狀完好漂亮的核桃保存，用來裝飾。其他核桃放在布中滾動摩擦，使表面的皮脫落。粗略地將核桃打碎之後放入碗中，儘量去除核桃的皮。靜置完全冷卻後再切成小塊（¼吋大小）。

混合葡萄乾與核桃

**2**・將核桃放到金屬篩網中，篩出細小不要的碎塊。將核桃與葡萄乾放入中碗裡混合，用手指稍微搓揉均勻，避免葡萄乾結塊黏住。

製作葡萄乾核桃餡

〈食物調理機法〉

**3**・將蛋、糖、奶油、牛奶、香草精和鹽放入調理機中攪拌1分鐘，然後將混合液體倒入量杯中，這液體看起來有點凝固，因為內有打散的奶油塊，所以這些顆粒會浮在表面。

〈桌上型攪拌機法〉

**4**・將蛋、糖、奶油、牛奶、香草精和鹽放入桌上型攪拌機的鋼盆中，裝上槳狀攪拌器，以中速攪打1分鐘。將混合液體倒入量杯中，混合液體看起來有點凝固，因為內有打散的奶油塊，所以這些顆粒會浮在表面。

製作葡萄乾核桃餡

**5**・將½杯/5盎司/140公克的混合蛋液倒入葡萄乾核桃裡，用矽膠刮刀攪拌，使葡萄乾和核桃都均勻被液體包覆。

装入塔殼中

**6**・將冷藏的瑪芬模取出，放在準備好的烤盤上，用湯匙在每個小塔殼中，都舀入約2大匙/0.8盎司/23公克的葡萄乾核桃餡。另外每格再倒入1½大匙/1.2盎司/34公克的混合蛋液。全部的餡料大概會佔⅔～¾的高度，取決於不同厚度的派皮，餡料高度會有些微差別。餡料也可以填到幾乎快滿的狀態。烤完後，派皮的邊邊會稍微縮，大概比邊緣再低一點。混合液體要不時攪動，奶油才會均勻分布。倒入混合蛋液體時不要沾到瑪芬模和派皮的接縫，否則不利脫模。

烘烤

**7**・烘烤10分鐘。為了上色均勻，將烤盤旋轉180度，繼續烘烤8～12分鐘，或是可以看到內餡膨起呈金黃色，而派皮是金棕色。（小塔中央溫度約190～195℉/88～90℃。）

**8**・烘烤過程中，如果有多餘的葡萄乾核桃內餡，可把剩餘的派皮拿出來擀，多製作幾個小塔。將六格瑪芬模稍微噴上含麵粉的烤盤油，沾上一點麵粉。將切好的派皮放入模中，放入2匙葡萄乾核桃內餡，放回冷藏直到準備烤焙。

冷卻

**9**・將瑪芬模放在烤架上30分鐘冷卻。準備一支竹籤輔助脫模，必要時可以先用小抹刀伸入烤模和皮側邊的縫隙繞一圈，確認沒有黏住。在瑪芬模上蓋一張保鮮膜，將布巾摺疊差不多大小蓋上保鮮膜，最後擺上一個烤架。烤架連同瑪芬模整個倒過來，然後拿起瑪芬模，將小塔一個一個正放在烤架上。以同樣的方式將另一個瑪芬模中的小塔脫模，靜置到完全冷卻。把之前保留的剖半核桃放在每個小塔上，當作裝飾。

保存

・密閉盒裝：室溫10天。

# 南瓜胡桃派

PUMPKIN PECAN PIE

烤箱溫度

350°F/175°C

烘烤時間

胡桃內餡：16～22分鐘；南瓜內餡：30～40分鐘

南瓜和胡桃是自然風味的搭配，但讓這派更令人感到興奮的，是它相呼應的口感：南瓜餡的絲滑綿密搭配上具有嚼勁的胡桃餡。

器具

一個9 ½吋（7杯量）的有邊深派盤（參照p.265小重點）
一個15吋的圓紙板樣版、一個石板或烤盤
一個鋁箔圈環保護派皮邊緣用

## 香酥柔軟奶油起司酥皮

| 食材 | 容量 | 重量 | |
|------|------|------|------|
| 9½ 吋深盤派皮（參照p.204） | . | 14.6 盎司 | 414 公克 |

擀塔皮

1・將冷藏的麵團取出，必要時可以靜置10分鐘，讓麵團容易延展操作。

2・在撒了手粉的耐烤帆布上、止滑墊上，或是在夾有保鮮膜的重疊烤盤上（兩張烤盤重疊後倒放，鋪上保鮮膜，保鮮膜邊緣塞入烤盤間隙中），開始擀麵團，擀到⅛吋厚度，15吋的圓，或是夠大到可以覆蓋整個派盤底部，並留有¾吋多餘的寬。時而提起派皮，在下方撒點手粉，防止沾黏。最後量尺寸時，也不要忘了將派皮提起，好讓派皮有收縮空間，收縮完的派皮入模才會符合裁切尺寸。然後照著圓紙板樣版割出15吋大小的圓。

入模

3・接著將裁切好的派皮放入模中，調整好位置。必要時修剪邊緣，讓派皮超出邊緣¾～1吋。將超出部分往外邊側邊下方放著，或者用手指或叉子做出裝飾的捲邊。

這裡有一點很重要，之所以選擇有邊的深派盤，是因為烘烤胡桃時派皮是還沒有裝滿的狀況，所以派皮會稍微內縮。

冷卻

4・將放入派盤中的派皮用保鮮膜包起來，冷藏至少30分鐘，最多3小時。

烤箱預熱

5・預熱：350°F/175°C，預熱時間：45分鐘以上。

6・將烤架設置在最下層，放上石板或烤盤。

# 胡桃內餡

| 食材 | 容量 | 重量 | |
|---|---|---|---|
| 轉化糖漿或玉米糖漿 | ⅓ 杯（79 毫升） | 4 盎司 | 113 公克 |
| 淺色黑糖或深色紅糖 | ½ 杯（壓緊） | 3.8 盎司 | 108 公克 |
| 4～6顆蛋黃 | ¼ 杯＋2 小匙（69 毫升） | 2.6 盎司 | 74 公克 |
| 鮮奶油（乳脂36%以上） | ¼ 杯（59 毫升） | 2 盎司 | 58 公克 |
| 無鹽奶油<br>（65～75°F/19～23°C） | 4 大匙（½ 條） | 2 盎司 | 57 公克 |
| 細海鹽 | 1 小撮 | · | · |
| 香草精 | 1 小匙（5 毫升） | · | · |
| 胡桃（切成大碎塊） | 1½ 杯 | 6 盎司 | 170 公克 |

製作胡桃內餡

1・準備一個細孔篩網，架在玻璃量杯上。

2・準備一個厚底煮鍋，放入轉化糖漿、黑糖、蛋黃、鮮奶油、奶油和鹽，用中小火加熱，以耐熱刮刀不時攪拌，直到液體顏色一致，而且質地開始變得稍微濃稠，過程約7～10分鐘，不要煮滾。（溫度約160°F/71°C。質地在烘烤後會更濃稠。這個過程只是讓蛋黃在凝固時不會太滑順，而且可以被篩出。）將混合液體倒入篩網中過篩，拌入香草精混合。

填入餡料

**3**・將胡桃均勻撒在派皮上，把混合液體的量杯口對準派皮中心，慢慢的由中心向邊上澆淋在胡桃上。差不多快淋完時，胡桃會浮起來，這時輕輕搖晃派盤，讓胡桃均勻散布在內餡中。

烘烤

**4**・將派盤放在石板上烤16～22分鐘，或是直到內餡膨起，在邊邊冒出沸騰的小泡泡。移動烤盤時，內餡會稍微抖動，這時內餡中央溫度約185～190°F/85～88℃。盡快確定內餡的熟度以免烤過頭，內餡烤過頭會太乾。

冷卻

**5**・將派盤放在烤架上至少30分鐘冷卻。冷卻的同時，可以製作南瓜內餡，並將烤箱中的石板移到中間層。

# 南瓜內餡

| 食材 | 容量 | | 重量 |
|---|---|---|---|
| 無糖南瓜泥（推薦Libby's品牌） | 1 杯＋2 大匙 | 10 盎司 | 283 公克 |
| 淺色黑糖或深色紅糖 | ½ 杯（壓緊） | 3.8 盎司 | 108 公克 |
| 薑粉 | 1¼ 小匙 | . | 1.3 公克 |
| 肉桂粉 | 1 小匙 | . | 2.2 公克 |
| 細海鹽 | ¼ 小匙 | . | 1.5 公克 |
| 鮮奶油（乳脂36%以上） | ½ 杯（118 毫升） | 4.1 盎司 | 116 公克 |
| 牛奶 | ⅓ 杯（79 毫升） | 2.9 盎司 | 81 公克 |
| 2顆蛋（室溫） | ⅓ 杯＋1 大匙（94 毫升） | 3.5 盎司 | 100 公克 |
| 香草精 | ½ 小匙（2.5 毫升） | . | . |

製作南瓜內餡

**1**・在厚底小煮鍋中放入南瓜泥、黑糖、薑粉、肉桂粉和鹽，以中火攪拌到滾。沸騰後轉成小火，繼續攪拌煮3～5分鐘，直到南瓜泥變得濃稠有光澤。（可能會有小顆粒，但之後會用調理機打散。）

**2**・用刮刀將南瓜泥挖進小型食物調理機或均質機中，打開蓋子攪打1分鐘。將調理機邊壁刮乾淨。讓機器繼續攪打，一邊倒入鮮奶油和牛奶，攪打幾秒鐘或是打到質地均勻滑順。將調理機邊壁刮乾淨，加入蛋、香草精，攪打5秒或是直到均勻。將混合好的內餡放入中碗裡備用。

**3**・用勺子將南瓜內餡小心舀入冷卻的派裡，勺子靠近胡桃內餡的表面，讓南瓜餡慢慢流出，才不會破壞層次。必要時，可以用抹刀將南瓜內餡的表面抹平。

烘烤南瓜內餡

4・將鋁箔圈環蓋（套）在派皮邊緣一圈，防止這一圈烤焦，將派放到石板上，烘烤45～55分鐘，或是用一支刀插入中央½吋深，再拿出來時不沾有任何麵糊。南瓜內餡會膨脹，除了中央，其他部分表面會有點乾乾的。（餡料搖動時會像果凍的質地，不過快要烤熟時，它的質地就會這樣，所以無法用質地來判斷是否烤熟；然而，如果看起來沒有像果凍的質地，表示內餡還沒熟。烤熟後，中央南瓜餡內部的溫度約190～195°F/88～91°C。）

冷卻

5・放在烤架上至少2小時冷卻，或是直到摸起來是冷的，才可以在表面做裝飾。

# 胡桃裝飾

| 食材 | 容量 | | 重量 | |
|------|------|---|------|---|
| 12顆剖半胡桃 | · | | · | · |
| 轉化糖漿或玉米糖漿 | · | | · | · |

胡桃裝飾

・將每顆胡桃圓弧面朝上，把糖漿刷在表面，黏貼在塔皮側邊時，在胡桃背面也沾上少許糖漿。

保存

・室溫2天；冷藏4天。

# 泥沼烏龜派

MUD TURTLE PIE

份量：6～8 份

烤箱溫度

派皮：425°F/220°C；烏龜派：350°F/175°C

烘烤時間

派皮：23～27分鐘；烏龜派：16～25分鐘

**我**認為烏龜派就是濃厚的巧克力做成。這個風味濃郁、充滿黏膩感的胡桃內餡和牛奶巧克力甘納許做成的「泥沼」非常搭，兩個食材都很適合在上面裝飾一隻小烏龜。

事前準備

塗抹的1～2小時前做好巧克力甘納許。

器具

一個9吋派盤、一個圓形伸縮活動慕斯圈或是13吋圓紙板樣版
一張大的咖啡濾紙，幾個小的蛋糕形（波浪形）濾紙，
或是將烤盤紙摺成可以放入重石、豆子或米的形狀
（在紙跟派皮接觸那面噴上些許烤盤油）。
一個石板或烤盤、一個鋁箔圈環保護派皮邊緣用

## 香酥柔軟奶油起司酥皮

| 食材 | 容量 | 重量 |
|------|------|------|
| 9 吋標準派皮（參照p.203） | 11 盎司 | 312 公克 |

擀派皮

1・將冷藏的麵團取出，必要時可以靜置10分鐘，讓麵團容易延展操作。

2・在撒了手粉的耐烤帆布上、止滑墊上，或是在夾有保鮮膜的重疊烤盤上（兩張烤盤重疊後倒放，鋪上保鮮膜，保鮮膜邊緣塞入烤盤間隙中），開始擀麵團，擀到⅛吋厚度，13吋的圓，或是夠大到可以覆蓋整個派盤底部，並留有¾吋多餘的寬。時而提起派皮，在下方撒點手粉，防止沾黏。最後量尺寸時，也不要忘了將派皮提起，好讓派皮有收縮空間，收縮完的派皮入模才會符合裁切尺寸。然後照著圓紙板樣版割出13吋大小的圓。

### 入模

**3**・接著將裁切好的派皮放入模中,調整好位置。必要時修剪邊緣,讓派皮超出邊緣¾～1吋。將超出的部分往外邊側邊下方放著,或者用手指或叉子做出裝飾的捲邊。用兩層保鮮膜封好後冷藏至少30分鐘,最多24小時,或是可放入夾鏈袋中冷凍保存6個月。

### 烤箱預熱

**4**・預熱:425℉/220℃,預熱時間:45分鐘以上。

**5**・將烤架設置在最下層,放上石板或烤盤。

### 烘烤派皮

**6**・將咖啡濾紙或烤盤紙放在派皮中央,放入¾滿的豆子或米壓住派皮,將豆子分散均勻到每個角落。

**7**・將派盤放在石板上烘烤20分鐘,移除濾紙和豆子等重石。將鋁箔圈環蓋(套)在派皮邊緣防止烤焦,繼續烤3～7分鐘,直到派皮呈淡金色。如果派皮中央隆起,要趕緊用手指或湯匙背面壓平。

### 冷卻

**8**・派盤依舊留在烤盤上,然後整個放在烤架上,將鋁箔圈環拿開放在一旁。如果發現派皮有洞,塗一些蛋白,整個快速送回烤箱烤30秒,讓蛋白凝固,也可以用融化的白巧克力補洞。

**9**・將烤箱溫度降至350℉/175℃。

**10**・烤過的派皮可以放在密封盒中,室溫保存最多2天。

# 胡桃內餡

| 食材 | 容量 | 重量 | |
|---|---|---|---|
| 轉化糖漿或玉米糖漿 | ⅓ 杯（79 毫升。量杯中噴上少許烤盤油） | 4 盎司 | 113 公克 |
| 淺色黑糖或深色紅糖 | ½ 杯（壓緊） | 3.8 盎司 | 108 公克 |
| 4～6顆蛋黃（室溫） | ¼ 杯＋2 小匙（69 毫升） | 2.6 盎司 | 74 公克 |
| 鮮奶油（乳脂36%以上） | ¼ 杯（59 毫升） | 2 盎司 | 58 公克 |
| 無鹽奶油（65～75℉/19～23℃） | 4 大匙（½ 條） | 2 盎司 | 57 公克 |
| 細海鹽 | 1 小撮 | . | . |
| 香草精 | 1 小匙（5 毫升） | . | . |
| 胡桃（切成大碎塊） | 1¾ 杯 | 7 盎司 | 200 公克 |

## 不失敗祕訣

轉化糖漿和未精製的淺色黑糖，讓成品更顯不凡的高品質風味。

### 製作胡桃內餡

1・準備一個細孔篩網，架在玻璃量杯或是有嘴的調理碗上。

2・準備一個厚底煮鍋，放入轉化糖漿、黑糖、蛋黃、鮮奶油、奶油和鹽，用中小火加熱，以耐熱刮刀不時攪拌，直到液體顏色一致，而且質地開始變得稍微濃稠，過程約7～10分鐘，不要煮滾（溫度約160°F/71°C）。將混合液體倒入篩網中過篩，拌入香草精。

3・將胡桃均勻撒在派皮上，把混合液體的量杯口對準派皮中心，慢慢的由中心向邊上澆淋在胡桃上。差不多快淋完時，胡桃會浮起來，這時輕輕搖晃派盤，讓胡桃均勻散布在內餡中。

### 烘烤

4・重新套（蓋）上鋁箔圈環防止派皮邊緣烤焦，烘烤16～25分鐘，或是直到內餡膨起，然後在邊邊冒出沸騰的小泡泡。移動烤盤時，內餡會稍微抖動，這時內餡中央溫度約190～200°F/88～93°C。盡快確定內餡的熟度以免烤過頭，內餡烤過頭會太乾。

### 冷卻

5・將派盤放在烤架上至少1小時冷卻，或是直到內餡摸起來是結實的觸感，才可以抹上甘納許。

# 我的特製牛奶巧克力甘納許

**份量：¾杯+1½大匙/7.7盎司/218公克**

| 食材 | 容量 | 重量 | |
|---|---|---|---|
| 含可可脂白巧克力（切碎） | . | 2.4 盎司 | 68 公克 |
| 苦甜巧克力，60～62%可可含量（切碎） | . | 2.4 盎司 | 68 公克 |
| 鮮奶油（乳脂36%以上） | ¼ 杯＋2 大匙（89 毫升） | 3.1 盎司 | 87 公克 |

### 製作牛奶巧克力甘納許

1・準備一個細孔篩網，架在玻璃碗上。

2・在食物調理機中把白巧克力、苦甜巧克力打成非常細的碎片。

3・將鮮奶油倒入可微波的玻璃量杯中，然後加熱到即將沸騰。

**4**・把加熱的鮮奶油從壺嘴倒入運轉的食物調理機中，攪拌幾秒讓鮮奶油與巧克力完全融合，必要時可以暫停調理機來刮除邊緣。倒在篩網上過篩，然後在碗裡靜置1小時。之後封上保鮮膜再冷卻2～3小時，或是直到甘納許質地變得能夠在塗抹後維持痕跡（溫度約68～72℉/20～22℃）。先挖起1大匙，用在裝飾烏龜，將這1大匙甘納許冷藏直到可以塑型。

**5**・將甘納許置入真空保存盒中，可以在低溫的室溫下放3天，在冰箱放2星期，冷凍則可放到6個月。再次使用時，取出退冰後用微波加熱3秒，或是用上下雙層鍋隔熱水加熱（不要讓鍋底碰到下面鍋子的水），輕輕攪拌確認沒有過熱或是有氣泡。

塗抹甘納許

**6**・將甘納許放到派上，用小抹刀將甘納許均勻塗抹在派的表面，用小抹刀畫出漣漪，製造出水波紋效果。

**7**・將派不蓋蓋子的靜置約1小時，然後蓋上蛋糕盒或是大缸盆幾個小時，讓甘納許固定。

# 胡桃烏龜裝飾

| 食材 | 容量 | 重量 |
|---|---|---|
| 牛奶巧克力甘納許（先前預留的部分） | 1 大匙 | ・ |
| 5 顆剖半胡桃 | ・ | ・ |
| 玉米糖漿（可不加） | ・ | ・ |
| 幾顆法芙那的黑巧克力珍珠裝飾（可不加） | ・ | ・ |

製作胡桃烏龜裝飾

**1**・用手指或小抹刀將甘納許做成橢圓形，約1吋寬，1¼吋長。將橢圓龜殼放在派上，用刀尖在龜殼背上畫出像井字的條紋，當作龜殼的花紋。

**2**・將一個剖半的胡桃橫切為二，取一塊當作烏龜頭。如果要做眼睛，可把圓弧那面朝上，點一小滴玉米糖漿在左右兩側，大概是胡桃一半的高度，然後黏上巧克力珍珠。為了避免巧克力珍珠滑落，可以墊上一疊4個乾淨的硬幣當作支撐直到凝固。靜置約10分鐘，將胡桃切面向著烏龜殼，以45度角向上，像是抬頭的樣子，插入甘納許表面。

**3**・將4個剖半胡桃圓弧面朝上擺設，當作四隻腳，也可以在尾巴放上巧克力珍珠當作尾巴。

**4**・使用尖銳薄刃的刀子，泡在熱水中後擦乾再切，切每片時都要重複這動作。

# 美味變化款：黑巧克力甘納許

份量：¾杯/6.2盎司/176公克

| 食材 | 容量 | | 重量 | |
|------|------|---|------|---|
| 苦甜巧克力，<br>60%～62%可可含量（切碎） | . | | 3.5 盎司 | 100 公克 |
| 鮮奶油（乳脂36%以上） | ⅓ 杯（79 毫升） | | 2.7 盎司 | 77 公克 |
| 香草精 | 2 小匙（10 毫升） | | . | . |

製作黑巧克力甘納許

1・在食物調理機中把苦甜巧克力打成非常細的碎片。

2・將鮮奶油倒入可微波的玻璃量杯中，然後加熱到即將沸騰。

3・把加熱的鮮奶油從壺嘴倒入運轉的食物調理機中，攪拌幾秒讓鮮奶油與巧克力
完全融合，必要時可以暫停調理機來刮除邊緣。倒入香草精攪拌混勻，然後倒至篩
網上過篩，在碗裡靜置1小時。之後封上保鮮膜再冷卻2～3小時，或是直到甘納許
質地變得能夠在塗抹後維持痕跡（溫度約68～72°F/20～22°C）。先挖起1大匙，用
在裝飾烏龜，將這1大匙甘納許冷藏直到可以塑型。

# 冷凍胡桃塔

FROZEN PECAN TART

份量：8 ～ 10 份

烤箱溫度

塔皮：425°F/220°C；胡桃塔：350°F/175°C

烘烤時間

塔皮：30～40分鐘；胡桃塔：15～20分鐘

這 份食譜算是我的最佳胡桃派即興創作版，不只是轉化糖漿和黑糖帶出的滑潤太妃糖風味，也因為它被設計為冷凍後再食用的點心，所以口味比較不甜，口感也比較有嚼勁。即使冷凍，它的質地還是柔軟，可以不費勁的切開。這是我最愛的假日點心之一，另一個優點是它在食用前可以一直冷凍保存。

器具

一個9½ ×1吋的活動式塔模，若非不沾材質，則需要噴上含麵粉的烤盤油
（如果家裡沒有，可噴上烤盤油和沾上薄薄一層麵粉）。
一個圓形伸縮活動慕斯圈或是12吋圓紙板樣版
一個8吋蛋糕圓模、一個烤盤鋪上鋁箔紙
一張大的咖啡濾紙，幾個小的蛋糕形（波浪形）濾紙，或是將烤盤
紙揉捏用來放入重石、豆子或米的形狀（在紙跟塔皮接觸那面噴上些許烤盤油）。
一個鋁箔圈環保護塔皮邊緣用

## 甜餅乾塔皮（甜塔皮）

| 食材 | 容量 | 重量 | |
|------|------|------|------|
| 甜餅乾塔皮（甜塔皮，參照P.261） | 1 杯 | 11.3 盎司 | 321 公克 |

擀麵團

1・準備兩片保鮮膜，上面薄撒一些手粉，將麵團放在兩片保鮮膜中間，隔著保鮮膜擀到⅛吋的厚度，12吋的大小。時而提起塔皮，在下方撒點手粉，防止沾黏。如果塔皮變得太軟，可將它放在烤盤上冷藏直到可以操作（參照p.293）。時而拉平保鮮膜，才不會讓保鮮膜上的皺痕印在塔皮上。

## 不失敗祕訣

轉化糖漿和未精製的淺色黑糖，讓成品更顯不凡的高品質風味。

照片中的胡桃是隨意擺放，也可以用對稱的方式擺放：先把大的胡桃從外圈開始擺，然後依照大到小的尺寸，將胡桃由外圈往中間擺，將它們的方向擺得一致，看起來像是對準中心。

### 入模

**2．**將塔皮上的保鮮膜移除，用圓形伸縮活動慕斯圈裁切成12吋塔皮，或是用披薩刀、小刀照著圓紙板樣版裁出圓形。如果使用披薩刀，注意不要太過用力切斷下方墊著的保鮮膜。（切出來多餘的塔皮可以冷凍數個月。）如果裁切後塔皮變軟，同樣放到冷藏直到夠硬。塔皮不會懸在塔模邊緣，除非塔皮有彈性，也就是冷藏太久變得太僵硬時，可以在室溫下放幾分鐘回軟。

**3．**將8吋蛋糕模倒放在工作檯上，抓著塔皮下的保鮮膜，將塔皮移到蛋糕模底上。將塔皮用手稍微從中心向外磨（按）平，邊緣順勢修整往下（參照p.241檸檬蔓越莓酸塔）。將塔模的底先蓋在塔皮上，小心的將塔模邊緣也倒過來蓋上。上面壓一張圓紙板或烤架，以免翻轉時移動到塔模。將整個塔模和蛋糕模一起倒過來，慢慢撕掉保鮮膜。小心將塔皮向塔模底部和側邊輕壓，以確定塔皮確實貼在塔模上。如果在入模時塔皮破了一點，可以用多的塔皮補起來，用手指壓入麵團中做修補。

**4．**將塔皮超出塔模的部分往塔內摺入，讓邊邊看起來平整同高。再次將塔皮往塔模側邊壓，擠壓部分會往上方多出⅛～¼吋高。如果側邊高出的部分太厚，則輕壓讓它薄一點（因為還會再膨高）；輕壓時可以往底部與側邊的角落集中，因為通常這部分的塔皮會比較厚。準備一把廚房剪刀，將邊上多的⅛～¼吋剪掉。如果想要做裝飾捲邊，用小刀的刀背斜劃整個邊框。

### 冷藏塔皮

**5．**保鮮膜蓋住塔皮冷藏或是冷凍至少1小時。

### 烤箱預熱

**7．**預熱：425°F/220°C，預熱時間：30分鐘以上。

**8．**將烤架設在中間跟最底層。

### 烘烤塔皮

**9．**將一根指尖插在塔皮與塔模最上方的接縫處畫一圈，仔細確認塔皮沒有沾黏住塔模。塔皮不可超過懸吊在塔模外，因為烘烤時烤模會收縮一點，這會使塔皮產生破洞。

**10．**將咖啡濾紙或烤盤紙放在塔皮中央，放入¾滿的豆子或米壓住塔皮，將豆子分散均勻到每個角落。將塔模放在鋪了鋁箔紙的烤盤上，放在烤箱的下方一層。

**11．**烤5分鐘後將溫度降低到375°F/190°C，再烤15～20分鐘，或是直到塔皮可以固定。如果塔皮還沒熟，濾紙會黏在塔皮上。抓著濾紙或烤盤紙，連同豆子一起移出塔皮中央。將鋁箔圈環蓋（套）在塔皮邊緣防止烤焦，繼續烤5～10分鐘。如果塔皮中央隆起，要趕緊用手指或湯匙背面壓平，一直烤到塔皮顏色呈淡淡的金黃色（側邊部分會是棕色），塔看起來是熟的，但是摸起來還是軟的。（在冷卻過程中質地會變硬，就像一般餅乾。）

冷卻

**12・**塔模依舊留在烤盤上，然後整個放在烤架上。如果發現塔皮有洞，塗一些蛋白，整個快速送回烤箱烤30秒，讓蛋白凝固，也可以用融化的白巧克力補洞，在室溫下凝固後才可以填入餡料。

**13・**將烤箱溫度降低到350℉/175℃

**14・**這個烤過但不是熟透（半熟）的空塔殼，可以冷藏1星期或是冷凍1年。室溫下密封狀態可以保存2天。

## 小重點

・鬆弛麵團時，一定要用東西蓋住麵團，以免水分流失或表面結痂。

・烤塔皮時若有隆起狀況，最好的方式是把它壓下去而不是戳洞。如果用叉子戳洞，會有直接戳到底的風險，如果塔皮上有洞，之後放入內餡可能會滲出汁液，經過烘烤導致塔殼和塔盤黏在一起。

# 胡桃內餡

| 食材 | 容量 | 重量 | |
|---|---|---|---|
| 轉化糖漿或玉米糖漿 | ⅓ 杯（79 毫升。量杯中噴上少許烤盤油） | 4 盎司 | 113 公克 |
| 淺色黑糖或深色紅糖 | ½ 杯（壓緊） | 3.8 盎司 | 108 公克 |
| 4〜6 顆蛋黃（室溫） | ¼ 杯＋2 小匙（69 毫升） | 2.6 盎司 | 74 公克 |
| 鮮奶油（乳脂36%以上） | ¼ 杯（59 毫升） | 2 盎司 | 58 公克 |
| 無鹽奶油（65〜75℉/19〜23℃） | 4 大匙（½ 條） | 2 盎司 | 57 公克 |
| 細海鹽 | 1 小撮 | . | . |
| 香草精 | 1 小匙（5 毫升） | . | . |
| 剖半胡桃（參照p.294小重點） | 1¾ 杯 | 6 盎司 | 170 公克 |

製作胡桃內餡

**1・**準備一個細孔篩網，架在玻璃量杯上。

**2・**準備一個厚底煮鍋，放入轉化糖漿、黑糖、蛋黃、鮮奶油、奶油和鹽，用中小火加熱，以耐熱刮刀不時攪拌，直到液體顏色一致，而且質地開始變得稍微

濃稠，過程約7～10分鐘，不要煮滾（溫度約160°F/71°C）。將混合液體倒入篩網中過篩，拌入香草精拌勻。

填入餡料

**3**・將胡桃圓弧面朝上，均勻的排在塔皮上，把混合液體的量杯口對準塔皮中心，慢慢的由中心向邊上澆淋在胡桃上。差不多快淋完時，胡桃會浮起來，這時輕輕搖晃塔模，讓胡桃均勻散布在內餡中。這時候會發現空隙變大，再加一些胡桃把空隙填滿。

烘烤

**4**・將鋁箔圈環蓋（套）在塔皮邊緣防止烤焦，將塔模放在中間層的烤架，然後烘烤15～20分鐘，或是直到內餡膨起，然後在邊邊冒出沸騰的小泡泡。移動烤盤時，內餡會稍微抖動，這時內餡中央溫度約190～200°F/88～93°C。盡快確定內餡的熟度以免烤過頭，內餡烤過頭會太乾。

冷卻

**5**・塔模依舊留在烤盤上，然後整個放在烤架上，將鋁箔圈環拿開放在一旁。使用金屬蛋糕鏟或至少10吋長的鍋鏟，將塔模移到烤架上，然後靜置約45分鐘直到完全冷卻。

脫模

**6**・將塔模放在一個比塔還小的穩固罐子上，用熱毛巾摩擦塔模側邊與底部。將側邊部分往下輕推脫膜。塔模邊圈應該很容易脫膜，如果沒有順利脫離，可以再用熱毛巾重複同樣動作。準備一支長的金屬抹刀，插入塔殼與塔模底盤的縫隙之間，必要時轉一圈鬆開兩者，將塔斜斜滑到盤子上。最後，可以用巧克力蕾絲做裝飾。

## 小重點

・準備2杯/7盎司/200公克的胡桃或更多的量，就可以選擇擺放外觀完整的核桃。

# 同場加映：巧克力蕾絲裝飾

**份量：3½大匙/1.9盎司/53公克**

| 食材 | 容量 | 重量 | |
|---|---|---|---|
| 苦甜巧克力，60%～62%可可含量（切碎） | ・ | 1盎司 | 28公克 |
| 熱鮮奶油（乳脂36%以上） | 2大匙（30毫升） | 1盎司 | 28公克 |

製作巧克力蕾絲裝飾

1・把巧克力放在可微波的碗中加熱，每15秒用矽膠刮刀稍微攪拌（或是在瓦斯上架上雙層煮鍋，底下的鍋子放入接近但低於沸騰溫度的熱水，注意不要讓上層的鍋子碰到下層鍋內的熱水），加熱巧克力直到幾乎融化。

2・停止加熱，但繼續攪拌直到完全融化。

3・把熱的鮮奶油倒入融化的巧克力中，攪拌直到融合。巧克力醬的質地應該是濃稠的，如果太稀，可以等幾分鐘讓巧克力醬稍微冷卻。如果太稠，加一些鮮奶油或波本威士忌。

裝飾

4・將巧克力鮮奶油倒入擠花袋或是夾鏈袋中，剪一個非常小的開口，將袋口封緊。將巧克力鮮奶油以前後來回的方式淋在胡桃上，完成後再淋左右來回的方向，像蕾絲的網子一樣。巧克力鮮奶油凝固後再冰凍整個塔。

冷凍

5・將完成的胡桃塔放入夾鏈袋中，冷凍最少2小時。完全冷凍的塔切起來會非常漂亮。建議冷凍後拿出室溫約3分鐘後食用。

保存

・冷凍3個月。

## ☆ 美味變化款：冷凍巧克力胡桃塔

・將無糖（鹼化）可可粉加入內餡混合液中，可以讓塔帶有巧克力味，卻不至於搶走胡桃的味道。將⅓杯（先過篩後再用量杯量）/1盎司/28公克的可可粉加入蛋液混合液再烘烤。因為混合液的顏色比較濃，記得在蓋（套）上鋁箔圈環前要先將鋁箔圈環噴上一點烤盤油，才不會沾黏到內餡。也可使用巧克力餅乾塔皮（參照p.296）做胡桃派的塔皮。

# 濃郁布朗尼塔

## FUDGY PUDGY BROWNIE TART

份量：8～10 份

烤箱溫度　325°F/160°C

烘烤時間　35～45 分鐘

**我** 寫過許多布朗尼的食譜，最終應該要有一個能與它相匹配的容器。這個酥脆的巧克力餅皮不但是可以吃的容器，也讓布朗尼保有濕潤和具嚼勁的口感。實在太棒了！

器具

一個9½×1吋的活動式塔模，若非不沾材質，
則需要噴上含麵粉的烤盤油（如果家裡沒有，可噴上烤盤油和沾上薄薄一層麵粉）。
一個圓形伸縮活動慕斯圈或是12吋圓紙板樣版
一個8吋蛋糕圓模、一個烤盤鋪上鋁箔紙

## 巧克力餅乾塔皮（甜塔皮）

份量：1⅓杯/16盎司/455公克

| 食材 | 容量 | | 重量 |
|------|------|------|------|
| 無鹽奶油 | 8 大匙（1 條） | 4 盎司 | 113 公克 |
| 中筋麵粉 | 1½ 杯（用湯匙挖入量杯至滿抹平）＋½ 大匙 | 6.5 盎司 | 185 公克 |
| 無糖（鹼化）可可粉 | ¼ 杯＋1 大匙（先過篩） | 0.8 盎司 | 23 公克 |
| 細海鹽 | 1小撮 | . | . |
| 糖粉 | ¾ 杯（用湯匙挖入量杯至滿抹平） | 3 盎司 | 86 公克 |
| 1顆蛋（打散） | 3 大匙＋½ 小匙（47 毫升） | 1.8 盎司 | 50 公克 |

製作巧克力餅乾塔皮

〈食物調理機法〉

1・將奶油切成約½吋的小丁，冷藏備用。

2・將麵粉、可可粉和鹽過篩在一個碗中。

3・將冷藏奶油丁、糖粉倒入食物調理機中，攪打至看不見糖粉，加入麵粉等粉類攪打，直到奶油比青豆還小顆。

**4.** 將蛋液加到調理機中約按壓8次攪打，麵團應該呈顆粒狀。

**5.** 將麵團放入塑膠袋中，或隔著塑膠袋操作麵團直到成團。拿出麵團放在一張很大的保鮮膜上，隔著保鮮膜揉捏麵團，讓麵團質地更加平滑，這時應該已看不見奶油的痕跡。（奶油塊在烘烤後會融化而形成一個洞。如果還看見奶油塊，就必須繼續搓揉麵團，或是用手掌根部將奶油抹開，散在麵團中。）

〈手工做法〉

**6.** 在碗中混合麵粉、可可粉、鹽和糖粉，加入奶油，可以用奶油切刀或兩支刀邊切邊拌，將奶油切成小丁，最後混合成粗粒狀。

**7.** 加入蛋液、粉類混合揉成團。

冷藏麵團

**8.** 將麵團壓成6吋的圓，包好保鮮膜冷藏30分鐘，或是直到堅硬可以順利擀開，放入塔模中。在冷藏情況下，麵團可以放3天，冷凍則可以保存6個月。冷藏超過30分鐘的麵團通常需要在室溫下退冰40分鐘才能擀開。

擀麵團

**9.** 將麵團在夾有保鮮膜的重疊烤盤上（兩張烤盤重疊後倒放，鋪上保鮮膜，保鮮膜邊緣塞入烤盤間隙中），擀成12吋的圓，⅛吋的厚度。擀塔皮的同時，不要忘記撒上手粉，如果塔皮變得非常軟無法操作，可將它放在烤盤上冷藏直到堅硬（參照p.299小重點）。時而將塔皮提起翻面，拉平保鮮膜，才不會讓保鮮膜上的皺痕印在塔皮上。

入模

**6.** 將塔皮上的保鮮膜移除，用圓形伸縮活動慕斯圈裁切成12吋塔皮，或是用披薩刀、小刀照著圓紙板樣版裁出圓形。如果使用披薩刀，注意不要太過用力切斷下方墊著的保鮮膜。（切出來多餘的塔皮可以冷凍數個月。）如果裁切後塔皮變軟，同樣放到冷藏直到夠硬。塔皮不會懸在塔模邊緣，除非塔皮有彈性，冷藏太久變得太僵硬時，可以在室溫下放幾分鐘回軟。

**11.** 將8吋蛋糕模倒放在工作檯上，抓著塔皮下的保鮮膜，將塔皮移到蛋糕模底上。將塔皮用手稍微從中心向外磨（按）平，邊緣順勢修整往下（參照p.241檸檬蔓越莓酸塔）。將塔模的底先蓋在塔皮上，小心的將塔模邊緣也倒過來蓋上。上面壓一張圓紙板或烤架，以免翻轉時移動到塔模。將整個塔模和蛋糕模一起倒過來，慢慢撕掉保鮮膜。小心將塔皮向塔模底部和側邊輕壓，以確定塔皮確實貼在塔模上。如果在入模時塔皮破了一點，可以用多的塔皮補起來，用手指壓入麵團中做修補。

**12.** 將塔皮超出塔模的部分往塔內摺入，讓邊邊看起來平整同高。再次將塔皮往塔模側邊壓，擠壓部分會往上方多出⅛～¼吋高。如果側邊高出的部分太厚，則輕壓讓它薄一點（因為還會再膨高）；輕壓時可以往底部與側邊的角落集中，因為通常這部分的塔皮會比較厚。準備一把廚房剪刀，將邊上多的⅛～¼吋剪掉。如果想要做裝飾捲邊，用小刀的刀背斜劃整個邊框。

冷藏塔皮

**13.** 保鮮膜蓋住塔皮冷藏或是冷凍至少1小時。

# 濃郁布朗尼

**份量：1杯1⅓杯/12.3盎司/350公克**

| 食材 | 容量 | | 重量 |
|------|------|---|------|
| 剖半核桃或胡桃 | 1 杯＋2 大匙 | 4 盎司 | 113 公克 |
| 無鹽奶油<br>（65～75°F/19～23°C） | 12 大匙（1½ 條） | 6 盎司 | 170 公克 |
| 高品質無糖或是<br>99%可可黑巧克力（切碎） | · | 5 盎司 | 142 公克 |
| 含可可脂白巧克力（切碎） | · | 3 盎司 | 85 公克 |
| 無糖（鹼化）可可粉 | 3½ 大匙（先過篩再秤量） | 0.6 盎司 | 16 公克 |
| 糖 | 1⅓ 杯 | 9.4 盎司 | 266 公克 |
| 3顆蛋（室溫） | ½ 杯＋½ 大匙（140 毫升） | 5.3 盎司 | 150 公克 |
| 香草精 | ½ 大匙（7.5 毫升） | · | · |
| 麵粉 | ¾ 杯（用湯匙挖入<br>量杯至滿抹平） | 3.2 盎司 | 91 公克 |
| 細海鹽 | 1 小撮 | · | · |

### 烤箱預熱

· 預熱：325°F/116°C，預熱時間：20分鐘以上。

· 將烤架設在中間層。

### 烘烤及打碎核桃

1·將核桃均勻鋪在烤盤上烘烤約10分鐘，加強核桃的香氣。烘烤過程中可以翻炒一兩次，使核桃均勻上色。如果使用的是核桃，將烘烤過的核桃倒在乾淨的布巾上滾動摩擦，使表面的皮脫落。盡量將核桃的皮去除。用刀將核桃切成四瓣，每瓣不超過¼吋大小，移除產生的皮屑。（不要使用食物調理機，因為調理機會把一部分核桃打成粉。）

### 融化奶油與巧克力

2·在瓦斯上架上雙層煮鍋，底下的鍋子放入接近但低於沸騰溫度的熱水（注意不要讓上層的鍋子碰到下層鍋內的熱水），邊加熱邊攪拌奶油、無糖巧克力、白巧克力和可可粉。將融化的巧克力糊倒入一個大鋼盆中。

製作麵糊

**3**‧將糖、融化巧克力用攪拌器稍微攪拌混合，加入蛋、香草精，繼續用攪拌器攪拌，直到黏稠且光滑。然後加入麵粉、鹽，用刮刀攪拌直到粉類都融在巧克力糊中，拌入核桃。

**4**‧將冷藏的塔皮連同塔模小心的移放到一個烤盤中。將布朗尼麵糊倒入塔模，麵糊的高度幾乎快滿，大概剛好到塔模邊下方，用抹刀將麵糊表面抹平。

烘烤

**5**‧連同烤盤一起放入烤箱，烘烤35～45分鐘，或是直到麵糊中間稍稍膨起，大概比邊上高1吋。（塔中央溫度約190℉ /88℃。）

冷卻

**6**‧連同烤盤一起放在烤架上，室溫下靜置直到完全冷卻。

脫模

**7**‧將塔模放在一個比塔還小的穩固罐子上，用熱毛巾摩擦塔模側邊與底部。將側邊部分往下輕推脫模。塔模邊圈應該很容易脫膜，如果沒有順利脫離，可以再用熱毛巾重複同樣動作。準備一支長的金屬抹刀，插入塔殼與塔模底盤的縫隙之間，必要時轉一圈鬆開兩者，確認塔皮與模脫離，將塔斜斜滑到盤子上。

**8**‧將塔冷藏至少1小時再食用。冷藏或冷凍後，塔會變得非常濃郁。

保存

‧密閉盒裝：室溫3天；冷藏2星期；冷凍6個月。

# 巧克力榛果慕斯塔

CHOCOLATE HAZELNUT MOUSSE TART

份量：10～12 份

烤箱溫度　375°F/190°C

烘烤時間　12～14 分鐘

在我的著作《派與酥皮點心聖經》（*The Pie and Pastry Bible*）一書中，巧克力花生醬慕斯塔是其中一個最受歡迎的塔，甚至被《美食與美酒》（*Food&Wine*）雜誌評選為最好中的最好（Best of the Best）。我有一個迷人的朋友，瑪寇·南（Marko Gnann），他不喜歡花生但是超愛榛果，所以我做了這個榛果版本的獻給他。這道榛果塔皮不像其他塔皮，它帶有榛果香味，口感稍軟帶有嚼勁，也可以當作很棒的餅乾食譜（參照p.360）。另外，瑪修·伯耶（Matthew Boyer）也提供了以焦糖榛果當作裝飾的主意。

器具

一個9½×1吋高的心形或圓形活動式塔模，
噴上含麵粉的烤盤油（如果家裡沒有，可噴上烤
盤油和沾上薄薄一層麵粉），放在一個烤盤上。

## 榛果餅乾塔皮

份量：1¼杯/11.3盎司/320公克

| 食材 | 容量 | 重量 | |
|---|---|---|---|
| 冷藏無鹽奶油 | 4 大匙（½ 條） | 2 盎司 | 57 公克 |
| 中筋麵粉 | ⅔ 杯（用湯匙挖入量杯至滿抹平） | 2.9 盎司 | 81 公克 |
| 小蘇打粉 | ½ 小匙 | . | 2.7 公克 |
| 細海鹽 | ¹⁄₁₆ 小匙 | . | 0.4 公克 |
| 細砂糖 | 3 大匙 | 1.3 盎司 | 37 公克 |
| 榛果醬（參照p.305小重點） | ¼ 杯＋2 大匙 | 4 盎司 | 114 公克 |
| ½ 顆蛋 | 1½ 大匙（23 毫升） | 0.9 盎司 | 25 公克 |
| 香草精 | ¼ 小匙（1.2 毫升） | . | . |

製作麵糰

1・將奶油切成約1吋的小丁，冷藏備用。

2・在一個小碗裡混合麵粉、小蘇打粉和鹽。

〈食物調理機法〉

3・在小型調理機中放入糖。（可以使用一般非精製細砂糖，用調理機打成非常細的粉。）

4・在運轉的調理機中放入奶油丁，加入榛果醬混合約10秒，直到兩者變得滑順綿密。讓調理機繼續攪拌，一邊加入蛋和香草精，攪打到混合，必要時把邊壁刮乾淨。加入麵粉等乾料，然後拌到均勻。

〈桌上型攪拌機法〉

5・將奶油退冰到65～75°F/19～23°C。

6・在桌上型攪拌機的鋼盆中放入糖、奶油和榛果醬，裝上槳狀攪拌器，以中速轉幾分鐘直到混合滑順綿密，然後加入蛋和香草精混合，刮缸。使用低速慢慢加入粉類直到混合。

入模

7・用小抹刀輔助，將麵團放入塔模中，稍稍調整讓周圍部分輕微高起。在麵團上撒一些手粉，直接在麵團上鋪一張保鮮膜。準備一個平底量杯或平底小瓷杯，或是直接用手，將麵團平均壓在塔模中，均勻散布。在側邊與底盤的轉角處稍微按壓，這邊通常會稍微厚一點。將側邊的麵團均勻往上推，直到超過塔模邊上一點點。蓋上保鮮膜後冷藏至少1小時。

烤箱預熱

8・預熱：375°F/190°C，預熱時間：30分鐘以上。

9・將烤架設在中間層。

烘烤塔皮

10・烘烤12～14分鐘，或是直到金黃色，底部會稍微膨起，側邊會軟軟的，如果用指尖輕輕壓，會有彈回來的質地。

冷卻

11・塔模依舊留在烤盤上，整個放在烤架上幾分鐘冷卻。用手指趁熱將側邊稍微按壓貼緊側邊的形狀，底部也稍微壓一下讓它變平，趁熱將塔皮塑型，然後在烤架上靜置至完全冷卻。冷卻後的塔皮摸起來軟軟的。

# 榛果醬慕斯

**份量：2½杯/14.6盎司/415公克**

| 食材 | 容量 | 重量 | |
|------|------|------|---|
| 冷藏鮮奶油<br>（乳脂36%以上） | ¾杯（177毫升） | 6.1盎司 | 174公克 |
| 奶油起司（軟化） | ½杯－1大匙 | 4盎司 | 112公克 |
| 榛果醬<br>（參照p.305小重點） | ¼杯＋2大匙 | 4盎司 | 114公克 |
| 淺色黑糖或深色紅糖 | 1大匙（緊壓） | 0.5盎司 | 14公克 |
| 香草精 | 1小匙（5毫升） | ． | ． |

### 打發鮮奶油

**1**·在鋼盆中放入鮮奶油，冷藏至少15分鐘。（也可以把手持電動攪拌器的前端部分一起冷藏）。打發鮮奶油時先從低速開始，漸漸加速到中高速，一直打到鮮奶油成型可以看到紋路，但還是非常柔軟的狀態。鮮奶油不可過度打發，因為之後還會再加入榛果醬打發。

### 製作慕斯

**2**·在桌上型攪拌機的鋼盆中放入奶油起司、榛果醬和黑糖，裝上球形攪拌器，用中速打約3分鐘直到顏色一致。轉低速，放入香草精拌勻。刮缸後繼續用低速，加入¼杯的打發鮮奶油拌勻，必要時刮缸。取出鋼盆，用手持攪拌器或矽膠刮刀以切拌方式拌入剩餘的打發鮮奶油，直到混合均勻。

### 填入塔中

**3**·將混合好的慕斯倒入準備好的塔皮中，用小抹刀將表面抹平。用一個大鋼盆罩住塔，冷藏至少1小時，再淋上甘納許。

# 富蘭葛利榛果甘納許淋面

**份量：約¾杯/177毫升/7盎司/200公克**

| 食材 | 容量 | 重量 | |
|------|------|------|---|
| 苦甜巧克力，<br>60%～62%可可含量（切碎） | ． | 4盎司 | 113公克 |
| 鮮奶油（乳脂36%以上） | ¼杯＋2大匙（89毫升） | 3.1盎司 | 87公克 |
| 富蘭葛利榛果香甜酒<br>（Frangelico） | 2小匙（10毫升） | ． | ． |

製作甘納許淋面

1・準備一個細孔篩網，架在玻璃碗上。

2・在食物調理機中把苦甜巧克力打成非常細的碎片。

3・將鮮奶油倒入可微波的玻璃量杯中，然後加熱到即將沸騰。

4・把加熱的鮮奶油從壺嘴倒入運轉的食物調理機中，攪拌幾秒讓鮮奶油與巧克力完全融合，必要時可以暫停調理機來刮除邊緣。倒入榛果香甜酒打勻，將甘納許倒在篩網上過篩，封上保鮮膜直到溫涼（溫度90°F/32°C以下）但還是液態的樣子。如果必要，可以使用微波快速加熱3秒，或是碗底浸在熱水中稍微加熱。

使用淋面

5・將淋面以轉圈方式淋在已成型的慕斯上，不要固定倒在一個點，以免淋面分布不均或是壓凹慕斯。用小抹刀先將淋面抹到各個角落，再抹平整個表面。用小抹刀輕輕靠著淋面的表面，從外圈向中心畫圓，製造出螺旋紋路。

6・不用蓋蓋子直接冷藏至少2小時，讓慕斯與淋面定型。塔皮還是會保有微軟的口感。

脫模

7・將塔模放在一個比塔還小的穩定罐子上，將側邊部分往下輕推脫模，側邊部分應該很容易脫膜。如果沒有順利脫離，用一支細針，將塔皮與塔模黏住的地方分開。準備一支長的金屬抹刀，插入塔皮與塔模底盤的縫隙之間，必要時轉一圈鬆開兩者，確認塔皮與模脫離，將塔斜斜滑到盤子上。食用時，要用尖銳薄刃刀浸在熱水中後擦乾再切，每切一片都要重複這個動作。

保存

・密閉盒裝：室溫6小時；冷藏5天；冷凍3個月。

## 小重點

・不同廠牌的榛果醬內含的糖量從20～50%不等。有的裡面含杏仁，有的使用烘烤過的堅果，有的用焦化糖，每一種都有不同的風味。我推薦美國杏仁榛果醬（American Almond Praline Paste，參照p.543），因為它使用100%烘烤過的榛果，含糖量33%。我也推薦玻璃之家的榛果醬（Maison Glass praline paste，參照p.543），這也是使用100%榛果，含有35.3%的焦化糖。

・秤量榛果醬之前要先攪一攪，因為上面會有一層分離出來的油。榛果醬一旦開封，冷藏可保存約6個月。

・你也可以自製榛果醬，但就不會像市面上賣的質地那麼光滑。先做榛果粉，同p.360，加入2½小匙/12.5毫升的榛果油或油菜籽油，攪到滑順均勻，這樣約可做出1¼杯的榛果醬。

・很特別的是甘納許淋面在冷凍後依然保持光澤。其實，只要使用保鮮膜封好，就可以達到這個效果。也可以先將塔直接冷凍，讓表面甘納許凝固了，再包裹上保鮮膜，才不會破壞表面。

# 同場加映：焦糖榛果

| 食材 | 容量 | | 重量 | |
|---|---|---|---|---|
| 16 顆去皮榛果 | . | . | | . |
| 糖 | 2 杯 | 14.1 盎司 | | 400 公克 |
| 水 | ½ 杯（118毫升） | 4.2 盎司 | | 118 公克 |
| 塔塔粉 | $\frac{1}{16}$ 小匙 | . | | . |

器具

・準備16根牙籤、2顆大顆蘋果。

核桃前置作業

・將每根牙籤插入每顆榛果。

製作焦糖

**1・**在小的厚底煮鍋中，最好是不沾鍋材質，放入糖、水和塔塔粉攪拌。開始加熱，時而攪拌直到糖都溶解在水中並開始沸騰。停止攪拌，讓糖水繼續煮沸直到變成深琥珀色（約360°F/182°C或是稍微低一點的溫度，因為即使離火，焦糖溫度還是會繼續升高）。立刻離火，將煮鍋的鍋底浸在冰水裡一下，停止鍋內繼續加熱。也可以立刻倒入可微波、好傾倒、事前噴些烤盤油的2杯容量的量杯中。

**2・**如果不把焦糖倒出來微波，也可以將鍋底泡在一碗熱水中，或是放在溫熱的烤盤上。

製作焦糖榛果

**3・**手指捏著牙籤，將榛果沾入焦糖中後提起，旋轉牙籤讓焦糖均勻沾覆。如果想要比較深的顏色，可以沾覆第二層焦糖。將牙籤的尖頭插入蘋果中，靜置直到焦糖凝固。

**4・**如果鍋中的焦糖太稠，提起榛果時會拉出一條尾巴（糖絲）。這時需要再加熱焦糖，或是以強火微波5秒，讓焦糖質地水一點。

**5・**食用前再把3顆焦糖榛果擺在上方，然後分切過的每一份塔再搭配1～2顆的焦糖榛果即可享用。

# 高貴巧克力派

POSH PIE

烤箱溫度　350°F/175°C

烘烤時間　威化餅乾每批16～20分鐘，共2批。

其實這個派的名字是個意外，因為即使還不知道我該做什麼派，但已經先想到這名字！我想了很久也困擾很久，不知道什麼派才值得這個尊貴崇高的名字。後來想到一個概念——濃郁的巧克力餅乾塔皮；綿密的巧克力內餡；漂亮的淋面裝飾上金箔——試了幾次，才達到我想要的質地和風味，而這一切都是值得的。更重要的是，添加在塔殼中的巧克力威化餅，再次證明這是最好最可口的餅乾。

事前準備

為了讓味道更好，建議在1天前完成。巧克力威化餅乾麵團、
巴巴露亞和亮面彼此都需要至少4小時凝固。

器具

兩個15×12吋的餅乾烤盤，鋪上烤盤紙。
一個9½吋（7杯容量）的深派盤，建議使用百麗（Pyrex）耐熱烘烤皿。

## 巧克力威化餅乾

份量：26個2×2吋的方形威化餅乾/11.3盎司/320公克

| 食材 | 容量 | 重量 | |
|---|---|---|---|
| 中筋麵粉 | ⅔ 杯（用湯匙挖入量杯至滿抹平）＋½ 大匙 | 3 盎司 | 86 公克 |
| 無糖（鹼化）可可粉 | ½ 杯＋1 大匙（先過篩再秤量） | 1.5 盎司 | 42 公克 |
| 細海鹽 | ⅛ 小匙 | . | . |
| 淺色黑糖或深色紅糖 | ¼ 杯＋2 大匙（緊壓） | 2.9 盎司 | 81 公克 |
| 細砂糖 | ¼ 杯＋2大匙 | 2.6 盎司 | 75 公克 |
| 無鹽奶油（65～75°F/19～23°C） | 3 大匙 | 1.5 盎司 | 42 公克 |
| 香草精 | ¾ 小匙（3.7 毫升） | . | . |
| 1½ 顆蛋白 | 3 大匙（44 毫升） | 1.6 盎司 | 45 公克 |

烤箱預熱

· 預熱：350°F/175℃，預熱時間：20分鐘以上。

· 將烤架設在中間層。

製作威化餅麵團

1 · 在碗中混合麵粉、可可粉和鹽。

2 · 在桌上型攪拌機的鋼盆中放入黑糖、細砂糖、奶油和香草精，裝上槳狀攪拌器，以中速攪打約5分鐘，直到質地變得輕盈，攪打期間需要刮缸，確認食材都拌入。加入蛋白繼續攪打約30秒，直到蛋糊滑順均勻。刮缸後加入麵粉等粉類，用低速約打30秒混合。

3 · 將麵團挖出，放在一張保鮮膜上，將兩個側邊的保鮮膜蓋上麵團，隔著保鮮膜把麵團壓成長方形。將麵團分割成兩塊，每塊5.6盎司/160公克。每塊都用保鮮膜包起，一起放到一張烤盤上。冷藏麵團約4小時或一晚。麵團雖然會變硬，但可以摺疊操作。

擀麵團

4 · 取一塊麵團放在撒了手粉的矽膠墊或烤盤紙上。撒一點手粉在麵團上，蓋上保鮮膜。將麵團擀成¼吋厚的長方形，用切麵刀的側邊輔助四邊整型。如果想更方便裁切，可將矽膠墊連同麵團直接拉著滑到餅乾烤盤中，冷凍約5分鐘。

5 · 準備一支披薩切刀或廚師刀，將長方形麵團切成每塊約2×2吋的小正方形，切完後會留有一些邊邊的麵團，也可以跟著一起烤。將每個小正方形麵團彼此間至少間隔1吋的距離，用叉子在麵團上戳洞，避免烘烤時膨起。

烘烤

6 · 烘烤8分鐘。為了烤焙上色均勻，將餅乾烤盤轉180度，再繼續烤8～12分鐘，或是直到有點膨膨的但是已定型，摸起來稍軟。

冷卻

7 · 將餅乾烤盤放在烤架上靜置，直到餅乾完全冷卻。

8 · 烤第一批餅乾的時候，可以準備分割第二批餅乾麵團。威化餅乾可以在室溫下密閉盒中保存7天，冷藏2星期或是冷凍可達3個月。

# 餅乾派皮

**份量：一個⅛吋厚的餅皮（參照P.294小重點）**

| 食材 | 容量 | 重量 | |
|------|------|------|------|
| 巧克力威化餅乾 | · | 9 盎司 | 255 公克 |
| 融化無鹽奶油 | 7 大匙（¾ 條＋1 大匙） | 3.5 盎司 | 100 公克 |

製作餅乾派皮麵團

**1**・將威化餅乾剝成小塊，放在食物調理機中，攪打成細碎的屑屑，用叉子撈撈看是否所有餅乾都打碎。（如果是用量杯測量而不是秤重，碎屑應該會有2杯的量。）加入融化奶油，按壓約10次調理機的開關，直到麵團混合均勻。

派皮成型及冷卻

**2**・將麵團放入烤模中，用手指把餅乾麵團均勻壓在底部，再往側邊高起的地方推上去，均勻做出側邊。為了使底部更加平整，可以用平底量杯或小瓷杯的底，將麵團平均壓在派盤中，均勻散布。在側邊與底盤的轉角處稍微按壓，這邊通常會稍微厚一點。將派皮蓋上保鮮膜冷藏，開始製作內餡。

## 小重點

・若想要做厚一點的派皮，可使用1½杯/11.3盎司/320公克的巧克力威化餅乾，和9大匙/4.5盎司/127公克的奶油。

# 巧克力巴巴露亞

**份量：4½杯/22.9盎司/650公克**

| 食材 | 容量 | 重量 | |
|---|---|---|---|
| 黑巧克力，60%～62% 可可含量（切碎） | ・ | 4.5 盎司 | 128 公克 |
| 冷藏鮮奶油（乳脂36%以上） | ⅔ 杯（158 毫升） | 5.5 盎司 | 155 公克 |
| 3～4 顆蛋，分蛋（室溫） | | | |
| 蛋黃 | 3½ 大匙（52 毫升） | 2 盎司 | 56 公克 |
| 蛋白 | ¼ 杯（59 毫升） | 2.1 盎司 | 60 公克 |
| 糖 | 5大匙（分次使用） | 2.2盎司 | 62 公克 |
| ½ 根大溪地香草莢（橫切。參照p.311小重點） | ・ | ・ | ・ |
| 吉利丁粉 | ½ 大匙 | ・ | 4.5 公克 |
| 細海鹽 | 1 小撮 | ・ | ・ |
| 牛奶 | 1 杯（237 毫升） | 8.5 盎司 | 242 公克 |
| 干邑白蘭地或香草精 | 1 大匙（1 小匙） | 0.5 盎司 | 14 公克 |
| 塔塔粉 | ¼ 小匙 | ・ | ・ |

製作巧克力奶蛋醬

**1・**在食物調理機中放入巧克力，攪打至變成碎屑。將碎巧克力放在碗中，碗的上方架一個細孔篩網。

**2・**在鋼盆中放入鮮奶油，冷藏至少15分鐘。（也可以把手持電動攪拌器的前端部分一起冷藏。）

**3・**在桌上型攪拌器鋼盆中放入蛋白，緊緊封上保鮮膜。將蛋黃另外放在小碗裡。

**4・**準備一個小的厚底煮鍋，放入3大匙/1.3盎司/38公克的糖，將香草籽刮入糖中，用手搓揉。把香草莢、蛋黃、吉利丁粉和鹽一起放入鍋裡，用刮刀拌勻。

**5・**將牛奶倒入另一個小煮鍋中或是可微波的量杯裡，加熱到接近沸騰，煮鍋邊邊冒出小泡泡。將一點點熱牛奶倒入蛋黃中快速攪拌，再邊攪拌邊倒入剩餘的熱牛奶。將混合的奶蛋液倒回煮鍋中，用中小火攪拌加熱到接近沸騰（170～180°F/77～82°C），奶蛋醬會開始產生蒸氣，質地也會變得比鮮奶油再濃稠一點。用手指劃過刮刀時，手指痕跡會留在刮刀上。

**6・**立刻將奶蛋醬離火，倒在篩網上，讓奶蛋醬的熱融化巧克力。鍋底的奶蛋醬也一併刮到篩網上，用湯匙背面或刮刀按壓過篩。將奶蛋醬與巧克力拌勻，直到巧克力都融化，顏色一致。將篩網上的香草莢取出（沖水，乾燥後可另外使用）。

**7・**巧克力奶蛋醬不加蓋，直接冷藏約45分鐘，冷藏過程中每15分鐘拿出來輕輕翻動一下，防止碗邊緣的巧克力奶蛋醬凝固。45分鐘後繼續翻拌巧克力奶蛋醬，直到質地像緞帶一樣，就是從湯匙上滴落下的話，會有明顯的紋路。（巧克力奶蛋醬溫度約60～63°F/16～17°C）將白蘭地與巧克力奶蛋醬攪拌均勻。

打發鮮奶油

**8・**使用手持電動攪拌器，將鮮奶油打發到呈現彎彎鳥嘴的狀態。（不可以過度打發，因為之後與奶蛋醬混合時，質地還會再堅固一點。）冷藏後開始製作蛋白霜。

打蛋白霜

**9・**在桌上型攪拌機的鋼盆中混合塔塔粉、蛋白，裝上球形攪拌器，把蛋白和塔塔粉用中速打發直到成型。把速度調到中高速打發蛋白，直到呈現彎彎鳥嘴的濕（軟）性發泡的狀態。慢慢加入剩餘的2大匙糖繼續攪打，然後用低速打到呈尖尖鳥嘴的乾（硬）性發泡的狀態。

完成巧克力巴巴露亞

**10・**用一個球形攪拌器將蛋白霜和鮮奶油以切拌的方式與巧克力奶蛋醬混合，直到顏色質地均勻。將巴巴露亞倒入準備好的派皮中，以小抹刀將表面抹平。

內餡凝固

**11・**準備一個大鋼盆或是一個蛋糕烤模，倒蓋在烤模上，一起冷藏至少4小時，建議冷藏一晚。

## 小重點

・這裡如果是用馬達加斯加或墨西哥的香草莢，則需要¾根。香草莢與香草籽富含濃郁的香氣，但可以用¾小匙/3.7毫升的香草精代替，記得在巧克力奶蛋醬冷卻後再添加香草精。

# 巧克力亮面

份量：⅔杯/158毫升/6.7盎司/190公克

| 食材 | 容量 | | 重量 |
|---|---|---|---|
| 糖 | ⅓ 杯 | 2.3 盎司 | 67 公克 |
| 水 | 2大匙＋2小匙（40毫升） | 1.4 盎司 | 40 公克 |
| 玉米糖漿 | 2 小匙（10毫升） | 0.5 盎司 | 14 公克 |
| 無糖（鹼化）可可粉 | ½ 杯－1 大匙（先過篩再秤量） | 1.2 盎司 | 33 公克 |
| 鮮奶油（乳脂36%以上） | 2大匙＋2小匙（40毫升） | 1.3 盎司 | 38 公克 |
| 冰水 | 2 大匙（30毫升） | 1 盎司 | 30 公克 |
| 吉利丁粉 | 1 小匙 | . | 3 公克 |

## 製作巧克力亮面

1・準備一個細孔篩網，架在小的金屬碗。另外，再準備一個細孔篩網放在小量杯上。

2・準備一個厚底小煮鍋，放入糖、2大匙＋2小匙/40毫升的水攪拌混合，以中火加熱攪拌直到糖都溶解。

3・糖溶解後離火，加入玉米糖漿，用攪拌器輕輕攪拌混合，再加入可可粉混合，直到滑順，確認鍋子底部邊邊都確實攪拌到。混合後的質地看起來是光亮的。換成矽膠刮刀，倒入鮮奶油拌勻。

4・將鍋子放回爐上用中火攪拌加熱，直到接近沸騰（190°F /88°C）。此時鍋子邊邊開始冒出小泡泡就可以離火，然後倒入架在金屬碗上的篩網中。將亮面放約30分鐘冷卻，直到溫度為122～140°F /50～60°C。

5・在亮面冷卻的同時，準備一個小瓷杯，放入2大匙/30毫升的冰水，把吉利丁粉撒在上面後攪拌，靜置至少5分鐘。如果需要更久時間凝結，可以封上保鮮膜，以免水分揮發。

6・準備一支刮刀，將吉利丁凍放入亮面中輕輕攪拌，直到吉利丁凍完全溶解，亮面色澤均勻。

7・將亮面過篩到準備好的小量杯中。（亮面若放在金屬容器內保存，會產生不好的味道。）冷卻幾分鐘後輕輕攪拌，不要拌入空氣。如果當天使用，必須讓亮面降到85°F /29°C再淋上。

8・亮面也可以提前做，使用前再加熱。做好的亮面在室溫約1小時冷卻後，可以放冷藏保存1星期，或冷凍可達6個月。加熱時要非常小心，利用微波強力加熱3秒，或是在瓦斯上架上雙層煮鍋，底下的鍋子放入接近但低於沸騰溫度的熱水（注意不要讓上層的鍋子碰到下層鍋內的熱水），輕輕攪拌並確認不要加熱過度，或不要把空氣拌進去。再次加熱的亮面會更濃稠，最好加熱到90°F/32°C。也可以加一點點水，一次加入幾滴水一起加熱，調整亮面的質地到最滑順的程度，並保持原有的亮度。

淋上亮面

**9 .** 挖出1大匙/15毫升的亮面，在室溫下冷卻到70℉/21℃備用，之後與打發鮮奶油混合。

**10 .** 將裝有亮面的量杯嘴對準派的中心，慢慢倒滿整個表面。亮面的量足夠覆蓋整個派的表面，所以不至於要刮除量杯內剩餘的亮面，因為這些覆著在量杯上的亮面可能不夠滑順，倒在表面上時可能會破壞表面（參照小重點）。輕輕的傾斜運轉烤模，讓亮面均勻流到每個角落。如果表面有任何小氣泡，可以用針戳破。

亮面凝固

**11 .** 不加蓋子直接冷藏4小時，或是更久直到凝固。

# 巧克力打發鮮奶油

份量：¾杯+1大匙/3.5盎司/100公克

| 食材 | 容量 | 重量 | |
|---|---|---|---|
| 冷藏鮮奶油<br>（乳脂36%以上） | ¼ 杯＋2 大匙（89 毫升） | 3.1 盎司 | 87 公克 |
| 巧克力亮面<br>（p.312中保留的部分） | 1 大匙（15 毫升） | 0.6 盎司 | 17 公克 |

## 打發鮮奶油

1・在鋼盆中放入鮮奶油，冷藏至少15分鐘。（也可以把手持電動攪拌器的前端部分一起冷藏。）

2・如果巧克力亮面已經凝固，不是滑動的液體，將那1匙亮面放到小瓷杯中，然後準備一個玻璃碗，裡面放入少量不超過瓷杯高度的熱水，將瓷杯浸在熱水中，稍微攪拌亮面，直到亮面可以流動。離開熱水後靜置在室溫，直到不再溫熱。

3・打發鮮奶油時先從低速開始，漸漸調到中高速，一直打到鮮奶油開始有紋路。加入亮面，然後繼續打發，直到鮮奶油呈現尖尖鳥嘴的狀態。

## 派的完成

4・可以選擇在亮面上放一些金箔點綴。

5・切派之前，準備一條布巾，用很燙的水澆濕，然後摩擦烤模的底和側邊，重複二到三次，讓派皮與烤模脫離。或是可以準備一盤很燙的水，水的高度不超過烤模高度，水裝到快到烤模頂即可，將烤模的底浸在熱水中幾秒。

6・盛盤時，挖一球巧克力打發鮮奶油在每一塊切好的派旁搭配食用。

## 保存

・冷藏5天。不可冷凍，因為口感會變得不滑順。

## 小重點

・如果有亮面產生的顆粒掉在表面，會損毀表面，可以用細針或小量匙把顆粒挑起，然後搖一搖，旋轉一下烤模，讓亮面可以均勻散布。

# 巧克力甘納許小塔

CHOCOLATE GANACHE TARTLETS

份量：46 個 1⅝ 吋的小塔

烤箱溫度　350°F/175°C

烘烤時間　每批8～12分鐘，共2批。

**第**一次遇見主廚法蘭索瓦‧佩亞（François Payard）是在1990年，那時他剛從法國來到美國，在紐約市的丹尼爾（Daniel）餐廳擔任甜點主廚。之後他開了甜點店，不但廣受歡迎，還受到許多烘焙書的推薦。這個用牛奶而非鮮奶油製作，超輕盈滑順且濃密的甘納許，就是來自他的第一本書，《就是令人感動的甜點》（*Simply Sensational Desserts*）。我做了奶油餅乾塔皮搭配這款甘納許，也提供給乳糖不耐的人另一版本的選擇：將塔皮中的鮮奶油用加量的蛋代替，以及使用杏仁牛奶做甘納許（參照p.319），這個選擇也增添了很棒的杏仁風味。

器具

46個迷你布里歐模，1吋的底，1¾吋的開口（1大匙的容量），
建議用不沾材質，稍微噴上含麵粉的烤盤油
（如果家裡沒有，可噴上烤盤油和沾上薄薄一層麵粉）。
兩張小烤盤（17¼×12¼×1吋）
一個拋棄式擠花袋或是一個夾鏈袋，裝上一個花嘴轉接頭，
和一個¼吋的星形裝飾花嘴（22號）
一支細長的針用來脫模

## 澄清奶油甜餅乾塔皮（甜塔皮）

份量：1⅓杯/14.1盎司/400公克

| 食材 | 容量 | 重量 | |
|------|------|------|------|
| 無鹽奶油 | 11 大匙（1 條＋3 大匙） | 5.5 盎司 | 156 公克 |
| 二砂（推薦Sugar in the Raw品牌）或是用細砂糖 | ¼ 杯 | 1.8 盎司 | 50 公克 |
| 中筋麵粉 | 1⅔ 杯（用湯匙挖入量杯至滿抹平） | 7 盎司 | 200 公克 |
| 細海鹽 | ⅛ 小匙 | . | 0.7 公克 |
| 1顆蛋黃（室溫） | 1 大匙＋½ 小匙（17 毫升） | 0.7 盎司 | 19 公克 |
| 冷藏鮮奶油（乳脂36%以上） | 3 大匙（44 毫升） | 1.5 盎司 | 43 公克 |

製作澄清奶油

1・準備一個細孔篩網或是一般篩網墊上紗布，架在量杯上。

2・在中型厚底煮鍋裡放入奶油，以小火加熱直到融化。融化後繼續煮，時而攪拌並仔細注意不要過熱燒焦，直到沉澱的白白牛奶固形物開始變成金色，這時將奶油倒入篩網中。

3・取½杯/118毫升/3.5盎司/100公克的澄清奶油，放到另一個量杯中，將這杯澄清奶油靜置冷卻，直到與室溫相同。剩餘的澄清奶油可以冷藏保存1年。分離的牛奶沉澱物質也可以冷藏或冷凍保存，用在其他地方（參照p.530）。

製作塔皮

〈食物調理機法〉

4・將糖攪打至非常細緻，加入澄清奶油攪打，直到看不見糖的顆粒。接著加入麵粉、鹽攪打，直到奶油比青豆還小顆。

5・在小碗中混合蛋黃、鮮奶油，加到調理機中按壓約8次攪打，打至混合即可，麵團應該呈顆粒狀。

6・將麵團放入塑膠袋中，隔著塑膠袋操作麵團直到成團。拿出麵團放在一張很大的保鮮膜上，隔著保鮮膜揉捏麵團，讓麵團質地更加平滑，這時應該已看不見奶油的痕跡。（奶油塊在烘烤後會融化而形成一個洞。如果還看見奶油塊，就必須繼續搓揉麵團，或是用手掌根部將奶油抹開，散在麵團中。）

〈手工做法〉

7・在碗中混合麵粉、鹽和糖（此處建議使用精製細砂糖），加入澄清奶油，用叉子攪拌奶油和粉類，最後混合成粗粒狀。

8・在小碗中混合蛋黃、鮮奶油，把液體倒入麵粉的混合物中一起混合成團，將麵團揉成一顆球。

冷藏麵團

9・將麵團分成兩塊，每塊約7盎司/200公克。每塊都用保鮮膜鬆鬆包起，壓成圓扁狀，再用保鮮膜封緊，冷藏30分鐘或冷凍10分鐘，直到麵團堅硬可以揉成小球。在冷藏情況下，麵團可以放3天，冷凍則可以保存6個月。冷藏超過30分鐘的麵團通常需要在室溫下退冰40分鐘，才能擀開捏成小球。

烤箱預熱

10・預熱：350°F/175°C，預熱時間：20分鐘以上。

11・將烤架設在中間層。

入模

12・從冰箱取出一塊麵團。手沾上手粉，先用小湯匙挖出一小球（0.3盎司/8.5公克）的麵團，再搓成1吋的小球。將小球壓入模型中，用指節從中心壓下。用沾粉的手指按壓四周的麵團塑型，使變成小塔殼的樣子。用一些小工具，像是小刷子的把

手、筷子前方的圓頭，或是做翻糖裝飾的棒子，將麵團壓緊，尤其是底部和側邊的彎角要壓到底，然後側邊要稍微高出烤模。

**13**・將入好模的小塔殼，每個間隔至少½吋擺在烤盤上，用保鮮膜蓋著冷藏至少30分鐘，或是冷凍至少15分鐘。在第一盤小塔冷藏時，拿出第二塊麵團整型切割，然後入模。

烘烤

**14**・將第一盤小塔殼烘烤8～12分鐘，或是直到塔殼呈淡金黃色（邊緣處會比較深，呈偏棕色）。

冷卻及脫模

**15**・將烤盤放在烤架上。如果小塔殼的中心膨起，用木匙的把手頂把凸起處壓平，靜置至完全冷卻。用細針戳入模型與塔殼的縫隙，將它們剝離鬆開。塔殼應該會很容易脫模，將脫好模的塔殼放到烤架上冷卻。

**16**・第二盤以同樣方式操作。

**17**・未烤的塔殼可以冷藏保存1星期，或冷凍最多1年。烘烤過的塔殼在室溫密閉盒中可保存2天。

# 甘納許內餡

**份量：1⅓杯/14.1盎司/400公克**

| 食材 | 容量 | 重量 | |
|---|---|---|---|
| 苦甜巧克力，60%～62%可可含量（切碎） | ． | 4.7 盎司 | 133 公克 |
| 無鹽奶油（65～75℉/19～23℃） | 3 大匙 | 1.5 盎司 | 42 公克 |
| 牛奶 | ⅓ 杯（79 毫升） | 2.9 盎司 | 81 公克 |

製作甘納許

**1**・準備一個細孔篩網，架在玻璃碗上。

**2**・在食物調理機中把苦甜巧克力打成非常細的碎片，加入奶油攪打混合。

**3**・將鮮奶油倒入可微波的玻璃量杯中，加熱到即將沸騰的熱度。

**4**・把加熱的牛奶從壺嘴倒入運轉的食物調理機中，攪拌幾秒鐘直到混合滑順均勻，必要時可以暫停調理機來刮除邊緣。然後倒在篩網上過篩，在碗裡靜置1小時。之後封上保鮮膜再冷卻2～3小時，或是直到甘納許質地變得能夠用花嘴擠出，且維持痕跡（溫度約70～75℉/21～24℃）。

填入塔殼

**5．**將甘納許放入擠花袋中。將甘納許像擠花般擠入塔中，每個填入0.2盎司/5公克的甘納許。也可以用小湯匙舀入塔殼裡。

保存

‧密閉盒裝：室溫2天；冷藏5天。

### ☆ 美味變化款：無奶製品甘納許小塔

‧這個變化款提供給乳糖不耐症的人食用。在塔皮部分，用一個全蛋（1.8盎司/50公克）＋1顆蛋白（0.5盎司/15公克）取代1顆蛋黃＋鮮奶油。p.315做的甜塔皮不夠硬到可以用來擀開，但在這變化款部分所提供的塔皮配方，可以用擀的做成大塔皮，這款塔皮的口感也會比較酥脆。

# 伍迪的杏仁牛奶甘納許

**份量：1杯/9.7盎司/276公克**

| 食材 | 容量 | 重量 | |
|---|---|---|---|
| 苦甜巧克力，60%～62%可可含量（切碎） | ‧ | 4.7 盎司 | 132 公克 |
| 杏仁牛奶（原味） | ⅔ 杯（158 毫升） | 5.5 盎司 | 157 公克 |
| 香草精 | 1 小匙（5 毫升） | ‧ | ‧ |

製作杏仁牛奶甘納許

**1．**準備一個細孔篩網，架在玻璃碗上。

**2．**在食物調理機中把苦甜巧克力打成非常細的碎片。

**3．**將鮮奶油倒入可微波的玻璃量杯中，加熱到即將沸騰。

**4．**把加熱的牛奶從壺嘴倒入運轉的食物調理機中，攪拌幾秒鐘直到混合滑順均勻。加入香草精攪打混合，倒在篩網上過篩，然後在碗裡靜置1小時。之後封上保鮮膜再冷卻2～3小時，或是直到甘納許質地變得能夠用花嘴擠出，且維持痕跡（溫度約70～75°F/21～24°C）。

**5．**這款杏仁牛奶甘納許保存在密閉盒中，放在陰涼的室溫下可以保存5天，冷藏2星期或是冷凍6個月。要重新使用時先退冰。如果是冷凍，利用微波強力加熱3秒，或是在瓦斯爐上架上雙層煮鍋，底下的鍋子放入接近但低於沸騰溫度的熱水（注意不要讓上層的鍋子碰到下層鍋內的熱水），輕輕攪拌並確認不要加熱過度，或不要把空氣拌進去。

# 鹹泡芙

PERFECT SAVORY CREAM PUFFS

份量：36 個 1 吋的小泡芙或 18 個 2½ 吋的甜點用泡芙

烤箱溫度

預熱：425°F/220°C；泡芙：350°F/175°C；假鵝肝：300°F/150°C

烘烤時間

泡芙：25～30分鐘；假鵝肝：30～35分鐘

這些泡芙可以填入各式各樣甜的東西，像是打發鮮奶油或冰淇淋，也可以裝鹹的，像肉醬或鵝肝。以傳統上來說，鵝肝搭配甜點酒，因為酒的甜酸跟鵝肝的濃郁相輔相成，所以我做了這些泡芙搭配波特酒焦糖當作開胃小點。波特酒讓焦糖帶有微紅色調，而且味道也有更多層次。這個自製的「假鵝肝」是從米歇・李察（Michel Richard）的烹飪書《快樂廚房》（*Happy in the Kitchen*）中修改的。

事前準備

如果要填入假鵝肝，假鵝肝必須在至少4小時前完成。

器具

★泡芙：一張小烤盤（17¼×12¼×1吋）倒放，上面鋪上烤盤紙，或是噴上含麵粉的烤盤油
（如果家裡沒有，可噴上烤盤油和沾上薄薄一層麵粉）。
一個擠花袋放入½吋的圓形平口花嘴、一個烤架放在烤盤上

★假鵝肝內餡：兩個8盎司/237毫升的焗烤模，或是兩個8盎司/237毫升～10盎司/296毫升的瓷模
一個有高（深）度的烤盤可裝兩個焗烤模，用來盛裝水浴烘烤所需的熱水。

# 泡芙

份量：1⅓杯/11.4盎司/324公克

| 食材 | 容量 | 重量 | |
|------|------|------|------|
| 中筋麵粉 | ½ 杯（用湯匙挖入量杯至滿抹平）＋1½ 大匙 | 2.5 盎司 | 71 公克 |
| 水 | ½ 杯（118 毫升） | 4.2 盎司 | 118 公克 |
| 無鹽奶油 | 4 大匙（½ 條） | 2 盎司 | 57 公克 |
| 糖 | ½ 小匙 | . | . |
| 細海鹽 | 1 小撮 | . | . |
| 2½ 顆蛋（打散） | ½ 杯（118 毫升） | 4.4 盎司 | 125 公克 |

烤箱預熱

· 預熱：425°F/220°C，預熱時間：30分鐘以上。

· 將烤架設在中間層。

製作泡芙麵糊

1·將麵粉過篩到一張烤盤紙上。

2·在中型煮鍋中放入水、奶油、糖和鹽，煮至大滾。大滾後立刻離火，將過篩的麵粉一口氣倒進鍋中。用木匙開始攪拌成球，直到麵糊開始不黏鍋但會變成黏著木匙的球狀。將鍋子放回爐火上用小火加熱，持續拌麵糊約3分鐘，讓麵粉煮熟。

〈食物調理機法〉

3·將成團的麵糊放入調理機中，蓋子不要關上，讓蒸氣散出，攪打15秒。將打散的蛋液倒入運轉中的調理機中，繼續打30秒，必要時把機器中的刀片拆掉，用矽膠刮刀將麵糊攪拌成均勻的質地。


〈手工做法〉

4·將成團的麵糊放入大碗中，加入蛋液，一次加1顆，每次加完一點蛋液，就用木匙用力攪拌至均勻被吸收。

擠泡芙麵糊

5·攪拌完成的麵糊變得滑順光亮，質地應該是舉起木匙時麵糊會太軟，無法支撐的掉落，呈倒三角形。如果質地太硬，可以稍微加一點水（麵糊可以放在密閉容器中冷藏保存最多2天）。擠麵糊前用木匙多攪拌幾下。

6·在準備好的倒置烤盤鋪上烤盤紙，以麵糊在烤盤紙下4個角稍微點一下，然後壓一下，讓烤盤紙能黏住烤盤。

7·將麵糊放入擠花袋中。如果做鹹食小泡芙，則擠出約直徑1吋，½～¾吋高的小圓（約0.3盎司/9公克），每個泡芙間隔1吋。若是做甜點大泡芙，則擠出直徑約1½吋的圓（約0.6盎司/18公克）。也可以用噴過烤盤油的小茶匙挖取麵糊，用指尖將麵糊刮下。

8·指尖沾取一點水，稍微撫平泡芙麵糊上的小尖頭，然後在泡芙上噴或灑一點點水。

烘烤

9·烘烤10分鐘。為了避免泡芙塌掉，在烘烤過程中不要開啟烤箱門。10分鐘後依舊不開烤箱門，直接將溫度降到350°F/175°C，繼續烤15～20分鐘，或是直到呈金黃色，然後直接將烤箱電源關閉。

10·取出烤盤放在烤架上1分鐘，用手或鏟子將泡芙放在準備好下有烤盤的烤架上。將泡芙放回烤箱，用烤箱門夾住一支木匙通風，讓泡芙在烤箱裡乾燥10分鐘。取下木匙關緊烤箱門，讓泡芙在烤箱中靜置1小時30分鐘，以達到乾燥效果（或是繼續用200°F/90°C烘烤45分鐘）。取一個泡芙橫剖開來，確認中心摸起來是否還是軟的，如果還軟，必須再乾燥更久。

冷卻泡芙

**11**‧將泡芙移出烤箱，在烤架上靜置直到完全冷卻。將冷卻的泡芙放在夾鏈袋或密閉的盒子中，填入餡料前再取出。

保存

‧將泡芙用密閉盒裝，室溫下保存1天；冷藏保存1星期；冷凍保存6個月。

填入餡料

**12**‧使用鋸齒刀將所有泡芙橫剖一半。

**13**‧若是製作鹹食開胃菜，則每個裝入1小匙/0.5盎司/14公克的圓形假鵝肝（參照p.324），或填入任何喜歡的餡料。

**14**‧若是製作點心，則每個裝入2小匙的微甜打發鮮奶油（參照p.532），或者1大匙稍微軟化的冰淇淋。

**15**‧如果希望泡芙保持口感酥脆，要食用前再填入餡料。剩餘的假鵝肝放在一個容器中冷藏保存。

## ☆ 美味變化款：高級版泡芙

**1**‧如果喜歡輕盈、空心的泡芙殼，可以用高筋麵粉或無漂白中筋麵粉取代此處的漂白中筋麵粉。（因為高筋比中筋還重，所以在量容量時，高筋以½杯＋½大匙代替。）在蛋的部分，則以1½顆蛋黃（1½大匙/22毫升/1盎司/28公克）和3顆蛋白（6大匙/89毫升/3.2盎司/90公克）取代。

**2**‧烤盤要先抹酥油再沾黏上麵粉，不用烤盤紙。（不可以用含麵粉的烤盤油，這樣擠麵糊時會造成接觸面非常滑。）

# 米歇・李察的雞肉假鵝肝

| 食材 | 容量 | 重量 | |
|---|---|---|---|
| 無鹽奶油 | 8大匙（1條（分次使用）） | 4盎司 | 113公克 |
| 洋蔥（切碎） | ½ 杯 | 2.5盎司 | 70公克 |
| 鮮奶油（乳脂36%以上） | ¼ 杯（59毫升） | 2盎司 | 58公克 |
| 大蒜（搗成泥） | 1 小瓣 | . | . |
| 雞肝（修剪過） | . | 8盎司 | 227公克 |
| 細海鹽 | ½ 小匙 | . | 3公克 |
| 現磨黑胡椒 | ¼ 小匙 | . | . |

份量：2杯/14.1盎司/400公克

烤箱預熱

・預熱：300°F/150°C，預熱時間：20分鐘以上。

・將烤架設在中間層。

製作肝泥

1・在小型厚煮鍋中放入2大匙/1盎司/28公克的奶油，以小火加熱融化。加入洋蔥拌炒，蓋上蓋子煮5分鐘，直到洋蔥變透明。然後加入鮮奶油、蒜泥攪拌，繼續加熱，再蓋上蓋子煮5分鐘。

2・加入剩下的奶油，然後攪拌直到奶油和所有食材混合。將食材倒入一個中碗裡，加入雞肝、鹽和黑胡椒，用均質機將混合物打成均勻的泥，或是用果汁機、食物調理機打成泥，必要時刮一下機器邊壁上的食材。

3・準備一個細孔篩網架在碗上，將雞肝泥倒入篩網，用湯匙背面按壓輔助過篩。將過篩好的雞肝泥放入焗烤模中，用鋁箔紙緊緊封住，放在深烤盤裡。烤盤上加入沸騰的水，水的高度約為焗烤模的一半高。

烘烤

4・烘烤30分鐘或是直到質地已經凝固。（內餡中央溫度約148°F/64°C。）

冷卻

5・緊蓋著烤模，放置至少3小時冷卻，可冷藏保存最多3天。

# 波特酒焦糖

**份量：1杯/9.7盎司/276公克**

| 食材 | 容量 | 重量 | |
|---|---|---|---|
| 紅寶石波特酒 | 3 大匙（44 毫升） | 1.6 盎司 | 45公克 |
| 鮮奶油（乳脂36%以上） | 1 大匙（15 毫升） | 0.5 盎司 | 14公克 |
| 細砂糖 | ½ 杯 | 3.5 盎司 | 100公克 |
| 玉米糖漿 | ½ 大匙（7.5 毫升） | . | 10公克 |
| 水 | 2 大匙（30 毫升） | 1 盎司 | 30公克 |
| 無鹽奶油<br>（65～75°F/19～23℃） | 1 大匙 | 0.5 盎司 | 14公克 |
| 香草精 | 1 小匙（5 毫升） | . | . |

製作波特酒焦糖

1・準備一個有杯嘴的玻璃量杯，內部噴點烤盤油。

2・在一個可微波的小量杯中混合鮮奶油、波特酒，以微波加熱20秒，或是加熱至有熱的感覺即可。蓋上蓋子以防水分揮發，保溫備用。

3・在厚底煮鍋中，最好是不沾鍋材質，放入糖、糖漿和水，稍微攪拌直到糖都浸濕。加熱，時而攪拌直到糖都溶解並開始沸騰。停止攪拌並轉至小火繼續煮，讓糖水繼續沸騰，直到顏色變成深琥珀色（此時溫度為360°F/180℃，或是低幾度，因為離火後溫度還會繼續上升）。溫度到達後立即離火，倒入熱鮮奶油酒，此時會產生大量的煙和泡泡。

4・使用耐熱刮刀或木匙攪拌焦糖鮮奶油，確認底部邊緣都攪拌到，不要殘留結塊的焦糖。把煮鍋放回爐火上，用小火邊攪拌邊加熱約1分鐘，直到焦糖顏色均勻且沒有塊狀。焦糖質地會像稀的醬汁，但在加入奶油冷卻後，質地會變濃稠。

5・離火後加入奶油輕柔的攪拌均勻。剛開始焦糖和奶油會變得有點分離，但是攪拌冷卻後就會融合了。

6・把焦糖倒入準備好的玻璃量杯中冷卻約3分鐘，拌入香草精，等溫度降到室溫，過程中攪拌兩次。

沾焦糖

7・食用前將焦糖倒入一個小碗中，將填好餡料的泡芙頭朝下沾上焦糖，然後頭朝上靜置在盤子裡，直到焦糖凝固。沾過焦糖的泡芙不可以加蓋或封保鮮膜，因為焦糖會變軟且出水。

# 盧斯堤卡鹹派

PIZZA RUSTICA

份量：6～8份

烤箱溫度　350°F/175°C

烘烤時間　40～50分鐘

當我第一次在食譜書同事，同時也是老朋友，尼可・馬傑利（Nick Malgieri）準備的聖誕晚宴上，吃到這個義大利香腸搭配起司的鹹派時，我就愛上了。之前從沒吃過這樣美味的派，所以立刻喜歡上這個微甜派皮搭配香腸、瑞可塔起司的完美組合。尼可跟我說他每年聖誕節都會做這個派，這是一個很有意義的傳統。而我會加一些鼠尾草和百里香在派皮裡增加香味，來搭配它的內餡。

　　這也是很棒的派對點心，可以裝飾切片得很美觀。加上可以在前一天就製作好並烤熟，實在非常方便，我建議在微溫與室溫的溫度食用。重新加熱過的質地非常棒，味道也更強烈。

## 器具

一個9×2吋的蛋糕圓模（建議用活動式），噴上少許烤盤油。

一個石板或烤盤（參照p.331小重點）、一個鋁箔圈環保護派皮邊緣（防止烤焦）用

# 派皮

份量：2½杯/25.3盎司/718公克

| 食材 | 容量 | 重量 | |
|---|---|---|---|
| 冷藏無鹽奶油 | 10 大匙（1 條＋2 大匙） | 5 盎司 | 142 公克 |
| 牛奶 | ¼ 杯（59 毫升） | 2.1 盎司 | 60 公克 |
| 1 顆蛋 | 3 大匙＋½ 小匙（47 毫升） | 1.8 盎司 | 50 公克 |
| 中筋麵粉 | 3 杯（用湯匙挖入量杯至滿抹平，分次使用） | 12.8 盎司 | 363 公克 |
| 乾燥百里香 | ½ 大匙 | . | . |
| 鼠尾草粉 | ½ 小匙 | . | . |
| 糖 | ½ 杯 | 3.5 盎司 | 100 公克 |
| 泡打粉（無鋁，參照p.327小重點） | ½ 小匙 | . | 2.2 公克 |
| 細海鹽 | ½ 小匙 | . | 3 公克 |

製作派皮

1・將奶油切成約½吋的小丁，冷藏備用。

2・在一個碗中混合牛奶、蛋。

〈食物調理機法〉

3・在食物調理機中放入½杯/2.1盎司/60公克的麵粉、百里香和鼠尾草粉，攪打至香料變成粉，融合在麵粉中。加入剩餘的麵粉、糖、泡打粉和鹽，攪打30秒。加入冷藏奶油丁，攪打直到奶油丁變成細碎的粗粉。打開蓋子加入蛋液，再攪打成團。

〈手工做法〉

4・將百里香、鼠尾草粉和½杯/2.1盎司/60公克的麵粉混合，用尖銳的刀子將它們一起切到非常細碎，再倒入一個碗裡。加入剩餘的麵粉、糖、泡打粉和鹽。

5・用手指將奶油和粉類搓在一起，混合成細粒狀，混合後還是感覺得出來涼涼的、沙沙的。如果麵團變得黏黏的，可以放到冷藏或冷凍幾分鐘再操作。

6・將蛋液加入粉類奶油中，用叉子攪拌，直到麵團可以捏成團。

冷藏

7・將麵團放在一張大的保鮮膜上，一手固定保鮮膜，一手握拳利用指節壓揉麵團，直到麵團變得光滑。

8・切下⅓量的麵團（8.4盎司/240公克），將這塊麵團整型成4×4吋，厚度½吋的方形麵團，用保鮮膜包緊。剩餘的麵團擀成6吋的圓，厚度¾吋，一樣用保鮮膜包好。將兩塊麵團冷藏45分鐘，或是直到堅硬可以順利擀開。

9・麵團可以冷藏保存最多3天，冷凍可達3個月。

## 小重點

・使用無鋁泡打粉的原因在於當中含有鈣（而非鋁）的成分，可增添不錯的風味；而含鋁的泡打粉則帶有苦味，所以不考慮使用。

# 起司內餡

| 食材 | 容量 | 重量 | |
|---|---|---|---|
| 全脂牛奶製的瑞可塔起司（建議新鮮的） | 1 杯＋1 大匙 | 16 盎司 | 454 公克 |
| 3 顆蛋 | ½ 杯＋1½ 大匙（140 毫升） | 5.3 盎司 | 150 公克 |
| 細海鹽 | ¼ 小匙 | . | 1.5 公克 |
| 現磨黑胡椒 | ½ 小匙 | . | . |
| 羅馬羊奶起司 | ½ 杯 | 1.5 盎司 | 42 公克 |
| 全脂牛奶製的馬札瑞拉起司（建議質地較硬的） | . | 8 盎司 | 227 公克 |
| 臘腸，像義式香腸或臘腸（Cacciatorino 或Sopressata，參照下方小重點） | . | 8 盎司 | 227 公克 |

製作起司內餡

1・準備一個細孔篩網架在碗上，按壓瑞可塔起司過篩。將蛋、鹽和黑胡椒加入過篩的起司中，用打蛋器混合均勻，加入削成粉的羊奶起司，拌勻。

2・將馬札瑞拉切成薄片，撕去薄膜；臘腸切成¼吋的小方塊。

### 小重點

・建議選擇義大利辣肉腸（Sopressata），因為它帶有一點濕潤，不會太乾也不會太硬。

烤箱預熱

3・預熱：350°F/175°C，預熱時間：40分鐘以上。

4・將烤架設在最底層，然後放上石板或烤盤。

# 蛋液

| 食材 | 容量 | 重量 | |
|---|---|---|---|
| 1 顆蛋黃 | 1 大匙＋½ 小匙（17 毫升） | 0.7 盎司 | 19 公克 |
| 牛奶 | 1 小匙（5 毫升） | . | . |

製作蛋液

1・將蛋黃和牛奶放在小碗中攪勻。用保鮮膜封住以免水份蒸發。

擀麵團

2・將冷藏中比較大塊的麵團取出，必要時可以在室溫下退冰約10分鐘，比較好操作。

3・在撒了手粉的耐烤帆布上、止滑墊上，或是在夾有保鮮膜的重疊烤盤上（兩張烤盤重疊後倒放，鋪上保鮮膜，保鮮膜邊緣塞入烤盤間隙中），開始擀麵團，擀到14吋的圓或是更大，¼吋的厚度，可以稍加修剪為14吋。將麵皮對摺再對摺，移到蛋糕烤模上，再把麵皮攤開，均勻整型讓麵皮服貼在烤模上，不要拉扯。高出的麵皮垂在烤模邊上。多餘的麵皮加在另一塊麵團裡，可以做格紋派皮使用。

填入內餡

4・將1杯/8.1盎司/230公克的起司內餡倒入派皮中，均勻抹開。將一半的馬札瑞拉切片，平均擺放覆蓋在起司內餡上，然後將一半的臘腸丁撒在馬札瑞拉起司層上，覆蓋上1杯量的起司內餡，擺上剩餘的馬札瑞拉起司，撒上臘腸丁，最後將所有起司內餡倒在臘腸丁上，用小抹刀抹平。

擀麵團製作格紋條

5・將另一塊冷藏的麵團取出，擀成10吋的方形，然後切出1吋寬的長條緞帶。

6・將蛋液刷在垂在烤模邊上那一圈派皮。做格紋時，先將一半的緞帶條，平均且平行的擺在餡料上，從中間那一條緞帶開始擺。將偶數緞帶向上方摺起來，在中央那條緞帶上以45度角放一條緞帶，再將所有偶數緞帶向自己這邊擺回，蓋住45度角那條，這樣就完成一條格紋。以同樣方式，將單數緞帶向上方摺起來，然後45度角的放上一條的緞帶，再將所有單數緞帶向自己這邊擺回。順著這方向，以同樣方式完成最後一條格紋。

7・另外半邊的兩條也用同樣的方法操作，將緞帶向外摺起，鋪上一條橫向緞帶再蓋回縱向緞帶。記得一定要交錯輪流將緞帶往外摺再攤回，緞帶才會上下交錯。

8・如果想要做比較簡單的格紋，不要交錯，那可以彼此間隔½吋，放上5條緞帶，然後轉45度放上另外5條。

9・將緞帶頭尾的麵團和烤模邊上的麵團壓在一起，用剪刀修剪邊上多餘的麵團，與烤模邊緣齊平。修剪完後，將邊緣的部分往中央稍微推一下，確實將派皮與烤模分離，所有的派皮都會在烤模裡（這會有助於脫模）。在表面的格紋上刷上蛋液。

### 烘焙

**10.** 將烤模直接放在石板上烤20分鐘，將鋁箔圈環蓋（套）在派皮邊緣一圈，防止這一圈烤焦，再烤20～30分鐘，或是直到派皮呈淡金黃色，內餡部分有點膨起的狀態（內餡中央溫度約165F/74℃）。

### 冷卻及脫模

**11.** 將鹹派放在烤架上約2小時冷卻，或是直到不再溫熱才可以脫模。

**12.** 脫模時，準備幾張廚房紙巾蓋著格紋面，讓派的中央總體高度與烤模邊一樣高。再準備一條布巾蓋在廚房紙巾和整個烤模上，保護邊上酥脆的派皮。將整個烤模倒過來放在一個平盤上，移除烤模，重新將鹹派倒過來正放在盤子上，然後移除布巾。（如果使用的是活動式烤模，將烤模放在一個比派還小的穩定罐子上，將烤模邊圈往下取出。準備一支長抹刀，插入派底與烤模底盤的縫隙間，將派斜斜的滑到盤子上。）建議在溫溫的狀態或是室溫下食用。

### 保存

・室溫4小時；密閉盒裝：冷藏3天。

## 小重點

・使用石板是為了確保派皮底部可以充分烤熟。

# 餅乾和糖果類 COOKIES AND CANDY

我從來沒有停止過創造新的、好吃的餅乾。身為一名餅乾愛好者，在多年前寫《蘿絲的聖誕餅乾》（*Rose's Christmas Cookies*）時發現了一些珍藏。譬如，人們多年來都跟我要巧克力豆豆餅乾的配方，而我終於在這裡寫進食譜，以及含有三種巧克力與最綿密的口感的伍迪的黑與白布朗尼。還有我的新歡之一，希臘雪球餅乾，是個充滿杏仁香味，溶在嘴裡的餅乾。最不同且最珍貴的就是主廚威尼・史寇托（Vinnie Scotto）的榛果胡桃蛋白霜冰淇淋三明治。最誘人的像是薄薑餅，再來是牛角餅乾，都在這個單元中介紹。如果只能選擇一種餅乾代表我，那一定會是細膩的巧克力搭配杏桃的伊希樂餅乾！

餅乾Cookie一字來自於荷蘭文的Koekje，也是荷文中Koek（蛋糕）的衍生暱稱。大部分餅乾都類似介於蛋糕和酥皮點心的混合。也因為餅乾和糖果的尺寸很像，所以我在這個單元中也放了一些私藏的糖果食譜，像是太妃糖和榛果糖。

其實最基本的餅乾做法比蛋糕或酥皮點心還簡單，因為餅乾的麵團含有極高的糖量，比較不怕過度攪拌或過度處理，也因此麵團可以重複整型，不會改變口感。

## 混合餅乾麵團

混合餅乾麵團有三種最基本的方法，這三種方法的呈現結果也都差不多。食物調理機法是我個人的第一選擇，因為這很快速，也可以使用細砂糖代替精製細砂糖（因為一般砂糖經過攪打後可以變得非常細）。這方法也要視情況做些調整，像是如果你做的麵團量非常少，而調理機又很大台，就必須常常刮缸或是使用均質機。

第二種方法是用機器（桌上型攪拌機或手持攪拌器）。當然，所有的餅乾麵團都可以用手混合。準備一個大鋼盆（至少 4 夸特 /3.8 公升的容量）和一支木匙（不要使用已經沾過香料或煮過鹹食的木匙）。製作時遵循選擇的製作方法，有些微不同的步驟，譬如若使用桌上型攪拌機，就要先把奶油打到綿密再加糖打幾分鐘，一直打到奶油顏色變淡，而不是直接把奶油與糖混合一起攪打。如果食譜中有蛋，先稍微將蛋打散，然後再加入食材裡。

## 烘烤餅乾

因為餅乾只需要短時間烘烤，而且烤箱中間層的溫度是最平均的，所以幾乎所有餅乾麵團都會分批烤。我用一般標準的 15×12 吋餅乾烤盤當作批次的指標。一般不用烤模的餅乾，只要鋪上烤盤紙，就可以免除清潔上的麻煩。而且可以先將烤盤紙放在工作檯上，將餅乾直接在紙上切割擺放。所以當第一批餅乾出爐後，將餅乾連著烤盤紙一起滑出，然後把第二批餅乾連著紙直接滑入燙手的烤盤裡進烤箱烘烤，這樣麵團烤起來也省去烤盤預熱的階段。

## 特別技巧

- 麵粉與糖的種類對餅乾成品有極大的影響。

- 麵粉佔餅乾結構中很大的一部分。我建議幾乎這裡所有的食譜都使用漂白中筋麵粉，因為它含有最佳比例的蛋白質來製造最理想的口感和風味。未漂白的中筋麵粉和高筋麵粉含有高比例的蛋白質，製造出來的餅乾顏色比較深、比較扁，也比較有嚼勁。高蛋白質會吸收更多水分來產生筋性，所以比較硬，也不會在麵團中留有過多水分，在烘烤過程中變成蒸氣，或是使餅乾中有空氣填充。而低筋麵粉含有少量蛋白質，比較不吸水，無法被吸收的水分就會變成蒸氣，讓餅乾膨起來。低筋麵粉產生的筋性也比較少，所以餅乾比較易碎。因為蛋白質是影響餅乾成色的重要關鍵，所以蛋白質含量少的時候，餅乾就不易上色。

- 朋友瑪利亞‧梅納格斯（Maria Menegus）教我一個特別的技巧，她也是從朋友琴‧席維（Jean Seaver）那向她祖母學來的，就是把餅乾麵團放在蕎麥粉上滾動。這種麵粉非常細緻，所以烤起來非常漂亮，而且會讓餅乾外圍帶有迷人香脆的口感。這也有助於餅乾上色，並增添些許有趣微妙的風味。

- 麵團在烘烤中定型的溫度會因糖量多而提高，所以當麵團含有高糖量時，麵團會先展開，然後溫度到了才定型，這樣就會有比較薄脆的口感。

- 糖的顆粒越細緻，餅乾烘烤時表面產生的裂紋也會比較少。比較細的顆粒會產生比較細的餅乾屑，且口感也比較輕盈，這是因為糖的結晶比較小，所以有更多表面空間可以接觸空氣。在混合或是打發奶油的階段時，糖結晶體的尖銳處或角的部分會捕捉空氣，所以譬如糖粉的糖結晶體表面是圓滑的，它們就會聚集在一起，不讓空氣進入。因此，多一點結晶體，就會含有多一點空氣。精製細砂比較容易溶解，也比較輕盈，產生的蛋白霜比較細緻。然而糖粉做出來的質地比較適合易碎的餅乾，像是希臘雪球餅乾。

# 餅乾麵團和餅乾的保存

大部分的餅乾麵團可以冷藏至少 3 天或是冷凍幾星期，前一晚放冷藏退冰。然而最容易操作整型的麵團建議不要冷藏超過 3 小時。若在擀麵團或整型時麵團產生裂痕，原因不是麵團太乾就是太冰。如果太乾，噴一點點水用手搓揉進麵團中；如果太冰，將麵團分割 4 塊，然後在室溫下靜置 15 分鐘，或直到麵團質地是可操作的，此時麵團比較軟，但是整體溫度還是冰涼的。

如果保存恰當，烤熟的餅乾可以保存數星期，在陰涼的室溫下可以保存到幾個月。但是也有些例外，譬如含有巧克力的餅乾，在出爐後的 4 ～ 6 小時之間，巧克力還是軟的，也增添不少味道與口感。如果你喜歡軟餅乾，可以將它們放在密封盒中冷藏，它們就可以保存軟軟的口感，也可以保存比較久。要確認你的盒子是可以密封的，餅乾才不會吸進冰箱中其他食物的味道。而將餅乾退到和室溫相同時再食用，可以達到最佳的風味與口感。

冷凍餅乾將會保存得跟當天烤出來的餅乾一樣。如果想要冷凍餅乾，先將它們放進夾鏈袋中，盡量把所有空氣擠出來；或是放進密閉盒中，將保鮮膜或蠟紙捏皺，塞到所有空隙中。而比較易碎的餅乾放一層在餅乾烤盤上，然後一起冷凍，一旦冷凍變硬，就可以堆疊著放進密閉盒中。先烤再裁切的餅乾可以不用裁切，整塊直接用保鮮膜封緊，再包上一層厚鋁箔紙冷凍。

單一的餅乾移出盒子後，在室溫下退冰 20 分鐘就差不多。

保存餅乾時，一定要先確認餅乾完全冷卻，保存軟餅乾和脆餅乾也要分兩個容器裝。當然建議每種盒子只裝一種餅乾，味道才不會混雜在一起。堆疊餅乾時，層與層之間要放上烤盤紙或蠟紙，除了讓餅乾保持酥脆外，也可以防止黏手的餅乾沾黏在一起。

如果想讓濕掉的餅乾變脆，可以把餅乾放在餅乾烤盤上，烤箱預熱到 300°F/150°C 後烤 5 分鐘，然後放在烤架上冷卻。

# 餅乾的 Q & A

Q：擀麵團時出現裂痕。
A：試著蓋一張保鮮膜在麵團上再擀。如果麵團依舊無法有平滑的表面，噴一點點水，把水分揉進麵團中，直到麵團變得柔順。如果是因為麵團太冰，把它靜置在室溫下直到可以操作的質地。

Q：餅乾在烘烤時整個攤開，變得好扁。
A：試著使用蛋白質高一點的麵粉，或是（並且）減低糖量。餅乾整型前，在雙手沾上足夠的手粉，然後把餅乾整得圓一點。烤前先把整型切割好的麵團冷藏或冷凍定型，也可以幫助烘烤時餅乾維持形狀。不要將麵團放在燙手或是溫熱的烤盤上等待。

Q：將餅乾麵團揉成長條形時，兩邊會扁掉。
A：將長條圓柱用保鮮膜包好，放入塑膠管子或是廚房紙巾中心的紙管。必要時可以根據麵團的長度裁剪紙管長度。在兩端綁上橡皮筋固定，然後以直立方式放在冷凍庫裡面。如果管子太長，可以將麵團分成幾塊塞到短一點的管子中。

Q：餅乾底部烤起來顏色很深。
A：烘烤時將烤盤放在上層位置，或是使用比較絕緣的烤盤材質或多墊一個烤盤。

Q：餅乾不夠軟。
A：烘烤時，當餅乾還軟軟的，就連同烤盤一起出爐，靜置時當餅乾夠硬，提起時不會變型，就從烤盤上拿起。

# 烘烤餅乾的黃金守則

小心秤量食材，以達到一致的風味與口感。

請使用食譜中指定的食材。請參照食材單元（p.525）。

·麵粉：漂白過的中筋麵粉通常是做餅乾的最好選擇。

因為它的蛋白質含量，可以讓餅乾呈現最佳的口感和風味。

·奶油：使用高品質含一般乳脂含量的奶油。

除非食譜中特別註明使用高乳脂奶油，或是要製作澄清奶油。

·堅果：使用不含鹽的堅果。

製作時將餅乾整型，切割為厚度一樣的尺寸。這樣才會烘烤均勻，並且餅乾擺放的間距要一致。（不要留多餘太大的空隙）

烤餅乾時要使用平坦的餅乾烤盤，不帶有邊，這樣才會加熱均勻，空氣流動順暢。如果使用小烤盤（17¼×12¼×1吋），倒過來當作餅乾烤盤也可以。選擇使用亮面、較厚的鋁製烤盤，而非深色那種，餅乾會上色較均勻，顏色也不會太黑。

將烤箱預熱20～30分鐘再開始烘烤。如果可以，將烤盤放在烤箱的中間層。如果烤盤設置太高層，餅乾的表面容易焦；如果太低，底部也容易焦。所以最好的方法就是一次烤一盤，所有的餅乾都可以烤得均勻。第一批餅乾進烤箱後，可以同時準備第二批餅乾的整型裁切。

如果可以，將烤盤放在烤箱的中間層烘烤。如果烤盤設置太高層，餅乾的表面容易焦；如果太低，底部也容易焦。最好的方法是一次烤一盤，所有的餅乾都能烤得均勻。第一批餅乾進烤箱後，可以同時準備第二批餅乾的整型裁切。

如果想要一次烤比較多盤，在同一層放上兩張的半張烤盤，中間至少要隔2吋的距離。同樣地，烤盤與烤箱壁之間也要有距離。如果你的烤箱不夠大到一層放兩盤，可以放上烤架，把烤箱分為上中下三層。烘烤一半時，左右前後的餅乾要換位置，如果分上下層，也要將烤盤互換位置。

不要烤過頭。出爐後的餅乾還會因為餘熱繼續烘烤。如果沒烤熟，還可以重新放回烤箱加熱。如果烤軟餅乾，就不要烤太熟。

使用已冷卻的烤盤，餅乾才不會因為在熱烤盤上先融化，且周圍變扁之後才定型。所以先把餅乾在烤盤紙上排好，快速將烤盤紙滑到熱烤盤上，然後立刻進烤箱。

用鍋鏟把餅乾鏟起，一旦餅乾定型了，就立刻把它鏟起，放到烤架上冷卻，餅乾才可以維持酥脆，也不會因為烤盤的高溫而繼續加熱。

完全冷卻餅乾再放到密閉盒中保存，才能維持最棒的口感。

# 擠花餅乾

## SPRITZ BUTTER COOKIES

**份量：28 朵花或 56 朵星形的 2 吋圓餅乾**

烤箱溫度　375°F/190°C

烘烤時間　每批10～12分鐘，共4批。

這 是傳統的聖誕餅乾，但我不分季節，整年都吃這餅乾，所以當我的好友兼食譜作家同事莎莉・隆勾（Sally Longo）建議我用一些玉米澱粉取代麵粉時，就迫不及待想試試。結果，這讓餅乾的質地更細緻，所以更容易擠花，或是在使用餅乾擠花器時更容易推出。

器具
兩個15×12吋的餅乾烤盤，不需要抹任何東西，也不用墊烤盤紙。
一個大的擠花袋配上½吋的星形花嘴，或一個餅乾擠花器。

# 餅乾麵團

| 食材 | 容量 | 重量 | |
|---|---|---|---|
| 去皮杏仁片 | ½ 杯－1 大匙 | 1.5 盎司 | 44 公克 |
| 中筋麵粉 | 2 杯（用湯匙挖入量杯至滿抹平）＋2 大匙 | 9.1 盎司 | 257 公克 |
| 玉米澱粉 | ¼ 杯（用湯匙挖入量杯至滿抹平） | 1 盎司 | 30 公克 |
| 細海鹽 | 1 小撮 | . | . |
| 精製細砂 | ¾ 杯 | 5.3 盎司 | 150 公克 |
| 無鹽奶油（65～75°F/19～23°C） | 16 大匙（2 條） | 8 盎司 | 227 公克 |
| 1 顆蛋（室溫） | 3 大匙＋½ 小匙（47 毫升） | 1.8 盎司 | 50 公克 |
| 香草精 | 1 小匙（5 毫升） | . | . |
| 杏仁香精 | 1 小匙（5 毫升） | . | . |
| 糖漬櫻桃、彩色巧克力米或是食用彩色圓珠（裝飾用） | . | . | . |

## 烤箱預熱

· 預熱：375°F/190°C ，預熱時間：30分鐘以上。

· 將烤架設在中間層。

## 烘烤杏仁片

1·將杏仁片均勻撒在烤盤上，放入烤箱中間層烤5分鐘，或是直到烤出淺淺的金黃色。烘烤途中取出一兩次翻炒，使杏仁片上色均勻。靜置直到完全冷卻。

## 混合乾料

2·在碗中混合麵粉、玉米澱粉和鹽。

## 製作麵團

### 〈食物調理機法〉

3·在調理機中放入糖、杏仁片，一起攪打成非常細的粉。奶油切成幾塊後加入運轉的食物調理機中，打到滑順綿密。加入蛋、香草精和杏仁香精稍微打勻。將邊壁上的泥刮乾淨，加入粉類攪拌幾下直到混合。

### 〈桌上型攪拌機法〉

4·用堅果磨碎機把杏仁片磨成細粉，與麵粉混合。

5·在桌上型攪拌機的鋼盆內放入糖和奶油，使用槳狀攪拌器以中速打發，讓奶油和糖變白變輕盈。刮缸後加入蛋、香草精和杏仁香精攪打30秒，或是直到混合。用低速攪打後倒入粉類，直到混合均勻。

6·將麵團放到一張大的保鮮膜上，將四角的保鮮膜摺回中間，隔著保鮮膜揉壓麵團，直到麵團均勻混合，並且質地柔軟細緻，可以擠花。

## 餅乾擠花

7·將麵團放入擠花袋中（或是先將一些麵團舀入餅乾擠花器裡再裝滿，按壓全部的擠花器）。在餅乾烤盤上擠出7朵小玫瑰花和14顆星星，大小約直徑1¾吋，餅乾的間距至少要1吋。

8·若要擠出漂亮的玫瑰花，擠完花後，用手指將收尾的地方修飾平整。若要擠出漂亮的星星，首先將擠花袋以垂直方式拿著，花嘴離烤盤面距離一點點的高度，不要移動的穩定擠出想要的尺寸，讓擠出的線條維持一樣的曲線。停止擠花後，將花嘴微微向下壓，然後直直的提起花嘴。使用一些糖漬櫻桃放在餅乾正中央，或是可以選擇一些彩色巧克力米、食用彩色圓珠做裝飾。

## 烘烤和冷卻

9·烘烤5分鐘。為了上色均勻，將烤盤旋轉180度，繼續烘烤5～7分鐘，或是直到餅乾呈淡淡的金色。將烤盤放在烤架上，用鍋鏟把餅乾鏟起來，放在另一個烤架上靜置，直到完全冷卻。

## 保存

· 密閉盒裝：室溫1個月；冷藏或冷凍6個月。

圖中為擠花餅乾、荷蘭胡桃酥餅（參照p.369）
和椰子脆餅（參照p.382）

# 杏仁咖啡脆餅

ALMOND COFFEE CRISPS

份量：36 個 2½ 吋的餅乾

烤箱溫度　350°F/175°C

烘烤時間　每批10～15分鐘，共3批。

**我**很榮幸於1994年，有機會與其他十位主廚合作，一起在芝加哥查理・托特的（Charlie Trotter）餐廳準備一場慈善晚宴。我的先生，艾利特（Elliott）當時還參與餐廳領班一職。這位有名的主廚強一路易斯・帕拉丁（Jean-Louis Palladin）當時還在世，而他多變的性情就像今天的高登主廚（Gordon Ramsay）一樣。我們花了一整天在廚房內場做準備工作，到了傍晚，我們則受芝加哥知名美食家，綽號「胖桶」的羅伯・貝肯（Robert "Tubby" Bacon）和他的老婆茱莉（Julie）之邀，到他們家享用一頓超棒的晚餐，這份食譜就是他老婆給我的。當時她說這是她最喜歡的餅乾食譜，二十年過去了，我現在把它分享給大家！在食譜中，我唯一更改的部分就是使用泡打粉，而不是自行混合塔塔粉和蘇打粉，結果反而更膨鬆。如果你喜歡咖啡，將會愛上這酥脆、易碎且輕巧的餅乾，因為這就好像食用帶有咖啡香的空氣。

## 器具

兩個15×12吋的餅乾烤盤，不需要抹任何東西，也不用墊烤盤紙。

可選擇：化妝使用的粉刷，準備一支專門用來刷餅乾。

# 餅乾麵團

**份量：13.3盎司/378公克**

| 食材 | 容量 | 重量 | |
|---|---|---|---|
| 去皮或沒去皮的杏仁片 | ½ 杯 | 1.8 盎司 | 50 公克 |
| 中筋麵粉 | ⅔ 杯（用湯匙挖入量杯至滿抹平） | 2.8 盎司 | 81 公克 |
| 即溶濃縮咖啡粉（推薦Medaglia D'Oro品牌） | 1 大匙（分次使用） | . | 3.6 公克 |
| 泡打粉 | ½ 大匙 | . | 6.8 公克 |
| 細海鹽 | ⅛ 小匙 | . | 0.7 公克 |
| 精製細砂 | ⅔ 杯 | 4.7 盎司 | 133 公克 |
| 無鹽奶油（65～75°F/19～23°C） | 8 大匙（1 條） | 4 盎司 | 113 公克 |
| 香草精 | ½ 大匙（7.5 毫升） | . | . |

## 烤箱預熱

· 預熱：350°F/175°C，預熱時間：20分鐘以上。

· 將烤架設在中間層。

## 烘烤杏仁片

**1**· 將杏仁片均勻撒在烤盤上，放入烤箱中間層烤7分鐘，或是直到烤出淺淺的金黃色。烘烤途中取出一兩次翻炒，使杏仁片上色均勻。靜置直到完全冷卻。

## 處理杏仁片

**2**· 在食物調理機中放入杏仁片、麵粉、2小匙的咖啡粉、泡打粉和鹽。將全部食材一起攪打約2分鐘，直到杏仁片變成細粉。將打好的粉類倒在一張烤盤紙上或是一個碗裡。

## 製作麵團

**3**· 在食物調理機中放入糖，將奶油切成幾塊，每次投入約1大匙的奶油至運轉的調理機中，打幾秒直到質地滑順。加入香草精，然後稍微打勻，將邊壁上的泥刮乾淨。加入粉類攪拌幾下直到混合。將麵團放到一張大的保鮮膜上，將四角的保鮮膜摺回中間，隔著保鮮膜揉壓麵團，直到麵團均勻混合，並且看不到任何奶油的痕跡。（奶油塊在烘烤後會融化而形成一個洞。如果還看見奶油塊，就必須繼續搓揉麵團，或是用手掌根部將奶油推抹開，散在麵團中。）

**4**· 將麵團分成三等份，每塊約4.4盎司/126公克。取兩塊麵團用保鮮膜包好冷藏，剩下那一塊直接進行下一步驟。

## 搓揉成小球狀

**5**· 用小湯匙從麵團中舀出12個圓（每個0.4盎司/10公克）。將每個圓放在手掌搓揉成直徑1吋的圓球。將圓球每個間隔至少2½吋擺放在餅乾烤盤上，再壓扁成直徑1¾吋，厚¼吋。（每次做一個，每搓完一顆圓球就壓扁；或是先全部搓成圓球，壓扁之前再搓一次，這樣周圍會比較平整。）

## 烘烤

**6**· 烘烤5分鐘。為了均勻上色，將烤盤旋轉180度，繼續烘烤5～10分鐘。餅乾的顏色差不多開始要變棕色，用指尖輕輕壓，質地有一點軟，但不會留有指印。

## 冷卻

**7**· 將烤盤放在烤架上。放一張烤盤紙在工作檯上，上面架著一個烤架，用鍋鏟將餅乾鏟起來，放在這個烤架上。

**8**· 將剩餘的⅓小匙咖啡粉放入一個小碗裡，用大拇指和食指捏出咖啡粉，均勻撒在餅乾上。也可以用粉刷摻咖啡粉，以沾點方式將咖啡粉點在餅乾上。

## 保存

· 密閉盒裝：室溫3星期；冷凍6個月。

# 希臘雪球餅乾

KOURAMBIETHES

份量：36 個 2½ 吋的餅乾

烤箱溫度　350°F/175°C

烘烤時間　每批15～20 分鐘，共3批。

**我**對輕盈、有著堅果的酥脆和裹著糖粉，帶有奶油香的餅乾，毫無招架之力。很多國家都有類似的傳統餅乾，像是墨西哥或是葡萄牙的結婚蛋糕，都是用胡桃粉做的；但希臘版是我的最愛，它的發音為koo-rahm-BYEH-thes。當我覺得自己的食譜已經完美無瑕時，我的愛徒，也是我的好友，大衛・沙曼（David Shamah）建議我用澄清奶油，因為很多中東國家的餅乾都使用澄清奶油製作，吃起來就是入口即溶。他也提到另一個烹飪書作家朋友寶拉・沃芙（Paula Wolfert）把澄清奶油冷藏定型後再打發，可以讓餅乾的質地更輕盈。

### 器具

兩個15×12吋的餅乾烤盤，不需要抹任何東西，也不用墊烤盤紙。

## 餅乾麵團

份量：40盎司/1134公克

| 食材 | 容量 | 重量 | |
|---|---|---|---|
| 無鹽奶油<br>（65～75°F/19～23°C） | 4 條 | 1 磅 | 454 公克 |
| 杏仁條 | 1 杯 | 4.2 盎司 | 120 公克 |
| 糖粉 | 1 杯（用湯匙挖入<br>量杯至滿抹平） | 4.1 盎司 | 115 公克 |
| 2顆蛋黃 | 2 大匙＋1 小匙（35 毫升） | 1.3 盎司 | 37 公克 |
| 香草精 | 1 小匙（5 毫升） | . | . |
| 白蘭地或現榨過篩柳橙汁 | 3 大匙（44 毫升） | 1.5 盎司 | 42 公克 |
| 中筋麵粉 | 3½ 杯（用湯匙挖入<br>量杯至滿抹平） | 15 盎司 | 424 公克 |
| 泡打粉（建議無鋁泡打<br>粉，參照p.345小重點） | 1 大匙＋1 小匙 | 0.6 盎司 | 18 公克 |
| 糖粉（裝飾用） | 1 杯（用湯匙挖入<br>量杯至滿抹平） | 4.1 盎司 | 115 公克 |

## 製作澄清奶油

**1**・準備一個細孔篩網或一般篩網墊上紗布，架在碗上，最好是矽膠碗。

**2**・在中型厚底煮鍋裡放入奶油，以小火加熱直到融化。當奶油融化成透明後，小心注意看著，但不要攪動。如果產生泡泡，就把泡泡往旁邊撥或撈除，以便觀察奶油融化的情形。當底部沉澱的白白牛奶固形物開始要上色了（這時泡泡的量會變少），立刻離火，將澄清奶油倒入篩網內。

**3**・將澄清奶油放置約2小時冷卻，直到凝固。剛才篩網上的白色牛奶固形物可冷藏或冷凍保存，做其他用途（參照p.526）。

## 烤箱預熱

**4**・預熱：350°F/175°C，預熱時間：20分鐘以上。

**5**・將烤架設在中間層。

## 烘烤杏仁片

**6**・將杏仁條均勻撒在烤盤上，放入烤箱中間層烤7分鐘，或是直到烤出淺淺的金黃色。烘烤途中取出一兩次翻炒，使杏仁條均勻上色。靜置直到完全冷卻，然後切成碎粒。

## 製作麵團

**7**・將凝固的澄清奶油脫模放在砧板上。（如果不是用矽膠碗，將容器放入非常燙的熱水中幾秒，直到可以脫模。）將奶油切成½吋的小丁，放在桌上型攪拌機的鋼盆中，裝上槳狀攪拌器。加入1杯的糖粉，用低速開始攪打，直到糖粉和奶油大致混合後，將速度加快到中速攪打10分鐘，奶油和糖粉會變白而且非常綿密。刮缸後加入蛋黃、香草精和白蘭地，攪打1分鐘。然後加入杏仁碎，用低速打幾秒大致混合一下即可。在一個小碗裡混合麵粉、泡打粉，將機器調到最低速，倒入粉類攪打約20秒直到均勻，至麵團質地軟且有點黏。

**8**・用保鮮膜將鋼盆封好冷藏20～30分鐘，直到麵團稍微硬一點。

## 麵團塑型

**9**・從鋼盆中取出⅓量（約13.3盎司/378公克）的麵團放進碗裡。將鋼盆蓋上保鮮膜，放回冷藏。捏出12個核桃大小的麵團，每個約1.1盎司/31.5公克。將每塊放入手掌之間搓揉成直徑1½吋的小球。如果表面有不均勻的小裂痕也沒關係。將小圓球每個間隔至少1½吋擺放在餅乾烤盤上，壓扁成2吋大，½吋厚。

## 烘烤

**10**・烘烤8分鐘。為了均勻上色，將烤盤旋轉180度，繼續烘烤7～12分鐘，或是直到餅乾要開始變成咖啡色。

冷卻

11・將烤盤放在烤架上。放一張烤盤紙在工作檯上，上面架著一個烤架，用鍋鏟將餅乾鏟起來，放在這個烤架上。

12・當一批餅乾進烤箱後，開始準備另一批餅乾的塑型。

使用糖粉裝飾餅乾

13・將餅乾排列在容器中，每一層都撒上糖粉。為了避免產生濕氣使糖粉受潮變黏，容器可以不加蓋，置於室溫下8小時再封緊，這樣可以維持糖粉的狀態。

保存

・密閉盒裝：室溫1個月；冷凍6個月（要重新撒糖粉）。

## 小重點

・泡打粉的作用不是讓餅乾膨脹，而是增添一點柔軟的口感。含鋁的泡打粉會產生苦味，所以建議使用無鋁泡打粉，像是Rumford或是Argo這些品牌。

・製作凝固澄清奶油時，利用矽膠容器最方便，它可彎摺的材質有利於脫模。

# 薄薑餅

### PEPPARKAKORS

烤箱溫度　350°F/175°C

烘烤時間　每批8～9 分鐘，共4批。

伍迪（Woody）的太極師父，保羅·阿德拉（Paul Abdella）給伍迪一個家傳祕方，很特別的挪威餅乾食譜。黑胡椒用它很微妙的辛辣刺激著味蕾，讓餅乾達到一個很平衡的風味。單吃就很棒，但是當你塗抹上軟綿的羊起司，那更是一道美味不凡的鹹點開胃菜。

事前準備

餅乾麵團至少冷凍8小時

器具

兩個15×12吋的餅乾烤盤，噴上一點烤盤油，用紙巾擦勻，讓烤盤油非常薄的平鋪一層。

一個12×1⅝吋（內側高度）的紙管，可以取廚房紙巾中央那根紙管，

然後剪成4份（或是4個3吋長的塑膠管）。

一把厚重的刀，刀面差不多1½～2吋寬，可以用剁刀。

# 餅乾麵團

### 份量：16.2盎司/460公克

| 食材 | 容量 | 重量 | |
|------|------|------|------|
| 中筋麵粉 | 1¼ 杯（用湯匙挖入量杯至滿抹平）＋2大匙 | 5.9 盎司 | 167 公克 |
| 小蘇打粉 | ½ 小匙 | . | 2.7 公克 |
| 細海鹽 | ¼ 小匙 | . | 1.5 公克 |
| 薑粉 | ½ 大匙 | . | 1.5 公克 |
| 肉桂粉 | 1 小匙 | . | 2.2 公克 |
| 丁香粉 | 1 小匙 | . | 2.5 公克 |
| 現磨黑胡椒 | ¾ 小匙 | . | 1.9 公克 |
| 無鹽奶油（65～75°F/19～23°C） | 8 大匙（1 條） | 4 盎司 | 113 公克 |
| 細砂糖 | ½ 杯 | 3.5 盎司 | 100 公克 |
| 糖蜜 | ¼ 杯（59 毫升，杯中先噴些烤盤油） | 2.8 盎司 | 80 公克 |
| 二砂或珍珠糖 | ¼ 杯 | 1.8 盎司 | 50 公克 |

混合乾料

**1**・在碗中混合麵粉、小蘇打粉、鹽、薑粉、肉桂粉、丁香粉和黑胡椒。

製作麵團

**2**・在桌上型攪拌機的鋼盆內放入奶油和砂糖，使用槳狀攪拌器以中速攪打約1分鐘，直到質地變得綿密輕盈。刮缸後加入糖蜜攪拌混合。刮缸後拆掉槳狀攪拌器，倒入粉類用刮刀攪拌，讓粉類都濕潤後再裝上槳狀攪拌器，用低速攪打約15秒，直到均勻混合。麵團看起來像是濃稠充滿空氣的奶油霜。

**3**・將麵團放在一張大的保鮮膜上，隔著保鮮膜將麵團揉捏幾次，直到質地光滑均勻。將麵團用保鮮膜留有空隙的稍微包住，把保鮮膜中的麵團敲成5×4吋的長方形。將麵團冷藏1小時或直到堅硬可以塑型。（麵團溫度應低於63°F/17°C）

將麵團整型成長條狀

**4**・將麵團分成四等份，每塊約4.1盎司/115公克，每次只操作一塊麵團，其餘的用保鮮膜封好放冷藏。

**5**・取一塊麵團放在手掌中，搓成直徑1⅝吋，長3吋的長條圓柱。將兩頭往工作檯上稍微敲平，用保鮮膜包起後放入紙管中。將紙管立著放在工作檯上，用手指把麵團往下壓，直到麵團另一頭接觸到檯面，並且紙管內的麵團也緊貼著紙管壁。另外三塊麵團依照相同的方式操作。將塞有麵團的紙管直立著，放在冷凍庫深處。

**6**・如果沒有紙管，將麵團搓成直徑約1⅝吋的長條，用保鮮膜包起後冷凍1小時。冷凍取出後要迅速將長條再次搓圓，以免扁掉，然後直立的再放入冷凍。長條麵團需要冷凍至少8小時，或是直到中心溫度在32°F/0°C以下，才能均勻切片。稍微退冰時是最容易切片的時候。

**7**・未烤過的麵團可以冷凍保存約3個月。

烤箱預熱

**8**・預熱：350°F/175°C，預熱時間：20分鐘以上。

**9**・將烤架設在中間層。

裁切

**10**・在小碗中放入二砂。

**11**・取出一條冷凍長條麵團稍微退冰回軟。每個長條切成約⅛吋厚的餅乾，大概可切15～17片。切片時，長條會開始慢慢扁掉，這時稍微搓一下，維持圓柱體形狀。每片餅乾間隔½吋擺放在餅乾烤盤上，如果有不平整的邊緣，可以用小抹刀修整。最後在每片餅乾上撒一點二砂，然後放入烤箱烘烤。

烘烤

**12**・烘烤4分鐘。為了上色均勻，將烤盤旋轉180度，繼續烘烤4～5分鐘，或是摸時可以感覺餅乾已定型。用指尖輕輕壓時，會留有非常些微的指印。

冷卻

**13**・將烤盤放在烤架上約1分鐘冷卻，或是直到舉起餅乾時形狀不會歪掉。用鍋鏟將餅乾鏟起來，放到另一個烤架上。（不要將它們留在烤盤上，因為烤盤的熱度會持續加熱餅乾，讓它的口感變太硬。）

**14**・烘烤第一批餅乾時，取出另一條麵團稍微退冰，裁切好準備下次進烤箱。

保存

・密閉盒裝：室溫1個月；冷藏3個月；冷凍6個月。


## ☆ 美味變化款：嗆辣尼克薄薑餅

・太極學員同事，同時也是廚師的尼克・寇尼（Nick Cronin）很大膽的建議用卡宴辣椒粉代替一部分的黑胡椒。這不但增加了嗆辣，也加重了黑胡椒的味道。可以用⅛小匙的卡宴辣椒粉取代¼小匙的黑胡椒。

# 豪華燕麥餅乾
## LUXURY OATMEAL COOKIES

烤箱溫度　穀麥：225°F/107°C；餅乾：375°F/190°C

烘烤時間　穀麥：20～22分鐘；餅乾：每批12～15分鐘，共3批。

這份食譜特別的地方，是不同以往，直接把麥片和堅果加到麵團裡，我是連穀麥都自己做。將麥片和堅果沾黏上一些二砂和楓糖，讓它們稍微帶點甜味，然後用非常低的溫度烘烤，使它們變得酥脆，而且釋放本身的甜味和自然風味。這個含有肉桂和香草的穀麥食譜，是一位多才多藝的朋友，也是舊金山現代藝術MOMA和藍瓶咖啡（Blue Bottle Coffee）食譜書作者凱特林・威廉斯・費曼（Caitlin Williams Freeman）贈送給我的禮物，即使是將餅乾碎屑撒在優格上搭配著吃，也是很棒的享受。這個餅乾的口感酥脆有嚼勁，保存後質地會變得比較軟。

### 器具

一張小烤盤（17¼×12¼×1吋）

兩個15×12吋的餅乾烤盤，不需要抹任何東西，也不用墊烤盤紙。

## 穀麥

**份量：5杯/18.3盎司/520公克**

| 食材 | 容量 | 重量 | |
|---|---|---|---|
| 燕麥片 | 3 杯 | 7.8 盎司 | 222 公克 |
| 剖半核桃（大略切碎） | 1 杯 | 3.5 盎司 | 100 公克 |
| 淺色黑糖或深色紅糖 | ¼ 杯（壓緊） | 1.9 盎司 | 54 公克 |
| 肉桂粉 | 1小匙 | . | 2.2 公克 |
| 細海鹽 | ½ 小匙 | . | 3 公克 |
| 純楓糖 | 6 大匙（89 毫升） | 4.5 盎司 | 127 公克 |
| 芥花籽油或紅花油（室溫） | 3 大匙（44 毫升） | 1.4 盎司 | 40 公克 |
| 香草精 | ½ 大匙（7.5 毫升） | . | . |

烤箱預熱

・預熱：225°F/107°C，預熱時間：20分鐘以上。

・將烤架設在中間層。

製作穀麥

**1**・在大鋼盆中放入麥片、核桃、黑糖、肉桂粉和鹽，輕拋鋼盆翻攪所有食材。倒入楓糖、油和香草精，再翻攪所有食材混合均勻。將混合物平鋪在17¼×12¼×1吋的烤盤上烤20分鐘，將烤盤旋轉180度再烤10分鐘。將烤盤放到烤架上冷卻，直到與室溫相同。取出4杯/14.8盎司/420公克的穀麥，等一下要混合在餅乾麵團中。

**2**・將烤箱溫度設定到375℉/190℃。

# 餅乾麵團

**份量：53.3盎司/1512公克**

| 食材 | 容量 | 重量 | |
|---|---|---|---|
| 穀麥 | 4 杯 | 14.8 盎司 | 420 公克 |
| 葡萄乾 | 1½ 杯 | 7.6 盎司 | 216 公克 |
| 苦甜巧克力豆，55～63%可可含量（參照p.353小重點） | 1 杯 | 6 盎司 | 170 公克 |
| 中筋麵粉 | 1¾ 杯（用湯匙挖入量杯至滿抹平）＋2 大匙 | 8 盎司 | 227 公克 |
| 泡打粉 | 1 小匙 | . | 4.5 公克 |
| 小蘇打粉 | 1 小匙 | | 5.5 公克 |
| 細海鹽 | ½ 小匙 | . | 3 公克 |
| 2顆蛋 | ⅓ 杯＋1 大匙（94 毫升） | 3.5 盎司 | 100 公克 |
| 香草精 | 1 小匙（5 毫升） | . | . |
| 淺色黑糖或深色紅糖 | ⅔ 杯（壓緊） | 5 盎司 | 145 公克 |
| 細砂糖 | 2 大匙 | 0.9 盎司 | 25 公克 |
| 無鹽奶油（65～75℉/19～23℃） | 16 大匙（2 條） | 8 盎司 | 227 公克 |

製作麵團

**1**・在大鋼盆裡混合穀麥、葡萄乾和巧克力豆，剩餘的穀麥放入密閉盒中保存，可以冷藏最多3個月。

**2**・在一個小碗裡混合麵粉、泡打粉、小蘇打粉和鹽。

**3**・再取另一個小碗，將蛋與香草精打散。

圖中為糖蜜奶油餅乾（參照p.357）和豪華燕麥餅乾

## 不失敗祕訣

穀麥麵團要靜置約30分鐘。因為加入的燕麥需要軟化，水氣也要均勻分散。如果沒有靜置30分鐘，燕麥會比較硬，而麵團中的水氣也會讓烘烤時餅乾擴散得更開。

〈食物調理機法〉

**4**・在食物調理機中將黑糖、細砂糖攪打混合。將奶油切成數塊，依序丟入運轉的食物調理機中。將奶油、糖攪拌到滑順且綿密，必要時將調理機的邊壁刮乾淨。

**5**・暫停機器加入蛋液，繼續攪打直到混合。刮乾淨邊壁後加入粉類混合，攪打直到看不見粉類。

〈桌上型攪拌機法〉

**6**・在桌上型攪拌機的鋼盆中放入黑糖、細砂糖，使用槳狀攪拌器，以低速將兩者拌勻。加入奶油後用中速攪打約1分鐘直到滑順綿密。刮缸後，將蛋液倒入攪拌中的食材，用中速攪打30秒直到混合。刮缸。加入粉類，用低速攪拌直到不見粉類。

混合麵團和穀麥，冷卻

**7**・用木匙或雙手將麵團加入穀麥中混合均勻，麵團會變得黏手。將麵團用保鮮膜包好，放入冷藏最少30分鐘，或可以冷藏最多24小時。將麵團分成三等份，每塊約17.8盎司/504公克。將其中兩塊麵團用保鮮膜包好冷藏，剩下一塊麵團留下來，直接操作下一步驟。

搓揉成小球狀

**8**・用湯匙從麵團中舀出12顆球，每顆2大匙（平匙）/ 1.5盎司/42公克。將每顆球放在沾有手粉的掌心搓揉成直徑1¾吋的圓球。將圓球以每個至少2吋的間隔擺放在烤盤上，然後壓扁成直徑2吋，¾吋厚。

烘烤

**9**・烘烤6分鐘。為了均勻上色，將烤盤旋轉180度，繼續烘烤6～9分鐘，直到餅乾的周圍變成棕色，頂部開始要變棕色，用手指輕壓時會覺得有點軟。

冷卻

**10**・將烤盤放在烤架上約1分鐘冷卻，才會夠硬，準備移動到另一個烤架上繼續冷卻。用鍋鏟將餅乾鏟起來，放到另一個烤架上。餅乾冷卻後會變硬，微溫是餅乾的最佳食用時機。

**11**・烘烤第一批餅乾時，裁切另一批餅乾準備進烤箱。

保存

・密閉盒裝：室溫2星期；冷藏1個月；冷凍3個月。

### 小重點

・選擇自己喜歡的巧克力。我推薦鷹牌（Ghirardeli）60%苦甜巧克力豆，沙芬・博格（Scharffen Berger）61%苦甜巧克力塊，或是法芙那的55%黑巧克力烘烤專用豆。

# 薑味餅乾

GINGERSNAPS

| 份量：32 個 3 吋的餅乾 |
| :---: |

烤箱溫度　350°F/175°C

烘烤時間　每批10～12分鐘，共3批。

**薑**味餅乾是我第一次拜訪住在英國德文郡的好友，凱特・寇德瑞（Kate Coldrick）時，深深愛上的餅乾，而我做了點改變。因為在英國使用的麵粉與美國的麵粉不同，所以我在食譜中多加了1顆蛋白。烤出來的結果一樣酥脆有嚼勁，但是比較膨。如果你住在英國，可以參照p.356的小重點，那裡詳載原始配方。轉化糖漿和精製金砂糖（可於India Tree購得，參照p.543）都是影響薑味餅乾風味的重要食材。

器具

兩個15×12吋的餅乾烤盤，不需要抹任何東西，也不用墊烤盤紙。

## 餅乾麵團

| 食材 | 容量 | 重量 | |
| :---: | :---: | :---: | :---: |
| 無鹽奶油 | 8 大匙（1 條） | 4 盎司 | 113 公克 |
| 轉化糖漿或玉米糖漿 | ⅓ 杯（79 毫升） | 4 盎司 | 113 公克 |
| 中筋麵粉 | 2¾ 杯（用湯匙挖入量杯至滿抹平）＋2 大匙 | 12.3 盎司 | 348 公克 |
| 金砂糖或白砂糖（參照p.356小重點） | 1 杯 | 7 盎司 | 200 公克 |
| 泡打粉 | 1 大匙＋1 小匙 | 0.6 盎司 | 18 公克 |
| 小蘇打粉 | 2 小匙 | . | 11 公克 |
| 細海鹽 | ½ 小匙 | . | 3 公克 |
| 薑粉 | 3 小匙 | . | 3 公克 |
| 1顆蛋（室溫） | 3 大匙＋½ 小匙（47 毫升） | 1.8 盎司 | 50 公克 |
| 1顆蛋白（室溫） | 2 大匙（30 毫升） | 1 盎司 | 30 公克 |

烤箱預熱

- 預熱：350°F/175°C，預熱時間：20分鐘以上。

- 將烤架設在中間層。

融化奶油與轉化糖漿

1・在中型的厚底煮鍋中以小火加熱奶油、糖漿，用耐熱刮刀攪拌至奶油幾乎融化。離火後繼續攪拌，直到奶油完全融化。將融化的奶油靜置10分鐘冷卻，或直到摸起來是涼的，等待的同時可以秤量其他材料。

混合乾料

2・在桌上型攪拌機的鋼盆中放入過篩的麵粉、糖、泡打粉、小蘇打粉、鹽和薑粉，用槳狀攪拌器以低速攪打30秒混合粉類。

混合蛋液

3・在小碗中，把蛋與蛋白打散。

製作麵團

4・將融化奶油倒入粉類的鋼盆中，以低速攪打1分鐘直到均勻混合，麵團看起來是顆粒狀的，加入蛋液攪拌30秒直到混合。刮缸。

5・將麵團分成三等份，每塊約10盎司/283公克。將每塊麵團用保鮮膜包起來，冷藏至少30分鐘，最多不超過24小時。

搓揉成小球狀

6・如果麵團冷藏超過30分鐘，操作前要讓麵團靜置在室溫下10分鐘，會比較好操作。從麵團捏出10個約滿出大湯匙尺寸的小球（每個0.9盎司/27公克）。將每顆球放在掌心搓揉成直徑1¼吋的圓球，搓好的圓球每個間隔至少2吋擺放在烤盤上。將剩餘的麵團和冷藏的麵團混合。

烘烤

7・烘烤5分鐘。為了均勻上色，將烤盤旋轉180度，繼續烘烤5～7分鐘。餅乾外觀會開始出現裂痕，顏色會呈金黃咖啡色。用指尖輕壓時，質地有一點軟但不會留有指印。（餅乾中心的溫度約200～212°F/93～100°C）

冷卻

8・將烤盤放在烤架上約5分鐘冷卻，才會夠硬，準備移動到另一個烤架上繼續冷卻。用鍋鏟將餅乾鏟起來，放到另一個烤架上。餅乾冷卻後會變硬，外表酥脆，內部帶有嚼勁。（如果烤更久，顏色會更深，內外都是酥脆的口感。）

9・烤第一批餅乾時，拿出第二塊麵團分割成10顆小球，剩餘的麵團加入第三塊麵團中混合。第三塊麵團則可以做出12顆小球。

## 不失敗祕訣

將奶油加熱到剛好融化就起鍋，在室溫下冷卻直到摸起來是涼的，這樣的奶油可以讓餅乾維持最棒的外觀。如果沒有冷卻導致麵團太熱，餅乾在烘烤時就會攤得比較開，也比較扁。

準備裁切整型麵團時，要確保其他麵團都放在冷藏保存，麵團裡的小蘇打粉才不會開始作用，而保持餅乾外觀一致。烘烤的時間和整型10顆小球所需的時間差不多。

保存

· 密閉盒裝：室溫1星期；冷藏2星期；冷凍3個月。

### 小重點

· 可以使用¾杯（5.3盎司/150公克）細砂或精製細砂，加上¼杯淺色黑糖（1.9盎司/54公克）來代替金砂糖。（如果使用精製細砂，餅乾表面則不會出現裂紋。）

· 在英國的烘焙讀者，可以使用12盎司/340公克的自發粉（一般是將中筋麵粉混合好泡打粉），去除食譜中的泡打粉和鹽。蛋量只要1顆。如果麵團沙沙的無法成團，可以再多加一點蛋液。

# 糖蜜奶油餅乾
## MOLASSES SUGAR BUTTER COOKIES

烤箱溫度　375°F/190°C

烘烤時間　每批8～10 分鐘，共3批。

當伍迪和我上莎莉・隆勾（Sally Longo）的電視節目，八點上菜（Dinner at 8）時，莎莉帶了她最愛的糖蜜餅乾。我們超愛這款中心有點嚼勁，卻帶有酥脆外皮的餅乾，所以當下立即要求莎莉給我這份食譜。這食譜源自莎莉的阿姨愛文琳（Evelyn），她用酥油做這些餅乾來保有口感。但我比較喜歡奶油香，尤其是焦化奶油（棕色奶油），我們試著用焦化奶油取代酥油。將奶油澄清以去除牛奶固形物和水分，所以不但它的濕潤度和酥油相似，口感也一樣好。

### 器具
兩個15×12吋的餅乾烤盤，不需要抹任何東西，也不用墊烤盤紙。
可選擇使用：一個直徑1½吋的餅乾麵團挖勺

## 餅乾麵團

份量：26.5盎司/750公克

| 食材 | 容量 | 重量 | |
|---|---|---|---|
| 無鹽奶油 | 16 大匙（2 條） | 8 盎司 | 227 公克 |
| 中筋麵粉 | 2¼ 杯（用湯匙挖入量杯至滿抹平） | 9.6 盎司 | 272 公克 |
| 小蘇打粉 | 2 小匙 | . | 11 公克 |
| 細海鹽 | ¼ + ⅛ 小匙 | . | 2.3 公克 |
| 肉桂粉 | 1 小匙 | . | 2.2 公克 |
| 丁香粉 | ½ 小匙 | . | 1.3 公克 |
| 薑粉 | ½ 小匙 | . | 0.5 公克 |
| 精製細砂 | ¾ 杯＋1½ 大匙 | 6 盎司 | 170 公克 |
| 糖蜜（推薦Grandma's light 品牌） | ¼ 杯（59 毫升。量杯內噴過烤盤油） | 2.8 盎司 | 80 公克 |
| 1 顆蛋（室溫） | 3 大匙＋½ 小匙（47 毫升） | 1.8 盎司 | 50 公克 |
| 精製細砂（沾裹麵團球用，參照p.359小重點） | ⅓ 杯 | 2.3 盎司 | 67 公克 |

製作焦化奶油

1・準備一個細孔篩網或紗布，架在玻璃量杯上。

2・在小煮鍋中用極小火融化奶油。把火調到小火繼續加熱，不用蓋蓋子，注意不要燒焦。如果表面有泡泡須撈除，以便觀察奶油融化的狀況。當底部的沉澱物（牛奶固形物）變成深褐色，立即起鍋倒入篩網中過篩。把煮鍋中的沉澱物都刮到篩網上。

3・取過篩的焦化奶油¾杯/177毫升/5.1盎司/146公克，加入篩網上的沉澱物，讓焦化奶油冷卻到80°F/27°C。（參照p.359）

混合乾料

4・在碗裡混合麵粉、小蘇打粉、鹽、薑粉、肉桂粉和丁香粉。

製作麵團

5・在桌上型攪拌機的鋼盆中放入焦化奶油、糖、糖蜜和蛋，使用槳狀攪拌器以低速攪打1分鐘。加入粉類，先用最慢速稍微將麵粉混濕，再轉到低速攪打30秒。

6・將麵團放在一張保鮮膜上，分成三等份，每塊約8.8盎司/250公克。將每塊麵團用保鮮膜包起來冷藏1小時，或是直到質地夠硬可以操作。

烤箱預熱

7・預熱：375°F/190°C，預熱時間：30分鐘以上。

8・將烤架設在中間層。

搓揉成小球狀

9・準備一個小碗或小瓷杯，裡面放入裹覆麵團球用的精製細砂。取出一塊冷藏中的麵團。

10・用餅乾麵團挖勺舀出麵團，以小抹刀將表面削平，讓表面跟挖勺一樣平高，或是直接用湯匙挖出1大匙圓球（0.8盎司/23公克）。一塊麵團可做11顆球。將麵團放入手掌之間搓揉成直徑約1¼吋的小圓球。

11・完成所有小圓球後，將小圓球放入細砂中滾動，讓麵團充分沾裹細砂。將裹好細砂的小圓球每個間隔至少1½吋擺放在餅乾烤盤上

烘烤

12・烘烤4分鐘。為了均勻上色，將烤盤旋轉180度，繼續烘烤4～6分鐘。餅乾外觀會變扁，並開始出現裂痕，內部看起來像沒烤熟的樣子。

冷卻

13・將烤盤放在烤架上約5分鐘冷卻，才會變硬，準備移動到另一個烤架上繼續冷卻。用鍋鏟將餅乾鏟起來，放到另一個烤架上。餅乾冷卻後會變硬，外表酥脆，內部帶有嚼勁。（如果烤更久，顏色會更深，內外都是酥脆的口感。）

14・烘烤第一批餅乾時，準備裁切整型下一塊麵團。

## 不失敗祕訣

準備裁切整型麵團時，要確保其他麵團都放在冷藏保存，麵團裡的小蘇打粉才不會開始作用，而保持餅乾外觀一致。烘烤的時間和整型11顆小球所需的時間差不多。

未烤過的餅乾麵團可以冷凍保存，但如果麵團混合後沒有當天烤，這批餅乾就會比較大片，比較扁，顏色也比較深。

保存

· 密閉盒裝：室溫1星期；冷藏2星期；冷凍3個月。

### 小重點

· 精製細砂會讓餅乾表面有細緻且平均的脆度，喜歡的話也可以用二砂代替，可增添不同的口感與風味。

· 製作澄清奶油很重要，因為融化奶油這步驟就能烤出比較薄的餅乾，但又不會整個烤透。

· 如果使用焦化奶油的溫度高於80°F/27°C，餅乾就不會擴展到2¾吋，也不會產生裂痕。在烘烤時間上也需要多2分鐘。

☆ 美味變化款：酥油版的糖蜜餅乾

· 如果要使用酥油做這份食譜，則用酥油（推薦使用Spectrum品牌）取代所有食譜中的奶油份量，將酥油融化後冷卻約1小時，或是直到摸起來不再溫熱（先融化然後量出⅔杯/158毫升使用）。而麵粉的部分，則降為2杯/8.5盎司/242公克。

# 榛果餅乾
## HAZELNUT PRALINE COOKIES

份量：30 個 2 吋的餅乾

烤箱溫度　榛果：350℉/175℃；餅乾：375℉/190℃

烘烤時間　榛果：20分鐘；餅乾：每批12～14分鐘，共2批。

**這**個酥脆有嚼勁的餅乾，是獻給所有的榛果愛好者。它類似p.301的榛果餅乾塔皮，但是這邊使用自製的榛果粉而不是榛果醬，所以口感更脆。

### 器具

★榛果粉：一個烤盤，不需要抹任何東西，但是要墊上像矽膠墊等不沾的東西。

　　如果沒有使用不沾墊，準備另一個烤盤鋪上鋁箔紙，並噴上一些烤盤油。

★餅乾：兩個15×12吋的餅乾烤盤，不需要抹任何東西，也不用墊烤盤紙。

## 榛果粉

份量：2⅓杯/9.3盎司/265公克

| 食材 | 容量 | 重量 | |
|------|------|------|------|
| 水 | 3 杯（710 毫升） | 25 盎司 | 710 公克 |
| 小蘇打粉 | ¼ 杯 | 2.1 盎司 | 60 公克 |
| 榛果 | 1½ 杯 | 7.5 盎司 | 213 公克 |
| 細砂糖 | ⅓ 杯 | 2.3 盎司 | 67 公克 |
| 水 | ⅓ 杯（79 毫升） | 2.8 盎司 | 79 公克 |

### 烤箱預熱

· 預熱：350℉/175℃，預熱時間：20分鐘以上。

· 將烤架設在中間層。

### 榛果去皮

1·在一個3夸脫（約3公升）或更大的煮鍋中放入3杯/710毫升的水煮沸，離火後加入小蘇打粉攪拌。這時水會產生很多泡泡，加入榛果後重新放回爐上加熱，將榛果煮沸3分鐘，由於榛果皮的顏色會褪去，鍋中的水會變成栗子色。想測試榛果是否煮好，可取一顆榛果放到冷水中滾動，如果好了，榛果的皮會很容易剝掉。如果無法順利剝掉外皮，則再多煮幾分鐘或是更久。將煮好的榛果倒入濾網，放在冷水下沖洗，取幾顆榛果放在一個裝冷水的碗中去皮，去好皮的榛果放在乾淨的布上晾乾。碗中的水要是太濁，就重新裝冷水繼續剝皮。

### 烘烤榛果

**2**・將榛果均勻撒在烤盤上烤20分鐘，或是直到烤出淺淺的棕色。烘烤途中取出一兩次翻炒，使榛果烘烤均勻，避免烤焦。烤盤出爐後放在烤架上。如果沒有矽膠墊，就把榛果倒入另一個烤盤。

### 製作榛果粉

**3**・在小的煮鍋中，最好是不沾鍋材質，放入細砂糖和⅓杯/79毫升的水攪拌加熱，時而攪拌直到糖都溶解並開始沸騰。停止攪拌並轉至小火繼續煮，讓糖水繼續沸騰，直到顏色變成深琥珀色（焦糖溫度約370°F/188°C，或是到達溫度前幾秒就起鍋，讓餘溫繼續加熱）。

**4**・立刻離火，將焦糖倒在榛果上，靜置約15～30分鐘，讓焦糖變硬。

**5**・將榛果焦糖拿起敲成幾片，放入食物處理機攪打，直到榛果變成很細的粉末。

# 餅乾麵團

**份量：11.2盎司/318公克**

| 食材 | 容量 | 重量 | |
|---|---|---|---|
| 冷藏無鹽奶油 | 4 大匙（½ 條） | 2 盎司 | 57 公克 |
| 中筋麵粉 | ⅔ 杯（用湯匙挖入量杯至滿抹平） | 2.8 盎司 | 80 公克 |
| 小蘇打粉 | ½ 小匙 | . | 2.7 公克 |
| 細海鹽 | ¹⁄₁₆ 小匙 | . | 0.4 公克 |
| 精製細砂 | 3 大匙 | 1.3 盎司 | 37 公克 |
| 之前製作的榛果粉（參照p.362小重點） | 1 杯 | 4 盎司 | 113 公克 |
| 芥花籽油或紅花油（室溫） | 1 小匙（5 毫升） | . | 4 公克 |
| ½ 顆蛋 | 1½ 大匙（23 毫升） | 0.9 盎司 | 25 公克 |
| 香草精 | ¼小匙（1.2毫升） | . | |

### 製作麵團

**1**・將奶油切成1吋的小丁，冷藏備用。

**2**・在一個小碗裡過篩混合的麵粉、小蘇打粉和鹽。

〈食物調理機法〉

**3**・在食物調理機中放入精製細砂（也可以用細砂糖，但要先攪打成細粉），將奶油丁依序丟入運轉的食物調理機中，加入榛果粉和油，攪拌約20秒直到滑順且綿密。將蛋液和香草精倒入運轉的食物調理機中，刮除壁上的麵糊，再倒入混合的粉類，稍微攪打到均勻即可。

〈桌上型攪拌機法〉

**4.** 將奶油放在室溫下直到65～75℉/19～23℃。

**5.** 在桌上型攪拌機的鋼盆中放入精製細砂、奶油、榛果粉和油，使用槳狀攪拌器，以中速將食材攪拌幾分鐘，直到質地非常滑順綿密。將蛋液和香草精倒入攪拌均勻。刮缸。加入粉類，用低速攪拌均勻。

冷藏

**6.** 將麵團放在一張保鮮膜上，分割成一半，每塊約5.6盎司/159公克。每塊包好保鮮膜後，冷藏至少1小時才可整型。

烤箱預熱

**7.** 預熱：375℉/190℃，預熱時間：30分鐘以上。

**8.** 將烤架設在中間層。

搓揉成小球狀

**9.** 用湯匙從麵團中舀出15顆球〔每顆1小匙（圓匙）/0.4盎司/10公克〕。將每顆球放在手掌搓揉成直徑1吋的圓球。將圓球每個間隔至少1⅓吋擺放在餅乾烤盤上，壓扁成直徑1½吋，½吋厚。

烘烤

**10.** 烘烤7分鐘。為了均勻上色，將烤盤旋轉180度，繼續烘烤5～7分鐘，直到淺棕色並且定型，用手指輕壓時會稍微凹陷。

冷卻

**11.** 將烤盤放在烤架上約1分鐘冷卻，才會夠硬直到完全冷卻，準備移動到另一個烤架上繼續冷卻。用鍋鏟將餅乾鏟起來，放到另一個烤架上。

**12.** 烘烤第一批餅乾時，裁切另一批餅乾準備進烤箱。

保存

・密閉盒裝：室溫3星期；冷凍6個月。

## 小重點

・剩餘的榛果粉可以保存在密閉容器中，冷藏最多2個月，冷凍最多半年。

・榛果醬可以用來代替榛果粉＋芥花籽油；但是餅乾的味道會比較甜，也比較沒有堅果味。使用¼杯＋2大匙/4盎司/114公克的榛果醬。不同廠牌的榛果醬內含的糖量從20～50%不等，有的裡面含杏仁，有的使用烘烤過的堅果，有的用焦化糖，每一種都有不同的風味。我推薦美國杏仁榛果醬（American Almond Praline Paste，參照p.543），因為它使用100%烘烤過的榛果，含糖量33%。我也推薦玻璃之家的榛果醬（Maison Glass praline paste，參照p.543），這也是使用100%榛果，含有35.3%的焦化糖。

・秤量榛果醬之前要先攪一攪，因為上面會有一層分離出來的油。榛果醬一旦開封，冷藏可保存約6個月。

# 我的巧克力豆豆餅乾
## MY CHOCOLATE CHIP COOKIES

份量：30 個 3 吋的餅乾

烤箱溫度　胡桃：325°F/160°C；餅乾：375°F/190°C

烘烤時間　胡桃：7分鐘；餅乾：每批10～12分鐘，共2批。

**讀**者們不停要求我提供巧克力豆豆餅乾的食譜，但我總是想著要如何才能改進這個經典的餅乾。想了很多之後，最後終於找到方法了。

　　在法國，費南雪或金磚蛋糕代表一位甜點師傅的特有指紋。在美國，甜點師傅若要靠餅乾來贏得聲譽，毫無爭議的，巧克力豆豆餅乾就是決勝關鍵。每家店製作巧克力豆豆餅乾都有不同的方法，從食材的比例、食材的品質到餅乾的形狀和烘烤的程度，都有非常大的差異。我的新版本是酥脆有嚼勁，如果你沒有加入牛奶固形物，便可以提供給乳糖不適症的人食用。讓這餅乾有這樣的風味、口感有兩個重要原因，一個是減少糖量，另一個就是使用焦化奶油——是個添加的步驟，但可以賦予餅乾難以形容的美味，並且因為奶油中的水分揮發，所以餅乾比較硬。我事先稍微烘烤過核桃，讓它的香氣比較重，同時也盡量把帶有苦澀的皮去除。我也把鹽量減低，讓整個餅乾味道更平衡。雖然使用淺色黑糖味道就很棒了，但我特別使用India Tree品牌出產未經提煉的糖（Muscovado），讓這款餅乾更特別。

事前準備

在12～24小時前將餅乾麵團做好再烤，會有更棒的風味和口感。

器具

兩個15×12吋的餅乾烤盤，不需要抹任何東西，也不用墊烤盤紙。

# 餅乾麵團

**份量：22.9盎司/648公克**

| 食材 | 容量 | 重量 | |
|---|---|---|---|
| 無鹽奶油 | 9大匙（1條＋1大匙） | 4.5盎司 | 127公克 |
| 剖半核桃 | ¾杯 | 2.6盎司 | 75公克 |
| 中筋麵粉 | 1⅓杯（用湯匙挖入量杯至滿抹平） | 5.7盎司 | 161公克 |
| 小蘇打粉 | ½小匙 | . | 2.7公克 |
| 細海鹽 | ¼小匙 | . | 1.5公克 |
| 淺色未精煉的糖或是深色紅糖 | ¼杯＋2大匙（壓緊） | 2.9盎司 | 81公克 |
| 細砂糖 | 2大匙 | 0.9盎司 | 25公克 |
| 1顆蛋 | 3大匙＋½小匙（47毫升） | 1.8盎司 | 50公克 |
| 香草精 | 1小匙（5毫升） | . | . |
| 苦甜巧克力豆，55～63%可可含量（參照p.366小重點） | 1杯 | 6盎司 | 170公克 |

烤箱預熱

· 預熱：325℉/160℃，預熱時間：20分鐘以上。

· 將烤架設在中間層。

製作焦化奶油

1· 準備一個細孔篩網或紗布，架在玻璃量杯上。

2· 在小煮鍋中用極小火融化奶油。把火調到小火繼續加熱，不用蓋蓋子，注意不要燒焦。如果表面有泡泡須撈除，以便觀察奶油融化的狀況。當底部的沉澱物（牛奶固形物）變成深褐色，立即起鍋倒入篩網中過篩。把煮鍋中的沉澱物都刮到篩網上。

3· 取過篩的焦化奶油¾杯/177毫升/5.1盎司/146公克，加入篩網上的沉澱物，讓焦化奶油冷卻到80℉/27℃。

烘烤核桃

4· 將核桃均勻鋪在烤盤上烘烤7分鐘，加強核桃香氣。烘烤過程中可翻炒一兩次，使核桃均勻上色。將烘烤過的核桃倒在乾淨的布巾上，滾動摩擦使表面的皮脫落。粗略的將核桃打碎放入碗中，盡量去除核桃的皮。靜置完全冷卻後再切成小塊。

5· 如果製作完餅乾麵團就要烘烤，可以將烤箱溫度調到375℉/190℃。

混合乾料

6· 在碗裡混合麵粉、小蘇打粉和鹽。

製作麵團

7・在桌上型攪拌機的鋼盆中放入焦化奶油、黑糖、細砂糖、香草精和蛋，使用槳狀攪拌器以低速攪拌1分鐘。

8・加入粉類，先用最慢速稍微將麵粉混濕，再轉到低速攪打30秒。加入苦甜巧克力豆，以中速攪打到混合即可。

9・將麵團放在一張保鮮膜上，分二等份，每塊約11.4盎司/324公克。將每塊麵團用保鮮膜包起來冷藏，冷藏30分鐘後即可整型烘烤，但是烤出來的餅乾尺寸會稍微小一點、軟一點，而且比較圓。如果喜歡扁一點、脆一點的3吋的餅乾，必須將麵團冷藏至少12小時，最多24小時。整型前先從冷藏取出退冰10分鐘。

搓揉成小球狀

10・用大湯匙挖出10球麵團（每個1.1盎司/31公克）。將每塊放入手掌之間搓揉成直徑約1½吋的圓球，每個間隔至少2吋擺放在餅乾烤盤上，壓扁成直徑約2吋，½吋厚。

烘烤

11・烘烤5分鐘。為了均勻上色，將烤盤旋轉180度，繼續烘烤5～7分鐘。等餅乾周圍呈棕色，表面則是差不多要變成棕色的階段，當用指尖輕觸碰時，覺得軟軟的。

冷卻

12・將烤盤放在烤架上約1分鐘冷卻，才會夠硬，準備移動到另一個烤架上繼續冷卻。用鍋鏟將餅乾鏟起來，放到另一個烤架上，靜置到完全冷卻。餅乾冷卻後會變硬，微溫是餅乾的最佳品嘗時機。

13・烘烤第一批餅乾時，準備裁切整型下一塊麵團。

保存

・密閉盒裝：室溫2星期；冷藏1個月；冷凍3個月。

## 小重點

・選擇自己喜歡的巧克力。我推薦鷹牌（Ghirardeli）60%苦甜巧克力豆，沙芬・博格（Scharffen Berger）61%苦甜巧克力塊，或是法芙那的55%黑巧克力烘烤專用豆。

## ☆ 美味變化款：入口即化巧克力豆餅乾

1・我的朋友瑪利亞・梅納格斯（Maria Menegus）在製作巧克力豆餅乾時，加入了巧克力碎屑。巧克力碎屑在食用時會立刻化在嘴裡，所以有入口即溶的特色。只要在混合核桃和巧克力豆時加入2盎司/56公克的牛奶，半甜或是苦甜巧克力的碎屑就好。

2・將餅乾烘烤12～14分鐘，餅乾的表面會產生裂痕、但完全冷卻以後裂痕會減少一點。

# 超級巧克力奧力歐羅

DOUBLE CHOCOLATE ORIOLOS

烤箱溫度　325°F/160°C

烘烤時間　每批20～25分鐘，共3批。

這款餅乾命名是特別獻給擔任我許多食譜書的藝術監製，李察‧奧力歐羅（Richard Oriolo），餅乾有著非常濃厚的巧克力和奶油風味，但是口感輕盈。單單吃這餅乾就非常棒，而添加在波本胡桃巧克力雪球的麵團（參照p.422）中，更有加分作用。

## 器具
兩個15×12吋的餅乾烤盤，不需要抹任何東西，也不用墊烤盤紙。

## 餅乾麵團

份量：15.1盎司/429公克

| 食材 | 容量 | 重量 | |
|---|---|---|---|
| 剖半核桃 | ½ 杯 | 1.8 盎司 | 50 公克 |
| 冷藏無鹽奶油 | 10 大匙（1¼ 條） | 5 盎司 | 142 公克 |
| 細砂糖 | ⅓ 杯 | 2.3 盎司 | 67 公克 |
| 糖粉 | 1⅓ 杯（用湯匙挖入量杯至滿抹平） | 1.3 盎司 | 38 公克 |
| 無糖（鹼化）可可粉 | ¼ 杯＋1 大匙（秤量前先過篩） | 0.8 盎司 | 23 公克 |
| 中筋麵粉 | ¾ 杯（用湯匙挖入量杯至滿抹平）＋2½ 大匙 | 3.9 盎司 | 110 公克 |
| 細砂糖（裹麵團球用） | ½ 杯 | 3.5 盎司 | 100 公克 |

### 烤箱預熱

‧預熱：325°F/160°C ，預熱時間：20分鐘以上。

‧將烤架設在中間層。

### 烘烤核桃

**1**‧將核桃均勻鋪在烤盤上烘烤10分鐘，加強核桃的香氣。烘烤過程中可以翻炒一兩次，使核桃均勻上色。將烘烤過的核桃倒在乾淨的布巾上，滾動摩擦使表面的皮脫落。粗略的將核桃打碎放入碗中，盡量去除核桃的皮。靜置完全冷卻。

製作麵團

2・將奶油切成1吋的小丁，用保鮮膜封好冷藏備用。

3・在食物調理機中放入核桃、⅓杯的細砂糖、糖粉和可可粉一起打成細粉。

4・加入奶油丁，然後攪打到可可粉等都被奶油吸收。

5・加入麵粉攪拌直到麵團變成很多小顆濕潤的顆粒，而且不會看到任何麵粉的痕跡。

6・將麵團放到一個塑膠袋中，隔著袋子揉壓直到成團。將麵團取出放在一張大的保鮮膜上，隔著保鮮膜揉壓麵團直到表面光滑。將麵團分成三等份，每塊約5盎司/143公克。將其中兩塊麵團用保鮮膜包緊冷藏，剩一塊直接整型烘烤。

搓揉成小球狀

7・準備一個小碗或小瓷杯，裡面放入用來裹覆麵團球的細砂糖。準備一個平底的玻璃杯，杯子外側底部噴上一些烤盤油。

8・均勻用大湯匙將麵團舀出12等份（每份約0.4盎司/12公克）。將每塊放入手掌之間搓揉成直徑1吋的小球。小球每個間隔至少2吋擺放在餅乾烤盤上。

9・將噴油的平底玻璃杯底塞入裝糖的碗裡，充分沾黏上糖，然後用杯底把小圓球壓扁成直徑1½吋的圓，每次壓一個餅乾前，就要沾黏一次糖再壓。

烘烤

10・烘烤10分鐘。為了均勻上色，將烤盤旋轉180度，繼續烘烤10～15分鐘，或是直到餅乾質地堅硬到可以移動，但是輕輕觸壓頂端還是軟的狀態。（不要把餅乾烤太熟，容易有焦味。）

冷卻

11・將烤盤放在烤架上冷卻幾分鐘，才會夠硬，可以被移動到另一個烤架上繼續冷卻。用鍋鏟將餅乾放到另一個烤架上，靜置到完全冷卻。

12・烘烤一批餅乾時，準備裁切整型下一塊麵團。

保存

・密閉盒裝：室溫3星期；冷凍6個月。

# 荷蘭胡桃酥餅

## The Dutch Pecan Sandies

**份量：30 個 2 吋的餅乾**

烤箱溫度　325°F/160°C

烘烤時間　每批20～22分鐘，共2批。

這個美味易碎的餅乾（圖片參照p.339）非常誘人犯罪，因為在甜度、香料和鹹度中取得平衡的美味，讓你一片接著一片。第一次造訪紐約市蘇活區的荷蘭人餐廳（The Dutch）時，我問了是否可以見見是哪位大師做了這款搭配炸生蠔的超好吃布里歐小麵包，他們讓我見了烘焙大師凱倫·鮑溫（Kierin Baldwin），而凱倫可口的派和餅乾系列更是知名。

器具

兩個15×12吋的餅乾烤盤，必須是不沾材質或擺上烤盤紙。

一個12×8吋或是更大，可以放入冷凍的平面烤盤或比較薄的砧板。

一個直徑2吋的餅乾切模，內側噴上烤盤油。

# 餅乾麵團

**份量：22.6盎司/642公克**

| 食材 | 容量 | 重量 | |
|---|---|---|---|
| 無鹽奶油 | 16 大匙（2 條） | 8 盎司 | 227 公克 |
| 細砂糖 | 3 大匙 | 1.3 盎司 | 37 公克 |
| 二砂<br>（推薦Sugar in the Raw品牌） | 2 ½ 大匙 | 1 盎司 | 30 公克 |
| 深色紅糖 | 2½ 大匙（緊壓） | 1.3 盎司 | 37 公克 |
| 香草粉或香草精 | ⅛＋1/16 小匙（或½ 大匙/7.5 毫升） | . | . |
| 細海鹽 | ½ ＋⅛ 小匙 | . | 3.7 公克 |
| 剖半胡桃 | 1½ 杯 | 5.3 盎司 | 150 公克 |
| 未漂白中筋麵粉<br>（推薦Gold Medal或Hecker品牌） | 1½ 杯（用湯匙挖入量杯至滿抹平）＋3 大匙 | 7.3 盎司 | 206 公克 |
| 全麥麵粉 | 2½ 大匙 | 0.8 盎司 | 22 公克 |
| 肉桂粉 | ½＋⅛ 小匙 | . | 1.4 公克 |

## 製作焦化奶油

**1**・準備一個細孔篩網或是紗布，架在玻璃量杯上。

**2**・在小煮鍋中用極小火融化奶油。把火調到小火繼續加熱，不用蓋蓋子，注意不要燒焦。如果表面有泡泡須撈除，以便觀察奶油融化的狀況。當底部的沉澱物（牛奶固形物）變成深褐色，立即起鍋倒入篩網中過篩。把煮鍋中的沉澱物都刮到篩網上。

**3**・取過篩的焦化奶油¾杯＋1大匙/195毫升/5.7盎司/161公克，讓焦化奶油冷卻至凝固，或是冷藏1～1小時30分鐘凝固，但質地還是軟的。（如果冰到太硬，就退冰到可以操作的質地。）剛才篩網上的沉澱物可以冷藏或冷凍保存，日後使用。（參照p.530）

## 烤箱預熱

**4**・預熱：325°F/160°C，預熱時間：20分鐘以上。

**5**・將烤架設在中間層。

## 製作麵團

**6**・在桌上型攪拌機的鋼盆內放入細砂糖、二砂、紅糖、香草粉和鹽，使用槳狀攪拌器以低速混勻。加入焦化奶油，先用低速慢慢增加到中速攪打。用中速持續打1分鐘，混合物的質地看起來像輕盈的奶油霜。

**7**・在調理機中放入胡桃、麵粉、全麥麵粉和肉桂粉，將食材稍微打到胡桃變成大顆粒狀。將混合的粉類倒入攪拌機的鋼盆，用低速攪打10～15秒或是直到均勻，麵團不會沾黏在鋼盆上。

## 冷藏

**8**・將麵團放到一張大的保鮮膜上，隔著保鮮膜稍微揉壓麵團，直到麵團平滑。

**9**・將麵團分成兩等份，每塊麵團約11.3盎司/321公克。麵團先用保鮮膜大略包住然後壓扁。先將一塊壓扁的麵團冷藏，剩下那一塊直接進行下一步驟。

## 整型與裁切

**10**・在壓扁的麵團上下各放一張大的保鮮膜，隔著保鮮膜將麵團擀到⅜吋的厚度，直徑約7½吋或是更大。將餅乾烤盤滑到下方保鮮膜的下面，然後用切模盡量壓出最多餅乾數量，但是只要壓出痕跡，不要拔取出來。

## 冷藏

**11**・將切模壓出痕跡的麵團蓋上保鮮膜，連同烤盤一起冷凍10分鐘，或是直到麵團變硬。

# 表面肉桂糖

| 食材 | 容量 | 重量 | |
|---|---|---|---|
| 細砂糖 | 1½ 大匙 | 0.7 盎司 | 19 公克 |
| 肉桂粉 | ¾ 小匙 | . | 1.6 公克 |
| 二砂（推薦Sugar in the Raw品牌） | 1 大匙 | 0.5 盎司 | 13 公克 |

製作肉桂糖

1・在一個大的平底瓷杯或平底小碗中混合細砂糖、肉桂粉，直到質地一致。

2・將二砂放在一個小瓷杯裡。

擺放餅乾麵團

3・取出麵團，用小奶油抹刀或手指將壓模印子旁邊的部分都挑掉，只留下切割好的圓片。將挑掉的麵團放在另一個烤盤或保鮮膜上，把這些麵團蓋上保鮮膜，等待回軟。

4・將餅乾小圓片正反面都沾黏肉桂糖。如果肉桂糖不均勻，偶爾攪拌一下。每個餅乾小圓片間隔至少½吋擺放在餅乾烤盤上。將沾糖的餅乾蓋上保鮮膜冷藏，並開始處理剩下的麵團。

5・將挑掉的邊邊麵團揉成團，擀平，用切模壓出越多餅乾越好，重複冷藏、沾糖、擺放的動作，每盤的餅乾數最多不超過16個。捏起一些二砂撒在擺好的餅乾上。剩下的麵團與第二塊麵團混合後冷藏。

烘烤

6・烘烤10分鐘。為了均勻上色，將烤盤旋轉180度，繼續烘烤10～12分鐘，或是烤到餅乾呈金黃咖啡色，用指尖輕壓會覺得質地是硬的。

冷卻

7・將烤盤放在烤架上，讓餅乾完全冷卻。烤熟後的餅乾會非常易碎，但放到隔天就比較不會那麼易碎了。

保存

・密閉盒裝：室溫3星期；冷凍3個月。

餅乾和糖果類 — 壓切和酥餅類餅乾

# 依希樂餅乾

THE ISCHLER

份量：40 個 2½ 吋的餅乾

烤箱溫度　350°F/175°C

烘烤時間　每批6～10分鐘，共4批。

這個奧地利餅乾一直以來都被評選為最好吃的餅乾之一。這是在巴德伊舍（Bad Ischl）溫泉小鎮的左恩烘焙房（Zauner Bakery）創造出來的餅乾，人們也說這是法蘭茲‧約瑟夫一世（Emperor Franz Joseph）最愛的度假地點。最經典傳統的方法，是用兩片杏仁薄片餅乾中間夾層很濃的杏桃果醬或一般果醬，然後把半個餅乾浸到融化巧克力中。因為我也算是有¼血統的奧地利－匈牙利人（曾祖父曾參與法蘭茲‧約瑟夫的軍隊），所以覺得自己有資格調整一些配方，像是把融化巧克力塗抹在整個夾餡中，所以每一口都有杏桃和巧克力的絕美滋味。

器具

兩個15×12吋的餅乾烤盤，必須是不沾材質或擺上烤盤紙。

一個2¼吋圓形花邊或圓形，或者心形的餅乾切模。

## 餅乾麵團

份量：27.6盎司/782公克

| 食材 | 容量 | 重量 | |
|------|------|------|------|
| 冷藏無鹽奶油 | 16 大匙（2 條） | 8 盎司 | 227 公克 |
| 糖粉 | 1 杯（用湯匙挖入量杯至滿抹平）＋2 大匙 | 4.7 盎司 | 132 公克 |
| 杏仁片（最好是沒去皮的，參照p.377小重點） | 2 杯 | 7 盎司 | 200 公克 |
| 約½ 顆蛋（打散） | 1 大匙＋1 小匙（20 毫升） | 0.7 盎司 | 21 公克 |
| 香草精 | 1 小匙（5 毫升） | ‧ | ‧ |
| 中筋麵粉 | 1¾ 杯（用湯匙挖入量杯至滿抹平）＋1 大匙 | 7.8 盎司 | 220 公克 |
| 細海鹽 | ¼ 小匙 | ‧ | 1.5 公克 |

製作麵團

〈食物調理機法〉

1‧奶油切成½吋的小丁，然後準備其他材料，讓奶油丁可以稍微軟化。奶油的溫度應該還是冰涼的，但質地是要可以擀平。（奶油溫度約60～70°F/15～21°C）

**2・**將糖粉、杏仁片放入食物調理機中打成細粉，加入奶油打到綿密滑順。然後加入蛋液、香草精攪拌均勻，必要時將邊壁刮乾淨。在一個碗中混合麵粉、鹽，然後倒入調理機中打到混合。這時麵團的質地應該是濕潤、分散的塊狀，如果捏著，可以成團。

〈 桌上型攪拌機法 〉

**3・**將奶油退冰到65～75°F/19～23°C。

**4・**用堅果磨碎機把杏仁片磨成細粉。

**5・**在桌上型攪拌機的鋼盆內放入杏仁粉、糖粉和奶油，使用槳狀攪拌器以低速開始慢慢加到中速打發奶油，直到質地變得輕盈。刮缸後加入蛋液、香草精打到混合。

**6・**在一個碗中混合麵粉、鹽。

**7・**一邊用低速攪打，一邊慢慢倒入麵粉直到混合均勻，麵團會開始成團，不會黏在邊壁上。

冷藏

**8・**將麵團放到一個塑膠袋中，隔著塑膠袋用指節和手掌根部揉壓成團。將麵團取出放在一張大的保鮮膜上，隔著保鮮膜揉壓麵團，直到表面光滑。

**9・**將麵團分成四等份，每塊約6.9盎司/195公克。麵團先用保鮮膜大略包住然後壓扁，重新將壓扁的麵團包緊，放到夾鏈袋中，冷藏至少2小時，最多可冷藏2天讓麵團變硬，等一下比較容易擀平。

烤箱預熱

**10・**預熱：350°F/175°C，預熱時間：20分鐘以上。

**11・**將烤架設在中間層。

整型與裁切

**12・**將冷藏的麵團取出，放在撒了手粉的工作檯上。撒一些手粉在麵團上，然後蓋上保鮮膜，靜置10分鐘讓麵團稍微變軟，或是直到質地可以操作。將麵團擀到⅛吋的厚度。擀的時候要不時移動餅皮，必要時撒手粉才不會沾黏。（ 參照p.377小重點 ）

**13・**用餅乾切模切出20個直徑2¼吋的餅乾，每個餅乾間隔至少½吋擺放在烤盤上。剩餘的麵團蓋上保鮮膜，最後再把每一批剩下的麵團混合，整型裁切。

烘烤

**14・**烘烤4分鐘。為了均勻上色，將烤盤旋轉180度，繼續烘烤2～6分鐘，或是直到餅乾周圍開始變棕色。

冷卻

**15．**將烤盤放在烤架上約1分鐘冷卻，才會夠硬，直到完全冷卻。準備移動到另一個烤架上繼續冷卻，用鍋鏟將餅乾鏟起來，放到另一個烤架上。

**16．**烘烤一批餅乾時，拿出下一塊麵團先軟化再擀。在最後一批餅乾裁切好後，可以將所有之前剩下的邊邊揉成團，然後重複冷藏、擀平和裁切的步驟。

# 硬質巧克力甘納許內餡

份量：1⅓杯/10盎司/285公克

| 食材 | 容量 | 重量 | |
|------|------|------|------|
| 苦甜巧克力，<br>60～62%可可含量（切碎） | · | 8盎司 | 227公克 |
| 加熱鮮奶油（乳脂36%以上） | ¼杯（59毫升） | 2盎司 | 58公克 |

製作甘納許

**1．**把巧克力放在可微波的碗中加熱，每15秒用矽膠刮刀稍微攪拌（或是在瓦斯上架上雙層煮鍋，底下的鍋子放入接近但低於沸騰溫度的熱水，注意不要讓上層的鍋子碰到下層鍋內的熱水），加熱巧克力直到幾乎融化。

**2．**停止加熱，但繼續攪拌直到完全融化。

**3．**將熱鮮奶油倒入融化巧克力中，攪拌直到滑順。從刮刀上掉落的甘納許看起來會非常濃稠，將甘納許擺在溫暖的室溫下。如果甘納許在使用前完全硬化了，可以用微波快速加熱3秒，或是架上雙層煮鍋用蒸氣加熱。

# 杏桃醬

份量：2¾杯/651毫升/29.6盎司/840公克

| 食材 | 容量 | 重量 | |
|---|---|---|---|
| 杏桃乾 | 2⅔ 杯 | 1磅 | 454 公克 |
| 水 | 2杯（473毫升） | 16.7 盎司 | 473 公克 |
| 白砂糖 | 1杯＋2大匙 | 8 盎司 | 225 公克 |
| 檸檬皮（切碎） | 2小匙（不用緊壓） | . | 4 公克 |
| 杏桃或水蜜桃白蘭地 | 1小匙（5毫升） | . | . |

## 製作杏桃醬

**1**・在煮鍋中放入杏桃果乾和水，蓋上蓋子浸泡2小時，讓果乾軟化。

**2**・將整鍋加熱到沸騰，把火調到極小，蓋上蓋子再煮20～30分鐘，直到果乾變得非常軟，用竹籤可以輕易穿透。如果水分揮發，可以再加一點水。

**3**・把杏桃乾和剩餘的水倒入食物調理機中，加入糖、檸檬皮和白蘭地，攪打到滑順的泥狀。

**4**・將杏桃泥倒回煮鍋中用小火加熱，用木匙或耐熱刮刀不停攪拌，大約煮10～15分鐘，或直到顏色變為深橘色且質地濃稠。試著撈起1匙杏桃泥，可能需要3秒鐘的時間，才會從湯匙上滴落的狀態。

**5**・把杏桃泥放到玻璃碗中直到完全冷卻，最後需要約⅔杯/158毫升/7.1盎司/202公克。因為杏桃醬冷藏可以保存非常久，所以建議做多一點。如果做少量，會在煮的過程中容易燒焦。這種果醬是用杏桃乾製作，不但美味且味道濃厚，也可以選用杏桃淋醬代替，做法p.377會提到。

## 夾餡

**6**・取總量一半的餅乾，用小支奶油抹刀或奶油刀在餅乾背面抹一層很薄的杏桃醬，杏桃醬集中在中間，距離邊緣⅛吋的距離，塗抹量約¾小匙/3.7毫升。剩下一半的餅乾，一樣在背面塗上一層薄薄的甘納許（約½大匙/6公克）。將巧克力面朝下，蓋在另一個餅乾的杏桃醬上，將餅乾靜置至少30分鐘，直到甘納許凝固。

## 保存

・密閉盒裝：室溫5天；冷凍6個月。

# 代替：杏桃淋醬

份量：⅔杯/158毫升/8.9盎司/253公克

| 食材 | 容量 | | 重量 |
|------|------|------|------|
| 杏桃果醬 | 1⅓ 杯 | 14.5 盎司 | 412 公克 |

製作杏桃淋醬

**1**・準備一個篩網架在量杯上，量杯內噴上少許烤盤油。

**2**・在可微波的容器或是小煮鍋中，將果醬加熱到滾，起鍋倒入篩網，以刮刀按壓果醬輔助過篩。過篩後的果醬約有¾杯＋2大匙/207毫升/11.7盎司/333公克的量。

**3**・將過篩的果醬用微波加熱，濃縮到剩⅔杯/158毫升/8.9盎司/253公克。濃縮過後的質地會非常濃稠，但仍可以流動。（杏桃果醬要趁熱塗抹在餅乾上，比較容易塗抹成很薄的一層，冷卻食用時會變得味道較強烈，也會比較黏稠。）將裝有濃縮果醬的量杯放在熱水盆裡，維持溫熱的液狀。如果變得太稠而無法塗抹，可以稍微用微波加熱。必要時可以加一點點水，趁著濃縮果醬還熱時抹在餅乾上。

## 小重點

・為了搭配出最好的餅乾，我發現減少一點奶油、杏仁粉，再加一點蛋液，可以讓麵團比較容易成團，也比較容易擀平，最終的成品比較堅固，即使口感柔軟，也不至於太脆弱。擀麵團時，在上面蓋一層保鮮膜，可以幫助麵團表面比較平滑，不易有裂痕。

・沒去皮的杏仁會讓餅乾的杏仁味更濃郁。如果你偏好使用去皮杏仁，可以在使用前先烤過，加強香味。一定要用杏仁片，因為比較好打成粉。

・如果希望餅乾再厚一點，可以將麵團擀到¼吋的厚度，這樣餅乾總數量會減半，建議你可以直接做兩倍的麵團。

# 檸檬果醬夾餡餅乾

## Lemon Jammies

烤箱溫度　350°F/175°C

烘烤時間　每批10～12分鐘，共4批。

**我**要將這個餅乾獻給喜愛檸檬的人，餅乾夾層可以放入果醬，或是可以做檸檬味重一點的檸檬奶油霜，或是檸檬凝乳。

### 器具

兩個15×12吋的餅乾烤盤，不沾材質或是墊烤盤紙。

一個2¼吋圓形花邊或圓形的餅乾切模

一個¾吋的圓形餅乾切模或是大的平口花嘴

## 餅乾麵團

**份量：23.7盎司/672公克**

| 食材 | 容量 | 重量 | |
|---|---|---|---|
| 檸檬皮（切碎） | 2 大匙（不用緊壓） | . | 12 公克 |
| 精製細砂 | ⅔ 杯 | 4.7 盎司 | 133 公克 |
| 細海鹽 | ¼ 小匙 | . | 1.5 公克 |
| 冷藏無鹽奶油 | 13 大匙（1½ 條＋1 大匙） | 6.5 盎司 | 184 公克 |
| 1顆蛋（打散） | 3 大匙＋½ 小匙（47 毫升） | 1.8 盎司 | 50 公克 |
| 香草精 | 1 小匙（5 毫升） | . | . |
| 中筋麵粉 | 2⅔ 杯（用湯匙挖入量杯至滿抹平） | 11.3 盎司 | 320 公克 |
| 新古典檸檬奶油霜（參照p.381）、果醬、果凍或是檸檬凝乳，用來當餅乾夾餡 | ½ 杯 | 4 盎司 | 113 公克 |

### 製作麵團

〈食物調理機法〉

1・將檸檬皮、糖和鹽放入食物調理機中一起打成粉。

2・奶油切幾塊後，加入運轉的食物調理機中，將奶油、糖打到滑順綿密。加入蛋液和香草精攪拌均勻，必要時將邊壁刮乾淨。加入麵粉攪打到混合，麵團的質地是捏著擠壓的話可以成團。

〈桌上型攪拌機法〉

**3.** 將奶油退冰到65～75℉/19～23℃；將檸檬皮切得很細碎。

**4.** 在桌上型攪拌機的鋼盆內放入糖和奶油，使用槳狀攪拌器以中速打發，讓奶油和糖變白變輕盈。刮缸後加入檸檬皮屑、香草精攪拌混合。刮缸。

**5.** 在一個碗中混合麵粉、鹽。

**6.** 一邊用低速攪打，一邊慢慢倒入麵粉直到混合均勻，麵團會開始成團，不會黏在邊壁上。

冷藏

**7.** 將麵團放到一張大的保鮮膜上，隔著保鮮膜稍微揉壓麵團，直到麵團平滑。

**8.** 將麵團分成三等份，每塊約7.9盎司/224公克。麵團先用保鮮膜大略包住，然後壓扁。重新將打扁的麵團用保鮮膜包緊，放入夾鏈袋中，冷藏2小時或是最多冷藏2天，直到麵團堅硬，並且麵團中的水分可以均勻散布，比較容易擀。

烤箱預熱

**9.** 預熱：350℉/175℃，預熱時間：20分鐘以上。將烤架設在中間層。

整型與裁切

**10.** 將冷藏的麵團取出，放在撒了手粉的工作檯上。撒一些手粉在麵團上，蓋上保鮮膜，靜置10分鐘，讓麵團稍微變軟，或是直到質地可以操作。將麵團擀到⅛吋的厚度，擀的時候要不時移動餅皮，必要時撒上手粉，才不會沾黏。

**11.** 用餅乾切模切出16個直徑2¼吋的餅乾。取總量一半的餅乾，用針或刀尖在餅乾正中央做一個記號，用直徑¾吋的餅乾切模或大的平口花嘴，對準中央記號在餅乾中央裁出一個小圓洞。（若使用塑膠製餅乾切模，或是會放在墊烤盤紙的烤盤上烘烤，最好直接將餅乾放在烤盤紙上裁切。）將每個餅乾間隔至少½吋擺放在餅乾烤盤上。

烘烤

**12.** 烘烤5分鐘。為了均勻上色，將烤盤旋轉180度，繼續烘烤5～7分鐘，或是直到餅乾周圍稍微變棕色。

冷卻

**13.** 將烤盤放在烤架上冷卻，用鍋鏟將餅乾鏟起來，放在另一個烤架上，靜置到完全冷卻。烘烤一批餅乾時，拿出下一塊麵團擀平整型。在最後一批餅乾裁切好後，可以將之前所有剩下的邊邊揉成團，必要時先冷藏，再擀平和裁切。

填入果醬

**14.** 用小奶油抹刀或奶油刀，取沒有挖洞的餅乾，在底部抹上½小匙的檸檬奶油霜，或是任何喜歡的果醬、果凍或凝乳，把有洞的餅乾背面朝果醬蓋住，變成夾餡餅乾。

保存

· 密閉盒裝：已夾檸檬奶油霜：室溫1天（檸檬凝乳、果醬或果凍：3星期），冷凍6個月。

# 新古典檸檬奶油霜

**份量：23.7盎司/672公克**

| 食材 | 容量 | 重量 | |
|---|---|---|---|
| 約2顆蛋黃 | 1½ 大匙（22 毫升） | 1 盎司 | 28 公克 |
| 精製細砂 | 3 大匙 | 1.3 盎司 | 37 公克 |
| 玉米糖漿 | 2 大匙（30 毫升） | 1.4 盎司 | 41 公克 |
| 無鹽奶油<br>（65～75°F/19～23°C） | 8 大匙（1 條） | 4 盎司 | 113 公克 |
| 檸檬皮（切碎） | 1 大匙（不用緊壓） | . | 6 公克 |
| 過濾現榨檸檬汁 | 2 大匙（30 毫升） | 1.1 盎司 | 32 公克 |
| 香草精 | ½ 小匙（2.5 毫升） | . | . |

打發蛋黃

1・在中碗裡放入蛋黃，用手持電動攪拌器打發蛋黃，蛋黃的顏色會變成米白色。

混合濕料

2・準備一個有杯嘴小量杯，內部噴上少許烤盤油。

3・準備一個中型煮鍋，最好是不沾材質，放入糖、玉米糖漿，稍微攪拌直到糖都浸濕。以中大火加熱，一邊用刮刀攪拌直到糖都溶解，糖液在鍋邊邊冒泡泡。停止攪拌並轉至小火繼續煮，讓糖水繼續沸騰。（整個糖液表面都會是大泡泡，溫度約238°F/114°C。）立刻將糖液離火，倒入準備好的量杯中，避免糖液的溫度繼續升高。

製作奶油霜

4・繼續用手持電動攪拌器攪打蛋黃，一邊倒入加熱的糖液。不要將糖液倒在手持電動攪拌器運轉的部分，否則攪拌器會將糖液打噴，飛到碗邊。用高速持續攪打5分鐘，靜置到完全冷卻。如果要加速冷卻，可以放入裝有冰水的盆中（參照p.554），或是放入冰箱，但時而拿出來攪拌。

完成奶油霜

5・當碗摸起來冰涼，開始以中高速攪打，同時一小塊一小塊的加入奶油，奶油快加完時，奶油霜的質地會開始變得濃稠。加入檸檬皮、檸檬汁和香草精，以低速攪打均勻。把速度調到高速，打到平滑綿密。剛開始奶油霜可能會呈分離狀態，但經過攪打，質地就會融合均勻。

6・將奶油霜放入密閉盒中，立即一次使用，或是在室溫靜置最多4小時，超過4小時則須冷藏。若要冷藏，使用前必須先退冰避免結塊，或是重新攪打回原來的質地再操作。

# 椰子脆片

COCONUT CRISPS

烤箱溫度　375°F/190°C

烘烤時間　每批10～14分鐘，共2批。

**椰**子脆片本來是製作派皮時的想法，轉而變成超級吸引人的餅乾（照片參照p.339）。將餅皮裁成小圓形烘烤後，就變得非常酥脆並充滿香味。第一口會覺得味道有點微妙，但下一秒便會神奇的被排山倒海而來的椰子味給覆蓋了。

### 器具

兩個15×12吋的餅乾烤盤，不需要抹任何東西，但可以墊烤盤紙

一個2¼吋圓形花邊或圓形的餅乾切模

## 餅乾麵團

份量：13.4盎司/380公克

| 食材 | 容量 | 重量 | |
|---|---|---|---|
| 冷藏無鹽奶油 | 8 大匙（1 條） | 4 盎司 | 113 公克 |
| 中筋麵粉 | 1¼ 杯（用湯匙挖入量杯至滿抹平） | 5.3 盎司 | 150 公克 |
| 糖 | ¼ 杯 | 1.8 盎司 | 50 公克 |
| 無糖椰子薄片 | ¼ 杯 | 1 盎司 | 30 公克 |
| 細海鹽 | ⅛ 小匙 | . | 0.7 公克 |
| 1 顆蛋 | 3 大匙＋½ 小匙（47 毫升） | 1.8 盎司 | 50 公克 |

製作麵團

1・將奶油切成½ 吋的小丁，冷藏備用。

2・在食物調理機中放入麵粉、糖、椰子片和鹽，一起攪碎成細粉。加入冷藏的奶油丁，攪打到奶油比青豆還小顆。加入蛋，按壓約8次攪打至均勻，麵團應該呈顆粒狀。

3・將麵團放到塑膠袋中，隔著袋子用指節和手掌根部揉壓直到成團。拿出麵團放在一張大的保鮮膜上，隔著保鮮膜揉捏麵團，讓麵團質地更加平滑，這時應該已看不見奶油的痕跡。（奶油塊在烘烤後會融化而形成一個洞。如果還看見奶油塊，就必須繼續搓揉麵團，或是用手掌根部將奶油推抹開，散在麵團中。）

冷藏

4・將麵團分成兩等份，每塊約6.7盎司/190公克。麵團先用保鮮膜大略包住，壓扁成直徑5吋、厚½吋的扁圓。重新將打扁的麵團用保鮮膜包緊，放入夾鏈袋中冷藏30分鐘，直到麵團變硬可以操作。麵團可以冷藏最多3天或是冷凍6個月。

烤箱預熱

5・預熱：375℉/190℃，預熱時間：30分鐘以上。

6・將烤架設在中間層。

整型與裁切

7・取出冷藏的麵團，在撒了手粉的耐烤帆布上、止滑墊上，或是在夾有保鮮膜的重疊烤盤上（兩張烤盤重疊後倒放，鋪上保鮮膜，保鮮膜邊緣塞入烤盤間隙中），開始擀麵團。如果麵團冷藏超過30分鐘，先靜置5～10分鐘，讓麵團稍微變軟或直到質地可以操作。將麵團擀到¼吋的厚度。擀正反面餅皮時，時而提起餅皮，在下方撒點手粉，防止沾黏。如果餅皮變得太軟，可將它放在烤盤上冷藏直到可以操作。時而拉平保鮮膜，才不會讓保鮮膜上的皺痕印在餅皮上。

8・用餅乾切模切出11～12個直徑2¼吋的餅乾，將餅乾每個間隔至少½吋擺放在餅乾烤盤上，將剩餘的麵團重新捏團、擀平，必要時先冷藏。

烘烤

9・烘烤5分鐘。為了均勻上色，將烤盤旋轉180度，繼續烘烤5～9分鐘，或是直到餅乾變淡淡的金黃色，周圍呈棕色。

冷卻

10・將烤盤放在烤架上冷卻，用鍋鏟將餅乾鏟起來，放到另一個烤架上，靜置到完全冷卻。

11・當第一批餅乾進烤箱時，拿出下一塊麵團擀平整型。

保存

・密閉盒裝：室溫3星期。

# 肉桂捲餅乾

NEW SPIN ON ROLLIE POLLIES

份量：18 ～ 20 個 2 吋的餅乾

烤箱溫度　425°F/220°C

烘烤時間　每批8～13分鐘，共2批。

**如**果你試過這個餅乾，就知道以後該如何處理剩下的麵團。其實，剩餘的麵團不但可以冷凍後拿來做「意外的派」，通常是意外發現有小量莓果或其他水果可以收成時做的小型派——也可以在剩餘的派皮上增加點甜味或其他風味，變成充滿奶香的酥脆餅乾。我的新餅乾捲法就是把餅乾壓扁成橢圓，這樣不但可以讓餅乾變大，看起來也更有新意。

## 器具

兩個15×12吋的餅乾烤盤，不需要抹任何東西，但可以墊烤盤紙。

## 酥皮派皮或塔皮

| 食材 | 容量 | 重量 | |
|------|------|------|------|
| 剩餘的派皮 | . | 8 盎司 | 227 公克 |
| 精製細砂（參照p.386小重點） | 2 大匙＋1 小匙 | 1 盎司 | 30 公克 |
| 肉桂粉 | ¼ 小匙 | . | 0.5 盎司 |
| 二砂（推薦Sugar in the Raw品牌） | . | . | . |

### 烤箱預熱

· 預熱：425°F/220°C，預熱時間：30分鐘以上。

· 將烤架設在中間層。

### 準備麵團

1 · 將剩餘的麵團邊邊整理成差不多的長條，排在一張保鮮膜上，可以稍微重疊。撒上一些手粉後蓋上一張保鮮膜，然後輕輕擀壓，讓長條們可以互相黏在一起。移開覆蓋的保鮮膜，以下面墊的保鮮膜輔助，把麵團像摺信紙那樣先摺⅓到中間，再把另一邊的⅓摺到中間。將麵團用保鮮膜封好後冷藏，冷藏時開始準備肉桂糖。

### 製作內餡

2 · 在小碗中，把精製細砂、肉桂粉攪拌均勻。

## 不失敗祕訣

如果你用的是溫和風味的肉桂粉，或是想讓肉桂風味更濃郁，可以再增加½小匙的肉桂粉。

### 整型與裁切

3・將麵團分成兩等份，夾在上下兩張保鮮膜中間，然後將每份麵團擀平成12×6吋的長方形，⅛吋厚。將上方保鮮膜移除，均勻撒上肉桂糖。拉著下方保鮮膜長的那一邊開始捲起餅皮，捲好的餅皮變成直徑約1吋的圓筒狀。用同一張保鮮膜包好，冷藏1～8小時。以相同的方式製作第二塊麵團。

4・將圓筒取出，移除保鮮膜。準備一把利刀，將圓筒以1吋的厚度切片。切片的餅乾若有空隙，擀的時候會密合。將每片餅乾擀成長2吋，寬1½吋的橢圓，就像玫瑰形狀。可將二砂稍微撒在餅乾表面，增添一點閃亮的糖粒。將餅乾每個間隔至少1吋擺放在餅乾烤盤上。

### 烘烤

5・烘烤6～9分鐘或是烤到底部變咖啡色。將每片餅乾快速翻面，並將烤盤旋轉180度，繼續烘烤2～4分鐘，或是直到另一面也呈咖啡色。

### 冷卻

6・將烤盤放在烤架上冷卻，用鍋鏟將餅乾鏟起來，放到另一個烤架上，靜置到完全冷卻。

7・當一批餅乾進烤箱時，拿出下一塊麵團擀平整型。

### 保存

・密閉盒裝：室溫3星期，冷凍6個月。

## 小重點

・如果沒有精製細砂，用一般白砂糖也可以，但必須先以食物調理機打到細碎。

# 大型果醬餅乾

GIANT JAM COOKIE

烤箱溫度　350°F/175°C

烘烤時間　每批30～35分鐘

**有**位認識很久的朋友，琴・鮑兒（Jeanne Bauer），在一次西雅圖的旅行發現一個很特別的餅乾。這是一個很棒的慶祝餅乾，特別是給那些喜歡餅乾勝過蛋糕的人。甜餅皮夾了層覆盆莓果醬，從切口處就可以偷偷看到誘人的紅莓，搭配任何形狀可以在任何場合食用。不過得注意：雖然夾醬餅乾是種看起來簡單高貴的點心，但必須擁有一雙巧手來完成喔！

## 器具

一個13～14吋的披薩烤盤，或是一般烤盤，墊上烤盤紙。

一個平面的餅乾烤盤，或是13吋或更大的圓紙板。

一個圓形伸縮活動慕斯圈或是12吋圓紙板樣版。

一個小的造型餅乾切模、兩個平面的餅乾烤盤，噴上少許烤盤油。

# 餅乾麵團

份量：2⅔杯/28盎司/810公克

| 食材 | 容量 | 重量 | |
|---|---|---|---|
| 冷藏無鹽奶油 | 16 大匙（2 條） | 8 盎司 | 227 公克 |
| 中筋麵粉 | 3⅓ 杯（用湯匙挖入量杯至滿抹平） | 14.1 盎司 | 400 公克 |
| 細海鹽 | ¼ 小匙 | . | 1.5 公克 |
| 二砂（推薦Sugar in the Raw品牌） | ½ 杯 | 3.5 盎司 | 100 公克 |
| 2 顆蛋 | ⅓ 杯＋1 大匙（94 毫升） | 3.5 盎司 | 100 公克 |

製作麵團

〈食物調理機法〉

1・將奶油切成½吋的小丁，冷藏備用。

2・在一個中碗裡，將麵粉、鹽拌勻。

3・在食物調理機中放入糖，攪碎成細粉。加入冷藏的奶油丁攪打，攪打直到看不見糖的顆粒。加入麵粉、鹽攪打，直到奶油比青豆還小顆。在小碗中先將蛋打散，將蛋液加到調理機中約按壓8次攪打，麵團應該呈顆粒狀。

4・將麵團放到塑膠袋中，隔著袋子用指節和手掌根部揉壓直到成團。拿出麵團放在一張大的保鮮膜上，隔著保鮮膜揉捏麵團，讓麵團質地更加平滑，這時應該已看不見奶油的痕跡。（奶油塊在烘烤後會融化而形成一個洞。如果還看見奶油塊，就必須繼續搓揉麵團，或是用手掌根部將奶油推抹開，散在麵團中。）

〈手工做法〉

5・在碗中混合麵粉、糖（此處使用精製細砂或細砂糖）和鹽。加入奶油，可以用奶油切刀或兩支刀邊切邊拌，將奶油切成小丁，最後混合成粗粒狀。

6・在小碗中打散蛋液，將蛋液、麵粉等混合成團。稍微揉捏麵團，讓麵團平滑，方便操作。

冷藏

7・將麵團分成兩等份，每塊約14.3盎司/405公克。每塊麵團先用保鮮膜大略包住，然後壓扁成直徑5吋的扁圓。重新將壓扁的麵團用保鮮膜包緊，放入冷藏30分鐘，或是直到麵團變硬可以操作。

8・麵團可以冷藏最多3天或是冷凍6個月。

整型與裁切

9・取出冷藏的麵團，夾在上下兩張保鮮膜中間。如果麵團冷藏超過30分鐘，則需要靜置5～10分鐘退冰軟化，或是直到麵團質地方便操作。

10・將麵團夾在保鮮膜中，擀平成大約比直徑12吋的圓再大一點點，⅛吋厚。將上方保鮮膜移除，拉著下方的保鮮膜將餅皮拉到平面的烤盤，或是準備好的圓紙板上。將鋪上烤盤紙的披薩盤蓋在餅皮上，連同下方的烤盤一起倒過來，使餅皮平鋪在披薩盤上。將上面的烤盤和保鮮膜移除，用圓形伸縮活動慕斯圈裁切成12吋餅皮，或是用披薩刀、小刀照著圓紙板樣版裁出12吋餅皮。如果使用披薩刀或小刀，注意不要太過用力切斷下方墊著的烤盤紙。將裁好的餅皮連同下方披薩盤蓋上保鮮膜，放入冷藏至少30分鐘，或是冷凍5～10分鐘讓餅皮變硬。

11・另一塊麵團也重複一樣的動作，但是不用做「倒過來」那一步驟，直接拉著餅皮下方的保鮮膜滑到一張烤盤上即可。修整成12吋的圓，冷凍至少10分鐘。用長刀劃出平分12等份的記號，千萬不要將餅皮切到底，只要做記號即可。（要均勻劃出12等份，可以先畫出垂直的兩刀，讓餅皮均分4等份，每¼等份中再均分3份。）

12・多餘的餅皮邊邊可以重新揉捏，做成小餅乾。

13・取出已做分割記號的餅皮，用造型餅乾切模在單數的餅皮上壓出造型（如照片中使用愛心），這次要將切模壓到底。將餅皮蓋上保鮮膜，冷凍10分鐘，或是直到造型切洞的邊緣堅硬定型，就可以將切模壓好的部分取下，不會拉扯到餅皮。將餅皮從冷凍移出，用造型餅乾切模依原有痕跡再壓上第二次，用小奶油抹刀輔助，把切好的那一塊小愛心餅皮拿起來。把切下來的這些愛心餅皮放在保鮮膜上，蓋上保鮮膜放入冷藏或冷凍。必要時，用牙籤修整切出造型洞的邊緣，讓切痕平整乾淨。

14・將做過造型的整張餅皮放入冷凍最少15分鐘，或是直到整張餅皮冰涼堅硬。

# 覆盆莓果醬

| 食材 | 容量 | | 重量 |
|------|------|---|------|
| 無籽覆盆莓果醬 | 1杯＋2大匙 | 12.6盎司 | 357公克 |

## 製作覆盆莓果醬

**1**・準備一個量杯，內部噴上少許烤盤油；或是用一個中型煮鍋，最好是不沾材質，直火加熱果醬，濃縮到剩下1杯/237毫升/11.2盎司/317公克。蓋緊蓋子或封住，靜置直到降到室溫，果醬質地雖然濃稠，但可以塗抹開來。必要時可以加一點覆盆子利口酒或水。

## 餅乾組合

**2**・將放置在披薩盤上的餅皮取出，移除保鮮膜。除了邊緣留下½吋的空間，其他部分都塗抹上覆盆莓果醬。將邊緣½吋留白的一圈刷上一點水。

**3**・取出第二塊做了造型的餅皮，將一張噴過油的平面烤盤蓋在餅皮上，連同下方烤盤一起倒過來，移除原先烤盤，將保鮮膜也移除後，蓋上第二張噴過油的平面烤盤，連同下方平面烤盤一起倒過來。快速將餅皮滑到塗過果醬的餅皮上，邊對準邊，將兩張餅皮對齊蓋上。先前用餅乾切模切下的愛心沾一點水，貼在沒有切洞的等份上。

**4**・用叉子輔助，在兩張餅皮½吋黏著的部分壓出線條，使兩張餅皮緊密黏合。在不影響造型圖案的前提下，用牙籤在上方餅皮上戳很多小洞。蓋上保鮮膜放入冷藏至少15分鐘，或最多24小時再烘烤。

## 烤箱預熱

**5**・預熱：350°F/175°C，預熱時間：20分鐘以上。

**6**・將烤架設在中間層。

## 烘烤

**7**・烘烤15分鐘。為了均勻上色，將烤盤旋轉180度，繼續烘烤15～20分鐘，或是烤到餅乾中間呈淡金黃色，邊緣為咖啡色。從造型洞口可以看到夾餡的果醬冒泡泡。

## 冷卻

**8**・將烤盤放在烤架上至少30分鐘冷卻，或是讓餅乾冷卻到室溫再食用。用鍋鏟將大餅乾脫模，放在一個平面的盤子或砧板上。依照12等份的記號將大餅乾切成12塊。也可以撒上一點糖粉。

## 保存

・密閉盒裝：室溫10天；冷藏3星期；冷凍6個月。

# 果乾捲
## COOKIE STRUDEL

份量：2 條長 11½ 吋，直徑 2½ 吋的餅乾捲；10 ～ 12 份

烤箱溫度　350°F/175°C

烘烤時間　40～45分鐘

這個果乾捲使用的派皮，讓我想起另一個我也很喜愛的餅乾：牛角餅乾（參照p.395）。其實這兩種麵團滿類似的，只是差在這邊使用的是酸奶油，不是奶油起司；造型上這個是捲成細長的圓柱，而不是單一捲起。酸奶油的麵團很好操作，但是烘烤後比較易碎，所以不適合用來夾新鮮水果，會無法支撐，但是對於夾入小葡萄乾、堅果和杏桃果醬，則是非常匹配。

幾年前發現這個家傳配方，那時我在歷史古城賓州的摩爾西斯堡旅店（Mercersburg Inn）過夜，旅店老闆珊蒂・費歐斯齊（Sandy Filkowski）獲得她母親多樂蒂・湯姆森（Dorothy Thompson）的許可，把多年來從沒公開的祕方告訴我。這是一道適合搭配下午茶的甜點，或是搭配晚餐後的咖啡甜點。

事前準備

果乾捲最好在至少6小時之前完成

器具

一個15×12吋的餅乾烤盤、墊烤盤紙或鋁箔紙

## 餅乾麵團

份量：12.5盎司/354公克

| 食材 | 容量 | 重量 | |
|------|------|------|------|
| 中筋麵粉 | 1 杯（用湯匙挖入量杯至滿抹平）＋1 大匙 | 4.5 盎司 | 128 公克 |
| 細海鹽 | ⅛ 小匙＋¹⁄₁₆ 小匙 | . | 1.1 公克 |
| 無鹽奶油（70～75°F/21～23°C） | 8 大匙（1條） | 4 盎司 | 113 公克 |
| 酸奶油 | ½ 杯 | 4.3 盎司 | 121 公克 |

製作麵團

1・在中碗裡混合麵粉、鹽，加入奶油和酸奶油，用木匙攪拌直到成團。

餅乾和糖果類　一　壓切和酥餅類餅乾

冷藏

2・將麵團分成兩等份，每塊約6.2盎司/177公克，然後把每塊放到一張保鮮膜上。隔著保鮮膜將每塊麵團都稍微揉捏，讓麵團平滑，看不見任何奶油痕跡。將麵團稍微壓扁，整型成4×4吋的方形塊，放入冷藏至少2小時或是過夜。

# 內餡

| 食材 | 容量 | | 重量 | |
| --- | --- | --- | --- | --- |
| 胡桃或核桃（大略切碎） | ½ 杯 | 2 盎司 | | 57 公克 |
| 小葡萄乾 | ¼ 杯＋2 大匙 | 2 盎司 | | 56 公克 |
| 肉桂粉 | ⅛ 小匙 | . | | . |
| 杏桃果醬 | ½ 杯＋2 大匙 | 7 盎司 | | 200 公克 |

製作內餡

1・將在中碗裡放入除了杏桃果醬外的所有材料，用叉子將全部材料混合。

果乾捲整型

2・準備好薄撒手粉的耐烤帆布，以及抹了手粉的擀麵棍，或是在夾有保鮮膜的重疊烤盤上（兩張烤盤重疊後倒放，鋪上保鮮膜，保鮮膜邊緣塞入烤盤間隙中），將麵團擀成11×9吋的長方形。擀的過程中將麵團翻面2～3次，必要時再撒上手粉以防沾黏。

3・將杏桃果醬（¼杯＋1大匙/3.5盎司/100公克）均勻抹在麵團上，四邊都留½吋不要塗到。將混合的果乾均勻撒在塗了果醬的部分。

4・用帆布或保鮮膜輔助，將麵團從長的那邊捲起，捲的時候麵團上若有多餘手粉，可以刷掉。將麵團捲放到烤盤上，接縫處朝下遮住。將頭尾½吋往內部摺起。麵團捲的長度約10吋，剖面為直徑2吋的圓。

5・將第二塊麵團以同樣的方式擀平、抹醬、捲起，放在第一條果乾捲旁邊，兩條中間至少相隔1吋。用尖銳小刀切出3～4條小刀割痕，幫助果乾捲內部蒸氣散出。可以立即烘烤或是放冷藏再烤，冷藏最多24小時。

烤箱預熱

6・預熱：350℉/175℃，預熱時間：20分鐘以上。

7・將烤架設在中間層。

# 表面配料

| 食材 | 容量 | | 重量 |
|------|------|------|------|
| 糖 | ½ 大匙 | . | 6 公克 |
| 肉桂粉 | ¼ 小匙 | . | . |
| 牛奶 | 1 大匙（15 毫升） | 0.5 盎司 | 15 公克 |

製作表面配料

1・在一個小碗裡混合糖、肉桂粉。

烘烤

2・烘烤20分鐘。在果乾捲烤了20分鐘後出爐，用刷子在每條果乾捲上先刷牛奶，然後均勻撒上肉桂糖。為了烘烤均勻，將烤盤旋轉180度，繼續烘烤20～25分鐘，或是直到表面呈淺咖啡色。

冷卻

3・將烤盤放在烤架上靜置到完全冷卻。

4・靜置至少6小時以上再食用，果乾捲內部會有最完美的口感。

5・用鋸齒刀切出½吋厚的圓片。如果喜歡更酥脆的口感，可以將切面貼著鋪了鋁箔紙的烤盤，以350℉/175℃烘烤10分鐘再食用。

保存

・密閉盒裝：室溫5天；冷藏8天；冷凍3個月。

# 牛角餅乾

RUGELACH

烤箱溫度　350°F/175°C

烘烤時間　15～20分鐘

如果世界上只有一種甜點，那應該就是牛角餅乾了。這令人陶醉的柔軟卻帶有酥脆片狀的肉桂麵團——每一口都吃得到內餡裡黏牙的焦化杏桃、多汁有嚼勁的飽滿葡萄乾，和超級爽脆的核桃，實在是令人難以抗拒。

器具

兩個15×12吋的餅乾烤盤，墊上鋁箔紙。

兩個烤架，噴點烤盤油。

## 餅乾麵團

份量：13盎司/370公克

| 食材 | 容量 | 重量 | |
|---|---|---|---|
| 中筋麵粉 | 1杯（用湯匙挖入量杯至滿抹平）＋1大匙 | 4.5 盎司 | 128 公克 |
| 細海鹽 | ⅛ 小匙 | . | 0.7 公克 |
| 奶油起司<br>（65～75°F/19～23°C） | ½ 杯－1 大匙 | 4 盎司 | 113 公克 |
| 無鹽奶油<br>（65～75°F/19～23°C） | 8 大匙（1 條） | 4 盎司 | 113 公克 |
| 細砂糖 | 2大匙 | 0.9 盎司 | 25 公克 |
| 香草精 | ½ 小匙（2.5 毫升） | . | . |

製作麵團

1・在小碗裡混合麵粉、鹽。

〈手持電動攪拌機法〉

2・在鋼盆中放入奶油起司、奶油，用中速拌勻，加入糖、香草精再次拌勻。然後加入麵粉、鹽，用低速攪拌均勻即可，不要超過30秒。

餅乾和糖果類──壓切和酥餅類餅乾

395

圖中爲牛角餅乾和猶太三角餅乾（參照p. 400）

〈食物調理機法〉

3‧將奶油起司、奶油冷藏維持低溫。將奶油切成½吋的小丁，在食物調理機中放入奶油起司開始攪打，在調理機運轉的同時放入奶油丁，一直攪到平滑綿密，過程中需要刮壁一兩次。接著加入糖、香草精攪打幾秒至均勻即可。加入麵粉、鹽，按幾下調理機，讓麵團呈粗粒結塊即可。

冷藏

4‧將麵團倒在保鮮膜上，揉壓成一顆球狀。分成兩等份，每塊約6.5盎司/185公克，然後將每塊放到一張保鮮膜上。每塊麵團先用保鮮膜大略包住，然後壓扁，重新將壓扁的麵團用保鮮膜包緊，放入冷藏至少1小時或是最多3天（可以冷凍最多6個月）。

# 內餡

| 食材 | 容量 | 重量 | |
|---|---|---|---|
| 細砂糖 | 3 大匙 | 1.3 盎司 | 37 公克 |
| 淺色黑糖或深色紅糖 | 2 大匙（緊壓） | 1 盎司 | 27 公克 |
| 肉桂粉 | ¼ 小匙 | ﹒ | 0.5 公克 |
| 白或金黃葡萄乾（參照小重點） | ¼ 杯＋2 大匙 | 1.9 盎司 | 54 公克 |
| 核桃（大略切碎） | ½ 杯 | 1.8 盎司 | 50 公克 |
| 杏桃醬（參照.376）或杏桃果醬 | ¼ 杯（59 毫升） | 2.7 盎司 | 76 公克 |

製作內餡

1‧在中碗裡放入砂糖、黑糖和肉桂粉，以手指攪拌均勻。將混合的糖分成兩等份，分別放在兩個小碗中。另外，把葡萄乾和核桃混合，分成兩等份，放在另外兩個小碗中。

## 小重點

‧如果葡萄乾不夠軟，可以泡在½杯/118毫升滾燙的水中約30分鐘～1小時，再仔細瀝乾。

麵團整型

2‧取出冷藏的麵團靜置5～10分鐘退冰軟化，或是直到麵團質地可以操作。

**3**・準備好一支抹過手粉的擀麵棍，和一張薄撒手粉的止滑墊或工作檯，將麵團放在墊子上，擀成9吋的圓，⅛吋的厚度，經常轉動餅皮，必要時撒上手粉避免沾黏。如果餅皮變得太軟或太黏，立即放入冰箱冷藏，直到質地較硬可以操作。

加入餡料

**4**・在麵團中間用刀尖做一個記號。用湯匙背或小奶油抹刀把杏桃醬2大匙/30毫升均勻塗在麵團上，刀尖記號的方圓1吋處不要塗抹到，因為到時將三角麵團捲起時，果醬會順勢被推到尖頭處。（如果使用一般杏桃果醬，必須先用叉子攪拌開來，把大的塊狀壓開，但千萬不要加熱果醬或是用攪拌器攪拌，以免太稀。）

**5**・將一小碗的混合糖撒在杏桃醬上，再撒上一小碗葡萄乾核桃，將餡料輕輕壓入麵團。用一支長抹刀深入麵團下，分離麵團與工作檯或墊子。用披薩刀或長刃利刀將麵團切成12個三角形。（先將麵團切成四等份，然後每等份再切三等份。）

牛角餅乾整型

**6**・必要的話，使用薄刃刀或奶油刮刀將麵團與工作檯分離。從三角形底部開始往尖頭捲（從圓的外圍向中心），最後將左右的角往內側凹一點，讓整個形狀像彎月形。將牛角餅乾放在烤盤上，以每個間隔至少1½吋的距離分開，放置時，餅乾尖端的收口朝下貼著烤盤。

## 表面配料

| 食材 | 容量 | | 重量 |
|---|---|---|---|
| 糖 | 1 大匙 | 0.5 盎司 | 13 公克 |
| 肉桂粉 | ½ 小匙 | . | 1.1 公克 |
| 牛奶 | 1 大匙（15 毫升） | 0.5 盎司 | 15 公克 |

製作表面配料

**1**・在一個小碗裡混合糖、肉桂粉，分成兩等份，分別裝在兩個小碗中。

撒上配料

**2**・用手指拿起牛角餅乾，刷上牛奶，再拿著牛角餅乾懸空在一個中碗上方，然後用手抓一些肉桂糖，均勻撒在牛角餅乾上，或是將肉桂糖裝在糖粉罐中，撒在餅乾上，懸空在碗的上方，這樣多餘的糖就可以掉入碗裡。然後放回烤盤上。

**3**・將餅乾蓋上保鮮膜冷藏至少30分鐘，或是直到堅硬定型，冷藏最多可放1晚。以同樣的方法完成第二塊麵團。

烤箱預熱

**4**・預熱：350℉/175℃，預熱時間：20分鐘以上。

**5**・將烤架設在上方和下方。

烘烤

**6**・烘烤10分鐘。為了均勻上色,將烤盤旋轉180度,並且上下層烤盤交換位置,繼續烘烤5～10分鐘,或是烤到餅乾呈淺咖啡色。

冷卻

**7**・將烤盤放在一般的烤架上或是防熱桌面上,靜置幾分鐘讓餅乾稍微定型。在烘烤過程中,杏桃醬會融化而流出,黏在鋁箔紙上。所以一定要趁熱把餅乾移開,以免沾黏的果醬變硬而無法移動。使用小鍋鏟將餅乾鏟起來,移到噴過油的烤架上靜置直到冷卻。那些黏在鋁箔紙上的杏桃醬可以剝下來,當作給自己的犒賞!

保存

・密閉盒裝:室溫5天;冷凍3個月。

## ☆ 美味變化款:蝸牛捲

**1**・將麵團擀成8吋的正方形而不是圓形,然後均勻塗抹果醬內餡,像蛋糕捲一樣捲起,再切成½吋厚的圓片。每片上面刷上點牛奶,撒上肉桂糖,冷藏定型後,撒糖面朝上,每個間隔1½吋的間距擺在烤盤上烘烤。

**2**・接下來兩個變化配方中,必須去除肉桂粉和黑糖的量,使用共5大匙/2.2盎司/62公克的精製細砂來完成內餡。

## ☆ 巧克力覆盆莓牛角餅乾

・以無籽覆盆莓果醬取代杏桃醬,杏仁取代核桃,6大匙/2.8盎司/80公克的法芙那巧克力珍珠豆,或是迷你巧克力豆豆取代葡萄乾。

## ☆ 蔓越莓覆盆莓牛角餅乾

・以無籽覆盆莓果醬取代杏桃醬,杏仁取代核桃,蔓越莓乾取代葡萄乾。

# 猶太三角餅乾

## HAMANTASCHEN

份量：24 個 3 吋的餅乾

烤箱溫度　350°F/175°C

烘烤時間　15～20分鐘

我很喜愛罌粟籽，但不喜歡做猶太三角餅乾，因為我不喜歡堅硬的甜麵團，所以決定用較軟、稍微酥脆、奶油味非常重且充滿香草味的麵團，做我夢想中的猶太三角餅乾（參照p.396）。愛力特（Elliott）和我很喜愛罌粟籽脆脆的口感，所以不把罌粟籽混在滑順的麵團中，但還是會提供混合的方法供喜歡的讀者參考。SOLO所產的罌粟籽內餡品質很好，如果使用其他品牌，別忘了加上檸檬皮屑，以及杏桃醬或杏桃果醬來提升味道。

器具

兩個15×12吋的餅乾烤盤，墊烤盤紙。

一個3吋圓形花邊或圓形的餅乾切模

## 甜餅乾塔皮（甜塔皮）

份量：1⅓杯/14.8盎司/420公克

| 食材 | 容量 | 重量 | |
|---|---|---|---|
| 冷藏無鹽奶油 | 8 大匙（1 條） | 4 盎司 | 113公克 |
| 中筋麵粉 | 1⅔ 杯（用湯匙挖入量杯至滿抹平） | 7 盎司 | 200公克 |
| 細海鹽 | ⅛ 小匙 | . | 0.7公克 |
| 二砂（推薦Sugar in the Raw品牌，或是用細砂糖） | ¼ 杯 | 1.8 盎司 | 50公克 |
| 1 顆蛋黃 | 1 大匙＋½ 小匙（17 毫升） | 0.7 盎司 | 19公克 |
| 鮮奶油（乳脂36%以上） | 3 大匙（44 毫升） | 1.5 盎司 | 43公克 |
| 香草精 | 1 小匙（5 毫升） | . | . |

製作麵團

1・將奶油切成約½吋的小丁冷藏備用。

2・在一個碗中混合麵粉與鹽。

3・在食物調理機中，將糖攪打成較細的粉末，加入冷藏奶油丁攪打，直到看不見糖的痕跡。加入麵粉與鹽攪打，直到奶油比青豆還小顆。

4・在小碗中混合蛋黃、鮮奶油和香草精，加到調理機中約按壓8次攪打，麵團應該是呈顆粒狀。

5・將麵團放到塑膠袋中，隔著袋子用指節和手掌根部揉壓直到成團。拿出麵團放在一張大的保鮮膜上，隔著保鮮膜揉捏麵團，讓麵團質地更加平滑，這時應該已看不見奶油的痕跡。（奶油塊在烘烤後會融化而形成一個洞。如果還看見奶油塊，就必須繼續搓揉麵團，或是用手掌根部將奶油推抹開，散在麵團中。）將麵團揉成圓球狀。

冷藏麵團

6・將麵團分成兩等份，每塊約7.4盎司/210公克。每塊麵團先用保鮮膜大略包住，然後壓扁，重新將壓扁的麵團用保鮮膜包緊，放入冷藏至少30分鐘，或是最多3天或可以冷凍最多半年。

# 罌粟籽內餡

**份量：1杯/10.2盎司/290公克**

| 食材 | 容量 | | 重量 |
|---|---|---|---|
| 罌粟籽（參照p.403小重點） | ¾ 杯 | 4 盎司 | 113 公克 |
| 牛奶 | ⅓ 杯（79 毫升） | 2.9 盎司 | 81 公克 |
| 細砂糖 | ¼ 杯 | 1.8 盎司 | 50 公克 |
| 蜂蜜 | 1 大匙＋1 小匙（20 毫升） | 1 盎司 | 28 公克 |
| 檸檬皮（切碎） | 2 小匙（不用緊壓） | . | 4 公克 |
| 杏桃醬（參照p.376），或是果醬（參照p.403小重點） | 2 大匙（30 毫升）（分次使用） | 1.2 盎司 | 38 公克 |

製作內餡

1・使用罌粟籽研磨器或香料研磨器或果汁機，將罌粟籽磨成粉。這個量會因為罌粟籽變得膨鬆，容量變得大概有1杯。

2・在小煮鍋中加熱牛奶，放入罌粟籽後攪拌幾秒，讓罌粟籽吸取牛奶的水分。離火後放入糖、蜂蜜、檸檬皮和1大匙/15毫升/0.6盎司/19公克的杏桃醬，攪拌均勻。將內餡靜置在室溫冷卻。將剩餘的杏桃醬放在一個小碗中，封上保鮮膜，最後刷表面時會用到。

# 蛋液

| 食材 | 容量 | | 重量 |
|---|---|---|---|
| 2顆蛋黃 | 2大匙＋1小匙（35毫升） | 1.3盎司 | 37公克 |
| 牛奶 | 2小匙（10毫升） | . | 10公克 |

製作蛋液

**1**・在小碗中混合蛋黃、牛奶，然後過篩到小碗裡，用湯匙背面按壓篩網上的蛋液，或是將篩網靜置幾分鐘讓蛋液篩過。沒篩過的部分丟棄即可。

整型與裁切

**2**・將冷藏的麵團取出。如果麵團冷藏超過30分鐘，則需要靜置5～10分鐘退冰軟化，或是直到麵團質地方便操作。

**3**・準備好一支抹過手粉的**擀**麵棍和一張薄撒手粉的止滑墊或工作檯，將麵團放在墊子上，**擀**成⅛吋的長方形。**擀**的過程中經常轉動餅皮，必要時撒上手粉避免沾黏。使用3吋的餅乾切模切出數個小圓，必要時用薄刃刀或小奶油抹刀分離餅皮和工作檯的表面，然後將小圓放到準備好的餅乾烤盤上。將剩餘的麵團稍微聚集成團，然後壓成圓餅狀，用保鮮膜封好後冷藏，直到質地較硬可以操作。

**4**・第二塊麵團也以同樣的方法裁切製作。第二塊剩餘的麵團和第一塊剩餘的麵團邊邊混合冷藏。一旦所有餅乾都塑型好，可以把剩餘的麵團塊拿出來整型，做更多餅乾，但記得剩餘的麵團只能重新再**擀**一次。

餅乾組合

**5**・一次組合一個餅乾。先將一塊餅皮外圈½吋的部分刷上蛋液，中間部分不用刷。然後在中央放上2小匙/0.4盎司/12公克的罌粟籽內餡。將外圈均勻分三等份，稍稍向內摺，轉角部分確實捏緊。（如果不使用蛋液而用水替代，也可以有沾黏效果。）在外表餅皮刷上蛋液比較漂亮，能呈現出光澤的效果。

**6**・將三角餅乾每個間隔1½吋擺放在餅乾烤盤上，蓋上保鮮膜，冷藏至少30分鐘或是直到定型，最多冷藏1晚。

烤箱預熱

**7**・預熱：350°F/175°C，預熱時間：20分鐘以上。

**8**・將烤架設在中間層。

烘烤

**9**・烘烤8分鐘。為了均勻上色，將烤盤旋轉180度，繼續烘烤7～12分鐘，或是烤到餅乾呈淺咖啡色。

## 不失敗祕訣

罌粟籽富含油脂，容易腐壞，尤其如果買的是已經磨成粉的罌粟籽，當罌粟籽開始腐敗時，味道就會很苦。所以建議不管購買的是罌粟籽或粉，都要放在冷凍保存。如果購買的是罌粟籽粉而沒有秤過，在這份食譜中，可以使用¾杯的量。

研磨罌粟籽的最佳方法，是使用專門用來研磨罌粟籽的研磨器。用一般的香料研磨器或果汁機也可以，但效果沒那麼好，而食物調理機則完全無法用來研磨罌粟籽。

### 冷卻和刷亮面

10・將烤盤放在烤架上。如果餅乾的任何一邊破了，可以拿兩支奶油抹刀，把流出來的內餡挑起放回餅乾中央，重新塑型。用鍋鏟將餅乾鏟起來，移到另一個烤架上，靜置直到完全冷卻。冷卻後，準備之前剩餘的1大匙杏桃醬或是過篩的果醬（參照小重點），用刷子刷在罌粟籽內餡的表面。必要時，摻入一點杏桃白蘭地或熱水，讓杏桃醬稍微稀一點。

### 保存

・密閉盒裝：室溫5天；冷凍3個月。

## 小重點

・我發現如果使用這個量的完整罌粟籽，嘗起來會有苦味，所以在這份食譜中需要把它們研磨成粉。也因為我希望保持它原有脆脆的口感，所以加熱時間很短。如果要讓內餡吃起來滑順，可將½杯＋1大匙/3盎司/84公克的罌粟籽用研磨器或果汁機磨成細粉。將粉末倒入小煮鍋中，加入¼杯＋2大匙/89毫升/3.1盎司/89公克的熱水，不使用牛奶。將小煮鍋內的材料用小火一邊攪拌一邊加熱，大約3～6分鐘。罌粟籽最後會吸收水分而脹大，質地黏稠有點像膏狀。為了避免燒焦，用大湯匙一次加入1匙的水攪拌，直到內餡質地接近花生醬後就可以離火。離火後加入糖、蜂蜜和檸檬皮稍微拌勻，靜置直到完全冷卻。（煮完後餡料會變得少於¾杯，所以添加在餅乾中時，每個餅乾放1½小匙的內餡。）

・罌粟籽內餡可以密封後冷凍保存數個月。

・如果使用的是一般杏桃果醬而不是杏桃醬，可以將¼杯/59毫升/2.7盎司/78公克的杏桃果醬放入可微波的容器，用微波加熱到沸騰。或者將果醬放入小煮鍋中，用中小火一邊攪拌一邊加熱。加熱後的果醬用湯匙背按壓輔助過篩到小碗裡，無法過篩的大顆粒可以丟棄。

## ☆ 美味變化款：

・可以使用1杯/237毫升/8.2盎司/232公克的杏桃醬或是蜜李醬（可以參照p.376或是p.123），取代罌粟籽內餡製作。

# 迷你布列塔尼酥餅

## MINI GÂTEAUX BRETONS

**份量：38 個 1⅝ 吋的餅乾**

烤箱溫度　325°F/160°C

烘烤時間　14～16分鐘

**就**我所知，這個來自法國布列塔尼地區的經典法式點心，是餅乾中含奶油量最多的一種。這種餅乾在室溫下可以保存1星期，也很適合當作節日的禮物。

### 器具

38個迷你布里歐模，1吋的底，1¾吋的開口（1大匙的容量），
不用塗抹任何東西（如果沒有足夠的模型，可以分批烤）。
一個烤盤、一支細長的針用來脫模

## 餅乾麵團

**份量：13.4盎司/380公克**

| 食材 | 容量 | 重量 | |
|------|------|------|------|
| 去皮杏仁片 | ¼ 杯 | 0.9 盎司 | 25 公克 |
| 精製細砂（參照p.406小重點） | ¼ 杯＋2 大匙（分次使用） | 2.6 盎司 | 75 公克 |
| 細海鹽 | ⅛ 小匙 | . | 0.7 公克 |
| 無鹽奶油（建議使用含脂量高的或是高品質的無鹽奶油），65～75°F/19～23°C（參照p.406小重點） | 9 大匙（1條＋1大匙或1¼ 條） | 4.5 或 5 盎司 | 128 公克或142 公克 |
| 2 顆蛋黃（室溫） | 2 大匙＋1 小匙（35 毫升） | 1.3 盎司 | 37 公克 |
| 櫻桃利口酒、深蘭姆酒或水 | ½ 大匙（7.5 毫升） | . | . |
| 香草精 | ¾ 小匙（3.7 毫升） | . | . |
| 中筋麵粉 | 1杯（用湯匙挖入量杯至滿抹平）＋½ 大匙 | 4.4 盎司 | 125 公克 |

### 烤箱預熱

・預熱：325°F/160°C，預熱時間：20分鐘以上。

・將烤架設在中間層。

### 烘烤杏仁片

1 · 將杏仁片均勻撒在烤盤上，放入烤箱烤10分鐘，或是直到烤出淺淺的金黃色。烘烤途中取出一兩次翻炒，使杏仁片均勻上色。靜置直到完全冷卻。

2 · 在調理機中放入杏仁片、2大匙/0.9盎司/25公克的糖和鹽，將全部食材攪打到差不多碎，但還不到粉末般細。或是用堅果研磨器將杏仁片磨成粉，再混合2大匙的糖和鹽。

### 製作麵團

3 · 在桌上型攪拌機的鋼盆內放入剩餘的糖和奶油，使用槳狀攪拌器以低速攪打約1分鐘，直到滑順綿密。刮缸。

4 · 使用低速，一邊分次加入蛋黃，每加入1顆蛋黃就攪打約20秒，刮缸。接著將杏仁粉、利口酒或水，以及香草精放入攪拌機，用低速攪打約20秒，直到粉類變濕、材料混合均勻。

5 · 將麵粉分四次加入，先暫停攪拌，每放入一次麵粉，以低速攪15秒，用同樣的方式加完所有麵粉。取下槳狀攪拌器，用矽膠刮刀做最後的攪拌，攪拌至沒有麵粉殘留，並且確實刮到缸底。

6 · 將麵團放到一張大的保鮮膜上，用保鮮膜緊緊包住後冷藏30分鐘，或直到麵團變硬。

### 入模

7 · 用小湯匙挖出飽滿的圓球麵團（0.3盎司/10公克）。雙手抹上手粉，將每顆麵團搓圓成1吋的小球，然後放入模中。（搓揉前一定要在雙手抹上足夠的手粉，否則入模烘烤後會沾黏在模型上。）將麵團球稍微按壓，壓完後的高度快與模型同高。如果麵團太黏，先將麵團放入冷藏變硬再操作。使用小指將麵團往凹槽處壓入以便成型，每個壓好麵團的布里歐模間隔½吋的距離擺放在烤盤上。

### 烘烤

8 · 烘烤14～16分鐘，直到餅乾呈金黃咖啡色。（溫度約205°F/96°C）

### 冷卻及脫模

9 · 將烤盤放在烤架上10分鐘冷卻。用針往餅乾與模的空隙戳進去，讓兩者稍微分離，倒過來脫模放在另一個烤架上。靜置直到完全冷卻。

### 保存

· 密閉盒裝：室溫5天；冷藏10天；冷凍3個月。

## 小重點

· India Tree出產的金牌烘焙用糖（參照p.527）賦與餅乾特別棒的風味。

· Vermont出產的含鹽奶油，吃起來是非常清淡的鹹味，與食譜中的鹽量非常相近（其他品牌的含鹽奶油則含太多鹽分），所以若選擇Vermont的含鹽奶油，只需添加1/16小匙鹽即可。含有80%脂肪的奶油比起含86%脂肪的奶油多了1大匙水分，做出來的餅乾比較濕潤。如果你比較喜歡這樣的口感，又希望使用高於86%脂肪的奶油，可以在把杏仁等粉類倒入攪拌缸時，多添加1匙水一起攪拌。

# 巧克力情人瑪德蓮

## CHOCOLATE SWEETHEART MADELEINES

**份量：100 個迷你瑪德蓮或 25 個大瑪德蓮**

烤箱溫度　350°F/175°C

烘烤時間　迷你瑪德蓮：10～12分鐘；大瑪德蓮：14～15分鐘

**我**經常發現，如果剛出爐的瑪德蓮沒有盡快食用，口感就會變得很乾。為了避免變乾的情況發生，我使用多明哥巧克力蛋糕食譜做變化，這是一款濕潤且富含巧克力風味的蛋糕。當我在美國烹飪學院加州灰石校區（CIA Greystone）參與一場甜點師會議時，每位出席的甜點師都被要求提供一道食譜，當時我提供這道瑪德蓮食譜。還記得紐約華盛頓港的完美烘焙坊老闆，同時也是烘焙甜點藝術工會的創始人，羅伯特・埃林傑（Robert Ellinger），對這道食譜讚許有佳，他說：「從現在起，這才是在我烘焙坊要賣的巧克力瑪德蓮呀！」

器具

迷你瑪德蓮模：每個瑪德蓮大約1½小匙容量大小

或是大瑪德蓮模：每個瑪德蓮大約2大匙容量大小

偏好使用矽膠模，再噴上含麵粉的烤盤油

（如果家裡沒有，可噴上烤盤油和沾上薄薄一層麵粉，

參照p.409說明；若使用矽膠模，則先將矽膠模放在烤架上再放到烤盤上。）

一個擠花袋與⅜吋～½吋左右的平口花嘴，

或是一個0.95公升的食用夾鏈袋剪出約半徑½吋的洞。

食材用毛刷

# 巧克力淋面

**份量：½杯/118毫升/4.3盎司/123公克**

| 食材 | 容量 | 重量 | |
|---|---|---|---|
| 苦甜巧克力<br>（60～62%可可含量） | · | 1.5 盎司 | 42 公克 |
| 鮮奶油（30%以上乳脂） | ¼ 杯＋2 大匙（89 毫升） | 3.1 盎司 | 87 公克 |

製作淋面

1・在食物調理機中打碎巧克力（參照p.409小重點）。

2・將鮮奶油倒入可微波的玻璃量杯中，然後加熱直到即將沸騰。

**3・**把加熱的鮮奶油從壺嘴倒入運轉的食物調理機中，將鮮奶油與巧克力攪打幾秒直到柔順。取出做好的淋面，放入玻璃碗中，然後用保鮮膜封好，放在溫暖的室溫下備用。

# 麵糊

份量：14.1盎司/400公克

| 食材 | 容量 | 重量 | |
|---|---|---|---|
| 無糖可可粉（鹼化） | ¼ 杯＋2 小匙（先過篩再量） | 0.7 盎司 | 21 公克 |
| 酸奶油 | ⅓ 杯 | 2.9 盎司 | 81 公克 |
| 1 顆蛋（室溫） | 3 大匙＋½ 小匙（47 毫升） | 1.8 盎司 | 50 公克 |
| 香草精 | ¾ 小匙（3.7 毫升） | . | . |
| 低筋麵粉 | ¾ 杯（與量杯平高）＋½ 大匙 | 2.7 盎司 | 78 公克 |
| 精製細砂 | ½ 杯 | 3.5 盎司 | 100 公克 |
| 泡打粉 | ⅜ 小匙 | . | 1.7 公克 |
| 小蘇打粉 | ⅛ 小匙 | . | 0.7 公克 |
| 細海鹽 | ¼ 小匙 | . | 1.5 公克 |
| 無鹽奶油（65～75°F/19～23℃） | 7 大匙（¾ 條＋1 大匙） | 3.5 盎司 | 100 公克 |

烤箱預熱

・預熱：325°F/160℃，預熱時間：20分鐘以上。

・將烤架設在上方和下方。

混合可可糊等濕料

**1・**在鋼盆中混合可可粉、酸奶油、蛋和香草精，攪拌直到類似稍微有顆粒氣泡的瑪芬麵糊。

製作麵糊

**2・**在桌上型攪拌機的鋼盆中放入麵粉、細砂、泡打粉、小蘇打粉和鹽，使用槳型攪拌器以低速攪打30秒。加入奶油和一半量的可可糊，使用低速攪拌直到麵糊濕潤，再用中速攪打1分半鐘。刮缸。

**3・**將剩下的可可糊分兩次倒入暫停的攪拌缸中。先用中低速攪打，然後慢慢增加到中速攪打。每倒入一部分可可糊，就要用中速攪打30秒，使麵糊充分混合並增加黏稠度。刮缸。

## 不失敗祕訣

如果你的瑪德蓮模型不夠一次烤完所有的麵糊，可以把剩下的麵糊先冷藏保存。

### 入模

**4.** 將麵糊放入擠花袋或是準備好的夾鏈袋中，擠入模中。（迷你模約一個4公克；大模約一個16公克。）

### 烘烤

**5.** 迷你瑪德蓮烘烤10～12分鐘（大瑪德蓮烘烤14～15分鐘），或是輕壓瑪德蓮中央感覺有回彈的質地。

### 冷卻

**6.** 將出爐的瑪德蓮連同模型一起放在烤架上5分鐘冷卻。如果使用矽膠模，只要輕推模底讓瑪德蓮脫模即可；如果使用金屬模，可利用牙籤或針，將瑪德蓮與模型分離取出。將瑪德蓮貝殼面朝上，放在鋪了保鮮膜並噴了烤盤油的烤盤上。

### 淋面

**7.** 若巧克力淋面太冷硬，可用微波高溫加熱3秒，或是隔水加熱再使用。用食用刷子將淋面刷在貝殼面上，依照紋路方向輕刷。當淋面凝固後，表面顏色會更深，也有一部分會被瑪德蓮吸收進去，因此必須再刷上第二次，讓淋面更平滑且有亮度。

### 保存

· 密閉盒裝：室溫3天；冷藏5天；冷凍2個月。

### 小重點

· 在模型上噴些含麵粉的烤盤油（如果家裡沒有，可噴上烤盤油和沾上薄薄一層麵粉），記得用刷子刷去多餘的油脂，避免凹槽產生氣泡。

· 若沒有食物處理機，可以用刀將巧克力切碎放在玻璃碗中，然後把加熱的鮮奶油倒入巧克力中，攪拌均勻即可。

餅乾和糖果類 — 蛋糕類餅乾

# 伍迪的黑與白布朗尼
## WOODY'S BLACK AND WHITE BROWNIES

份量：16 個 2×2×1½ 吋（高）的布朗尼

烤箱溫度　325°F/160°C

烘烤時間　25～35分鐘

**每**年聖誕節，伍迪（Woody）總是很期待他的媽媽照傳統做一個波本威士忌酒布朗尼，不但有糖霜覆蓋著，上面還會淋上融化黑巧克力。伍迪用他喜歡的口味來修改《蘿絲的不凡蛋糕》（*Rose's Heavenly Cakes*）中的巴塞隆納布朗尼食譜的一些部分。結果這個黑與白布朗尼烤出來後有驚人的口感，這層次從有嚼勁到綿密，最後化在嘴裡，是完美詮釋巧克力的代表。即使單吃布朗尼沒有添加表面配料，也一樣好吃。

### 器具

一個8×2吋的矩形烤模，外側圍上蛋糕模邊條，內部塗上酥油，
鋪上兩張交錯的烤盤紙或厚鋁箔紙（烤模內側的底與邊都要鋪上）。
烤盤紙的邊高要超過烤模高度幾吋的距離，這些多出來的部分用
酥油將連接的直角黏起，內部噴一些含麵粉的烤盤油
（如果家裡沒有，可噴上烤盤油和沾上薄薄一層麵粉）。

## 布朗尼麵糊

| 食材 | 容量 | 重量 | |
|---|---|---|---|
| 剖半胡桃 | 1 杯＋2 大匙 | 4 盎司 | 113 公克 |
| 無鹽奶油 | 14 大匙（1¾ 條） | 7 盎司 | 200 公克 |
| 苦甜巧克力，60～62%<br>可可含量（切碎） | . | 3 盎司 | 85 公克 |
| 無糖可可粉（鹼化） | ⅔ 杯（先過篩再秤量） | 1.8 盎司 | 50 公克 |
| 糖 | 1 杯 | 7 盎司 | 200 公克 |
| 3 顆蛋（室溫） | ½ 杯＋1½ 大匙（140 毫升） | 5.3 盎司 | 150 公克 |
| 香草精 | 2 小匙（10 毫升） | . | . |
| 奶油起司<br>（65～70°F /19～21°C） | ⅓ 杯 | 3 盎司 | 85 公克 |
| 中筋麵粉 | ½ 杯＋2 大匙（用湯匙<br>挖入量杯至滿抹平） | 2.7 盎司 | 76 公克 |
| 細海鹽 | 1 小撮 | . | . |

烤箱預熱

・預熱：325°F/160°C（若使用百麗耐熱玻璃烤皿或深色烤模，則設定為300°F/150°C）。預熱時間：20分鐘以上。

・將烤架設在中間層。

烘烤與處理胡桃

**1**・將胡桃敲成約一半的中型尺寸，均勻鋪在烤盤上烘烤約10分鐘，增加胡桃的香氣。烘烤過程中翻炒一兩次確保均勻上色，靜待完全冷卻再使用。

融化奶油和巧克力

**2**・在瓦斯上架上雙層煮鍋，底下的鍋子放入接近但低於沸騰溫度的熱水（注意不要讓上層的鍋子碰到下層鍋內的熱水），加入奶油和巧克力攪拌。將融化的巧克力奶油刮入桌上型攪拌器的鋼盆，或是一般大鋼盆中。

製作麵糊

〈桌上型攪拌機法〉

**3**・在桌上型攪拌器的鋼盆中，除了原先的融化奶油巧克力，再加入可可粉、糖，用槳狀攪拌器以中速將食材打勻。刮缸後加入蛋、香草精攪打30秒，麵糊會變得濃稠且有光澤。然後加入奶油起司攪打，直到麵糊裡只剩一點沒打散的碎塊。加入麵粉、鹽，用低速攪打約10秒，至麵粉濕潤即可，加入胡桃攪拌3秒鐘。

〈手工做法〉

**4**・在裝有融化奶油巧克力的大鋼盆中放入可可粉，用打蛋器攪勻後再加入糖拌勻。放入蛋、香草精攪拌，直到麵糊變得濃稠且有光澤。然後加入奶油起司，用叉子或木匙攪拌，直到麵糊裡只剩一點沒打散的碎塊。加入麵粉、鹽攪拌至麵粉濕潤即可，加入胡桃混合。

入模

**5**・將麵糊倒入準備好的烤模中，用奶油抹刀將表面抹平。

烘烤

**6**・烘烤25～35分鐘或是直到麵糊定型，麵糊高度距離烤模高度還有1吋的距離，用牙籤插入中心1吋深，再取出是乾淨狀態（中央溫度約190°F/88°C）。

冷卻

**7**・將布朗尼連同烤模放在烤架上約2小時冷卻，直到不燙手。若要加速冷卻，可以將烤模放入冰箱。脫模時，用小奶油抹刀插入烤模與烤盤紙的間隙，然後四周畫過一圈，確認沒有溢出的麵糊沾黏在烤模上。輕輕抓著烤盤紙多餘部分，抬起一點點確認布朗尼沒有沾黏，可以順利脫模。也可以將整個布朗尼放在盤子上，用鋸齒刀將上面一層切平再放回烤模中。

# 白巧克力奶油霜

**份量：2杯/13.2盎司/375公克**

## 白巧克力卡士達

份量：10盎1¼杯/10.8盎司/306公克

| 食材 | 容量 | 重量 | |
|------|------|------|------|
| 含可可脂的白巧克力（切碎） | . | 5.3 盎司 | 150公克 |
| 無鹽奶油<br>（65～75°F/19～23°C） | 5½ 大匙（½ 條＋1½ 大匙） | 2.7 盎司 | 78公克 |
| 2顆蛋（室溫） | ⅓ 杯＋1 大匙（94 毫升） | 3.5 盎司 | 100公克 |

製作白巧克力卡士達

1・準備一個細孔篩網，架在中碗上。

2・在瓦斯上架上雙層煮鍋，底下的鍋子放入接近但低於沸騰溫度的熱水（注意不要讓上層的鍋子碰到下層鍋內的熱水），加入白巧克力和奶油，拌至融化且均勻滑順。將蛋稍微打散後加入融化的巧克力奶油中，用攪拌器攪拌直到混合。換成耐熱刮刀攪拌，注意鍋底部分也要攪拌到，以免過熱。一直攪拌到溫度達160°F/71C，這個巧克力蛋糊會變得比較濃稠，然後倒入篩網內，按壓過篩。

3・以保鮮膜封緊冷藏約1小時，冷藏過程中每15分鐘拿出來稍微攪拌，直到摸起來是涼的（溫度約65～70°F/19～21°C）。如果要加速冷卻，可以隔著冰水攪拌降溫（參照p.554）。

# 完成白巧克力奶油霜

| 食材 | 容量 | 重量 | |
|---|---|---|---|
| 無鹽奶油<br>（65～75°F/19～23°C） | 5 大匙（½ 條＋1 大匙） | 2.5 盎司 | 71 公克 |
| 白巧克力卡士達（參照p.413） | 1¼ 杯 | 10.8 盎司 | 306 公克 |
| 香草精 | 1 小匙（5 毫升） | . | . |

完成白巧克力奶油霜

**1**・在桌上型攪拌機的鋼盆中放入奶油，使用球形攪拌器以中低速攪打約30秒，直到奶油變得綿密。

**2**・慢慢把白巧克力卡士達倒入奶油中，必要時刮缸。將速度加快到中高速攪打約2分鐘，奶油霜的顏色會變淺、變白，並且用攪拌器拉起來有尖尖鳥嘴的形狀。用保鮮膜蓋著，在一旁靜置1小時30分鐘～2小時，或是直到質地變得濃稠且有彈性。奶油霜溫度應該低於70°F/21°C。如果必要，可以將鋼盆隔著冰水攪拌降溫幾分鐘，再上機用中高速攪打約30秒，直到奶油霜變軟且輕柔滑順。加入香草精混合均勻。

**3**・奶油霜的量會因為食材溫度以及攪拌缸的形狀而不同。

塗抹奶油霜

**4**・取出1½杯/9.7盎司/275公克的白巧克力奶油霜放在布朗尼上，用小支奶油抹刀均勻抹在布朗尼表面。（剩餘的奶油霜可以冷藏或冷凍保存，以供其他用途。）將覆蓋奶油霜的布朗尼冷藏至少1小時，讓奶油霜變硬，才能淋上黑巧克力甘納許。

# 黑巧克力甘納許淋醬

**份量：¾杯＋2大匙/8.4盎司/238公克**

| 食材 | 容量 | 重量 | |
|------|------|------|------|
| 苦甜巧克力，60%～62%可可含量（切碎） | · | 4.6 盎司 | 130 公克 |
| 鮮奶油（乳脂36%以上） | ½ 杯（118 毫升） | 4.1 盎司 | 116 公克 |
| 波本威士忌（推薦美格 Maker's Mark），或是香草精 | 1 大匙（15 毫升），或是香草精1 小匙/5 毫升 | 0.5 盎司 | 15 公克 |

## 製作黑巧克力甘納許淋醬

**1**・準備一個細孔篩網，架在量杯上。

**2**・在食物調理機中把苦甜巧克力打成非常細的碎片，放到耐熱的玻璃碗中。

**3**・將鮮奶油倒入可微波的玻璃量杯中（或是小煮鍋用中火攪拌加熱），然後加熱至即將沸騰（加熱到即將沸騰，直到鍋邊冒出小泡泡。）把熱鮮奶油倒入巧克力中，蓋上蓋子靜置5分鐘，以熱鮮奶油將巧克力融化，用刮刀輕輕攪拌，讓鮮奶油與巧克力混合均勻。倒入波本威士忌拌勻。將甘納許過篩，靜置冷卻直到與室溫相同，甘納許的質地應該還是液狀，但摸起來不會溫熱（75～82°F/24～28℃）。冷卻過程差不多10分鐘，所以建議放在溫暖處，甘納許不會冷太快，並且可以保持流動狀態。如果甘納許硬掉了，可以微波強力加熱3秒，或是在雙層鍋中隔水加熱。

## 淋上巧克力甘納許淋醬

**4**・將量杯的杯嘴對準冰硬的奶油霜中央，慢慢倒出淋醬，依照流向移動量杯，讓淋醬整個覆蓋在奶油霜上。用小奶油抹刀將淋醬抹平，冷藏至少1小時使淋醬凝固。

## 脫模

**5**・雙手抓著對角的多餘烤盤紙輕輕往上提，讓布朗尼脫模放在桌面上。如果喜歡布朗尼的邊上呈直角，可以用鋸齒刀將邊邊修成直角。準備一支薄刃刀浸入熱水，拿出來擦乾再分切布朗尼，將布朗尼切成小塊正方形，每切一片刀都要浸一次熱水，擦乾再切。為了讓奶油霜的切面漂亮乾淨，切的時候刀直直下到底，再直直拿出來。喜歡的話也可以把正方形再對角切成三角形。

## 保存

・密閉盒裝：室溫1天；冷藏2星期；冷凍6個月。

# 奢豪巧克力杏仁太妃糖
## LUXURY CHOCOLATE BUTTERCRUNCH TOFFEE

份量：1¾ 磅 /800 公克 /20 份

烤箱溫度　350°F/175°C

烘烤時間　7～9 分鐘

**我**的紅木杏仁果太妃糖在《蘿絲的聖誕餅乾》（*Rose's Christmas Cookies*）一書中，應該是最受歡迎的一道甜點。但是這份巧克力杏仁太妃糖是更和諧美味的配方——因為使用了黑糖，還把太妃糖用巧克力夾層起來。黑糖中帶有微微的酸，會與配方中的小蘇打粉作用，使太妃糖產生分層效果，所以太妃糖的口感比較不黏，也比較細緻。

器具

一個17¼×12¼×1吋的烤盤，裡面墊上不沾材質，

像是Silpat矽膠墊或是不沾或塗過奶油的餅乾烤盤，

放在靠近瓦斯爐火旁備用。

# 太妃糖

| 食材 | 容量 | 重量 | |
|---|---|---|---|
| 苦甜巧克力，53～70%可可含量（參照p.419小重點） | 分次使用 | 6～12 盎司 | 170～340 公克 |
| 杏仁片（建議去皮的） | 1¾ 杯（分次使用） | 6.2 盎司 | 175 公克 |
| 淺色黑糖或深色紅糖 | 1¼ 杯（緊壓） | 9.5 盎司 | 270 公克 |
| 玉米糖漿 | ¼ 杯（59 毫升） | 2.9 盎司 | 82 公克 |
| 無鹽奶油（65～75°F/19～23°C） | 8 大匙（1 條） | 4 盎司 | 113 公克 |
| 水 | 2 大匙（30 毫升） | 1 盎司 | 30 公克 |
| 香草精 | 1 小匙（5 毫升） | . | . |
| 小蘇打粉 | ½ 小匙 | . | 2.7 公克 |

圖中為奢豪巧克力杏仁太妃糖（參照p.416）、一千零一夜胡桃糖（參照p.420）、波本胡桃巧克力雪球（參照p.422）。

切碎巧克力

1・將巧克力放入食物調理機中打碎或是自己切碎，分成兩等份，一份放在一個小碗裡，另一份放在可微波的碗中，或者是雙層鍋的上方，以隔水加熱。

烤箱預熱

2・預熱：350°F /175°C，預熱時間：20分鐘以上。

3・將烤架設在中間層。

烘烤及打碎杏仁片

4・將杏仁片均勻撒在烤盤上，放入烤箱烤7分鐘，或是直到烤出淺淺的金黃色。烘烤途中取出一兩次翻炒，使杏仁片均勻上色。靜置直到完全冷卻，然後放入調理機中，攪打到差不多碎，但還不到粉末般細。將打好的杏仁粉平均分成兩小碗。

製作太妃糖

5・在厚煮鍋中，最好是不沾鍋材質，放入黑糖、糖漿、奶油和水，用木匙或刮刀攪拌均勻。（避免使用矽膠刮刀，以免在長時間攪拌加熱過程中融化變型。）用中火開始加熱，一邊攪拌一邊加熱直到沸騰，持續攪拌加熱，直到溫度達285°F/140°C後立刻離火（因為厚底鍋會讓糖漿溫度持續升高）。當溫度到達290°F/143°C時，加入香草精和小蘇打粉攪拌均勻。

覆蓋太妃糖上方巧克力

6・將太妃糖糖漿倒在準備好的烤盤上，倒出時約是10×7吋的橢圓形，用木匙或耐熱刮刀把鍋內剩餘，並且還是液狀的糖漿刮乾淨倒出來，立刻將一碗巧克力碎倒在糖漿上。5分鐘後巧克力變軟，用一支長抹刀將巧克力均勻塗抹在太妃糖糖漿表面，在巧克力層均勻撒上一碗杏仁碎粉，冷藏約40分鐘～1小時，或是直到巧克力定型，此時表面溫度約65F/19C。巧克力已成型，所以此時按壓杏仁碎不會移動。

7・小心將整塊太妃糖從矽膠墊上拿起來，然後翻面。

融化剩餘的巧克力

8・把剩下那一碗巧克力放在可微波的碗中加熱，每15秒用矽膠刮刀稍微攪拌（或是在瓦斯上架上雙層煮鍋，底下的鍋子放入接近但低於沸騰溫度的熱水，注意不要讓上層的鍋子碰到下層鍋內的熱水），加熱巧克力直到幾乎融化。

9・停止加熱，但繼續攪拌直到完全融化。

## 不失敗祕訣

太妃糖糖漿的溫度若煮越高，最後的口感質地會越脆，但是如果太高溫，吃起來會有焦味而且質地易碎裂。玉米糖漿在這裡的作用是降低產生易碎質地的可能。製作這份食譜時，準備一支精準的溫度計是非常重要的（參照p.555）。

覆蓋太妃糖底部巧克力

10 · 將融化巧克力倒在已翻面的太妃糖上，用一支長抹刀將巧克力均勻塗抹開來。如果巧克力變太硬，可以用吹風機的熱風稍微吹一下，讓巧克力軟化，才能黏上杏仁。趁巧克力還是液狀時，均勻撒上另一碗杏仁碎粉，用小抹刀將杏仁碎粉壓到巧克力中。

11 · 再次冷藏約30分鐘或是直到巧克力定型，溫度約62°F/17°C，最後將太妃糖敲碎成不規則狀即可食用。

保存

· 密閉盒裝：室溫1個月（1個月後依舊美味，只是糖的部分可能會開始產生結晶。）

### 小重點

· 巧克力中可可脂的含量和巧克力使用的多寡，不但會影響巧克力苦味的深淺，也會影響太妃糖與巧克力之間的對比與和諧。

餅乾和糖果類 — 糖果、蛋白霜和冰淇淋類餅乾

# 一千零一夜胡桃糖

PECAN PRALINE SCHEHERAZADES

份量：14～16個2吋的胡桃糖，或是約30個1吋的胡桃糖球

烤箱溫度　325°F/160°C

烘烤時間　7～10分鐘

**記**憶中我童年裡的第一個故事是《一千零一夜》。我很喜歡故事中那位美麗且有智慧的女人，她利用敘述一千零一個未完的故事，讓自己從縱殺少女的國王手中保住性命。這些糖果（參照p.417）就像《一千零一夜》這故事，如此可口，永遠覺得不夠。若將這些糖果冷凍起來，味道更加分。玉米糖漿和法式酸奶油輕巧得襯托，讓太妃糖甜味更和諧。

器具

一個厚底煮鍋，最好是有尖尖倒嘴的（最少1夸特/0.95公升的容量）。
一個不沾材質的墊子，像是矽膠墊，
或是鋪了鋁箔紙的烤盤，或是噴過烤盤油的鋁箔紙。

## 胡桃糖

| 食材 | 容量 | 重量 | |
|---|---|---|---|
| 剖半胡桃 | ½ 杯 | 1.8 盎司 | 50 公克 |
| 法式酸奶油或冷藏鮮奶油（乳脂36%以上） | ¼ 杯＋2 大匙（89 毫升） | 3.1 盎司 | 87 公克 |
| 無鹽奶油（65～75°F/19～23°C） | 1½ 大匙 | 0.7 盎司 | 21 公克 |
| 轉化糖漿或玉米糖漿 | ¼ 杯＋2 大匙（89 毫升） | 4.5 盎司 | 127 公克 |
| 淺色黑糖或深色紅糖 | ⅓ 杯（緊壓） | 2.5 盎司 | 72 公克 |
| 細砂糖 | 2 大匙＋2 小匙 | 1.2 盎司 | 33 公克 |
| 細海鹽 | ¼ 小匙 | . | 1.5 公克 |
| 香草精 | ⅜ 小匙（1.8 毫升） | . | . |
| 鹽之花（可不加） | ⅛～¼ 小匙 | . | . |

## 不失敗祕訣

完成的胡桃糖應保存於陰涼的室溫下，避免陽光直曬，糖才不會軟掉或濕掉。

同樣的食譜份量可以增加材料，做雙倍的量，烤盤換成大張烤盤。建議準備一個有高（深）度的烤盤，裡面墊上鋁箔紙後裝入熱水，當胡桃糖裝入碗後，就把碗放在熱水盤中備用，用熱水的溫度讓焦糖胡桃維持較容易操作的質地，也比較好清理。

### 烤箱預熱

・預熱：325℉/160℃，預熱時間：20分鐘以上。

・將烤架設在中間層。

### 烘烤與處理胡桃

1・將胡桃敲成約一半大小，放入硬的金屬篩網中。搖晃篩網，把胡桃的粉末都篩掉。將胡桃均勻鋪在烤盤上，放入烤箱烤7分鐘，增加胡桃的香氣。烘烤過程中翻炒一兩次，使胡桃均勻上色且避免烤焦。將胡桃放入玻璃碗中備用。

### 製作胡桃糖

2・在煮鍋中放入法式酸奶油、奶油、轉化糖漿、黑糖、砂糖和鹽，攪拌讓糖粒都濕潤，以中火加熱，用刮刀一邊攪拌一邊加熱直到沸騰。沸騰後改成中小火繼續煮7～10分鐘，持續輕輕攪拌，直到溫度達260℉/127℃，或是低於這個溫度一點點後立刻離火（因為煮鍋會讓焦糖溫度持續升高）。

3・煮鍋離火後，等焦糖到達要求溫度，立刻倒入裝了胡桃的碗裡，用耐熱刮刀將焦糖與胡桃拌勻，讓胡桃糖靜置約8～15分鐘，等溫度降至175℉/79℃時，加入香草精拌勻。

### 整型

4・準備一張矽膠墊或鋁箔紙放在工作檯上，將一支大湯匙噴上烤盤油，挖起滿滿1匙的胡桃糖（約0.7盎司/20公克），放在矽膠墊或鋁箔紙上。用小支奶油抹刀或湯匙背將胡桃糖表面壓平，變成直徑2吋的圓片狀。如果胡桃糖質地變太硬，可以放入微波加熱5秒軟化。

5・當胡桃糖還溫溫的，可以撒一點鹽之花。

### 冷卻

6・將胡桃糖靜置到完全冷卻，把每顆胡桃糖用糖果紙包好。

### 保存

・糖果紙包覆：室溫1個月（低濕度情況下）；冷藏6個月；冷凍9個月。

### ☆ 美味變化款：胡桃糖球

這個靈感其實來自我先生，因為他不喜歡手指頭黏黏的，而這個糖球尺寸剛好可以一口一個。當煮好的胡桃糖不再燙手，但還是溫熱可以塑型時，挖起1小匙糖放在雙掌中，搓揉成1吋的圓球（約0.3盎司/10公克）。將糖球放在室溫下冷卻，再用糖果紙包起來。

# 波本胡桃巧克力雪球

BOURBON PECAN BUTTER BALLS

**這** 種南方經典的點心雪球經過調整後，比傳統濃郁型的輕盈且少糖。這些波本雪球（圖片參照 p.417）經過最少 1 天的靜置，會讓所有味道更融合，吃起來更美味。如果你跟我一樣很愛波本威士 忌，但是覺得直接喝起來太嗆口，這會是最好的選擇。

事前準備
建議至少在 1 天前製作，雪球的味道會更好。

## 巧克力麵團

份量：31.7盎司/900公克

| 食材 | 容量 | | 重量 |
|---|---|---|---|
| 一份超級巧克力奧力歐羅餅乾（參照p.367），或是一個半包的9盎司裝巧克力威化餅 | · | 13.5 盎司 | 383 公克 |
| 冷藏無鹽奶油 | 4 大匙（½ 條） | 2 盎司 | 56 公克 |
| 剖半胡桃 | 1½ 杯 | 5.3 盎司 | 150 公克 |
| 糖粉 | 1¼ 杯（用湯匙挖入量杯至滿抹平） | 5 盎司 | 144 公克 |
| 無糖可可粉（鹼化） | ½ 杯＋2 大匙（先過篩再秤量） | 1.7 盎司 | 47 公克 |
| 玉米糖漿 | ¼ 杯（59 毫升） | 2.9 盎司 | 82 公克 |
| 波本威士忌（推薦美格Maker's Mark，參照小p.423小重點） | 3～5 大匙（44～77 毫升。分次使用） | 1.5～2.6 盎司 | 42～70 公克 |
| 細砂糖（沾麵團球用，參照p.423小重點） | ¾ 杯 | 5.3 盎司 | 150 公克 |

製作餅乾碎

**1．**使用食物調理機或果汁機，分次將餅乾打成碎粉，倒入一個大碗中備用。

製作麵團

**2．**將奶油切成4塊。

用自製的巧克力威化餅做出的雪球會比較濕潤、比較軟、比較好吃。

〈食物調理機法〉

**3**・將胡桃、糖粉和可可粉放入調理機中打成細粉，加入奶油和玉米糖漿，攪拌混合後倒入餅乾碎粉的碗中。用手指或木匙，將所有材料混合均勻。

〈手工做法〉

**4**・將奶油退冰到65〜75℉ /19〜23℃。使用堅果研磨器將胡桃磨成粉，將糖粉與可可粉過篩到放了餅乾碎的碗中，然後把奶油、胡桃和玉米糖漿一起加入，用木匙攪拌均勻。

混入波本威士忌

**5**・在餅乾麵團中加入3大匙/44毫升的波本威士忌，用木匙攪拌均勻，麵團開始不黏鍋。如果麵團還是太乾，可以1小匙1小匙的加入威士忌，看看質地是否可以成團。成團後的麵團靜置30分鐘，讓麵團均勻吸收當中的水分，必要時可以再加入一些威士忌。

整型和裹糖

**6**・挖起1大匙麵團（0.7盎司/20公克），用雙手掌心邊壓邊搓成1¼吋大的小球。如果麵團太乾，可以添加些許威士忌。

**7**・將細砂糖放在一個小碗裡，每一次在糖碗中放入一顆搓好的餅乾球，滾動讓餅乾球均勻沾上細砂糖。最佳的狀態是裹上三層糖，所以當第一層糖因為被吸收而消失後，就可以再沾覆第二層糖，依此類推。準備一個密閉盒，裡面墊上廚房紙巾或捏皺的烤盤紙，將裹好糖的雪球放在盒中。

保存

・密閉盒裝：室溫6星期；冷凍6個月。

## 小重點

・波本威士忌的味道是最棒的，但是這部分也可以被取代。像是¼杯/59毫升/2盎司/59公克的水，加上1大匙/15毫升的香草精，就可以代替威士忌。

・建議用細砂糖裹覆，若使用精製細砂，做出的糖球會更白。

# 義大利卡諾里脆餅捲

## BRANDY SNAP CANNOLI

份量：12 ～ 14 個 4 ～ 4½ 吋的脆餅捲

### 烤箱溫度

脆餅捲：350°F/175°C；開心果：300°F/150°C

### 烘烤時間

脆餅捲：7～10分鐘；開心果：7分鐘

**卡**諾里脆餅捲算是數一數二有名的義大利點心。這是位於威斯康辛州，密爾瓦基市的聖福特餐廳（Sanford）的主廚聖福特‧大瑪托（Sanford D'Amato）給我的食譜，而我做了點修改。聖福特把卡諾里脆餅捲提升成另一個層次的點心，我很喜愛脆餅殼帶有奶香，十足富有白蘭地焦糖香的味道，以及細緻有嚼勁且酥脆的口感，比起傳統油炸的脆餅殼非常不同。中間夾著瑪斯卡彭鮮奶油，也比傳統的瑞可塔內餡輕盈爽口，葡萄乾及櫻桃乾代替了一般的檸檬乾或水果乾，表現出更圓潤的酸味。這個深橘色的脆餅殼和亮綠的開心果搭配著從洞口溢出的鮮奶油，加上卡諾里脆餅捲的高貴外觀，看起來口味與質地都更加精緻。

### 事前準備

卡諾里脆餅、內餡的鮮奶油和開心果裝飾，都可以在3天前準備好。
做好的脆餅殼在食用前最多不超過2小時內灌餡，以保持餅乾酥脆度。

### 器具

兩個15×12吋的餅乾烤盤，
不沾材質或是噴過烤盤油（避免電鍍或絕緣材質）。
一個直徑¾吋的鋼管或卡諾里模，噴上少許烤盤油。
一個大的擠花袋或夾鏈袋，配上⅝吋的星形花嘴。

餅乾和糖果類 ─ 糖果、蛋白霜和冰淇淋類餅乾

# 白蘭地脆餅麵糊

份量：10盎司/285公克（如果要增加食譜的量，參照P.427小重點）

| 食材 | 容量 | 重量 | |
|---|---|---|---|
| 無鹽奶油 | 5 大匙＋1 小匙 | 2.6 盎司 | 75 公克 |
| 轉化糖漿或玉米糖漿 | ⅓ 杯（79 毫升） | 4 盎司 | 113 公克 |
| 淺色黑糖或深色紅糖 | 2 大匙（緊壓） | 1 盎司 | 28 公克 |
| 薑粉 | ¾ 小匙 | . | 0.7 公克 |
| 鹽 | 1 小撮 | . | . |
| 中筋麵粉 | ½ 杯（用湯匙挖入量杯至滿抹平）＋1½ 大匙 | 2.5 盎司 | 72 公克 |
| 白蘭地 | 2 小匙（10毫升） | . | . |

## 烤箱預熱

‧預熱：350℉/175℃，預熱時間：20分鐘以上。

‧將烤架設在上方和下方。

## 製作麵糊

**1**‧準備一個可微波的量杯，內部噴上烤盤油（或是一個小的厚底煮鍋，以中火攪拌加熱），放入奶油、糖漿、黑糖、薑粉和鹽，混合後加熱到滾，小心觀察不要讓沸騰的泡泡溢出。

**2**‧把糖漿倒入麵粉、白蘭地用攪拌器攪拌均勻。如果是用厚底煮鍋加熱糖漿，就把混合好的麵糊倒入加熱的玻璃量杯中混合。

**3**‧將麵糊倒在餅乾烤盤上，一個餅乾大約直徑2～2½ 吋的圓，每個餅乾間隔3吋，因為麵糊還會再攤開變成4～4½ 吋大小。如果麵糊開始變濃稠，可再微波加熱幾秒鐘，或將玻璃量杯放在熱水鍋中。越水（液態）的麵糊，做出來的餅乾越像蕾絲。

## 烘烤

**4**‧烘烤4分鐘，然後將烤盤轉180度並且上下對調，繼續烘烤3～6分鐘，或是直到餅乾呈深金黃色，餅皮上有像蕾絲般的洞。

## 整型及冷卻

**5**‧將烤盤放在烤架上約1分鐘冷卻，或是可以將餅皮拿起不會有皺摺，且還可以塑型的階段。取一個鍋鏟將餅皮提起，塑好型後再做下一個，還沒塑型的餅皮留在烤盤上，讓烤盤維持熱度。

烘焙聖經

## 不失敗祕訣

為了維持脆餅捲的形狀和酥脆的口感，記得要避免在潮濕的天氣環境下製作。

烘烤好的脆餅捲應該是深金黃咖啡色。如果烤成深棕色，餅乾在填入內餡及盛盤時會很容易碎。

**6・** 將餅皮朝下、平的那面貼著鋼管鬆鬆捲起，最後接縫處會交疊，再互相沾黏住。捲起的餅皮直徑不要超過1吋。捲起時，讓鋼管停留在中間一下，接縫處朝下按壓幾秒。

**7・** 壓完封口的脆餅捲，封口朝下放在另一個烤架上靜置冷卻。如果餅乾變得太硬難以塑型，可短暫的在烤箱中加溫一下。如果捲好的脆餅捲形狀攤掉，就再次放入鋼管塑型。當然，如果你有數支鋼管，可以讓鋼管停留在脆餅捲中直到形狀堅硬。

**8・** 脆餅捲在室溫的密閉盒子中可以保存1星期。

### 小重點

・如果要增加配方量，記得使用較大的容器或煮鍋盛裝。為了讓麵糊持續保持流動狀態，可以將裝有剩餘麵糊的容器放在熱水盤中，上方用保鮮膜封好。

# 卡諾里內餡

**份量：2½杯/23盎司/650公克**

## 卡士達

份量：½杯＋2大匙/5.9盎司/166公克

| 食材 | 容量 | 重量 | |
|------|------|------|------|
| ½ 顆蛋 | 1½ 大匙（23 毫升） | 0.9 盎司 | 25 公克 |
| 玉米澱粉 | 2¼ 小匙 | . | 7 公克 |
| 半鮮奶油半牛奶（half-and-half，鮮奶油與全脂牛奶各半混合，有市售品） | ½ 杯（118 毫升。分次使用） | 4.3 盎司 | 121 公克 |
| 細砂糖 | 2 大匙 | 0.9 盎司 | 25 公克 |
| 香草莢（橫切）或是香草精 | ½ 吋長（或是¼ 小匙/1.2 毫升） | . | . |
| 細海鹽 | 1 小撮 | . | . |
| 無鹽奶油 | 1 小匙 | . | . |

製作卡士達

1・準備好細孔篩網，架在一個小碗上。

2・將蛋、玉米澱粉放入碗中攪拌均勻，慢慢加入2大匙/30毫升/1.1盎司/30公克的半鮮奶油半牛奶，攪拌直到玉米澱粉完全溶解。

3・在煮鍋中放入糖，把香草莢中的香草籽刮起放入糖裡，用手指搓揉，讓糖和香草籽混合，再把香草莢也丟入。放入剩餘的半鮮奶油半牛奶、鹽，以中火加熱攪拌至大滾。一邊用攪拌器攪拌碗中的蛋，一邊倒入2大匙煮沸的香草奶，然後將混合的奶蛋液倒入篩網中，過篩到小碗中。

4・將混合的蛋液倒回鍋裡的熱香草奶中，以中火加熱，取出香草莢（沖洗後篩乾可以做其他用途）。不停快速攪拌奶蛋液約20～30秒，鍋緣的邊角都要攪拌到，卡士達會變得非常濃稠。將鍋子離火，放入奶油繼續攪拌。（如果使用香草精，在此時放入香草精。）攪拌均勻後立刻倒入碗中，並準備一張保鮮膜，上面噴烤盤油，緊貼卡士達覆蓋，以防表面結痂。將卡士達放在室溫下約45分鐘冷卻，再放到冷藏直到冰涼。

# 完成卡諾里內餡

| 食材 | 容量 | 重量 | |
|---|---|---|---|
| 卡士達（參照p.427） | ½ 杯 | 4.7 盎司 | 133 公克 |
| 瑪斯卡彭起司<br>（建議使用進口或是打發奶油起司） | ¾ 杯＋2 大匙 | 8 盎司 | 227 公克 |
| 冷藏鮮奶油（乳脂36%以上） | ½ 杯（118 毫升） | 4.1 盎司 | 116 公克 |
| 去皮無鹽開心果 | ¼ 杯＋2 大匙 | 2 盎司 | 58 公克 |
| 櫻桃乾 | ¼ 杯 | 1 盎司 | 28 公克 |
| 小葡萄乾 | ¼ 杯 | 1 盎司 | 28 公克 |
| 波本威士忌<br>（建議美格Maker's Mark品牌） | ¼ 杯（59 毫升） | 2 盎司 | 56 公克 |
| 細砂糖 | 2 大匙 | 0.9 盎司 | 25 公克 |
| 柳橙皮（切碎） | 2 大匙（不用緊壓） | . | 12 公克 |
| 甘曼怡橙酒 | 1 大匙（15 毫升） | 0.5 盎司 | 14 公克 |
| 糖粉（裝飾用） | . | . | . |

烤箱預熱

・預熱：300°F/150°C，預熱時間：20分鐘以上。

・將烤架設在中間層。

製作內餡

**1**・從冰箱取出卡士達、瑪斯卡彭起司，放在室溫一下稍微退冰軟化（不要超過30分鐘）。

**2**・鋼盆中放入鮮奶油，然後冷藏至少10分鐘（手持電動攪拌器的前端部分也一起冷藏）。

**3**・將開心果均勻鋪在烤盤上，放入烤箱烤7分鐘，或是差不多要開始上色即可。烘烤過的開心果可以增加香氣。烘烤途中取出一兩次翻炒，使開心果均勻上色，完全冷卻後再切成粗粒狀。

**4**・以廚房用剪刀將櫻桃乾剪成¼吋長。

**5**・在小煮鍋中，最好是不沾鍋材質，放入櫻桃乾、小葡萄乾、威士忌、砂糖和柳橙皮，用耐熱刮刀一邊攪拌一邊加熱到沸騰。然後以小火慢燉3～4分鐘，將糖水往果乾上面淋，直到糖水差不多揮發光。將糖漬果乾倒入小碗中，直到完全冷卻。

**6**・取出冷藏的鮮奶油，用手持電動攪拌器從低速開始打發鮮奶油，漸漸加速到中高速，一直打到鮮奶油成型，可以看到明顯紋路的狀態即可。

**7**・在鋼盆中放入瑪斯卡彭起司，拌入糖漬果乾，再加入卡士達和橙酒攪拌均勻。最後以切拌方式把打發鮮奶油非常輕柔的拌入混合。

填入內餡

**8**・在食用前的2小時內再填入餡料。將打發鮮奶油餡料放入擠花袋，擠入脆餅捲中。如何在最後收尾時有漂亮的擠花，就是在快擠完時，把手的力氣慢慢放掉，同時慢慢拉起，然後在脆餅捲的另一尾端也擠上一顆星星。在兩個洞口都撒上開心果碎，然後在整條卡諾里脆餅捲撒上糖粉即可。

保存

・室溫2小時（填好餡料的卡諾里脆餅捲最多可以冷藏24小時）。

# 椰棗杏仁蛋白霜球

DATTELKONFEKT (DATE CONFECTIONS)

烤箱溫度　350°F/175°C

烘烤時間　每批10～15分鐘，共4批

**2010**年，我愛上了這些小點心，還記得當時參加在紐約的WQXR電台一個聖誕節特別節目，叫作《胡桃鉗點心》（Nutcracker Sweets）的專訪，女主持人娜歐米・雷溫（Naomi Lewin）做了這些小點心送給我。我真的不敢相信這點心如此可口！基本上，它們就是椰棗碎與杏仁的蛋白霜。堅果添加了酥脆感，椰棗則是讓內部呈現濕潤有嚼勁的口感，整個餅乾的外殼是輕薄、香酥的蛋白霜。這是娜歐米從德國移民來的祖母，漢娜・蓋特納（Hanna Gaaertner）的家傳食譜。

器具

兩個15×12吋的餅乾烤盤（如果沒有使用德式麵粉紙Back-Oblaten，就需要墊烤盤紙。）
可選擇：一個小的擠花袋（或是0.95公升的夾鏈袋，剪出½吋的半圓擠花口。）

## 椰棗杏仁蛋白霜

份量：25.4盎司/720公克

| 食材 | 容量 | 重量 | |
|---|---|---|---|
| 杏仁片（建議去皮的） | 2½ 杯 | 8.8 盎司 | 250 公克 |
| 約36 顆去籽椰棗乾 | 2 杯 | 8.8 盎司 | 250 公克 |
| 3 顆蛋白（室溫） | ¼ 杯＋2 大匙（89 毫升） | 3.2 盎司 | 90 公克 |
| 糖 | 1 杯 | 7 盎司 | 200 公克 |
| 香草精 | 1 小匙（5 毫升） | . | . |
| 5公分/2吋大的圓形德式麵粉紙，可選擇使用（參照p.432小重點） | 48 個 | . | . |

烤箱預熱

・預熱：350°F/175°C，預熱時間：20分鐘以上。

・將烤架設在中間層。

切碎杏仁片與椰棗

**1・**在食物調理機中，將杏仁片打成粉，但不要太過度以免變成杏仁膏。將打好的杏仁粉放入碗中備用。

2·將椰棗乾打成碎粒，當碎粒開始黏成團就差不多了。（你也可以用刀切，使用前在刀上噴一點烤盤油。）將杏仁粉倒回調理機中，與椰棗碎團一起攪打，直到椰棗碎粒分開，不再相黏。

## 製作蛋白霜

3·如果使用桌上型攪拌機，則用球形攪拌器打發。把蛋白用中低速打發直到呈現彎彎鳥嘴的濕（軟）性發泡的狀態。把速度調到中高速繼續攪打，一邊慢慢加入砂糖攪打約5分鐘，直到蛋白霜看起來滑順有光澤，用攪拌器舉起蛋白霜時，呈非常短的挺立尖角的乾（硬）性發泡的狀態。

## 混合杏仁椰棗與蛋白霜

4·將香草精、杏仁椰棗混合碎粒倒入蛋白霜中，用低速攪拌均勻。

## 蛋白霜球組合

5·若使用擠花袋，則將大約¼量的蛋白霜舀入袋中。如果使用圓形德式麵粉紙，放一張麵粉紙在手上，另一手擠出一球約1吋（0.5盎司/15公克）高的蛋白霜在麵粉紙上。記得將蛋白霜集中在中央，邊緣留出⅛吋的距離不要蓋到，因為烤過的麵糊會脹大。將擠好蛋白霜的麵粉紙放在餅乾烤盤上，或是用小支奶油抹刀把蛋白霜塗抹在麵粉紙上，最後手指頭沾一點水，將蛋白霜表面抹勻。以同樣的方法完成其他11片麵粉紙。

6·如果沒有德式麵粉紙，可以直接將蛋白霜在烤盤上擠成直徑約2吋的小丘，每個間隔至少1吋擠在烤盤上。如果有些墊了德式麵粉紙，有些沒有，由於墊有麵粉紙的需要比較長的烘焙時間，所以必須分開來烘烤。）

## 烘烤

7·烘烤10～15分鐘，或是直到蛋白霜定型，上方頭部是淡淡咖啡色，用指尖輕壓會有一點點彈性。

## 冷卻

8·將烤盤放置在烤架上冷卻，直到與室溫相同。

9·當一批椰棗杏仁球烘烤時，可以同時擠下一批準備烤焙。

## 保存

·密閉盒裝：室溫2星期；冷凍2個月。

## 小重點

·德式麵粉紙是一種麵粉做的可食用威化餅，在德國是甜點的基礎食材，可以用來防止沾黏，通常可以在網路上購得。也可以簡單在烤盤內鋪上烤盤紙代替。

·德式麵粉紙也有正方形大薄片的，這種薄片可以用尖銳的小剪刀簡單裁切成圓形，可以保有此款餅乾經典的外型。也可以將薄片裁成2×2吋的小正方形，再用沾濕的刮刀將四個角沾濕，直角就會消失便成圓形。

# 蛋白霜小樹枝

MERINGUE BIRCH TWIGS

份量：33 個 15 吋長，或是 40 個 12 吋長的小樹枝

烤箱溫度　225°F/105°C

烘烤時間　3小時20分鐘

這些可口的蛋白霜餅乾就像「很棒的法洛」，因為發明這食譜的是我的好友，蓋瑞・法洛（Gary Fallowes），我們同時也是他New Metro蘿絲家用烘焙和烹飪工具的商業夥伴。每年聖誕，他都會寄來一個他自己烘焙的驚喜包。還記得那年我要求他提供我會收錄在這本書的一些食譜，而他寄給我這些令人驚奇的蛋白霜小樹枝。它們是我吃過最輕盈最不甜的蛋白霜。如果把它們烤得稍微上色，品嘗時便會有一點焦香味襯托微微的覆盆莓味。烤好後放入水晶瓶或是高的玻璃容器中，更是美觀。

## 器具

一個17¼×12¼×1吋烤盤，裡面墊上不沾材質，譬如矽膠墊或烤盤紙。
一個大的擠花袋和¼吋平口裝飾用花嘴（12號）
一支毛刷、一個擠花袋用來裝融化巧克力

## 蛋白霜

| 食材 | 容量 | | 重量 |
|------|------|------|------|
| 3 顆蛋白（室溫） | ¼ 杯＋2 大匙（89 毫升） | 3.2 盎司 | 90 公克 |
| 塔塔粉 | ⅜ 小匙 | . | 1.2 公克 |
| 精製細砂 | ½ 杯 | 3.5 盎司 | 100 公克 |
| 香草精 | ¼ 小匙（1.2 毫升） | . | . |
| 高品質蔓越莓香精或是自選口味（參照p.434/小重點） | ⅛ 小匙 | . | . |
| 苦甜巧克力，60～70%可可含量（切碎） | . | 3 盎司 | 85 公克 |

### 烤箱預熱

・預熱：225°F/105°C，預熱時間：20分鐘以上。

・將烤架設在上方和下方。

### 製作蛋白霜

1・如果使用桌上型攪拌機，則用球形攪拌器打發。把蛋白和塔塔粉用中低速打發直到成型。把速度調到中高速打發蛋白，直到呈現彎彎鳥嘴的濕（軟）性發泡的狀態。慢慢加入糖，一次加入1大匙攪打，直到蛋白呈尖尖鳥嘴的乾（硬）性發泡的狀態。刮缸後加入香草精和香精再攪打30秒。刮缸後再攪打1分鐘，蛋白霜會變得硬挺且光滑。

### 擠出蛋白霜枝條

2・將花嘴裝入擠花袋後裝入蛋白霜。在烤盤紙背面的四個角落點上一點蛋白霜，讓烤盤紙可以牢牢黏在烤盤上。擠出15吋長的細條（與烤盤同長），或是12吋長的細條（與烤盤的寬同長），每條相隔⅜吋的距離並排。將刷子稍微沾濕後往收尾翹起的部分點壓，讓它平整。

### 烘烤

3・烘烤1小時20分鐘，途中不要開啟烤箱門。時間到了之後，直接將烤箱電源關掉，蛋白霜留在烤箱中，靜置乾燥2小時（如果烤箱有最小電源功能，則留在烤箱中1小時即可）。

### 冷卻

4・取出乾燥完成的蛋白霜，連同烤盤一起放在烤架上，直到完全冷卻。

### 製作巧克力淋醬

5・把巧克力放在可微波的碗中加熱，每15秒用矽膠刮刀稍微攪拌（或是在瓦斯上架上雙層煮鍋，底下的鍋子放入接近但低於沸騰溫度的熱水，注意不要讓上層的鍋子碰到下層鍋內的熱水），加熱巧克力直到幾乎融化。

6・停止加熱，但繼續攪拌直到完全融化。

7・將融化巧克力倒入第二個擠花袋中。在擠花袋尖端剪出一個非常小的洞，前後來回的將巧克力淋在蛋白霜小樹枝上。等巧克力冷卻定型後，再用小支奶油抹刀將蛋白霜與烤盤紙輕輕分開。

### 保存

・密閉盒裝：室溫（低濕度）：3個月。

---

## 小重點

・Mandy Aftel of Aftel Perfumes以及La Cuisine這兩個品牌，都有濃縮且純淨的香精（參照p.543）。

# 胡桃蛋白霜冰淇淋三明治

## PRALINE PECAN MERINGUE ICE CREAM SANDWICHES

份量：40 個 2½ 吋的餅乾（20 個三明治）

烤箱溫度　350°F/175°C

烘烤時間　每批10～15分鐘，共2批

這份食譜真的非常珍貴，是主廚威尼・史寇托（Vinnie Scotto）多年前給我的食譜，他也是我所認識中最具天賦、最慷慨的人。第一次見面時，他在紐約市的Fresco by Scotto餐廳擔任主廚。我隨著他去了Scopa再到Gonzo，也就是他的第一間餐廳。Gonzo算是家族企業，威尼的姊妹多娜（Donna）在那擔任餐廳領班，而他的父親則是收銀會計。很可惜的是威尼才三十歲出頭就過世了。二十多年後，多娜輾轉藉由領英（LinkedIn）聯絡到我，寄了這份食譜給我。我實在無法形容那種像是失而復得的心情——就像是威尼留給我的一點回憶。試做之後，這完全就是在我記憶裡的美好滋味。蛋白霜的部分如此輕盈又帶有點嚼勁，也因為使用了黑糖以及添加胡桃，讓味道更是不同凡響。我從未吃過任何類似的餅乾。我個人偏好夾層的冰淇淋是咖啡或香草口味。而我所製作柔和的巧克力醬，更可以讓這餅乾變身為高貴的餐後甜點。

器具

四個15×12吋的餅乾烤盤，鋪上烤盤紙。
一個直徑2吋的冰淇淋挖勺，或是¼容量的量杯。

## 胡桃黑糖蛋白霜餅乾

| 食材 | 容量 | 重量 | |
|---|---|---|---|
| 剖半胡桃 | 3 杯（分次使用） | 10.6 盎司 | 300 公克 |
| 4 顆蛋白（室溫） | ½ 杯（118 毫升） | 4.2 盎司 | 120 公克 |
| 淺色黑糖或深色紅糖 | 1¼ 杯＋2 大匙（緊壓） | 10.6 盎司 | 300 公克 |

### 烤箱預熱

・預熱：350°F/175°C，預熱時間：20分鐘以上。

・將烤架設在上方和下方。

### 烘烤與處理胡桃

1・將烤架設在烤箱內的上方，將胡桃均勻鋪在烤盤上烘烤約5分鐘，或是等胡桃微微上色，烘烤過的胡桃可增加香氣。烘烤過程中翻炒一兩次確保均勻上色且避免烤焦，靜待完全冷卻再使用。

圖中為胡桃蛋白霜冰淇淋三明治（參照p.436）以及
濃郁巧克力冰淇淋三明治（參照p.440）。

2・將胡桃分成兩等份，一份保持原有形狀，另一份敲成比較小的碎粒。

製作黑糖蛋白霜

3・如果使用桌上型攪拌機，則用球形攪拌器打發。把蛋白和黑糖用中速打約1分鐘。刮缸後把速度調到中高速打約5分鐘，或是直到蛋白霜變得非常濃稠，顏色比較淡。然後加入所有胡桃，用刮刀以切拌方式拌勻。

餅乾塑型

4・準備一支大湯匙，挖出10球（每球約0.6盎司/17公克）胡桃蛋白霜，放在一張烤盤上，每顆蛋白霜球間距至少1½吋。以同樣的方法再挖10球胡桃蛋白霜放在第二張烤盤上，用小支奶油抹刀將蛋白霜稍稍抹開成直徑2¼吋，高½吋的圓片。塗抹完後蛋白霜還會攤開一點，大概變成直徑2½吋，但這尺寸經過烘烤後不會再改變。挖蛋白霜時，記得輕輕攪拌一下蛋白霜，以確保每一球都含有胡桃。必要時，可以用奶油抹刀將蛋白霜表面修整平滑。

烘烤

5・烘烤10～15分鐘，蛋白霜會出現美麗的裂痕。確認蛋白霜熟度時，可用蛋糕測試針插入蛋白霜中，拿出時會黏黏的，輕輕按壓表面有點彈性（蛋白霜內溫度約190℉/88℃）。如果烘烤不足，將烤盤轉180度並且上下層調換位置後，再繼續烘烤幾分鐘。烘烤第一批蛋白霜的同時，開始擠第二批蛋白霜。

冷卻

6・出爐後連同烤盤放在烤架上，直到完全冷卻。冷卻後蛋白霜會定型，也比較容易與烤盤紙分離。可以用鍋鏟移動蛋白霜，然後將冰淇淋夾在兩塊餅乾中，或是單純將沒有夾冰淇淋的蛋白霜餅乾放入密閉盒中保存，可達2個月。

# 冰淇淋內餡

| 食材 | 容量 | 重量 |
|---|---|---|
| 自行選擇喜歡口味的冰淇淋（軟化） | 約1½ 夸特（約1.4 公升） | . . |

冰淇淋夾餡

1・一次只要做一半的冰淇淋餅乾，以免過程太久使冰淇淋融化。將冰淇淋放在冷藏約20分鐘，稍微軟化再使用。把要擺放冰淇淋三明治的盤子或是烤盤放入冷凍，讓溫度降低。

2・將10片餅乾的平面朝上，放在一張已經冰過的烤盤上，用冰淇淋勺挖出約¼杯量的大小，放在一片餅乾上，按照這個方法填完10片餅乾。然後將另外10片餅乾平面朝下，蓋在冰淇淋上，當冰淇淋軟化到可以壓的程度時，平均施力按壓上面那塊餅乾，讓冰淇淋內餡可以均勻散開至餅乾邊緣，此時冰淇淋內餡的高度約½吋。

3・用保鮮膜將夾好餡的餅乾連同烤盤封好，放入冷凍直到堅硬，再將每個三明治分別包裝，裝入密閉盒中放在冷凍保存。剩下一半的餅乾也依照上述方法完成。

保存

・密閉盒裝：冷凍2個月。

# 同場加映：我的特製甘納許淋醬

份量：½杯/5盎司/143公克

| 食材 | 容量 | 重量 |
|------|------|------|
| 含可可脂白巧克力（切碎） | . | 2.3 盎司　　66 公克 |
| 苦甜巧克力，<br>60～62%可可含量（切碎） | . | 1.2 盎司　　33 公克 |
| 加熱的鮮奶油（乳脂36%以上） | ¼ 杯（59 毫升） | 2 盎司　　58 公克 |

製作甘納許淋醬

1‧準備一個細孔篩網，架在小碗上。

2‧把兩種巧克力放在可微波的碗中加熱，每15秒用矽膠刮刀稍微攪拌（或是在瓦斯上架上雙層煮鍋，底下的鍋子放入接近但低於沸騰溫度的熱水，注意不要讓上層的鍋子碰到下層鍋內的熱水），加熱巧克力直到幾乎融化。

3‧停止加熱，但繼續攪拌直到完全融化。

4‧把加熱的鮮奶油倒入融化巧克力中攪拌，將兩者混勻後倒入篩網過篩。讓甘納許淋醬靜置冷卻，每15分鐘輕輕攪拌一下，以免有氣泡產生，一直冷卻到淋醬的質地從刮刀上低落時，有明顯的紋路，然後漸漸消失在碗裡（溫度約75℉/23℃）。立即使用淋醬或是封好後靜置，使用前再以微波加熱，或是隔水稍微加熱。

5‧將甘納許淋醬倒入擠花袋，在擠花袋尖端剪出一個非常小的洞，然後擠出，淋在冰淇淋三明治上。

6‧將淋了醬的冰淇淋三明治放回冷凍幾分鐘，直到淋醬冷卻定型後，再用保鮮膜一個一個分別包裝。

7‧甘納許淋醬可以冷藏保存2星期，冷凍3個月。

## ☆ 美味變化款：胡桃黑糖蛋白霜餅乾膨鬆版

‧若想讓胡桃黑糖蛋白霜餅乾吃起來膨鬆，一樣依照p.436的做法，將蛋白霜用大湯匙舀起低落在烤盤上，但是不要將它們抹開或壓平。烘烤12～17分鐘，然後靜置冷卻即可。

# 濃郁巧克力冰淇淋三明治

FUDGY CHOCOLATE ICE CREAM SANDWICHES

份量：48 個 2¾ 吋的餅乾（24 個三明治）

烤箱溫度　350°F/175°C

烘烤時間　每批10～15分鐘，共4批

**這** 個令人驚艷美味的巧克力餅乾冰鎮過後更加濃郁。餅乾四周是酥脆的，跟中間有嚼勁的口感和綿密的冰淇淋內餡有很大的對比。我偏好使用櫻桃香草冰淇淋當作夾餡，當然巧克力和很多口味都很搭，也可以用更多巧克力來搭配（參照p.437）。最後淋上的甘納許淋醬，可參考我的特製甘納許淋醬（參照p.439）。

### 事前準備

麵團需要3小時的冰凍時間才能烤焙，或是也可以製作完冷凍保存，最多3個月。

可選擇添加的特製甘納許淋醬，最少2小時前要製作完成，

也可以在數小時前製作好，使用前再加熱使用。

### 器具

兩個15×12吋的餅乾烤盤，不沾材質或墊有烤盤紙。

兩個12×1⅝吋（內部丈量）的廚房紙巾中間的紙捲，

平分切成兩根管子（或是四根6吋長的塑膠管子）。

一把銳利的刀，刀身介於1½～2吋的寬度。

一個直徑2吋的冰淇淋挖勺，或是¼容量的量杯。

## 餅乾麵團

份量：21.2盎司/600公克

| 食材 | 容量 | 重量 | |
|------|------|------|------|
| 苦甜巧克力，60～62%可可含量（切碎） | . | 1.5 盎司 | 42 公克 |
| 中筋麵粉 | 1 杯（用湯匙挖入量杯至滿抹平）+3 大匙 | 5 盎司 | 142 公克 |
| 無糖可可粉（鹼化） | ½ 杯（先過篩再秤量） | 1.3 盎司 | 37 公克 |
| 小蘇打粉 | ½ 小匙 | . | 2.7 公克 |
| 細海鹽 | ⅛ 小匙 | . | 0.7 公克 |
| 1顆蛋（室溫） | 3 大匙＋½ 小匙（47 毫升） | 1.8 盎司 | 50 公克 |

| 食材 | 容量 | 重量 | |
|---|---|---|---|
| 鮮奶油（乳脂36%以上） | 3 大匙（44 毫升） | 1.5 盎司 | 43 公克 |
| 透明玉米糖漿 | 2 小匙（10 毫升） | 0.5 盎司 | 14 公克 |
| 香草精 | 1 小匙（5 毫升） | . | . |
| 精製細砂 | ¾ 杯 | 5.3 盎司 | 150 公克 |
| 無鹽奶油（65～75℉/19～23℃） | 10 大匙（1¼ 條） | 5 盎司 | 142 公克 |

融化巧克力

**1．** 把巧克力放在可微波的碗中加熱，每15秒用矽膠刮刀稍微攪拌（或是在瓦斯上架上雙層煮鍋，底下的鍋子放入接近但低於沸騰溫度的熱水，注意不要讓上層的鍋子碰到下層鍋內的熱水），加熱巧克力直到幾乎融化。

**2．** 停止加熱，但繼續攪拌直到完全融化。讓巧克力冷卻約10分鐘至溫溫的，不燙手，但還是液體狀態。

混合乾料

**3．** 在小碗裡放入麵粉、可可粉、小蘇打粉和鹽混合，一起過篩到一張烤盤紙上。

混合濕料

**4．** 在小碗裡放入蛋、鮮奶油、玉米糖漿和香草精，用攪拌器攪拌混合。

製作麵團

**5．** 在桌上型攪拌機的鋼盆裡放入糖、奶油，使用槳狀攪拌器以中速攪打約1分鐘，讓兩者均勻混合。刮缸後倒入混合蛋液再攪打約15秒。倒入融化巧克力攪拌約1分鐘，直到混合均勻。刮缸後取下槳狀攪拌器，加入粉類等乾料，用刮刀攪拌到粉類濕潤後，再裝上槳狀攪拌器，以低速攪拌約15秒直到均勻，麵團的質地看起來是有點膨鬆，但濃稠的蛋糕麵糊。

**6．** 將麵團倒在一張保鮮膜上，隔著保鮮膜將麵團壓成6×5吋的長方形，冷藏至少1小時30分鐘，直到夠堅硬方便操作（麵團冷藏後的溫度為63℉/17℃）。

麵團條整型

**7．** 將麵團均勻的分成四等份，每塊約5.3盎司/150公克。留下一塊麵團操作，其餘的先冷藏。

**8．** 將整塊麵團都用保鮮膜包好，搓成約5½吋長，直徑約1½吋的長條圓柱。將整型好的餅乾麵團放入紙捲，以直立方式放入冷凍。接著以同樣的方式整型剩餘的三塊麵團。麵團條需要冷凍至少2小時，或是直到麵團溫度為32℉/0℃，才會夠硬，裁切時不易變型。（如果沒有用紙捲，可以將麵團條平放，但是要記得轉動麵團條，讓它呈圓柱體狀。）當麵團稍稍退冰後，才是比較好切的狀態，所以切之前要先稍微回軟。

**9．** 生麵團可以冷藏保存最多3個月。

**10**・預熱：350℉/175℃，預熱時間：20分鐘以上。

**11**・將烤架設在中間層。

裁切

**12**・最好一次烘烤一條麵團條，這樣可以在一出爐時立即將餅乾轉放到另一個烤架上，以保持口感柔軟。從冷凍拿出一條麵團，平均切成12片，每片約⅜ 吋厚。將餅乾以每片間隔2吋擺放在烤盤上烘烤。

烘烤

**13**・烘烤4分鐘，將烤盤轉180度繼續烘烤4～6分鐘，或是直到餅乾定型，但是摸起來還是軟的。

冷卻

**14**・出爐的烤盤放在烤架上約1分鐘，或是直到可以用鍋鏟鏟起餅乾。用鍋鏟鏟起餅乾，放到另一個烤架上繼續冷卻。（不要讓餅乾留在烤盤上，因為烤盤的餘溫會繼續加熱，讓餅乾口感變脆。）餅乾質地是有點彈性，會稍微彎摺，但是在烤架上冷卻時還是維持平的。當餅乾冷卻後，即可夾入冰淇淋或是放入密閉盒中保存。

**15**・當一盤餅乾烘烤時，可以裁切下一盤餅乾做準備。

**16**・烤過的餅乾可以在密閉盒中室溫下保存1星期，冷藏2星期或是冷凍1個月。

# 冰淇淋內餡

| 食材 | 容量 | 重量 |
|---|---|---|
| 自行選擇喜歡口味的冰淇淋（軟化） | 約1½ 夸特（約1.4 公升） | ． ｜ ． |

冰淇淋夾餡

**1**・一次只要做一半的冰淇淋餅乾，以免過程太久使冰淇淋融化。將冰淇淋放在冷藏約20分鐘，稍微軟化再使用。把要擺放冰淇淋三明治的盤子或是烤盤放入冷凍，讓溫度降低。

**2**・將12片餅乾的平面朝上，放在一張已經冰過的烤盤上，用冰淇淋勺挖出約¼杯量的大小，放在一片餅乾上，按照這個方法填完12片餅乾。然後將另外12片餅乾平面朝下，蓋在冰淇淋上，當冰淇淋軟化到可以壓的程度時，平均施力按壓上面那塊餅乾，讓冰淇淋內餡可以均勻散開至餅乾邊緣，此時冰淇淋內餡的高度約½吋。

**3**・用保鮮膜將夾好餡的餅乾連同烤盤封好，放入冷凍直到堅硬，再將每個三明治用保鮮膜分別包裝，裝入密閉盒中放在冷凍保存。剩下一半的餅乾也依照上述方法完成。

保存

・密閉盒裝：冷凍1個月。

# 同場加映：我的特製甘納許沾醬

份量：2杯＋2大匙/20盎司/564公克

| 食材 | 容量 | 重量 | |
|---|---|---|---|
| 含可可脂白巧克力（切碎） | . | 8.2 盎司 | 232 公克 |
| 苦甜巧克力，<br>60～62%可可含量（切碎） | . | 4.1 盎司 | 116 公克 |
| 鮮奶油（乳脂36%以上） | 1 杯（237 毫升） | 8.2 盎司 | 232 公克 |

製作甘納許沾醬

1・準備一個細孔篩網，架在中型玻璃碗上。

2・在食物調理機中把兩種巧克力打成碎片。

3・將鮮奶油放入可微波加熱的杯中，以微波加熱至出現小泡泡，或是用小煮鍋以直火中火加熱，但需不停攪拌，直到鍋緣出現小泡泡。

4・把加熱後的鮮奶油從壺嘴穩定倒入運轉的食物調理機中，攪拌幾秒鐘，讓鮮奶油與巧克力混合均勻，質地平滑。將甘納許倒入篩網過篩，靜置約2小時直到從刮刀滴落下來，形成質地濃稠的紋路，然後慢慢才消失的狀態。在冷卻的第一個小時要加蓋，以免水分揮發。

5・沾醬可用雙層煮鍋隔水加熱，底下的鍋子放入接近但低於沸騰溫度的熱水（或是小心用微波強力加熱3秒，以多次短時間方式加熱，不時攪拌以免加熱過度，也不要將氣體攪拌進去）。沾醬最好的質地是溫度72～75℉/22～24℃時。

6・沾醬除了當沾醬之外，也可以用湯匙舀放到每塊餅乾上面。

7・沾醬可以冷藏保存2星期，或是冷凍3個月。

# 麵包和發酵心點類
## BREADS AND YEAST PASTRIES

**麵**包是我最大的烘焙熱情所在，在寫了《麵包聖經》（*The Bread Bible*）之後，我發現許多新的麵包，以及一些當下流行麵包的技巧。然而在這本書中所提到的麵包，將會比較侷限在早餐類麵包，像是英式鬆餅，還有甜點麵包，例如：肉桂糖玫瑰布里歐，亦或是搭配起司盤的麵包，像是百分之百全麥核桃吐司。我也收錄了一個終極巨作，我最愛的發酵甜點——焦糖麵包——以及它的強勁對手：布列塔尼焦糖奶油酥。我也發現一些很濕潤且富有風味的麵包，像是瑞典的杏桃核桃麵包，它是添加少量老麵酸酵頭製作的。但其實並不是每個人都想要使用酵頭，所以我用義式老麵－Biga（參照p.446）來做試驗代替，也就是將麵粉、水、極少量的酵母和鹽放上至少6小時，最多3天的長時間發酵，來製造出酸度和風味。令人興奮的，這跟使用酸酵頭有著差不多的效果。

這一個單元中提供了再多錢也買不到的超棒果醬類食譜，就算是做為一位烘焙師的紅利，這些果醬可以用來搭配英式鬆餅、布里歐、白巧克力吐司、全麥麵包，或是任何你喜歡的麵包。這些是我會自己做，也不會去外面買的果醬，因為我很享受製作果醬的過程，而且目前我吃過的市售果醬跟自製果醬相比，真的是兩個不同世界的東西啊！

# 時間

　　長時間發酵或是酵頭的做法，是為了添加風味、口感和保存時間。不同時間發酵的種類包含了不同比例的麵粉、水、酵母和有時會放的鹽。之後，取出少量的預發麵團與未發酵的主麵團混合進行另一次發酵。義式老麵（Biga）則是有著像麵包麵團的質地（含水量大約 50 ～ 78.7%），通常會至少發酵 6 ～ 24 小時，然後在 3 天內使用完。因為質地比較扎實，所以在長時間發酵的酵種中，算是筋性較強的，也特別會被用來連結高水量麵包中的筋性。（Biga 在義大利文是指馬車後方拖拉的兩輪車廂。這樣來形容麵包烘焙中的長時間發酵過程是很有道理的，因為就麵團的風味和筋度來說，這輛車的確駛來了不小的影響。）

　　若義式老麵過度發酵且消氣了，之後成品的孔洞就會比較小；如果冷藏超過 3 天，就會開始變得太酸，這不但會降低麵團的筋性，也會讓麵包吃起來非常酸。但是，這麵團可以冷凍最多 3 個月，雖然酵母的活性會減少，但還是能賦予麵包豐富的味道。使用義式老麵讓我最推崇的好處，就是時間上的彈性。其實只要幾分鐘就可以打好麵種，然後在接下來的 3 天之中隨意選擇一個方便的時間，加入剩餘麵粉，一點酵母和鹽，就差不多可以做出完美的麵包了。我的義式老麵很柔軟，所以很容易就可以與主麵團混合均勻。

　　最理想的狀況是需要在幾天前製作好義式老麵，它會減少麵團發酵的時間。在這本書中有幾篇食譜使用中種法來達到一樣的效果。中種法的酵頭含水量比較高，因為液態質地發酵比較快，所以酵頭只要靜置 1 ～ 4 小時即可。如果發酵到容許極限，它不但會賦予風味，而且會加速與主麵團的發酵時間。如果沒辦法發酵到 4 小時，也可以將酵種先在室溫靜置 1 小時後再冷藏過夜。如果使用麵包機，把中種法酵種先退冰到室溫後再使用。如果使用桌上型攪拌器，在攪拌過程中，攪拌鉤（鉤子攪拌器）就會有些許加溫作用，所以酵種不用在室溫先靜置退冰，直接與主麵團用攪拌機攪拌即可。同時我也發現中種酵頭可以在 60°F /16°C 的溫度下靜置最多 12 小時，不會有任何影響。

　　為了幫助你更好安排時間，這邊提供一些時程的資訊：大部分的麵團在室溫下 30 分鐘後即可放入冷藏靜置一晚，必要時，隔天拿出來再繼續發酵。如果麵團需要兩次發酵，則第一次在室溫發酵完成後，即可放到冷藏。

# 特別技巧

- 攪麵團時，我習慣先把水放到麵包機或是攪拌機鋼盆裡，才放麵粉，因為連同鋼盆一起秤材料時，常會多倒了點水，但因為此時鋼盆中只有水，所以很好移除；但如果此時鋼盆裡已經有麵粉，剛剛倒入的水就已經和麵粉些微混合，這時要移除水量就比較難了。

- 如果食譜中要求使用中種法，譬如白巧克力吐司，而對你來說發酵一晚比較方便，那麼可以選擇將打好的麵種放置在60°F/16°C的環境下或是冷藏，靜置最多12小時。

- 環境潮濕以及溫度介於75～85°F/24～29°C下的麵包發酵比較好（參照p.555麵包發酵箱）。準備一個容器或杯子，裡面裝滿熱水，然後放到一個大容器或微波烤箱中，就算是一個簡易自製的發酵箱。每30分鐘換一次熱水。你也可以使用對流式烤箱，不要開啟最小電源功能，只要把內部的燈開著，提供一些熱即可。

- 麵包發酵的時間不只和溫度環境相關，跟你是否常在家裡做麵包也很有關係。像我很常做麵包，也做了十多年，我的麵團就因為空氣中都是有助於發酵的菌，所以會膨脹得比較快。

- 在發酵過程中拉摺麵團可以增加彈性，幫助其發酵和成型，也因此最後的成品會很漂亮。當食譜中說到「四個角拉摺」的意思，就是將麵團放在撒了手粉的工作檯上，然後把它約略拍扁成正方形。將四個直角輕柔的拉出，然後反摺回中心，一次做一個角。中心確實按壓，確保麵團互相黏住後，將整塊麵團翻過來。不圓的地方擠壓到麵團下方，然後將麵團整理成圓形，把整型好的麵團光滑面朝上，繼續放回發酵箱。

- 經過一夜發酵的麵團（烘烤前冷藏一夜），這種麵團的味道比較豐富，但烘烤後的高度比較低。

- 如果麵團整型時是冰涼的，裡面的食材將無法散布均勻，所以這些顆粒可能會產生氣泡，使質地不均勻。如果麵團冷藏過，則先放在室溫下退冰30分鐘～1小時再整型。（但有例外，因為布里歐這種麵包很軟很濕潤，所以整型時最好麵團是冰涼的，才不會因為太黏手而撒上過多手粉。）

- 麵團取出放在工作檯上時，一定都是平滑面朝下，只需在工作檯上撒一點手粉，即可開始整型。太多手粉麵團會滑，不好搓揉。其實麵團應該是可以稍微附著在工作檯面上的狀態，這樣揉圓整型成光滑時，才會稍微抓住桌面，維持外表那層皮的緊緻。

- 烤熟的麵包要冷卻後才能切開，因為燙手時，麵包內部的烘烤過程還沒結束。

# 發酵類麵包與甜點的保存

大部分麵包與甜點最好都能在當天或是兩天內食用完畢。如果想要保有酥脆的外皮，不要將麵包或甜點封起來，但可以放入牛皮紙袋內。一旦麵包被切開來，就要確保切面不要乾掉，你可以封上保鮮膜，或者將切面朝下放著都可以。而大部分麵包與甜點也都可以冷凍。可以將它們切片，然後分別用保鮮膜包好，像是 Freeze-Tite 這種保鮮膜，然後把分別包好的切片再放入夾鏈袋中封好冷凍。如果要冷凍一整條吐司，就不要讓吐司烤太熟（內部溫度約 180 ～ 190°F /82 ～ 88°C）。食用時，在室溫下退冰幾個小時，再用同樣溫度烤 10 ～ 15 分鐘，就會有同等效果。

# 麵包的 Q&A

Q：麵包發得不夠。
A：使用新鮮酵母。不要過度發酵。柔軟、含油量高的麵團，像是布里歐，必須完整發酵，才不會在烤的時候周圍回縮。

Q：麵包裂開、有裂痕。
A：麵團發得不夠——讓麵團發酵脹大直到用指尖輕輕戳一個洞時，洞會慢慢填平。

Q：麵包太乾不平滑。
A：與麵粉攪拌混合時，奶油起司或奶油不可以攪拌過度，不要打成泥狀。

# 烘烤麵包的黃金守則

**小心秤量食材**，以達到一致的風味與口感。

**請使用食譜中指定的食材。** 請參照食材單元（p.525）。

· 麵粉：**使用食譜中指定的麵粉種類。** 或是以蛋白質含量相近的麵粉取代。

全麥麵粉一定要使用新鮮磨製，或是保存於陰涼處不超過3個月的。因為全麥麵粉中含有小麥胚芽，這部分含有高油脂，容易腐敗，如果儲藏太久，會有腐敗的味道。不過，可以將麵粉冷凍保存幾年都沒問題。如果是新鮮研磨，最好在3～4天內用完，或是3星期後再使用，因為在這段期間內，麵粉中的酶會讓麵粉變得不穩定。漂白小麥麵粉除非冷凍，否則它的最佳使用期限應該約1年，超過這個時間，麵粉的筋度會變弱。

· 水：**最好使用室溫的自來水。**

水質太硬的礦泉水或是太軟的水，多多少少都會影響麵包的味道和口感。太硬的水會讓麵團變結實，也會拉長發酵時間；太軟的水會讓麵團變軟變黏。如果你不確定你的水質，就使用瓶裝水。不要挑礦物質含量太高的，也不要選用什麼都不含的蒸餾水。

· 牛奶：**當麵團需要加入牛奶時，我偏好使用奶粉。**

亞瑟王（KingArthur's）品牌的烘焙專用奶粉是膨脹效果最好、風味最佳的選擇。（參照p.531）

· 酵母：**使用速發酵母的效果最穩定。**

速發酵母需要密閉盒裝冷凍，這樣可以保存約2年或是更久。將速發酵母加入麵粉時，要避免使用冰水，或是水溫高過110°F/43°C的水攪拌。速發酵母先與麵粉拌勻後再加鹽，因為鹽如果直接碰到酵母，酵母就無法存活了。

· 奶油：**使用高品質含一般乳脂含量的奶油。**

除非食譜中特別註明使用高乳脂奶油，或是要製作澄清奶油。

**使用銳利的刀或剪刀來裁切麵團。** 要避免用拉扯，才不會削弱麵團的質地。要整出漂亮的形狀，在裁切後先蓋住靜置20分鐘再整型。

**麵團塑型。** 將麵團整出光滑緊緻的表面，會讓麵團發酵時脹得又大又漂亮。使用食譜中指示的烤模、烤盤，會得到最好看的形狀。

**在烤箱中使用石板，麵包會膨脹得最好。** 或者是在烘烤的最初10分鐘，將烤箱溫度設定得比食譜中寫的溫度再高25～50°F/15～30°C，10分鐘後再調回指定溫度，也可以將烤箱門短暫開啟，就會立即降溫。

**烘烤前，烤箱預熱到350°F/175°C至少20分鐘，** 如果要求比這個溫度還高，則需要30分鐘預熱，使用石板更需要45分鐘。

**使用電動刀、鋸齒刀或是電動食物切片器來切麵包，** 以避免壓壞麵包。

# 英式鬆餅

## CRUMPETS

份量：6 個直徑 3¾ × 高 ⅝ 吋的鬆餅

烤箱溫度　350°F/175°C（或是使用不沾材質：375°F/190°C）

烘烤時間　8～10 分鐘

**自**從《麵包聖經》（*The Bread Bible*）發行後，我一直重新看裡面的英式鬆餅食譜，因為想要做出一種跟市面上的英式鬆餅比起來，輕盈且充滿氣孔的口感。後來發現，只要增加含水量，就可以達到這個質地，所以，你「找不到比這更好的英式鬆餅」食譜囉！

事前準備

如果打算將英式鬆餅當作早午餐，就在前一天做好麵糊並煎熟它。

器具

一個煎爐，最好是電煎爐且不沾材質，或是一個大的平底鍋。
三個直徑3¾吋，高¾吋的慕斯圈（參照p.450小重點）

## 鬆餅麵糊

| 食材 | 容量 | 重量 | |
|---|---|---|---|
| 金牌（Gold Medal）高筋麵粉（或是一半他牌高筋麵粉混合一半中筋麵粉，參照p.527） | 1 杯（用湯匙挖入量杯至滿抹平）＋3 大匙 | 5.5 盎司 | 155 公克 |
| 速發酵母 | ¾ 小匙 | . | 2.4 公克 |
| 糖 | ½ 小匙 | . | . |
| 塔塔粉 | ¼ 小匙 | . | 0.8 公克 |
| 細海鹽 | ½＋⅛ 小匙 | . | 3.7 公克 |
| 溫水（110～115°F /43～46°C） | ¾ 杯＋½ 大匙（185 毫升） | 6.5 盎司 | 185 公克 |
| 牛奶 | 3 大匙（44 毫升） | 1.6 盎司 | 45 公克 |
| 小蘇打粉 | ¼ 小匙 | . | 1.4 公克 |

## 製作麵糊

**1.** 在桌上型攪拌機的鋼盆中放入麵粉、酵母、糖和塔塔粉，用槳狀攪拌器以低速攪拌30秒混合材料。加入鹽後攪拌幾秒鐘，再加入溫水，一邊攪拌一邊從慢速漸漸增加到中速，攪拌約5分鐘或是直到麵糊滑順。

## 靜置發酵

**2.** 將鋼盆放在溫暖的環境下（最佳溫度是75～85°F/24～29°C）約1～1小時30分鐘，直到麵糊脹得比2倍還大，並且有開始消氣的狀態。（關於建議發酵環境，可參照p.555。）

**3.** 在小煮鍋中將牛奶加熱到微溫（110～115°F/43～46°C），將小蘇打粉加到溫牛奶中溶解。一邊攪拌麵糊一邊將牛奶慢慢加入麵糊中，然後將鋼盆繼續靜置在溫暖的環境下30分鐘。

## 預熱煎爐或平底鍋

**4.** 如果使用電煎爐，預熱到350°F/175°C（或是不沾材質的：375°F/190°C）；如果用一般平底鍋，以中小火加熱約3分鐘，或是當水滴落時會有滋滋聲，或是紅外線溫度計顯示不超過400～425°F/200～220°C（因平底鍋材質不同而溫度略有差別）。準備三個慕斯圈，內側噴上烤盤油後放在煎爐上。

## 煎鬆餅

**5.** 確認麵糊，如果麵糊因為靜置而稍微水分分離，就先攪拌一下。用湯匙舀或是直接將麵糊倒入第一個慕斯模中，裝入約三分之二的高度，麵糊應該會立刻開始產生泡泡。如果泡泡在接下來的幾分鐘內沒有變成氣孔的洞，就在鋼盆中的麵糊裡多加一點點溫水，一次約加1大匙攪拌。大約過了5～7分鐘，當鬆餅表面平滑定型後，用鉗子將慕斯模夾起脫模，用鍋鏟將鬆餅提起看底部。鬆餅底部若是金黃咖啡色，就可以翻面了，翻面後再煎約3分鐘，直到新的煎面呈淡淡金黃色。

## 冷卻

**6.** 鏟起鬆餅放到烤架上冷卻。依照同樣的方法，將剩餘的麵糊煎成鬆餅，每次煎之前都要記得在慕斯圈內側噴上烤盤油。

## 烤鬆餅

**7.** 食用前將鬆餅放到烤麵包機中烘烤，直到內部溫熱，外表酥脆。可以搭配奶油與果醬食用。

## 保存

· 放在牛皮紙袋中：室溫1天。密閉盒裝：冷凍3個月（須解凍再烤）。

---

### 小重點

· 煎鬆餅的慕斯圈可以用厚鋁箔紙製作，或者裁剪鋁板製作可多次使用的慕斯圈（鋁板可在五金行或手作裝修材料行取得）。一次性（拋棄式）鋁箔紙慕斯圈：將鋁箔紙做出14×4吋的記號，裁剪成條。在鋁箔紙條的短邊做⅞吋的記號，照著記號摺起，總共摺3次，變成14×1吋的長條，側面看起來有四層。鋁板製慕斯圈：將尺寸量好後，用金屬切割器或專用剪刀剪成14×1吋的長條。這兩種慕斯圈：用4吋的罐子罩住圍著，用迴紋針將長條交疊的部分固定住，使長條固定成圓圈。再將鋁圈從罐子內取出，可以稍微調整成最接近圓形的樣子，即可使用。

# 巧克力麵包布丁

CADILLAC CAFÉ MILK CHOCOLATE BREAD PUDDING

## 份量：9 份

烤箱溫度　350°F/175°C

烘烤時間　長棍麵包切面：15～17分鐘；麵包布丁：45～55分鐘

第一次遇見這位朋友，溫蒂‧席爾（Wendy Shear），是她住在洛杉磯當電影編劇的時候。她有一種沒有人可以拒絕的魅力。很令人訝異的是，她竟然成功說服凱迪拉克咖啡館（Cadillac CaFé）給她這份店內的經典甜點食譜。這道巧克力麵包布丁口感輕盈，容易製作。頂部的長棍麵包切片經過烘烤後，變得非常酥脆，增添不同口感。大家一定想不到，要創造一份美麗的麵包是如此簡單！

### 器具

一個17¼×12¼×1吋的烤盤

九個直徑3×高1¼吋（容量5盎司）的舒芙蕾烤模或瓷杯，內部噴烤盤油。

九個小碗、一個18×12×2吋的烤盤或是有高（深）度的烤盤，
用來盛裝水浴烘烤所需的熱水。

## 長棍麵包切片

| 食材 | 容量 | 重量 | |
|---|---|---|---|
| 一根14吋長的長棍麵包（放了一兩天的非新鮮麵包） | · | 8～10 盎司 | 226～283 公克 |
| 澄清奶油（參照p.530）或是無鹽奶油 | 6 大匙（85 毫升）（8 大匙；1 條） | 2.6 盎司（4 盎司） | 73 公克（113 公克） |

烤箱預熱

‧預熱：350°F/175°C，預熱時間：20分鐘以上。

‧將烤架設在中間層。

烤麵包片

1‧用鋸齒刀將長棍麵包切¼吋厚的薄片，麵包片的量大概可裝滿5½杯。在小煮鍋中融化奶油。

2‧將麵包切片排列在17¼×12¼×1吋的烤盤裡，然後在兩面都刷上融化奶油。烘烤7分鐘，為了均勻上色，將烤盤旋轉180度，再繼續烤8分鐘（麵包片不用翻面），或是直到麵包變得酥脆。

## 冷卻

**3** · 將烤盤放到烤架上冷卻。刷過奶油的部分會有小泡泡，冷卻的同時會被麵包吸收。然後將冷卻的麵包片分成九堆，每堆的大小相近（8～9片）。

# 牛奶巧克力卡士達

**份量：6杯/52.9盎司/1500公克**

| 食材 | 容量 | 重量 | |
|---|---|---|---|
| 8～12 顆蛋黃 | ½ 杯＋4小匙（138毫升） | 5.2 盎司 | 149 公克 |
| 2 顆蛋 | ⅓ 杯＋1 大匙（94 毫升） | 3.5 盎司 | 100 公克 |
| 糖 | ½ 杯 | 3.5 盎司 | 100 公克 |
| 香草精 | 1 大匙（15 毫升） | · | · |
| 細海鹽 | 1 小撮 | · | · |
| 鮮奶油（乳脂36%以上） | 3 杯（710 毫升） | 24.5 盎司 | 696 公克 |
| 牛奶 | 1 杯（237 毫升） | 8.5 盎司 | 242 公克 |
| 牛奶巧克力，35～41%可可含量（推薦使用奎塔德Guittard或法芙那Valrhona，切碎） | · | 8 盎司 | 227 公克 |
| 波本威士忌（推薦美格Maker's Mark品牌，可不加） | ¼ 杯（59 毫升）或依個人口味添加 | 2 盎司 | 56 公克 |

## 製作牛奶巧克力卡士達

**1** · 在鋼盆中放入蛋黃、蛋、糖、香草精和鹽，用攪拌器攪拌均勻。

**2** · 在中型厚底煮鍋中放入鮮奶油、牛奶，以中火攪拌加熱到溫熱即可，然後一邊攪拌一邊倒入混合蛋液中。

**3** · 把巧克力放在可微波的碗中加熱，每15秒用矽膠刮刀稍微攪拌（或是在瓦斯上架上雙層煮鍋，底下的鍋子放入接近但低於沸騰溫度的熱水，注意不要讓上層的鍋子碰到下層鍋內的熱水），加熱巧克力直到幾乎融化。停止加熱，但繼續攪拌直到完全融化。一邊攪拌蛋液，一邊慢慢的將融化巧克力倒入蛋液中，然後攪拌直到質地均勻。

## 麵包布丁組合

**4** · 準備9個舒芙蕾烤模，每個倒入⅔杯/158毫升/5.8盎司/165公克的巧克力卡士達醬。將每9片麵包堆疊放入一個烤模中，切面朝下，讓麵包片來回移動，確認完全沾覆上巧克力卡士達。將剩下的烤模依照同樣的方法放滿麵包片。當九個烤模都填好麵包布丁餡後，靜置至少15分鐘，讓麵包片充分吸收巧克力卡士達醬。將麵包片翻面再靜置15分鐘，讓兩面都均勻吸收巧克力卡士達醬。

5・將一個烤模中的4片麵包片交疊，靠著模型內側圍成一圈，剩下五片繼續從外圈到中心做環狀排列，必要時可以摺壓麵包片，讓他們服貼填補中心的洞。以同樣的方式完成9個舒芙蕾烤模。排列好所有麵包片後，蓋上保鮮膜靜置10分鐘。靜置後，若有必要，可以重新排列麵包片以維持玫瑰外觀的樣子，再放入烤箱烘烤。

烘烤

6・將舒芙蕾烤模放入有高（深）度的烤盤裡，在烤盤裡倒入約舒芙蕾烤模一半高的熱水。烘烤45～55分鐘，或是直到小刀插入中心再拿出來時是乾淨的（中央溫度約170～180°F/77～82°C）。

冷卻

7・準備一支堅固的鉗子，將舒芙蕾烤模從熱水中夾出放在烤架上，靜置約1小時30分鐘直到完全冷卻。（如果沒有加波本威士忌，布丁溫溫的時候就可以食用了。）

8・等到麵包布丁完全冷卻，將布丁連同烤模用保鮮膜密封好冷藏，可以保存5天，直到食用前再加熱。

烤箱預熱

9・預熱：350°F/175°C，預熱時間：20分鐘以上。

10・將烤架設在中間層。

加熱麵包布丁

11・如果可以，用竹籤在每個布丁上戳一些洞。在每個布丁上撒約1小匙/5毫升的波本威士忌，用鋁箔紙大略覆蓋後放到烤盤上，放入烤箱加熱10～15分鐘，或是直到裡外都溫溫的。

保存

・密閉盒裝：冷藏5天。

## ☆ 美味變化款：麵包布丁切片

1・可以使用直徑9吋，高2吋的圓模來做麵包布丁，食用時再切片。

2・一樣將麵包片烤過並冷卻，不用分堆。

3・參照p.452，製作巧克力卡士達。

麵包布丁組合

4・將一半的巧克力卡士達倒入圓模中。每片以直立、邊上稍微重疊的方式排列，麵包片大概會佔滿約模型的⅔。均勻的在麵包片上方倒入剩下的巧克力卡士達，此時烤模應該是快滿狀態，然後麵包片會慢慢吸收巧克力卡士達的水分而脹大填滿。整理麵包片，讓它們排列整齊填滿烤模，將烤模蓋上保鮮膜靜置45分鐘，讓麵包片吸收更多巧克力卡士達。如果在靜置期間麵包片浮起來，可以重新排列好，讓它們可以繼續吸收巧克力卡士達。

烘烤

**5** · 將圓形烤模放入有高（深）度的烤盤裡，在烤盤裡倒入約烤模一半高的熱水。烘烤45～55分鐘，或是直到小刀插入中心再拿出來時是乾淨的（此時中央溫度約170～180°F/77～82°C）。

冷卻

**6** · 將烤模從熱水中取出，放在烤架上，靜置約2小時直到完全冷卻。

**7** · 用小支奶油抹刀插入布丁與烤模間，緊貼烤模繞一圈。準備一個平盤鋪著噴過油的保鮮膜，倒蓋在烤模上，連同烤模整個倒過來，將布丁倒出。如果布丁沒倒出來，將烤模放回桌上，用小噴槍或浸過熱水的濕布巾摩擦烤模邊緣。

**8** · 等麵包布丁完全冷卻，可以將布丁用保鮮膜密封冷藏保存最多5天，直到食用前再加熱。麵包布丁冷卻後可以切片，但是用烤箱加熱前，要先退冰到與室溫相同。

烤箱預熱

**9** · 預熱：350°F/175°C，預熱時間：20分鐘以上。

**10** · 將烤架設在中間層。

裁切

**11** · 將麵包布丁切成8～10等份。將每一等份再切成三片，排列在烤盤上。如果喜歡，可以撒上1小匙/5毫升的波本威士忌，用鋁箔紙大略覆蓋後放入烤箱加熱約10分鐘，或是直到裡外都溫溫的。

**12** · 用鍋鏟鏟起麵包布丁切片，然後照自己喜歡的擺盤方式放在盤中，削一些苦甜巧克力在布丁上搭配食用。

# 肉桂葡萄法式吐司

RUM RAISIN FRENCH TOAST ROYALE

份量：1 條長 8×4×4 吋的吐司

烤箱溫度　350°F/175°C

烘烤時間　40～45分鐘

**肉**桂葡萄乾麵包超好吃，只要稍稍烤一下，抹一下奶油，我就可以把它當甜點吃。蝸牛捲形狀的麵包要維持螺旋狀而不散開的祕訣，就是加一點葡萄乾在麵團中，然後做成法式吐司加點酒在鍋中燒一下，就是令人難忘的早午餐。

事前準備

至少在1天前完成麵包來製成法式吐司

器具

一個8½×4½吋（6杯容量）的吐司模，內部噴上烤盤油。

一個石板或烤盤

## 酵頭（中種法）

| 食材 | 容量 | 重量 | |
|---|---|---|---|
| 室溫的水<br>（70～80°F /21～27°C） | 1 杯（237 毫升） | 8.4 盎司 | 237 公克 |
| 蜂蜜 | 1 大匙＋½ 小匙<br>（17毫升） | 0.8 盎司 | 24 公克 |
| 中筋麵粉 | 1½ 杯（用湯匙挖入量<br>杯至滿抹平）＋2½ 大匙 | 7 盎司 | 200 公克 |
| 速發酵母 | ½ 小匙 | . | 1.6 公克 |

製作酵頭（中種法）

1·在中型碗裡或是桌上型攪拌機的鋼盆中，使用球形攪拌器混合水、蜂蜜、麵粉和酵母，用攪拌器攪拌均勻，或是以中速攪打約2分鐘，直到非常滑順並充滿打入的空氣。酵頭的質地像是濃稠的麵糊。

2·如果使用麵包機，把打好的酵頭挖到麵包機的麵包容器內。若使用桌上型攪拌機，刮缸後蓋上保鮮膜放在一旁備用，在等待的時間準備麵團材料。

# 麵團

| 食材 | 容量 | 重量 | |
|---|---|---|---|
| 中筋麵粉 | 1½ 杯（用湯匙挖入量杯至滿抹平）－1 大匙 | 6.1 盎司 | 172 公克 |
| 無脂奶粉（建議使用亞瑟王 King Arthur's Baker's Special 品牌，參照p.459小重點） | 2 大匙 | 0.8 盎司 | 23 公克 |
| 速發酵母 | ½ 小匙 | . | 1.6 公克 |
| 軟化無鹽奶油（75～90℉/23～32℃） | 5 大匙（½ 條＋1 大匙） | 2.5 盎司 | 71 公克 |
| 細海鹽 | 1¼ 小匙 | . | 7.5 公克 |
| 葡萄乾 | ½ 杯＋1½ 大匙 | 3 盎司 | 85 公克 |

## 混合

1‧在鋼盆中，以攪拌器攪拌混合麵粉、奶粉和酵母。將混合的粉類均勻撒在酵頭上，像是一張麵粉毯子蓋著酵頭，用保鮮膜封好。讓酵頭在室溫下發酵1～4小時，或是室溫下1小時，然後冷藏24小時低溫發酵。在發酵的過程中，酵頭會穿越覆蓋的麵粉並形成泡泡。

## 製作麵團

### 〈麵包機法〉

2‧把奶油放入麵包機中，將程式設定為3分鐘混合，開始混合3分鐘，再讓酵頭靜置（自行分解）約20分鐘。

3‧將程式設定為揉捏10分鐘。加入鹽後開始揉捏階段，其中包含3分鐘的混合以及7分鐘的揉捏。在揉捏4分鐘後加入葡萄乾。

### 〈桌上型攪拌機法〉

4‧裝上麵團鉤，在鋼盆中加入奶油，以低速攪打1分鐘，或是直到粉類濕潤成團。刮缸後使用保鮮膜封好鋼盆，靜置20分鐘。撒上鹽，用中速開始攪打麵團7～10分鐘。剛開始麵團還會黏在邊壁上，但到最後幾分鐘後就會成團，或是用手揉捏成團，麵團看起來會是平滑光澤並且不黏手。準備一支噴過烤盤油的刮刀，將邊壁上的麵團都刮乾淨。

5‧使用保鮮膜封好鋼盆，靜置10分鐘，加入葡萄乾再以低速混合2分鐘，盡量混合均勻。

6‧無論用哪種方法，都不要太擔心葡萄乾分布不均勻的問題，因為當發酵後進行第一次壓摺時，葡萄乾會分布得更均勻。如果麵團太黏，可以加一點點麵粉。如果麵團一點都不黏，則加一點水揉捏均勻。

第一次發酵

**7・**準備一個刮刀或刮板，以及一個2夸特/2公升的發酵用容器或鋼盆，都噴上烤盤油。將麵團刮入容器中，稍微將麵團向下壓到容器底部，然後在麵團表面噴上薄薄一層烤盤油（麵團的重量約28.6盎司/810公克）。將容器蓋上蓋子或封上保鮮膜，在容器外用膠帶做上麵團高度2倍的記號，以便知道麵團膨脹到需要的高度。讓麵團在溫暖的環境下（最佳溫度75～85°F /24～29°C）靜置約1～1小時30分鐘，直到麵團膨脹到做記號的高度。（關於建議發酵環境，可參照p.555。）

拍壓及冷藏

**8・**準備一個噴上烤盤油的刮刀或刮板，將麵團挖出放在撒了手粉的工作檯上，輕輕拍打麵團成為一個長方形。麵團應該是充滿空氣且有彈性。盡量保有麵團中的氣孔，將麵團像摺信紙那樣目測分三等份，右側⅓往中央摺，左側⅓也往中央摺，並把麵團上多餘的手粉刷掉後再次拍壓，把麵團擀成長方形。將麵團旋轉90度，讓最後摺入麵團的接縫朝向自己，以同樣摺信紙的方法左右往中間摺，最後將四個直角整型成圓弧。

**9・**將麵團放回發酵的容器中，表面噴上一點烤盤油，加蓋後冷藏30分鐘～1小時，讓麵團變硬方便操作。

# 肉桂捲內餡

| 食材 | 容量 | 重量 | |
|---|---|---|---|
| 細砂糖 | 2 大匙 | 0.9 盎司 | 25 公克 |
| 淺色黑糖或深色紅糖 | 1 大匙（緊壓） | 0.5 盎司 | 14 公克 |
| 肉桂粉 | ½ 大匙 | . | 3.3 公克 |
| 約¾ 顆蛋（攪勻後過篩） | 2 大匙（30 毫升） | 1.1 盎司 | 32 公克 |

製作肉桂捲內餡

**1・**在小碗裡放入所有粉糖類，用手混合，將顆粒搓散。

麵團整型，填入內餡，最後發酵

**2・**將麵團放在撒了手粉的工作檯上，手抹上手粉後拍壓麵團成為長方形。用擀麵棍整型成14×7½吋的長方形，整型時若有必要，可在桌面和擀麵棍上增加手粉，以防麵團沾黏。長方形麵團的厚度約¼吋，長方形上方⅓的部分可以稍微厚一點，但不要太厚，否則捲起時中心點會移位，然後在長方形下方最尾端的2吋擀薄一點，因為這裡是最後接縫黏著處。接著在長方形長的兩邊，約¾吋的寬度也要擀得稍微薄一點，因為整完型後，這兩邊會向下摺入，以免內餡流出沾黏到烤模。

**3**‧將蛋液刷上擀好的麵團，四周¾吋留白不要刷到。將混合的粉糖均勻撒在有蛋液的地方，留白處不要撒。從上方開始緊緊往下捲起，像製作蛋糕捲那樣。一邊捲的同時，一邊在上方，也就是麵團背面刷上蛋液，兩邊¾吋的部分不要刷到。一邊捲麵團一邊小心的將整條麵團壓緊，讓它們確實與內餡密合，直到捲到最後剩2吋。捲到最後，將整條麵包捲的接縫處捏實，以免內餡流出。如果麵團捲兩側有變型掉出的麵團，就把它推回去，然後將麵團捲兩側捏實，不要讓內餡跑出來。最後捏起的兩側往麵團下方摺入藏起來，再將整塊麵團放到吐司模中，把麵團往下壓實，讓麵團高度距離吐司模頂有½吋的距離。

**4**‧準備一張保鮮膜噴上烤盤油，鬆鬆的稍微蓋住吐司模，讓麵包在溫暖的環境下（最佳溫度75～85℉/24～29℃）靜置1小時15分鐘～2小時。麵包發至最大的高度應該是超過吐司模1½吋高的時候；當用指尖輕壓麵團時，會留有痕跡的狀態。

烤箱預熱

**5**‧預熱：350℉/175℃，預熱時間：45分鐘以上。

**6**‧將烤架設置在下方（分上中下三部分），放上石板或烤盤。然後準備一個烤箱可用的鑄鐵煎鍋，放在烤箱最底部，鑄鐵煎鍋須包上鋁箔紙以防生鏽，或是可以直接準備一張烤盤放在烤箱最底部。

烘烤

**7**‧將麵團噴上一點水霧，然後快速的把吐司模放到石板或烤盤上。隨後，丟入一把冰塊（約½杯）在最底部的鍋或烤盤裡，立刻關上烤箱門烘烤25分鐘。為了讓麵包烘烤均勻，將吐司模轉180度。

**8**‧繼續烤20～30分鐘，或是直到麵包頂部呈金黃咖啡色，將竹籤插入中心再拔出來時是乾淨的就可以了（麵包內部溫度是195～211℉/90～99℃）。

冷卻

**9**‧把吐司模從烤箱取出後，將麵包脫模，正放在烤架上靜置至少2小時，直到完全冷卻。

保存

‧若單吃麵包或拿來當烤吐司吃：室溫2天。密封保存：冷凍3個月。

## 小重點

‧2大匙/0.8盎司/23公克是亞瑟王烘焙專用（King Arthur's Baker 's Special）奶粉的量。如果使用其他品牌的「即溶」奶粉，可以秤同樣的重量，但以量杯計算的話則是¼杯。

# 法式吐司

| 食材 | 容量 | | 重量 | |
|---|---|---|---|---|
| 肉桂葡萄乾吐司<br>（做好已經放了2～3天） | 一部分 | 8 盎司 | | 227 公克 |
| 4 顆蛋 | ¾ 杯＋2 小匙（187 毫升） | 7 盎司 | | 200 公克 |
| 鮮奶油（乳脂36%以上） | ½ 杯（118 毫升） | 4.1 盎司 | | 116 公克 |
| 牛奶 | 2 大匙（30 毫升） | 1 盎司 | | 30 公克 |
| 細砂糖 | 2 大匙 | 0.9 盎司 | | 25 公克 |
| 淡色蘭姆酒 | 2 大匙（30 毫升。分次使用） | 1 盎司 | | 28 公克 |
| 香草精 | ½ 小匙（2.5毫升） | . | | . |
| 肉豆蔻粉（現磨） | ¼ 小匙 | . | | . |
| 無鹽奶油（冷凍） | 1 大匙 | 0.5 盎司 | | 14 公克 |
| 糖粉和（或）純楓<br>糖漿（裝飾用） | . | | . | |

## 麵包切片

**1．**用鋸齒刀將麵包切片，每片厚度為1吋。如果是使用當天出爐的麵包，切片後將麵包片平放在網架上幾小時乾燥，才能吸取比較多的水分。

## 混合卡士達和浸泡麵包片

**2．**在中碗裡放入蛋、鮮奶油、牛奶、糖、1大匙/15毫升的蘭姆酒、香草精和肉豆蔻粉，用攪拌器把材料攪散混合。

**3．**準備一個裝得下一層平放的麵包片的大盤子或烤盤，將攪拌好的卡士達倒入盤子裡。讓麵包片靜置幾分鐘吸收卡士達，然後將每片都翻面，讓另一面也可以充分吸收剩餘的卡士達。可以使用兩個鍋鏟來翻面比較容易。在盤中移動麵包片，讓盤中的卡士達都能被麵包片吸收，然後用保鮮膜緊緊封好整個盤子，冷藏直到隔天準備煎麵包時再取出。

## 熱盤及熱煎爐

**4．**如果使用電煎爐，則把電煎爐預熱到375°F/190°C（若是不沾材質，則預熱到400°F/200°C）。如果是一般平底鍋，用中小火加熱約3分鐘，或是當水滴落時會有滋滋聲，或是紅外線溫度計顯示不超過400～425°F/200～220°C（因平底鍋材質不同，溫度會略有差別）。

**5．**將冷凍的奶油塊用叉子插著，或是小心拿好，然後快速塗一層在煎爐或平底鍋的表面上。

**6．**把烤箱調到最低加熱溫度，將可以加熱的盤子放到烤箱中。

油煎法式吐司

**7‧**法式吐司每面各煎2～3分鐘，或是直到顏色呈金黃咖啡色，當溫度計插入吐司中央是170°F/77°C。如果盤中還有卡士達的汁液，可以用湯匙舀起來，淋在正在煎的吐司上。

盛盤

**8‧**將法式吐司照對角線斜切兩半，擺在加熱的盤子上。如果喜歡，可以炙燒剩餘的蘭姆酒：記得要先調暗燈光，才能看到燒出的火焰。將剩餘1大匙的蘭姆酒倒入金屬製的勺子中，拿穩勺子在瓦斯上或是燭火上加熱，將勺子傾斜靠近火焰，蘭姆酒就會被點燃，此時澆在吐司上即可（操作時要注意安全），然後在吐司上撒一點糖粉以及淋上楓糖漿即可享用。

# 白巧克力吐司

WHITE CHOCOLATE CLUB MED BREAD

## 份量：1 條長寬高 9×5×4½ 吋的吐司

烤箱溫度　350°F/175°C

烘烤時間　40～50分鐘

**我**那可愛的表妹，伊莉莎白・葛蘭娜特利（Elizabeth Granatelli），某次從地中海俱樂部度假回來後告訴我，每位客人離去前，都會發一條這樣的麵包，所以我才有了這食譜的想法。我使用《麵包聖經》（The Bread Bible）中的柔軟三明治白吐司當基底，加入白巧克力丁到麵團中，結果產生這個細小氣孔沾覆著融化巧克力的麵包。研發這麵包的過程的確是個不小的挑戰，因為靠近表面的巧克力會變成非常深的咖啡色。試了七次後，我也差不多要放棄，突然想到一個方法：我取出三分之一的麵團不與巧克力混合，然後用這三分之一的麵團裹住混合巧克力的麵團。結果我很高興自己堅持住了，因為這麵包實在太棒了，不但超軟而且味道超棒。稍微用烤吐司機烤過後又特別好吃，再抹上奶油和草莓醬，就是一道不平凡的早餐或配茶的麵包。

### 器具

一個9×5吋（8杯容量）的吐司模，內部噴上烤盤油。

一個石板或烤盤

### 製作肉桂葡萄麵包

**1**・參照p.456製作麵包，但用4盎司/114公克的高品質白巧克力取代葡萄乾。巧克力要切碎成¼～½吋大小（¾杯），切碎後與麵團混合。（不用做肉桂捲內餡部分。）

### 整型，放入白巧克力與靜置發酵

**2**・將麵團放在撒了手粉的工作檯上，手抹上手粉後拍壓麵團成為一條長方形。用擀麵棍整型成12×6吋的長方形，整型時若有必要，可在桌面和擀麵棍上增加手粉，以防麵團沾黏。用銳利的刀將長方形的一邊切出一條4½×6吋（8.5盎司/242公克）的條狀，然後切出的這條用保鮮膜包裹好，放入冷藏保存。

**3**・將工作檯上的麵團稍微擀一下，讓長邊的那邊達12吋。均勻的在麵團上撒上白巧克力塊，將麵團捲起包住白巧克力，再揉捏讓白巧克力散布均勻。如果太黏手就撒一點手粉，蓋上保鮮膜在一旁靜置約20分鐘。

**4**・將白巧克力麵團放在撒了手粉的工作檯上，用擀麵棍整型成9×8吋的長方形。將麵團從上方開始往下捲，捲成一個圓柱狀。捲到最尾端，將接縫處捏緊，讓接縫處朝下，將麵團放在桌面上。

圖中為白巧克力吐司，酸櫻桃紅醋栗果醬（參照p.521）
真實原味柳橙醬（參照p.519），以及康科特葡萄果醬（參照p.528）。

5·將之前切下冷藏的小塊麵團取出，擀成9×8½吋的長方形，約⅛吋厚。在麵團上噴上或是刷上一點水，拿起放在一旁已整型好的麵團，接縫朝下，橫放在中央靠近長方形下方部分。將長方形麵團緊緊綑住麵團捲，讓長方形的邊最後銜接在一起，再用手指將接縫處捏緊。接縫處朝下放在桌面上後，將左右兩邊的開口也捏緊，確保麵團捲整個被長方形麵團包住。將捏好的左右兩邊塞到麵團下方藏起來，放到吐司模中。將麵包均勻往下壓，約比吐司模低1吋的距離。

6·準備一張保鮮膜噴上烤盤油，鬆鬆的蓋住吐司模，讓麵包在溫暖的環境下（最佳溫度75～85°F /24～29°C）靜置1小時15分鐘～2小時。麵包發至最大的高度應該是超過吐司模1吋高的時候；用指尖輕壓麵團時，會留有痕跡的狀態。（關於建議發酵的環境，可參照p.555。）

烤箱預熱

7·預熱：350°F/175°C，預熱時間：45分鐘以上。

8·將烤架設置在下方（分上中下三部分），放上石板或烤盤，準備一個烤箱可用的鑄鐵煎鍋，放在烤箱最底部，鑄鐵煎鍋須包上鋁箔紙以防生鏽，或是可以直接準備一張烤盤放在烤箱最底部。

烘烤

9·將麵團噴上一點水霧，然後快速的把吐司模放到石板或烤盤上。隨後，丟入一把冰塊（約½杯）在最底部的煎鍋或烤盤裡，立刻關上烤箱門烘烤25分鐘。為了讓麵包烘烤均勻，將吐司模轉180度。

10·繼續烤15～25分鐘，或是直到麵包頂部呈現金黃咖啡色，將竹籤插入中心再拔出來時是乾淨的就可以了。（麵包內部溫度為195～211°F/90～99°C。）

冷卻

11·將吐司模從烤箱取出後，將麵包脫模，正放在烤架上靜置至少2小時，直到完全冷卻。

保存

·室溫2天；冷凍3個月。

# 黃金潘娜朵尼
# 節慶麵包佐巧克力醬
GOLDEN ORANGE PANETTONE WITH CHOCOLATE SAUCE

份量：14～16 片的 ½～¾ 吋厚切片

烤箱溫度　325°F/160°C

烘烤時間　60～70 分鐘

幾年前，我為了在美國烹飪學院加州灰石校區（CIA Greystone）由《美食藝術》（*Food Arts*）和《美食與美酒》（*Food&Wine*）雜誌創辦人麥可（Michael）和阿瑞安·巴特貝瑞（Ariane Batterberry）舉辦的美食藝術甜點講座（Food Arts Pastry Conference）中提供一堂示範，我選擇了自己最棒的潘娜朵尼麵包，這是為了《麵包聖經》（*The Bread Bible*）一書所創造的食譜。隔天早晨，一位從伊斯坦堡來的迷人主廚，育蘇·亞蘭（Yusuf Yaran）走到我身邊，在我耳畔輕輕的說：「我從昨天開始就無法停止想著你！」那時我眼睛瞪得老大，直到他說了下一句，「你的潘娜朵尼！」

那天示範以後，我拿了一顆潘娜朵尼給巴特貝瑞家族，阿瑞安建議我應該要創造一個巧克力香橙版本。這是一個容易製作的麵包，操作麵包的時間也不長，但實際上整個製程非常久，所以必須提早很久就開始計畫製作。切片、烤麵包片並淋上巧克力，這潘娜朵尼真是不凡的節慶蛋糕啊！

事前準備

義式老麵需要在3天前製作，麵團需要至少1天

或是2天前製作，然後至少8小時前烘烤潘娜朵尼。

器具

一台堅固耐用的直立或桌上型攪拌機，配上球形和槳狀攪拌器。

一個6×4吋的潘娜朵尼紙模，或是6×6吋的金屬咖啡罐，

或大型舒芙蕾杯，內側塗上酥油，並在底部跟邊上都鋪上烤盤紙。

一個石板或烤盤

## 義式老麵（參照p.469小重點）

份量：⅓杯/2.7盎司/78公克

| 食材 | 容量 | 重量 | |
|---|---|---|---|
| 金牌（Gold Medal）高筋麵粉（或是一半他牌高筋麵粉混合一半中筋麵粉），參照p.527 | ¼ 杯（用湯匙挖入量杯至滿抹平）+2 大匙 | 1.7 盎司 | 49 公克 |
| 速發酵母 | ¹⁄₁₆ 小匙 | . | 0.2 公克 |
| 室溫的水（70～80°F/21～27°C） | 2 大匙（30 毫升） | 1 盎司 | 30 公克 |

## 不失敗祕訣

加入的義式老麵或酸酵頭會產生酸性，讓麵團筋性增強，也會讓味道更有深度，並且可以讓麵包保濕到5天左右。精製轉化糖漿也可以添加風味，並保持濕潤。

使用低溫烘焙可以讓高含油量的麵包不易上色太重，同時也會讓酥脆的表皮更厚，也因此不用像一般傳統食譜中提到的，要倒吊冷卻。

我已經不添加西西里花卉香精，是一種帶有柑橘和香草的香精，在很多潘娜朵尼食譜中都會用到，但我發現會在口中留下不舒服的苦味。

製作義式老麵

1・在小碗裡放入麵粉、酵母，用攪拌器混勻後加入水，換成刮刀或木匙攪拌，大約攪拌3～5分鐘，或是直到麵糊非常平滑。義式老麵的質地應該會非常黏手。

2・準備一張保鮮膜噴上烤盤油，將小碗用保鮮膜封緊（或是放在一個有蓋子的食物容器中，容量約1杯，內部噴上烤盤油，放入義式老麵後就把蓋子蓋緊），靜置直到麵糊脹成2倍大並且充滿氣孔。在溫暖的室溫下（80℉/27℃），大概6小時就可以膨脹2倍大。攪拌讓它消泡後，冷藏3天再開始製作麵團。

# 乾果內餡

**份量：2½杯/14.6盎司/415公克**

| 食材 | 容量 | | 重量 |
|------|------|------|------|
| 品質優良的糖漬橙皮（參照p.469小重點） | 1 杯 | 4.2 盎司 | 120 公克 |
| 白或金黃葡萄乾 | ¼ 杯 | 1.3 盎司 | 36 公克 |
| 白橙皮利口酒（Triple Sec）或是水 | 2 大匙（30 毫升） | 1 盎司 | 30 公克 |
| 香草精 | 1 小匙（5 毫升） | . | . |
| 純橙皮油（推薦Boyajian品牌），或是使用柳橙皮屑 | ¼ 小匙/1.2毫升（1大匙。不用緊壓） | . | 6 公克 |

製作乾果內餡

1・將糖漬橙皮切成¼吋的小丁，放在密封的盒子中。（如果橙皮丁看起來太乾，可以跟浸過酒的葡萄乾混合，吸收葡萄乾的濕氣。）

2・準備一個細孔篩網，架在瓷杯或玻璃碗上。

3・準備一個至少1½杯容量的玻璃罐，裡面放入葡萄乾、利口酒、香草精和橙皮油，緊緊封住蓋子後搖晃瓶子，讓利口酒沾覆在食材上。將玻璃罐靜置至少2小時，或是可以放一夜更好，偶爾搖晃玻璃罐，讓液體均勻散布。將玻璃罐中的葡萄乾等都倒在篩網上，網下放一個瓷杯盛接，然後按壓篩網上的葡萄乾讓水分都擠乾，最後約可取得1大匙/15毫升的水分。將葡萄乾連同篩網放在一個盤子上，瓷杯用保鮮膜封好，以免裡面的水分蒸發。

# 酵頭（中種法）

| 食材 | 容量 | 重量 | |
|---|---|---|---|
| 室溫的水（70～80°F/21～27°C） | ½ 杯（118毫升） | 4.2 盎司 | 118 公克 |
| 義式老麵（參照p.465） | 約⅓ 杯 | 2.7 盎司 | 78 公克 |
| 金牌（Gold Medal）高筋麵粉（或是一半他牌高筋麵粉混合一半中筋麵粉），參照p.527 | ¾ 杯（用湯匙挖入量杯至滿抹平），＋½ 大匙 | 3.5 盎司 | 100 公克 |
| 2 顆蛋黃 | 2 大匙＋1 小匙（35 毫升） | 1.3 盎司 | 37 公克 |
| 轉化糖漿或玉米糖漿 | 1 大匙（15 毫升） | 0.7 盎司 | 21 公克 |
| 速發酵母 | ¾ 小匙 | . | 2.4 公克 |

製作酵頭（中種法）

• 在桌上型攪拌機的鋼盆中裝上球形攪拌器。將水倒入鋼盆裡，用剪刀將義式老麵剪成小塊，如果太黏，就把剪刀沾上水，把老麵塊丟入鋼盆的水裡。加入麵粉、蛋黃、轉化糖漿和酵母，用中速攪打約2分鐘。酵頭的質地像是濃稠的麵糊。將球形攪拌器取下，刮缸後把鋼盆封上保鮮膜。

# 麵團

| 食材 | 容量 | 重量 | |
|---|---|---|---|
| 金牌（Gold Medal）高筋麵粉（或是一半他牌高筋麵粉混合一半中筋麵粉），參照p.527 | 1 杯（用湯匙挖入量杯至滿抹平）＋3 大匙 | 5.5 盎司 | 156 公克 |
| 無脂奶粉（建議使用亞瑟王King Arthur's Baker's Special品牌） | 1½ 大匙 | 0.5 盎司 | 14 公克 |
| 速發酵母 | ¾ 小匙 | . | 2.4 公克 |
| 鹽 | ½ 小匙＋¹⁄₁₆ 小匙 | . | 3.4 公克 |
| 3～4 顆蛋黃（冷藏） | 3½ 大匙（52 毫升） | 2 盎司 | 56 公克 |
| 轉化糖漿或玉米糖漿 | 2 大匙（30 毫升） | 1.5 盎司 | 42 公克 |
| 保留的液體（先前浸泡葡萄乾的利口酒等液體） | 約1 大匙（15 毫升） | . | . |
| 軟化無鹽奶油（75～90°F /23～32°C），參照p.469小重點 | 10 大匙（1 條＋2 大匙） | 5 盎司 | 142 公克 |

## 混合粉類

1 · 在碗中，以攪拌器攪拌混合麵粉、奶粉和酵母，然後加入鹽混合。將混合的粉類均勻撒在酵頭上，像是一張麵粉毯子蓋著酵頭，用保鮮膜封好，讓酵頭在室溫下發酵1小時30分鐘～2小時，或是室溫下1小時，然後冷藏24小時低溫發酵。在發酵的過程中，酵頭會穿越覆蓋的麵粉並形成泡泡。

## 混合麵團

2 · 將桌上型攪拌機裝上槳狀攪拌器。在有酵頭的鋼盆裡加入蛋黃、轉化糖漿和保留的液體，以低速攪拌約1分鐘，或是直到粉類都沾濕。將速度調快到中速打5分鐘，或是直到麵團平滑光亮，並且柔軟黏手。攪打時麵團會沾黏在邊壁上。

3 · 一邊攪拌麵團，一邊用大湯匙，1匙1匙的把奶油挖起放到麵團中，每放入1匙奶油後要等待麵團攪拌吸收，直到看不見奶油痕跡，才可再放下1匙。持續攪拌麵團，直到所有奶油都與麵團融合吸收。這時麵團會變得非常柔軟且有彈性，所以幾乎不會沾在鋼盆的邊壁上。攪好麵團後刮缸，封上保鮮膜或是蓋上布巾靜置10分鐘。

4 · 在工作檯上撒足夠手粉，然後把麵團倒在檯面上，用手拍壓或用擀麵棍將麵團擀成長方形（大小不重要）。將橙皮丁和葡萄乾均勻撒在麵團上，將四邊的麵團拉合起來，包住餡料，再稍微揉捏一下，使麵團和餡料彼此服貼，防沾黏的手粉使用越少越好。如果餡料分布不均勻也不要擔心，因為在發酵後做的「摺疊」動作會解決這個問題。（麵團的重量此時約33.3盎司/945公克。）

## 第一次發酵

5 · 準備一個3夸特/3公升的發酵容器或大盆子，內部先噴上烤盤油，再將麵團放入容器中，在麵團表面噴上薄薄一層烤盤油。將容器蓋上蓋子或封上保鮮膜，在容器外用膠帶做上麵團高度2倍的記號，以便知道麵團膨脹到需要的高度。讓麵團在溫暖的環境下（最佳溫度75～85°F/24～29°C）靜置約1小時30分鐘～2小時，直到麵團膨脹到做記號的高度。（關於建議發酵的環境，可參照p.555。）

6 · 再將脹高的麵團冷藏1小時變硬，裡面的奶油才不會在操作時散開。用刮板翻攪麵團消氣，再放回冷藏約1小時，使麵團比較不黏手。

## 重新分散酵母及第二次發酵

7 · 在工作檯上撒足夠手粉，然後把麵團倒在檯面上，用手拍壓或用擀麵棍將麵團擀成長方形，必要時長方形麵團表面也可拍上一點手粉。然後將麵團像摺信紙那樣目測分三等份，右側⅓往中央摺，左側⅓也往中央摺，並把麵團上多餘的手粉刷掉後再次拍壓，把麵團擀成長方形。將麵團旋轉90度（轉四分之一），讓最後摺入的接縫朝向自己。再次以同樣的方法左右往中間摺，最後將四個直角整成圓弧。準備一個大的夾鏈袋，裡面噴上烤盤油後將麵團放入袋中，將袋子封好，但不用將空氣擠出。

8 · 冷藏6小時，最多冷藏2天，使麵團熟成、變硬。在冷藏的第一個以及第二個小時，都要隔著夾鏈袋用手掌拍平麵團。

## 整型及發酵

9 · 麵團移出冷藏後，將夾鏈袋割開，將袋子與麵團分開。將雙手交疊，然後拱起的姿勢，將麵團整成一個球形。

10 · 盡量保有麵團中的空氣，放到潘娜朵尼的紙模，或是準備好的咖啡罐中。放入後應該約有2½吋高。準備一張保鮮膜噴上烤盤油，鬆鬆的蓋住紙模，讓麵團在溫暖的環境下（最佳溫度75～85°F/24～29°C）靜置2～3小時，或是直到麵團脹了差不多2

倍大，高度與紙模同高，約4吋高。（麵團脹高的速度很慢，因為是冷藏後才整型，所以大約要花1小時，才會退成與室溫相同。）

烤箱預熱

**11**·預熱：325℉/160℃， 預熱時間：45分鐘以上。

**12**·將烤架設置在下方（分上中下三部分），放上石板或烤盤。然後準備一個烤箱可用的鑄鐵煎鍋，放在烤箱最底部，鑄鐵煎鍋須包上鋁箔紙以防生鏽，或是可以直接準備一張烤盤放在烤箱最底部。

烘烤

**13**·準備一支銳利的剪刀，用水沾濕刀刃，在麵團頂端剪一個十字，十字的深度約1吋。快速但輕輕的把紙模放到石板或烤盤上。隨後，丟入一把冰塊（約½杯）在最底部的煎鍋或烤盤裡，立刻關上烤箱門先烘烤30分鐘。在潘娜朵尼上方輕輕蓋上一張鋁箔紙，以免頂部烤焦，再烤30～40分鐘，或是竹籤刺進中央再拔出來時是乾淨的。（麵包內部溫度是184～195℉/84～90℃。）

冷卻

**14**·將潘娜朵尼從烤箱取出後，連同模型一起放在烤架上靜置約30分鐘。如果使用紙膜，則等到完全冷卻。如果使用咖啡罐或是舒芙蕾模，就需要脫模，然後放在桌上柔軟的枕頭上（將枕頭用保鮮膜包著就不髒），等待完全冷卻。當潘娜朵尼完全冷卻後，用保鮮膜或鋁箔紙密封包住，再放到夾鏈袋中。讓它在室溫下鬆弛至少8小時再食用，味道會最棒。

**15**·食用時，撕開紙模先縱切為二，再將半邊切片為½～¾吋厚度的厚片。

製作巧克力淋醬

**16**·參照p.111製作巧克力淋醬。將巧克力淋醬放入擠花袋或夾鏈袋中，在擠花袋尖端或夾鏈袋的角角剪開一個很小的半圓，用夾子夾好，以防巧克力醬流出。

**17**·將潘娜朵尼切片放在食用的盤子上，來回移動的淋上巧克力醬。

保存

·室溫2天；密封保存：冷凍3個月。

---

**小重點**

·如果有酸酵種液種，只要在液種中添加適量麵粉，讓麵種變成柔軟的質地後，就可以用來取代義式老麵。

·甜點師中心（Pastry Chef Central，參照p.560）食品材料網站，有提供高品質的法國進口糖漬橙皮。

·1½大匙/0.5盎司/14公克是亞瑟王烘焙專用（King Arthur's Baker's Special）奶粉的量。如果使用其他品牌的「即溶」奶粉，可以秤同樣的重量，但以容量計算的話，則是3大匙。

·也可以融化製作焦香奶油，約¼條/2大匙/30毫升的量，添加在麵團中，會有更濃郁的香味。

# 巴布卡麵包

BABKA

烤箱溫度　350°F/175°C

烘烤時間　45～55分鐘

**年** 幼在紐約市時，我們家22條街外有個李希特曼烘焙房（Lichtman's Bakery），他們的巴布卡遠近馳名。爸爸在星期天時常過去買巴布卡當我們的早餐。我花了好多年，試著做出記憶中的味道，最後讓我發現了做出漂亮紋路的祕訣：只要麵團很黏，並且在內餡中加入蛋白，烘烤時內餡就會跟著麵團一起脹大，也就不會從麵團頂端爆出來，或是有麵團與內餡分開的情形發生。跟布里歐麵團比起來，因為裡頭只有一半的奶油、⅓的蛋和2倍的水，因此巴布卡比較軟，含油量較低。

## 器具

一個約12～15杯容量的諾迪威中空花紋蛋糕烤模

（Nordic Ware Classic Anniversary Bundt Pan），

或是一個不可拆的中空天使蛋糕模，模內噴上烤盤油。

# 酵頭（中種法）

| 食材 | 容量 | | 重量 |
|---|---|---|---|
| 室溫的水（70～80°F/21～27°C） | ½ 杯（118 毫升） | 4.2 盎司 | 118 公克 |
| 金牌（Gold Medal）高筋麵粉（或是一半他牌高筋麵粉混合一半中筋麵粉），參照p.527 | ½ 杯（用湯匙挖入量杯至滿抹平） | 2.3 盎司 | 65 公克 |
| 無脂奶粉（建議使用亞瑟王King Arthur's Baker's Special品牌），參照p.474小重點 | 2 大匙 | . | 23 公克 |
| 速發酵母 | ½ 大匙 | . | 4.8 公克 |

製作酵頭（中種法）

‧在桌上型攪拌機的鋼盆中，使用球形攪拌器混合水、麵粉、奶粉和酵母，以中速攪打約2分鐘，直到非常滑順並充滿打入的空氣。酵頭的質地像是濃稠的麵糊。將球形攪拌器取下，刮缸後把鋼盆封上保鮮膜，放一旁備用。

# 麵團

| 食材 | 容量 | | 重量 |
|---|---|---|---|
| 金牌（Gold Medal）高筋麵粉（或是一半他牌高筋麵粉混合一半中筋麵粉），參照p.527 | 2¾ 杯（用湯匙挖入量杯至滿抹平） | 12.6 盎司 | 356 公克 |
| 糖 | ¼ 杯＋2 大匙 | 2.6 盎司 | 75 公克 |
| 速發酵母 | ½ 大匙 | . | 4.8 公克 |
| 細海鹽 | 1 小匙 | . | 6 公克 |
| 軟化無鹽奶油（75～90℉/23～32℃） | 8 大匙（1條） | 4 盎司 | 113 公克 |
| 2 顆蛋（冷藏） | ⅓ 杯＋1 大匙（94 毫升） | 3.5 盎司 | 100 公克 |
| 室溫的水（70～80℉/21～27℃） | ¼ 杯（59 毫升） | 2.1 盎司 | 59 公克 |
| 香草精 | 1 小匙（5 毫升） | . | . |

## 混合粉類

**1**・在小碗中以攪拌器混合麵粉、糖和酵母，加入鹽混合。將混合的粉類均勻撒在酵頭上，像是一張麵粉毯子蓋著酵頭，用保鮮膜封好。讓酵頭在室溫下發酵1～4小時，或是在室溫下1小時，然後冷藏24小時低溫發酵。在發酵的過程中，酵頭會穿越覆蓋的麵粉並形成泡泡。

## 混合麵團

**2**・將桌上型攪拌機裝上麵團鉤，在有酵頭的鋼盆中加入奶油、蛋、水和香草精，以低速攪拌1分鐘，或是直到粉類都沾濕。將速度調快到中速攪打7分鐘，或是直到麵團光亮有彈性。剛開始麵團還會黏在邊壁上，但到最後幾分鐘會沾覆在麵團鉤上形成一團。麵團的質地應該會非常黏手。

## 靜置發酵

**3**・準備一個刮刀或刮板，以及一個2夸特/2公升的發酵用容器或鋼盆，都噴上烤盤油。將麵團刮入容器中，稍微將麵團向下壓到容器底部，然後在麵團表面噴上薄薄一層烤盤油（麵團重量約2磅/910公克；擀壓之後重量會略增加。）將容器蓋上蓋子或封上保鮮膜，在容器外用膠帶做上麵團高度2倍的記號，以便知道麵團膨脹到需要的高度。讓麵團在溫暖的環境下（最佳溫度75～85℉/24～29℃）靜置約1～1小時30分鐘，直到麵團膨脹到做記號的高度。（關於建議發酵的環境，可參照p.555。）

## 拍壓及冷藏

**4**・將工作檯面及手上都撒上適量手粉，因為麵團會非常黏。將刮刀或刮板噴上烤盤油後，將麵團挖出放在撒了手粉的工作檯上，用指頭輕柔的拍壓麵團。將麵團一些邊邊角角拉起摺回中間，使麵團整成一個圓形，質地會非常柔軟。然後將麵團放回容器中，表面噴上一點烤盤油，加蓋後冷藏至少1小時，或是放置一夜。（若選擇放置一夜，在冷藏的第一個以及第二小時後需要再拍壓一次，然後在準備填入餡料整型前30分鐘，要取出麵團放到室溫稍微退冰。）

# 杏仁內餡

| 食材 | 容量 | 重量 | |
|------|------|------|---|
| 去皮杏仁片 | ¼ 杯＋2大匙 | 1.3 盎司 | 37 公克 |
| 淺色黑糖或深色紅糖 | ½ 杯（緊壓） | 3.8 盎司 | 108 公克 |
| 無鹽奶油<br>（65～75°F/19～23°C） | 2 大匙 | 1 盎司 | 28 公克 |
| 轉化糖漿或玉米糖漿 | 1 大匙（15 毫升） | 0.7 盎司 | 21 公克 |
| 肉桂粉 | 1 小匙 | . | 2.2 公克 |
| 杏仁膏 | ¼ 杯 | 2.5 盎司 | 70 公克 |
| 1 顆蛋白（室溫） | 2 大匙（30 毫升） | 1 盎司 | 30 公克 |

製作杏仁內餡

1・用小型食物調理機將杏仁片打成粉，加入黑糖、奶油、糖漿和肉桂粉。將杏仁膏捏成小塊，放在食材上方開始攪打，直到質地均勻，把邊壁刮乾淨，加入蛋白攪拌均勻。

整型，填入內餡及靜置發酵

2・在工作檯上撒足夠的手粉，然後把麵團倒在檯面上，用手拍壓成長方形。將麵團擀成16×14吋的長方形，必要時可以在工作檯面及手上添加手粉以防沾黏。長方形麵團約¼吋厚。將麵團上多餘的手粉刷掉。

3・用一支長抹刀將內餡抹在長方形麵團上，除了上方½吋和下方1吋需要留白，讓中央的內餡稍微比上下都來得厚一點，因為在捲的時候，有些餡料會被往前擠。

4・捲的時候從上方開始，手指壓著一把塑膠尺兩端開始往下捲，塑膠尺可以在捲的過程中支撐麵團。（將塑膠尺放在捲起的後方，尺的一邊稍微放在麵團下方，就可以幫助提起和捲麵團。）每捲一部分就要將表面的麵粉刷掉，並緊壓整條麵團捲，讓麵團捲密實不分開。要捲得均勻而中央不會過厚的話，可以用手將麵團捲由中央往兩邊輕輕推。小心整型不要急。捲到最後，將整條麵包捲的接縫處捏實，讓它們確實密合，以免內餡流出。接縫處一定要確實緊密，並刷掉多餘的麵粉。麵團捲的長度約18～20吋，質地是鬆鬆的。

5・將麵團捲小心舉起，盡量支撐好一整條，然後順著中空環狀模將麵團捲擺入，最後頭尾會有約2吋交疊。放入模時，因為成品會是倒過來的，所以接縫處要朝上。將麵團捲往烤模底壓實，大約距離模高有2½吋的距離（15杯容量的模。但若是12杯容量的模，則會距2吋）。

6・準備保鮮膜噴上烤盤油，然後蓋住烤模，並在溫暖的環境下（最佳溫度為75～85°F/24～29°C）靜置45分鐘～1小時30分鐘，或是直到麵團脹高到低於烤模½吋的高度（若是12杯容量的模，則會與模同高）。

烤箱預熱

**7**・預熱：350°F /175°C，預熱時間：20分鐘以上。

**8**・將烤架設置在下方（分上中下三部分），準備一個烤箱可用的鑄鐵煎鍋，放在烤箱最底部，鑄鐵煎鍋須包上鋁箔紙以防生鏽，或是可以直接準備一張烤盤放在烤箱最底部。

烘烤

**9**・快速且小心的將烤模放在烤架上。隨後，丟入一把冰塊（約½杯）在最底部的煎鍋或烤盤裡，立刻關上烤箱門烘烤30分鐘。為了讓麵包烘烤均勻，將烤模轉180度。如果此時麵包上方已經呈金黃咖啡色，就準備一張鋁箔紙蓋上。

**10**・繼續烤15～25分鐘，或是烤到麵包呈金黃咖啡色（此時麵包的內部為200～212°F/93～100°C）。

# 奶油淋醬

| 食材 | 容量 | 重量 | |
|---|---|---|---|
| 無鹽奶油 | 3 大匙 | 1.5 盎司 | 42 公克 |

製作奶油淋醬

**1**・在小煮鍋中以中火加熱融化奶油，或是用可微波的量杯以微波加熱融化。

巴布卡的脫模及冷卻

**2**・桌上鋪一張烤盤紙，將烤架放在烤盤紙上。從烤箱中取出巴布卡，脫模後放在烤架上，必要時可以用牙籤輔助脫模。將融化奶油刷在巴布卡表面酥脆的地方以便軟化，靜置約2小時30分鐘直到微溫。巴布卡表面可能有一道明顯的痕跡，那是麵團捲入模時頭尾交疊的部分。

保存

・室溫2天；冷凍3個月。

---

### 小重點

・2大匙/0.8盎司/23公克是亞瑟王烘焙專用（King Arthur's Baker 's Special）奶粉的量。如果使用其他品牌的「即溶」奶粉，可以秤同樣的重量，但以量杯計算的話，則會是¼杯。

# 美味變化款：巧克力杏仁抹醬內餡

獻給喜歡巧克力巴布卡的朋友，這是我最喜歡的巧克力抹醬，當時是為了《麵包聖經》（*The Bread Bible*）中的咕咕洛夫所創造的食譜。

| 食材 | 容量 | 重量 | |
|------|------|------|------|
| 苦甜巧克力，<br>55～62%可可含量（切碎） | · | 3 盎司 | 85 公克 |
| 蛋糕邊或碎屑<br>（新鮮或舊的皆可） | 1 杯（不用壓實） | 4 盎司 | 113 公克 |
| 無鹽奶油<br>（65～75°F/19～23°C） | 4 大匙（½ 條） | 2 盎司 | 56 公克 |
| 轉化糖漿或玉米糖漿 | 1 大匙（15 毫升） | 0.7 盎司 | 21 公克 |
| 1顆蛋（室溫） | 3 大匙＋½ 小匙（47 毫升） | 1.8 盎司 | 50 公克 |
| 杏仁膏 | 2½ 大匙 | 1.5 盎司 | 42 公克 |

融化巧克力

**1**・把巧克力放在可微波的碗中加熱，每15秒用矽膠刮刀稍微攪拌（或是在瓦斯上架上雙層煮鍋，底下的鍋子放入接近但低於沸騰溫度的熱水，注意不要讓上層的鍋子碰到下層鍋內的熱水），加熱巧克力直到幾乎融化。

**2**・停止加熱，但繼續攪拌直到完全融化。讓巧克力冷卻到溫溫的不燙手，但還是液體的狀態。

**3**・在食物調理機中放入蛋糕邊、奶油、糖漿和蛋，將杏仁膏捏成小塊放在其他食材上方，開始攪打直到質地均勻，必要時將邊壁刮乾淨。加入融化巧克力攪打幾秒，直到均勻混合。將混合好的餡料挖到小碗裡，蓋上蓋子靜置約1小時，直到可以塗抹的質地。

**4**・巧克力內餡與杏仁內餡都以同樣的方式塗抹（參照p.473）。

# 美味變化款：杏桃奶油起司抹醬內餡

這個香氣濃厚質地綿密的抹醬，是從艾立森・普瑞（Alison Pray）和塔拉・史密斯（Tara Smith）著作的《標準烘焙糕點有限公司》（*Standard Baking Co. Pastries*）書中食譜改編的。

# 杏桃內餡

| 食材 | 容量 | 重量 | |
|---|---|---|---|
| 杏桃乾 | 1½ 杯 | 9 盎司 | 255 公克 |
| 現榨過篩檸檬汁（約3顆大檸檬） | ½ 杯（118 毫升） | 4.4 盎司 | 126 公克 |
| 現榨過篩柳橙汁（約2顆大柳橙） | ½ 杯（118 毫升） | 4.3 盎司 | 121 公克 |
| 糖 | 2 大匙 | 0.9 盎司 | 25 公克 |

製作杏桃內餡

‧在中型厚底煮鍋裡放入所有材料，以中小火加熱，煮約20～25分鐘，直到杏桃乾變得非常軟，用竹籤一插即可穿過，同時果汁也蒸發到只剩一半。（要知道果汁是否已經減少一半，秤材料時就連同鍋子一起秤出重量後記下。煮過後，放一個防熱墊在秤上，將煮鍋整個再秤一次。這時會比原先的重量少4.3盎司/122公克。）把煮好的混合物倒入食物調理機中，攪打成像果醬般質地，刮到小玻璃碗裡，封上保鮮膜備用。

# 奶油起司內餡

| 食材 | 容量 | 重量 | |
|---|---|---|---|
| 1 顆蛋白（室溫，稍微打散） | 2 大匙（30 毫升。分次使用） | 1 盎司 | 30 公克 |
| 香草精 | ½ 小匙（2.5 毫升） | . | . |
| 杏仁香精 | ½ 小匙（2.5 毫升） | . | . |
| 新鮮柳橙皮屑 | ¼ 小匙 | . | 0.5 公克 |
| 細海鹽 | 1 小撮 | . | . |
| 奶油起司（65～75℉/19～23℃） | ¾ 杯＋2 大匙 | 8 盎司 | 227 公克 |
| 糖 | 2 大匙 | 0.9 盎司 | 25 公克 |

製作奶油起司內餡

1‧在小碗中放入1大匙/15毫升/0.5盎司/15公克的蛋白、香草精、杏仁香精、柳橙皮屑和鹽，用攪拌器攪拌均勻，剩餘的蛋白蓋上蓋子備用。將奶油起司與糖放入一個中碗裡，用手持電動攪拌器打勻，加入蛋白、香精等混合物後繼續攪打至均勻。

塗抹

2‧用剩餘的蛋白塗抹在長方形麵團上，四邊⅓吋的部分留白不要塗抹。用小支奶油抹刀將杏桃內餡均勻塗在有蛋白的部分，再將奶油起司均勻塗在杏桃內餡上。

# 經典布里歐

## CLASSIC BRIOCHE

份量：一個 19 盎司 /540 公克的麵團

**布** 里歐是麵包中的女王。它金黃的外表，柔軟的口感和充滿奶香的風味，不僅可以做成簡單的吐司狀，也可以裹入餡料做成麵包捲或編織整型呈現不同樣貌。本書中的布里歐有三種方式的變化：猴驢麵包（參照p.482）、焦糖麵包捲（參照p.486）和肉桂糖玫瑰布里歐（參照p.492）。

事前準備

麵團需要在一天前製作好

## 酵頭（中種法）

| 食材 | 容量 | 重量 | |
|---|---|---|---|
| 室溫的水（70～80°F/21～27°C） | 2 大匙（30 毫升） | 1 盎司 | 30 公克 |
| 糖 | 1 大匙 | 0.5 盎司 | 13 公克 |
| 金牌（Gold Medal）高筋麵粉（或是一半他牌高筋麵粉混合一半中筋麵粉），參照p.527 | ½ 杯（用湯匙挖入量杯至滿抹平）＋1 大匙 | 2.5 盎司 | 71 公克 |
| 速發酵母 | ¼ 小匙 | . | 0.8 公克 |
| 1 顆蛋（室溫） | 3 大匙＋½ 小匙（47 毫升） | 1.8 盎司 | 50 公克 |

製作酵頭（中種法）

• 在碗裡或是桌上型攪拌機的鋼盆中，使用球形攪拌器混合水、糖、麵粉和酵母，用攪拌器攪拌均勻，或是以中速攪打約2分鐘，直到非常滑順並充滿打入的空氣。酵頭的質地像是濃稠的麵糊。如果用手持攪拌器攪拌，剛開始攪拌時酵頭會黏住，卡在攪拌器上，但只要用一甩繼續攪拌即可。如果攪起來太稠，表示麵粉量太多，必須再加一點蛋。刮缸。

# 麵團

| 食材 | 容量 | | 重量 |
|------|------|------|------|
| 金牌（Gold Medal）高筋麵粉（或是一半他牌高筋麵粉混合一半中筋麵粉），參照p.527 | 1杯（用湯匙挖入量杯至滿抹平）＋3大匙 | 5.5 盎司 | 156 公克 |
| 糖 | 2 大匙 | 0.9 盎司 | 25 公克 |
| 速發酵母 | 1¼ 小匙 | . | 4 公克 |
| 細海鹽 | ½ 小匙 | . | 3 公克 |
| 2 顆蛋（冷藏） | ⅓ 杯＋1 大匙（94 毫升） | 3.5 盎司 | 100 公克 |
| 軟化無鹽奶油（75～90°F /23～32°C） | 8 大匙（1條） | 4 盎司 | 113 公克 |

混合粉類

1・在小碗中以攪拌器攪拌混合麵粉、糖和酵母，加入鹽混合。將混合的粉類均勻撒在酵頭上，像是一張麵粉毯子蓋著酵頭，用保鮮膜封好。讓酵頭在室溫下發酵1小時30分鐘～2小時，或是室溫下1小時，然後冷藏24小時低溫發酵。在發酵的過程中，酵頭會穿越覆蓋的麵粉並形成泡泡。

混合麵團

〈麵包機法〉

2・將麵包機程式設定為3分鐘混合以及15分鐘揉捏，加入蛋後混合3分鐘，然後讓程式進入揉捏，進行8～12分鐘或是直到麵團平滑，有光澤且有彈性。必要時，將塑膠刮刀深入機器底部，將沒有刮到的粉類或角落沒有拌到的部分都挖起來拌勻。將奶油一次加入麵團中，繼續揉捏程式攪拌約3分鐘，直到奶油都被麵團吸收。

發酵

3・這是第一次發酵，將麵包機電源關掉，靜置發酵1小時30分鐘～2小時（麵包機蓋子要蓋著），或是直到麵團膨脹約2倍大。

冷藏

4・將麵包機中的麵包容器取出，封上保鮮膜冷藏1小時。

5・把麵包容器放回麵包機中（保鮮膜可以繼續蓋著），開始攪拌功能或是製作麵團功能，攪拌30秒讓麵團消氣，再放回冷藏1小時，讓麵團比較好操作。

# 不失敗祕訣

有些桌上型攪拌機的鋼盆無法調整高度，又因為這麵團的量很少，導致麵團鉤無法攪拌均勻，這時可以換成槳狀攪拌器操作。

〈桌上型攪拌機法〉

**6**·裝上麵團鉤，把蛋加入放有酵頭的鋼盆裡，以低速攪打約1分鐘，或直到粉類濕潤。將速度調快到中速打2分鐘，準備一支噴過烤盤油的刮刀，將邊壁上的麵團都刮乾淨。繼續攪拌5分鐘，或是直到麵團平滑光亮，質地柔軟黏手。攪打時麵團會沾黏在麵團鉤和邊壁上。這時將奶油1大匙1大匙的加入，每放入1匙奶油後要等待麵團攪拌吸收，直到看不見奶油痕跡，才可再放下1匙。持續攪拌麵團，直到所有奶油都與麵團充份融合吸收。

### 發酵

**7**·準備一支刮刀或刮板，以及一個2夸特/2公升的發酵容器或大鋼盆，刮刀和容器內都先噴上烤盤油，再將麵團刮起放入容器中。麵團非常軟且有彈性，也很黏手，但在此時不要加手粉，因為麵團冷藏後比較硬。在麵團表面噴上薄薄一層烤盤油，將麵團平均向容器底部壓，容器蓋上蓋子或封上保鮮膜，在容器外用膠帶做上麵團高度2倍的記號，以便知道麵團膨脹到需要的高度。讓麵團在溫暖的環境下（最佳溫度75～85°F/24～29°C）靜置約1小時30分鐘～2小時，直到麵團膨脹到做記號的高度。（關於建議發酵的環境，可參照p.555。）

### 冷藏

**8**·將麵團冷藏1小時，使它變得硬一點，可以使奶油在操作過程中不易分離。輕輕的用刮刀攪拌麵團消氣，再放回冷藏1小時，就會比較不黏手。

**9**·無論使用哪種方法，都將冷藏後的麵團取出，放在撒了足夠手粉的工作檯面上，用壓或是使用擀麵棍擀成長方形。若有必要，可在工作檯面和麵團上增加手粉的量，以防沾黏。長方形的尺寸不重要，將麵團像摺信紙那樣目測分三等份，右側⅓往中央摺，左側⅓也往中央摺，並把麵團上多餘的手粉刷掉後再次拍壓擀成一條長方形。將麵團旋轉90度，讓最後摺入麵團的接縫處是在你的左手邊。再次以同樣摺信紙的方法左右往中間摺，最後將四個直角收在下方整型成圓弧。在麵團所有邊上撒上一點手粉，然後用保鮮膜鬆鬆的包住，放到夾鏈袋裡，冷藏6小時或是最多可以冷藏2天，等待麵團熟成（使產生風味），並且變得比較硬。

### 整型

**10**·將麵團從冷藏取出後，輕輕拍壓麵團消氣，壓或擀成長方形，依照食譜中希望的形狀塑型。

## 小重點

·金牌（Gold Medal）高筋麵粉（或是一半他牌高筋麵粉混合一半中筋麵粉）可以產生最輕柔質感，而且發得最高的麵團（大概比用全中筋麵粉的麵團還高1吋）。

# 美味變化款：經典布里歐吐司

烤箱溫度　350°F/175°C

烘烤時間　30～40分鐘

器具　一個8½×4½吋（6杯容量）的吐司模，噴上烤盤油或是塗一般的油或奶油。

・將麵團拍壓或是擀成長5吋×寬7½吋的長方形，由上往下捲三層，捲的時候要刷掉多餘的手粉，用大拇指按壓麵團使之密合。將麵團捲的接縫處朝下放到吐司模中，再往下壓實。準備一張保鮮膜，噴上一點烤盤油後蓋在吐司模上，在室溫下靜置1小時30分鐘～2小時，直到麵團膨脹到與模同高。

## 蛋液

| 食材 | 容量 | 重量 | |
|---|---|---|---|
| 1 顆蛋黃 | 1 大匙＋½ 小匙（17毫升） | 0.7 盎司 | 19公克 |
| 鮮奶油（乳脂36%以上） | 1 小匙（5 毫升） | . | . |

製作蛋液

1・在小碗中混合蛋黃、鮮奶油，用保鮮膜封緊，以免水分蒸發。

烤箱預熱

2・預熱：350°F /175°C，預熱時間：20分鐘以上。

3・將烤架設置在最下層。

塗蛋液，割記號以及烘烤

4・將蛋液塗在麵團上方。準備一支銳利的刀或單刃刀片，在麵團上割出一道¼～½吋深，由左至右的長條，從左邊距離模型1吋處開始。放入烤箱烘烤35～40分鐘，或是直到麵包呈金黃咖啡色，此時麵包內溫度是190°F /88°C。

脫模及冷卻

5・將脫模的布里歐放在烤架上，靜置約2小時直到微溫。

保存

・室溫2天；密閉盒裝：冷凍2個月。

圖中為猴饅麵包（參照p.482）

# 猴驢麵包

MONKEY DUNKEY BREAD

烤箱溫度　350°F/175°C

烘烤時間　30～40分鐘

人們相信「猴子麵包」這名字來源應該是滿隨性的，這是一種將小圓球麵團堆疊在烤模後再烤焙的麵包。因為每顆小圓球放到烤模前都會先「泡在」（dunk，音似驢子dunky）糖和奶油的混合糖漿中，所以我一直稱它為猴驢麵包。而且我很愛將柔軟奶香味十足的布里歐麵團配上一點融化巧克力搭配，所以有了把巧克力塞入麵團裡的想法。焦化的黑糖奶油沾覆著小圓麵包，而在頂端形成酥脆的焦糖，搭配上周圍稍有嚼勁的軟焦糖更是相得益彰，還有麵包內部絲絨般的質地，以及令人驚喜的苦甜巧克力，將這內外混合兩種不同的口感真是超級棒！還可以再淋上巧克力淋醬（參照p.111），這同時也提示大家麵包裡還有巧克力！

事前準備

麵團需要在一天前製作好

器具

一個直徑10吋（16杯容量）的活動式戚風烤模，內部噴上烤盤油。

一個用鋁箔紙鋪蓋包好的烤盤

## 麵團

| 食材 | 容量 | 重量 | |
|---|---|---|---|
| 經典布里歐麵團（參照p.477） | . | 19 盎司 | 540 公克 |
| 巧克力豆豆或迷你苦甜巧克力豆，55～62%可可含量 | 約1 杯 | 6.5 盎司 | 183 公克 |

## 浸泡糖漿

**份量：1杯/237毫升/8.8盎司/250公克**

| 食材 | 容量 | 重量 | |
|---|---|---|---|
| 無鹽奶油 | 10 大匙（1 條＋2 大匙） | 5 盎司 | 142 公克 |
| 玉米糖漿 | 1 大匙（15 毫升） | 0.7 盎司 | 20 公克 |
| 淺色黑糖或深色紅糖 | ½ 杯（緊壓） | 3.8 盎司 | 108 公克 |

製作浸泡糖漿

1・在一個可微波的中型碗裡（或是直接用煮鍋以中火加熱）放入奶油、玉米糖漿和黑糖加熱融化，途中攪拌一兩次（若是直火加熱，則須一直攪拌），直到糖漿沸騰（糖漿溫度約200℉/93℃）。將沸騰的糖漿靜置一旁約1小時冷卻，直到微溫，放在溫暖的溫度下備用。

整型及填入餡料

2・將布里歐麵團放在撒了點手粉的檯面上，分成兩等份，其中一半先冷藏備用。把沒有冷藏的那一塊擀成4×4吋的正方形，然後用銳利小刀將正方形裁成16個1×1吋的小方塊（每塊0.6盎司/17公克）。將每個小方塊都整型成小球狀，必要時可以在手指抹上手粉，以防沾黏。擀好或是沒擀好的麵團都要用保鮮膜或其他東西加蓋，以免表面乾掉。

3・使用小支擀麵棍將每顆小圓球壓成2吋的扁圓狀。用手指輕輕將外圍一圈的部分壓得比較薄，挖約1小匙的巧克力豆豆放在中央。將周圍的部分拉起包住巧克力，接縫處捏實。將包好巧克力豆豆的麵團接縫處朝下放在桌面上，把手掌拱起搓揉整型成表面平滑的球狀，放在烤盤上，蓋上噴過烤盤油的保鮮膜，再開始整型下一顆。把全部整型好的球狀麵團放到冷藏，並舀出第二塊麵團，以同樣的方式包餡，整型成小圓球。整型時動作盡量快，以免麵團開始發酵膨脹。

組合麵包

4・用攪拌器將浸泡的糖漿攪拌到質地一致。拿出冷藏好的麵團球，一次一個放入糖漿裡，轉動麵團球讓所有表面都沾到糖漿。將接縫處朝下放到準備好的戚風模裡，不要排得太緊，因為它們的體積還會膨脹。（扁型攪拌器、叉子或小漏勺都可以拿來輔助沾濕麵團和撈起，當然用手也可以。）不時攪拌糖漿，使質地一致。完成後，所有麵團約會佔烤盤1/3滿，如果還有剩餘的糖漿，均勻淋在麵團上。

5・準備一張噴過烤盤油的保鮮膜蓋在烤模上，在溫暖的環境下發酵（最佳溫度是75～85℉/24～29℃）約50分鐘～1小時30分鐘，直到麵團脹大且當指尖壓下去時，凹洞彈回得非常慢。這些麵團球比較偏橫向膨脹，在高度上的差異不會太大。（關於建議發酵的環境，可參照p.555。）

烤箱預熱

6・預熱：350℉/175℃，預熱時間：20分鐘以上。

7・將烤架設置在最下層，把鋁箔紙包著的烤盤放在這個烤架上。

烘烤

8・把烤模放在預熱好的烤盤中，烘烤30～40分鐘，或是直到麵包呈金黃色，並且當竹籤插入中央再拔出來時是乾淨的（此時麵包內溫度為190℉/88℃）。麵團球的高度會膨脹到差不多烤模的一半高。

製作巧克力淋醬

9・當麵包在烘烤時製作焦糖淋醬（焦糖淋醬也可以在3天前就做好）。

## 小重點

・一些10吋的戚風模只會有12杯容量，不過也沒關係，麵團在這種比較小容量的烤模裡會膨脹到差不多烤模的¾高。

# 焦糖淋醬

份量：½杯/133毫升/6盎司/170公克

| 食材 | 容量 | 重量 | |
|---|---|---|---|
| 糖 | ½ 杯 | 3.5 盎司 | 100 公克 |
| 玉米糖漿 | ½ 大匙（7.5 毫升） | . | 10 公克 |
| 水 | 2 大匙（30 毫升） | 1 盎司 | 30 公克 |
| 熱鮮奶油（乳脂36%以上），參照p.485美味變化款。 | ¼ 杯（59 毫升） | 2 盎司 | 58 公克 |
| 無鹽奶油（65～75°F/19～23°C） | 1 大匙 | 0.5 盎司 | 14 公克 |
| 香草精 | ½ 小匙（2.5 毫升） | . | . |

## 製作焦糖

**1**·準備一個耐熱的小玻璃量杯，內部噴上一點烤盤油。

**2**·在中型煮鍋中，最好是不沾鍋材質，放入糖、糖漿和水，稍微攪拌直到糖都浸濕。開始加熱，時而攪拌直到糖都溶解並開始沸騰。停止攪拌並轉至小火繼續煮，讓糖水繼續沸騰，直到顏色變成深琥珀色（此時溫度為360°F /180°C；或是在到達溫度前就先離火，讓餘溫繼續加熱焦糖到達需要的溫度。）

**3**·將鍋子離火，一到所需溫度，就小心的把熱鮮奶油倒入焦糖中，此時會產生大量的煙和泡泡。使用耐熱刮刀或木匙攪拌焦糖鮮奶油，確認底部邊緣都攪拌到，不要殘留結塊的焦糖。把煮鍋放回爐火上，用小火邊攪拌邊加熱約1分鐘，使焦糖和奶油顏色一致，焦糖完全溶解。

**4**·離火後加入奶油輕柔的攪拌均勻。剛開始焦糖和奶油會變得有點分離，但是攪拌冷卻後就會融合了。將焦糖倒入準備的量杯中冷卻約3分鐘，輕輕拌入香草精，然後冷卻直到摸起來不再溫熱，冷卻過程中攪拌3～4次。

**5**·放在盒中的焦糖淋醬室溫下最多可保存3天，冷藏可達3個月。

## 脫模以及淋醬

**6**·如果焦糖淋醬已事先做好，可以加熱到摸起來溫熱。（如果焦糖淋醬放在可微波的容器中，以微波加熱1分鐘，加熱途中攪拌2次。若是將容器放在即將沸騰的熱水中，一邊攪拌一邊加熱約7分鐘，直到溫熱。）

**7**·將烤模取出後放在烤架上約10分鐘，準備一個罐子，罐子的切面面積要比烤模底部面積來得小。把烤模放在罐子上，均勻用力地把模圈往下推取出。把一支奶油抹刀，插入烤模底部與麵包中間，繞一圈讓麵包與烤模底部分開。拿兩支鍋鏟插到抹刀鬆開處，將麵包舉起放到盤子上。

**8**·焦糖淋醬可以直接放在尖嘴的量杯中，裝飾性淋在猴驢麵包上，但是如果要比較細緻，可以把焦糖淋醬放在擠花袋中，用⅛吋的平口花嘴（4號）或是使用夾鏈袋，然後在角落剪一個非常小的半圓開口。

9．將焦糖淋醬像蕾絲花紋般倒在或是擠在麵包表面，立刻盛盤，趁溫熱食用（大概微溫的狀態可以維持1小時）。鼓勵大家用手把溫熱的麵包撕開直接食用。

10．猴驢麵包可以立即食用或是之後用鋁箔紙鬆鬆包著，以350℉/175℃加熱15分鐘，又或者用微波加熱30秒，微波爐中要另外以玻璃杯裝一杯熱水放在旁邊一起加熱（3顆小麵包需要10秒）。

保存

・保存時蓋子不要緊蓋，以免焦糖軟掉。室溫2天；冷凍2個月。

## ☆ 美味變化款：波本威士忌焦糖淋醬

・為了追求濃郁香醇的品質，用2大匙/30毫升的波本威士忌代替等量的鮮奶油，和香草精一起混合做成焦糖淋醬。

# 焦糖麵包捲

CARAMEL BUNS

烤箱溫度　375°F/190°C（若使用深色烤盤則為350°F/175°C）

烘烤時間　18～22分鐘

這是我最好的糖漿麵包捲食譜，將麵包捲以環狀排列均勻烘烤，是做出完美焦糖麵包捲的重要關鍵。之前把它們分開烤，這樣形狀可以維持得很好，但是口感會比較扎實，也比較有嚼勁。我現在則是偏好使用這種新方法，就是把一個玻璃罐裝滿熱水，放在烤模中央製造蒸氣，麵包就會比較膨脹且軟。此外，我不把麵包與焦糖一起烘烤，而是烤熟麵包後再加上焦糖，這樣每顆小麵包沾到的焦糖量都很均勻。我也把焦糖的量多加一倍，第一部分小量拿來黏胡桃，剩下的就拿來淋在麵包側邊。一旦布里歐的麵團做好了，大概再3小時就可以將焦糖麵包捲出爐，實在很值得！

事前準備

布里歐麵團在前一天製作完成

器具

兩個直徑9吋×高2吋的圓形蛋糕烤模，要用一張很大的鋁箔紙將
烤模從內包到外側上方（圖片參照p.489，多餘的部分捲起當
作把手，可以抓住提起麵包捲），在鋁箔紙上稍微噴上烤盤油。
兩個2杯容量的玻璃罐，或是底部直徑3吋的瓷杯。

## 麵團

| 食材 | 容量 | 重量 |
|------|------|------|
| 經典布里歐麵團（參照p.477） | . | 19 盎司 | 540 公克 |

# 焦糖麵包捲內餡

| 食材 | 容量 | 重量 | |
|---|---|---|---|
| 葡萄乾 | ½ 杯 | 2.5 盎司 | 72 公克 |
| 深色蘭姆酒 | 2 大匙（30 毫升） | 1 盎司 | 28 公克 |
| 滾水 | ¼ 杯（59 毫升） | 2.1 盎司 | 59 公克 |
| 剖半胡桃 | ¼ 杯 | 0.9 盎司 | 25 公克 |
| 淺色黑糖或深色紅糖 | ¼ 杯（緊壓） | 1.9 盎司 | 54 公克 |
| 細砂糖 | 1 大匙 | 0.5 盎司 | 13 公克 |
| 肉桂粉（參照p.489小重點） | 1½～2 小匙 | · | 3.3～4.4 公克 |
| 約½ 顆蛋（打散） | 1 大匙（15 毫升） | · | |

### 烤箱預熱

・預熱：375℉/190℃，預熱時間：20分鐘以上。將烤架設置在中間。

### 製作焦糖麵包捲內餡

**1**・準備一個耐熱的小碗，放入葡萄乾、蘭姆酒，加入滾燙的熱水，蓋上蓋子燜最少1小時，讓葡萄乾充分吸收蘭姆酒。準備填入麵團時，把葡萄乾倒在篩網上，網下放一個瓷杯盛接，按壓瀝乾水分，瀝出的水分要保留做成淋醬的一部分。

### 烘烤與處理胡桃

**2**・將胡桃切成較小的中型尺寸，放入硬的金屬篩網中，搖晃篩網，把胡桃的粉末都篩掉。將胡桃均勻鋪在烤盤上，放入烤箱烤5分鐘，增加胡桃的香氣。烘烤過程中翻炒一兩次，使胡桃均勻上色。〔放在表面裝飾的整顆胡桃（參照p.491），也可以放在另一個烤盤上同時烘烤。〕

**3**・準備一個中型的碗，混合胡桃、黑糖、細砂糖和肉桂粉，用手指混合把結粒的部分分開。

### 麵團的整型與填入內餡

**4**・將打散的蛋液放在一個小碗中備用。

**5**・將麵團放在撒了手粉的工作檯上，擀成寬13～14吋，長12吋的長方形。稍微移動抬起麵團，以防沾黏在工作檯，刷去麵團上多餘的麵粉。

**6**・將麵團表面刷上蛋液，均勻撒上葡萄乾與胡桃、糖等粉類。

**7**・捲的時候從上方開始，手指壓著一把塑膠尺兩端開始往下捲，塑膠尺可以在捲的過程中支撐麵團。（將塑膠尺放在捲起的後方，尺的一邊稍微放在麵團下方，就可以幫助提起和捲麵團。）每捲一部分就要將表面的麵粉刷掉，並緊壓整條麵團捲，讓麵團捲密實不分開。推壓兩側，讓兩側及中央的厚度都一樣，整條麵團捲約12吋長。將整條麵團捲都篩上一點麵粉（但左右兩個側邊不用）。

### 裁切及發酵

**8**・用牙線切麵團捲是最好的方法,不過也可以用銳利的鋸齒刀。使用牙線時,拉起兩端,讓牙線中間從麵團底下滑過,到9吋處停下,然後拿起兩端的頭交錯,用力拉到底,就可以均勻切開麵團捲。整條平均切成4等份,每份再裁成3片(每片約1吋厚),總共12片。

**9**・如果是要製作隔天出爐的早午餐焦糖麵包捲,在整型入模後就要立即放入冷藏,最多可冷藏14小時。烘烤前需要約2小時30分鐘的室溫發酵。如果要加速發酵,可以放在發酵箱中約1小時30分鐘,內部放熱水。(關於建議發酵的環境,可參照p.555。)

**10**・將玻璃罐放在圓形烤模正中央,玻璃罐不需要塗模任何防沾物,因為麵團不會黏在玻璃上。將麵包捲切片接縫處朝向烤模邊壁,以每片相隔3吋的距離整齊擺放。如果有葡萄乾脫落,把它輕輕壓回麵團中。不須把麵團壓實,因為會橫向膨脹,但是如果有比較厚的切片,可以稍微輕壓。未發酵麵團的高度應該距離烤模的高有1¼吋的距離,發酵完成後就會和烤模差不多高了。將整個烤模用噴過烤盤油的保鮮膜包起來,放置在溫暖處發酵約1~1小時30分鐘(最佳溫度是75~85°F/24~29°C),或是直到麵團捲每個切片都膨脹到彼此密合,沒有縫隙。

### 烤箱預熱

**11**・預熱:375°F/190°C(若使用深色烤模則設定350°F/175°C),預熱時間:30分鐘以上。

**12**・將烤架設置在最下層。

### 烘烤

**13**・把滾燙的熱水倒入烤模中央的玻璃罐約一半高度,放入烤箱烘烤10~12分鐘,或是直到麵包要開始轉成咖啡色。取出玻璃罐,鬆鬆蓋上一張鋁箔紙。

**14**・繼續烘烤8~10分鐘,或是直到竹籤插入中央再拔出來時是乾淨的(此時麵包內溫度為180~210°F/82~99°C)。

**15**・烘烤麵包的時間,可以製作麵包捲的醬汁。

#### 小重點

・如果使用味道強烈的肉桂粉,只需要½大匙。

・將麵團放入模型中,模型中間放入裝了滾水的玻璃罐。

# 焦糖麵包捲醬汁

| 食材 | 容量 | 重量 | |
|------|------|------|------|
| 泡葡萄乾的蘭姆酒水（參照p.487） | · | · | · |
| 無鹽奶油 | 1 大匙 | 0.5 盎司 | 14 公克 |

製作焦糖麵包捲醬汁

1·在小煮鍋中以大火加熱之前浸泡葡萄乾的酒水混合液，一邊加熱一邊攪拌以免燒焦（或是裝在一個可微波的量杯中，量杯須事先噴過烤盤油，以微波加熱），繼續煮滾，直到汁液濃縮剩下1½～2大匙/22.5～30毫升的量。若使用微波加熱，大概微波約3分鐘，但在結束前要特別注意不要讓濃縮汁液燒焦。離火後加入奶油攪拌，直到融合。

將醬汁刷在麵包捲上

2·將烤模自烤箱取出後放在烤架上，均勻的把淋醬刷在麵包表面。把烤模外側的鋁箔紙小心的往內捲起，做成像小提把，然後舉起麵包脫模。用鍋鏟鏟起每片麵包下方，讓它跟鋁箔紙分開，再分開每片麵包。將麵包一個一個取出擺放，但彼此要有間隔不可相黏。趁麵包還溫熱或是室溫食用時，可以搭配焦糖一起吃。

# 軟黏焦糖醬

**份量：1杯/237毫升/10.6盎司/300公克**

| 食材 | 容量 | 重量 | |
|------|------|------|------|
| 細砂糖 | 1 杯 | 7 盎司 | 200 公克 |
| 玉米糖漿 | 1 大匙（15 毫升） | 0.7 盎司 | 20 公克 |
| 水 | ¼ 杯（59 毫升） | 2.1 盎司 | 59 公克 |
| 熱的鮮奶油（乳脂36%以上） | 6 大匙（89 毫升） | 3.1 盎司 | 87 公克 |
| 無鹽奶油（65～75°F/19～23°C） | 2 大匙 | 1 盎司 | 28 公克 |
| 香草精 | 2 小匙（10 毫升） | · | · |
| 剖半胡桃（稍微烘烤過） | 48（約¾ 杯） | 2.6 盎司 | 75 公克 |

製作軟黏焦糖醬

1·準備一個約2杯容量的可微波量杯，內部噴上一點烤盤油。

## 不失敗祕訣

在麵團捲起來後篩上一層麵粉的作用，在於幫助麵包烘烤後比較好脫模，也可以形成表皮，讓麵包比較新鮮。

**2.** 準備一個6杯容量的煮鍋，最好是不沾鍋材質，放入糖、玉米糖漿和水，稍微攪拌直到糖都浸濕。加熱，時而攪拌直到糖都溶解並開始沸騰。停止攪拌並轉至小火繼續煮，讓糖水繼續沸騰，直到顏色變成深琥珀色（此時溫度為360°F/180°C；或是在到達溫度前就先離火，讓餘溫繼續加熱焦糖到達需要的溫度。）

**3.** 將鍋子離火，一到所需溫度，就小心的把熱鮮奶油倒入焦糖中，此時會產生大量的煙和泡泡。使用耐熱刮刀或木匙攪拌焦糖鮮奶油，確認底部邊緣都攪拌到，不要殘留結塊的焦糖。把煮鍋放回爐火上，用小火邊攪拌邊加熱約1分鐘，使焦糖和奶油顏色一致，焦糖完全溶解。

**4.** 離火後加入奶油輕柔的攪拌均勻。剛開始焦糖和奶油會變得有點分離，但是攪拌冷卻後就會融合了。

**5.** 將焦糖醬倒入準備的量杯中冷卻約3分鐘，輕輕拌入香草精，冷卻直到與室溫相同，冷卻過程中攪拌一兩次。

完成焦糖麵包捲

**6.** 將一些焦糖醬均勻淋在麵包上，每個麵包放上4顆胡桃。把剩下的焦糖醬從胡桃上方再淋一次，並且繞著周圍一圈，使側面都沾到。如果焦糖醬變硬了，可以用微波快速加熱6秒，直到滑順可以傾倒。

保存

· 保存時蓋子不要緊蓋，以免焦糖軟掉：室溫2天；密閉盒裝：冷凍2個月。

· 麵包若吃不完，可以加熱再食用。將烤箱以350°F/175°C預熱後，麵包以鋁箔紙稍微包住烘烤15分鐘或是微波30秒，同時用耐熱玻璃杯放1杯滾水在微波中一起加熱，質地才會維持鬆軟（1顆麵包約微波10秒）。

# 肉桂糖玫瑰布里歐

SUGAR ROSE BRIOCHE

份量：一個直徑 9¾× 高 4 吋的圓形麵包

烤箱溫度　325°F/160°C

烘烤時間　約1小時20分鐘

---

這是個布里歐新的塑型方法，是從新鮮麵包（The Fresh Loaf），一個麵包烘焙熱愛者開設的論壇中得知的。本來有這外觀的麵包，是一種高加索地區出產的鹹麵包，但是這個塑型技巧其實可以用在任何麵包上。肉桂糖可以展現出漂亮的內部花紋，是個適合早餐或假日早午餐的完美之選。

---

事前準備

布里歐麵團需要在前一天製作完成

器具

一個直徑10吋×高2½～3吋的活動式扣環圓模，噴上烤盤油。

一個稍微大一點的矽膠烤模或兩條蛋糕模邊條，以及一張烤盤。

## 麵團

| 食材 | 容量 | | 重量 |
|------|------|------|------|
| 經典布里歐麵團（參照p.477） | 雙倍份量 | 38 盎司 | 1080 公克 |

## 內餡

| 食材 | 容量 | | 重量 |
|------|------|------|------|
| 1 顆蛋（室溫） | 3 大匙＋½ 小匙（47 毫升） | 1.8 盎司 | 50 公克 |
| 細海鹽 | 1 小撮 | . | . |
| 精製細砂 | ⅓ 杯 | 2.3 盎司 | 67 公克 |
| 肉桂粉（參照p.496小重點） | 4～6 小匙 | 0.3～0.5 盎司 | 9～13 公克 |

麵團整型與填入內餡

1·在一個小碗裡攪拌蛋、鹽，過篩到另一個小碗裡，可以用湯匙背輔助過篩，或是攪拌後先靜置一下再過篩。過篩後約有2大匙/30毫升/1.2盎司/33公克的蛋液，沒有過篩的部分即可丟棄。

## 不失敗祕訣

盡量將切紋面朝上，可以防止肉桂糖內餡接觸到烤模底部經過烘烤而沾黏烤焦。

2・將糖、肉桂粉以細孔篩網過篩到一個小碗裡，混合均勻。

3・將麵團放在撒了足夠手粉的工作檯面上，並在麵團上也撒上手粉。用手指均勻壓扁，再用擀麵棍擀成直徑20～22吋的圓，必要時轉動麵團添加手粉，以免沾黏，最後刷去多餘的麵粉。

4・將整塊麵團表面都刷上蛋液，蛋液的量盡量控制到最少，以達到均勻的一層刷面。（太多的蛋液會融化糖，整型時會變得困難。）然後篩上肉桂糖，再均勻抹平。

5・捲的時候從上方開始，手指壓著一把塑膠尺兩端開始往下捲，塑膠尺可以在捲的過程中支撐麵團。（將塑膠尺放在捲起的後方，尺的一邊稍微放在麵團下方，就可以幫助提起和捲麵團。）每捲一部分就要將表面的麵粉刷掉，並緊壓整條麵團捲，讓麵團捲密實不分開。小心整型不要急。捲到最後時，將接縫處捏實，讓它們確實密合，以免內餡流出。接縫處一定要確實緊密，然後調整麵團捲盡量讓接縫處都朝上。

裁切

6・使用銳利的長刃刀將麵團捲均勻橫切為二，盡量平均沿著接縫處切。最後使用銳利的剪刀，把底部，尤其是黏起來的地方剪開來，完成裁剪一半的動作（參照p.495的步驟圖）。

編織麵團條

7・麵團切紋面保持向上，取中間將兩條交錯呈×狀。記住切紋面一直都要朝上，提起×下方兩條麵團的尾端，將交錯後上面的那條繞到下面那條的下方。照此方式繼續交錯彎曲麵團條直到最後，然後將尾端捏實彼此相黏。以同樣的方式編織×上方的兩條麵團。

麵團塑型及發酵

8・將烤模扣環解開，移除側邊部分，底盤滑到麵團下方，將編織好的一個尾端對準底盤中心。不要舉起麵團，直接移動麵團緊緊繞圓，切紋面一定要朝上。捲起後中央會凸起，整體形成一個像玫瑰花的螺旋狀，將最後的尾端藏到底下收尾。

9・將烤模側邊裝上，環釦扣上，發酵後麵團就會橫向膨脹碰觸到烤模的邊。將烤模放在矽膠模中，或是把蛋糕模邊條圍住烤模，用噴過烤盤油的保鮮膜輕輕蓋上麵團。把烤模靜置在溫暖的環境下（最佳溫度是75～85℉/24～29℃）約40分鐘～1小時30分鐘，或是直到麵糊膨脹約2倍。脹大後會接觸到烤模側邊，而中央將會脹高約½吋。（關於建議發酵的環境，可參照p.555。）

烤箱預熱

10・預熱：325℉/160℃，預熱時間：20分鐘以上。

11・將烤架設置在最下層。

烘烤

12・將烤模放在烤盤上烘烤20分鐘。為了均勻上色，將烤盤旋轉180度後，用鋁箔紙輕輕蓋在麵團上。

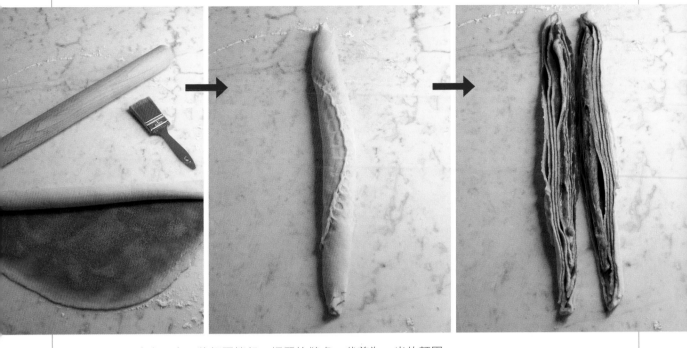

・由左至右：將麵團捲起。捏緊接縫處。裁剪為一半的麵團。

・由左至右：將麵團條交錯呈×型。編織麵團條。將麵團切紋面朝上，入模後捲起。

495

**13·**繼續烘烤約1小時，或是直到麵包呈金黃色（麵包內溫度為200～205°F/93～96°C）。麵包烘烤後會脹得比烤模側邊還高。

脫模及冷卻

**14·**準備一支小支奶油抹刀，緊貼著烤模，順著烤模側邊與麵包的間隙畫一圈。解開環釦，移開側邊。用兩支鍋鏟鏟起麵包與烤模底盤的間隙舉起麵包，放在烤架上冷卻，直到微溫或是與室溫相同。

保存

・室溫2天；冷凍2個月。

・如果想要將麵包切片冷凍，必須先一片一片分開冷凍，然後放在不同的夾鏈袋中保存，否則會沾黏在一起。

## 小重點

・如果使用味道強烈的肉桂粉，只需要4小匙。

# 布列塔尼焦糖奶油酥

KOUIGNS AMANN

**份量：8 個直徑 4× 高 1¾ 吋的圓形奶油酥**

烤箱溫度　400°F/200°C

烘烤時間　20～27分鐘

以前我總認為麵包捲是世界上第一名的酥餅類，不過那是在一個旅人兼甜食愛好者的朋友，瑪寇‧南（Marko Gnann）跟我介紹了一個來自布列塔尼，使用奶油和糖製作的麵包甜點，焦糖奶油酥（發音為：keh-WEEN-ah-mahn）之前。（其實它很像可頌，但是含奶油量比較少，且增加很多糖分。）在知道這甜點不久後，我跟伍迪（Woody）就很巧的在巴黎聖傑曼大道上發現了以此甜點知名的店家Georges Larnicol，在店裡他們稱為小酥餅（Kougnettes）。做了一些研究後，我發現大部分的烘焙者傾向商業化做法，用丹麥機將麵團壓得均勻且快速，但我想要用手工來完成。第一次試驗後，從麵團滲出超多奶油，完全就是大災難，所以差不多要放棄了。第二次好一點，但是摺數不夠，所以吃起來比較像蛋糕不像酥餅，做起來也不是那麼值得花時間精力，所以我把這想法擱在一旁幾個月，等到開始又想起它時，我有了新的想法：那就是使用筋性強、高蛋白質的麵粉；摺壓次數減少；並且只在最後一摺時加入糖。有了這些靈感後，之前的不可能都變得容易操作了，所以我試了第三次，做出了這個變成伍迪跟我最愛的酥餅類甜點。測試這本書很多配方的貝塔烘焙坊（Beta Bakers）也很認同這份成功的食譜。奶油酥內部（就是本書的封面照片）是由柔軟附有孔洞層次的麵團吸附著糖漿，外層則由酥脆焦黃的幸福焦糖包裹著。

器具

麵團從開始到結束，包含烘烤，約需6小時製作。
手工操作的時間非常短暫，因為麵團本身的靜置發
酵佔比較久的時間，但是過程需要精準按照時程進行。

器具

八個直徑4×高¾吋的塔圈（參照p.503小重點）
一個小烤盤（17¼×12¼×1吋），鋪上鋁箔紙，霧面朝上。

# 酥皮麵團

| 食材 | 容量 | | 重量 |
|---|---|---|---|
| 高筋麵粉<br>（建議使用亞瑟王King Arthur品牌） | 3 杯（用湯匙挖入量杯至滿抹平）－1½ 大匙 | 13.8 盎司 | 390 公克 |
| 速發酵母 | 2 小匙 | . | 6.4 公克 |
| 細海鹽 | 1¾ 小匙 | . | 10.5 公克 |
| 水（偏涼室溫溫度） | 1 杯（237 毫升） | 8.4 盎司 | 237 公克 |
| 無鹽奶油（融化後冷卻） | 2 大匙 | 1 盎司 | 28 公克 |
| 無鹽奶油，建議使用高乳脂含量（60〜70°F/16〜21°C），參照p.530 | 16 大匙（2 條） | 8 盎司 | 227 公克 |
| 糖（建議使用精製細砂） | 1 杯 | 7 盎司 | 200 公克 |

## 製作麵團

1・在桌上型攪拌機的攪拌缸中放入麵粉、酵母，用攪拌器攪拌均勻後再放鹽，加入水和融化奶油，用麵團鉤以低速攪拌直到粉類都濕潤，必要時刮缸。繼續用低速攪拌4分鐘，麵團將會變得絲滑且不會沾黏攪拌缸的邊壁，但底部還是會沾黏。麵團非常柔軟，摸起來有點黏。使用保鮮膜封好攪拌缸，在室溫下靜置30分鐘。等待的同時，準備奶油塊。

## 製作奶油方塊

2・把回軟的高乳脂奶油放在一張大的保鮮膜上，鬆鬆的用保鮮膜封起。如果奶油是冷的，用擀麵棍輕輕敲打奶油，讓奶油變得扁平且比較軟，然後隔著保鮮膜將奶油揉捏在一起，用指關節揉壓，避免直接接觸奶油，將奶油整成5平方吋（約¾吋高）的方形。此時，奶油應該還是稍硬，但可以操作的質地（68〜70°F/20〜21°C），立即使用或是放在陰涼處。要包入奶油塊時，奶油的硬度應該會和麵團一樣，否則奶油會碎裂、不均勻的分散在麵團中。

## 包覆奶油

3・將麵團放在撒了足夠手粉的工作檯面上，擀成8平方吋的方形。將保鮮膜包著的奶油斜放在方形麵團的正中央，且在奶油塊的四個直角處，用尺或刀子在方形麵團上面做記號。做完記號後把奶油移開，從做記號的四個角往外擀平，麵團會有點彈性。將包奶油的保鮮膜拆掉，把奶油放在剛剛做記號的地方。拉起被擀長、擀平的四個角，往奶油方向摺入蓋上，摺完前三摺，把麵團上多餘的麵粉刷掉，再拉起第四個角摺入，將奶油完全封在裡頭。包覆奶油的麵團約是5¾平方吋，將四條接縫緊緊捏牢。

## 第一次摺疊

4・將麵團接縫面朝上放在撒了足夠手粉的工作檯面上，慢慢擀成13×7吋的長方形，大約¼吋厚。往四個角方向擀，使用切麵刀或尺維持長方形的形狀完整。如果麵團上有氣泡，輕輕把氣泡往下壓。如果麵團破掉看見奶油，在破掉的地方撒上一點麵粉蓋住，再把麵團上多餘的手粉刷掉。目測分成三等份，上面和下面三分之一都往中間摺入，即完成第一次摺疊。

・由左至右：第三摺：撒上細砂糖。**擀**平。將包糖的麵團摺三摺。

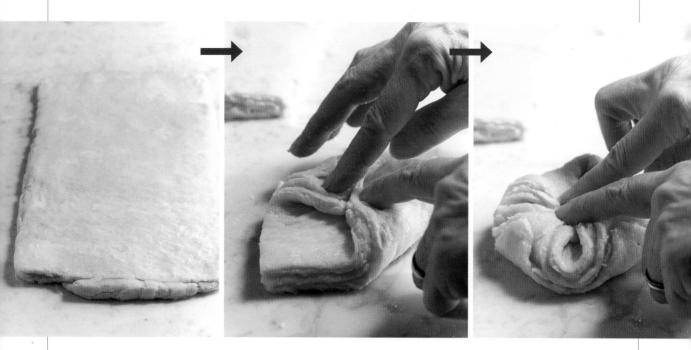

・由左至右：將麵團**擀**成16×8吋的長方形。將對角摺起。將四個角往中心壓入。

**5** · 將完成第一次摺疊的麵團用保鮮膜包好，然後放入冷藏約1小時。（此時麵團重約2磅7盎司/1120公克。）

第二次摺疊

**6** · 每次摺疊前，都要將麵團最後接縫的接口朝左。第二次擀的方法按照第一次摺疊，有時必須將麵團翻面，以保持邊長平整均勻。（因為擀的時候，上方的麵團會被擀得比下方還多次。）用保鮮膜包好，放入冷藏約1小時。

第三次摺疊

**7** · 將工作檯面清理乾淨後，在與麵團同面積的範圍內撒上一半量的砂糖，把麵團放在砂糖上，擀成14×8吋的長方形，不時將麵團翻面再擀。用刮板將工作檯面上的糖刮起，撒在麵團上，再拿一些剩餘的糖撒在上面，大概會用到2～3大匙的糖被擀入麵團中。用切麵刀輔助，將麵團整成均勻平整的長方形。

**8** · 將麵團像第一次摺疊那樣摺三摺，用保鮮膜包好後先放入冷凍約30分鐘，再放入冷藏30分鐘。將剩餘的糖撒在工作檯面上，撒成與麵團一樣大的長方形，之後擀壓整型時會用到。

準備塔圈與烤盤

**9** · 將塔圈放在準備好的烤盤上，在塔圈內側和鋁箔紙上都噴上烤盤油。

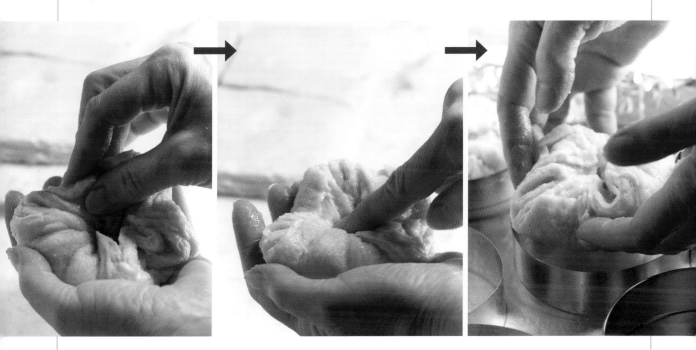

· 由左至右：將四個角第二次摺起。往中心點壓下去。把每個麵團放入塔圈中。

# 不失敗祕訣

焦糖奶油酥的麵團和丹麥麵團很相像，只是焦糖奶油酥在最後一次摺疊時放入糖。而丹麥麵團中本來用牛奶和蛋液刷在表面來幫助上色，在這邊則是因為已經有糖的焦化幫助上色，所以用水來代替，以免麵團上色過度或烤焦。

高乳脂的奶油和高蛋白的麵粉是可以讓麵團呈現明顯層次的關鍵。摺疊時，麵團和奶油的硬度一定要相同，奶油才能均勻在麵團裡散布成一層，所以保持奶油所需溫度非常重要。

因為糖會化解麵團的結構，所以塑型前只要做3次摺疊，便可以保有最多層次的口感。

塑型後，麵團必須保存在80°F/27°C的溫度下。使用400°F/200°C烘烤，會讓麵團流失最少量的奶油。

## 擀壓及塑型

**10.** 將麵團放在撒糖的工作檯面上，從中央向外側擀，擀成16×8吋的長方形，約1¾吋厚。將麵團裁成8塊一樣大小的方形，每面約4平方吋（每片重約4.9盎司/140公克），因為糖會開始出水，所以麵團會變得黏手。取一個方形麵團擀成5½～6吋的方形。將方形的四個角摺入中央，用力往中心點壓下去。將方形麵團放在微彎的手掌中，這樣比較容易操作，也可以維持摺入後的樣子。重複摺疊動作，第二次將四個角摺入中間，這次會比較難，因為麵團變得比較厚，但是同樣把四個角往中央壓下去（必要時可以在手指上沾些糖）然後壓實，讓四個角都沾黏住。把塑型好的麵團放在烤盤上的塔圈中，以同樣的方式完成所有方形麵團。每個塑型好的麵團都會稍微打開變了點形狀，但這也是它的迷人之處。

**11.** 將塑型好的麵團用18×12吋的烤盤覆蓋著，或用噴過烤盤油的保鮮膜輕輕蓋上，在溫暖的環境下（最佳溫度是75～80°F/24～27°C，但不要高於80°F/27°C）靜置30分鐘，或是直到麵團膨脹1.5倍，並且碰到塔圈。（關於建議發酵的環境，可參照p.555。）

**12.** 一旦麵團塑型好，奶油酥可以蓋著保鮮膜冷藏保存最多2小時再烤。當奶油酥從冷藏取出，大約需45分鐘～1小時的發酵時間，用一樣的溫度烘烤，成果也會和塑型後直接烘烤的一樣美味。（如果把奶油酥冷藏超過2小時，便會抑制麵團的發酵。）

## 烤箱預熱

**13.** 預熱：400°F/200°C，預熱時間：30分鐘以上。

**14.** 將烤架設置在最下層。

## 烘烤

**15.** 烘烤12分鐘。為了均勻上色，將烤盤旋轉180度，繼續烘烤8～15分鐘，或直到奶油酥餅呈焦糖色，外圍呈深棕色（此時麵包內溫度為212～215°F/100～102°C）。

## 冷卻

**16.** 將出爐的烤盤放在烤架上，用夾子夾起塔圈，再用鍋鏟把焦糖奶油酥一個一個鏟到另一個噴過烤盤油的烤架上，烤架下方鋪上廚房紙巾，以免奶油酥中的奶油滴落弄髒工作檯面（約有2大匙的奶油會在烘烤過程中流出留在鋁箔紙上）。如果有塔圈黏住奶油酥而無法移除，可以連同烤盤放回烤箱中幾分鐘，讓奶油酥上的焦糖軟化後再移除。讓脫模的奶油酥靜置10分鐘冷卻，奶油酥的口感會變得鬆軟，而剛出爐且仍溫熱時，是最佳的食用時機。

## 保存

· 放在紙袋中：室溫2天。加熱方法：微波8～10秒，或350°F/175°C烘烤3～5分鐘。

## 小重點

· 一次性（拋棄式）鋁箔紙慕斯圈可以用厚鋁箔紙製作，以代替塔圈，或者裁剪鋁板製作可多次使用的慕斯圈（鋁板可在五金行或手作裝修材料行取得）。

· 一次性（拋棄式）鋁箔紙慕斯圈：將鋁箔紙做出14×4吋的記號，裁剪成條。在鋁箔紙條的短邊做⅞吋的記號，照著記號摺起，總共摺3次，變成14×1吋的長條，側面看起來有四層。

· 鋁板製慕斯圈：將尺寸量好後，用金屬切割器或專用剪刀剪成14×1吋的長條。

· 這兩種慕斯圈：用4吋的罐子罩住圍著，用迴紋針將長條交疊的部分固定住，使長條固定成圓圈。再將鋁圈從罐子內取出，可以稍微調整成最接近圓形的樣子。

# 美味變化款：法式吐司舒芙蕾

舊的（2天以上）布列塔尼焦糖奶油酥會是最適合做成舒芙蕾法式吐司的選擇。以下卡士達份量適用於2個焦糖奶油酥（共8.5盎司/240公克）。

| 食材 | 容量 | 重量 | |
|------|------|------|------|
| 3顆蛋 | ½杯＋1½大匙（140毫升） | 5.3盎司 | 150公克 |
| 鮮奶油（乳脂36%以上） | ⅓杯（79毫升） | 2.7盎司 | 77公克 |
| 牛奶 | 2大匙（30毫升） | 1盎司 | 30公克 |
| 香草精 | 1小匙（5毫升） | . | . |

製作卡士達

1 · 將焦糖奶油酥平放橫切成兩片。準備一個可入烤箱的容器，大小剛好是可以鋪上共4片奶油酥切片。在碗中攪拌蛋、鮮奶油、牛奶和香草精，倒入可放入烤箱的容器中。將每片奶油酥切片切面朝下，放到卡士達中，用保鮮膜封緊，放入冷藏8小時或一晚。

烤箱預熱

2 · 預熱：350°F/175°C，預熱時間：20分鐘以上。

3 · 將烤架設置在中間。

烘烤

4 · 將準備進烤箱的容器蓋上一張鋁箔紙，不用封緊。烘烤10分鐘。把鋁箔紙拿掉後，繼續烘烤5～10分鐘，或是直到內部溫度是160°F/71°C。

麵包和發酵點心類 — 搭配起司盤的麵包

# 瑞典人的杏桃核桃麵包

### SWEDISH APRICOT WALNUT BREAD

**份量：1個長寬高 11×4×2½ 吋的麵包**

### 烤箱溫度

烘烤核桃：325°F/160°C；預熱：450°F/230°C；麵包：400°F/200°C

### 烘烤時間

烘烤核桃：7分鐘；麵包：35～45分鐘

某 次拜訪位於斯德哥爾摩，瑞達保葛司德（Riddarbageriet）的烘焙師強恩・索柏（Johan Sörberg）的麵包店時，看到他撰寫的一本得獎瑞典書中，發現這個叫作Speja（翻譯為「偵查兵」或是「間諜」）的特別麵包。當然，我是在瑞典買了這本書，所以很高興的，部落格上有讀者願意幫我翻譯這篇食譜。在原始食譜中，他使用了酸酵頭，但因為我不希望任何人錯失認識這個麵包的機會，所以換成使用簡單的義式老麵來製作，結果也真的賦予麵包極有深度的風味。

### 事前準備

義式老麵至少需要1天，或是建議3天前製作（放得越久越有風味）。

### 器具

一個烤盤上墊有14×8吋的烤盤紙
一個石板或烤盤

## 義式老麵

**份量：9大匙/4.8盎司/137公克**

| 食材 | 容量 | | 重量 |
|---|---|---|---|
| 金牌（Gold Medal）高筋麵粉（或是一半他牌高筋麵粉混合一半中筋麵粉，參照p.527） | ¼ 杯（用湯匙挖入量杯至滿抹平）+1 大匙 | 1.4 盎司 | 40 公克 |
| 黑麥麵粉（粗粒裸麥） | ⅓ 杯（用湯匙挖入量杯至滿抹平） | 1.4 盎司 | 40 公克 |
| 速發酵母 | ¹⁄₁₆ 小匙 | . | 0.2 公克 |
| 細海鹽 | ⅛ 小匙 | . | 0.8 公克 |
| 室溫的水（70～80°F/21～27°C） | ¼ 杯（59毫升） | 2.1 盎司 | 59 公克 |

製作義式老麵

1‧在小碗裡放入麵粉、黑麥麵粉和酵母，用攪拌器混勻後加鹽再拌勻，加入水後改用刮刀或木匙攪拌，大約攪拌3～5分鐘，或是直到麵糊非常平滑。義式老麵的質地應該會非常黏手。

2‧準備一張保鮮膜噴上烤盤油，將小碗用保鮮膜封緊（或是放在一個有蓋子的食物容器中，容量約2杯，內部噴上烤盤油，放入義式老麵後就把蓋子蓋緊），靜置直到麵糊幾乎膨脹2倍大並且充滿氣孔。在溫暖的室溫下（80°F/27°C），大概6小時就可以膨脹到2倍大。攪拌讓它消泡。可以立即使用，若是想讓味道更豐富，可以冷藏再製作，冷藏保存最多3天。

# 麵團

| 食材 | 容量 | 重量 | |
|---|---|---|---|
| 剖半核桃 | ½ 杯 | 1.8 盎司 | 50 公克 |
| 室溫的水（70～80°F/21～27°C） | ½ 杯（118 毫升） | 4.2 盎司 | 118 公克 |
| 義式老麵（參照p.504） | 9 大匙 | 4.8 盎司 | 137 公克 |
| 金牌（Gold Medal）高筋麵粉（或是一半其他牌高筋麵粉混合一半中筋麵粉），參照p.527 | 1¼ 杯（用湯匙挖入量杯至滿抹平） | 5.6 盎司 | 160 公克 |
| 速發酵母 | ¾ 小匙－¹⁄₁₆ 小匙 | . | 2.2 公克 |
| 細海鹽 | ¾ 小匙 | . | 4.5 公克 |
| 白或金黃葡萄乾 | 滿滿½ 杯 | 2.8 盎司 | 79 公克 |
| 5～6 個杏桃乾 | . | 1.8 盎司 | 50 公克 |

烤箱預熱

‧預熱：325°F/160°C，預熱時間：20分鐘以上。

‧將烤架設置在中間。

烘烤核桃

1‧將核桃均勻鋪在烤盤上烘烤7分鐘，加強核桃的香氣。烘烤過程中可以翻炒一兩次，使核桃均勻上色。將烘烤過的核桃倒在乾淨的布巾上，搓揉摩擦讓核桃皮可以脫落。粗略的把核桃掰開放入碗中，盡量去除核桃的皮。靜置完全冷卻然後再切成粗粒。

製作麵團

## 〈麵包機法〉

**2.** 在麵包機的麵包容器中放入水。準備一支銳利的剪刀，如果太黏可以沾上水，然後將老麵剪成一小塊一小塊的丟入水裡。加入麵粉、酵母，將麵包機程式設定為3分鐘混合，並開始執行混合3分鐘。讓麵團靜置（自行分解）20分鐘。

**3.** 將程式設定為揉捏10分鐘。加入鹽後開始揉捏階段，其中包含3分鐘的混合以及7分鐘的揉捏。

**4.** 讓麵團靜置20分鐘後，再加入葡萄乾與核桃，並用麵包機執行混合3分鐘。


## 〈桌上型攪拌機法〉

**5.** 裝上麵團鉤，在鋼盆中加入水。準備一支銳利的剪刀，如果太黏可以沾上水，將老麵剪成一小塊一小塊的丟入水裡。加入麵粉、酵母，以低速攪1分鐘或是直到粉類濕潤成團。刮缸後撒上鹽，並用中速攪拌7分鐘，這時麵團會非常有伸展性且平滑、黏手。使用保鮮膜封好鋼盆，靜置20分鐘，加入葡萄乾和核桃再以低速攪拌1分鐘或是混合均勻。

兩次發酵

**6.** 準備一個刮刀或刮板，以及一個2夸特/2公升的發酵用容器或鋼盆，都噴上烤盤油。將麵團刮入容器中，稍微將麵團向下壓到容器底部，然後在麵團表面噴上薄薄一層烤盤油（麵團的重量約18盎司/510公克）。將容器蓋上蓋子或封上保鮮膜，在容器外用膠帶做上麵團高度2倍的記號，以便知道麵團膨脹到需要的高度。讓麵團在溫暖的環境下（最佳溫度75～85℉/24～29℃）靜置約1～1小時30分鐘，直到麵團膨脹到做記號的高度。（關於建議發酵的環境，可參照p.555。）

**7.** 準備一個噴上烤盤油的刮刀或刮板，將麵團挖出放在撒了手粉的工作檯上，輕輕拍打麵團成為一個長方形。將四邊拉摺（輕輕把一個邊拉扯出去再反摺回中心，以同樣的方式一次一邊，完成四個邊。），將四個直角整型成圓弧後，把麵團放回發酵的容器中。

**8.** 再一次，在麵團表面噴點烤盤油，封上保鮮膜後在容器外做上2倍高的記號。（麵團將會填滿整個容器，比第一次還要大，因為它含有更多的空氣。）靜置發酵約45分鐘～1小時，直到膨脹到做記號的高度。如果時間允許，第二次發酵可以用冷藏放過夜，以達到更有層次的風味。

**9.** 將麵團倒在撒有手粉的工作檯面上，拍打讓麵團稍微扁一點，質地依舊黏黏的，但手粉要撒得適量。將麵團加蓋靜置20分鐘再塑型（如果先前冷藏過一晚，則需靜置1小時再塑型）。

塑型與發酵

**10.** 輕輕將麵團拍打成7×5吋的長方形，長的邊靠自己。將上方左右兩個直角往下摺3吋，形成左右兩個三角形，像是剛開始摺紙飛機的樣子，摺入的三角形接縫按壓黏住底下的麵團。在兩個三角形下方，將杏桃乾橫擺一列。回到最上方開始向下捲，把杏桃乾都包住。捲到最後時，將接縫處兩邊捏緊形成一條密實的接縫。這個兩頭成椎狀的麵團長寬高應為10×3×2吋。放在準備好的烤盤上。

**11**・準備一張噴過油的保鮮膜輕輕蓋在麵團上，在溫暖的環境下（最佳溫度75～85°F/24～29°C）靜置約45分鐘～1小時，直到膨脹到11×3½×2⅛吋的大小，並且用指尖按壓麵團時，會回彈恢復得非常慢。

烤箱預熱

**12**・預熱：450°F/230°C，預熱時間：45分鐘以上。

**13**・將烤架設置在下方（分上中下三部分），放上石板或烤盤。然後準備一個烤箱可用的鑄鐵煎鍋，放在烤箱最底部，鑄鐵煎鍋須包上鋁箔紙以防生鏽，或是可以直接準備一張烤盤放在烤箱最底部。

割記號和烘烤

**14**・準備一支銳利的刀或單刃刀片，在麵團上方割出3道½吋深，2½吋長的平行斜線。第一道距離頂端1吋開始下刀，下一刀的開始是從第一刀尾端前1吋平行處開始劃，以同樣的方式割第3道。

**15**・將麵團噴上一點水霧，然後快速的把麵團烤盤放到石板或烤盤上。隨後，丟入一把冰塊（約½杯）在最底部的鍋或烤盤裡，立刻關上烤箱門烘烤5分鐘。然後不開烤箱，直接降溫到400°F/200°C繼續烤15分鐘。為了讓麵包烘烤均勻，將烤模轉180度。

**16**・繼續烤15～20分鐘，或是直到麵包呈金黃咖啡色，或是麵包內部溫度達到205°F/96°C。

冷卻

**17**・出爐後，直接把麵包正放在烤架上，靜置約2小時直到完全冷卻。

保存

・室溫2天；密封裝：冷凍3個月。

# 蔓越莓聖誕麵包

CRANBERRY CHRISTMAS BREAD

份量：1 個長寬高 12×6×2¾ 吋的麵包

烤箱溫度

烘烤核桃：325°F/160°C；預熱：400°F/200°C；麵包：350°F/175°C

烘烤時間

烘烤核桃：7分鐘；麵包：50～60分鐘

**第**一次公開這份食譜是在《麵包聖經》（*The Bread Bible*）中，後來發現只要加一些酵種（義式老麵），就可以添加風味，質地也比較柔軟，更別說可以保存更久。這款麵包很適合搭配起司，也因此特別適合節日時食用。

事前準備

義式老麵至少需要1天，或是建議3天前製作。

器具

一個長10吋以上的烤盤，最好是電鍍材質或兩張烤盤疊起來，

烤盤上墊一張14×8吋的烤盤紙。

## 義式老麵

份量：1杯/8.3盎司/236公克

| 食材 | 容量 | | 重量 |
|------|------|------|------|
| 金牌（Gold Medal）高筋麵粉（或是一半他牌高筋麵粉混合一半中筋麵粉，參照p.527） | 1杯（用湯匙挖入量杯至滿抹平）＋2 小匙 | 4.8 盎司 | 136 公克 |
| 速發酵母 | 1⁄16 小匙 | . | 0.2 公克 |
| 細海鹽 | ¼ 小匙 | . | 1.5 公克 |
| 室溫的水（70～80°F/21～27°C） | ½ 杯－1 大匙（100 毫升） | 3.5 盎司 | 100 公克 |

製作義式老麵

1・在小碗裡放入麵粉、酵母，用攪拌器混勻後加鹽再拌勻，加入水後改用刮刀或木匙攪拌，大約攪拌3～5分鐘，或是直到麵糊非常平滑。義式老麵的質地應該會非常黏手。

**2·**準備一張保鮮膜噴上烤盤油，將小碗用保鮮膜封緊（或是放在一個有蓋子的食物容器中，容量約2杯，內部噴上烤盤油，放入義式老麵後就把蓋子蓋緊），靜置直到麵糊幾乎膨脹2倍大，大約1⅓杯的量，並且充滿氣孔。在溫暖的室溫下（80°F/27°C），大概6小時就可以膨脹到2倍大。攪拌讓它消泡，可以立即使用，若是想讓味道更豐富，可以冷藏再製作，冷藏保存最多3天。

# 蔓越莓乾

| 食材 | 容量 | 重量 | |
|---|---|---|---|
| 蔓越莓乾 | 1 杯 | 5 盎司 | 144 公克 |
| 熱水 | ½ 杯（118 毫升） | 4.2 盎司 | 118 公克 |

### 浸泡蔓越莓乾

·在小碗中放入熱水與蔓越莓乾，封上保鮮膜後靜置，讓蔓越莓乾吸收水分變得飽滿，攪拌一下，再浸泡30分鐘。準備一個篩網架在小碗上，將蔓越莓乾倒在篩網上過濾，稍微按壓瀝出多餘的水分，瀝出的水倒至小量杯中（大概可取得6大匙/89毫升），然後加入適量的水，讓這些水的總量達到¾杯－1大匙/163毫升/5.7盎司/163公克。將蔓越莓水封上保鮮膜放置一旁，之後做麵團時會用到。如果打算隔一天才製作麵團，那麼蔓越莓乾和蔓越莓水都要用保鮮膜封好，冷藏到隔天。

# 麵團

| 食材 | 容量 | 重量 | |
|---|---|---|---|
| 剖半核桃 | 2 杯（分次使用） | 7 盎司 | 200 公克 |
| 全麥麵粉（參照p.513小重點） | ¼ 杯（用湯匙挖入量杯至滿抹平）＋2 大匙 | 1.8 盎司 | 50 公克 |
| 金牌（Gold Medal）高筋麵粉（或是一半他牌高筋麵粉混合一半中筋麵粉），參照p.527 | 1¾ 杯（用湯匙挖入量杯至滿抹平） | 8 盎司 | 227 公克 |
| 非糖化麥芽精粉，或麥芽糖漿或糖 | 1 大匙 | . | 9.3 公克，或21公克或13公克 |
| 速發酵母 | 1～1⅛ 小匙（參照p.511小重點） | . | 3.2～3.6 公克 |
| 細海鹽 | 1⅛ 小匙 | . | 6.7 公克 |
| 保留的蔓越莓水（70～80°F/21～27°C） | ¾ 杯－1 大匙（163 毫升） | 5.7 盎司 | 163 公克 |
| 義式老麵（參照p.509） | 約1 杯 | 8.3 盎司 | 236 公克 |
| 芥花籽油或紅花油 | 1 大匙（15 毫升） | 0.5 盎司 | 13 公克 |
| 手粉 | ⅓ 杯（用湯匙挖入量杯至滿抹平） | 1.5 盎司 | 43 公克 |

烤箱預熱

· 預熱：325°F/160°C，預熱時間：20分鐘以上。

· 將烤架設在中間層。

烘烤核桃及混合粉類

1· 將核桃均勻鋪在烤盤上烘烤7分鐘，加強核桃的香氣。烘烤過程中可以翻炒一兩次，使核桃均勻上色。將烘烤過的核桃倒在乾淨的布巾上，搓揉摩擦讓核桃皮可以脫落。粗略的把核桃掰開放入碗中，盡量去除核桃的皮。靜置完全冷卻然後再切成粗粒。取1½杯的核桃放一旁備用。

2· 將剩餘的½杯核桃放入食物處理機中，同時加入全麥麵粉攪打1分鐘，或是直到混合成均勻的粉狀。接著加入麵粉、麥芽糖漿和酵母一起攪打，（這裡要注意，如果打算使用冷藏過夜做為麵團的第二次發酵，那麼酵母的量則為：1小匙/3.2公克；否則一般室溫發酵，酵母的量為：1⅛小匙/3.6公克。）最後加入鹽混合。將混合好的粉類放置一旁備用。

製作麵團

〈麵包機法〉

3· 在麵包機的麵包容器中放入蔓越莓水。準備一支銳利的剪刀，如果太黏可以沾上水，將老麵剪成一小塊一小塊的丟入水裡，加入粉類等混合。將麵包機程式設定為3分鐘混合，並開始執行混合3分鐘。讓麵團靜置（自行分解）20分鐘。

4· 將程式設定為揉捏10分鐘。加入油及核桃後開始執行揉捏行程，其中包含3分鐘的混合以及7分鐘的揉捏。讓麵團靜置20分鐘。


〈桌上型攪拌機法〉

5· 裝上麵團鉤，在鋼盆中加入蔓越莓水。準備一支銳利的剪刀，如果太黏可以沾上水，將老麵剪成一小塊一小塊的丟入水裡。加入混合的粉類，以低速攪1分鐘或是直到粉類濕潤，雖然非常軟，但還是看得出來已結成團。刮缸後封上保鮮膜靜置20分鐘，加入油和胡桃，以中速攪拌7分鐘。這時麵團會非常有伸展性且平滑。攪拌的前3分鐘，若是麵團看起來還是很黏，並且無法將攪拌缸邊壁上的麵團捲黏附著在麵團鉤上時，可以多加一點手粉攪拌，一次約加入1大匙。

加入蔓越莓乾

6· 在工作檯面上撒些手粉後，把麵團擀成14×10吋的長方形。把蔓越莓乾均勻撒在麵團上，從短的邊長開始捲，就像捲蛋糕捲。

7· 將麵團輕柔的整成一顆球。添加蔓越莓乾後，麵團會變得非常黏，會需要多一點手粉來操作。

兩次發酵

8· 準備一個刮刀或刮板，以及一個2夸特/2公升的發酵用容器或鋼盆，都噴上烤盤油。將麵團刮入容器中，稍微將麵團向下壓到容器底部，然後在麵團表面噴上薄薄一層烤盤油。（添加蔓越莓乾後麵團的重量約是2磅6盎司/1075公克；加入多餘的手粉後，重量是2磅7.4盎司/1114公克。）將容器蓋上蓋子或封上保鮮膜，在容器外用膠帶做上麵團高度2倍的記號，以便知道麵團膨脹到需要的高度。讓麵團在溫暖的環境下（最佳溫度75～85°F/24～29°C）靜置約1～1小時30分鐘，直到麵團膨脹到做記號的高度。（關於建議發酵的環境，可參照p.555。）

9・準備一個噴上烤盤油的刮刀或刮板，將麵團挖出放在撒了手粉的工作檯上，輕輕拍打麵團成為一個長方形。將四邊拉摺（輕輕把一個邊拉扯出去再反摺回中心，以同樣的方式一次一邊，完成四個邊。），將四個直角整型成圓弧後，把麵團放回發酵的容器中。

10・再一次，在麵團表面噴點烤盤油，封上保鮮膜後在容器外做上2倍高的記號。（麵團將會填滿整個容器，比第一次還要大，因為它含有更多的空氣。）靜置發酵約1～1小時30分鐘，直到膨脹到做記號的高度。或者也可以將麵團放在夾鏈袋中冷藏一晚。在冷藏的第一個或（及）第二個小時，要把麵團拍扁一兩次，才不會過發。在塑型前的1小時要先放到室溫回溫。

11・將麵團倒在撒有手粉的工作檯面上，拍打讓麵團稍微扁一點，質地依舊黏黏的，但手粉要撒得適量。將麵團加蓋靜置20分鐘再塑型（如果先前冷藏過一晚，則需靜置1小時再塑型）。

塑型與發酵

12・把麵團放在撒了手粉的工作檯面上，輕輕將麵團拍打成7×5吋的長方形，長的邊靠自己。將上方左右兩個直角往下摺3吋，形成左右兩個三角形，像是剛開始摺紙飛機的樣子，摺入的三角形接縫按壓黏住底下的麵團。從最上方開始捲起，捲到最後時，將接縫處兩邊捏緊形成一條密實的接縫。這個兩頭成椎狀的麵團長寬高應為10×3½×2½吋。放在準備好的烤盤上。

13・準備一張噴過油的保鮮膜輕輕蓋在麵團上，在溫暖的環境下（最佳溫度75～85°F/24～29°C）靜置約45分鐘～1小時，直到膨脹到12×4½×2¾吋的大小，並且用指尖按壓麵團時，會回彈恢復得非常慢。

烤箱預熱

14・預熱：400°F/200°C，預熱時間：30分鐘以上　。

15・將烤架設置在下方（分上中下三部分），然後準備一個烤箱可用的鑄鐵煎鍋，放在烤箱最底部，鑄鐵煎鍋須包上鋁箔紙以防生鏽，或是可以直接準備一張烤盤放在烤箱最底部。

割記號和烘烤

16・為了更凸顯圖案，先均勻的在麵團表面撒一點麵粉再割記號（稞麥粉的味道特別好）。如果麵團太黏，可以先讓麵團曝露在空氣下靜置5分鐘，讓表面稍微乾一點。準備一支銳利的刀或單刃刀片，在麵團上橫向割出兩道平行由左至右的線，約¼～½吋深。

## 不失敗祕訣

浸泡蔓越莓乾不只是軟化它，同時也可以製作出帶天然甜味的液體，可以讓麵包外皮形成非常漂亮的金黃咖啡色。

核桃只需要稍微烤一下就好，可以防止在麵團中變灰藍色。因為有些堅果在烘烤中會移動到表面，因此很容易上色，所以準備時只要稍微烤一下就好。

這個麵包的發酵時間比較久，因為全麥麵粉比較重，再加上了蔓越莓和堅果，讓整個麵團更重。多餘的發酵時間會讓麵團膨脹得更均勻、更輕盈。

越柔軟的麵團有著越輕盈的口感，所以操作時不要使用過多手粉。

如果使用麥芽糖漿代替麥芽精粉，它的顏色會是偏棕色而不是偏粉色調。這種大的麵團需要比較長的時間烘烤，並且加入浸泡蔓越莓乾的水分中含有不少糖分，都會讓麵包形成深咖啡色表皮，所以不適合放在石板上烘烤。

**17**・如果沒有在麵團上撒麵粉，就噴上薄薄一層水霧，然後快速的把麵團烤盤放到石板或烤盤上。隨後，丟入一把冰塊（約½杯）在最底部的鍋或烤盤裡，立刻關上烤箱門烘烤5分鐘。然後不開烤箱，直接降溫到350℉/175℃繼續烤25分鐘。為了讓麵包烘烤均勻，將烤模轉180度。

**18**・繼續烤20～30分鐘或是直到麵包表皮呈金黃色，且麵包內部溫度達到205℉/96℃。

冷卻

**19**・出爐後，直接把麵包正放在烤架上，靜置冷卻至少2小時。

保存

・室溫2天；密封裝：冷凍3個月。

### 小重點

・如果購買全麥麵粉，記得在3個月內使用完畢，或是冷凍保存（冷凍可保存至少1年）。如果是自己磨麥粉，最好在3天內用完，或是等3個月，當粉類裡某些會在烘烤後產生不好味道的酶類釋出後，就可以使用。

# 百分之百全麥核桃吐司

100% WHOLE WHEAT WALNUT LOAF

烤箱溫度

烘烤核桃：325°F/160°C；預熱：450°F/230°C；麵包：400°F/200°C

烘烤時間

烘烤核桃：7分鐘；麵包：45～55分鐘

這裡分享我最棒的全麥麵包食譜。這款麵包不但健康、風味十足而且口感超棒，即使不添加核桃也很讚。但是，核桃油可以讓麵包的味道更柔和香醇，麵團也會膨脹得比較高。麵包切成薄片很適合用來搭配起司，尤其是藍紋起司類。

事前準備

酵頭需要在麵團製作前的1～4小時前完成。

器具

一個9×5吋（8杯容量）的吐司模，內部噴上烤盤油。

一個石板或烤盤

## 酵頭（中種法）

| 食材 | 容量 | | 重量 |
|------|------|------|------|
| 室溫的水<br>（70～80°F/21～27°C） | 1¾ 杯＋1 大匙<br>（429 毫升） | 15.1 盎司 | 429 公克 |
| 蜂蜜 | 1 大匙＋1 小匙<br>（20 毫升） | 1 盎司 | 28 公克 |
| 全麥麵粉<br>（參照p.518小重點） | 2 杯（用湯匙挖<br>入量杯至滿抹平） | 9.2 盎司 | 260 公克 |
| 速發酵母 | ½ 小匙 | . | 1.6 公克 |

製作酵頭（中種法）

1・在大鋼盆裡或是桌上型攪拌機的鋼盆中，使用球形攪拌器混合水、蜂蜜、麵粉和酵母，用攪拌器攪打約3分鐘，直到非常滑順並充滿打入的空氣。酵頭的質地像是濃稠的麵糊。刮缸。

2・如果使用麵包機，把打好的酵頭挖到麵包機的麵包容器內。若使用桌上型攪拌機，刮缸後蓋上保鮮膜放在一旁備用，等待的時候準備麵團材料。

# 麵團

| 食材 | 容量 | | 重量 |
|------|------|------|------|
| 全麥麵粉（參照p.518小重點） | 1½ 杯（用湯匙挖入量杯至滿抹平）＋1 大匙 | 7.3 盎司 | 206 公克 |
| 小麥蛋白（俗稱麵筋粉，參照p.518小重點） | 2 大匙＋2 小匙 | 0.8 盎司 | 24 公克 |
| 速發酵母 | ½ 小匙 | 0.8 盎司 | 1.6 公克 |
| 剖半核桃 | 1⅔ 杯 | 5.9 盎司 | 166 公克 |
| 核桃油，芥花籽油或紅花油（室溫） | ⅓ 杯（79毫升） | 2.5 盎司 | 72 公克 |
| 細海鹽 | 1¾ 小匙 | . | 10.5 公克 |

## 混合

**1**・在中型碗裡，以攪拌器攪拌混合麵粉、小麥蛋白和酵母。將混合的粉類均勻撒在酵頭上，像是一張麵粉毯子蓋著酵頭，用保鮮膜封好。在室溫發酵1～4小時。發酵1小時之後，覆蓋的那層麵粉會開始有髮絲般的狀態產生。再繼續發酵，在發酵的過程中，酵頭會穿越覆蓋的麵粉並形成泡泡。

## 烤箱預熱

**2**・預熱：325°F/160°C，預熱時間：20分鐘以上。

**3**・將烤架設在中間層。

## 烘烤核桃

**4**・將核桃均勻鋪在烤盤上烘烤7分鐘，加強核桃的香氣。烘烤過程中可以翻炒一兩次，使核桃均勻上色。將烘烤過的核桃倒在乾淨的布巾上，搓揉摩擦讓核桃皮可以脫落。粗略的把核桃掰開放入碗中，盡量去除核桃的皮。靜置直到完全冷。

## 製作麵團

〈麵包機法〉

**5**・將麵包機程式設定為3分鐘混合，開始把麵團混合3分鐘，再靜置（自行分解）約20分鐘。

**6**・將程式設定為揉捏10分鐘，加入油後開始揉捏階段，其中包含3分鐘的混合以及7分鐘的揉捏。混合3分鐘後加入鹽，進入真正揉捏的第3分鐘後加入核桃。這時候麵團還不會有伸展性，也無法成團，但依然會黏手。如果不會黏手，可以噴一點水，把水分揉進麵團中。

〈桌上型攪拌機法〉

**7** · 裝上麵團鉤，將麵團攪拌1分鐘，直到粉類都濕潤。刮缸後使用保鮮膜封好鋼盆，靜置20分鐘。加入油以低速攪拌麵團7分鐘，再加入鹽混合。然後加入核桃繼續攪拌3分鐘，這時麵團還不會有伸展性，也無法成團，還是會黏手。如果不會黏手，可以噴一點水，把水分揉進麵團中。

兩次發酵

**8** · 準備一個刮刀或刮板，以及一個3夸特/3公升的發酵用容器或鋼盆，都噴上烤盤油。將麵團刮入容器中，稍微將麵團向下壓到容器底部，然後在麵團表面噴上薄薄一層烤盤油（麵團的重量約2磅9盎司/1173公克。）將容器蓋上蓋子或封上保鮮膜，在容器外用膠帶做上麵團高度1.5倍的記號，以便知道麵團膨脹到需要的高度。讓麵團在溫暖的環境下（最佳溫度75～85°F/24～29°C）靜置約40分鐘～1小時，直到麵團膨脹到做記號的高度。（關於建議發酵的環境，可參照p.555。）

**9** · 準備一個噴上烤盤油的刮刀或刮板，將麵團挖出放在撒了手粉的工作檯面上，輕輕拍打麵團成為一個長方形，這時的麵團質地滿有伸展性。將四邊拉摺（輕輕的把一個邊拉扯出去再反摺回中心，以同樣方式一次一邊，完成四個邊。）將四個直角整型成圓弧後，把麵團放回發酵的容器中。

**10** · 再一次，在麵團表面噴點烤盤油，封上保鮮膜後在容器外做上1.5倍高的記號。（麵團將會填滿整個容器，比第一次還要大，因為它含有更多的空氣。）靜置發酵約45分鐘～1小時，直到膨脹到記號的高度。（或是冷藏放過夜，塑型前1小時再取出靜置於室溫退冰。）

塑型與發酵

**11** · 把麵團放在撒了手粉的工作檯面上，用指尖輕壓麵團去除氣泡。輕輕的將麵團拍扁成一邊8吋寬的長方形。麵團會有點黏，但不要用太多手粉，必要時再撒上即可。從上方開始往下捲，把麵團整成長條。每次捲入一點，就用兩手大拇指往前推，讓麵團捲更密實。捲到最後，將接縫處捏實，呈一條密實的細縫。將整型好的麵團放到準備好的吐司模中，往模型底部壓實，膨脹過後的麵團會填滿整個吐司模。取噴過烤盤油的保鮮膜輕輕蓋上，在溫暖的環境下（最佳溫度75～85°F/24～29°C）靜置約45分鐘～1小時30分鐘，直到麵團的最高點比吐司模還高1.5吋，用指尖按壓麵團時，會回彈恢復得非常慢。

烤箱預熱

**12** · 預熱：450°F /230°C，預熱時間：45分鐘以上 。

**13** · 將烤架設置在最下方層架上，放上石板或烤盤。準備一個烤箱可用的鑄鐵煎鍋放在烤箱最底部，鑄鐵煎鍋須包上鋁箔紙以防生鏽，或是可以直接準備一張烤盤放在烤箱底部。

烘烤

**14** · 快速但輕輕的把吐司模放到石板或烤盤上。隨後丟入一把冰塊（約½杯）在最底部的鍋或烤盤裡，立刻關上烤箱門直接降溫到400°F /200°C烤25分鐘。為了讓麵包烘烤均勻，將烤模轉180度，繼續烤20～30分鐘，或是直到麵包表皮呈咖啡色且麵包內部溫度達200～205°F /93～96°C。

冷卻

**15‧**出爐後，直接把麵包脫模正放在烤架上，靜置冷卻至少2小時。

保存

‧室溫2天；密封裝：冷凍3個月。

> ## 小重點
>
> ‧如果購買全麥麵粉，記得在3個月內使用完畢，或是冷凍保存（冷凍可保存至少1年）。如果是自己磨麥粉，最好在3天內用完，或是等3星期後，這段時間，當粉類裡某些會在烘烤後產生不好味道的酶類釋出後，就可以使用，但必須在3個月內使用完畢或冷凍保存。。
>
> ‧小麥蛋白俗稱麵筋粉，可以加強麵團的結構，並且讓烤出的麵包不會太扎實。

## ☆ 美味變化款：基本全麥吐司

‧全麥麵包可以不用添加核桃或核桃油。純全麥麵包入模後，約距離模高還有½吋的距離，發酵後則會脹得比吐司模還高1¼吋。

# 真實原味柳橙醬

TRUE ORANGE MARMALADE

份量：8 杯（8～9 個半品脫的果醬罐）

**這**是個遠離市售果醬的地方，只有新鮮、味道鮮明的自製果醬（參照p.460）。自製果醬感覺很棒，因為整間房子都會充滿柳橙的香氣，而且也不太花時間。最花工夫的應該就是將水果切片，大概要1小時。

　　加州產的酸橙（Seville Orange）產季只有短短的1～3月。這種柳橙酸度很高，可以幫助凝結，味道也比較濃郁。

事前準備

柳橙片、檸檬片必須事先浸漬48小時，才能開始製作果醬。

器具

8或9個半品脫的果醬罐（參照p.520小重點）

一個專門煮玻璃罐頭的深鍋，或是內附蒸架的大深鍋（參照p.520小重點）。

| 食材 | 容量 | 重量 | |
|---|---|---|---|
| 5～8 顆酸橙，依大小顆數量會有不同 | · | 21 盎司 | 595 公克 |
| ½ 個臍橙 | · | 3.5 盎司 | 100 公克 |
| ½ 個檸檬 | · | 1.2 盎司 | 35 公克 |
| 水 | 6 ½ 杯（1,538 毫升） | 3 磅6 盎司 | 1,538 公克 |
| 糖 | 8 杯 | 約3 磅8 盎司 | 約1,600 公克 |
| 現榨檸檬汁 | 1 大匙（15 毫升） | 0.6 盎司 | 16 公克 |

準備水果

1・用洗碗精和擦拭布將酸橙、檸檬外皮洗淨。將酸橙、臍橙和檸檬切成薄片，越薄越好，籽全部挑出保存起來。最後差不多會有¼杯的籽，把這些籽放到小碗裡，加入6大匙/89毫升的水，蓋住小碗靜置。

2・將所有水果切片放在一個容量至少5夸特/5公升的大型耐酸鍋子中，加入水淹過水果切片，靜置24小時。

### 烹煮

**3**・將浸漬水果切片的大鍋子直接以中火加熱煮到沸騰，不用蓋蓋子，繼續沸騰30分鐘再離火，離火後靜置24小時。

**4**・測量水果和液體的總量，應該會有8杯，就加入等量8杯的糖。（如果比較少量，就少加一點糖。）

**5**・加糖後用中火煮，不用加蓋，不時攪拌煮約35分鐘，直到果醬變得濃稠（此時溫度應為221～225°F/105～107°C）。如果不用溫度計測試濃稠度，可以舀一小匙果醬放在小盤子上，冷凍2分鐘。拿出來用指尖輕推，果醬會產生一點皺摺。果醬冷卻後會更為凝結。煮的過程中，若先前沒有清掉的籽，煮的時候會浮在表面，可以撈掉。

### 準備玻璃罐

**6**・當果醬沸騰時，可以準備沸騰的熱水沖入玻璃罐中，以及蓋子的內側，以消毒罐子內部。

### 製作果膠

**7**・準備一個可微波的容器或小煮鍋，以小火加熱，把之前保留的籽與浸泡的水一起放入加熱，水會慢慢變成凝膠狀。準備一個細孔篩網，架在一個小碗上，將鍋中的混合物倒入篩網中過篩，這些篩出來的凝膠體就是天然的果膠。果醬煮好以後，加入自製果膠和檸檬汁再煮10分鐘，並且經常攪拌。將蒸架放到一個深鍋內，倒入足夠的水覆蓋玻璃罐，並高出瓶蓋1吋的高度，然後煮到沸騰。

### 裝罐

**8**・將熱騰騰的果醬倒入已消毒過的玻璃罐中，距離裝滿還有⅜吋的距離。確實栓緊蓋子後放到鍋內的蒸架上，泡在熱水中。蓋上鍋蓋再次煮到沸騰，再繼續煮10分鐘。取出罐子，靜置冷卻後再確認是否密封完全。（按壓蓋子正中央時，會感覺緊實強韌即可。）

### 保存

・在陰暗處：陰涼室溫下，至少可保存2年。

### 小重點

・半品脫的玻璃罐因為頂部預留⅜吋的空間，所以裝入的果醬約7盎司。

・放在深鍋內的果醬罐一定要置於蒸架上，才能讓水流動，並且水的高度一定要高過瓶蓋1吋。正放玻璃罐，讓內部空氣排出變成真空狀態。取出時可以將裝好果醬的玻璃罐直接倒放在摺疊的布上冷卻，不用煮沸玻璃罐這步驟。頂部的空氣因為倒置時，空氣經過高溫的果醬到達底部，而達到消菌的作用。

### 不失敗祕訣

使用銳利的刀將柳橙、檸檬切片。在檸檬、柳橙兩頭先切掉一片薄片，再將這些薄片切成細的長條。將每個柳橙和檸檬從剛剛切的頭尾下刀切成對半，然後剖半的柳橙平放後再切片（與頭尾那兩刀平行）。

當果醬到達理想的濃稠度和凝結溫度時，立刻熄火，否則會過於凝結，就需要再加水再次加熱，而且做出來的果醬會不太滑順。

因為水果含有很高的酸度，所以使用耐酸鍋子。

# 酸櫻桃紅醋栗果醬
## SOUR CHERRY AND CURRANT JAM

### 份量：約 4 杯（4 個半品脫的果醬罐）

**通**常櫻桃內含的天然果膠比較少，這種果膠可以幫助產生濃稠效果，讓煮過的水果有著果醬質地。也因為這樣，所以需要添加額外的果膠和額外的糖量，讓櫻桃果醬可以凝結。我已經超過20多年都試著在製作櫻桃果醬時不要加那麼多的糖，然後以額外的果膠來幫助果醬凝結。後來我發現，紅醋栗含有非常多的天然果膠，就不用加額外的糖。而且製作櫻栗派時（參照p.221），我發現這兩種水果彼此很搭，所以決定在果醬中添加紅醋栗，結果做出來的效果真的如我所期望的。這裡的主角是帶酸的酸櫻桃，而紅醋栗的主要功能是在不影響櫻桃的風味下，提供果醬應有的黏稠度。

　　這個如紅寶石般的果醬，不管是抹在健康稞麥麵包上，還是我的白巧克力吐司（參照p.462）上，味道都十分搭。這也很適合做為搭配鴨肉或豬肉的酸甜醬，尤其是加入一些雞湯和鮮奶油混合，味道更棒。也可以使用冷凍紅醋栗和櫻桃，不過製作前要先解凍。

### 器具
一個果醬過濾架組或是一個篩網架在碗上，
篩網內墊上幾層紗布，紗布要先浸水濕透再擰乾。
4個半品脫的果醬罐（參照p.522小重點）
一個專門煮玻璃罐頭的深鍋，或是內附有蒸架的大深鍋（參照p.522小重點）

| 食材 | 容量 | 重量 | |
|---|---|---|---|
| 去籽酸櫻桃 | 4 杯 | 23 盎司 | 652 公克 |
| 糖 | 2⅔ 杯 | 18.8 盎司 | 532 公克 |
| 新鮮紅醋栗（洗淨晾乾，去梗） | 4 杯 | 21.6 盎司 | 612 公克 |
| 水 | ½ 杯（118 毫升） | 4.2 盎司 | 118 公克 |

### 製作果醬

1・準備一個大的耐酸煮鍋，建議是不沾鍋材質，放入櫻桃和糖。

2・在一個小的耐酸煮鍋中，放入瀝乾的紅醋栗和水。用搗泥器或叉子，將紅醋栗壓碎，加熱煮到沸騰，繼續滾10分鐘。

3・將紅醋栗滾水倒入果醬過濾的布袋中，讓它自然滴落。接著用力擠壓布袋或紗布，擠出來的紅醋栗汁最少會有⅔杯/158毫升。如果沒有到這個量，可能是沸騰的過程中，蒸發掉過多的水分，可以添加足量的水。

## 不失敗祕訣

這個果醬的量最好一次做少量，因為在烹煮過程中，需要很大的鍋子才不容易噴濺出來。而且少量的時候裝瓶，櫻桃比較能分配均勻。

當果醬到達理想的濃稠度和凝結溫度時，要立刻熄火，否則會過於凝結，就需要再加水再次加熱，而且做出來的果醬會不太滑順。

### 準備玻璃罐

4・當果醬沸騰時，可以準備沸騰的熱水沖入玻璃罐中，以及蓋子的內側，以消毒罐子內部。將蒸架放到一個深鍋內，倒入足夠的水覆蓋玻璃罐，並高出瓶蓋1吋的高度，然後煮到沸騰。

5・把紅醋栗汁倒入櫻桃和糖裡，邊攪拌邊加熱到沸騰，不停攪拌再煮約8分鐘，直到果醬達凝結狀態。要小心火候，適時調整火力大小，因為沸騰的果醬會噴濺出來（此時溫度應為225°F/107°C）。

6・如果不用溫度計測試濃稠度，先將鍋子離火，用一個大的金屬湯匙舀起果醬，再讓湯匙上的果醬自然滴落到果醬中。最後的兩滴應該會凝結成一滴滴落在果醬中，或是舀一小匙果醬在冰涼的盤子上，冷凍2分鐘或是自然冷卻。拿出來用指尖輕推，果醬會產生一點皺摺。

### 裝罐

7・將熱騰騰的果醬倒入已消毒過的玻璃罐中，距離裝滿還有⅜吋的距離。不要刮除鍋子邊壁上的殘留部分，以免果醬中會有顆粒。確實栓緊蓋子後放到鍋內的蒸架上，泡在熱水中。蓋上鍋蓋再次煮到沸騰，再繼續煮10分鐘。取出罐子，靜置冷卻後再確認是否密封完全。（按壓蓋子正中央時，會感覺緊實強韌即可。）

8・果醬在冷卻前都會是比較液體的狀態。冷卻過程中，櫻桃會漂浮上來。如果在約2小時30分鐘的冷卻過程中，每30分鐘就翻轉一次果醬瓶，那麼櫻桃就會均勻散布在果醬中。這時果醬就會突然凝結成膠狀，然後在接下來2天變得更濃稠，那時候果醬就真正無法流動了。

9・如果2天後還不夠凝結，可以倒回鍋中煮幾分鐘，直到凝結狀態。

### 保存

・在陰暗處：陰涼室溫下，至少可保存2年。

### 小重點

・半品脫的玻璃罐因為頂部預留⅜吋的空間，所以裝入的果醬約7盎司。

・放在深鍋內的果醬罐一定要置於蒸架上，才能讓水流動，並且水的高度一定要高過瓶蓋1吋。正放玻璃罐，讓內部空氣排出變成真空狀態。取出時可以將裝好果醬的玻璃罐直接倒放在摺疊的布上冷卻，不用煮沸玻璃罐這步驟。頂部的空氣因為倒置時，空氣經過高溫的果醬到達底部，而達到消菌的作用。

# 康科特葡萄果凍果醬

CONCORD GRAPE JELLY

份量：3½ 杯（4 個半品脫的果醬罐）

**這**是使用製作康科特葡萄酒的葡萄，當然也是一般市售的葡萄果醬，可以搭花生醬做成三明治用的葡萄。在老公愛力特（Elliott）和我居住的紐澤西希望小鎮（Hope）的小路上，種滿了康科特葡萄，這些富有酒味且多汁的葡萄，最適合拿來做成果凍果醬。這是我住在紐約伍德斯托克（Woodstock）的朋友黛安娜‧妮絲（Diane Kniss）給我的啟發，她每年秋季都會做上超多的葡萄果凍果醬做為聖誕禮物，而這自製的風味實在是無可比擬的美妙。

## 器具

4個半品脫的果醬罐（參照p.524小重點）

一個專門煮玻璃罐頭的深鍋，或是內附有蒸架的大深鍋（參照p.524小重點）

| 食材 | 容量 | 重量 | |
|---|---|---|---|
| 康科特葡萄（含壞掉的葡萄和梗約4磅） | 9⅓ 杯 | 3磅8盎司 | 1,588 公克 |
| 水 | 1 杯（237 毫升） | 8.4 盎司 | 237 公克 |
| 糖 | 3 杯 | 21.2 盎司 | 600 公克 |

### 製作果醬

1‧將葡萄洗淨，瀝乾並去梗，挑除不好的葡萄，再秤量所需的量。

### 準備玻璃罐

2‧準備沸騰的熱水沖入玻璃罐中，以及蓋子的內側，以消毒罐子內部。將蒸架放到一個深鍋內，倒入足夠的水覆蓋玻璃罐，並高出瓶蓋1吋的高度，然後煮到沸騰。

3‧將處理好的葡萄和水放到大煮鍋裡，用搗泥器或叉子將葡萄稍微壓扁，然後攪拌加熱煮到沸騰。轉成小火後蓋上蓋子繼續煮5～10分鐘，或是直到葡萄都軟爛。

4‧將煮好的葡萄等倒在細孔篩網上，篩出皮與籽，過篩的果汁果泥大約有3½杯/828毫升/29.5盎司/836公克。

5‧把過篩的果泥果汁倒入乾淨的煮鍋中，加入糖後攪拌混合。用中火，邊攪拌邊加熱到沸騰。

58盎司的無瑕疵葡萄去梗後會有56盎司。葡萄可以用1夸脫的玻璃罐裝冷凍保存，用於其他用途。

大銅鍋是傳統用來煮果醬或果凍果醬的鍋子，因為它烹煮葡萄、莓類或是糖水等的速度越快，比較快、比較能保有水果的味道以及凝結效果。記得使用大容量的鍋子來煮果醬，才可以加快水分蒸發的速度。

當果醬到達理想的濃稠度和凝結溫度時，要立刻熄火，否則會過於凝結，就需要再加水再次加熱，而且做出來的果醬會不太滑順。

6·沸騰後，繼續攪拌煮15分鐘。當葡萄醬汁開始變濃稠就把火調小，讓果醬以小滾狀態避免過熱燒焦，記得時常攪拌，直到果醬達到凝結狀態（此時溫度應為221～225°F/105～107°C）。

7·如果不用溫度計測試濃稠度，先將鍋子離火，用一個大的金屬湯匙舀起果醬，再讓湯匙上的果醬自然滴落到果醬中，最後的兩滴應該會凝結成一滴滴落在果醬中，或是舀一小匙果醬在冰涼的盤子上，冷凍2分鐘或是自然冷卻。拿出來用指尖輕推，果醬會產生一點皺摺。

裝罐

8·將熱騰騰的果醬倒入已消毒過的玻璃罐中，距離裝滿還有⅜吋的距離。不要刮除鍋子邊壁上的殘留部分，否則果醬中會有顆粒。（如果有顆粒產生，過篩也無法幫助去除，這樣會讓果醬變稀。）確實栓緊蓋子後放到鍋內的蒸架上，泡在熱水中。蓋上鍋蓋再次煮到沸騰，再繼續煮10分鐘。取出罐子，靜置冷卻後再確認是否密封完全。（按壓蓋子正中央時，會感覺緊實強韌即可。）

9·康科特葡萄的酸度每年都不同，所以會影響凝結程度。果醬需要2天的時間才能完全達到凝結效果，在這期間不應該移動罐子。如果2天後還不夠凝結，可以倒回鍋中煮幾分鐘，直到呈凝結狀態。

保存

·在陰暗處：陰涼室溫下，至少可保存2年。

## 小重點

·半品脫的玻璃罐因為頂部預留⅜吋的空間，所以裝入的果醬約7盎司。

·放在深鍋內的果醬罐一定要置於蒸架上，才能讓水流動，並且水的高度一定要高過瓶蓋1吋。正放玻璃罐，讓內部空氣排出變成真空狀態。取出時可以將裝好果醬的玻璃罐直接倒放在摺疊的布上冷卻，不用煮沸玻璃罐這步驟。頂部的空氣因為倒置時，空氣經過高溫的果醬到達底部，而達到消菌的作用。

# 食材及基本食譜知識
## INGREDIENTS AND BASIC RECIPES

烘焙的時候，使用食材的種類和品質佔了非常重要的因素。例如：麵粉的種類會直接影響成品的口感。巧克力的品牌還有可可含量，會直接影響成品的口感和風味。因此，我特別將食材和基本知識獨立出來，特別說明一些會影響製作成功與否的關鍵性食材，以及我個人偏好使用的食材。如果讀者們需要更多詳細的資料，也可以參觀我的部落格：www.realbakingwithrose.com，然後在搜尋的地方輸入「ingredients」（食材），找尋更進一步的解說。

這本書中的配方都會提供重量制和美制容量（盎司磅），公克的部分已經四捨五入取最接近的整數，盎司也是。不管用什麼方法都可以，但就是不要太講求數學上換算的精確數字。我喜歡快速精確的秤量食材，如果你選擇自己秤量的方式，很重要的是要用對技巧。
（p.543中會列出烘焙食材來源參考。）

# 一、認識食材

## 麵粉

在烘焙中，麵粉是最重要的食材。麵粉的種類，特別是蛋白質含量，以及漂白或沒有漂白，都會影響成品。在這本書中，我用了五種基本麵粉：低筋麵粉（漂白）、漂白及未漂白的中筋麵粉、派粉和高筋麵粉。

漂白麵粉經過化學處理，可以自然加速麵粉的熟成。其中一個影響就是，麵粉中類胡蘿蔔素的氧化，這也是麵粉從微黃乳白色變成白色的原因。更重要的是，這些是有效改變麵筋形成能力，以及將麵團表面澱粉顆粒變粗糙的蛋白質分子。這些改變因子都讓澱粉在烘烤中加快澱粉的糊化（因加熱讓澱粉吸收水分）。而麵粉的糊化對於烘烤過後的口感有極大的影響，因此非常重要。

蛋白質含量較低的麵粉，做出來的產品口感比較軟，像是蛋糕類；相反的，高蛋白質的麵粉會讓產品比較扎實，比較有嚼勁，像是麵包類。而漂白中筋麵粉的蛋白質含量也會因品牌，或者收成的不同而有差異，每杯從 8 ～ 14 公克不等，平均約 11 公克。麵粉的保存需要容器緊蓋並遠離熱源，才不會吸收濕氣或是太過乾燥，而在適當環境下的漂白麵粉可以保存好幾年。未漂白的麵粉在室溫下則有 1 年的保鮮期，冷凍則可以放很多年。全麥麵粉必須現磨現用，或是陰涼室溫下放置 3 個月後再冷凍保存。因為全麥麵粉中含有小麥胚芽，這部分含有高油脂容易腐敗，如果儲藏太久，會有腐敗的味道。如果是新鮮研磨，最好在 3 ～ 4 天內用完或是 3 星期後再使用，因為在這段期間內，麵粉中的酶會讓麵粉變得不穩定。

一般市售麵粉品牌中內含的蛋白質百分比

| 麵粉品牌和種類 | 百分比 |
|---|---|
| 鵝絨牌（SWANS DOWN）或是 SOFTSILK 的低筋麵粉 | 8% |
| 亞瑟王桂妮薇兒王后（KING ARTHUR QUEEN GUINEVERE）低筋麵粉 | 8% |
| 白百合（WHITE LILY）漂白中筋麵粉 | 9% |
| 亞瑟王（KING ARTHUR）派粉（PASTRY FLOUR） | 9.2% |
| 速調麵粉（WONDRA FLOUR） | 9.8% |
| 金牌（GOLD MEDAL）或是 PILLSBURY 漂白中筋麵粉 | 約 11%（因地區性不同可能會比這少很多）；未漂白的蛋白質稍微多一點。 |
| 亞瑟王（KING ARTHUR）未漂白中筋麵粉 | 11.7% |
| HECKERS 麵粉 | 12% |
| 金牌（GOLD MEDAL）高筋麵粉 | 12.3% |
| 亞瑟王（KING ARTHUR）高筋麵粉 | 12.7% |

## 蛋糕用麵粉

我最常用來做蛋糕的麵粉有兩種，漂白低筋麵粉與漂白中筋麵粉。

若食譜中有註明的低筋麵粉和中筋麵粉是可以互換的，只要重量一樣就可以替代。如果你是測量體積容量的話，記得參考 p.542 的食材對照及替代。低筋麵粉的顆粒比較鬆軟，所以大部分蛋糕比較適合使用低筋麵粉。如果想要再更鬆軟但手邊又只有中筋麵粉，可以用馬鈴薯粉或玉米粉依照建議替換的量來做搭配。但是，有些情況下，我會偏好使用蛋白質較高的中筋麵粉，這樣蛋糕的結構比較扎實，切下去時才不會碎開。

如果你使用的是美國國內品牌的漂白中筋麵粉，在食譜中，中筋麵粉所佔的體積容量將會比相同重量的低筋麵粉來得少。但如果選擇區域性品牌，尤其南部品牌，像是白百合（White Lily），它內含的蛋白質很接近低筋麵粉，這時候就可以用同樣容量體積的中筋低筋互換。

在英國或是其他地區的烘焙者，可能不是這麼容易取得漂白麵粉，部落格格主凱特 ‧ 寇瑞科（Kate Coldrick）就想出一個辦法，她使用微波爐加熱成功的達到漂白功效。我在《蘿絲的不凡蛋糕》（*Rose's Heavenly Cakes*）書中，以及我的網站 www.realbakingwithrose.com 都提供了製作方法給讀者們參考。

大部分的海綿蛋糕，我使用金牌通用磨坊（General Mills Gold Medal）出產的速調麵粉，這種麵粉經由專利凝聚技術，讓顆粒遇到液體時會立刻溶解，所以質地鬆軟，拿來製作天使蛋糕和海綿蛋糕，像是法式海綿和海綿蛋糕體（除了巧克力口味外，因為製作出來的味道不是很好）。

秤量速調麵粉時，可以裝在糖粉罐中用撒的（比較慢），或是用湯匙舀到量杯中，然後把表面抹平與量杯中的刻度同高。兩種方法的重量都一樣。

## 派、塔和酥皮類使用的麵粉

我用派粉或漂白中筋麵粉來做派和酥皮。派粉，如同它的名字，蛋白質含量最適合拿來製作兼具酥脆柔軟的產品。

## 餅乾類使用的麵粉

我會用漂白中筋麵粉製作餅乾。未漂白的中筋或是高筋麵粉的蛋白質含量比較多，烤出來的顏色比較深。也因為麩質部分吸收更多水分，所以餅乾比較不膨鬆而會比較扁。

## 麵包類使用的麵粉

高筋以及未漂白中筋麵粉的蛋白質含量比漂白中筋麵粉來得高，所以比較適合做大部分的麵包。麵粉中的麩質蛋白因為遇到液體，連接起來形成筋性，所以形成麵包的結構、形狀以及它具有嚼勁的口感。蛋白質越高的麵粉，烤出來的顏色會越偏棕色。

# 糖

在這本書的食譜中，我使用的是精製細砂或細砂糖、糖粉、二號砂糖（二砂）、黑糖或紅糖。我個人偏好的是蔗糖。

精煉過的精製細砂做出來的產品有非常細的質地，也最不搶味，像是蛋糕和餅乾，單純在產品中提供甜味，然後平衡並凸顯其他食材的味道。細砂糖、蔗糖可以用來代替精製細砂，你也可以用食物調理機把細砂糖打成精製細砂那種更細小的顆粒。在大部分餅乾中，精製細砂會讓餅乾結構更細緻，比較少裂痕。

糖粉含有 3% 的玉米澱粉，能避免結粒的狀況。（我使用過的產品中，India Tree 出產的蔗糖糖粉顆粒最細、最滑順。）

在一些食譜中，我特別強調二號砂糖或未精煉蔗糖，這些糖有明顯的大結晶顆粒，也含有多一點的糖蜜，所以有另一種風味。糖蜜的含量隨著品牌不同有所差異，我偏好的牌子是 Sugar in the Raw。

提到顏色深淺的紅糖，我最喜歡非洲黑糖（Muscovado，書中食譜都用黑糖代稱），這個來自非洲海岸旁印度洋上的熱帶島嶼模里西斯產的糖。因為這裡的甘蔗長在火山灰上，所以其風味濃郁複雜。Billington's 是從英國進口的牌子，

# 如何秤量食材

秤重的方法比測量容量體積來得快，比較簡單，比較乾淨俐落。測量只要小心正確，其實也很方便。我在書中提到的測量方法，都是我平常使用的方法。像我會寫 ¼ 杯＋2 大匙，不會寫 6 大匙，是因為這樣量比較方便。而且使用容器測量某項東西，使用容器的次數越少當然會越精確。有時候一些微量的乾料，像是肉桂粉，這種瓶裝材料的開口很小，我就會說用3小匙而不是1大匙。但如果是一些濕黏的食材，我則偏好盡可能使用最大容量來測量，因為這些食材會沾黏在湯匙上，所以如果多次使用小湯匙，到最後的量可能就會少很多。

使用測量而非秤重的讀者們，我用兩種方法來測量麵粉，而我選擇的依據就是看哪一種方法最接近我需要的量。「篩入量杯中」的意思是說，用過篩器或將麵粉放入篩網過篩入量杯中，或是篩在其他平面工作檯上。量杯內的麵粉不應該被按壓觸摸或搖動。只要拿著量杯的把手，把多餘高出量杯的粉用長抹刀或刀子刮掉。而過篩後再放入量杯中則會是三種方法中量出最少容量的。

「輕輕的舀入量杯中然後刮平，使與量杯同高」，是指用湯匙把麵粉舀到量杯裡，然後最後多餘高出的地方刮掉，使與量杯同高。這個方法得到的麵粉，會比用過篩的方法來得多，但會比「浸入和刮掉」這方法來得少（將整個量杯浸到麵粉桶中挖出的一杯量杯麵粉，然後再刮平頂部多餘的部分）。麵粉在秤量前應該先稍微攪拌一下，除了不會結塊的派粉以外。

液體的量秤會用量匙、量杯和毫升表示，是要避免混淆液體量度的盎司和重量上的盎司。

糖與麵粉不同，使用「浸入和刮掉」的方法來秤量。也就是說，把量杯放入裝糖的罐子中挖糖，然後裝滿量杯，不用搖晃或拍壓表面，然後把高出量杯多餘的部分刮掉即可。

所有乾料都應該用固態用量杯測量。液態食材，包含轉化和玉米糖漿，都應該用尖嘴（有杯嘴）杯測量。液態和固態量杯在容量上會有所不同（參照 p.548）。

它可以在精緻食材、美食商店、健康食材店或是 India Tree 的網站上買到。他們的淺色或深色紅糖的糖蜜含量相同，就跟大部分的淺色深色紅糖一樣，只是品質比較好。

如果想要用一般紅糖取代非洲黑糖，最好使用同樣重量的深色紅糖。（體積容量會稍微少一點，但是差別不大，所以你可以秤量一樣體積容量的紅糖取代。）

同等體積容量的不同種類紅糖所含的糖量，都和精煉過的白砂糖一樣，但是紅糖秤量時一定要在量杯中壓實（用秤的比較簡單）。深色紅糖比較重，因為它含有比較多的糖蜜。

紅糖必須放在密封容器中保存，像是玻璃保存罐，以防止紅糖的濕氣流失並且變硬。如果糖已經變硬，可以用鋁箔紙摺出一個小杯子的形狀，然後放在容器中糖的上方。取一張廚房紙巾撕成一半，沾濕後把水擠出，把這張濕的紙巾放在鋁箔小杯子中，不要沾到糖。將容器緊密蓋上，幾個小時後，容器中的糖就會吸收紙巾上的水分，然後變得鬆軟（這方法也可以用在細砂糖）。如果手邊沒有紅糖，但是有白糖和黑糖蜜，自己替換也很簡單（參考 p.542 做食材對照及替代）。

## 糖漿

在本書中提到的糖漿，包括可在商店買到的甜味劑，像轉化糖漿和糖蜜；簡單刷在蛋糕上的糖水，不但增添濕潤度，也可以添加風味；比較濃縮的糖漿是主要組成關鍵食材，像是義式蛋白霜的糖漿。當秤重或測量糖漿的量時，準備一個噴過烤盤油的容器裝填，比較容易將糖漿倒乾淨。

- **糖蜜**
  是一種用蔗糖精煉出的濃縮汁液，它含有24%的水分。我偏好使用Grandma品牌的無硫磺口味溫和糖蜜。

- **金黃／黃金糖漿（轉化糖漿）**
  多次煮沸後，蔗糖將開始結晶，然後過濾濃縮成這帶有牛奶糖和香草味的金黃色糖漿。它含有15～18%的水分。英國品牌，Lyle's出的轉化糖漿（Lyle's Golden Syrup）可以與淺色的轉化糖漿互相交換使用。

- **玉米糖漿**
  這是一種加了果糖預防結晶的葡萄糖漿。它含有24%的水分，也可以用轉化糖漿替代。我偏好使用淡色的勝過深色含有糖　蜜的玉米糖漿。

## 濃縮糖漿和焦糖

飽和的糖水是由部分的糖溶解在至少糖總重⅓的冷水中，不停攪拌加熱沸騰直到糖粒都溶解。如果鍋子的邊壁上有糖的結晶，用沾濕的刷子刷掉。當糖都溶解，糖水可以說是超級飽和，而避免糖水產生結晶，溶解後就不要再攪拌了。讓糖水繼續沸騰蒸發裡面的水分，糖水的濃度會開始增加，溫度也繼續升高。因為糖水中含有不少水分，這時糖水的沸點並不會比普通沸水高很多。但是一旦大部分的水都蒸發完了，溫度就會升高很多，經過幾個溫度階段，當水分都蒸發完畢，就來到糖的溶解溫度（320℉/160℃）。當糖開始溶為液態，所有水分都移除，糖就會開始焦化，甜度也會降低。

飽和糖水很不穩定，有可能在晃動下再次結晶（譬如攪拌），或是剛開始加熱時方法就不正確，這樣甚至靜置時也會結晶（在還沒滾時攪拌，滾了之後就靜置直到糖水達預設溫度）。使用「干擾劑」（這麼稱呼它是因為它會干擾結晶），像是玉米糖漿、奶油、塔塔粉或是檸檬酸，都可以讓糖水穩定，不易產生結晶（參照 p.325 波特酒焦糖）。有時添加一點酸，像是幾小匙的檸檬汁，會讓再次結晶的糖水變回液狀。

煮糖漿和焦糖時，溫度快達預定溫度前，這時候的火不要比中小火還大。這可以避免鍋子離火後，溫度繼續升高。應該在溫度到達時離火，或是溫度到達前幾秒鐘離火，這都取決於你操作的快慢，以及溫度升高的速度。

不同溫度（介於 350～380℉/177～193℃）都有不同適合型態的焦糖。製作焦糖醬時，煮到380℉/193℃，就會有比較深色厚重的味道。若超過這個溫度，焦糖就會開始有苦味。我比較偏好呈深琥珀色狀態的焦糖、焦糖醬和榛果粉。

如果煮焦糖時沒使用溫度計，就得準備一支乾淨、顏色明亮的耐熱刮刀來觀察焦糖的顏色。（不要用一開始攪拌那一支，因為剛開始攪拌時還有糖的結晶附著在上面，會影響正在煮的糖漿，而可能造成再次結晶。）

半杯的糖會煮出 ¼ 杯 /59 毫升的液態焦糖（加上殘留在鍋裡的部分）。在濕度高的環境下，很不容易製作焦糖，因為糖的吸水性高（是指它會吸收任何濕氣），而空氣中的濕氣會讓焦糖變黏。

- **焦糖醬**
  焦糖醬是我最愛的焦糖形式。柔順光滑以及黏膩的質地，都讓它成為淋在蛋糕上、塔上或麵包上的不二之選。通常玉米糖漿也會被加到焦糖醬中，當作一種干擾劑，讓焦糖在攪拌的情況下不易結晶。（不過，當焦糖製作好後，也不應該太常攪拌，因為最後還是會導致結晶，特別是保存時更要注意。）干擾劑也會讓焦化的溫度降低。

我很愛焦糖的味道，所以希望焦糖在還沒有焦味產生的狀態下，味道越重越好。我會把焦糖煮到 360°F /182°C 來達到極致的風味，甚至在有些情況下會依據一些需求而煮到 380°F /193°C。當焦糖的顏色越深，嘗起來就越不甜，但若無法正確掌控溫度，也會有把焦糖煮焦的風險。

加入鮮奶油或奶油時，最好能使用熱的鮮奶油和室溫軟化奶油，以防止噴濺。當你沒有太多時間的時候，加入冷的鮮奶油的確會讓焦糖冷卻更快速，但是一定要緩慢倒入。

# 乳製品

## 奶油

最好是選用 AA 或 A 級的奶油做烘焙，因為它含有 81% 的乳脂肪以及 15.5% 的水分。等級低的奶油含水量通常比較多，不利於蛋糕麵糊的製作，也無法製作任何奶油霜，即使做派皮時，口感也不會那麼柔軟，餅乾也會烤得膨膨的。

我比較喜歡用無鹽奶油，因為對烘焙者來說，產品中的鹽分比較好控制，而且味道比較清爽。我推薦使用高品質的奶油，像是有機谷發酵奶油（Organic Valley's cultured）、Hotel Bar，或是藍多湖（Land O'Lakes）等品牌。使用前最好再次秤重奶油，因為包裝時一條 4 盎司，但是拆掉後通常只會剩下 3.86 盎司。

有機谷的歐式發酵奶油（European Style Cultured）含有 84% 的乳脂；佛蒙特奶油和起司（Vermont Butter & Cheese）濃順型發酵奶油（Creamery's Cultured）則有 86% 的乳脂，是美國品牌中乳脂含量最高的選擇。這些高乳脂的奶油即使在低溫也容易彎摺。它們適合用來製作澄清奶油，或是布列塔尼焦糖奶油酥那種多層次甜點（參照 p.497），還有奶油霜，但是會讓蛋糕中的油脂和水分失去平衡。發酵奶油有比較高的酸度，即使是冷的，質地還是比較軟。

當食譜上提到使用軟化奶油，這意思就是奶油的溫度雖然是涼的，但是質地軟，很容易就可以壓下去。通常室溫下擺放 30 分鐘就可以軟化，如果把奶油切薄片退冰，不用 30 分鐘就可以軟化。奶油可以冷凍數個月保存，不影響風味或使用成效。但因為奶油容易吸味道，所以在冷凍保存時，用保鮮膜包著以外，還要套上夾鏈袋。

- 澄清奶油和焦化奶油（榛果奶油）

澄清奶油是乳糖不耐者的首選，因為它把牛奶固形物的部分都去除，只剩下真正的「油」。在書中也有幾份食譜說到榛果奶油（焦化奶油），或是澄清奶油繼續煮到榛果色（源自於法文：noisette）。榛果奶油比起融化奶油或澄清奶油，味道濃郁許多。

由於澄清或焦化奶油中的牛奶固形物都已移除了，所以只要加蓋冷藏，可以保存數個月，或是放冷凍庫可以保存更久。（就是因為這些牛奶固形物，讓奶油酸敗得比較快。）通常我都會多做一些澄清奶油備用。（這些沉澱的牛奶固形物則可以冷藏保存 3 星期，冷凍達 6 個月。這些牛奶固形物可以用來增添麵包和餅乾麵團的風味；將 1～2 大匙牛奶固形物加到麵粉中混合即可。）

當奶油已經澄清化或焦化，你可能只剩原有奶油 75% 的重量或容積了。比如說，你需要 3 大匙澄清或焦化奶油，那你要取 4 大匙的奶油來製作才夠。如果你使用紗布過篩，那還要再添加約 1 大匙，因為紗布會吸收一些奶油。澄清奶油的重量會比一般奶油輕一點點，因為一般奶油含有水和牛奶固形物，所以在同體積的狀態下，重量會比油來得重。1 杯量的一般奶油重 8 盎司 /227 公克；1 杯量的澄清奶油重 6.9 盎司 /195 公克。

當奶油已經澄清化，其中的水分揮發且牛奶固形物會沉到底部。在水分尚未揮發完全前，牛奶固形物是不會變成榛果色的。含水量少的奶油

最適合拿來製作澄清奶油，因為它分離出來的水分比較少。如果奶油是冷凍的，必須先完全解凍才開始製作澄清奶油，以防太快燒焦。

- **製作澄清奶油：**
  將奶油放在厚底煮鍋中以中小火加熱。當奶油看起來都融化透明時，不要攪動，但小心觀察牛奶固形物，它們會開始上色。將表面的泡泡移到鍋邊，以方便觀察牛奶固形物的狀態（必要時可以將這些泡泡撈掉）。當泡泡發出的聲響變小，水分也完全揮發，這時候奶油會更容易焦化。將澄清奶油倒在細孔篩網或紗布上過篩。如果時間充裕，其實不用過篩，直接把澄清奶油倒入一個容器裡，讓它冷卻凝固。牛奶固形物會沉澱在底部，並且很容易移除，只要再把奶油加熱，倒出清澈的部分就是了。

- **製作榛果奶油（焦化奶油）：**
  如上面所說，把奶油融化後，繼續加熱直到牛奶固形物上色呈深咖啡色。當牛奶固形物顏色變成金黃色後，開始攪拌，繼續煮到咖啡色的牛奶固形物味道散布在奶油中，再立刻倒在細孔篩網或紗布上過篩。

## 牛奶

當食譜中用到牛奶時，除非特別標明，否則都是使用全脂牛奶，讓味道及口感達到最理想狀態。

## 奶粉

當食譜中要用到奶粉，我建議使用亞瑟王烘焙專用奶粉（King Arthur's Baker 's Special Dry Milk）。跟其他牌子的即溶奶粉比較，亞瑟王用起來比較滑順，味道比較濃，質地比較軟，麵包膨脹起來也比較高。當你用量杯或量匙測量時，亞瑟王的奶粉會很扎實的佔滿容器，因為比起其他即溶奶粉，亞瑟王的結晶顆粒細很多。也因此，若使用他牌即溶奶粉替代，可能要量雙倍容量，才能達到與亞瑟王相同的重量。

## 高乳脂鮮奶油

高乳脂鮮奶油，有時也稱為高乳脂打發鮮奶油，它含有 56.6％的水，以及 36～40％的乳脂（平均 36％）。一般打發鮮奶油只有 30％的乳脂。乳脂的含量越高，溫度越低，就越容易打發，打發後也越穩定。我個人推薦的品牌是有機谷（Organic Valley）或是石田有機（Stonyfield），這兩個品牌都含有 40％的乳脂。

冷凍過的高乳脂鮮奶油無法被打發，但還是可以用來製作甘納許。如果在打發過程中，手邊的鮮奶油不好打發且容易分離，可以加入一點玉米粉（參照 p.532）、奶油起司或吉利丁來增加穩定性。市售的穩定劑，像是 Albert Uster Imports 的 Cobasan；焙得（PatisFrance）出的 Sanifax，還有歐特家博士（Dr.Oetker）的 Whip It 都可以參考。

打發鮮奶油如果沒有特別註明要事前製作，或是要放置在室溫下，就不需要使用穩定劑。鮮奶油越冷越容易打發，所以把鋼盆、攪拌器等一起跟鮮奶油放在冷藏降溫，都可以幫助打發（參照 p.554，若使用蘿絲手持攪拌器專用盆（Rose MixerMate Bowl）則不需要連盆一起冰。如果你打的量低於 1½ 杯 /355 毫升，那手持電動攪拌器會比桌上型攪拌器效果來得好。

## 玉米粉做穩定劑的打發鮮奶油

份量：2杯/8.6盎司/244公克

| 食材 | 容量 | 重量 | |
|------|------|------|------|
| 糖粉 | 1½大匙 | 0.5盎司 | 14公克 |
| 玉米粉 | 1小匙 | . | . |
| 鮮奶油（乳脂36%以上） | 1杯（237毫升。分次使用） | 8.2盎司 | 232公克 |
| 香草精 | ½小匙（2.5毫升） | . | . |

以玉米粉做穩定劑的打發鮮奶油

1・在小煮鍋中放入糖粉、玉米粉混合，慢慢倒入¼杯/59毫升的鮮奶油。將鮮奶油邊攪拌邊加熱直到沸騰，使玉米粉開始作用，煮沸後轉小火再滾幾秒鐘，直到鮮奶油質地變得濃稠。將煮好的鮮奶油放到碗裡，靜置到與室溫相同，再拌入香草精。

2・在冰過的鋼盆中，開始打發剩餘的冷藏鮮奶油直到出現紋路。一邊繼續打，一邊慢慢加入已經冷卻的玉米粉鮮奶油，最後打至出現短短鳥嘴的打發狀態即可。

## 微甜打發鮮奶油

份量：2杯/8.6盎司/244公克

| 食材 | 容量 | 重量 | |
|------|------|------|------|
| 鮮奶油（乳脂36%以上） | 1杯（237毫升。分次使用） | 8.2盎司 | 232公克 |
| 精製細砂 | 1大匙 | 0.5盎司 | 13公克 |
| 香草精 | 1小匙（5毫升） | . | . |

製作微甜打發鮮奶油

・在鋼盆中混合全部材料後冷藏15分鐘，將手持電動攪拌器的前端也一起冷藏。將冷藏的鮮奶油取出，用低速開始打，慢慢加到中高速打，鮮奶油質地會開始變得濃稠，直到用湯匙挖起鮮奶油滴落後，可以看到軟軟堆起的形狀；或是如果要用在擠花，打到出現短短鳥嘴的打發狀態即可。

## 酸奶油

　　酸奶油含有 18 ～ 20%的乳脂，它是在淡鮮奶油中添加乳酸菌所製成。食譜中，可以用 10%乳脂的全脂牛乳優格代替，在質地、口感上不會有太大的差別，但是較低脂的酸奶油或優格做出來的蛋糕比較不軟，製作其他產品也沒有那麼好吃。法式酸奶油含有 39%乳脂，除非特別註明，否則可以與酸奶油相互替代。

## 奶油起司

　　一般奶油起司含有 37.7%的乳脂以及 51%的水。製作這本食譜中的點心，都需要用到全脂的奶油起司，像是卡夫菲力（Philadelphia）這牌子，不要使用低減脂或無脂系列的產品。沒有開封過的奶油起司可以冷凍保存 1 年之久。

**·打發蛋白** 由左至右：濕性（軟性）發泡。乾性（硬性）發泡。非常硬性，結塊。

# 蛋和塔塔粉

## 蛋

　　在食譜中使用的蛋，都是美國分級 AA 或 A 級的大蛋規格，也就是 12 顆的蛋，含蛋殼重量最少要 24 盎司 /680 公克，最多不超過 30 盎司 /850 公克。但這不表示每顆蛋的重量都一樣，甚至蛋白、蛋黃的比例也會有很大的差別，所以在食譜中説到使用 6 顆蛋黃時，可能實際上會用到 9 顆，所以建議在使用蛋黃、蛋白前先秤量好所需要的量。因為烘焙點心，尤其是蛋糕，蛋是掌握架構的關鍵，所以即使我都使用比較大顆的蛋，但還是會事先秤量確定所需要的量。食譜中寫到的蛋量都是不含蛋殼的重量。蛋量都會用容積或重量來標示，因為要秤量，所以用什麼等級尺寸的蛋都無所謂。我建議使用巴氏消菌過的帶殼蛋，像是 Safest Choice 這牌子，尤其是製作像奶油霜這類不再煮過消菌的產品。

　　冷藏的蛋要退冰成與室溫相同，可以將帶殼的蛋放在熱水中 5 分鐘。

　　分蛋時，尤其是要打發蛋白，先將一顆打在小碗中分蛋，再將蛋白倒入大鋼盆裡。只要蛋白中混有一點點的蛋黃或油脂，蛋白就再也無法打發成功了。如果有一點點蛋黃掉在蛋白中，可以用敲開的蛋殼把蛋黃撈出。如果你準備的鋼盆油

油的，可以準備一張紙巾沾點水及醋，將整個鋼盆擦過一遍，然後把鋼盆沖過水後擦乾再使用。

### ·打發蛋白：

在桌上型攪拌機的鋼盆中放入蛋白和塔塔粉，裝上球形攪拌器，用中低速開始將蛋白打到成型。然後慢慢將速度加快到中高速，打到攪拌器舉起有軟軟質地，呈現彎彎鳥嘴的濕性（軟）發泡狀態。一邊攪打一邊慢慢加入糖，直到攪拌器慢慢舉起時呈尖尖鳥嘴的乾（硬）性發泡狀態。在一些食譜中，像是黃金檸檬戚風蛋糕（參照p.102），就是打到乾性（硬性）後還要繼續攪打約2分鐘，直到蛋白與攪拌器一起呈球狀，蛋白有不平滑的大塊狀。

### · 蛋的保存

　　蛋要尖端朝上，鈍端朝下擺放在有蓋子的容器中保鮮。分離出的蛋白可以在密閉容器中冷藏保存最多 10 天。沒有破掉的蛋黃，可以加水覆蓋或噴一點烤盤油防止乾裂，放在密閉容器中冷藏保存最多 3 天，蛋可以冷凍保存至少 1 年。將它們放在小容器中，一旦退過冰，就不能再次冷凍。蛋黃也可以冷凍，在蛋黃裡以每顆蛋黃配 ½ 小匙的糖計算，添加適量的糖攪拌均勻冷凍，以防解凍時蛋黃變黏。（記得添加的糖量要在重新秤量食材時扣除掉。）

## 塔塔粉

也可以稱為酒石酸氫鉀，這是釀葡萄酒的副產物，如果不曝露在潮濕環境下，幾乎可以永久保存。在打發蛋白時加入塔塔粉可以穩定蛋白，也可以當作糖漿和焦糖的干擾劑，來防止結晶。我如果用水浴法烤蛋糕，也會在水浴中加一點以防止鋁製烤盤褪色。

# 發酵膨脹類

## 泡打粉

「雙重反應（二次作用）」是指泡打粉將會開始有反應，或是釋放二氧化碳和第一階段與濕料混合過後，再來就是烘烤加熱的時候。

我使用朗佛德（Rumford）品牌的泡打粉，它是含磷酸鹽的磷酸鈣產品，在大部分超市和健康食材店都找得到。它沒有含鋁（磷酸鋁鈉）泡打粉帶苦的餘味。（含鋁泡打粉的優點是在烘烤過程比混合時還會釋放更多二氧化碳。）亞果（Argo）泡打粉也是不含鋁的雙作用泡打粉，它含有焦磷酸鈉，不過跟朗佛德比起來，烘烤時的差別更明顯。

雙重反應必須遇到濕料才有辦法起作用，所以保存時要特別注意容器的密封及環境濕度。保存超過 1 年，泡打粉的效果也會變弱。購買時間要標註在容器上方便察看。要測試泡打粉是否還有效用，可以在熱水裡撒一點泡打粉，如果它吱吱吱發泡，表示還可以使用。

## 小蘇打粉

小蘇打粉，也叫作碳酸氫鈉，它是與配方中的酸性物質發生作用產生二氧化碳。如果不曝露在潮濕環境下，幾乎可以永久保存。如果產生結塊，一定要先過篩才方便秤量。

## 酵母

我喜歡用即溶速發乾酵母，因為品質可靠，可以直接添加在麵粉中不用先「活化」。這樣可以減低使用過熱的水殺死酵母的可能性（使用冰水也會殺死酵母）。在沒有加水前，把麵粉和酵母粉攪拌均勻也沒關係。如果想確認酵母是否還活著，可以先放在溫水中（至少兌上重量 4 倍或 3 倍容量的水）浸泡 10 分鐘。如果酵母是冰過的，先讓它退到室溫再加到水裡。即溶速發乾酵母在國內各大超市都買得到，很多牌子像是弗萊舍曼（Fleischmann）的麵包機酵母和即溶酵母、星牌（Red Star）的速發酵母（Quick Rise），以及即溶活性乾酵母（Instant Active Dry Yeast）、燕子牌的速發乾酵母（SAF Instant）等。

沒有開封的速發即溶酵母在室溫可以保存 2 年。一旦開封後，最好冷凍保存。

如果買的量很大，就分裝成常用的小包裝冷凍以確保最久的保鮮期，可保存約 1 年。速發即溶乾酵母的活性酵母菌比一般活性乾酵母來得多。用量的話，1 小匙 /3.2 公克的即溶速發酵母約等於 1¼ 小匙 /4 公克的一般活性乾酵母。

雖然建議先把活性乾酵母泡水，但「活化」這動作也並非必需的。活化是好事，但若要觀測酵母是否還活著，可以在水中加一點糖，依據水是否冒泡泡來觀察酵母是否存活。

# 巧克力

大部分的巧克力製造商都已經在包裝上標有可可含量。巧克力漿或可可膏的含量會和可可含量都標示在包裝上，這也說明巧克力的可可固形物和可可脂含量，其餘的大部分則是糖，我就是以這資料當依據，巧克力中的可可含量並不完全表示苦的程度。口味的影響還包括了可可豆的來源以及生產方式。然而在苦甜、半甜或是牛奶巧克力中標示的可可含量，則會決定巧克力的濃稠

度。可可含量越高就越多可可固形物和可可脂，這兩樣在室溫下都是呈固狀物質。含有大量可可的巧克力，會讓奶酥或淋面都比較堅硬，味道也比較濃厚。

烘烤類的產品因為口感上需求，最好依照食譜中標示的巧克力操作。甘納許則不用太苛求，因為它的質地比較好調整，如果有很喜歡的巧克力，但是和食譜要求的可可含量不同，只要調整鮮奶油的多寡就好，調整的比例可以參考甘納許圖表（參照 p.537）。

## 半甜、苦甜或黑巧克力

我說的黑巧克力包含半甜和苦甜巧克力。通常我都選擇使用可可含量介於 60～62％的巧克力。我建議使用相同可可含量的產品，如果包裝上沒有特別標示，只寫是黑巧克力，通常可可含量約53％左右。

## 純巧克力

純巧克力，也是常說的苦巧克力、烘焙用巧克力或無糖巧克力，這種巧克力只含有巧克力漿，也稱為可可（可可固形物與可可脂），以及調味。可可漿中有50～58％是可可脂（平均是53％），這含量會因使用不同種類的可可豆而有不同。剩餘的其他物質，大部分是可可固形物。（這跟在將可可豆剝開後，把內部可可碎粒取出加工後的含量相同。）巧克力漿有時會被調味，譬如用香草或香草精（香草合成物），這也是 Scharffen Berger 在標示上說他的苦巧克力是 99％可可的原因。

## 牛奶巧克力

牛奶巧克力中含有巧克力漿、牛奶固形物、香草或香草精、糖、卵磷脂以及加量的可可脂。高品質的牛奶巧克力通常含有介於 35～45％或更高比例的可可。

牛奶巧克力保存期限不像黑巧克力那麼久，還是會腐敗（因為含有保護牛奶巧克力的可可固形物，不過腐敗的速度遠慢於白巧克力）。融化牛奶巧克力時，經常攪拌是很重要的，這樣可以防止牛奶固形物導致的結晶（可可脂結晶）。

## 白巧克力

高品質的白巧克力含有可可脂（30～35％）、牛奶固形物、香草或香草精、糖和卵磷脂。添加含有乳脂的牛奶固形物以及可可脂的白巧克力，因而有了漂亮的象牙白以及高貴口感。奎塔德（Guittard）生產了一款叫「法式鮮奶油（Crème Française）」的高品質巧克力。法芙那（Valrhona）的白巧克力產品則有伊芙兒（Ivory）和歐帕莉絲（Opalys），歐帕莉絲含有比較多的牛奶固形物，所以顏色比伊芙兒來得淡。當我自製甘納許、蛋糕麵糊和奶油霜時，添加白巧克力會有立刻融於口中的質地。

融化的白巧克力會比黑巧克力來得容易凝結，但在室溫下的質地比較軟。因為它含有的牛奶固形物和可可固形物，讓它的保存期限比黑巧克力來得短很多。融化白巧克力時，經常攪拌是很重要的，這樣可以防止牛奶固形物導致的結晶。

## 推薦烘焙用巧克力

・無糖或苦巧克力：
奎塔德Guittard Collection Etienne 100％Cacao Unsweetened Chocolate Gourmet Baking Bars
莎芬博格Scharffen Berger 99％cacao
法芙那Valrhona Cacao Pate Extra 100％

・黑巧克力：
義大利托斯卡尼
Amedei Toscano Black63％cacao
義大利托斯卡尼
Amedei Toscano Black 66％cacao
菲荷林 Felchlin Maracaibo 65％cacao

食材及基本烘焙知識

菲荷林　Felchlin Arriba 72%cacao

奎塔德　Guittard Collection Etienne 61%Cacao
Semisweet Chocolate Gourmet Baking Bars

奎塔德　Guittard Collection Etienne 64%Cacao
Semisweet Chocolate Gourmet Baking Bars

奎塔德　Guittard Collection Etienne 70%Cacao

瑞士蓮　Lindt Excellence 70%cacao

米歇爾柯茲　Michel Cluizel 60%cacao
（無卵磷脂）

莎芬博格 Scharffen Berger Semisweet 62%cacao

法芙那　Valrhona Le Noir Gastronomie
（大包裝標示：Extra Bitter）61%cacao

法芙那　Valrhona Manjari 64%cacao

法芙那　Valrhona Palmira Fino Criollo 64%cacao

・牛奶巧克力：

菲荷林　Felchlin Ambra Surfine 38%cacao

菲荷林　Felchlin Lait Accra 42%cacao

奎塔德　Guittard Collection Etienne Kokoleka
Hawaiian 38%Cacao Milk Chocolate

瑞士蓮　Lindt 42%cacao

米歇爾柯茲　Michel Cluizel 45%cacao
（no lecithin）

莎芬博格　Scharffen Berger 41%cacao

法芙那 Valrhona Le Lacté and Jivara Lactée 40
%cacao

・白巧克力：

奎塔德 Guittard Crème Française（法式鮮奶
油）31%cocoa butter,35%milk solids, 33
%sugar

法芙那　Valrhona Opalys 33.6%cocoa butter,
33.6%milk solids, 31.9%sugar

法芙那　Valrhona Ivory 35%cocoa butter, 21.5
%milk solids, 41.6%sugar

## 巧克力豆和巧克力珍珠

　　大部分的半糖或苦甜巧克力豆含有約42.5%的
可可，以及29％的可可脂，除非特別標記，法芙

那黑巧克力珍珠可以用來代替可可豆，它比較不
甜，裡面含有55%的可可以及29%的可可脂。

## 巧克力捲屑

　　・用巧克力塊製作巧克力捲屑：把巧克力放
在可微波的碗中加熱，每15秒用矽膠刮刀稍
微攪拌（或是在瓦斯上架上雙層煮鍋，底下
的鍋子放入接近但低於沸騰溫度的熱水，不
要讓上層的鍋子碰到下層鍋內的熱水），加
熱巧克力直到幾乎融化。

　　停止加熱，但繼續攪拌直到完全融化。把
融化巧克力倒入矽膠模或可彎摺的冰塊模
中。矽膠的費南雪（金磚蛋糕模）或巧克力
條形狀的迷你蛋糕烤模也都可以用，最好是
長寬高3×1×1¼吋的尺寸（¼杯/59毫升），每
個洞倒入2.1盎司/60公克的融化巧克力，靜置
幾個小時，讓巧克力確實凝固後再脫模。

　　巧克力的質地要適度柔軟，才不會在刮捲
時碎裂或變平。小的巧克力塊可以放在燈泡
下或微波強力加熱3秒讓它變軟。不過通常要
多試幾次才可以達到正確質地，而不會融化
巧克力，但是一旦質地溫度對了，這個狀態
可以維持至少10分鐘，就有足夠的時間做出
捲屑。

　　我發現最好用的工具就是蔬菜削皮刀。將
削皮刀貼著巧克力塊上方，把削皮刀上方刀
片崁入巧克力中，往自己的方向刮起。壓得
越大力，捲屑會越厚，捲度比較大。壓的力
氣小，捲度就比較小。削到最後巧克力變熱
就會碎開。當巧克力變得太溫熱，刮起的巧
克力條不會捲曲，不過，如果刮起的巧克力
沒有太軟，還是可以用手塑型。手可不時浸
入冰水中，再確實擦乾來保持冰涼狀態。

## 甘納許

經典的甘納許是由等量的巧克力和高乳脂鮮奶油或法式酸奶油混合成稍微濃郁的質地。使用低可可的巧克力時,這樣的質地是不錯的,但如果使用60%以上可可含量的巧克力,我則是建議增加鮮奶油的量。當甘納許凝固時,比較可以與蛋糕或塔成為一體,而不是變成很硬的分離狀態。

· 甘納許的比例參考如下:
使用巧克力一律為 8 盎司 /227 公克

· 60～62%可可含量巧克力:
  9盎司/255公克鮮奶油
  (約1杯+1½大匙/259毫升)
· 63～64%可可含量巧克力:
  10盎司/283公克鮮奶油(約1¼杯/296毫升)
· 66%可可含量巧克力:
  11盎司/312公克鮮奶油(約1⅓杯/316毫升)
· 70%可可含量巧克力:
  12盎司/340公克鮮奶油(約1½杯/355毫升)

如果添加奶油,則使用高乳脂奶油,最好是發酵奶油,味道與質地都會比較好。除了鮮奶油,我也喜歡再多加奶油,約巧克力總重不超過 ⅓ 的量,以及利口酒,每盎司巧克力加入不超過 ½ 小匙。例如使用 6 盎司 /170 公克巧克力,加 1 ～ 2 盎司 /28 ～ 56 公克 /2 ～ 4 大匙的奶油,以及 1 大匙 /15 毫升的利口酒。

甘納許因為量的多寡及室溫高低,需要 3 ～ 7 小時不等的冷卻時間。靜置時不要蓋蓋子,放置約 1 小時,讓熱氣都散盡,然後蓋上蓋子,以防水分蒸發而產生凝結不均的現象。在冷卻過程的前半小時,溫度約為 85℉/29℃ 時,可以輕輕攪拌 2 ～ 3 次,讓甘納許的溫度一致。(快速冷卻的方法會讓可可脂無法形成小的穩定結晶,也就是慢慢溶在嘴裡的關鍵。)當甘納許夠硬時,取一張保鮮膜直接貼著甘納許,覆蓋整個表面,才不會乾掉。

如果需要在甘納許完全濃稠之前使用,可以用攪拌器稍微攪拌幾秒鐘,不過甘納許的顏色會變淡。如果調配甘納許的成分比例正確,甘納許在室溫狀況下可以輕易抹開,並且可於室溫保存幾天。保存時,用玻璃杯或玻璃容器加蓋盛裝,以免吸取金屬容器的味道。室溫下可以保存 3 天,如果想要保存久一點,可以等甘納許凝固後冷藏最多 2 星期,或是冷凍半年保存。如果冷凍保存,退冰時要放冷藏一晚,室溫下再靜置幾小時。必要時,可以放置在開著內部烤箱燈的烤箱中 2 小時,或是用大湯匙將甘納許挖出後,用微波強力 5 秒的加熱功能來軟化甘納許,攪拌讓甘納許的溫度均勻;或是使用雙層煮鍋隔水加熱。當甘納許有一部分已經融化就要停止加熱,然後輕輕攪拌讓質地一致。

## 可可粉

無糖可可粉是由巧克力漿去除 75% 的可可脂製成。大部分的歐洲品牌可可粉都是鹼化過的(荷蘭式加工),也就是將可可粉用溫和的鹼來中和可可粉中的酸——讓可可粉的味道更香醇,也更易溶解。在包裝可能有標示「鹼化」的字樣,但是可可粉的顏色也可以當作指標,深色可可粉通常表示已鹼化過了。大部分的鹼化可可粉含有 22 ～ 25%的可可脂,而未鹼化的只有 10 ～ 21%。雖然可可豆的種類和烘烤溫度會影響風味,但我還是偏好使用鹼化可可粉。深焙的可可粉味道比較溫和,我最喜歡的是英國品牌綠與黑(Green & Black's),這在美國一些特殊食材店可以找到。我第二個偏好的品牌是荷蘭茁士得(Droste)。我也喜歡義大利派尼克帝(Pernigotti)和梵豪登(Van Houten),兩個品牌都是鹼化過的,並且含有 20 ～ 22%的可可。

在大部分的烘焙產品上,可可粉比巧克力磚能給予更強、更濃郁的巧克力味,因為使用較少的可可固形物,就可以達到同樣強度的味道。通常最好是將可可粉跟熱水先溶解來釋出味道。在蛋糕或布朗尼麵糊中,像是巧克力芙蘿蘿(參照

p.68）或伍迪的黑與白布朗尼（參照 p.410），添加可可粉就可以讓蛋糕吃起來在嘴裡化開，這是因為當中可可脂的溶點相近於人體體溫而有的效果。也就是說，在室溫下它是固體狀態，一旦進了嘴巴，就立刻融化。

如果要與熱水攪拌溶化，就不用事先過篩。但在一些食譜中，像是巧克力亮面（參照 p.312），就建議要先將結塊的可可粉過篩，會比較均勻光滑。此外，如果用量杯測量而不是秤重，也要先過篩再舀到量杯中刮除多出的部分，這樣比較準確。

・巧克力的保存：
保存巧克力和可可粉的最佳方法，是用保鮮膜包好放在密封容器，置於 60～75°F/15～23°C，低於 50% 濕度的室溫下。巧克力很容易吸收味道，也千萬不能曝露在潮濕中。在正確儲存環境下，黑巧克力可保存至少 2 年，牛奶巧克力即使在良好環境下，也差不多只能 1 年多，而白巧克力只有 1 年。

# 堅果與種子

新鮮去殼的堅果味道最棒，但是罐裝或袋裝的去殼堅果也很好，而且方便多了。所有堅果都容易變質腐壞，尤其是含油量高的堅果，像是核桃、胡桃和夏威夷火山豆，會比一般堅果更易變質，使用前最好先試試味道。變質的堅果會搞砸一個點心的風味，而且通常用視覺或嗅覺察覺不出來。將堅果放在密閉容器內冷凍，可以保存幾年沒問題。我會用夾鏈袋裝好，擠出所有空氣，或是裝在玻璃罐中，上方填滿抓皺的保鮮膜再放入冷凍。

## 榛果（榛子）

榛果的皮非常苦澀且不易剝除，簡單的方法就是卡爾・桑斯莫（Carl Sontheimer），美膳雅（Cuisinart）的創辦人以及食物調理機之父教我

的。這是以不超過 1 杯量的榛果為基礎，在大煮鍋中，放入 3 杯 /700 毫升的水。將水煮到沸騰，沸騰後離火，加入 ¼ 杯的小蘇打粉攪勻，然後倒入榛果再沸騰 3 分鐘。這時因為榛果皮上的顏色脫落，水會變成深栗子色。取一顆榛果放在流動的冷水下測試，榛果皮應該會很好剝除，如果還是沒辦法剝除，再多煮幾分鐘。將榛果倒在漏勺上，然後沖流動的冷水。將榛果皮搓開後放在乾淨的布巾上，必要時把碗中的水換掉，加入新的冷水以及更多榛果繼續同樣動作，將布巾上的榛果滾動搓揉乾。

・烘烤榛果：
烤箱以 350°F/175°C 預熱。將榛果均勻鋪在烤盤上烘烤 20 分鐘，或是直到變成淺棕色。烘烤過程中可以翻炒一兩次使榛果均勻上色。烘烤時要注意狀態以免烤焦，榛果會轉為色澤飽滿的紅木色。

## 核桃

烘烤核桃（如下所述）可增加核桃的香氣之外，另一個附帶優點就是可以輕易剝除帶有苦味的皮——200 公克的核桃會有 9 公克的皮，差不多 4.5% 的含量。

・烘烤堅果：
將堅果均勻鋪在烤盤上，以 350°F/175°C 烘烤 7 分鐘加強香氣（或以 375°F/190°C 烤 5 分鐘）。非常強烈建議核桃使用前必須先烤過，因為核桃的皮非常苦，但烤過就可以將大部分的皮去除。烘烤核桃和胡桃都是烤到比去殼後再深一點的顏色就好，如果烤到棕色，就會變苦。

・研磨堅果：
冷凍或冷藏過的堅果一定要先在室溫退冰才可以研磨，以防出油。從（同一個）食譜的食材中挑選出 1～2 大匙的玉米粉、麵粉、糖粉或糖一起研磨，會幫助吸收堅果中的油脂，並避免磨好的堅果結塊。

## 罌粟籽

罌粟籽呈灰藍色小顆粒狀，新鮮時很美味，但是在室溫擺放過久，就會開始變質腐壞而變苦。可以將罌粟籽冷藏或冷凍保存。研磨過後的罌粟籽更容易腐壞，所以使用前再研磨就好。潘尼（Penzeys）香料食材店有賣「A-1」，一種叫作荷蘭藍（Holland Blue）的罌粟籽。

# 調味品

## 鹽

烘焙時我都使用細海鹽，因為它不含碘。含碘的鹽經過烘烤會產生令人不愉悅的味道，而且使用測量容器的話，細海鹽比較方便。比起粗粒鹽，細海鹽也比較容易與麵糊混勻。鹽很難正確秤量，因為它很容易吸收水氣。鹽若吸收空氣中的濕氣，就會稍微增加重量。所以在潮濕環境下，鹽量可以增加一些；而在乾燥環境下，用量要減少一點。

## 肉桂粉

肉桂粉的選擇很多。我最偏好的是 Korintje 這種類，因為它香甜且味道溫和（可參照 Penzeys Spices 網站）。如果選擇其他種類，例如越南型（Vietnamese），量只要三分之二 就好，因為其他種類的肉桂味道很強烈，會讓人有肉桂糖（Red Hots Candy）的錯覺。

# 烘焙用油

## 芥花籽油或紅花油

無味的植物油不含矽酸鹽，可以防止產生泡泡，是最適合用來烘焙的油。

## 烤盤油噴霧

這種產品含有油以及卵磷脂（卵磷脂是一種從大豆萃取出的天然乳化劑），適合用來避免蛋糕沾黏在烤架上，或用來噴在餅乾烤盤和麵包烤模中，也可以噴在發酵容器內，甚至麵團上都可以。我推薦使用 Pam Original 這牌子而非其他烤盤油，因為它幾乎無味。

## 含麵粉烤盤油噴霧

烘焙樂（Baker's Joy）這品牌出產一種無味的含麵粉烤盤油噴霧，適用於噴在烤模中，讓產品可以乾淨且順利脫模。這個快速方便的噴霧產品省去了抹油和鋪上麵粉的時間。我推薦這品牌是因為發現其他牌子會產生不好的味道，而且脫模脫得不乾淨。

# 風味油、萃取物和香精

## 風味油

波亞西（Boyajian）出產的柑橘風味油，就是用新鮮水果，包含柳橙、橘子、檸檬和萊姆的果皮製作。它們的油有著純淨的柑橘味，不帶苦味，非常適合用來添加在蛋糕或糖霜裡增添香氣。曼蒂 · 艾芙帖兒香氛（Perfumer Mandy Aftel）也推出一系列的香精，包含咖啡、苦橙、血橙、檸檬和香草。只要數滴，味道就會太重，所以一滴一滴加入比較保險。柑橘風味油放在冷藏可保存 4 個月；其他香精在室溫下幾乎不會壞。

## 香草精

一般最容易取得的高品質香草，應該是尼爾森 · 梅西（Nielsen-Massey）出產的。我特別喜歡他們的大溪地香草。而我偏好使用的則是歐羅香草公司（Eurovanille）製造，由 Crossings 進口，通常可以在 ChefShop.com 網站購得的香草精。其他不錯的選擇還有香草女王（Vanilla Queen）的墨西哥香草，海拉拉（Heilala）的紐西蘭香草，以

食材及基本烘焙知識

及夏威夷香草公司（Hawaiian Vanilla Company）的夏威夷香草。使用純香草精——「香草風味」或是合成香草等人工香料是無法被接受的替代品。不同於香草籽，使用香草精時需要正確使用量，過多就會有苦味產生。尼爾森 · 梅西（Nielsen-Massey）、海拉拉（Heilala）和香草女王（Vanilla Queen）也都有很棒的香草醬。

香草精保存在陰涼室溫下的暗處，遠離熱源，可以冷藏，但可能冷卻會產生沉澱，所以使用前要搖一搖。儲存在陰涼的溫度下，香草精可以保存數年之久。

## 香草莢

最好的香草莢來自夏威夷、大溪地、馬達加斯加、墨西哥和紐西蘭。夏威夷和大溪地的香草莢是我個人的最愛，它們比其他產區的香草莢還大上一倍，並帶有花香及濃厚的香草味，食譜中如果標示一根香草莢，使用這兩個產區的只要用半根就足夠。如果要用香草精來代替香草莢，經驗法則是：一條 2 吋的香草莢（或是 1 吋的夏威夷、大溪地香草莢），等於 1 小匙 /5 毫升的香草精。尼爾森 · 梅西（Nielsen-Massey）和香草女王（Vanilla Queen）有很多不同的香草莢，冷凍可以保存得很好，用保鮮膜包覆好可以保有濕度。有些主廚則會把香草莢放在香草精中保存，如果大量製作，這樣也很實用。

# 水果、果泥、果醬、花和其他

## 果皮

這裡的果皮是指剝開或削出柑橘類的皮外面帶有顏色那一層，然後切成屑（也有稱作茸）。果皮上的白色部分，又稱為髓，是必須去除掉的帶有苦味的地方。水果要先去除皮再擠汁，這也是有時在食譜中，我會把皮屑放在果汁前以方便大家準備的原因。但如果當下只需要果汁，然後

想把果皮保存下來以後用，可以把果皮放進夾鏈袋中，等需要時直接從冷凍庫拿出來刮皮。水果在使用前要用洗潔精和熱水沖洗表面，否則做出來的成品會帶有一點苦味。若食譜中需要切得很細的皮屑，在用檸檬形狀刨絲器（ZestN'est）或刨絲器削出皮後，再用廚師刀切碎，或是跟食譜中的一些糖用食物調理機打過。

即使需要的量很少，我在食譜中還是以公克來標示皮屑的量，因為檸檬形狀刨絲器可以放在秤上，然後先量刨絲器的重量，歸零後就開始刨皮，直到刨到需要的量，這在秤上直接一目了然，非常方便，不用把他們放到量匙裡還要緊壓測量。

- 1 顆柳橙和檸檬的果汁與皮屑量：

  - 1 顆柳橙
    果汁：¼～½杯（59～118毫升）
    皮屑：2～3大匙（12～18公克）

  - 1 顆檸檬
    果汁：3～4大匙（44～59毫升）
    皮屑：1¼～2小匙（2.5～4公克）

## 檸檬凝乳

在大部分超市都可以買到緹樹牌（Tiptree）的檸檬凝乳，這是最接近自製的品質，有時甚至比自製的更好，因為它是少量手工，使用西班牙檸檬製作。這品牌可以用來代替本書中的任何一個檸檬凝乳食譜。

## 香蕉

當香蕉開始熟了就會產生黑色斑點，這樣的香蕉會更甜，皮比較薄，做出來的泥也比較軟。大概需要 1 星期，香蕉才會熟成這樣。如果你沒有時間讓香蕉自然熟成，也可以把香蕉連皮一起放冷凍一晚讓它「熟化」。它們在室溫下的水中放置不超過 30 分鐘就可以解凍。解凍後，將香蕉橫切取出果肉。不過，自然熟成的香蕉還是比較

甜，多餘的香蕉泥可以冷凍保存數個月。

## 椰子

　　無糖椰子碎片（Flaked Unsweetened Coconut）比起一般超市的椰子粉來得軟，也比較有新鮮的味道，它可以在特殊食材店找到。在一些中東超市或印度食材店，像是 Kalustyan's 香料行，可以買到高品質，有不同質地、口感的椰子產品。

## 果泥

　　納帕谷（Napa Valley）生產的果泥（Perfect Purée）有很多口味，像是薑，可以冷凍保存 1 年。保虹（Boiron）果泥的品質也非常好，可以在萊琵瑟利（L'Épicerie）找到。

## 果醬

　　美國湯匙食品公司（American Spoon）有非常好的果醬，包括「完美水果（Fruit Perfect）」和水果抹醬（Fruit Butter）系列。他們的草莓和覆盆莓抹醬很適合用來添加在奶油霜中。

　　杏桃和李子醬（Lekvar）是一種非常濃的果醬，很適合用來搭配餅乾和製作內餡。這種果醬放在冷藏也可以保存非常久。在大部分的超市可以找到 Solo Food 的杏桃內餡和李子醬，這是市面上可以替代自製的不錯產品，但是自己做也不難（參照 p.121 蜜李焦糖蛋糕捲，以及 p.372 依希樂餅乾。）

　　你也可以使用高品質的杏桃餡或杏桃果醬代替這種非常濃的果醬。如果使用杏桃果醬，必須先將它們過濾，然後稍微濃縮。在小煮鍋中，放入一個 12 盎司/340 公克果醬罐的果醬，加熱到沸騰，離火後過篩到杯子裡或是可微波的量杯中。過篩後約有 1 杯/237 毫升的果醬，約有 2 小匙的固狀物無法篩過可以丟棄。用微波強火加熱約 3 分鐘，或是直到果醬濃縮成約 ¾ 杯/237 毫升＋2 大匙/207 毫升。冷卻後的濃縮果醬差不多有 ¾ 杯～13 大匙/177～192 毫升。使用前要先攪拌，如果太稠無法抹開，可以加一點點杏桃白蘭地或是水。

## 白、金黃葡萄乾

　　這種葡萄乾用二氧化硫處理過，所以不會變黑。金黃葡萄乾是用人工熱能烘乾的，所以比較保濕，果肉比較豐滿。它們比黑色葡萄乾來得甜且味道香濃。

## 花和其他裝飾品

　　新鮮的花或葉子不但可以裝飾蛋糕，有時還可以增添風味，但是要確認這些花沒有噴過藥並且可以食用。不是所有的花都可以吃，有的甚至有毒。可以吃的花包括蘋果花、琉璃苣花、甘菊花（柳橙和檸檬）、英雛菊、木槿、蜀葵、忍冬屬、丁香、旱金蓮、三色菫、矮牽牛、玫瑰、鬱金香和紫羅蘭。玫瑰香葉天竺葵的葉子和薄荷葉也可做為帶有迷人香味的裝飾，特別是當它們被糖漬過。你也可以購買現成的花糖，而製作最精美的應該就屬 Sweetfield 了。

# 二、基本食譜知識

## 高海拔

　　海拔在 3,000 呎以上就會開始對烘焙產生影響。因為每份食譜不同，所以應該提供海拔高度準則，尤其是製作麵包布丁時更明顯。我建議你參考由烘焙主廚雷帝・哈婁藍・法蘭特（Letty Halloran Flatt）著作的《巧克力雪球：另一個鹿谷度假勝地的著名甜點師》（*Chocolate Snowball：And Other Fabulous Pastries from Deer Valley Resort*），他是個在高海拔有多年烘焙經驗的烘焙師，還有烘焙權威蘇珊・波蒂（Susan Purdy）寫的《天空裡的派》（*Pie in the Sky*）。你也可以參考她的網站 www.highaltitudebaking.com。

## 美國農業部提供高海拔烘焙調整參考

| 要調整的原料 | 3,000 呎<br>914 公尺 | 5,000 呎<br>1524 公尺 | 7,000 呎<br>2134 公尺 |
|---|---|---|---|
| 使用每小匙泡打粉要減少的量 | ⅛ 小匙 | ⅛～¼ 小匙 | ¼ 小匙 |
| 使用每杯液體要增加的量 | 1～2 大匙<br>（15～30 毫升） | 2～4 大匙<br>（30～59 毫升） | 3～4 大匙<br>（44～59 毫升） |

# 食材對照及替代

## 一些實用的急用替代品

| 原需使用食材 | 替代食材 |
|---|---|
| 1 杯/7.6 盎司/217 公克淺色黑糖 | 1 杯/7 盎司/200 公克的細砂糖加上¼ 杯/59 毫升的淺色糖蜜 |
| 1 杯/8.4 盎司/239 公克深色紅糖 | 1 杯/7 盎司/200 公克的細砂糖加上½ 杯/118 毫升的淺色糖蜜 |
| 1 磅無鹽奶油 | 1 磅有鹽奶油。並把食譜中的鹽量減少1 小匙/6 公克。 |
| 1 杯/237 毫升全脂牛奶 | 1 杯－1 大匙/222 毫升的「半鮮奶油半牛奶」（half-and-half，鮮奶油與全脂牛奶各半混合，有市售品），並將食譜中的奶油減少1 大匙/0.5 盎司/14 公克，以及加入2 大匙/30 毫升的水 |
| 1 杯/237 毫升半鮮奶油半牛奶 | ¾ 杯/177 毫升的全脂牛奶加上¼ 杯/59 毫升的鮮奶油（乳脂36%以上），或者½ 杯/118 毫升的全脂牛奶加上½ 杯/118 毫升的鮮奶油（Light Cream，由牛奶和鮮奶油組合，乳脂平均約20%） |
| 1 杯/3.5 盎司/100 公克的過篩低筋麵粉 | ¾ 杯/3 盎司/85 公克的過篩中筋麵粉加上2 大匙/0.7 盎司/20 公克的馬鈴薯澱粉或玉米粉 |
| 1 杯/4 盎司/114 公克的過篩中筋麵粉 | 1 杯＋2 大匙/4 盎司/114 公克的過篩低筋麵粉或是¾ 杯＋1 大匙/4 盎司/114 公克的速調麵粉 |
| 2 杯/8 盎司/228 公克過篩派粉 | 1⅓ 杯/5.4 盎司/152 公克過篩中筋麵粉加上¾ 杯/2.7 盎司/76 公克的過篩低筋麵粉 |
| 1 小匙速發即溶乾酵母 | 1¼ 小匙活性乾酵母或1½小匙新鮮酵母 |
| 1 大匙（壓實）/0.75 盎司新鮮酵母 | 2 小匙/6.4 公克速發即溶乾酵母或是2½ 小匙/8 公克活性乾酵母 |
| 1 小匙/5 毫升柑橘油 | ⅓ 杯/1.1 盎司/32 公克柑橘皮屑（鬆鬆放入量杯不用緊壓） |
| 1 小匙/2 公克柑橘果皮皮屑（鬆鬆的不用緊壓） | ¹⁄₁₆ 小匙柑橘油 |

# 烘焙食材來源參考

AFTELIER PERFUMES（專業用香精）
www.aftelier.com
ALBERT USTER IMPORTS（鮮奶油穩定劑）
www.auiswiss.com
AMERICAN ALMOND PRODUCTS
（榛果醬、杏仁醬）
www.americanalmond.com
AMERICAN SPOON（果醬、水果抹醬和糖漿）
www.spoon.com
BAKELS（披覆用翻糖）
www.bakels.com
BESSIE UNBLEACHED PASTRY FLOUR
（專業食用花）
www.thebirkettmills.com
BOYAJIAN（柑橘油）
www.boyajianinc.com
CHEFSHOP.COM（香草精、杏仁香精、柑橘油）
www.chefshop.com
THE CHEFS' WAREHOUSE（專業烘焙食材）
www.chefswarehouse.com
CHOCOSPHERE（巧克力）
www.chocosphere.com
COCO SAVVY（花糖）
www.cocosavvy.com
CROSSINGS（香草精）
www.crossingsfinefoods.com
EASY LEAF PRODUCTS（可食用金箔、銀箔）
www.easyleaf.com
EDIBLE GOLD
www.ediblegold.com
FLAVORGANICS（薄荷和其他有機香精）
www.flavorganics.com
GUITTARD（巧克力）
www.guittard.com
HAWAIIAN VANILLA COMPANY
（香草精、香草粉、香草莢）
www.hawaiianvanilla.com
HEILALA VANILLA（香草精、香草粉、香草莢）
www.heilalavanilla.com
INDIA TREE（未精煉的糖和蔗糖粉）
www.indiatree.com
KALUSTYAN'S（開心果、果乾）
www.kalustyans.com

KEENAN FARMS（開心果）
www.keenanpistachio.com
KING ARTHUR FLOUR（高筋麵粉與奶粉）
www.kingarthurflour.com
LA CUISINE（專業食用花、糖、調味料）
www.lacuisineus.com
LUCKS（食用裝飾）
www.lucks.com
MAISON GLASS（榛果醬）
www.maisonglass.com
NIELSEN-MASSEY（杏仁香精、香草精和香草醬）
www.nielsenmassey.com
N.Y. CAKE（蛋糕裝飾和烘焙器材）
www.nycake.com
PARIS GOURMET（特別食材店）
www.parisgourmet.com
www.chocolatecrafter.com
PASTRY CHEF CENTRAL（糖漬橙皮和披覆用翻糖）
www.pastrychef.com
PENZEYS SPICES（調味料、香料和香草）
www.penzeys.com
THE PEPPERMILL（猶太食材店）
www.thepeppermillinc.com
THE PERFECT PURÉE OF NAPA VALLEY（果泥）
www.perfectpuree.com
PFEIL & HOLING（蛋糕裝飾用品店）
www.cakedeco.com
SAFEST CHOICE（巴氏消菌帶殼蛋）
www.safeeggs.com
SCHARFFEN BERGER（巧克力）
www.scharffenberger.com
SWANS DOWN CAKE FLOUR（低筋麵粉）
www.reilyproducts.com
VALRHONA（巧克力）
www.valrhona-chocolate.com
THE VANILLA COMPANY（香草精和香草粉）
www.vanillaqueen.com
VITAL CHOICE（有機堅果）
www.vitalchoice.com
WILTON（蛋糕裝飾用品及建議諮詢）
www.wilton.com

# 烘焙器具 EQUIPMENT

**品**質好的烘焙器材不但好看也好用。我喜歡把常用的工具放在輕易取得的地方，像是**擀麵棍**、中空環狀模和一些裝飾用模具。因為我很喜歡這些設計精美的器具，經過幾年下來的觀察，我就會不停想做出更理想的工具。這也就是讓我走入創造自有品牌「蘿絲樂薇烘焙器材」（Rose Levy Bakeware）的原因。你可以在亞馬遜網站和普瑞瑪商店（La Prima Shops）找到這一系列器材。我也跟New Metro Design合作開發我的烘焙系列器材。

　　在這個單元中，我會解釋説明一些烘焙的基本必備器具，不管是哪個種類的器具，當中很重要的一個原則就是，會吸收保留氣味的器具必須分開使用，像是塑膠量匙、矽膠或橡膠刮刀、砧板和儲存容器等。這些東西必須甜鹹食材分開使用，而且專門用在烘焙上的就單獨烘焙用，以免吸取鹹食的味道而殘留在器具上。此外，烘焙用的食材，尤其是奶油和巧克力，也會吸取其他味道，所以保存時更需要和其他食物分開。而我會在p.560中，列出我習慣使用的烘焙器具來源，以供大家參考。

## 本書烘焙重要器具

- 食材電子秤
- 液體量杯
- 固體量杯
- 量匙
- 細孔篩網和過篩器
- 刨絲器
- 刮刀：小支金屬奶油刮刀（平的和 U 型的）以及矽膠刮刀
- 攪拌器：桌上型攪拌器配帶有刮刀功能的槳狀攪拌器，或是堅固耐用手持電動攪拌器。
- 食物調理機
- 麵包機：推薦象印品牌（或是堅固的桌上型攪拌機）
- 冰淇淋勺：2 吋（用於杯子蛋糕麵糊）；1½ 吋（用於餅乾麵糊）
- 擀麵棍：最好附有布套（sleeve）
- 矽膠墊或不沾布
- 麵粉棒（Flour Wand）或糖粉罐
- 切麵刀
- 甜點用刷子
- 餅乾切模（圓形平口以及圓形花邊）：2 吋、2¼ 吋和 3 吋
- 拋棄式擠花袋
- 烤箱用溫度計
- 耐熱矽膠墊或烤盤紙
- 烤模用蛋糕模邊條（Cake Strips）
- 石板或無釉紅磚頭
- 噴霧器（麵包烘焙用）
- 計時器
- 鍋墊：建議使用矽膠材質
- 烤架（冷卻用）
- 噴火槍或噴槍或熱風槍（脫模用）
- 具彈性的刮刀（盛盤時使用）

## 本書重要烤模及烘焙器皿

- 9×2 吋圓模（2 個）
- 9×3 吋活動式圓模
- 8×2 吋正方形模
- 長 13× 寬 9 吋的矩形模，建議是無接縫的
- 10 杯容量的中空環形模
- 10 吋（16 杯容量）的活動式戚風蛋糕模（但有些 10 吋的模中間的管子比較寬，所以容量只有 12 杯）
- 17¼×12¼×1 吋的烤盤（小烤盤）
- 瑪芬模（兩個各有 6 個凹槽或是一個有 12 個凹槽的瑪芬烤模，矽膠或鋁製皆可）
- 9 吋派模（4 杯容量）
- 9½ 吋深派模（6 杯容量）
- 9½×1 吋塔盤
- 10 ～ 12 吋圓形披薩烤盤
- 15×12 吋餅乾烤盤
- 8½×4½ 吋吐司模（6 杯容量）
- 9×5 吋的吐司模（8 杯容量）

## 烤箱

很多人請我推薦烤箱，但其實這很難給一個答案，因為烤箱的科技日新月異。如果你在小公寓裡或是當作第二個烤箱使用，我建議可以均勻烘烤的鉑富牌 Breville Smart Oven BOV800XL。另一個比較小的鉑富牌 Breville Compact Smart Oven BOV650XL 不是旋風式的，但使用報告說明它還是可以烘烤得很均勻。至於大型烤箱，經過多年研究歸納出幾個重點提供參考：
由朋友介紹的烤箱，即使型號一樣，用起來也不一定完全一樣，所以相信朋友推薦的並不是很保險。

裝置新烤箱時，首先要確認這地方是平的，否則蛋糕就會歪掉。因為烤箱的刻度可能會偏離，所以烘烤的東西若比食譜上建議烘烤的時間多或少，就需要確認烤箱刻度的校準部分。

工廠會建議在你使用炫風循環功能時，將烘烤溫度調降 25°F/15°C，但我發現大部分桌上型烤箱（鉑富牌例外），在開啟 400°F/200°C 的溫度下，還是使用與食譜設定相同溫度烘烤即可。

蛋糕和餅乾類通常越靠近中央會烤得越均勻。烤蛋糕時，目測烤箱分上中下三層，將烤架設在下方，這樣烤出來的蛋糕最成功。1 吋高的派盤和餅乾則是適合在中間層烘烤。派、塔和麵包也適合下層烘烤。為了讓烤箱內的熱空氣對流均勻，擺設烤模時，烤模的邊與烤箱內壁或是其他烤模之間最少要保持 1 吋距離。

蛋糕體送入烤箱後，約過了四分之三預計烘烤時間，就要把蛋糕體或模轉 180 度，幫助蛋糕上色均勻、受熱均勻；如果一次擺超過一個層架，就必須快速將上下層烤模對調。派、塔、餅乾和麵包則是在預計烘烤時間過一半後就可以轉 180 度。而海綿蛋糕類則不適合在預計烘烤時間結束前開啟烤箱門，以免蛋糕坍塌。

烘烤溫度設定 350°F/175°C 時，烤箱需要預熱至少 20 分鐘。如果烘烤溫度更高，就需要預熱 30 分鐘。如果使用石板或烤盤，最少需要預熱 45 分鐘。

## 石板

石板或無釉紅磚頭的保熱能力很好，可以讓烤箱在門被開關後，烤箱內溫度較快回復。烘烤酥皮類和麵包類時，使用石板可以烘烤得更均勻。它可以將底部的水分移除，所以可以防止水果派的底濕軟，同時也可以確保麵包的底會有一層脆皮外衣。石板也可以幫助麵包一開始的熱度足夠，這對麵包剛進入烤箱前幾分鐘的脹大動作很重要。石板在預熱開始前就要放入烤箱，它通常擺在最下一層或是直接放在烤箱底部，或是麵包麵團墊著烤盤紙就直接放在石板上烤。對烘烤其他產品來說，石板也可以維持烤箱內均勻的溫度。

# 調理機和攪拌器

## 食物調理機和均質機

美膳雅（Cuisinart）和 KitchenAid 的食物調理機是具有一定水準的產品。對於打碎堅果和巧克力，將糖打磨得更細緻，把水果做成果泥或其他本來要花很多時間精力才能做好的步驟，都能輕鬆完成，是不可或缺的器具。我也喜歡美膳雅的菁英系列（Elite Collection），它的內裝容量為 4 杯，可打碎、磨碎比較少量的堅果或巧克力，然後迷你系列（MiniMate Plus）可以打碎、磨碎一些細緻的產品，像是柑橘皮屑，或是將香草籽打散（加入食譜中的一些糖一起打）。

均質機非常實用，尤其是在做一些量很少，無法使用調理機或桌上型攪拌機的混合物。KitchenAid 的均質機還有附加其他工具，是我非常推薦的產品。

## 堅固耐用的桌上型攪拌機

到處都可以看見的 KitchenAid 攪拌機，其實是商業用大型攪拌器的全球知名品牌，荷柏特（Hobart）的迷你版。KitchenAid Artisan 5 夸特容量是最受歡迎的機種，所以我用這機種來測試本書所有的食譜。這種掀頭的設計，可以很容易掀起刮缸，而附有的攪拌器都可以很接近鋼盆底部，所以攪拌得很均勻徹底。如果打算做大型蛋糕，像是結婚蛋糕或麵包，那 KitchenAid 的 6 ～ 8 夸特容量較大型機台，或是美膳雅的 7 夸特容量會比較適合。選擇 KitcheAid 較大型機台的另一個好處是它附贈的一個外鍋，可以在攪拌時加熱或冷卻鋼盆。

5 夸特容量的攪拌機可以攪打不超過 4 夸特的內容物，譬如 8 顆蛋的含油類蛋糕或是 7 顆蛋的法式蛋糕體。6 夸特容量的機台則可以處理不超過 5 夸特的內容物，像是 9 顆蛋的含油類蛋糕或是 11 顆蛋的法式蛋糕體。

至於攪打少量食材，像是打發鮮奶油，或是把熱糖漿倒入蛋液、蛋白的食譜，手持電動攪拌器就很好用了。KitchAid 有很好的手持電動攪拌器機型。我的品牌（Rose Line）出的一個攪拌盆（Rose MixerMate Bowl）就是專門設計給使用手持電動攪拌器搭配的攪拌盆，它的形狀就是搭配手持攪拌器，讓每一處都可以輕鬆混合，且不會飛濺出來而特別設計。

桌上型攪拌機通常會搭配槳狀、球形和鉤狀攪拌器（麵團鉤）。槳狀大體上是拿來混合用的，球形是要打入空氣，像是打蛋白或海綿類的蛋糕麵糊；而鉤狀則是揉捏麵團使用。我的品牌特別為 KitchenAid 出了一個槳狀攪拌器帶刮板（The Rose BeaterBlade），它可以在攪拌的同時刮缸，這樣可以省去用手刮缸的步驟，也避免食材堆疊在底部或內壁。使用這個槳狀攪拌器帶刮板或是類似攪拌器時需要注意的是，當鋼盆中放入乾料而準備將濕料倒入混合前，要將透明罩蓋上，或是在頂部蓋上保鮮膜，或是將一部分濕料先手工拌入。保鮮膜會比布巾來得好用，因為如果麵粉噴彈起來，它們不會黏在保鮮膜上，而且保鮮膜是透明的，這樣就可以看到內部攪拌的狀態。即使是開最低速，有些乾料還是會在攪拌的時候飛出來。

如果你要買桌上型攪拌機，就順便多添入第二個攪拌缸和第二組攪拌器，這樣在多次攪打蛋白以及混合其他食材時，才不會忙亂。因為打發蛋白時需要非常乾淨的鋼盆和攪拌器，如果你有第二組，會很方便。

攪拌時，一定要先從低速開始，再依食譜指示慢慢增加速度。如果攪拌缸中的東西份量很少，就要用比較快的速度攪拌。我在食譜中所寫的攪拌時間都是使用標準的桌上型攪拌機，慢慢的增加速度，不但是為了防止食材噴濺出來，也是因為這樣比較不會損傷攪拌機。除了一個特例，就是把熱糖漿倒入打發蛋白時，如果從慢速開始，這些熱糖漿會煮熟部分蛋白，並讓它們消泡。

・KitchenAid 速度參考

- ・低速：2
- ・中低速：3
- ・中速：4
- ・中高速：6～8
- ・高速：10

奧斯丁（Ankarsrum Assistent）攪拌機，是麵包麵團攪拌機中的勞斯萊斯。它的設計是基於商業用麵包烘焙的螺旋形攪拌機，也就是讓機器在攪拌麵團時不會打入太多的空氣，因為太多的空氣會減少風味。這也會減少風味。這個容量 7.4 夸特的機器可攪拌 8 條麵包（1 ～ 12 磅的麵團使用 4 ～ 23 杯的麵粉）。攪拌機的鋼盆是可以旋轉的不鏽鋼材質，當鉤狀攪拌時，底下鋼盆也會跟著旋轉。附的金屬材質麵團鉤適用攪拌大量麵團，另一支有凹槽的塑膠棍，則是揣摩手指捏麵團的動作。這兩樣工具都是在攪拌時會前後移動。而可拆卸塑膠刮板則是在攪拌的同時也可以刮缸。

# 秤重及測量工具

## 磅秤

對於準備食材，我比較喜歡秤重勝過於測量。因為秤重比較快，比較簡單，也比較正確。要減少液體時，秤重的方式也比較容易確定，測量的話用肉眼比較難分辨。

磅秤有歸零功能，所以去除了鋼盆的重量，歸零即可；即使之後持續加入原料，也只要歸零就可以繼續加，不用分散成很多個容器——測量、分開擺放。大部分的烘焙者，包括我自己，都偏好使用公制，因為秤量小量的食材時會比較精確。使用公制也不需要做任何調整，因為食譜也提供公制單位。如果你的磅秤沒有電子顯示，公克的部分就四捨五入取最近的整數來調整。這樣總量還是滿接近的，因為 1 公克只有差不多 $\frac{1}{28}$ 盎司。

烘焙器具

品質好的電子秤可以在盎司和公克間互相調換，磅數和公斤數的產品也越來越普遍。在《蛋糕聖經》（Cake Bible）中，我是第一個介紹家庭烘焙者和專業烘焙者適應以重量列出所有食材的烘焙書作者。之後的其他著作我也導向使用重量制，最終的獎賞則是和 Escali 推出了特別合作的磅秤（Rose Scale by Escali）。這個設計精美的電子秤品質高且耐用，它的秤重範圍可達 13 磅 /6 公斤，最小量測質則是 0.1 盎司 /1 公克，適合秤量本書中的所有食譜。需要秤量非常細微的量時，像是酵母或鹽，我建議用 Escali L600「高度精準（High Precision）」磅秤系列，它可以秤0.1公克～600公克的範圍。

這品牌的磅秤可以插電或裝電池使用。使用電池時，會有自動關機功能；插電時（之前提到的機型都可以），磅秤就可以一直顯示直到關機，這是我比較建議的方法，因為這樣磅秤才不會在時間過了就自動關機，尤其是還在秤東西，只是離開一下而已。磅秤體積小，形狀簡潔，放在桌面上也不會佔很大的空間。

這台與我合作的磅秤有藍光功能，很容易讀取，即使上面罩著大烤盤遮住視線也不影響。電子顯示器與按鍵都有防護層，避免意外潑濺到。它也有歸零鍵，除了放上容器歸零，在之後添加的每一樣食材後也都可以歸零。然後按兩下就可以看到你添加的總重了。

而所有磅秤的維護都應該遵照廠商附的說明書，像是避免陽光直射或是放在不平的表面。另外，也不要秤超過磅秤的最大負重，否則會損傷磅秤。

## 液體用量杯

我推薦最精準且標示明確的耐熱塑膠和玻璃量杯，是 POURfect 和安克霍金（Anchor Hocking）這兩家公司出產的。測量 1 杯水時，要讀取水平面中央彎下去的最低處，這杯水的重量會是 8.4 盎司 /237 公克。如果使用公制單位量杯，這同等於 237 毫升（毫升就是基於水的重量）。1 杯標準的公制量杯是 250 毫升，比標準美國量杯多 1 大匙的量。

POURfect 的塑膠量杯設計的杯嘴特別設計在傾倒時不會溢流，材質也耐熱。而安克霍金（Anchor Hocking）的玻璃量杯，則適合用來裝熱糖漿和焦糖。我最常使用的就是 1 杯量的量杯，但是 2 杯和 4 杯量的量杯也很實用，尤其是在加熱濃縮液體時，沸騰所產生的泡泡會冒出來。測量比較濃稠的液體時，像是糖漿和糖蜜，要先在量杯內（或是量匙上）噴上少許烤盤油。這可以幫助糖漿不會因為沸騰的泡泡而溢出，而且最後也比較容易傾倒出來。迷你量杯則是用在精密測量量少的液體。它的容量從 1 小匙 /5 毫升～ 6 小匙（2 大匙 /30 毫升）。

## 固體用量杯

固體的量杯一定要有平滑堅固的杯緣，才不會在刮平表面時傷到杯子。POURfect 有漂亮準確的量杯，而且有 ⅛、¼、⅓、½、⅔、¾、1、1½ 和 2 杯等 9 個尺寸，非常齊全。

## 量匙

我最喜歡的是 POURfect 的量匙，每個量匙都非常準確，也有不常見但很實用的小匙尺寸，¹⁄₆₄、¹⁄₃₂、¹⁄₁₆、⅛、¼、⅓、½、1 和 1½（½ 大匙），當然也包括基本的 1 和 2 大匙。最小的小匙單位就等於 1 滴（¹⁄₆₄），一點點（¹⁄₃₂），1 小撮（¹⁄₁₆）和少許（⅛）。它們也有標示毫升單位（ml），讓我可以很精確的在書中寫出液體食材的毫升量。

# 烤模

## 蛋糕烤模

我建議使用的烤模都是真實測量內部，包含上方和底的尺寸大小，所以如果你要購買或是用網路訂購，都能方便知道所要的尺寸。但如果你在店舖中看到的不是我建議使用的品牌，最好能帶把捲尺去量。雖然標示 9 吋的烤模，但有可能底或上方比 9 吋來得大或小，或是整體就是比 9 吋大或小，這樣會影響麵糊的量以及蛋糕的烘烤。很多 9 吋的烤模實際上底部只有 8¾ ～ 8⅞ 吋，事實上這樣就會少了 ⅓ 杯的容量。（不過本書中的所有食譜即使用這類烤模，還是不會有影響。）

如果手上有些烤模稍微小了點，可以在烤模內側邊壁塗一些酥油，然後黏上比烤模還高的烤盤紙條，讓烤模高度變高，容量增加。或者在麵糊填入烤模時不要超過三分之二的高度，其餘麵糊做成杯子蛋糕。否則若是烤模太小，麵糊脹高後會溢出烤模，蛋糕中央也會塌陷。相反的，若是烤模太大，高出的邊會把熱氣反射到麵糊上，讓蛋糕顏色蒼白，質地乾且高度低。

選擇堅固、顏色淺，類似霧面且材質重的鋁模。深色鋁模會讓烤好的成品顏色非常黑或是會有焦黑的邊。如果手邊的烤模已是深色，烘焙時，要將烤溫設定比原本低 25°F/15°C。不同材質和塗料都會影響蛋糕邊的色澤。厚實的鋁製中空環狀模就可以烤出漂亮的金黃邊，但是材質薄的鋁製模烤出來的邊就會偏白。

不沾材質的塗料很適合用來烤多種尺寸的圓形蛋糕體，因為這樣可以省去鋪烤盤紙的動作（除非是烤巧克力蛋糕，這比較難脫膜）。中空環狀模我喜歡用連中央管子都是不沾材質塗料的模具，因為這樣脫模最漂亮，如果模具有花紋，蛋糕表面可以完美展現模具的美。

這邊只有幾個基本模具是製作本書中食譜所需要的（參照 p.545 本書重要烤模及烘焙器皿）。特殊形狀的烤模很有趣，可以展現各種創意美麗的蛋糕。以下，我列了幾個比較常見的烤模以供選用。

## 矽膠烤模

在烤模和廚房器具中，矽膠材質和金屬或玻璃比起來算是比較新的產品。它們有些優點，但也有些例子顯示金屬的比較好。其中一個最廣泛的問題，就是並非所有矽膠材質都是均勻的，品質落差很大。只有幾家廠商有真的符合 9×2 吋的蛋糕模，大部分的尺寸都比較大，也就是説大部分模型的尺寸都比標準的大，所以很適合用來當作裝著活動式烤模的外層，或是水浴烤法時使用，這樣就可以有效阻絕水滲入烤模。

矽膠模的主要優點就是，入模前確實準備好（內部噴上含麵粉的烤盤油），然後等待到完全冷卻，蛋糕就可以非常輕易脫模，完全不會沾黏。

我發現把矽膠模直接放在烤架上會烘烤得最均勻，因為它讓烤箱內的熱氣均勻流動。矽膠模連同烤架放在烤盤上，可以方便進出烤箱。一旦烘烤過，蛋糕一定要靜置到完全冷卻才可以脫模。不同於鋁製烤模，矽膠的中空環狀模的中央導熱並不是那麼好，甚至需要多 20 分鐘的烘焙時間。不管是上色還是口感，矽膠模通常會有烘烤不均的狀況。但是像小的矽膠模，例如杯子蛋糕，就可以烤得很均勻，只是要烘焙多一點時間就可以直接脫模。另一個好處是矽膠模脫模容易，不容易損壞也容易收納。你可以擠壓放在抽屜或行李箱，拿出來後它們又變回原來形狀。但要注意的是，雖然矽膠模標示可以耐熱高達 500°F/260°C，甚至更高，但它無法直接接觸熱源，像是瓦斯、電爐等直火。另一個會損傷的可能，就是割劃剪刀等的破壞。

## 圓形蛋糕模

在本書中，大部分含油蛋糕類使用的圓形蛋糕模都是 9×2 吋的，使用這尺寸的原因之一，是因為這是普遍常用的尺寸，另外是因為使用一個烤模的量所烤出的單層蛋糕橫切為二是剛剛好的高度。我發現如果烤這種蛋糕使用超過 2 吋高的烤模，蛋糕的質地就會變得不細緻。

如果只有單層，我的食譜會讓這蛋糕體稍微脹高一點；如果分兩個模烤，我的食譜烤出來就要把表面削平，讓蛋糕體可以容易堆疊。（這有關於發酵程度，發酵多則會讓結構變脆弱，產品就會比較扁，比較沒有凸起。）

我推薦的堅固無縫 2 吋高不沾材質的圓形烤模，是芝加哥金屬（Chicago Metallic）和美國烤盤（USA Pans）的專業系列（Professional Lines），它們都是精準的 9 吋模。芝加哥金屬（Chicago Metallic）的烤模顏色是深灰的，但是它們烘烤的溫度與一般淺色烤模一樣。我也喜歡使用 Fat Daddio's 的完整系列（Complete Line）和帕里什神奇系列（Parrish Magic Line）的堅固圓模、方模和矩形模，它們烤模邊上的直角都非常完美。

## 中空環狀模

戚風烤模適合用於不用淋糖霜或需要另外繁複裝飾的蛋糕。我喜歡諾迪威（Nordic Ware）這牌子，因為有許多精美設計的環狀花樣烤模。

一些我喜歡的諾迪威（Nordic Ware）10 杯容量中空模，包含巴伐里亞模（Bavaria），高貴愛心模（Elegant Heart），玫瑰花紋中空（Rose Bundt），當然還有經典的中空花紋蛋糕烤模（Classic Anniversary Bundt Pan），這個經典中空花紋蛋糕烤模的容量可以裝 10～15 杯，它的底面積比較小，中央管子比較大。任何食譜標示需要 10 杯容量的金屬中空環狀烤模，都可以使用標準 12 杯容量的中空模（天使蛋糕、戚風蛋糕模）。如果你手上的中空環狀模是舊型深色塗

料或深色外殼的，要記得將烤箱預設溫度降低 25°F/15°C。

凱瑟（Kaiser）的 10 杯裝中空鋼製模（內部是 8½ 吋），內層鋪有矽膠不沾系列的：完美中空花紋系列（La Forme Perfect Bundform）也是很好的選擇。它有金屬的導熱加上不沾材質的矽膠，矽膠鋪層厚度剛剛好，有助於脫模，清理簡單，也不用增加烘烤時間或修改麵糊量來增加高度。（品牌的網站可能會標示 9 杯容量，但其實是 10 杯。）這種烤模還是要事先噴過含麵粉的烤盤油，讓脫模更順利。

## 無縫中空模（天使蛋糕模）

購買這種天使蛋糕烤模時，要選擇活動式的才方便脫模。一個標準的烤模含 16 杯容量，底 10 吋，高 4 吋，像惠爾頓（Wilton）和 Allied Metal Spinning 都有這種烤模。但是這幾年來，這種標準尺寸的天使蛋糕烤模似乎都變小了，甚至一些其他牌子只能容納 14 杯的容量。測量烤模容量的方法，就是準備一個乾淨塑膠袋放在烤模內防止水溢流，然後一杯一杯的把水倒入袋子中（參照 p.552）。如果你的烤模比 16 杯容量還少，那可能需要減少麵糊的量或是盡量裝滿烤模後，把剩餘的麵糊拿去烤杯子蛋糕。

天使蛋糕和戚風蛋糕在冷卻時都一定要倒置，倒置時蛋糕會附著在底部，然後沿著邊伸展到與模子同高。蛋糕完全冷卻後，即使它的結構細緻，但仍會堅固不塌陷。也因為要倒置，有些烤模會設計帶有支撐的腳架，但其實不是很好用，因為要把蛋糕倒置在至少 4 吋的檯面上或其他可以散熱的表面。大型的漏斗、長頸口的酒瓶或是蘇打飲料玻璃瓶，都是很好的支撐工具。如果中空管子不夠大，無法套在瓶口上，也可以在桌面上放 3～4 個同高的罐子或玻璃杯，上面架一個烤架，將烤模倒置在烤架上，增加高度幫助散熱冷卻。

## 烤盤

一般標準的小烤盤，從內部測得長寬高是17¼×12¼×1吋（12杯容量）。我喜歡使用的為美國烤盤（USA Pans）不沾材質，以及林肯（Lincoln）Wear-Ever 13-gauge #5314。一個稍大配上一個稍小的烤盤一起使用也可以，但如果你是用這烤盤來烤蛋糕體，要注意厚度可能要調整。

## 活動式和扣環式烤模

大部分的扣環式和活動式烤模在使用水浴烤法時，都要做防護措施，讓水不會滲入烤模內（參照 p.554）。比起傳統的扣環式烤模，我推薦使用帕里什神奇系列（Parrish Magic Line）的堅固，活動式，高 3 吋的烤模。我喜歡用那個可拆掉的底盤當作移動蛋糕的托盤，它們也有單獨販售這個底盤。惠爾頓（Wilton）有 9×3 吋的扣環式烤模，是製作標準尺寸起司蛋糕的完美烤模。我也喜歡玻璃材質的底盤，就可以直接當作盤子了。

## 瑪芬或杯子蛋糕烤模

傳統上鋪上瑪芬杯或杯子紙模，是因為這可以讓小型蛋糕保持新鮮，也比較容易擠上糖霜裝飾或運送。最漂亮優雅的瑪芬杯，就屬 Qualitá Paper Products 的產品。小型義大利水果蛋糕紙模，2¾×2 吋（¾ 杯＋ 2 大匙 /207 毫升）這個尺寸幾乎是一般標準瑪芬杯的 2 倍大。它們的外型很堅固，可以獨立直接烤，不用放到烤模中。

沒有墊紙模的矽膠模，就可以支撐這樣的小型杯子或瑪芬，讓它們烤出來有漂亮的圓頂。而單一的矽膠杯模稱作矽膠杯（Sili-Cups），雖然漂亮，但它們的容量只有一般標準的四分之三，所以如果這份食譜可以烤 14 ～ 16 個標準杯子蛋糕，使用矽膠杯就會需要烤到 19 ～ 21 個左右。我推薦的矽膠模是一個烤模上有 6 個凹槽那種。每個凹槽尺寸相同，都是標準的瑪芬尺寸：½ 杯 /118 毫升。就像一般的矽膠模，烘烤時先把矽膠模放在烤架上，再把烤架放在烤盤上墊高的作用，然後一起放入烤箱烘烤，這樣可以確保熱對流完整，烘烤均勻——尤其是一模 12 個那種，中間的部分可能會烤比較久。

一個 2 吋的冰淇淋勺很適合用來挖杯子蛋糕麵糊或瑪芬糊，放入模中快速又乾淨俐落。

## 玻璃杯（百麗Pyrex）和瓷杯

玻璃杯和瓷杯只要容量不要相差太遠，都可以互相替換使用。一般最常見的就是玻璃杯，容量為：6 液體盎司 /177 毫升（底部 2¾ 吋，表面 3½ 吋，高 1⅞ 吋）或是玻璃點心碗，容量為：10 液體盎司 /296 毫升（底部 3½ 吋，表面 4¼ 吋，高 1⅞ 吋），這些都可以跟瑪莉安（Marianne）或是酥餅（Shortcake）的模替換。你也可以使用 6 液體盎司 /177 毫升的瓷杯或是 3×2 吋舒芙蕾模。

## 特殊烤模：特殊小型模

蘿絲的迷你蛋糕烤模（Rose's Marvelous Mini Cake Pan）是一個烤模上有 12 個小型蛋糕的長條凹槽（3×1×1¼ 吋 /¼ 杯 /59 毫升）。我用這個烤模來烤費南雪和布朗尼，這樣的話，每一塊大小相同，形狀美觀且每個邊上都有漂亮的烤邊。我也用這個模來裝融化的巧克力，製作小磚塊來做捲屑（參照 p.536）。

法國製的迷你布里歐烤盤現在也有不沾材質的塗層。它們是剛好一口一個大小，適合做迷你布列塔尼酥餅（參照 p.404）和巧克力甘納許小塔（參照 p.315）。它們的底部 1 吋，表面 1¾ 吋，容量為 1 大匙 /15 毫升。

至於瑪德蓮，使用矽膠模不僅好脫模，比起金屬烤模更易維持瑪德蓮的濕潤。

### 特殊烤模：心形烤模

我喜歡心形，惠爾頓（Wilton）有非常漂亮的心形模，且尺寸齊全。書中提到的心形模尺寸為：最寬處 9 吋，長 8 吋（從心形凹入到下方尖尖的距離），高 2 吋（8 杯）。

#### ・如何判別烤盤尺寸

一個圓形蛋糕烤模的內容量是方形蛋糕烤模的四分之三。要判別方形蛋糕烤模的容量，就以相同尺寸的圓形烤模量乘以 1.33。要判別特別形狀的烤模，則是使用量杯一次一次把水倒入烤模中，直至滿到烤模的邊。我通常會拿一把金屬尺平放在烤模上，這樣就知道水何時裝滿。如果是測量活動式烤模，則準備一個乾淨塑膠袋裝水，放在烤模內防止水溢流。

若要使用磅秤測量容量，先在秤上放一張烤盤，以免有水滲出，然後把要測量的烤模放在烤盤上。將磅秤歸零後開始一杯一杯倒入水量測，一杯水 8.4 盎司 /237 公克。

#### ・如何準備烤模

##### ・含油類圓形蛋糕模：

將烤模四周用蛋糕模邊條（Cake Strips）圍起來（參照p.553）。在烤模內的底部塗上酥油，黏上裁剪成圓形的烤盤紙，再把烤模內側都噴上含麵粉的烤盤油，最後將烤模頂部邊緣一圈擦拭乾淨。

##### ・海綿蛋糕模：

將烤模內側噴上含麵粉的烤盤油，然後在底部放上一張裁成圓形的烤盤紙。（烤盤紙會黏在蛋糕體上，這樣可以簡單去除蛋糕底部的外層，刷糖水的時候更容易。）將烤模頂部邊緣一圈擦拭乾淨。海綿蛋糕烤模不需要圍上蛋糕模邊條，因為海綿蛋糕不用膨到圓頂狀，且周圍一圈比較乾的部分之後也會刷上糖水。

##### ・中空環狀模：

將烤模內側均勻噴上含麵粉的烤盤油。將烤模頂部邊緣一圈擦拭乾淨。如果烤盤油噴霧有結粒，則用刷子刷平，防止蛋糕表面產生孔洞。

##### ・烤盤：

在烤盤內側抹上酥油或噴上烤盤油，再黏上烤盤紙。在烤盤紙的四個直角小小剪一刀，可以幫助烤盤紙完整服貼在烤盤上。挑選長或寬的兩邊，將烤盤紙稍微留長超過烤盤幾吋，這樣比較好脫模。黏上烤盤紙後噴上含麵粉的烤盤油，並將烤盤四周邊緣一圈擦拭乾淨。

## 該填入麵糊的量

除非食譜中特別要求，否則我大部分的蛋糕都使用 2 吋高的烤模。麵糊的量不要低於烤模的一半，也不要多於烤模的三分之二。

以下是一些特別形狀烤模的經驗法則：經典法式海綿蛋糕食譜中含的蛋量不要超過烤模容量的一半。大部分的含油蛋糕類食譜中含的蛋量，不要超過烤模容量的四分之一。舉例來說，一個 8⅔ 杯容量的烤模可用來烤含有 4 顆蛋的法式海綿，或是含有 2 顆蛋的含油類蛋糕（1 顆全蛋等於 2 顆蛋黃或 1½ 顆蛋白）。

### 派的烤模（瓷盤）

大部分的人會把「派盤」和「派模」替代使用。標準的派模有 4 杯容量，比較深的派模可達 6 杯容量。

我設計的派模（Rose's Perfect Pie Plate）的容量是 4 杯，並且有波浪花邊，所以當派皮烤好後，就是個帶有漂亮花邊的外型。派模直徑是 11 吋，若從花邊邊緣緊貼內側邊壁，橫跨底部到另一邊的邊緣上的直徑則是 12 吋。

也因為我這款派模的邊緣比較開闊，會比一般的派模更大，所以需要的派皮量比較多，擀開時也會比較大。如果你使用我的派模來做單——

層派皮底，請選擇9½吋深盤派皮那份食譜來準備；要做一般的標準格紋派皮，則需要準備雙層（帶蓋）派皮的量；若要做一般雙層（帶蓋）派皮，則準備兩份 9 ½ 吋深盤派皮的量。製作單 —— 層派皮或格紋派皮時，將底部的派皮擀成 14 吋的圓，另一塊麵團擀成 12 吋的橢圓再切成長條，做為派上面的格紋條。（如果要做 12 條，橢圓的寬最少要 9 吋；做 14 條則橢圓的寬至少要 10½ 吋。）製作帶蓋派皮時，將底部派皮擀成 12½ 吋的圓，然後蓋子部分的派皮要擀成 13 ½ ～ 14 吋的圓。

## 活動式花邊塔模

我推薦的活動式花邊塔模是 Gobel 製造，由 JB Prince 和 La Cuisine 在販賣的。除了它方便脫模，不沾材質可移動的底盤，是用來當作移動蛋糕體的托盤的最佳選擇。惠爾頓（Wilton）有活動式花邊心形塔模，可以用來代替 9 吋塔模。

## 餅乾烤盤

食譜中每一批的餅乾量都是基於可放在一張 15×12 吋烤盤上而訂的量。餅乾烤盤應該是平的，沒有高起的邊緣，這樣烘烤時空氣才會在餅乾的縫隙間均勻對流，但如果你找不到都是平底的餅乾烤盤，只有半張尺寸的烤盤，可以將烤盤倒過來使用。至於一些要使用電鍍材質或有墊墊子，或直接疊兩張烤盤來防止餅乾底部過焦時，我推薦用我的 T-fal AirBake 電鍍不沾材質烤盤。

## 吐司模

本書中的一些麵包和蛋糕食譜需要兩個尺寸的吐司模：8 ½×4 ½ 吋（6 杯容量）和 9×5 吋（8 杯容量）。因為吐司模四周邊的斜度高度有很大差異，所以內部容積也會差很多。角度越大的模，容量就越大。最好測量容量的方法，就是用量杯把水倒入計算。美國烤盤（USA Pan）和芝加哥金屬（Chicago Metallic）的重量級不沾塗層吐司模，尺寸是 8 ½×4 ½ 吋（6 杯），是很好的選擇。矽膠

的吐司模也不錯，但是最好選四周有支撐、支柱那種，烘烤時才不會變型。

# 其他重要事項

## 蛋糕模邊條

烤蛋糕時，因為烤箱熱氣先接觸到烤模的邊，而中央是最晚熱才會傳到的地方，也因為這樣，蛋糕周圍會比中央先烤熟定型且口感較乾，而中央則會持續脹高而形成一個圓弧頂。如果套上蛋糕模邊條，則會減慢邊緣受熱的速度，外圈的麵糊就會跟中央麵糊以相同速度脹高，蛋糕的表面不但比較平整，同時口感也會裡外都比較濕潤。

我以前曾用濕潤的布綁在烤模邊上，再用針固定。而現在，我則開發出自己的蛋糕模邊條（Rose's Heavenly Cake Strips），這在亞馬遜（Amazon）和瑞瑪商店（La Prima Shops）都可以找到。它的材質是矽膠，可用在 9 ～ 10 吋的圓形蛋糕烤模和 8 吋的方形烤模。（如果是其他小烤模，可以用金屬迴紋針或矽膠製橡皮筋把多餘的部分固定住。）使用這個邊條時不用沾濕或綁緊，而且它們可以放到洗碗機中清洗，或是用洗潔精（Soft Scrub）清洗。因為矽膠導熱非常慢，所以是製作蛋糕模邊條最好的材質。而且它烘烤後會稍稍變大一點，所以很容易就拆掉。

如果使用比較大或是形狀特殊的烤模，可以用鋁箔紙自製烤模邊條，準備一張鋁箔紙，長度比烤模圓周再長一點。把一些廚房紙巾沾濕後貼著鋁箔紙蓋上，再貼上一層鋁箔紙來夾住廚房紙巾層，最後一起摺疊成長條圍著烤模，用金屬迴紋針或夾子、矽膠製橡皮筋固定即可。

## 烤派使用的鋁箔圈環

派和塔上面露出的邊，因為沒有被餡料覆蓋到，所以比其他部分的派皮或塔皮還容易被烤熟，

也因我建議從進爐時就套上這鋁箔圈環來保護邊緣。這種鋁箔圈環可以買到，但是不一定符合你手上烤模的形狀大小。你可以準備一張比烤模還大上幾吋的堅固厚質鋁箔紙來自製。準備一個鍋蓋或圓形紙板當指標，用筆在鋁箔紙上標示餡料露出部分的內圓，這個圓不包含邊上需要遮蓋的部分。用剪刀把內圓部分剪掉，外圈這條修剪成寬至少 3 吋的圈。可以稍微調整一下弧度，讓這圈剛好蓋在派皮或塔皮邊上。這個鋁箔圈環可以洗過再用。最好是派或塔在進爐前就放上這個鋁箔圈環，以免這一圈容易焦黑。

## 冷卻的烤架

我最推薦用來冷卻的烤架，是產自法國的 Combrichon。它的線條比較窄，所以對於支撐蛋糕或塔都很穩固。為了避免蛋糕黏在這個烤架上，我通常都會用烤盤油稍微噴過。我偏好使用不鏽鋼的矩形烤架來支撐烤盤或餅乾烤盤。

## 碗盆

有很多不同的玻璃碗，包括玻璃碗（百麗玻璃耐熱容器）或點心碗，都是用來微波加熱和存放食材的好選擇。玻璃材質的可以微波，不會被腐蝕也不會殘留味道。食譜中提到的碗，我列出以下尺寸：小碗是 4 杯的量（1 夸特）；中碗約 6 杯的量（1½ 夸特）；大碗是 8 夸特的容量。

若要融化巧克力，我的自有品牌的矽膠碗（Rose's Silicone Baking Bowl）可以在亞馬遜網站上的 Harold Import Co. 商場找到，這產品不僅適合當作雙層鍋加熱法的上層鍋使用，也可以放入微波加熱，它也可以壓扁方便收納。

POURfect 的塑膠碗是設計用來裝添加到攪拌機中的備料，甚至在運轉的同時，也可以在不碰到攪拌器、也不會溢流或是灑出的狀況下，倒入備料。這些碗有大到小不同尺寸，而且質量輕很好拿，甚至在杯嘴下方有一個凸起的鉤狀設計，這樣就可以扣住鍋具的邊緣，不會滑動或掉落。

而我的自有品牌的攪拌盆（Rose Mixer Mate Bowl）是特別設計搭配手持電動攪拌器使用的，它的形狀可以讓手持電動攪拌器接觸到每個角落而不會噴濺出來。它也可以用來當備料盆，方便倒入桌上型攪拌機的鋼盆裡。

## 煮鍋、水浴、加熱的容器和輔助器材

- ### 自有品牌焦糖煮鍋（ROSE CARAMEL POT）

我設計這個 1 夸特容量有陶瓷塗層的煮鍋，它的尺寸恰當，形狀和材質都適合煮焦糖、英式奶醬、糖漿，或是拿來濃縮汁液。它的高側邊可以防止鍋中汁液噴濺出來，陶瓷塗層可以讓液體或醬汁，都可以簡單倒出不沾黏。它的材質可以在任何熱源上加熱，包括電磁爐。

- ### 自有品牌雙層鍋（ROSE DOUBLE BOILER）

這個 1 ¾ 夸特容量，有著平滑不鏽鋼材質和兩層鍋壁的容器，是用作雙層加熱鍋的不二之選，因為雙層鍋壁間可裝水，這樣熱度平均且溫和，適用於醬汁和凝乳的製作以及融化巧克力。它的材質可以用在任何熱源上加熱，包括電磁爐。

- ### 水浴法器具和操作

  - #### 冰水水浴：
  當食譜中說到要將混合物降到與室溫相同，而你想要加快降溫速度時，就可以準備一盆冰塊水，將裝著混合物的容器放在冰水上不停攪拌，直到混合物降至理想溫度。

  - #### 隔水降溫法：
  準備1夸特的冰塊放在一個大型容器中，加入足夠的冷水讓冰塊浮起。在水中撒入一把粗鹽讓水溫降低（做冰淇淋也是）。像玻璃這種材質比較能保溫，並且在降到一定溫度後就很難再往下，所以如果需要降溫的混合物放在玻璃碗裡，就要再準備另一個大碗裝一些熱水，這樣一些含有吉利丁的混合物一旦到達所需溫度，就可以放到熱水中，把玻璃碗的溫度平衡一下，讓它不再降溫。然後把玻璃碗放在大理

石或花崗岩的桌面上一下，再放到烤架上（周圍空氣均勻流通）繼續散熱。

- **熱水水浴（隔水加熱）：**
使用水浴法烘烤凝乳類的蛋糕時，像是起司蛋糕，要遵照食譜中的說明，在下面的深烤盤中倒入熱水（約140°F/60°C）。為了不讓水漬留在容器上，可以在水中加入1小匙的塔塔粉。

如麵糊是放在活動式的烤模裡用水浴法烘烤，那麼先放在大一點的矽膠模中，再放到深烤盤的水浴裡，會比用鋁箔紙防水來得簡單保險。

通常加熱時我們都需要用比較溫和非直火的方法。如果沒有雙層煮鍋，或是雙層煮鍋太小，只要取一個比攪拌盆底部還小的單把或雙耳鍋就可以。在鍋內裝上幾吋高的熱水或沸騰的水，然後架上一個碗。在大部分加熱的情況下，碗的底部都是不能碰到水的。要記得一直攪拌或是以切拌方式來加熱混合物。

- **加熱容器及麵包發酵箱**
每間房子都有天然的低溫和高溫區域，此時，使用紅外線溫度計就可以知道你家的哪個角落屬於適合的操作環境。需要靜置發酵時，你會希望是一個天然溫暖的地方，這時可能冰箱上方就是個好選擇。我通常會準備2杯熱水放在我的微波烤箱（電源關閉）內的兩個角落，這樣溫度和濕度都很適合當作發酵環境。大的塑膠箱效果也不錯。Brød & Taylor 的電子發酵箱可以控制環境設定，它的溫度範圍從 70°F /21°C 到 120°F/ 49°C 都可以設定。如果你的容器有蓋子，放在這個發酵箱中就不用加蓋，因為它不會乾掉。

- **丁烷和丙烷噴火槍**
使用小型噴火槍來加熱烤模邊協助脫膜是專業的做法，使用吹風機熱風也可以，但會比較慢。噴槍也可以用來上色蛋白霜。

- **溫度計**

  - **料理用電子即時溫度計**
  大部分即時溫度計體積小，可以插在口袋裡備用，而且對於製作糖漿、焦糖和奶醬，或是融化巧克力，以及測量烘焙產品溫度，是不可或缺的工具。我推薦兩個選擇：Thermapen 5F溫度計，它的測量溫度範圍為−50～550°F/−46～288°C，以及CDN ProAccurate的口袋型溫度計，測量溫度範圍為−40～450°F/−40～232°C。Thermapen的比較貴，但它顯示速度比較快。

  - **紅外線溫度計**
  紅外線溫度計，也稱為紅外線測溫槍，可以測得物體散發出肉眼看不見的熱能。只要瞄準並按鈕，就會開始掃瞄物體表面的溫度，測量物體的距離更可達2呎遠。這對觀測烤箱溫度或是冰箱、房間不同地方角落的溫度非常實用。Thermo Works出產的IR-Gun-S紅外線溫度計測量溫度範圍為−76～1022°F/−60～550°C。

  - **烤箱用溫度計**
  我使用歐米茄（Omega，型號HH22）帶線的實驗室溫度計。雖然很貴，但比起市面上大部分烤箱用溫度計來說，卻是比較精準的。這是針對家庭使用，也同時可用於兩個烤箱。觀測烤箱溫度時，很重要的是不要打開烤箱門，因為這樣烤箱內溫度會立即快速下降。使用透明門烤箱的讀者，CDN的DOT2以及帶有烤箱夾及探測器的Thermopen Chef-Alarm烤箱溫度計品質也十分值得信賴。

## 刮刀和打蛋器

- **蛋糕抹刀**
小支蛋糕抹刀刀面寬4吋，不論直柄或U型柄，應該算是我廚房裡最常使用的工具。它們適合用來刮平量杯或量匙上多餘的乾料食材，或是用來抹派或塔的餡料，也可以拿來協助脫膜（如果烤模為不沾材質塗層，則小型塑膠刀會比較好

烘焙器具

用，也不會傷害烤模），更別説拿來塗抹裝飾蛋糕側邊，以及製作漩渦圖樣的糖霜。細長的抹刀也很好用來抹平蛋糕表面。小支或大支 U 型柄抹刀適用於抹平麵糊，或是輔助舉起小型蛋糕。堅固的鏟刀或煎餅鍋鏟適合用來舉起抹完糖霜的蛋糕體，或是拿來鏟起餅乾。修飾蛋糕側邊時，可參考帕里什神奇系列（Parrish Magic Line）出的一支 6×3 吋的不鏽鋼平抹刀，叫作糖霜抹刀（Icing Blade），或是用刮板也可以。

· 矽膠刮刀

具有彈性且耐熱的矽膠材質製刮刀，不但可以完全刮取碗盆內的麵糊，也可以深入鋼盆底仔細切拌、攪拌麵糊。我特別喜歡用淺色刮刀製作焦糖，這樣就可以很清楚知道焦糖的顏色，用眼睛來分辨焦糖上色的程度。不過矽膠刮刀會留有味道，所以應該要甜鹹分開使用。

· 漏勺

中型或大型漏勺可以與刮刀相輔相成使用，甚至在攪拌麵粉與麵糊時，漏勺會更好用，因為漏勺上的小洞提供恰當的阻力，讓麵糊消泡的機率減到最低。為了方便手持，可以把柄稍微向外彎，讓角度變小。

· 攪拌器

我歸納出 3 個烘焙最實用的攪拌器尺寸：1 支小的鋼琴線攪拌器，長度 10 吋，前方圓周長 5 吋，最少有 8 圈細線，並且可以深入小煮鍋的邊邊角角，這樣就很適合製作卡士達時用來攪拌乾料的工具。我也推薦準備一支大型球狀攪拌器，前端圓周長 14 ½ 吋，可以代替刮刀，以切拌方式混合兩種麵糊。最後，一支長把用來隔水加熱時攪拌的攪拌器，也是必需的。像我自有品牌（Rose Line）出品的矽膠攪拌器，可與不沾塗層的煮鍋搭配使用。

## 濾網、篩網和磨泥器

· 濾網

不鏽鋼細孔濾網在烘焙上的使用範圍很廣泛。在過篩澄清奶油時，會用到小型濾網，製作巧克力亮面時（參照 p.312），需要使用中型濾網，過篩可可粉和麵粉，或是均勻撒上糖粉、可可粉時（用湯匙輕敲篩網、輕輕按壓篩網中的糖粉或可可粉來過篩），都會使用到濾網。在過篩果醬、凝乳、奶醬或是英式奶醬時，同樣都會使用到。

· 篩網

過篩的主要目的就是分離麵粉顆粒，並在之間充入空氣，讓之後與液體的攪拌更均勻。但是將乾料過篩並不能混合均勻，所以還是要搭配攪拌器。我喜歡使用電動過篩器，因為使用起來很快速。一般拿著篩網搭配湯匙按壓當然也可以，只是這樣很慢。

· 磨泥器

製作果泥時，我最推薦使用的是 Lehman's Roma 磨泥器（Food Mill），它也有可加購的細孔切割軸（Berry Screen）可以選擇，這樣可以榨出更多果泥。不同於一般磨泥器，這個磨泥器連覆盆莓的籽都可以過篩，是製作無籽覆盆莓果泥的最佳選擇。

## 矽膠墊、烤盤紙、保鮮膜和保存容器

· 可再次、重複使用的墊子

可再次、重複使用的墊子、烤盤紙，算是我最喜歡的工具之一，因為不沾黏，所以用來做焦糖、糖果，像是太妃糖、蛋白霜，或是其他精細的烘焙產品，真是不可或缺的工具。有時會稱作超級烤盤紙或是可再次使用烤盤紙，使用這種烤盤紙清潔起來也特別容易。食品用高品質矽膠墊（Silpat）是使用矽膠和玻璃纖維製作而成，它們與一般家庭使用的鐵氟龍塗層烤盤墊不太一樣，矽膠墊比較沒辦法做到那麼不沾材質，但是矽膠墊更耐用，也更耐高溫，用於

480°F/250°C 以下都沒問題（鐵氟龍的烤盤墊是耐熱到 425°F/220°C）。兩種商品在大部分的家用品或廚房用品店都可以找到。所有不沾的烤盤墊都可以無限次使用。

### ・ 烤盤紙

在蛋糕裝飾店或烘焙器材店都可以找到烤盤紙，一些特殊店家還有販賣已經裁成圓形的烤盤紙，在超市則是成捲狀，這都可以用來墊在烤模及烤盤上。在蛋糕烤模底部墊上烤盤紙可以幫助脫膜快速且漂亮。如果上面沒有再噴烤盤油而直接接觸麵糊，也可以輕易將海綿蛋糕的底層均勻撕下，方便刷上糖漿。同時，烤盤紙也讓餅乾、司康或是其他放在烤盤上的產品更容易移除。

### ・ 保鮮膜

Stretch-Tite 的保鮮膜應該是目前最好的品牌。它的黏性好，可以緊緊封住碗或是任何需要被封起的東西。它沒有防滲透，所以不適合用來冷凍包裝，除非包很多層，不過同樣牌子它們也推出特別冷凍使用的保鮮膜，叫作 Freeze-Tite。不單是因為材質比較厚，它們的寬度也比較寬（15吋），其包裝盒上也附有裁切功能，可以乾淨俐落的切斷保鮮膜。

### ・ 儲藏袋

使用堅固耐用的塑膠夾鏈冷凍袋來儲藏需要冷凍的食物。最好先用冷凍用保鮮膜包裹一層，再放到夾鏈袋中，擠出袋中空氣後再封好。你可以在夾鏈處開一個洞，插一根吸管，然後把空氣吸出後再封好。

## 刨絲器

### ・ 蘿絲刨絲器（ROSE ZESTN'EST）

這個可以輕鬆掌握在手掌中，符合人體工學設計的刨絲器，可以快速簡單刨出最大量的柑橘皮，且不會刮到含苦味的白色部分。它也可以用來刨巧克力。（這也是很棒的刨蒜泥工具，簡單俐落！使用洗碗機清洗不但乾淨，且不殘留味道。）

### ・ 堅果研磨器

如果不是使用食物調理機磨碎堅果，可以考慮 Mouli 或是 Zyliss 的手持研磨器，它的滾筒很細，磨出來的堅果粉均勻且細緻。

## 蘿絲榨汁器（Rose JuiceLab Citrus Juicer）

這是個可以快速完整的把柑橘類汁液取出的完美榨汁器。它有一個蓋子可以直接測量 1 小匙～1 大匙不等的容量，也可以用來保存果汁。

# 其他器具

## 擀麵棍

擀麵棍比較因人而異。我也收集擀麵棍，平常沒用時，它們就是牆上的裝飾。我最常用的是粗 1¾ 吋，長 20 吋的硬質矽膠或木質擀麵棍。我也發現小支擀麵棍用來擀披覆用翻糖和麵團時非常好用，尤其是 Fat Daddio's 的塑膠或不鏽鋼製小擀麵棍，它們長 7½ 吋，粗 1⅜ 吋。

特別為擀麵棍設計的橡皮筋可以放在棍子兩端，用來控制與工作檯的距離，這樣可以均勻平整地擀出想要的厚度。（如果把橡皮筋套在比較粗的擀麵棍上，橡皮筋就會變細，也因此棍子與工作檯的距離就會變近，擀出的皮也會比較薄。）

針織棉製的擀麵棍套抹上點手粉後，可以有效防止沾黏。（大部分擀麵棍套對於長擀麵棍來說都太短。在手術用品店可以選擇裁剪針織棉的尺寸大小，搭配自己擀麵棍的長度。）

## 止滑墊

止滑墊大小為 18×24 ½ 吋（也有比較小的尺寸），這是我擀麵皮時發現讓桌面最不沾黏的方法，只要墊上墊子，撒上手粉就可以。當然你也可以使用烤盤布抹上手粉，或是鋪上重疊多層的冷凍用保鮮膜。

## 計時器

CDN 和 Thermo Works 的廚房用計時器都有值得推薦的好品質。

## 蛋糕測試針

最好的蛋糕測試針是一條金屬細針，其中一邊會有一個環形方便捏取，探測蛋糕熟度時只會產生一個小洞。帕里什神奇系列（Parrish Magic Line）和惠爾頓（Wilton）都有此產品。也有些蛋糕可以使用牙籤，只是拔出來時會有一些蛋糕屑附著在上面。對於一些需要長時間烘烤，想要測試產品已熟時，我會推薦用牙籤。

## 刷子

矽膠刷可用來刷蛋糕上的糖水，它們比起其他刷子更容易清洗，也比較耐用，但因為它會殘留味道，烘焙使用的不要與鹹食混雜使用。

小支的 9 號貂皮藝術用毛刷很適合拿來刷莓果表面或其他裝飾用。化妝用的超軟毛刷特別可以在刷巧克力亮面（參照 p.312）時使用。大支軟毛刷在刷麵團上多餘粉末時是不可或缺的工具。

## 麵粉棒（Flour Wand）或糖粉罐

麵粉棒前端是線圈環繞的彈簧，整體像個夾子，彈簧打開時就可以夾入麵粉，然後撒一層薄薄的麵粉在麵團或工作檯上，常用於撒手粉的工具。而糖粉罐（前方有小洞的罐子）也可以做為相同用途。

## 矽膠隔熱手套

拿取烤箱內烘焙產品時，矽膠隔熱手套是安全的保護用具，尤其是把蛋糕從水浴中拿出時。它們可以抓牢烤盤邊緣，也是中空環狀蛋糕脫模的好幫手。

## 刀類

### ・平切鋸齒刀

如果你喜歡把蛋糕體橫切（夾層蛋糕），就必須要有一把比蛋糕直徑還長的鋸齒刀。這種刀比較難找，不過帕里什神奇系列（Parrish Magic Line）有一把 14 吋長的深鋸齒刀面可以參考。它也可以用來裝飾蛋糕表面的糖霜，刮出波浪美麗的花紋。

### ・蛋糕或麵包刀

有深痕鋸齒的刀，像是蕃茄刀或麵包刀，都可以拿來切蛋糕或麵包，而且切時不用按壓，免去破壞產品外觀的風險。切起司蛋糕時，只要沒有餅乾側邊，都可以用牙線分切，切口乾淨俐落，就像雷射切面。也可以使用刀面厚度薄的刀，每次下刀前先浸入熱水中後擦乾再切。取起司蛋糕切片時，把鏟子移到蛋糕片下方先稍微抖一抖，然後平移的拉出來，不要往上提。

### ・切麵刀

切麵刀的另一個功用算是手的延伸。金屬切麵刀的好處是可以用來清理而不刮傷桌面。整合麵團、維持邊的平整或裁切，都需要靠切麵刀的幫忙。塑膠刮板有彈性，邊邊呈圓弧狀，比較適用於刮缸或舀挖餡料時使用。

## 圓形伸縮活動慕斯圈

我用的這個慕斯圈可以從直徑 7 吋拉到 14 吋，可以漂亮的裁切塔皮、派皮的麵團。

## 蛋糕和塔的托盤

### • 蛋糕鏟盤

諾迪威（Nordic Ware）有個不沾材質的 10 吋圓形雙耳蛋糕平盤，叫蛋糕鏟盤（Cake Lifter），是特別設計用來移動蛋糕和蛋糕體的平盤。

### • 圓形紙板

圓形紙板（也稱為蛋糕底盤），是用來支撐蛋糕體用的重要工具。通常在賣紙的地方，Qualitá Paper，有販售大包裝，以及一些蛋糕裝飾和烘焙器材行有賣小包裝的。我喜歡使用的是薄的金色或銀色表面的圓形蛋糕底盤，而非瓦楞紙板，因為這樣可以省去用裝飾或擠花來遮蓋紙板的動作。

## 裝飾器材

### • 蛋糕轉盤

裝飾蛋糕時，蛋糕轉盤將會讓抹平糖霜奶油更容易。一般便宜的塑膠轉盤，像是 lazy Susan 這品牌，可以在一些家庭器材店和超市找到，用起來跟專業有穩固底座的轉盤差不多。把轉盤高度調到適宜的地方，放在一個倒置蛋糕烤盤上面。蛋糕轉盤也可以用來當作呈盤時的底座，只要上面放一個漂亮的瓷盤或一塊大理石。在蛋糕裝飾材料行和烘焙材料行可以找到有穩固支撐底座的轉盤，Fat Daddio's 出的蛋糕轉盤是最穩固，轉起來最順的產品。

### • 花嘴

小型花嘴可用來做比較精細的小裝飾。大型花嘴比較常用來擠打發鮮奶油，或是拿來擠麵糊或餡料時使用。我在食譜中都會建議使用花嘴的直徑大小或號碼提供參考。但對於大型花嘴，我就沒有指名號碼，因為這會因不同品牌而有差異。我說的號碼都跟惠爾頓（Wilton）和帕里什（Parrish）的花嘴相互通用，可以在蛋糕裝飾材料行和烘焙材料行找到。記得要選購無縫且不鏽鋼材質的花嘴。

### • 擠花袋和塑膠夾鏈冷凍袋

擠花袋不單單可用來擠花裝飾，也可以裝填麵糊擠到小烤模中，或是擠一些餅乾麵糊。在蛋糕裝飾材料行和烘焙材料行都可找到矽膠和拋棄式擠花袋，並可以將它們裁剪成想要的尺寸，就像最傳統的布面擠花袋。我也會用夾鏈冷凍袋代替，特別是跟小孩們一起製作時，因為這種袋子方便且用完即丟，還可以將上方夾鏈部分封緊，不會有溢出的疑慮。

如果你使用大型的花嘴，則將夾鏈袋一角剪出一個半圓，然後從夾鏈處放入花嘴。使用小型花嘴時，花嘴容易跑掉，這時就要先裝上轉換接頭。在裝上花嘴把東西放入擠花袋前，先將花嘴上方的擠花袋旋轉塞入花嘴口，以防止填入時餡料從花嘴溢流出來。將擠花袋放在擠花袋架上，高的容器或大玻璃杯中；將混合物放入擠花袋中，把袋口旋緊。

另一個可以用來擠焦糖或巧克力的工具，是塑膠擠壓罐。這種擠壓罐的好處是可以把罐子放在熱水中保溫。

# 烘焙器材來源參考

ANKARSRUM（桌上型攪拌機）
www.ankarsrumoriginalusa.com
BROADWAY PANHANDLER
（烤模，廚房器具，量測工具和裝飾工具）
www.broadwaypanhandler.com
BRØD & TAYLOR（家用電子發酵箱）
www.brodandtaylor.com
CDN（溫度計和計時器）
www.cdnw.com
CHEF'SCHOICE（刀具和磨刀器）
www.chefschoice.com
CHICAGO METALLIC（蛋糕，派和麵包烤模）
www.chicagometallicbakeware.com
CUISINART（食物調理機和攪拌機）
www.cuisinart.com
ESCALI（電子秤）
www.escali.com
FAT DADDIO'S（烤模和相關器材）
www.fatdaddios.com
FANTE'S KITCHEN SHOP（烤模，廚房器具和工具）
www.fantes.com
JB PRINCE（烘焙甜點工具，包含大支球形攪拌器）
www.jbprince.com
KALUSTYAN'S（廚房用具，包含磨椰子粉的機器）
www.kalustyans.com
KITCHENAID
（堅固標準桌上型攪拌器，食物調理機，均質機）
www.kitchenaid.com
LA CUISINE（烘焙專用器具，包含圓形網架）
www.lacuisineus.com
LAPRIMA SHOPS
（蘿絲派盤和蛋糕圍邊－蘿絲自有品牌）
www.laprimashops.com
LEHMAN'S（磨泥器）
www.lehmans.com

MAGIC SLICE（防滑墊）
www.magicslice.com
N.Y. CAKE（蛋糕和烘焙用品，包含矽膠模、矽膠
及其他材質刮刀）
www.nycake.com
NEWMETRO DESIGN（蘿絲自有系列產品，攪拌
缸刮刀、攪拌盆和刨絲器）
www.newmetrodesign.com
NORDIC WARE
（烘焙用品，包含中空無縫環形烤模）
www.nordicware.com
OMEGA
（烤箱溫度計和探測溫度計，像是型號 HH22）
www.omega.com
PASTRY CHEF CENTRAL（甜點、麵包和蛋糕製作
工具，包括模型、模圈、擠花袋和花嘴）
www.pastrychef.com
POURFECT（量杯、量匙、攪拌鋼盆）
www.pourfectbowl.com
PYREX（微波用玻璃量杯、派盤、攪拌盆）
www.pyrexware.com
QUALITÁ PAPER PRODUCTS
（拋棄式瑪芬杯及其他紙模）
www.qualitapaper.com
ROSE LEVY BAKEWARE（客製烘焙用具，包含蘿
絲自有品牌的蛋糕模邊條和派盤）
www.realbakingwithrose.com
STRETCH-TITE（一般及冷凍保鮮膜）
www.stretchtite.com
THERMOWORKS
（即時溫度計、溫度針和紅外線測溫槍）
www.thermoworks.com
USA PAN（麵包模和烤模）
www.usapans.com
WILTON（蛋糕裝飾、烤盤和其他蛋糕烘焙用品）
www.wilton.com

# 索引1 INDEX1

以下索引分別是從「簡單快速能做好的點心」、「無麵粉和麵粉含量極少的點心」和「乳糖不耐者適用的點心」製作的索引，讀者們可以依照個人需求選擇。

索引

# 索引2 INDEX2

以下索引是將點心名的中文首字,依注音符號排列,如果首字相同,則依第二個字排列,希望幫助讀者們迅速找到想製作的點心。

COOK50 系列　基礎廚藝教室

COOK50001　做西點最簡單／賴淑萍著 定價 280 元
COOK50002　西點麵包烘焙教室──乙丙級烘焙食品技術士考照專書／陳鴻霆、吳美珠著 定價 480 元
COOK50007　愛戀香料菜──教你認識香料、用香料做菜／李櫻瑛著 定價 280 元
COOK50009　今天吃什麼──家常美食 100 道／梁淑嫈著 定價 280 元
COOK50010　好做又好吃的手工麵包──最受歡迎麵包大集合／陳智達著 定價 320 元
COOK50012　心凍小品百分百──果凍‧布丁（中英對照）／梁淑嫈著 定價 280 元
COOK50015　花枝家族──透抽、軟翅、魷魚、花枝、章魚、小卷大集合／邱筑婷著 定價 280 元
COOK50017　下飯ㄟ菜──讓你胃口大開的 60 道料理／邱筑婷著 定價 280 元
COOK50019　3 分鐘減脂美容茶──65 種調理養生良方／楊錦華著 定價 280 元
COOK50024　3 分鐘美白塑身茶──65 種優質調養良方／楊錦華著 定價 280 元
COOK50025　下酒ㄟ菜──60 道好口味小菜／蔡萬利著 定價 280 元
COOK50028　絞肉の料理──玩出 55 道絞肉好風味／林美慧著 定價 280 元
COOK50029　電鍋菜最簡單──50 道好吃又養生的電鍋佳餚／梁淑嫈著 定價 280 元
COOK50035　自然吃‧健康補──60 道省錢全家補菜單／林美慧著 定價 280 元
COOK50036　有機飲食的第一本書──70 道新世紀保健食譜／陳秋香著 定價 280 元
COOK50037　靚補──60 道美白瘦身、調經豐胸食譜／李家雄、郭月英著 定價 280 元
COOK50041　小朋友最愛喝的冰品飲料／梁淑嫈著 定價 260 元
COOK50043　釀一瓶自己的酒──氣泡酒、水果酒、乾果酒／錢薇著 定價 320 元
COOK50044　燉補大全──超人氣‧最經典，吃補不求人／李阿樹著 定價 280 元
COOK50046　一條魚──1 魚 3 吃 72 變／林美慧著 定價 280 元
COOK50047　蒟蒻纖瘦健康吃──高纖‧低卡‧最好做／齊美玲著 定價 280 元
COOK50049　訂做情人便當──愛情御便當的 50×70 種創意／林美慧著 定價 280 元
COOK50050　咖哩魔法書──日式‧東南亞‧印度‧歐風＆美食‧中式 60 選／徐招勝著 定價 300 元
COOK50053　吃不胖甜點──減糖‧低脂‧真輕盈／金一鳴著 定價 280 元
COOK50054　在家釀啤酒 Brewers′ Handbook──啤酒 DIY 和啤酒做菜／錢薇著 定價 320 元
COOK50055　一定要學會的 100 道菜──餐廳招牌菜在家自己做／蔡全成、李建錡著 特價 199 元
COOK50058　不用烤箱做點心【加量不加價版】──Ellson 的快手甜點／Ellson 王申長著 定價 280 元
COOK50059　低卡也能飽──怎麼也吃不胖的飯、麵、小菜和點心／傅心梅審訂／蔡全成著 定價 280 元
COOK50061　小朋友最愛吃的點心──5 分鐘簡單廚房，好做又好吃！／林美慧著 定價 280 元
COOK50062　吐司、披薩變變變──超簡單的創意點心大集合／夢幻料理長 Ellson、新手媽咪 Grace 著 定價 280 元
COOK50065　懶人也會做麵包──一下子就 OK 的超簡單點心！／梁淑嫈著 定價 280 元
COOK50066　愛吃重口味 100──酸香嗆辣鹹，讚！／趙柏淯著 定價 280 元
COOK50069　好想吃起司蛋糕──用市售起司做點心／金一鳴著 定價 280 元
COOK50074　不用模型做點心──超省錢、零失敗甜點入門／盧美玲著 定價 280 元
COOK50078　趙柏淯的招牌飯料理──炒飯、炊飯、異國飯、燴飯＆粥／趙柏淯著 定價 280 元
COOK50079　意想不到的電鍋菜 100──蒸、煮、炒、烤、滷、燉一鍋搞定／江豔鳳著 定價 280 元
COOK50080　趙柏淯的私房麵料理──炒麵、涼麵、湯麵、異國麵＆餅／趙柏淯著 定價 280 元
COOK50083　一個人輕鬆補──3 步驟搞定料理、靚湯、茶飲和甜點／蔡全成、鄭亞慧著 特價 199 元
COOK50084　烤箱新手的第一本書──飯、麵、菜與湯品統統搞定（中英對照）／王安琪著 定價 280 元
COOK50085　自己種菜最好吃──100 種吃法輕鬆烹調＆ 15 項蔬果快速收成／陳富順著 定價 280 元
COOK50086　100 道簡單麵點馬上吃──利用不發酵麵糰和水調麵糊做麵食／江豔鳳著 定價 280 元
COOK50087　10×10 ＝ 100 怎樣都是最受歡迎的菜／蔡全成著 特價 199 元
COOK50088　喝對蔬果汁不生病──每天 1 杯，嚴選 200 道好喝的維他命／楊馥美編著 定價 280 元
COOK50089　一個人快煮──超神速做菜 BOOK ／張孜寧編著 定價 199 元
COOK50091　人人都會做的電子鍋料理 100──煎、煮、炒、烤，料理、點心一個按鍵統統搞定！／江豔鳳著 定價 199 元
COOK50093　網拍美食創業寶典──教你做網友最愛的下標的主食、小菜、甜點和醬料／洪嘉妤著 定價 280 元
COOK50094　這樣吃最省──省錢省時能源做好菜／江豔鳳著 特價 199 元
COOK50095　這些大廚教我做的菜──理論廚師的實驗廚房／黃舒萱著 定價 360 元
COOK50096　跟著名廚從零開始學料理──專為新手量身定做的烹飪小百科／蔡全成著 定價 299 元
COOK50097　抗流感‧免疫力蔬果汁──一天一杯，輕鬆改善體質、抵抗疾病／郭月英著 定價 280 元
COOK50098　我的第一本調酒書──從最受歡迎到最經典的雞尾酒，家裡就是 Lounge Bar ／李佳紋著 定價 280 元
COOK50099　不失敗西點教室經典珍藏版──600 張圖解照片＋近 200 個成功秘訣，做點心絕對沒問題／王安琪著 定價 320 元
COOK50100　五星級名廚到我家──湯、開胃菜、沙拉、麵食、燉飯、主菜和甜點的料理密技／陶禮君著 定價 320 元
COOK50101　燉補 110 鍋──改造體質，提升免疫力／郭月英著 定價 300 元
COOK50104　萬能小烤箱料理──蒸、煮、炒、煎、烤，什麼都能做！／江豔鳳、王安琪著 定價 280 元
COOK50105　一定要學會的沙拉和醬汁 118──55 道沙拉 ×63 道醬汁（中英對照）／金一鳴著 定價 300 元
COOK50106　新手做義大利麵、焗烤──最簡單、百變的義式料理／洪嘉妤著 定價 280 元
COOK50107　法式烘焙時尚甜點──經典 VS. 主廚的獨家更好吃配方／郭建昌著 定價 350 元
COOK50108　咖啡館 style 三明治──13 家韓國超人氣咖啡館 +45 種熱銷三明治＋30 種三明治基本款／熊津編輯部著 定價 350 元
COOK50109　最想學會的外國菜──全世界美食一次學透透（中英對照）／洪白陽著 定價 350 元
COOK50110　Carol 不藏私料理廚房──新手也能變大廚的 90 堂必修課／胡涓涓著 定價 360 元
COOK50111　來塊餅【加餅不加價】──發麵燙麵異國點心／趙柏淯著 定價 300 元
COOK50113　0 ～ 6 歲嬰幼兒營養副食品和主食──130 道食譜和 150 個育兒手札、貼心叮嚀／王安琪著 定價 360 元
COOK50115　第一次做蛋糕和麵包──最詳盡的 1,000 個步驟圖，讓新手一定成功的 130 道手作點心／李亮知著 定價 360 元

COOK50116　咖啡館 style 早午餐──10 家韓國超人氣咖啡館＋57 份人氣餐點／LEESCOM 編輯部著 定價 350 元
COOK50117　一個人好好吃──每一天都能盡情享受！的料理／蓋雅 Magus 著 定價 280 元
COOK50118　世界素料理 101（奶蛋素版）──小菜、輕食、焗烤、西餐、湯品和甜點／王安琪、洪嘉妤著 定價 300 元
COOK50119　最想學會的家常菜──從小菜到主食一次學透透（中英對照）／洪白陽（CC 老師）著 定價 350 元
COOK50120　手感饅頭包子──口味多、餡料豐，意想不到的黃金配方／趙柏淯著 定價 350 元
COOK50122　今天不吃肉──我的快樂蔬食日（樂活升級版）／王申長 Ellson 著 定價 280 元
COOK50123　STEW 異國風燉菜燉飯──跟著味蕾環遊世界家裡燉／金一鳴著 定價 320 元
COOK50124　小學生都會做的菜──蛋糕、麵包、沙拉、甜點、派對點心／宋惠仙著 定價 280 元
COOK50125　2 歲起小朋友最愛的蛋糕、麵包和餅乾──營養食材＋親手製作＝愛心滿滿的媽咪食譜／王安琪著 定價 320 元
COOK50126　蛋糕，基礎的基礎──80 個常見疑問、7 種實用麵糰和 6 種美味霜飾／相原一吉著 定價 299 元
COOK50127　西點，基礎的基礎──60 個零失敗訣竅、9 種實用麵糰、12 種萬用醬料、43 款經典配方／相原一吉著 定價 299 元
COOK50129　金牌主廚的法式甜點饗客口碑版──得獎甜點珍藏秘方大公開／李依錫著 定價 399 元
COOK50130　廚神的家常菜──元傳奇餐廳的尋常料理，令人驚艷的好滋味／費朗 亞德里亞（Ferran Adrià）著 定價 1000 元
COOK50131　咖啡館 style 鬆餅大集合──6 大種類 ×77 道，選擇最多、材料變化最豐富！／王安琪著 定價 350 元
COOK50132　TAPAS 異國風，開胃小菜小點──風靡歐洲、美洲和亞洲的飲食新風潮／金一鳴著 定價 320 元
COOK50133　咖啡新手的第一本書（拉花＆花式咖啡升級版）──從 8 歲～88 歲看圖就會煮咖啡／許逸淳著 定價 250 元
COOK50134　一個鍋做異國料理──全世界美食一鍋煮透透（中英對照）／洪白陽（CC 老師）著 定價 350 元
COOK50135　LADURÉE 百年糕點老舖的傳奇配方／LADURÉE 團隊著 定價 1000 元
COOK50136　新手烘焙，基礎的基礎──圖片＋實作心得，超詳盡西點入門書／林軒帆著 定價 350 元
COOK50137　150～500 大卡減肥便當，三餐照吃免挨餓的瘦身魔法──3 個月內甩掉 25 公斤，
　　　　　　美女減重專家親身經驗大公開／李京暎著 定價 380 元
COOK50138　絕對好吃！的 100 道奶蛋素料理──堅持不用加工速料！自然食材隨處可買＆簡單快速隨手好做／江艷鳳著 定價 299 元
COOK50139　麵包機做饅頭、吐司和麵包──一指搞定的超簡單配方之外，再蒐集 27 個讓吐司隔天更好吃的秘方／王安琪著 定價 360 元
COOK50140　傳奇與時尚 LADUREE 馬卡龍‧典藏版／LADUREE 團隊著定價 1000 元
COOK50141　法國料理，基礎的基礎──名廚親授頂級配方、基本技巧、烹調用語，和飲食文化常識／音羽和紀監修 定價 380 元
COOK50142　LOHO 異國風蔬食好味道──在地食材 × 異國香料，每天蔬果多一份的不偏食樂活餐／金一鳴著 定價 320 元
COOK50143　法國廚神的自然風家庭料理──190 道經典湯、沙拉、海鮮、肉類、主食和點心／阿朗．杜卡斯著 定價 1000 元
COOK50144　法國廚神的家常風甜品──簡單、天然！87 道法國家庭天天上桌的甜點菜單／阿朗．杜卡斯著 定價 799 元
COOK50145　4 個月～2 歲嬰幼兒營養副食品【超強燜燒杯離乳食收錄版】──全方位的寶寶飲食書和育兒心得／王安琪著 定價 299 元
COOK50146　第一次做中式麵點【年節伴手禮增加版】──中點新手的不失敗配方／吳美珠著 定價 299 元
COOK50147　新手烘焙最簡單【不失敗法式甜點特選版】──600 張超詳細零失敗步驟圖＋150 種材料器具總介紹／吳美珠著 定價 380 元
COOK50148　與主廚共餐──世界頂級餐廳的員工私房菜／佩爾安諾斯‧約根森著 定價 1250 元
COOK50149　Carol 不藏私料理廚房【超值家常年菜版】──新手也能變大廚的 100 堂必修課／胡涓涓（Carol）著 定價 380 元
COOK50150　手沖咖啡的第一本書──達人私傳秘技！新手不失敗指南／郭維平著 定價 299 元
COOK50151　自己動手醃東西【精美復刻＋加料升級版】／蔡全成著 定價 320 元
COOK50152　卡哇伊立體造型饅頭──零模具、無添加、不塌陷，創意饅頭全攻略／王美姬 Maggie 著 定價 380 元
COOK50153　異國風麵食料理──鹹派、披薩、餅、麵和點心／金一鳴著 定價 360 元
COOK50154　咖啡館 style 點心自己做──全方位收錄蛋糕、起司、塔派、餅乾、熱點心等配方，以及步驟技法、訂價原則、咖啡搭配相適性的開
　　　　　　店秘笈／許逸淳著 定價 360 元
COOK50155　新手的咖啡器具輕圖鑑──達人分享煮咖啡技巧、使用心得＋新手選購指南／郭維平著 定價 450 元
COOK50156　一定要學會的掛耳餅乾──零失敗配方＋超可愛模型＝最實用的餅乾禮物書／海頓媽媽著 定價 280 元
COOK50157　卡哇伊 3D 立體造型饅頭──美姬老師私傳秘技！饅頭造型全面升級！／王美姬 Maggie 著 定價 380 元
COOK50158　烘焙聖經──美國甜點界傳奇大師的蛋糕、派、塔、餅乾、麵包和糖果／蘿絲‧樂薇‧貝蘭堡著 定價 1500 元


## TASTER 系列 吃吃看流行飲品

TASTER001　冰砂大全──112 道最流行的冰砂／蔣馥安著 特價 199 元
TASTER003　清瘦蔬果汁──112 道變瘦變漂亮的果汁／蔣馥安著 特價 169 元
TASTER005　瘦身美人茶──90 道超強效減脂茶／洪依蘭著 定價 199 元
TASTER008　上班族精力茶──減壓調養、增加活力的嚴選好茶／楊錦華著 特價 199 元
TASTER009　纖瘦醋──瘦身健康醋 DIY／徐因著 特價 199 元
TASTER011　1 杯咖啡──經典＆流行配方、沖煮器具教學和拉花技巧／美好生活實踐小組編著 定價 220 元
TASTER012　1 杯紅茶──經典＆流行配方、世界紅茶＆茶器介紹／美好生活實踐小組編著 定價 220 元


## QUICK 系列 快手廚房

QUICK002　10 分鐘家常快炒──簡單、經濟、方便菜 100 道／林美慧著 特價 199 元
QUICK003　美人粥──纖瘦、美顏、優質粥品 65 道／林美慧著 定價 230 元
QUICK004　美人的蕃茄廚房──料理‧點心‧果汁‧面膜 DIY／王安琪著 特價 169 元
QUICK009　瘦身沙拉──怎麼吃也不怕胖的沙拉和瘦身食物／郭玉芳著 定價 199 元
QUICK010　來我家吃飯──懶人宴客廚房／林美慧著 定價 199 元
QUICK011　懶人焗烤──好做又好吃的異國烤箱料理／王申長著 定價 199 元
QUICK012　懶人飯──最受歡迎的炊飯、炒飯、異國風味飯 70 道／林美慧著 定價 199 元
QUICK017　小菜‧涼拌‧醬汁 133──林美慧老師拿手菜／林美慧著 定價 199 元
QUICK018　5 分鐘涼麵‧涼拌菜‧涼點──低卡開胃健康吃／趙柏淯著 定價 199 元